建筑结构

（第3版）

主　编　姚　荣　朱平华
副主编　鞠琳波　崔海军
参　编　王新杰　何　霞
　　　　雍玉鲤　居永军
主　审　金伟良

北京理工大学出版社
BEIJING INSTITUTE OF TECHNOLOGY PRESS

内 容 提 要

本书以建筑结构系列国家标准规范为依据进行编写，以房屋建筑中的钢筋混凝土结构构件的基本计算原理及结构的设计、复核作为主要内容。全书共分十一个模块，包括：建筑结构认知、钢筋与混凝土材料的物理力学性能、混凝土结构的设计方法、钢筋混凝土受弯构件、钢筋混凝土纵向受力构件、钢筋混凝土受扭构件、预应力混凝土构件、钢筋混凝土楼盖、钢筋混凝土单层厂房及多高层房屋、砌体结构、钢结构等。

本书可作为高等院校土木工程类相关专业的教材，也可作为相关技术和管理人员的参考书。

图书在版编目（CIP）数据

建筑结构／姚荣，朱平华主编. -- 3版. -- 北京：北京理工大学出版社，2024.5

ISBN 978-7-5763-3045-8

Ⅰ.①建…　Ⅱ.①姚…　②朱…　Ⅲ.①建筑结构　Ⅳ.①TU3

中国国家版本馆CIP数据核字（2023）第207407号

责任编辑：钟　博　　　文案编辑：钟　博

责任校对：周瑞红　　　责任印制：王美丽

出版发行／北京理工大学出版社有限责任公司

社　　址／北京市丰台区四合庄路 6 号

邮　　编／100070

电　　话／（010）68914026（教材售后服务热线）

（010）68944437（课件资源服务热线）

网　　址／http：//www.bitpress.com.cn

版 印 次／2024 年 5 月第 3 版第 1 次印刷

印　　刷／北京紫瑞利印刷有限公司

开　　本／787 mm × 1092 mm　1/16

印　　张／23.5

字　　数／557 千字

定　　价／98.00 元

前　言

本书是在广泛征求意见并做调研分析的基础上，根据高等教育理论与实践并重、“必需、够用”的原则，针对土木工程类相关专业的学生进行编写。

本书主要内容包括：建筑结构认知、钢筋与混凝土材料的物理力学性能、混凝土结构的设计方法、钢筋混凝土受弯构件、钢筋混凝土纵向受力构件、钢筋混凝土受扭构件、预应力混凝土构件、钢筋混凝土楼盖、钢筋混凝土单层厂房及多高层房屋、砌体结构和钢结构。

本书按照《混凝土结构设计规范（2015 年版）》(GB 50010—2010)、《建筑结构荷载规范》(GB 50009—2012)、《砌体结构设计规范》(GB 50003—2011)、《建筑结构可靠性设计统一标准》(GB 50068—2018)、《钢结构设计标准》(GB 50017—2017) 编写。在编写过程中，力求阐述清晰，便于自学。为了贯彻规范提出的“宜采用箍筋作为承受剪力的钢筋”，并与我国常规设计接轨，在结构设计中尽量减少弯起钢筋。书中每章末尾有章节回顾和同步测试。其中，同步测试包含简答题、填空题、判断题、选择题与计算题共五种类型，章节中间辅以若干例题。

本书由扬州市职业大学姚荣、常州大学朱平华担任主编，无锡城市职业技术学院鞠琳波、扬州工业职业技术学院崔海军担任副主编，常州大学王新杰，扬州市职业大学何霞、雍玉鲤，江苏扬建集团有限公司居永军参与了本书部分章节的编写工作。具体编写分工如下：姚荣编写模块 2、7、10 及模块 4 的 4.1 节，何霞编写模块 6，朱平华编写模块 1、3、8 及模块九的 9.2~9.5 节，王新杰编写模块 11，鞠琳波编写模块 5 的 5.4 节和模块 9 的 9.1 节，崔海军编写模块 4 的 4.2~4.3 节、模块 5 的 5.1~5.3 节，雍玉鲤、居永军参与修订模块 8 和模块 10 部分内容。全书由浙江大学金伟良主审，在此表示衷心的感谢。

本书编写过程中，得到了出版社和编者所在单位的大力支持，在此一并致谢。

由于编者水平有限，书中难免存在疏漏和偏颇之处，欢迎广大读者批评指正。

编　者

目录

模块 1　建筑结构认知

学习目标

知识目标

1. 掌握钢筋混凝土结构的一般概念及特点；
2. 了解混凝土结构的发展简况；
3. 了解建筑结构的分类及应用概况；
4. 了解结构选型及布置方法。

能力目标

1. 能判断水平承重构件和竖向承重构件；
2. 能根据建筑的使用功能初步进行结构选型和受力构件布置。

素质目标

培养学生用发展的眼光看混凝土结构的发展方向，树立终身学习、与时俱进的学习目标。

1.1　混凝土结构的一般概念

混凝土结构是以混凝土为主要建筑材料制成的结构，包括素混凝土结构、钢筋混凝土结构、预应力混凝土结构及配置各种纤维筋的混凝土结构。这种结构广泛应用于建筑、桥梁、隧道、矿井以及水利、港口等工程。近年来我国年均混凝土用量为 $15\times10^8\ m^3$，其中房屋建筑用量为 $9\times10^8\ m^3$，钢筋用量为 $2\ 000\times10^4$ t，用于混凝土结构的资金达 2 000 亿元以上。

混凝土材料的抗压强度较高，而抗拉强度很低。因此，素混凝土结构的应用受到很大限制。例如，图 1.1(a)所示的素混凝土梁，随着荷载的逐渐增大，梁中拉应力及压应力也不断增大。当荷载达到一定值时，弯矩最大截面受拉边缘的混凝土首先被拉裂；而后，由于该截面高度减小，开裂截面受拉区的拉应力进一步增大，

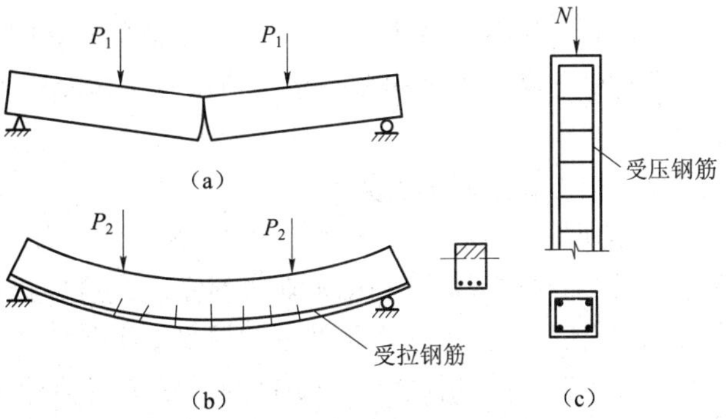

图 1.1　素混凝土梁及钢筋混凝土梁、柱

于是裂缝迅速向上伸展并立即引起梁的破坏。这种梁的破坏很突然，其受压区混凝土的抗压强度未被充分利用，并且由于混凝土的抗拉强度很低，故其极限承载力也很低。所以，对于在外荷载作用下或由于其他原因会在截面中产生拉应力的结构，不应采用素混凝土结构。

与混凝土材料相比，钢筋的抗拉强度很高。如将混凝土和钢筋这两种材料结合在一起，混凝土主要承受压力，而钢筋主要承受拉力，这就成为钢筋混凝土结构。例如，图 1.1(b)所示作用集中荷载的钢筋混凝土梁，在截面受拉区配有适量的钢筋。当荷载达到一定值时，梁的受拉区仍然开裂，但开裂截面的变形性能与素混凝土梁大不相同。因为钢筋与混凝土牢固地黏结在一起，故在裂缝截面原由混凝土承受的拉力现转由钢筋承受；由于钢筋的强度和弹性模量均很高，所以，此时裂缝截面的钢筋拉应力和受拉变形均很小，有效地约束了裂缝的开展，使其不会无限制地向上延伸而使梁发生断裂破坏。如此一来，钢筋混凝土梁上的荷载可继续加大，直至其受拉钢筋应力达到屈服强度，随后截面受压区混凝土被压坏，这时梁才达到破坏状态。由此可见，在钢筋混凝土梁中，钢筋与混凝土两种材料的强度都得到了较为充分的利用，破坏过程较为缓和，且这种梁的极限承载力大大超过同样条件的素混凝土梁。

钢筋的抗压强度也很高，所以，在轴心受压柱[图 1.1(c)]中也配置纵向受压钢筋与混凝土共同承受压力，以提高柱的承载能力和变形能力，减小柱截面的尺寸，其还可负担某种原因所引起的弯矩和拉应力。

为了提高混凝土结构的抗裂性和耐久性，可在加载前用张拉钢筋的方法使混凝土截面内产生预压应力，以全部或部分抵消荷载作用下产生的拉应力，这就是预应力混凝土结构；也可在混凝土中加入各种纤维筋(如钢纤维筋、碳纤维筋等)，形成纤维加强混凝土结构。

钢筋与混凝土是两种力学性能完全不同的材料，它们能够有效地结合在一起而共同工作，主要基于下述三个条件：

(1)钢筋与混凝土之间存在着粘结力，使两者能结合在一起。在外荷载的作用下，结构中的钢筋与混凝土协调变形，共同工作。因此，粘结力是这两种不同性质的材料能够共同工作的基础。

(2)钢筋与混凝土两种材料的温度线膨胀系数很接近，钢材为 1.2×10^{-5}，混凝土为 $(1.0\sim1.5)\times10^{-5}$，所以，钢筋与混凝土之间不会因温度变化产生较大的相对变形，使粘结力遭到破坏。

(3)钢筋埋置于混凝土中，混凝土对钢筋起到了保护和固定作用，使钢筋不容易发生锈蚀，而且使其受压时不致失稳，在遭受火灾时不会因钢筋很快软化而导致结构整体破坏。因此，在混凝土结构中，钢筋表面必须留有一定厚度的混凝土作保护层，这是保持两者共同作用的必要措施。

混凝土结构的主要优点如下：

(1)就地取材。砂、石是混凝土的主要成分，均可就地取材。在工业废料(如矿渣、粉煤灰等)比较多的地方，可利用工业废料制成人造集料，用于混凝土结构。

(2)耐久性好。处于正常条件下的混凝土耐久性好，高性能混凝土的耐久性更好。在混凝土结构中，钢筋受到保护而不易锈蚀。处于侵蚀性环境下的混凝土结构，经过合理设计及采取有效措施后，一般可满足工程需要。

(3)耐火性好。混凝土为不良导热体，埋置在混凝土中的钢筋，受到高温的影响远小于暴露在空气中的钢筋。只要钢筋表面的混凝土保护层具有一定厚度，在发生火灾时钢筋不会很快软化，即可避免结构倒塌。

(4)整体性良好。现浇或装配整体式混凝土结构具有良好的整体性，从而结构的刚度及稳定性都比较好，这有利于抗震、抵抗振动和爆炸冲击波。

(5)可模性强。新拌和的混凝土为可塑的，因此，可根据需要制成任意形状和尺寸的结构，这有利于建筑造型。

(6)节约钢材。钢筋混凝土结构合理地利用了材料的性能，发挥了钢筋与混凝土各自的优势，与钢结构相比，它能节约钢材并降低造价。

混凝土结构的主要缺点如下：

(1)自重大。混凝土结构自身重力较大，这样它所能负担的有效荷载相对较小。这对大跨度结构、高层建筑结构都不利。另外，自重大会使结构地震作用加大，故对结构抗震也不利。

(2)抗裂性差。钢筋混凝土结构在正常使用情况下，构件截面受拉区通常存在裂缝。如果裂缝过宽，则会影响结构的耐久性和应用范围。

(3)需要模板。混凝土结构的制作需要模板予以成型。如采用木模板，则可重复使用的次数少，会增加工程造价。

另外，混凝土结构施工工序复杂，周期较长，而且易受季节气候影响；对于现役混凝土结构，如遇损坏，则修复困难；其隔热、隔声性能也比较差。

随着科学技术的不断发展，混凝土结构的缺点正在被逐渐克服或有所改进。如采用轻质、高强度混凝土及预应力混凝土，可减小结构自身重力并提高其抗裂性；采用可重复使用的钢模板，会降低工程造价；采用预制装配式结构，可以改善混凝土结构的制作条件，使其少受或不受气候条件的影响，并能提高工程质量及加快施工进度等。

1.2 混凝土结构的发展概况

1.2.1 发展阶段

混凝土结构的应用约有150年的历史，可大致划分为四个阶段。1850年到1920年为第一阶段，这时由于钢筋和混凝土的强度都很低，其仅能用于建造一些小型的梁、板、柱、基础等构件，钢筋混凝土本身的计算理论尚未建立，需按弹性理论进行结构设计；1920年到1950年为第二阶段，这时人们已用混凝土建成各种空间结构，发明了预应力混凝土并将之应用于实际工程，开始按破损阶段进行构件截面设计；1950年到1980年为第三阶段，由于材料强度的提高，混凝土单层房屋和桥梁结构的跨度不断增大，混凝土高层建筑的高度已达262 m，混凝土的应用范围进一步扩大，各种现代化施工方法普遍采用，同时人们广泛采用预制构件，结构构件设计已过渡到按极限状态的设计方法。

从1980年起，混凝土结构的发展进入第四阶段。尤其是近十余年来，大模板现浇和大板等工业化体系进一步发展，高层建筑新结构体系(如框桁架体系和外伸结构等)有较多的应用。振动台试验、拟动力试验和风洞试验较普遍地开展。计算机辅助设计和绘图的程序化，改进了设计方法并提高了设计质量，也减轻了设计工作量。非线性有限元分析方法的广泛应用，推动了混凝土强度理论和本构关系的深入研究，并形成了“近代混凝土力学”这一分支学科。结构构件的设计已采用以概论理论为基础的极限状态设计方法。

1.2.2 应用

混凝土结构广泛应用于土木工程的各个领域，下面简要介绍其主要应用情况。

混凝土强度随着生产的发展而不断提高，目前C50～C80级混凝土，甚至更高强度混凝土的应用已较普遍。各种特殊用途的混凝土不断研制成功并获得应用，例如：超耐久性混凝土的耐久年限可达500年；耐热混凝土可耐达1 800 ℃的高温；钢纤维混凝土和聚合物混凝土，防射线、耐磨、耐腐蚀、防渗透、保温等有特殊性能的混凝土也应用于实际工程之中。

房屋建筑中的住宅和公共建筑，广泛采用钢筋混凝土楼盖和屋盖。单层厂房很多采用钢筋混凝土柱、基础，钢筋混凝土或预应力混凝土屋架及薄腹梁等。高层建筑混凝土结构体系的应用甚为广泛。需特别指出的有：1996年建成的广州中信广场(80层，高391 m)是当时世界上最高的钢筋混凝土结构高楼；1998年建成的马来西亚石油双塔楼(88层，高452 m)，以及2003年建成的中国台北国际金融中心(101层，高455 m)，这两幢房屋均采用钢-混凝土建筑结构；我国上海金茂大厦(88层，高420.5 m)为钢筋混凝土和钢构架混合结构，其中，横穿混凝土核心筒的三道8 m高的多方位外伸钢桁架，为世界高层建筑所罕见；上海浦东环球金融中心大厦(地上101层，高492 m)，内筒为钢筋混凝土结构，塔楼核心筒和巨型柱施工水平世界先进；世界上已知建造高度在800 m以上的塔楼，有日本东京的千禧年塔楼(Millenium Tower，高840 m)，以及迪拜的哈利法塔(高828 m)。

知识拓展：其他工程中的应用

知识拓展：新型混凝土结构

知识拓展：高性能混凝土研究现状及发展方向

知识拓展：纤维的分类

1.3 结构的分类

结构有多种分类方法。在此，将其分成如下三类：

(1)水平承重结构：如房屋中的楼盖结构和屋盖结构；

(2)竖向承重结构：如房屋中的框架、排架、钢架、剪力墙、筒体等结构；

(3)底部承重结构：如房屋中的地基和基础。

这三类承重结构的荷载传递关系如图1.2所示，即水平承重结构将作用在楼盖、屋盖上的荷载传递给竖向承重结构，竖向承重结构将自身承受的荷载，以及水平承重结构传来的荷载传递给基础和地基。

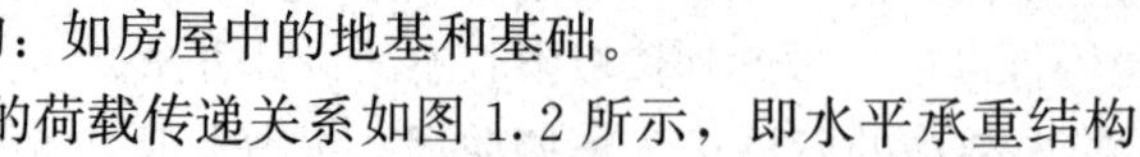

图1.2 结构的荷载传递关系

将结构作以上分类，不但可以清楚地了解结构中荷载的传递关系，而且可以更为深入地研究各类结构。但应当指出的是，三类承重结构是一个整体，它们相互作用、相互影响。水平承重结构将荷载传递给竖向承重结构，水平承重结构有可能是竖向承重结构的组成部分，如楼盖结构中的主梁可能是框架结构中的横梁；竖向承重结构将荷载传递给底部承重结构，底部承重结构的变形也可能使上部结构的内力和变形发生变化。

1.4 结构选型、布置原则与分析方法

1.4.1 结构选型原则

水平承重结构有梁板体系和无梁体系，屋盖结构还有有檩的屋架或屋面大梁体系和无檩的屋架或屋面大梁体系；竖向承重结构有框架、排架、钢架、剪力墙、框架-剪力墙、筒体等多种体系；底部承重结构有独立基础、条形基础、筏形基础、箱形基础、桩基础等多种基础形式；地基有天然地基和人工地基之分。

进行结构设计时，首先要选择结构形式。结构选型是否合理，不但关系到是否满足使用要求和结构受力是否可靠，而且关系到是否经济和方便施工等问题。结构选型的基本原则是：满足使用要求；受力性能好；施工简便；经济合理。

1.4.2 结构布置原则

所谓结构布置，就是要确定哪里设梁、哪里设柱、哪里设墙等问题。结构布置应遵循以下原则：

(1)在满足使用要求的前提下，沿结构的平面和竖向应尽可能简单、规则、均匀、对称，避免发生突变；

(2)荷载传递路线明确，结构计算简图简单并易于确定；

(3)结构的整体性好，受力可靠；

(4)施工简便；

(5)经济合理。

此外，在平面尺寸较大的建筑中，要考虑是否设置温度伸缩缝的问题。在地基不均匀或不同部位的高度、荷载相差较大的房屋中，要考虑沉降缝的设置问题。在地震区，当房屋相距很近或房屋中设有温度伸缩缝(或沉降缝)时，为了防止地震时房屋与房屋之间或同一房屋中不同结构单元之间相互碰撞造成房屋毁坏，应考虑设置防震缝。温度伸缩缝、沉降缝和防震缝统称为变形缝。当房屋中需要同时设置以上三种变形缝时，应尽可能将它们设置在同一位置处。

1.5 主要内容与学习重点

1.5.1 主要内容

混凝土结构按其构成的形式，可分为实体结构和组合结构两大类。大坝、桥墩、基础等通常为实体，称为实体结构；建筑、桥梁、地下等工程中的混凝土结构通常由杆和板组成，称为组合结构。其中，杆包括直杆(梁、柱等)和曲杆(拱、曲梁等)，板包括平板(楼板等)和竖板(墙)。如按结构构件的主要受力特点来区分，上述结构构件可分为以下几类：

(1)受弯构件，如梁、板等。这类构件的截面上有弯矩作用，故称为受弯构件。与此同时，构件截面上也有剪力存在。对于板，剪力对设计计算一般不起控制作用。而在梁中，除应考虑弯矩外，还需考虑剪力的作用。

(2)受压构件，如柱、墙等。这类构件都有压力作用。当压力沿构件纵轴作用在构件截面上时，则为轴心受压构件；如果压力在截面上不是沿纵轴作用或截面上同时有压力和弯矩作用时，则为偏心受压构件。柱、墙、拱等构件一般为偏心受压且还有剪力作用。所以，受压构件中通常有弯矩、轴力和剪力同时作用，当剪力较大时，在计算中应考虑其影响。

(3)受拉构件，如屋架下弦杆、拉杆拱中的拉杆等，通常按轴心受拉构件(忽略构件自身重力)考虑。又如层数较多的框架结构，在竖向荷载和水平力的共同作用下，有的柱截面上除产生剪力和弯矩外，还可能出现拉力，这种构件则为偏心受拉构件。

(4)受扭构件，如曲梁、框架结构的边梁等。这类构件的截面上除产生弯矩和剪力外，还会产生扭矩。因此，对这类结构构件应考虑扭矩的作用。

在混凝土结构设计中，首先根据结构使用功能要求并考虑经济、施工等条件，选择合理的结构方案，进行结构布置以及确定构件类型等；然后根据结构上所作用的荷载及其他作用，对结构进行内力分析，求出构件截面内力(包括弯矩、剪力、轴力、扭矩等)。在此基础上，对组成结构的各类构件分别进行构件截面设计，即确定构件截面所需的钢筋数量、配筋方式，并采取必要的构造措施。

1.5.2 学习重点

如上所述，本课程主要讲述混凝土结构及构件的基本理论，因为钢筋混凝土是由非线性且拉压强度相差悬殊的混凝土和钢筋组合而成，受力性能复杂，因而本课程的内容更为丰富，有不同于一般材料力学的一些特点，学习时应予以注意。本书的学习重点如下：

(1)掌握土木工程对钢筋、混凝土的性能要求与选用原则；

(2)掌握荷载与材料强度的取值方法，掌握极限状态实用设计表达式的基本概念及应用；

(3)掌握受弯构件、受压构件、受拉构件的计算方法，了解受扭构件的计算方法；

(4)掌握结构计算简图的确定方法及各构件截面尺寸的估算方法；

(5)掌握结构在各种荷载下的内力计算与内力组合方法；

(6)掌握结构的配筋计算及构造要求。

章节回顾

(1)客观认识混凝土结构的优缺点，其主要的优点：易于就地取材，耐久性好，耐火性好，整体性好，可模性好，节约钢材。主要的缺点：自重大，抗裂性差，需要模板，施工工序复杂，工期长等。

(2)钢筋与混凝土能够有效地结合在一起而共同工作，主要基于下述三个条件：钢筋与混凝土之间存在着粘结力，钢筋与混凝土两种材料的温度线膨胀系数很接近，混凝土对钢筋起到了保护和固定作用。

(3)结构选型的基本原则：满足使用要求，受力性能好，施工简便，经济合理。

同步测试

一、简答题

1. 试分析素混凝土梁与钢筋混凝土梁在承载力和受力性能方面的差异。

2. 钢筋与混凝土共同工作的基础是什么？

3. 混凝土结构有哪些优点和缺点？如何克服存在的缺点？

4. 结构选型与结构布置应遵循哪些原则？

5. 本课程主要包括哪些内容？学习时应注意哪些问题？

二、填空题

1. 混凝土结构是________________、________________和____________________的总称。

2. 钢筋和混凝土的物理、力学性能不同，它们能够结合在一起共同工作的主要原因在于________________、________________和________________。

3. 结构布置时，在满足使用要求的前提下，沿结构的平面和竖向应尽可能简单、________________、均匀、________________，避免发生突变。

4. 结构选型的基本原则是：满足使用要求、________________、____________________与经济合理。

模块 2 钢筋与混凝土材料的物理力学性能

学习目标

知识目标

1. 了解建筑钢材的品种、规格及选用要求；
2. 掌握建筑钢筋的力学性能及其指标；
3. 掌握混凝土的强度等级和混凝土变形性能；
4. 理解钢筋与混凝土的黏结机理。

能力目标

1. 能熟练根据所选混凝土强度等级、钢筋级别，查取相关参数；
2. 能认知钢筋与混凝土的黏结作用。

素质目标

1. 通过材料强度的学习，培养学生认真把握材料质量关，确保工程质量；
2. 通过材料试验，培养学生基本的职业素养。

2.1 钢　　筋

2.1.1 钢筋的品种及级别

混凝土结构中使用的钢筋，按化学成分，可分为碳素钢和普通低合金钢两大类；按生产工艺和强度，可分为热轧钢筋、中高强度钢丝、钢绞线和冷加工钢筋；按表面形状，可分为光圆钢筋和带肋钢筋等。在一些大型的、重要的混凝土结构或构件中，也可以将型钢置入混凝土中形成劲性钢筋。碳素钢除含有铁元素外，还含有少量的碳、锰、硅、磷、硫等元素。含碳量越高，钢材的强度越高，但变形性能和可焊性越差。钢材通常可分为低碳钢(含碳量小于 0.25%)和高碳钢(含碳量为 0.6%～1.4%)。碳素钢中加入少量的合金元素，如锰、硅、镍、钛、钒等，生成普通低合金钢，如 20MnSi、20MnSiV、20MnSiNb、20MnTi 等。

《混凝土结构设计规范(2015 年版)》(GB 50010—2010)(以下简称《结构规范》)规定混凝土结构中使用的钢筋主要有热轧钢筋、热处理钢筋和钢丝、钢绞线等。

1. 热轧钢筋

热轧钢筋主要用于钢筋混凝土结构中，也可在预应力混凝土结构中作为非预应力钢筋使用。常用热轧钢筋按其强度由低到高，分为 HPB300、HRB400、HRBF400 和 RRB400、HRB500、HRBF500 六种，其符号和强度标准值范围见附表 1。HPB300 钢筋为低碳钢，其余均为普通低合金钢。RRB400 钢筋为余热处理钢筋，其屈服强度与 HRB400 级钢筋相同，但热稳定性能不如 HRB400 级钢筋，焊接时在热影响区强度有所降低。HRBF 系列的钢筋指细晶粒热轧带肋钢筋。

除 HPB300 钢筋为光圆钢筋外，其余强度较高的钢筋均为表面带肋钢筋，带肋钢筋的表面肋形主要有月牙纹和等高肋(螺纹、“人”字纹)。

等高肋钢筋中，螺纹钢筋和“人”字纹钢筋的纵肋和横肋都相交，差别在于螺纹钢筋表面的肋形方向一致，而“人”字纹钢筋表面的肋形方向不一致，形成“人”字。月牙纹钢筋表面无纵肋，横肋在钢筋横截面上的投影呈月牙状。月牙纹钢筋与混凝土的黏结性能略低于等高肋钢筋，但仍能保证良好的黏结性能，锚固延性及抗疲劳性能等优于等高肋钢筋，因此成为目前主流生产的带肋钢筋。

2. 预应力螺纹钢筋、钢丝和钢绞线

消除应力钢丝和钢绞线都是高强度钢筋，其符号和直径范围见附表 2，主要用于预应力混凝土结构中。预应力螺纹钢筋也称为精轧螺纹钢筋，主要采用热轧、轧后余热处理或热处理等工艺生产的预应力混凝土用螺纹钢筋，公称直径范围为 18～50 mm。消除应力钢丝分为光面钢丝和螺旋肋钢丝两种。钢绞线是由多根高强度钢丝捻制在一起，经低温回火处理，清除内应力后制成，有 3 股和 7 股两种。钢丝和钢绞线不能采用焊接方式连接。钢筋外形如图 2.1 所示。

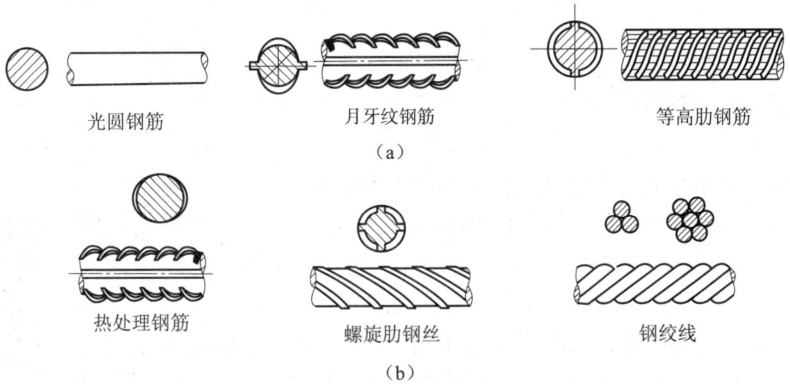

图 2.1　钢筋的外形

(a)普通钢筋；(b)预应力钢筋

2.1.2　钢筋的强度和变形

1. 有明显屈服点钢筋单向拉伸的应力-应变曲线

有明显屈服点钢筋单向拉伸的应力-应变曲线如图 2.2 所示。曲线由三个阶段组成：弹性阶段、屈服阶段和强化阶段。在 A 点以前的阶段称为弹性阶段，A 点称为比例极限点。在 A 点以前，钢筋的应力随应变成比例增长，即钢筋的应力-应变关系为线性关系；过 A 点后，应变增长速度大于应力增长速度，应力增长较小的幅度后达到 B' 点，钢筋开始屈服。随后应力稍有降低，达到 B 点，钢筋进入流幅阶段，曲线接近水平线，应力不增加而应变持续增加。B'点和B点分别称为上屈服点和下屈服点。上屈服点不稳定，受加载速度、截面形式和表面光洁度等因素的影响；下屈服点一般比较稳定，所以，一般以下屈服点对应的应力作为有明显流幅钢筋的屈服强度。经过流幅阶段达到C点后，钢筋的弹性会有部分恢复，钢筋的应力会有所增加，达到最大点D，应变大幅度增加，此阶段为强化阶段，最大点D对应的应力称为钢筋的极限强度。达到极限强度后继续加载，钢筋会出现“颈缩”现象；最后，在“颈缩”处E点钢筋被拉断。尽管热轧低碳钢和低合金钢都属于有明显流幅的钢筋，但不同强度等级的钢筋的屈服台阶的长度是不同的，强度越高，屈服台阶的长度越短，塑性越差。

2. 无明显屈服点钢筋单向拉伸的应力-应变曲线

无明显屈服点钢筋单向拉伸的应力-应变曲线如图 2.3 所示。其特点是没有明显的屈服点，钢筋被拉断前，钢筋的应变较小。对于无明显屈服点的钢筋，《结构规范》规定以极限抗拉强度的 85%($0.85\sigma_b$)作为名义屈服点，用$\sigma_{0.2}$表示。此点的残余应变为 0.002。

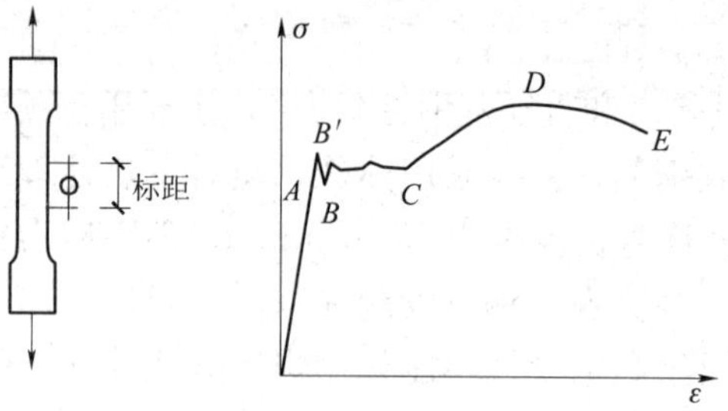

图 2.2 有明显流幅的钢筋的应力-应变曲线

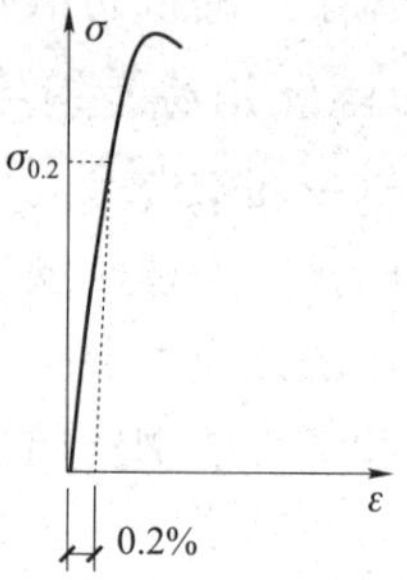

图 2.3 无明显流幅的钢筋的应力-应变曲线

3. 钢筋的力学性能指标

混凝土结构中所使用的钢筋既要有较高的强度，提高混凝土结构或构件的承载能力，又要有良好的塑性，以改善混凝土结构或构件的变形性能。衡量钢筋强度的指标有屈服强度和极限强度，衡量钢筋塑性性能的指标有延伸率和冷弯性能。

(1)屈服强度与极限强度。钢筋的屈服强度是混凝土结构构件设计的重要指标。如上所述，钢筋的屈服强度是钢筋应力-应变曲线下屈服点对应的强度(有明显屈服点的钢筋)或名义屈服点对应的强度(无明显屈服点的钢筋)。达到屈服强度时钢筋的强度还有富余，是为了保证混凝土结构或构件正常使用状态下的工作性能和偶然作用下(如地震作用)的变形性能。钢筋拉伸应力-应变曲线对应的最大应力，为钢筋的极限强度。钢筋的屈服强度与极限强度的比值称为屈强比，可反映钢筋的强度储备，一般取值为 0.6～0.7。

知识拓展：钢筋理想弹塑性应力-应变模型

(2)延伸率与冷弯性能。钢筋拉断后的伸长值与原长的比值为钢筋的延伸率。国家标准规定了合格钢筋在给定标距(量测长度)下的最小延伸率，用δ_{10}或δ_5表示。δ表示断后伸长率，下标分别表示标距为$10d$和$5d$，d为被检钢筋直径。一般δ_5大于δ_{10}，因为残留应变主要集中在“颈缩”区域，而“颈缩”区域与标距无关。为增加钢筋与混凝土之间的锚固性能，混凝土结构中的钢筋往往需要弯折。有脆化倾向的钢筋在弯折过程中容易发生脆断或裂纹、脱皮等现象，而通过拉伸试验不能检验其脆化性质，应通过冷弯试验来检验。合格的钢筋绕直径为D[$D=1d$(HPB300)、$3d$(HRB400)，

知识拓展：钢筋的应力松弛

d 为被检钢筋的直径]的弯芯弯曲到规定的角度后，钢筋应无裂纹、脱皮现象。钢筋塑性越好，钢辊直径 D 越小，冷弯角就越大(图 2.4)。冷弯试验检验钢筋弯折加工性能，且更能综合反映钢材性能的优劣。

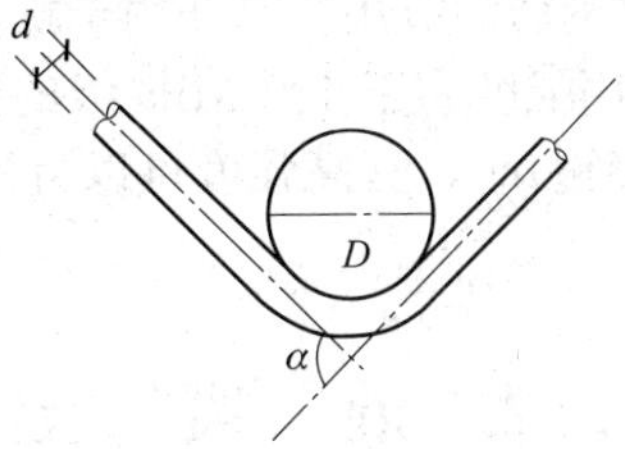

图 2.4 钢筋的弯曲试验

α—弯曲角度；D—弯芯直径

2.1.3 钢筋的选用原则

1. 混凝土结构对钢筋性能的要求

混凝土结构对钢筋性能的要求主要有以下五个方面：

(1)强度高。使用强度高的钢筋可以节省钢材，取得较好的经济效益。但混凝土结构中，钢筋能否充分发挥其高强度，取决于混凝土构件截面的应变。钢筋混凝土结构中，受压钢筋所能达到的最大应力为 400 MPa，因此选用设计强度超过 400 MPa 的钢筋，并不能充分发挥其高强度；钢筋混凝土结构中若使用高强度受拉钢筋，在正常使用条件下，要使钢筋充分发挥其强度，混凝土结构的变形与裂缝就不会满足正常使用要求，所以，高强度钢筋只能用于预应力混凝土结构中。

(2)变形性能好。为了保证混凝土结构构件具有良好的变形性能，在破坏前能给出即将破坏的预兆，不发生突然的脆性破坏，要求钢筋有良好的变形性能，并通过延伸率和冷弯试验来检验。HPB300 级和 HRB400 级热轧钢筋的延性和冷弯性能很好；钢丝和钢绞线具有较好的延性，但不能弯折，只能以直线或平缓曲线的形式应用；余热处理 RRB400 级钢筋的冷弯性能也较差。

(3)可焊性好。混凝土结构中钢筋需要连接，连接可采用机械连接、焊接和搭接。其中，焊接是一种主要的连接形式。可焊性好的钢筋焊接后不产生裂纹及过大的变形，焊接接头有良好的力学性能。对于钢筋焊接质量，除了外观检查外，一般通过直接拉伸试验检验。

(4)与混凝土有良好的黏结性能。钢筋和混凝土之间必须有良好的黏结性能，才能保证钢筋和混凝土共同工作。钢筋的表面形状是影响钢筋和混凝土之间黏结性能的主要因素，具体见本模块 2.3 节。

(5)经济性。衡量钢筋经济性的指标是强度价格比，即每元钱可购得的单位钢筋的强度。强度价格比高的钢筋比较经济，不仅可以减小配筋率，方便施工，还减少了加工、运输、施工等一系列附加费用。

2. 钢筋的选用原则

《结构规范》规定按下述原则选用钢筋：

(1)纵向受力普通钢筋可采用 HRB400、HRB500、HRBF400、HRBF500、HRB335、RRB400、HPB300 钢筋；

(2)梁、柱和斜撑构件的纵向受力普通钢筋宜采用 HRB400、HRBF400、HRB500、HRBF500 钢筋；

(3)箍筋宜采用HRB400、HRBF400、HRB335、HPB300、HRB500、HRBF500钢筋。

上述原则是在我国提出的“四节一环保”要求的前提下确定的，提倡应用高强度、高性能钢筋。推广400 MPa、500 MPa级高强度热轧带肋钢筋作为纵向受力的主导钢筋，限制并逐步淘汰335 MPa级热轧带肋钢筋的应用。箍筋用于抗剪、抗扭及抗冲切设计时，其抗拉强度设计值受到限制，不宜采用强度高于400 MPa级的钢筋。当用作约束混凝土的间接配筋(如连续螺旋配箍或封闭焊接箍)时，其高强度可以得到充分发挥。采用500 MPa级钢筋，具有一定的经济效益。

2.2 混　凝　土

混凝土是由水、水泥和集料(包括粗集料和细集料，粗集料有碎石、卵石等；细集料有粗砂、中砂、细砂等)等材料按一定配合比拌和、入模浇捣、养护硬化后形成的人工石材。

2.2.1 混凝土的强度

1. 混凝土的强度等级

在实际混凝土工程中，绝大多数混凝土处于多向受力状态，但由于混凝土的特点，建立完善的复合应力作用下的强度理论比较困难，所以，以单向受力状态下的混凝土强度作为研究多轴强度的基础和重要参数。混凝土的单轴抗压强度是混凝土的重要力学指标，是划分混凝土强度等级的依据。

《结构规范》确定的试验方法：用边长为150 mm的标准立方体试件，在标准养护条件下(温度为20 ℃±2 ℃，相对湿度不小于95%)养护28 d后，按照标准试验方法测得的具有95%保证率的抗压强度，作为混凝土的立方抗压强度标准值，用符号$f_{cu,k}$表示。标准试验方法是指混凝土试件在试验过程中要采用恒定的加载速度：混凝土强度等级小于C30时，取每秒钟0.3～0.5 N/mm^2；混凝土强度等级大于等于C30且小于C60时，取每秒钟0.5～0.8 N/mm^2；混凝土强度等级大于等于C60时，取每秒钟0.8～1.0 N/mm^2。试验时，混凝土试件上、下两端面(即与试验机接触面)不涂刷润滑剂。

视频：混凝土立方体抗压强度

《结构规范》根据混凝土立方体抗压强度标准值$f_{cu,k}$，把混凝土强度划分为14个强度等级，分别为C15、C20、C25、C30、C35、C40、C45、C50、C55、C60、C65、C70、C75和C80。其中，C表示混凝土，后面的数字表示立方体抗压强度标准值，混凝土强度等级的级差均为5 N/mm^2。

尺寸效应对混凝土立方体抗压强度有较大的影响。对于同样配合比的混凝土，在其他试验条件相同的情况下，小尺寸试件所测得的抗压强度值较高。这是因为试件的尺寸越小，压力试验机垫板对它的约束作用越大，抗压强度越高。对于边长为100 mm和200 mm的立方体试件，混凝土强度换算系数见表2.1。

表2.1　混凝土强度换算系数

立方体试块尺寸/mm	强度换算系数
200×200×200	1.05
150×150×150	1.00
100×100×100	0.95

2. 混凝土的轴心抗压强度

混凝土的抗压强度与试件的尺寸及其形状有关，而且实际受压构件一般是棱柱体，为更好地反映构件的实际受压情况，采用棱柱体试件进行抗压试验，所测得的强度称为轴心抗压强度。我国采用的棱柱体标准试件尺寸为 $b\times b\times h=150$ mm×150 mm×300 mm。试件在标准条件下养护 28 d 后，采取标准试验方法进行测试。试验时，试件的上、下两端的表面均不涂刷润滑剂，试验装置及试件破坏情形如图 2.5 所示。

视频：轴心抗压强度试验

试验表明，棱柱体试件的抗压强度低于立方体试件的抗压强度，而且棱柱体试件的高宽比 h/b 越大，其强度越低。当 h/b 由 1 增大至 2 时，抗压强度快速下降，但当 $h/b>2$ 时，其抗压强度变化不大，所以取 150 mm×150 mm×300 mm 作为标准试件的尺寸。

混凝土棱柱体抗压强度小于立方体抗压强度，两者之间大致呈线性关系，如图 2.6 所示。经过大量的试验数据统计分析，混凝土轴心抗压强度与立方体抗压强度之间的关系为

$$f_{ck}=0.88\alpha_1\alpha_2 f_{cu,k} \tag{2-1}$$

式中 f_{ck}——混凝土轴心抗压强度的标准值；

$f_{cu,k}$——混凝土立方体抗压强度的标准值；

α_1——棱柱体抗压强度与立方体抗压强度之比，其随着混凝土强度等级的提高而增大，对低于 C50 的混凝土，取 $\alpha_1=0.76$，对 C80 的混凝土，取 $\alpha_1=0.82$，其间线性插值；

α_2——考虑 C40 以上混凝土脆性的折减系数，对 C40 取 $\alpha_2=1.0$，对 C80 取 $\alpha_2=0.87$，中间按线性规律变化。

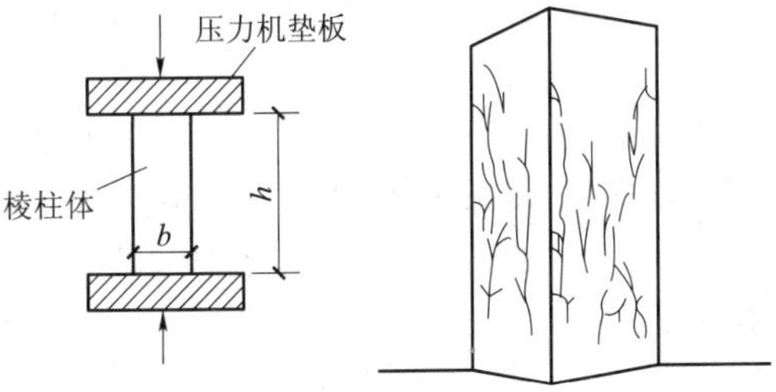

图 2.5　混凝土棱柱体抗压试验和破坏情况

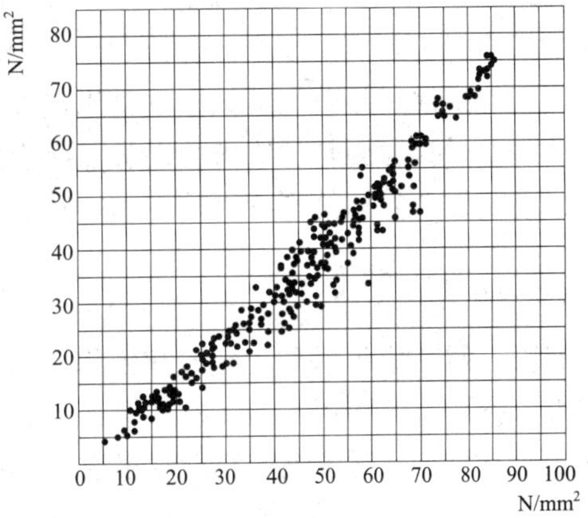

图 2.6　混凝土棱柱体轴心抗压强度与立方体抗压强度的关系

3. 混凝土的轴心抗拉强度

混凝土的轴心抗拉强度测试通常采用轴心拉伸试验和劈裂试验两种方法。

视频：轴心抗拉强度试验

由于轴心受拉试验时要保证轴向拉力的对中十分困难，实际常常采用立方体或圆柱体劈裂试验来代替轴心拉伸试验，如图 2.7 所示。我国在劈裂试验时采用的试件为 150 mm×150 mm×150 mm 的标准试件，通

过弧形钢垫条(垫条与试件之间垫以木质三合板垫层)施加竖向压力。

在试件的中间截面(除加载垫条附近很小的范围外)，存在均匀分布的拉应力。当拉应力达到混凝土的抗拉强度时，试件被劈裂成两半。劈裂强度 f_t 按下列公式计算：

$$f_t=\frac{2F}{\pi dl} \tag{2-2}$$

式中 F——劈裂试验破坏荷载；

d——圆柱体直径或立方体边长；

l——圆柱体长度或立方体边长。

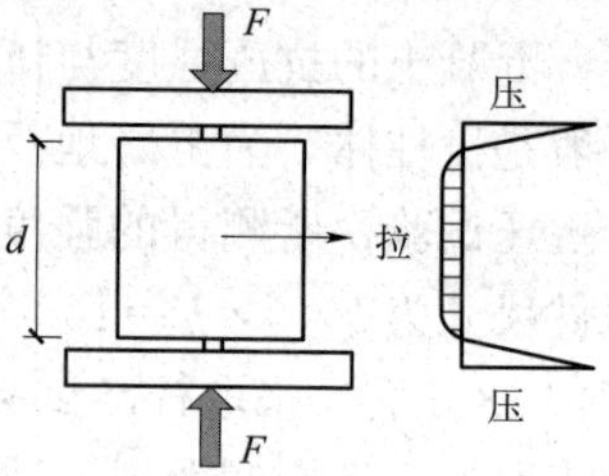

图 2.7 通过劈裂试验测试混凝土抗拉强度

混凝土的轴心抗拉强度标准值 f_{tk} 与立方体抗压强度标准值 $f_{cu,k}$ 之间有以下对应关系：

$$f_{tk}=0.88\times0.395f_{cu,k}^{0.55}(1-1.645\delta)^{0.45}\alpha_2 \tag{2-3}$$

式中 δ——混凝土强度变异系数。

4. 侧向应力对混凝土轴心抗压强度的影响

侧向压应力的存在，会使轴心抗压强度提高。根据间接体试件周围加侧向液压的试验结果(图 2.8)，得到三向受压时混凝土纵向抗压强度 f'_{cc} 的经验公式为

$$f'_{cc}=f'_c+4.1f_L \tag{2-6}$$

式中 f'_{cc}——有侧向约束时的混凝土轴心抗压强度；

f'_c——无侧向约束时的混凝土轴心抗压强度；

f_L——侧向约束压应力。

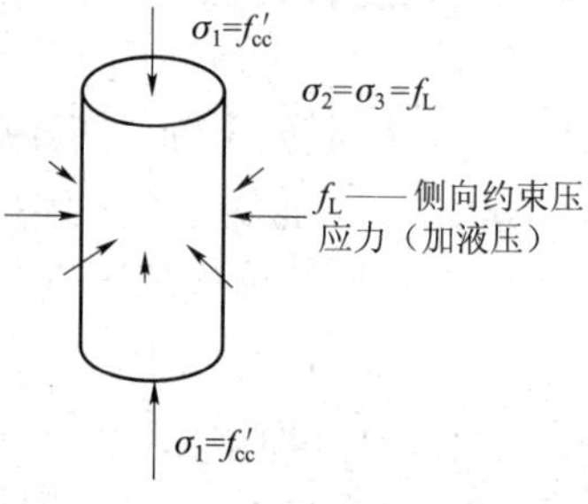

图 2.8 混凝土三向受压

混凝土试件三向受压强度提高的原因是：侧向压应力约束了混凝土的横向变形，形成约束混凝土，从而延迟和限制了混凝土内部裂缝的发生和发展，使试件不易破坏。如在试件纵向受压的同时侧向受到拉应力，则混凝土轴心抗压强度会降低，其原因是拉应力会助长混凝土裂缝的发生和发展。

目前工程上应用的螺旋钢箍柱和钢管混凝土柱，即利用该原理提高柱的承载能力。

2.2.2 混凝土的变形

混凝土的变形包括受力变形和体积变形两种。混凝土的受力变形是指混凝土在一次短期加载、长期荷载作用下或多次重复循环荷载作用下产生的变形；而混凝土的体积变形是指混凝土自身在硬化收缩或环境温度改变时产生的变形。

1. 混凝土在短期荷载作用下的变形

(1)混凝土在短期荷载作用下的应力-应变曲线。对混凝土短期单向施加压力所获得的应力-应变关系曲线即单轴受压应力-应变曲线，它能反映混凝土受力全过程的重要力学特征和基本力学性能。典型的混凝土单轴受压应力-应变全曲线如图 2.9 所示。

从图中可看出，全曲线包括上升段和下降段两部分，以 C 点为分界点，每部分由三小段组成。各小段的含义为：OA 段接近直线，应力较小，应变不大，混凝土的变形为弹性变形，原始裂缝影响很小；AB 段为微曲线段，应变的增长稍比应力快，混凝土处于裂缝稳定扩展阶段，其中，B 点的应力是确定混凝土长期荷载作用下抗压强度的依据；BC 段应变增长明显比应力增长快，混凝土处于裂缝快速不稳定发展阶段，其中，C 点的应力最大，即

混凝土极限抗压强度，与之对应的应变 $\varepsilon_0 \approx 0.002$ 为峰值应变；CD 段应力快速下降，应变仍在增长，混凝土中裂缝迅速发展且贯通，出现了主裂缝，内部结构破坏严重；DE 段应力下降变慢，应变增长较快，混凝土内部结构处于磨合和调整阶段，主裂缝宽度进一步增大，最后只依赖集料间的咬合力和摩擦力来承受荷载；EF 段为收敛段，此时试件中的主裂缝宽度快速增大而完全破坏了混凝土内部结构。

不同强度等级混凝土的应力-应变关系曲线如图 2.10 所示。可以看出，虽然混凝土的强度不同，但各条曲线的基本形状相似，具有相同的特征。混凝土的强度等级越高，上升段越长，峰点越高，峰值应变也有所增大；下降段越陡，单位应力幅度内应变越小，延性越差。这在高强度混凝土中更为明显，最后破坏大多为集料破坏，脆性明显，变形小。工程中所用混凝土的 ε_0 为 0.001 5～0.002，极限应变 ε_{cu} 为 0.002～0.006，设计时为简化起见，可统一取 $\varepsilon_0 = 0.002$，$\varepsilon_{cu} = 0.003\ 3$。

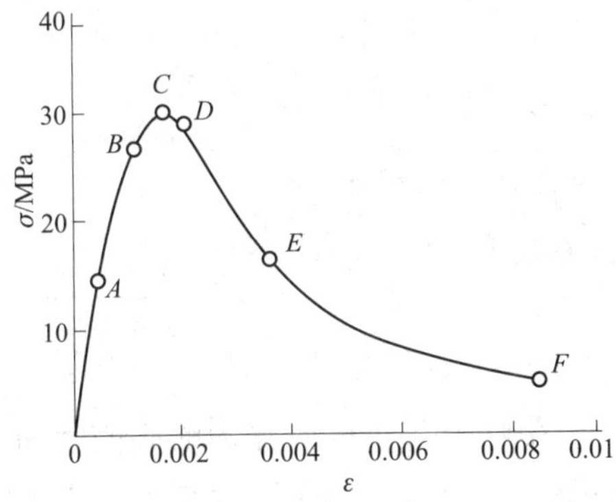

图 2.9　混凝土单轴受压应力-应变关系曲线

A—比例极限点；B—临界点；C—峰点；
D—拐点；E—收敛点；F—曲线末梢点

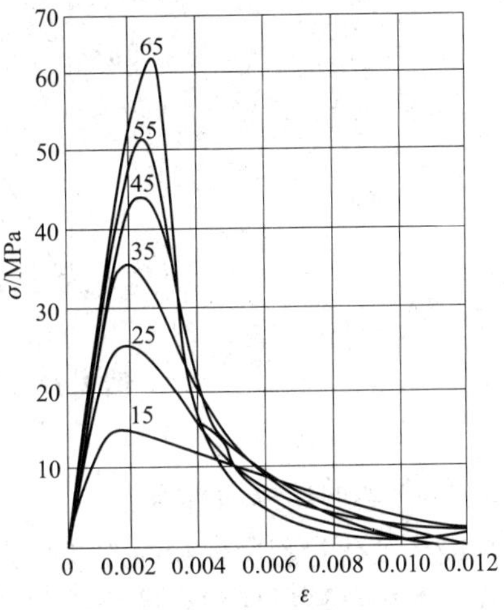

图 2.10　不同强度等级混凝土的应力-应变关系曲线

(2)混凝土的变形模量。混凝土的变形模量广泛地用在计算混凝土结构的内力、构件截面的应力和变形以及预应力混凝土构件截面的应力分析之中。与弹性材料相比，混凝土的应力-应变关系呈现非线性性质，即在不同应力状态下，应力与应变的比值是一个变数。混凝土的变形模量有原点模量 E_c(弹性模量)、割线模量 E_c' 和切线模量三种表示方法，如图 2.11 所示。

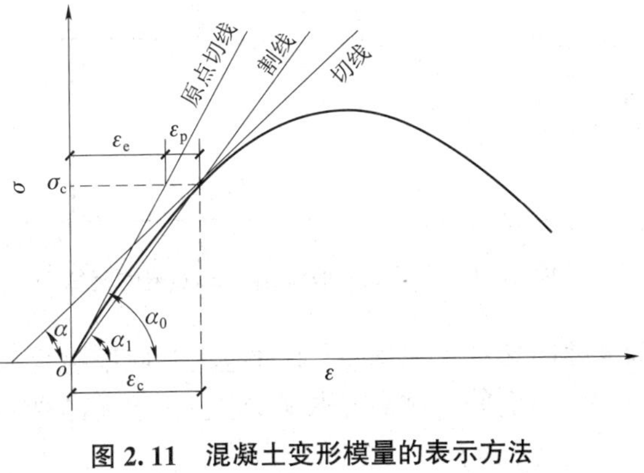

图 2.11　混凝土变形模量的表示方法

由于混凝土并非弹性材料，其应力-应变关系呈非线性，通过一次加载试验所得的曲线难以准确地确定混凝土的弹性模量 E_c，《结构规范》采用标准棱柱体试件，通过反复加载和卸载消除混凝土的塑性变形，测定混凝土的弹性模量(图 2.12)。经数理统计分析，得到混凝土弹性模量的计算公式为

知识拓展：剪变模量

$$E_c=\frac{10^5}{2.2+\frac{34.74}{f_{cu,k}}} \tag{2-4}$$

式中　$f_{cu,k}$——混凝土立方体抗压强度标准值(N/mm²)，混凝土强度越高，弹性模量越大，取值见附表 3。

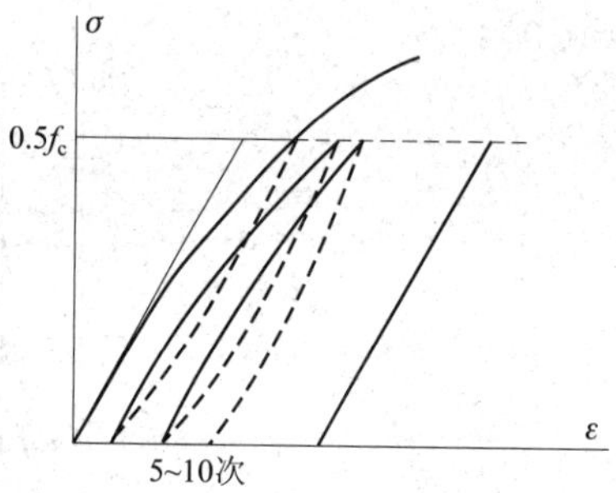

图 2.12　混凝土弹性模量的表示方法

2. 混凝土的收缩与徐变

混凝土硬化过程中体积的改变称为体积变形，它包括混凝土的收缩和膨胀两方面。混凝土在空气中结硬时体积会减小，这种现象称为混凝土的收缩。相反，混凝土在水中结硬时体积会增大，这种现象称为混凝土的膨胀。混凝土的收缩是一种自发的变形，比其膨胀值大许多。因此，当收缩变形不能自由进行时，将在混凝土中产生拉应力，从而有可能导致混凝土开裂；预应力混凝土结构会因混凝土硬化收缩而引起预应力钢筋的预应力损失。混凝土的收缩是由凝胶体的体积凝结缩小和混凝土失水干缩共同引起的，收缩变形随时间的增长而增长，其规律如图 2.13 所示，早期发展较快，一个月内可完成收缩总量的 50%，而后发展渐缓，直至两年以上方可完成全部收缩，收缩应变总量为$(2\sim5)\times10^{-4}$，它是混凝土开裂时拉应变的 2～4 倍。

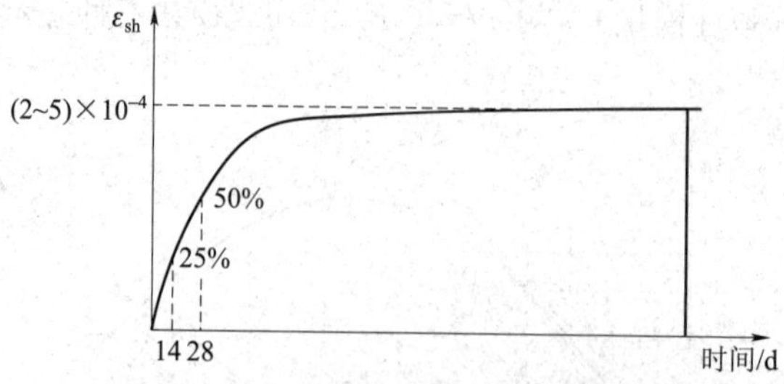

图 2.13　混凝土的收缩随时间发展的规律

影响混凝土收缩的主要因素有水泥用量(用量越大，收缩越大)、水胶比(水胶比越大，收缩越大)、水泥强度等级(强度等级越高，收缩越大)、水泥品种(不同品种有不同的收缩

量)、混凝土集料的特性(弹性模量越大，收缩越小)、养护条件(温、湿度越高，收缩越小)、混凝土成型后的质量(质量好，密实度高，收缩小)、构件尺寸(构件小，收缩大)等。显然影响因素有很多而且复杂，准确地计算收缩量十分困难，所以，应采取一些技术措施来降低收缩所引起的不利影响。

混凝土构件或材料在不变荷载或应力的长期作用下，其变形或应变随时间不断增长，这种现象称为混凝土的徐变。徐变的特性主要与时间有关，通常表现为前期增长快，以后逐渐减慢，经过 2～3 年后趋于稳定，如图 2.14 所示。

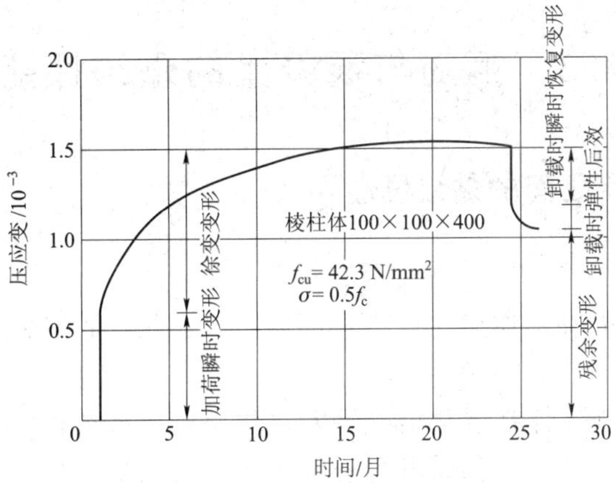

图 2.14　混凝土徐变(加荷卸荷应变与时间关系曲线)

徐变主要由两种原因引起：其一是混凝土具有黏性流动性质的水泥凝胶体，在荷载长期作用下产生黏性流动；其二是混凝土中微裂缝在荷载的长期作用下不断发展。当作用的应力较小时，徐变主要由凝胶体引起；当作用的应力较大时，徐变则主要由微裂缝引起。徐变具有两面性：一则引起混凝土结构变形增大，导致预应力混凝土发生预应力损失，严重时还会引起结构破坏；二则徐变的发生对结构内力重分布有利，可以减小各种外界因素对超静定结构的不利影响，降低附加应力。

混凝土发生徐变的同时往往也有收缩产生，因此，在计算徐变时，应从混凝土的变形总量中扣除收缩变形，才能得到徐变变形。

影响混凝土徐变的因素是多方面的，包括混凝土的组成、配合比、水泥品种、水泥用量、集料特性、集料含量、集料级配、水胶比、外加剂、掺和料、混凝土制作方法、养护条件、加载龄期、构件工作环境、受荷后应力水平、构件截面形状和尺寸、持荷时间等，概括起来可归纳为三个方面因素的影响，即内在因素、环境因素和应力因素。就内在因素而言，水泥含量少、水胶比小、集料弹性模量大、集料含量多，那么徐变小。对于环境因素而言，混凝土养护的温度和湿度越高，徐变越小；受荷龄期越长，徐变越小；工作环境温度越高、湿度越小，徐变越大；构件的体表比越大，徐变越小。而应力因素主要反映在加荷时的应力水平，显然应力水平越高，徐变越大；持荷时间越长，徐变也越大。一般来讲，在同等应力水平下，高强度混凝土的徐变量要比普通混凝土小很多，而如果使高强度混凝土承受较大的应力，那么高强度混凝土与普通混凝土最终的总变形量较为接近。

2.2.3　混凝土的选用原则

为保证结构安全可靠、经济耐久，选择混凝土时，要综合考虑材料的力学性能、耐久性、施工性能和经济性等方面的问题，按照《结构规范》的要求选用。

(1)素混凝土结构的混凝土强度等级不应低于C15；钢筋混凝土结构的混凝土强度等级不应低于C20；当采用强度等级为400 MPa及以上的钢筋时，混凝土强度等级不宜低于C25。

(2)预应力混凝土结构的混凝土强度等级不宜低于C40，且不应低于C30。

(3)承受重复荷载的钢筋混凝土构件，混凝土强度等级不得低于C30。

2.3 钢筋与混凝土的黏结性能

2.3.1 钢筋与混凝土之间的黏结机理

1. 粘结力的组成

钢筋与混凝土之间的黏结作用主要由三部分组成：化学胶着力、摩阻力和机械咬合力。

知识拓展：钢筋与混凝土黏结的作用

化学胶着力是由水泥浆体在硬化前对钢筋氧化层进行渗透、硬化的过程中晶体的生长等产生的。化学胶着力一般较小，当混凝土和钢筋界面发生相对滑动时，化学胶着力会消失。混凝土硬化，发生收缩，从而对其中的钢筋产生径向的握裹力。在握裹力的作用下，当钢筋和混凝土之间有相对滑动或有滑动趋势时，钢筋与混凝土之间产生摩阻力。摩阻力的大小与钢筋表面的粗糙程度有关，表面越粗糙，摩阻力越大。机械咬合力是因钢筋表面凹凸不平与混凝土咬合嵌入而产生的。

光圆钢筋的粘结力主要由化学胶着力和摩阻力组成，相对较小。为了增加光圆钢筋与混凝土之间的锚固性能，减少滑移，光圆钢筋的端部要采取加弯钩或其他机械锚固措施。变形钢筋的机械咬合力，要大大高于光圆钢筋的机械咬合力。此外，钢筋表面的轻微锈蚀也会增加它与混凝土的粘结力。

2. 影响钢筋和混凝土黏结性能的因素

影响钢筋与混凝土黏结性能的因素很多，主要有钢筋的表面形状、混凝土强度及其组成成分、浇筑位置、保护层厚度(结构构件中钢筋外边缘至构件表面用于保护钢筋的混凝土的厚度)、钢筋净间距、横向钢筋约束和横向压力作用等。

(1)钢筋表面形状的影响。一般用单轴拉拔试验得到的锚固强度和黏结滑移曲线表示黏结性能。达到抗拔极限状态时，钢筋与混凝土界面上的平均粘结应力，称为锚固强度，用下式表示：

$$\tau=\frac{N}{\pi dl} \tag{2-5}$$

式中 τ——锚固强度；

N——轴向拉力；

d——钢筋直径；

l——黏结长度。

(2)混凝土强度及其组成成分的影响。混凝土的强度越高，锚固强度越高，相对滑移越小。混凝土的水泥用量越大，水胶比越大，砂率越大，黏结性能越差，锚固强度越低，相对滑移量越大。

(3)浇筑位置的影响。混凝土在硬化过程中会发生沉缩和泌水。水平浇筑构件(如混凝土梁)的顶部钢筋，受到混凝土沉缩和泌水的影响，钢筋下面与混凝土之间容易形成空隙层，从而削弱钢筋与混凝土之间的黏结性能。浇筑位置对黏结性能的影响，取决于构件的浇筑高度，混凝土的坍落度、水胶比、水泥用量等。浇筑高度越高，坍落度、水胶比和水泥用量越大，影响越大。

(4)混凝土保护层厚度和钢筋净间距的影响。混凝土保护层越厚，对钢筋的约束越大，使混凝土产生劈裂破坏所需要的径向力越大，锚固强度越高。钢筋的净间距越大，锚固强度越大。当钢筋的净间距太小时，水平劈裂可能使整个混凝土保护层脱落，显著降低锚固强度。

(5)横向钢筋与侧向压力的影响。横向钢筋的约束或侧向压力的作用，可以延缓裂缝的发展和限制劈裂裂缝的宽度，从而提高锚固强度。因此，在较大直径钢筋的锚固或搭接长度范围内，以及当一层并列的钢筋根数较多时，均应设置一定数量的附加箍筋，以防止混凝土保护层的劈裂、崩落。

2.3.2 保证钢筋和混凝土之间粘结力的措施

保证钢筋和混凝土之间粘结力的措施

章节回顾

钢筋和混凝土的力学性能是钢筋混凝土和预应力混凝土结构构件的基础。本模块讨论了钢筋和混凝土在不同受力条件下强度和变形的变化规律以及这两种材料共同工作的性能，主要包括以下几个方面的内容：

(1)钢筋的强度、变形、品种和规格，不同类型钢筋的应力-应变曲线。

(2)钢筋的选用规定，混凝土结构对钢筋性能的要求。

(3)混凝土的强度等级，影响混凝土强度和变形的因素，混凝土的各类强度指标，混凝土弹性模量的确定方法。混凝土收缩和徐变现象及其对结构的影响。

(4)保证钢筋和混凝土粘结力的构造措施。

同步测试

一、简答题

1. 混凝土结构中使用的钢筋主要有哪些种类？根据钢筋的力学性能，钢筋可以分为哪两种类型？其屈服强度如何取值？

2. 有明显屈服点的钢筋和没有明显屈服点的钢筋的应力-应变曲线有什么不同？

3. 什么是钢筋的应力松弛？

4. 钢筋混凝土结构对钢筋的性能有哪些要求？

5. 混凝土的强度等级是如何确定的？我国《结构规范》规定的混凝土强度等级有哪些？

6. 混凝土的立方体抗压强度标准值、轴心抗压强度标准值和轴心抗拉强度标准值是如何确定的？

7. 混凝土的单轴抗压强度与哪些因素有关？混凝土轴心受压应力-应变曲线有何特点？

8. 混凝土的弹性模量是怎样确定的？

9. 什么是混凝土的徐变？徐变的规律是什么？徐变对钢筋混凝土构件有何影响？影响徐变的主要因素有哪些？如何减小徐变？

10. 什么是混凝土的收缩？收缩有什么规律？其与哪些因素有关？混凝土收缩对钢筋混凝土构件有什么影响？如何减小收缩？

11. 影响钢筋与混凝土黏结性能的主要因素有哪些？为保证钢筋与混凝土之间有足够的粘结力，要采取哪些主要措施？

二、填空题

1. 钢筋的变形性能用________________和________________两个基本指标表示。

2. 根据《结构规范》，钢筋混凝土和预应力混凝土结构中的非预应力钢筋宜选用________________和________________，预应力混凝土结构中的预应力钢筋宜选用________________和________________。

3. 混凝土的峰值压应变随混凝土强度等级的提高而________________，极限压应变值随混凝土强度等级的提高而________________。

4. 水泥用量________________，水胶比________________，水泥强度等级________________，弹性模量________________，温、湿度________________，构件尺寸________________，混凝土成型后的质量________________，混凝土收缩越大。

5. 钢筋与混凝土之间的黏结作用主要由化学胶着力、________________和________________三部分组成。

模块 3　混凝土结构的设计方法

学习目标

知识目标

1. 掌握荷载分类、荷载代表值的概念及种类；
2. 理解结构的功能及其极限状态的含义；
3. 能确定永久荷载、可变荷载的代表值；
4. 能正确应用极限状态实用设计表达式。

能力目标

1. 能熟练应用结构安全等级及分类标准；
2. 能判断结构或构件出现超过承载力极限状态、正常使用极限状态和耐久性极限状态的情形。

素质目标

1. 培养结构设计时同时考虑安全、适用、耐久三个功能要求的素养；
2. 培养“安全第一”的职业素养。

3.1　概念设计和数值设计

知识拓展：概念设计和数值设计工程应用

建筑结构设计按是否考虑地震作用分为抗震设计和非抗震设计(静力设计)。实际上两者有密切的关系。

从建筑结构抗震设计的角度来说，概念设计是指根据由地震震害和工程经验等形成的基本设计原则和设计思想，进行建筑和结构总体布置并确定细部构造的过程。也就是从结构在地震时的总体反应出发，按照结构的破坏机理和破坏过程，依据地震知识、经验和判断，灵活运用抗震设计准则，从一开始就合理地确定建筑物的总体方案和关键部位的细部构造，力求消除薄弱环节，从根本上合理地保证结构的抗震性能。概念设计强调建筑物总体方案和细部构造在抗震设计中的首要地位，并不是说不需要数值设计，而是由于结构地震反应(内力和变形)的复杂性和不确定性，如果不首先处理好总体方案和细部构造，计算分析就缺乏良好的基础。概念设计并不排斥数值设计，而恰恰为正确的数值设计创造有利条件，使数值设计的结果尽可能地反映地震时结构的实际受力情况。如果总体设计存在不妥当和错误，即使计算分析再细致，建筑物在地震中也难免要发生严重的破坏，甚至倒塌。

建筑结构在静力设计中，同样应强调概念设计。由于地基不均匀沉降、材料收缩、温度变化等间接作用在结构中引起的内力和变形目前还很难计算。数值计算模型也很难避免产生与实际受力的差异。工程实践表明，如果结构(包括基础)选型和布置、构造设计等概念设计环节处理不合理，即使作了细致的数值设计，也可能发生质量事故。

3.2 结构设计的基本原则

3.2.1 结构的功能要求

结构在使用期间承受各种荷载和作用。在规定的结构设计使用年限内、在规定的条件下，结构应具有预定的功能要求，概括起来包括安全性、适用性和耐久性三个方面。

1. 安全性

安全性一是指结构在正常施工和正常使用条件下，能承受可能出现的各种荷载作用，防止建筑物破坏；二是指在设计限定的偶然事件发生时和发生后仍能保持必需的整体稳定性，结构仅发生局部的损坏而不致发生连续倒塌。

依据工程经验和近代可靠性理论，绝对避免建筑物的破坏是不可能的，结构失效的风险总是存在的，所以，在建筑结构设计计算中，应采用概率理论。

根据建筑物的重要性，即结构破坏时可能产生的后果(危及人的生命、造成经济损失、产生社会影响等)的严重性，设计结构时应采用相应的安全等级。建筑结构的安全等级划分为三级，见表3.1。设计中，安全等级用结构重要性系数 γ_0 反映。混凝土结构中各类结构构件的安全等级宜与整个结构的安全等级相同。对其中部分结构构件，可依据其重要程度，适当提高其安全等级。

表3.1 建筑结构的安全等级

安全等级	破坏后果	示例	γ_0
一级	很严重	大型的公共建筑等重要结构	≥1.1
二级	严重	普通的住宅和办公楼等一般结构	≥1.0
三级	不严重	小型的或临时性储存建筑等次要结构	≥0.9

注：建筑结构抗震设计中的甲类建筑和乙类建筑，其安全等级宜规定为一级；丙类建筑，其安全等级宜规定为二级；丁类建筑，其安全等级宜规定为三级。

2. 适用性

适用性是指结构在正常使用条件下具有良好的工作性能，如不发生影响正常使用的过大扰动、永久变形和过大的振幅或显著的振动，不产生让使用者感到不安的裂缝宽度等。

3. 耐久性

耐久性是指在服役环境作用和正常使用维护条件下，结构抵御性能劣化(或退化)的能力，结构在正常维护的条件下具有足够的耐久性能，即要求结构在规定的工作环境中、在预定时期内、在正常维护的条件下能够被使用到规定的设计使用年限。

上述三项功能要求概括起来称为结构的可靠性，即结构在规定的时间内、在规定的条件(正常设计、正常施工、正常使用和维修)下完成预定功能的能力。显然，加大结构设计的余量，如提高设计荷载值、加大截面尺寸或提高对材料性能的要求等，总是能够提高或改善结构的安全性、适用性和耐久性，但这无疑将提高结构的造价，不符合经济性的要求。结构的可靠性和经济性是对立的两个方面，科学的设计方法应在结构的可靠与经济之间选择一种最佳的平衡，把两者统一起来，以比较经济合理的方法保证结构设计所要求的可靠性。

3.2.2 结构的极限状态

结构能够满足要求而良好地工作，称为结构“可靠”或“有效”，反之则称为结构“不可靠”或“失效”。区分结构工作状态的可靠与失效的标志是“极限状态”，它是结构或构件能够满足设计规定的某一功能要求的临界状态。超过这一界限，结构或构件就不再能满足设计规定的该项功能要求，进入失效状态。

设计中的极限状态以结构的某种荷载效应，如内力、应力、变形、裂缝等超过相应规定的标志为依据，故称为极限状态设计法。

结构的极限状态分为三类。

1. 承载能力极限状态

承载能力极限状态是指结构或结构构件达到最大承载力、出现疲劳破坏、发生不适于继续承载的变形或因结构局部破坏而产生的连续倒塌，也可以理解为结构或结构构件发挥允许的最大承载功能的状态。结构构件由于其几何形状发生显著改变，虽未达到最大承载能力，但已完全不能使用，也属于达到承载能力极限状态。

当结构或构件出现下列状态之一时，即认为其超过了承载能力极限状态(图 3.1 所示是结构超过承载能力极限状态的几个例子)：

(1)整体结构或其中的一部分作为刚体失去平衡(如倾覆、过大的滑移等)。

(2)结构构件或连接因超过材料强度而被破坏，或因过度变形而不适于继续承载，结构局部破坏引发连续倒塌。疲劳破坏是在使用中由于荷载多次重复作用而达到的承载能力极限状态。

(3)结构转变为机动体系(如超静定结构由于某些截面的屈服而成为几何可变体系)。

(4)结构或构件丧失稳定(如细长柱达到临界荷载而发生压屈)。

(5)地基丧失承载能力而破坏(如失稳等)。

混凝土结构承载能力极限状态计算应包括下列内容：

(1)结构构件应进行承载力(包括失稳)计算；

(2)直接承受重复荷载的构件应进行疲劳验算；

(3)有抗震设防要求时，应进行抗震承载力计算；

(4)必要时还应进行结构的倾覆、滑移、漂浮验算；

(5)对于可能遭受偶然作用，且倒塌可能引起严重后果的重要结构，宜进行防连续倒塌设计。

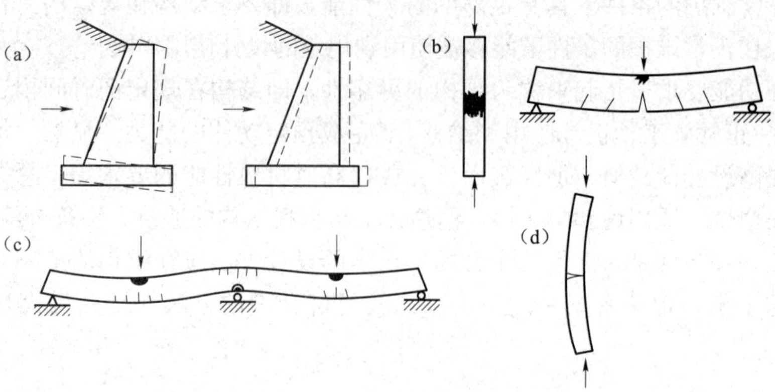

图 3.1　结构超过承载能力极限状态举例

(a)挡土墙滑移；(b)梁、柱材料强度破坏；

(c)连续梁转变为机动体系；(d)长柱整体失稳

2. 正常使用极限状态

正常使用极限状态是指结构或结构构件达到正常使用的某项规定限值，可以理解为结构或结构构件达到使用功能上允许的某一限值的状态。

当结构或构件出现下列状态之一时，即认为其超过了正常使用极限状态：

(1)影响正常使用或外观的变形。例如：某些构件必须控制变形、裂缝才能满足使用要求。过大的变形将造成房屋内粉刷层剥落、填充墙和隔断墙开裂、屋面积水，过大的裂缝会影响结构的耐久性，过大的变形、裂缝也会造成用户心理上的不安全感。

(2)影响正常使用或耐久性的局部损坏(如不允许出现裂缝的结构开裂；允许出现裂缝的结构的裂缝宽度过大，超过了限值)。

(3)影响正常使用的振动。

(4)影响正常使用的其他特定状态。

在结构设计中，对于结构的各种极限状态均应有明确的标志和限值。

混凝土结构构件应根据其使用功能及外观要求，按下列规定进行正常使用极限状态验算：

(1)对需要控制变形的构件，应进行变形验算；

(2)对不允许出现裂缝的构件，应进行混凝土拉应力验算；

(3)对允许出现裂缝的构件，应进行受力裂缝宽度验算；

(4)对舒适度有要求的楼盖结构，应进行竖向自振频率验算。

3. 耐久性极限状态

耐久性极限状态是指结构或结构构件在环境影响下出现的劣化达到耐久性能的某项规定限值或标志的状态。

当结构或结构构件出现下列状态之一时，应认定为超过了耐久性极限状态：

(1) 影响承载能力和正常使用的材料性能劣化；

(2) 影响耐久性能的裂缝、变形、缺口、外观、材料削弱等；

(3) 影响耐久性能的其他特定状态。

3.2.3 建筑结构的设计状况

按极限状态进行建筑结构设计，应根据结构在施工和使用中的环境条件及其影响，区分三种设计状况。“环境”一词的含义是广义的，包括结构受到的各种作用。

1. 持久状况

在结构使用过程中一定出现且持续期很长的状况，称为持久状况。持续期一般与设计使用年限为同一数量级，例如，房屋结构承受家具和正常人员荷载的状况。

2. 短暂状况

在结构施工和使用过程中出现概率较大，而与设计使用年限相比，其持续期很短的状况称为短暂状况，例如，结构施工时承受堆料荷载的状况。

3. 偶然状况

在结构施工和使用过程中出现概率很小，且持续期很短的状况，称为偶然状况，例如，结构遭受火灾、爆炸、撞击、罕遇地震等作用的状况。

针对建筑结构的三种设计状况，进行极限状况设计的要求如下：

(1)对三种设计状况，都应进行承载能力极限状态设计；

(2)对持久状况，还应进行正常使用极限状态设计；

(3)对短暂状况，可根据需要进行正常使用极限状态设计。

在设计工作中，通常先按承载能力极限状态进行结构构件设计，再按正常使用极限状态验算。

3.2.4 结构设计原则和方法

本节讨论结构的概率极限状态设计法。设计者的工作是根据预计的荷载及材料性能，采用经过理想化和简化假定的计算方法，确定结构构件的形式和截面尺寸，在经济合理的条件下满足结构的功能要求。

1. 荷载效应 S 和结构抗力 R

如前所述，作用是指施加在结构或构件上的力(荷载)，以及引起结构外加变形或约束变形的原因。作用按其产生的原因分为直接作用和间接作用。直接作用指荷载，间接作用主要指地面运动、地基不均匀沉降、温度变化、混凝土收缩、焊接变形等。作用效应 S 则是由上述作用引起的结构或构件的内力(如轴向力、剪力、弯矩、扭矩等)和变形(如挠度、侧移、裂缝等)。由于结构上的作用是不确定的随机变量，所以，作用效应 S 一般来说也是一个随机变量。当作用为集中力或分布力时，其效应则称为荷载效应。

结构上的荷载，按其作用时间的长短和性质，可分为永久荷载，如自重、土压力等；可变荷载，如风荷载、雪荷载等；偶然荷载，如地震力、爆炸力等。

荷载 Q 与荷载效应 S 的关系一般可近似按线性考虑，即

$$S=CQ \tag{3-1}$$

式中，常数 C 为荷载效应系数。例如：跨度为 l 的简支梁，由均布荷载 q 在跨中截面引起的荷载效应(弯矩)$S=M=ql^2/8$，此时的荷载效应系数 $C=l^2/8$；在支座截面引起的荷载效应(剪力)$S=V=ql/2$，此时的荷载效应系数 $C=l/2$。

结构抗力 R 是指结构或构件承受作用效应的能力，如构件的承载能力、刚度、抗裂能力等。影响结构抗力的主要因素有材料性能(强度、变形模量等物理力学性能)、几何参数

以及计算模式的精确性等。由于材料性能的变异性、几何参数及计算模式精确性的不确定性，由这些因素综合而成的结构抗力也是随机变量。

结构构件完成预定功能的工作状态，可以用作用效应 S 和结构抗力 R 的关系式来描述，称为结构功能函数，用 Z 表示：

$$Z=R-S=g(R, S) \tag{3-2}$$

Z 可以用来表示结构的三种工作状态：

当 $Z>0$ 时，结构能够完成预定的功能，处于可靠状态；

当 $Z<0$ 时，结构不能完成预定的功能，处于失效状态；

当 $Z=0$ 时，即 $R=S$，结构处于临界的极限状态。$Z=R-S=g(R, S)=0$，称为“极限状态方程”。

结构功能函数的一般表达式为 $Z=g(x_1, x_2, \cdots, x_n)$，$x_i(i=1, 2, \cdots, n)$为影响作用效应 S 和结构抗力 R 的基本变量，如荷载、材料性能、几何参数等。由于 R 和 S 都是非确定性的随机变量，故 $Z>0$ 也是非确定性问题。

2. 概率极限状态设计法

概率极限状态设计法又称为近似概率法，其基本概念是用概率分析方法来研究结构的可靠性。将结构在规定时间内、规定条件下，完成预定功能的概率称为结构的可靠度，它是对结构可靠性的一种定量描述。可靠度也是概率变量。

(1)失效概率、可靠概率。结构能够完成预定功能的概率称为可靠概率：

$$p_s=P(Z>0)$$

结构不能完成预定功能的概率称为失效概率：

$$p_f=P(Z<0)$$

显然，$p_s+p_f=1.0$。因此，结构的可靠性也可用结构的失效概率来度量，且其物理意义明确。可靠概率和失效概率的几何概念如图 3.2 所示。

结构的失效概率可表达为

$$p_f=\varphi(-\beta) \tag{3-3}$$

结构的可靠概率则为

$$p_s=1-\varphi(-\beta) \tag{3-4}$$

图 3.3 所示为 β 与 p_f 的对应关系，随着可靠指标 β 的增大，失效概率 p_f 降低。大致对应关系是 β 值相差 0.5，失效概率 p_f 约差一个数量级。由图可知，失效概率 p_f 尽管很小，但总是存在的。要使结构设计做到绝对可靠($R>S$)是不可能的，合理的解答应该是，使所设计结构的失效概率降低到人们可以接受的程度。

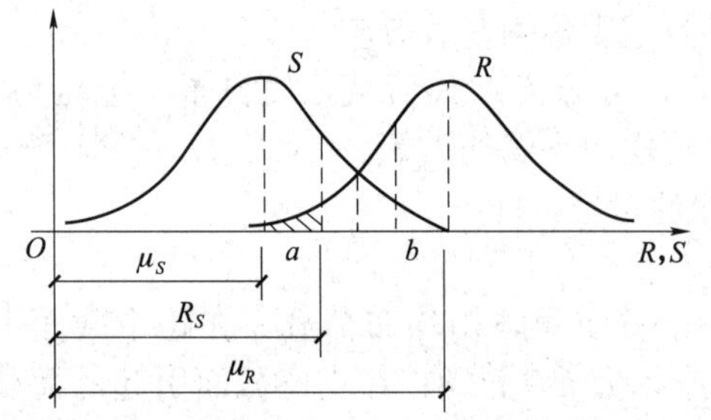

图 3.2　结构的可靠概率、失效概率的概念

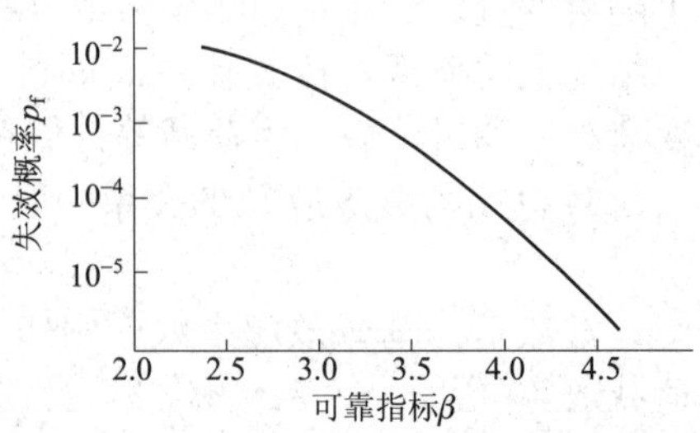

图 3.3　可靠指标 β 与失效概率 p_f 的关系

(2)目标可靠指标。当有关变量的概率分布类型及统计参数已知时，就可按上述β值计算公式求得各种结构构件的可靠指标。统一标准规定，对于承载能力极限状态，把用于一般房屋(安全等级二级)设计依据的可靠指标，称为目标可靠指标β。当结构构件属延性破坏时，取$\beta=3.2$；当结构构件属脆性破坏时，取$\beta=3.7$。此外，根据建筑结构的安全等级，对其可靠指标作适当调整，见表3.2。

表3.2　结构构件承载能力极限状态的可靠指标

破坏类型	安全等级		
	一级	二级	三级
延性破坏	3.7	3.2	2.7
脆性破坏	4.2	3.7	3.2
注：当承受偶然作用时，结构构件的可靠指标应符合专门规范的规定。			

3.3　实用设计表达式

1. 基本变量的标准值

(1)荷载标准值。荷载标准值是建筑结构按极限状态设计时采用的荷载基本代表值，理论上应为结构在使用期间、在正常情况下，可能出现的具有一定保证率的偏大荷载值。荷载标准值可由设计基准期(统一规定为50年)最大荷载概率分布的某一分位值确定。荷载标准值分为永久荷载标准值、可变荷载标准值和偶然荷载标准值。

永久荷载(恒荷载)标准值G_k可按结构设计规定的尺寸和《建筑结构荷载规范》(GB 50009—2012)(以下简称《荷载规范》)规定的材料表观密度(或单位面积的自重)平均值确定，一般相当于永久荷载概率分布的平均值。对于自重变异性较大的材料，尤其是制作屋面的轻质材料，在设计中应根据荷载对结构有利与否，分别取下限值或上限值。

在结构设计中，各类可变荷载标准值及各种材料表观密度或单位面积的自重，可由《荷载规范》查得。

(2)材料强度标准值。钢筋和混凝土的强度标准值，是钢筋混凝土结构按极限状态设计时采用的材料强度基本代表值。材料强度标准值的取值原则是，在符合规定质量的材料强度实测值总体中，标准强度应具有不小于95%的保证率，即按概率分布的0.05分位数确定。

2. 分项系数

分项系数有永久荷载分项系数γ_G、可变荷载分项系数γ_Q、结构抗力分项系数γ_R。结构抗力主要与材料性能有关，故在实用设计表达式中γ_R可用材料分项系数表达。各分项系数值不仅与目标可靠指标β有关，而且与结构极限状态方程中所包含的全部基本变量的统计参数有关。

荷载标准值乘以荷载分项系数，称为荷载设计值。

材料强度标准值除以各自的材料分项系数($\geqslant 1$)，称为材料强度设计值。

3. 结构重要性系数

结构重要性系数γ_0用来反映安全等级的要求。γ_0的取值见表3.1。

4. 承载能力极限状态设计表达式

在进行结构设计时，应根据使用过程中结构上所有可能出现的荷载，按承载能力极限状态和正常使用极限状态分别进行荷载(荷载效应)组合。考虑到荷载是否同时出现和出现时方向、位置等的变化，这种组合多种多样，因此，必须在所有可能的组合中，按最不利效应组合进行设计。

对持久设计状况、短暂设计状况和地震设计状况，当用内力形式表达时，结构构件应采用下列承载能力极限状态设计表达式：

$$\gamma_0 S \leqslant R \tag{3-5}$$

式中 γ_0——结构重要性系数，按表 3.1 取值；

S——承载能力极限状态下作用组合的效应设计值，对持久设计状况和短暂设计状况应按作用的基本组合计算，对地震设计状况应按作用的地震组合计算；

R——结构构件抗力的设计值。

荷载效应的基本组合设计值 S，应取下列两种组合值中的最不利值：

承载能力极限状态下作用组合的效应设计值 S 一般按式(3-6)确定：

(1)基本组合。

$$S = \sum_{i \geqslant 1} \gamma_{G_i} S_{G_{ik}} + \gamma_p S_p + \gamma_{Q_1} \gamma_{L_1} S_{Q_{1k}} + \sum_{j > 1} \gamma_{Q_j} \psi_{c_j} \gamma_{L_j} S_{Q_{jk}} \tag{3-6}$$

(2)偶然组合(偶然事件发生时)。

$$S = \sum_{i \geqslant 1} S_{G_{ik}} + S_p + S_{Ad} + (\psi_{f_1} \text{ 或 } \psi_{q_1}) S_{Q_{1k}} + \sum_{j > 1} \psi_{q_j} S_{Q_{jk}} \tag{3-7}$$

式中 γ_{G_i}——第 i 个永久作用的分项系数。在式(3-6)中当其作用效应对承载力不利时取 1.3；当其作用效应对承载力有利时不应大于 1.0。

γ_p——预应力作用的分项系数，取值同 γ_{G_i}。

γ_{Q_1}，γ_{Q_j}——第 1 个和第 j 个可变荷载分项系数。一般情况下取 1.5，工业房屋楼面的活荷载标准值大于 4 kN/m^2 时取 1.4，当其作用效应对承载力有利时取 0。

$S_{G_{ik}}$——按第 i 个永久作用标准值的效应。

S_p——预应力作用有关代表值的效应。

$S_{Q_{1k}}$，$S_{Q_{jk}}$——第 1 个和第 j 个可变作用标准值的效应。

γ_{L_1}，γ_{L_j}——第 1 个和第 j 个考虑结构设计使用年限的荷载调整系数，见表 3.3。

ψ_{c_j}——第 j 个可变作用的组合值系数。雪荷载组合值系数 0.7；风荷载组合值系数 0.6；其他各种荷载的组合值系数见《荷载规范》。

S_{Ad}——偶然作用设计值的效应。

ψ_{f_1}——第 1 个可变作用的频遇值系数，按荷载规范规定采用。

ψ_{q_1}、ψ_{q_j}——第 1 个和第 j 个可变作用的准永久值系数，按《荷载规范》规定采用。

表 3.3 楼面和屋面活荷载考虑设计使用年限的调整系数 γ_L

结构设计使用年限/年	5	50	100
γ_L	0.9	1.0	1.1
注：对设计使用年限为 25 年的结构构件，γ_L 应按各种材料结构设计标准的规定采用。			

结构构件抗力的设计值 R，按式(3-8)计算。

$$R=R(f_c,\ f_s,\ a_k,\ \cdots)/\gamma_{Rd} \tag{3-8}$$

式中 $R(\cdot)$——结构构件的抗力函数；

γ_{Rd}——结构构件的抗力模型不定性系数：静力设计，取 1.0，对不确定性较大的结构构件，根据具体情况取大于 1.0 的数值，抗震设计时应用承载力抗震调整系数 γ_{RE} 代替 γ_{Rd}；

f_c，f_s——混凝土、钢筋的强度设计值；

a_k——几何参数标准值，当几何参数的变异性对结构性能明显不利时，应增/减一个附加值。

式(3-6)中的"永久荷载对结构有利"主要是指：永久荷载效应与可变荷载效应异号，以及永久荷载实际上起着抵抗倾覆、滑移和漂浮的作用。

5. 正常使用极限状态设计表达式

按正常使用极限状态设计时，应根据不同的要求采用荷载的标准组合、频遇组合或准永久组合，并按下列设计表达式进行：

$$S \leqslant C \tag{3-9}$$

式中 S——正常使用极限状态荷载组合的效应设计值；

C——结构构件达到正常使用要求所规定的变形、应力、裂缝宽度和自振频率等的限值。

标准组合的荷载效应组合设计值 S_k 应按式(3-10)计算。对于一般排架、框架结构，S_k 也可用简化规则以式(3-11)计算(取其中的较大值)：

$$S_k = S_{G_k} + S_{Q_{1k}} + \sum_{i=1}^{n} \psi_{c_i} S_{Q_{ik}} \tag{3-10}$$

$$\left.\begin{aligned} S_k &= S_{G_k} + S_{Q_{1k}} \\ S_k &= S_{G_k} + 0.9\sum_{n=1}^{n} S_{Q_{1k}} \end{aligned}\right\} \tag{3-11}$$

频遇组合的荷载效应组合设计值 S_f 应按下式计算：

$$S_f = S_{G_k} + \psi_{f_1} S_{Q_{1k}} + \sum_{i=2}^{n} \psi_{q_i} S_{Q_{ik}} \tag{3-12}$$

式中 ψ_{f_1}——可变荷载 Q_1 的频遇值系数，按《荷载规范》的规定采用；

ψ_{q_i}——可变荷载 Q_i 的准永久值系数，按《荷载规范》的规定采用。

准永久组合的荷载效应组合设计值 S_q 应按下式计算：

$$S_q = S_{G_k} + \sum_{i=1}^{n} \psi_{q_i} S_{Q_{ik}} \tag{3-13}$$

【例 3.1】 某框架结构办公楼楼层梁为跨度为 6 m 的简支梁，梁的间距为 3.2 m。均布恒载标准值(包括楼板构造质量的折算值及梁自重)为 3.75 kN/m²，办公楼楼面活荷载标准值为 5.5 kN/m²。试求：(1)承载能力极限状态设计时的跨中弯矩设计值 M；(2)正常使用极限状态设计时的标准组合、频遇组合、准永久组合的跨中弯矩设计值(已知 $\psi_f=0.9$，$\psi_q=0.8$)。

【解】(1)承载能力极限状态设计时的跨中弯矩设计值 M，应按荷载效应基本组合计算。

办公楼为一般房屋，安全等级为二级，$\gamma_0=1.0$。楼面活荷载标准值为 5.5 kN/m²，故

$\gamma_Q=1.3$。荷载效应基本组合可简化计算。

$$M=\gamma_0(\gamma_G S_{G_k}+\gamma_{Q_1}S_{Q_{1k}})$$

$$=1.0\times\left[1.3\times\frac{1}{8}\times3.75\times3.2\times6^2+1.5\times\frac{1}{8}\times5.5\times3.2\times6^2\right]$$

$$=189(\mathrm{kN\cdot m})$$

(2)计算正常使用极限状态设计时的标准组合、频遇组合、准永久组合的跨中弯矩设计值。

本例中仅有一个可变荷载。

标准组合的弯矩设计值：

$$M_k=S_{G_k}+S_{Q_{1k}}=\frac{1}{8}\times3.2\times6^2\times(3.75+5.5)=133.2(\mathrm{kN\cdot m})$$

频遇组合的弯矩设计值：

$$M_f=S_{G_k}+\psi_{f_1}S_{Q_{1k}}=125.28(\mathrm{kN\cdot m})$$

准永久组合的弯矩设计值：

$$M_q=S_{G_k}+\sum_{i=1}^{n}\psi_{q_i}S_{Q_{1k}}=117.36(\mathrm{kN\cdot m})$$

知识拓展：建筑结构设计过程

章节回顾

(1)结构的功能要求，概括起来包括安全性 、适用性和耐久性三个方面。

(2)结构的极限状态分为三类：承载能力极限状态、正常使用极限状态、耐久性极限状态。

(3)承载能力极限状态下作用组合的效应设计值 S 一般按基本组合公式计算，当偶然事件发生时，取基本组合和偶然组合两种组合值的最不利值。按正常使用极限状态设计时，应根据不同的要求采用荷载的标准组合 、频遇组合或准永久组合。

同步测试

一、简答题

1. 结构可靠性的含义是什么？结构的功能要求包括哪些？

2. 什么是结构的极限状态？其有哪三类？

3. 荷载效应包括哪些？按极限状态设计法设计，结构应满足什么要求？

4. 说明承载能力极限状态设计实用表达式和正常使用极限状态设计表达式中，各符号的意义。

5.“作用”和“荷载”有什么区别？为什么说构件的抗力是一个随机变量？

6. 建筑结构应该满足哪些功能要求？结构的设计工作寿命如何确定？结构超过其设计工作寿命是否意味着其不能再使用？为什么？

7. 什么是荷载标准值？什么是活荷载的频遇值和准永久值？

二、选择题

1. 下列结构或构件状态中，不属于超过承载能力极限状态的是(　　)。

A. 结构倾覆　　B. 结构滑移

C. 构件挠度超过规范要求　　D. 构件丧失稳定

2. 我国现行规范采用(　　)作为混凝土结构的设计方法。

A. 以概率理论为基础的极限状态　　B. 安全系数法

C. 经验系数法　　D. 极限状态

3. 建筑结构在规定时间、规定条件下完成预定功能的概率称为(　　)。

A. 安全度　　B. 安全性

C. 可靠度　　D. 可靠性

4. 建筑结构在使用年限超过设计基准期后，(　　)。

A. 结构立即丧失其功能　　B. 可靠度减小

C. 可靠度不变　　D. 安全性不变

5. 偶然荷载是在结构使用期间不一定出现，一旦出现其量值很大而持续时间较短的荷载，如(　　)。

A. 爆炸力　　B. 吊车荷载

C. 土压力　　D. 风荷载

6. 当结构或结构构件出现下列状态之一时，即认为其超过了正常使用极限状态：(　　)。

A. 结构转变为机动体系

B. 结构或结构构件丧失稳定

C. 结构构件因过度的塑性变形而不适于继续承载

D. 影响正常使用或外观的变形

三、填空题

1. 我国规定的设计基准期为__________年。

2. 建筑结构的可靠性包括__________、__________和__________三项要求。

3. 对于承载力极限状态，应按荷载的__________组合和__________组合进行设计。对于正常使用极限状态，应根据不同的设计要求，分别考虑荷载的__________组合和__________组合进行设计。

4. 结构上的荷载，按其作用时间长短和性质，可分为__________、__________及__________。

5. 永久荷载的荷载分项系数 γ_G 是这样取的：当其效应对结构不利时，$\gamma_G=$____________；当其效应对结构有利时，$\gamma_G=$____________；当验算结构的倾覆和滑移时，$\gamma_G=$____________。

6. 可变荷载的荷载分项系数 γ_Q 是这样取的：一般情况下，取 $\gamma_Q=$__________；对工业房屋楼面均布活荷载标准值大于 4 kN/m^2 时，取 $\gamma_Q=$__________。

四、计算题

一厂房钢筋混凝土简支梁，结构的安全等级为二级。计算跨度为 $L_0=5$ m，承受均布永久荷载标准值 $G_k=8$ kN/m(包括自重)，作用的均布可变荷载标准值 $Q_k=6$ kN/m。求：

(1)按承载力极限状态设计时跨中弯矩设计值 M；

(2)按正常使用极限状态设计时的标准组合、准永久组合的跨中弯矩设计值(已知 $\psi_q=0.4$)。

模块 4　钢筋混凝土受弯构件

学习目标

知识目标

1. 掌握梁、板钢筋的作用及配筋构造要求；
2. 理解梁正截面受弯破坏形态及特征；
3. 熟练掌握单、双筋矩形截面及单筋 T 形截面受弯构件正截面承载力计算；
4. 熟练掌握受弯构件斜截面受剪破坏形态、计算公式及适用条件、承载力计算方法；
5. 熟悉斜截面受弯承载力的构造措施；
6. 了解受弯构件的变形及裂缝宽度验算。

能力目标

1. 能进行受弯构件正截面钢筋设计及承载力校核；
2. 能进行受弯构件斜截面钢筋设计及承载力校核。

素质目标

1. 培养学生实践结构设计规范的意识，对工程从业人员，规范标准是从业准则；
2. 培养学生工匠精神。

4.1　受弯构件正截面受弯承载力计算

受弯构件的特点是在荷载作用下截面上承受弯矩和剪力。板和梁是典型的受弯构件。设计受弯构件时，应进行在弯矩作用下的正截面承载力计算及在弯矩与剪力共同作用下的斜截面承载力计算。本模块介绍受弯构件的正截面承载力计算和斜截面承载力计算及有关构造规定。

混凝土受弯构件的应用极为广泛，如建筑结构中常用的混凝土肋形楼盖的梁板和楼梯、厂房屋面板和屋面梁以及供吊车行驶的吊车梁，桥梁中的梁式桥的主梁和横梁、公路桥行车道板、板式桥承重板等，水工结构中的闸坝工作桥的面板和纵梁、水闸的底板和胸墙，以及悬臂式挡土墙的立板和底板等(图 4.1)。

4.1.1　一般构造要求

1. 受弯构件的截面形状及尺寸

工业与民用建筑结构中梁的截面形式，常见的有矩形、T 形、工字形[图 4.2(a)、(b)、(c)]。

有时为了降低层高，还可设计为十字形、花篮形、倒 T 形[图 4.2(d)、(e)、(f)]等。板的截面高度远小于板的宽度，现浇混凝土板一般为矩形截面，而预制板的截面形式则多种多样，常见的有矩形、空心形、槽形[图 4.2(g)、(h)、(i)]等。

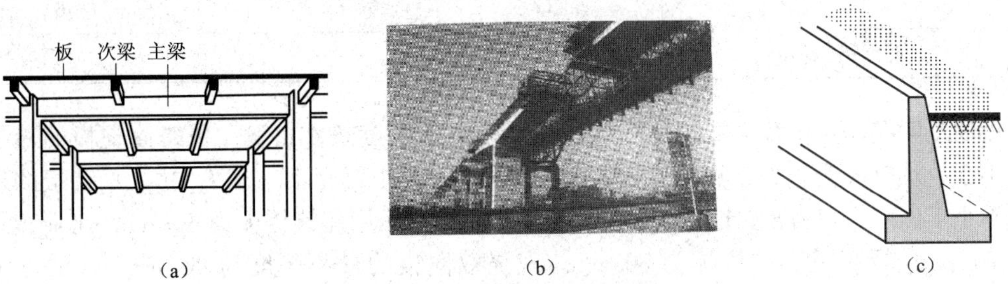

图 4.1　混凝土受弯构件的工程应用

(a)混凝土肋形楼盖；(b)梁式桥；(c)混凝土挡土墙板

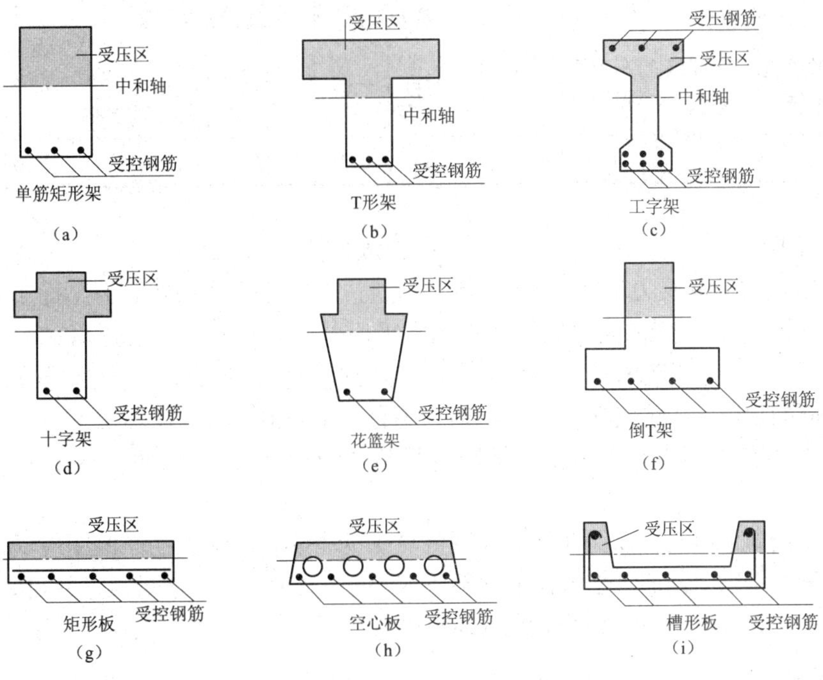

图 4.2　受弯构件的截面形状

梁的截面高度 h 与跨度及荷载大小有关。从刚度要求出发，根据设计经验，工业与民用建筑结构中梁的截面高度可参照表 4.1 选用。表中，l_0 为梁的计算跨度。当 $l_0>9$ m 时，表中数值应乘以系数 1.2。梁的截面宽度 b 一般根据梁的截面高度 h 确定。梁适宜的截面高宽比 h/b，矩形截面为 2～3.5，T 形截面为 2.5～4。

为了使构件截面尺寸统一，便于施工，对于现浇钢筋混凝土构件，一般情况下采用：

(1)矩形截面的宽度和 T 形截面的腹板宽度一般为 100 mm、120 mm、150 mm、180 mm、200 mm、220 mm、250 mm 和 300 mm；250 mm 以上，每级级差 50 mm。

(2)矩形和 T 形截面的高度一般为 250 mm、300 mm，每级级差 50 mm，直至 800 mm；800 mm 以上，每级级差 100 mm。

表 4.1　不需做挠度验算的梁的截面最小高度

构件种类		简支	两端连续	悬臂
整体肋形梁	次梁	$l_0/15$	$l_0/20$	$l_0/8$
	主梁	$l_0/12$	$l_0/15$	$l_0/6$
独立梁		$l_0/12$	$l_0/15$	$l_0/6$

板的厚度应满足承载力、刚度和抗裂的要求。从刚度条件出发，单跨简支板的最小厚度不小于 $l_0/35$（l_0 为板的计算跨度），多跨连续板的最小厚度不小于 $l_0/40$，悬臂板的最小厚度不小于 $l_0/12$。现浇单向板的最小厚度：屋面板、民用建筑楼板为 60 mm；工业建筑楼板为 70 mm；行车道下的楼板为 80 mm。现浇双向板的最小厚度为 80 mm。板的厚度以 10 mm 为模数。按构造要求，现浇板的厚度不应小于表 4.2 中的数值。现浇板的厚度一般取 10 mm 的倍数，工程中现浇板的常用厚度为 60 mm、70 mm、80 mm、100 mm、120 mm。

表 4.2　现浇钢筋混凝土板的最小厚度　　mm

单向板				双向板	密肋楼盖		悬臂板（根部）		无梁楼板	现浇空心楼盖
屋面板	民用建筑楼板	工业建筑楼板	行车道下楼板		面板	肋高	悬臂长度 ≤50 mm	悬臂长度 ≤1 200 mm		
60	60	70	80	80	50	250	60	100	150	200

2. 梁的钢筋配置

梁中通常配置纵向受力钢筋、弯起钢筋、箍筋、架立钢筋等（图 4.3），构成钢筋骨架。

（1）纵向受力钢筋。纵向受力钢筋的直径常采用 10～28 mm。当梁高 $h \geqslant 300$ mm 时，纵筋直径不小于 10 mm；当梁高 $h < 300$ mm 时，纵筋直径不小于 8 mm。伸入梁支座范围内的纵向受力钢筋的根数，当梁宽 $b \geqslant 100$ mm 时，不宜少于两根；当梁宽 $b < 100$ mm 时，可为一根。若需要用两种不同直径的钢筋，钢筋直径相差至少 2 mm，以便于在施工中能用肉眼识别。

为了便于浇筑混凝土，以保证钢筋周围混凝土的密实性，纵筋的净间距应满足图 4.4 所示的要求。梁上部纵向钢筋水平方向的净距不应小于 $1.5d$（d 为钢筋最大直径）和 30 mm，下部净距不应小于 d 和 25 mm。纵向钢筋应尽可能排成一排，排成两排时应上、下对齐。

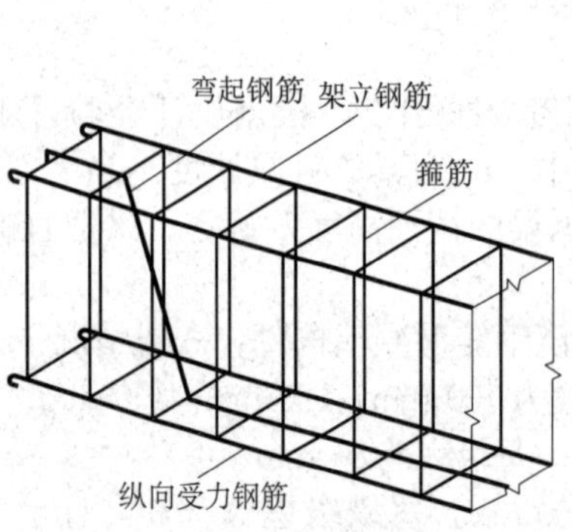

图 4.3　梁的配筋

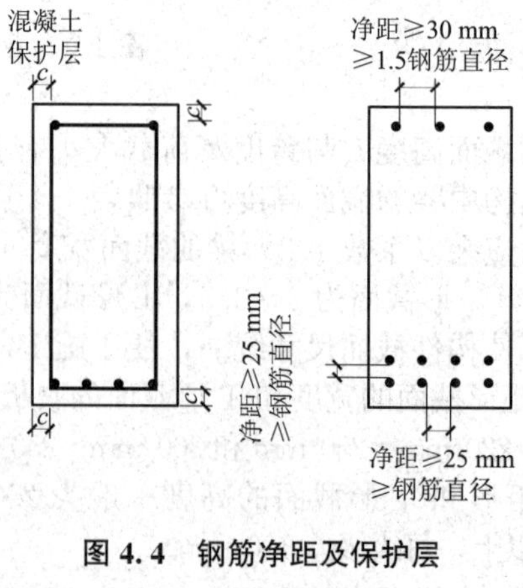

图 4.4　钢筋净距及保护层

混凝土保护层是结构构件中钢筋外边缘至构件表面范围用于保护钢筋的混凝土，简称保护层，用 c 表示。它的作用：一是保护钢筋不致锈蚀，保证结构的耐久性；二是保证钢筋与混凝土间的黏结；三是在火灾等情况下，避免钢筋过早软化。它的取值与构件的类型和环境类别有关，设计使用年限为 50 年的混凝土结构，最外层钢筋的保护层厚度应符合表 4.3 中的规定；设计使用年限为 100 年的混凝土结构，最外层钢筋的保护层厚度不应小于表 4.3 中数值的 1.4 倍。

表 4.3　混凝土保护层的最小厚度　　mm

环境类别		板、墙、壳	梁、柱、杆
一		15	20
二	a	20	25
	b	25	35
三	a	30	40
	b	40	50

注：1. 钢筋混凝土基础宜设置混凝土垫层，基础中钢筋的混凝土保护层厚度应从垫层顶面算起，且不应小于 40 mm。
2. 混凝土强度等级不大于 C25 时，表中保护层厚度数值应增加 5 mm。
3. 混凝土结构的环境类别见表 4.14。

(2)弯起钢筋。弯起钢筋在跨中是纵向受力钢筋的一部分，其弯起部分承受斜截面剪力，端部水平段承受支座处负弯矩产生的拉力，作为受剪钢筋的一部分。钢筋弯起角度一般为 45°；当梁高大于 800 mm 时，可采用 60°。

弯起钢筋的布置如图 4.5 所示。

(3)架立钢筋。架立钢筋设置在受压区外缘两侧，平行于纵向受力钢筋，用以固定箍筋的位置，形成钢筋骨架，并能承受混凝土收缩和温度变化所产生的内应力，防止发生裂缝。受压区配置的纵向受压钢筋，可兼作架立钢筋。

架立钢筋直径：当梁的跨度小于 4 m 时，不宜小于 8 mm；跨度为 4～6 m 时，不宜小于 10 mm；跨度大于 6 m 时，不宜小于 12 mm。

(4)箍筋。箍筋承受由剪力和弯矩在梁内引起的主拉应力，并通过绑扎或焊接把其他钢筋连系在一起，形成空间骨架。箍筋形式有开口和闭口两种，常用闭口形式。箍筋肢数有单肢、双肢和四肢等，依梁宽及受力筋数量而定，如图 4.6 所示。

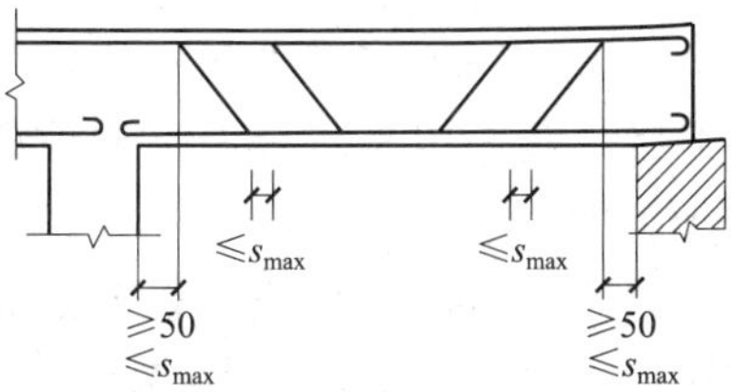

图 4.5　弯起钢筋的布置

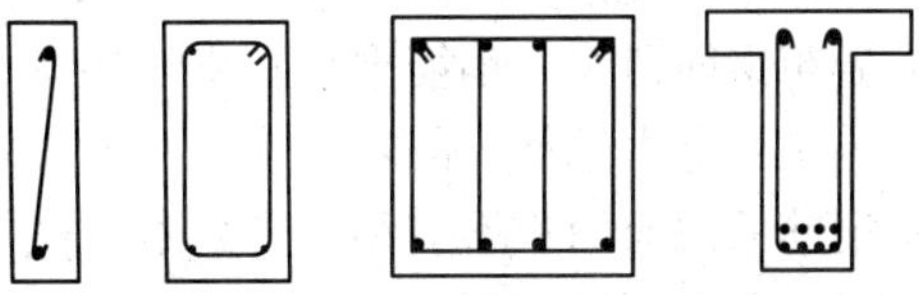

图 4.6　箍筋的形式和肢数

梁内箍筋宜采用 HPB300、HRB335 和 HRB400 级钢筋。箍筋直径：当梁截面高度 $h \leqslant$ 800 mm 时，不宜小于 6 mm；当 $h > 800$ mm 时，不宜小于 8 mm。当梁中配有计算需要的纵向受压钢筋时，箍筋直径还不应小于纵向受压钢筋最大直径的 1/4。为了便于加工，箍筋直径一般不宜大于 12 mm。常用的箍筋直径为 6 mm、8 mm 和 10 mm。箍筋间距应符合相关规范的规定。

(5)纵向构造钢筋。当梁的截面高度较大时，纵向构造钢筋用来增强梁内钢筋骨架的刚性，增强梁的抗扭能力，防止梁中部因混凝土收缩和温度变化产生的侧面开裂。

当梁的腹板高度 $h_w \geqslant 450$ mm 时，在梁的两个侧面应沿高度配置纵向构造钢筋，每侧纵向构造钢筋(不包括梁上、下部的受力钢筋及架立钢筋)的截面面积不应小于腹板截面面积 bh_w 的 0.1%，并且间距不宜大于 200 mm(图 4.7、图 4.8)。

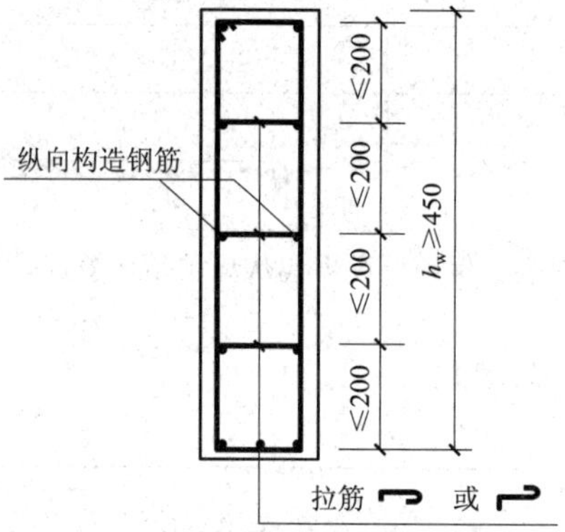

图 4.7　纵向构造钢筋及拉筋

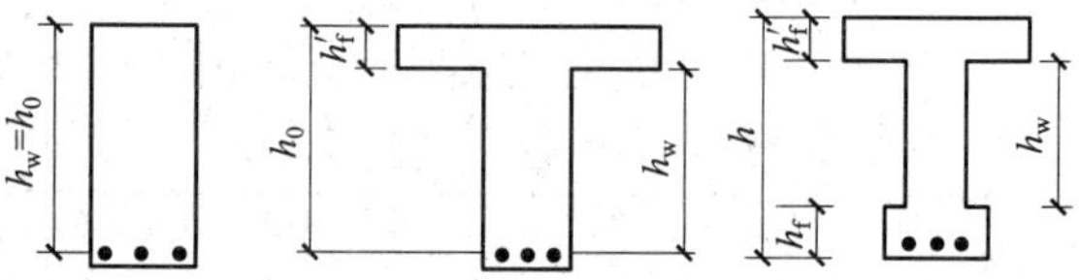

图 4.8　h_w 的取值示意

3. 板的配筋

板中通常配有纵向受力钢筋和分布钢筋，如图 4.9 所示。纵向受力钢筋的直径通常可采用 8 mm、10 mm 和 12 mm。为便于施工，选用钢筋直径的种类越少越好。

为了使板内钢筋能够正常地分担内力和便于浇筑混凝土，钢筋间距不宜太大，也不宜太小。当板厚 $h \leqslant 150$ mm 时，受力钢筋间距不宜大于 200 mm；当板厚 $h > 150$ mm 时，受力钢筋间距不宜大于 $1.5h$，且不宜大于 250 mm。同时，板中受力钢筋间距不宜小于 70 mm。

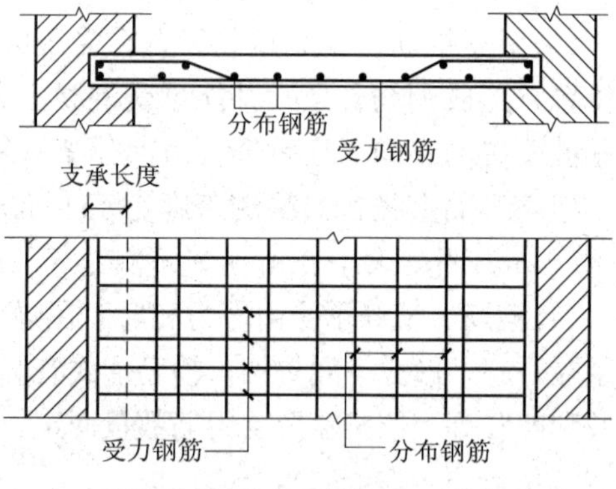

图 4.9　板的配筋

分布钢筋与受力钢筋垂直，交点用细钢丝绑扎或焊接，其作用是将板面上的荷载更均匀地传布给受力钢筋，同时在施工中可固定受力钢筋的位置，并以其抵抗温度、收缩应力。分布钢筋的截面面积不应小于受力钢筋截面面积的 15%，且不宜小于该方向板截面面积的 0.15%；分布钢筋间距不宜大于 250 mm，直径不宜小于 6 mm；对集中荷载较大的情况，分布钢筋的截面面积应适当增加，其间距不宜大于 200 mm。

4.1.2 受弯构件正截面试验研究

1. 梁正截面工作的三个阶段

试验梁的布置如图 4.10 所示。为了重点研究正截面受力和变形的变化规律，通常采用两点加载。这样，在两个对称集中荷载间的“纯弯段”内，不仅可以基本上排除剪力的影响(忽略自重)，同时也有利于布置测试仪表，以观察试验梁受荷后变形和裂缝出现与开展的情况。

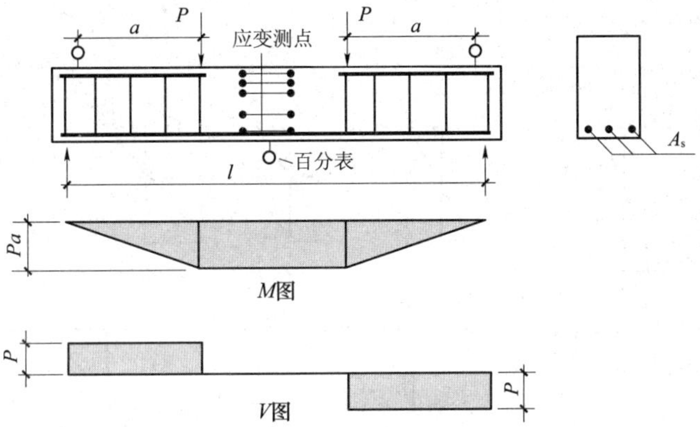

图 4.10 试验梁

在“纯弯段”内，沿梁高两侧布置测点，用仪表量测梁的纵向变形。浇筑混凝土时，在梁跨中附近的钢筋表面处预留孔洞(或预埋电阻片)，以量测钢筋的应变。不论使用哪种仪表量测变形，它都有一定的标距。因此，所测得的数值都表示标距范围内的平均值。另外，在跨中和支座上分别安装百(千)分表，以量测跨中的挠度 f；有时，还要安装倾角仪量测梁的转角。试验采用分级加载，每级加载后观测和记录裂缝出现及开展的情况，并记录受拉钢筋的应变和不同高度处混凝土纤维的应变及梁的挠度。

图 4.11 所示为一根配置适量纵向受力钢筋的单筋矩形截面梁的试验结果。图中，纵坐标为无量纲 M/M_u 值；横坐标为跨中挠度 f 的实测值。M 为各级荷载下的实测弯矩；M_u 为试验梁破坏时所能承受的极限弯矩。可见，当弯矩较小时，挠度和弯矩的关系接近直线变化，梁的工作特点是未出现裂缝，称为第Ⅰ阶段；当弯矩超过开裂弯矩 M_{cr} 后，将产生裂缝，且随着荷载的增加，将不断出现新的裂缝，随着裂缝的出现与不断开展，挠度的增长速度较开裂前加快，梁的工作特点是带有裂缝，称为第Ⅱ阶段。在图 4.11 中纵坐标为 M_{cr}/M_u 处，M/M_u-f 关系曲线上出现了第一个明显的转折点。

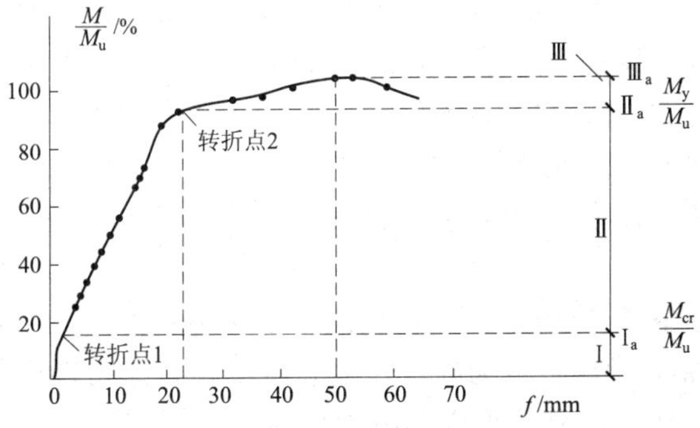

图 4.11 某钢筋混凝土梁 M/M_u-f 图

在第Ⅱ阶段的整个发展过程中，钢筋的应力将随着荷载的增加而增加。受拉钢筋刚刚到达屈服强度(对应于梁所承受的弯矩为 M_y)的瞬间，标志着第Ⅱ阶段的终结而转化为第Ⅲ阶段的开始(此时，在 M/M_u-f 关系曲线上出现 出现了第二个明显转折点)。第Ⅲ阶段梁的工作特点是裂缝急剧开展，挠度急剧增加，而钢筋应变有较大的增长，但其应力始终维持屈服强度不变。当 M 从 M_y 再增加不多时，即到达梁所承受的极限弯矩 M_u，此时标志着梁开始破坏。

在 M/M_u-f 关系曲线上的两个明显的转折点，把梁的截面受力和变形过程划分为图 4.12 所示的三个阶段：

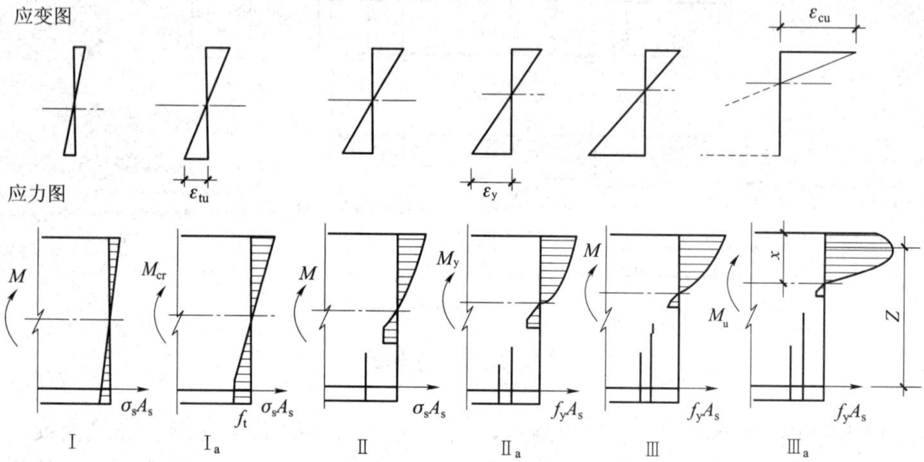

图 4.12　钢筋混凝土梁工作的三个阶段

(1)第Ⅰ阶段(弹性工作阶段)。开始加载时，由于弯矩很小，梁截面上各个纤维应变很小，且变形的变化规律符合平截面假定，这时梁的工作情况与匀质弹性体梁相似，混凝土基本上处于弹性工作阶段，应力与应变成正比，受压区和受拉区混凝土应力分布图形可假设为三角形。

当弯矩再增大时，量测到的应变也随之增大，但其变化规律仍符合平截面假定。由于混凝土受拉时，应力-应变关系呈曲线性质，故在受拉区边缘处，混凝土将首先开始表现出塑性性质，应变较应力增长速度快，从而可以推断出受拉区应力图形开始偏离直线而逐步变弯，随着弯矩继续增加，受拉区应力图形中曲线部分的范围将不断沿梁高向上发展。

在弯矩增加到 M_{cr} 时，受拉区边缘纤维应变恰好达到混凝土受弯时的极限拉应变 ε_{tu}，梁处于将裂而未裂的极限状态，此即第Ⅰ阶段末，以Ⅰ$_a$ 表示。这时，受压区边缘纤维应变量测值相对还很小，受压区混凝土基本上属于弹性工作性质，即受压区应力图形接近三角形。但这时，受拉区应力图形呈曲线分布。在Ⅰ$_a$ 时，由于粘结力的存在，受拉钢筋的应变与周围同一水平处混凝土拉应变相等，这时钢筋应力 $\sigma_s = \varepsilon_{tu} E_s$，量值较小。由于受拉区混凝土塑性的发展，第Ⅰ阶段末中和轴的位置较第Ⅰ阶段初期略有上升。Ⅰ$_a$ 可作为受弯构件抗裂度的计算依据。

(2)第Ⅱ阶段(带裂缝工作阶段)。当弯矩继续增加时，受拉区混凝土的拉应变超过其极限拉应变 ε_{tu}，受拉区出现裂缝，截面即进入第Ⅱ阶段。裂缝出现后，在裂缝截面处，受拉区混凝土大部分退出工作，拉力几乎全部由受拉钢筋承担。随着弯矩的不断增加，裂缝逐渐向上扩展，中和轴逐渐上移，受压区混凝土呈现出一定的塑性特征，应力图形呈曲线形，如图 4.12 所示。第Ⅱ阶段的应力状态，是裂缝宽度和变形验算的依据。

当弯矩继续增加时，钢筋应力达到屈服强度 f_y，这时截面所能承担的弯矩称为屈服弯矩 M_y。它标志着截面进入第Ⅱ阶段末，以 $Ⅱ_a$ 表示。

(3)第Ⅲ阶段(破坏阶段)。在图 4.11 中，M/M_u-f 曲线的第二个明显转折点($Ⅱ_a$)后，梁就进入第Ⅲ阶段工作。受拉钢筋的应力保持屈服强度不变，钢筋的应变迅速增大。当弯矩再稍有增加时，则钢筋应变骤增，裂缝宽度随之扩展并沿梁高向上延伸，中和轴继续上移，受压区高度进一步减小。但为了平衡钢筋的总拉力，受压区混凝土的总压力也将始终保持不变。此时，量测的受压区边缘纤维应变也将迅速增长，受压区混凝土塑性特征将表现得更为充分，压应力呈显著曲线分布。

弯矩再增加直至梁承受极限弯矩 M_u 时，称为第Ⅲ阶段末，以 $Ⅲ_a$ 表示。此时，受压边缘混凝土压应变达到极限压应变 ε_{cu}，这标志着梁已开始破坏。其后，适当配筋的试验梁虽可继续变形，但其所承受的弯矩将有所降低。最后，在破坏区段上，受压区混凝土被压碎，甚至崩落而完全破坏。

在第Ⅲ阶段的整个过程中，钢筋所承受的总拉力和混凝土所承受的总压力始终保持不变。但由于中和轴逐步上移，内力臂 Z 略有增加，故截面破坏弯矩 M_u 较 $Ⅱ_a$ 时的 M_y 也略有增加。第Ⅲ阶段末($Ⅲ_a$)可作为极限状态承载力计算时的依据。

2. 受弯构件正截面的破坏形态

根据试验研究，梁正截面的破坏形式与配筋率 ρ、钢筋和混凝土的强度等级有关。

配筋率 ρ 用下式表示：

$$\rho=\frac{A_s}{bh_0} \tag{4-1}$$

式中 A_s——受拉钢筋截面面积；

b——梁截面宽度；

h_0——梁截面的有效高度(截面受压区边缘到受拉钢筋合力点的距离)。

在常用的钢筋级别和混凝土强度等级情况下，其破坏形式主要因配筋率 ρ 的大小而异。梁的破坏形式可分为以下三类：

(1)适筋梁[图 4.13(a)]。如前所述，这种梁的特点是破坏始于受拉区钢筋的屈服。在钢筋应力达到屈服强度之初，受压区边缘纤维应变尚小于受弯时混凝土极限压应变。梁完全破坏以前，由于钢筋要经历较大的塑性伸长，随之引起裂缝急剧开展和梁挠度的激增，它将给人以明显的破坏预兆，习惯上常把这种梁的破坏称为“塑性破坏”，钢筋和混凝土两种材料均得到充分利用。

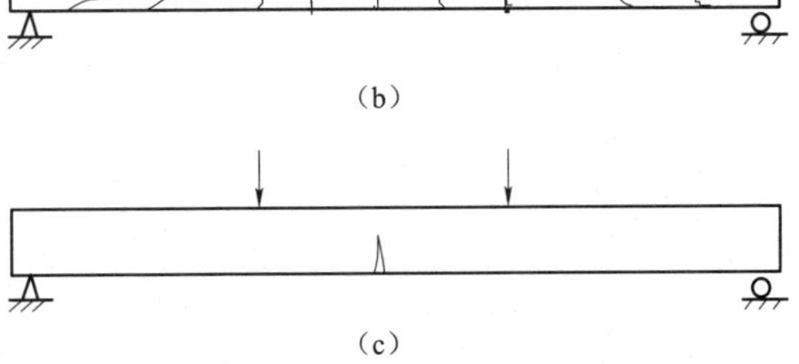

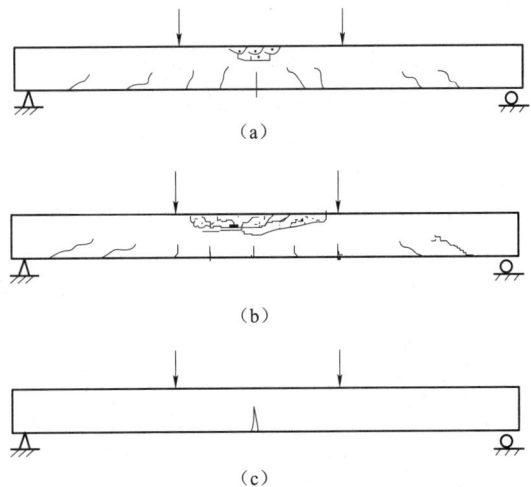

图 4.13 钢筋混凝土梁的三种破坏形态

(a)适筋梁；(b)超筋梁；(c)少筋梁

(2)超筋梁[图 4.13(b)]。若梁截面配筋率 ρ 很大，破坏将始于受压区混凝土的压碎，在受压区边缘纤维应变达到混凝土受弯时的极限压应变值时，钢筋应力尚小于屈服强度，裂缝宽度很小，沿梁高延伸较短，梁的挠度不大，但此时梁已破坏。因其在没有明显预兆的情况下由于受压区混凝土突然压碎而破坏，故习惯上常称之为“脆性破坏”。

超筋梁虽配置过多的受拉钢筋，但由于其应力低于屈服强度，不能充分发挥作用，造成钢材的浪费。这不仅不经济，而且破坏前毫无预兆，故设计中不准许采用这种梁。

比较适筋梁和超筋梁的破坏，可以发现，两者的差异在于：前者破坏始自受拉钢筋；后者则始自受压区混凝土。显然，当钢筋级别和混凝土强度等级确定后，一根梁总会有一个特定的配筋率 ρ_{max}，它使筋应力达到屈服强度的同时，受压区边缘纤维应变也恰好达到混凝土受弯时极限压应变值，这种梁的破坏称为“界限破坏”，“界限”即适筋梁与超筋梁的界限。鉴于安全和经济的理由，在实际工程中不允许采用超筋梁，那么这个特定配筋率 ρ_{max} 实质上就限制了适筋梁的最大配筋率。梁的实际配筋率 $\rho<\rho_{max}$ 时，破坏始自钢筋的屈服；$\rho>\rho_{max}$ 时，破坏始自受压区混凝土的压碎；$\rho=\rho_{max}$ 时，受拉钢筋应力达到屈服强度时，受压区混凝土压碎而梁立即破坏。

(3)少筋梁[图 4.13(c)]。梁的配筋率 ρ 很小时，称为少筋梁。其受力特征：梁破坏时，裂缝往往集中出现一条，不但开展宽度大，而且沿梁高延伸较高。一旦出现裂缝，钢筋的应力就会迅速增大，并超过屈服强度而进入强化阶段，甚至被拉断。

少筋梁混凝土一旦开裂，受拉钢筋立即达到屈服强度并迅速经历整个流幅而进入强化阶段工作。由于裂缝往往集中出现一条，不仅开展宽度较大，且沿梁高延伸很高。即使受压区混凝土暂未压碎，但因此时裂缝宽度过大，这已标志着梁的“破坏”。尽管开裂后梁仍可能保留一定的承载力，但因梁已发生严重下垂，这部分承载力实际上是不能利用的，少筋梁也属于“脆性破坏”，是不经济、不安全的，在工业与民用建筑结构设计中不允许使用。

4.1.3 受弯构件正截面承载力计算原则

1. 正截面承载力计算的基本假定

如前所述，钢筋混凝土受弯构件正截面承载力计算以适筋梁Ⅲ$_a$ 阶段的应力状态为依据。为便于建立基本公式，现作如下假定：

(1)截面应变保持平面。构件正截面弯曲变形后仍保持平面，即在三个阶段中，截面上的应变沿截面高度为线性分布。这一假定称为平截面假定。由实测结果可知，混凝土受压区的应变基本呈线性分布，受拉区的平均应变大体也符合平截面假定。

(2)不考虑截面受拉区混凝土的抗拉强度。

(3)受压混凝土采用理想化的应力-应变关系(图 4.14)，当混凝土强度等级为 C50 及以下时，混凝土极限压应变 $\varepsilon_{cu}=0.0033$。

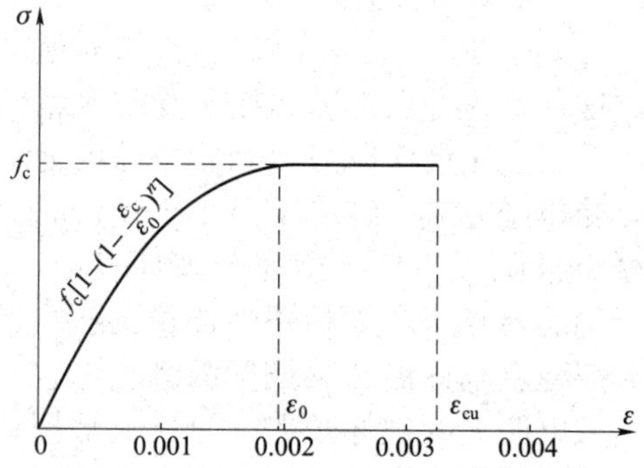

图 4.14 受压混凝土的应力-应变曲线

(4)纵向钢筋的应力取钢筋应变与其弹性模量的乘积，但其值不应大于其相应的强度设计值，纵向受拉钢筋的极限拉应变取 0.01。

2. 等效矩形应力图

根据前述假定，适筋梁Ⅲ$_a$ 阶段的应力图形可简化为图 4.15(c)所示的曲线应力图。其中，x_c 为实际混凝土受压区高度。为进一步简化计算，按照受压区混凝土的合力大小不变、受压区混凝土的合力作用点不变的两个简化原则，将其简化为图 4.15(d)所示的等效矩形应力图形。等效矩形应力图形的混凝土受压区高度 $x=\beta_1 x_c$，等效矩形应力图形的应力值为 $\alpha_1 f_c$。其中，f_c 为混凝土轴心抗压强度设计值，β_1 为等效矩形应力图受压区高度与中和轴高度的比值，α_1 为受压区混凝土等效矩形应力图的应力值与混凝土轴心抗压强度设计值的比值，α_1、β_1 的值见表 4.4。

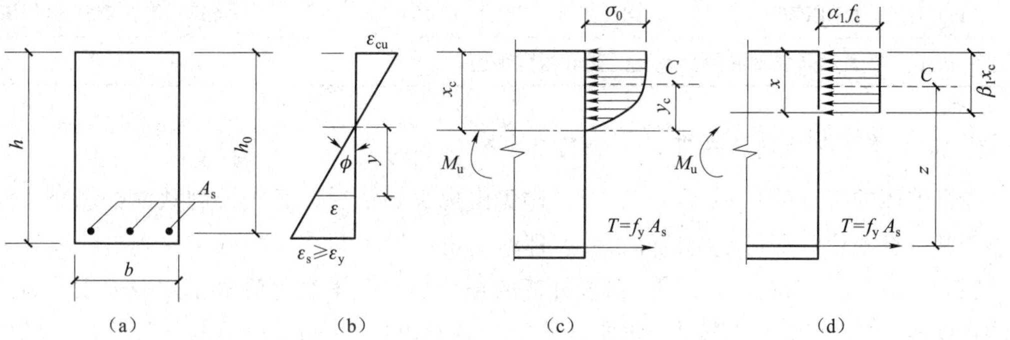

图 4.15　第Ⅲ$_a$ 阶段梁截面应力分布图

(a)截面示意；(b)截面应变图；(c)截面应力图；(d)等效矩形应力图形

表 4.4　混凝土受压区等效矩形应力图系数

混凝土强度等级	≤C50	C55	C60	C65	C70	C75	C80
α_1	1.0	0.99	0.98	0.97	0.96	0.95	0.94
β_1	0.8	0.79	0.78	0.77	0.76	0.73	0.74

4.1.4　界限相对受压区高度与最小配筋率

1. 适筋梁与超筋梁的界限——界限相对受压区高度 ξ_b

比较适筋梁和超筋梁的破坏，前者始于受拉钢筋屈服，后者始于受压区混凝土被压碎。理论上，两者间存在一种界限状态，即界限破坏。在这种状态下，受拉钢筋达到屈服强度和受压区混凝土边缘达到极限压应变是同时发生的。将受弯构件等效矩形应力图形的混凝土受压区高度 x 与截面有效高度 h_0 之比称为相对受压区高度，用 ξ 表示，$\xi=x/h_0$；适筋梁界限破坏时，等效受压区高度与截面有效高度之比称为界限相对受压区高度，用 ξ_b 表示。

ξ_b 值是用来衡量构件破坏时钢筋强度能否充分利用的一个特征值。若 $\xi>\xi_b$，构件破坏时，受拉钢筋不能屈服，表明构件的破坏为超筋破坏；若 $\xi\leqslant\xi_b$，构件破坏时，受拉钢筋已经达到屈服强度，表明发生的破坏为适筋破坏或少筋破坏。各种钢筋的 ξ_b 值见表 4.5。

表 4.5　相对界限受压区高度 ξ_b 值

钢筋级别	ξ_b						
	≤C50	C55	C60	C65	C70	C75	C80
HPB300	0.576	—	—	—	—	—	—
HRB335、HRBF335	0.550	0.541	0.531	0.522	0.512	0.503	0.493

钢筋级别	ξ_b						
	≤C50	C55	C60	C65	C70	C75	C80
HRB400、HRBF400、RRB400	0.518	0.508	0.499	0.49	0.481	0.472	0.463
HRB500、HRBF500	0.482	0.473	0.464	0.455	0.447	0.438	0.429
注：表中空格表示高强度混凝土不宜配置低强度钢筋。							

2. 适筋梁与少筋梁的界限——截面最小配筋率 $\rho_{\min}$

少筋破坏的特点是“一裂即坏”。为了避免出现少筋情况，必须控制截面配筋率，使之不小于某一界限值，即最小配筋率 $\rho_{\min}$。理论上讲，最小配筋率的确定原则是：配筋率为 $\rho_{\min}$ 的钢筋混凝土受弯构件，按Ⅲ$_a$ 阶段计算的正截面受弯承载力应等于同截面素混凝土梁所能承受的弯矩 M_{cr}（M_{cr}为按Ⅰ$_a$ 阶段计算的开裂弯矩）。当构件按适筋梁计算所得的配筋率小于 $\rho_{\min}$时，理论上讲，梁可以不配受力钢筋，作用在梁上的弯矩仅素混凝土梁就足以承受。但考虑到混凝土强度的离散性，加之少筋破坏属于脆性破坏，以及收缩等因素，《结构规范》规定梁的配筋率不得小于 $\rho_{\min}$。

梁的截面最小配筋率按表 4.6 查取，即对于受弯构件，$\rho_{\min}$按下式计算：

$$\rho_{\min}=\max(0.45f_t/f_y，0.2\%) \tag{4-2}$$

表 4.6　钢筋混凝土结构构件中纵向受力钢筋的最小配筋率 $\rho_{\min}$　　%

受力类型			最小配筋百分率
受压构件	全部纵向钢筋	强度等级 500 MPa	0.50
		强度等级 400 MPa	0.55
		强度等级 300 MPa、335 MPa	0.60
	一侧纵向钢筋		0.20
受弯构件、偏心受拉、轴心受拉一侧的受拉钢筋			0.20 和 $45f_t/f_y$ 中的数值

注：1. 受压构件全部纵向钢筋最小配筋百分率，当混凝土强度等级为 C60 及以上时，应按表中规定增加 0.10；
2. 板类受弯构件(不包括悬臂板)的受拉钢筋，当采用强度等级为 400 MPa 和 500 MPa 的钢筋时，其最小配筋百分率应允许采用 0.15 和 $45f_t/f_y$ 中的较大值；
3. 偏心受拉构件中的受压钢筋，应按受压构件一侧纵向钢筋考虑；
4. 受压构件全部纵向钢筋和一侧纵向钢筋的配筋率以及轴心受拉构件和小偏心受拉构件一侧受拉钢筋的配筋率均应按构件的全截面面积计算；
5. 受弯构件、大偏心受拉构件一侧受拉钢筋的配筋率应按全截面面积扣除受压翼缘面积$(b_f'-b)h_f'$后的截面面积计算；
6. 当钢筋沿构件截面周边布置时，“一侧纵向钢筋”是指沿受力方向两个对边中的一边布置的纵向钢筋。

4.1.5 单筋矩形截面受弯构件正截面承载力计算

1. 基本计算公式及适用条件

(1)基本公式。由图 4.16 所示的等效矩形应力图形，根据静力平衡条件，可得出单筋矩形截面梁正截面承载力计算的基本公式：

$$\sum N=0,\alpha_1 f_c bx=f_y A_s \tag{4-3}$$

$$\sum M=0,M\leqslant M_u=\alpha_1 f_c bx\left(h_0-\frac{x}{2}\right) \tag{4-4}$$

或

$$M\leqslant M_u=f_y A_s\left(h_0-\frac{x}{2}\right) \tag{4-5}$$

式中 M——弯矩设计值；

f_c——混凝土轴心抗压强度设计值；

f_y——钢筋抗拉强度设计值；

x——混凝土受压区高度；

A_s——受拉钢筋截面面积；

h_0——截面有效高度，$h_0=h-a_s$，即梁截面受压区的外边缘至受拉钢筋合力点的距离，此处 a_s 为受拉钢筋合力点至受拉区边缘的距离，纵筋为一排钢筋时，$a_s=c+d_{sv}+d/2$，纵筋为两排钢筋时，$a_s=c+d_{sv}+d+e/2$，此处，c 为混凝土保护层厚度，d_{sv} 为箍筋的直径，e 为上、下两排钢筋净距，截面设计时，一般取 $d=20$ mm，$e=25$ mm 计算 a_s。

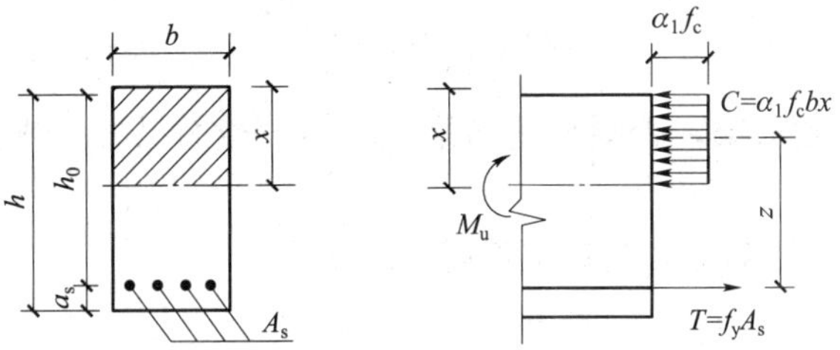

图 4.16 等效矩形应力图形

板的截面有效高度 $h_0=h-a_s$，受力钢筋一般为一排钢筋，$a_s=c+d_{sv}+d//2$；截面设计时，取 $d=10$ mm 计算 a_s。计算承载力时，对室内正常环境下的梁、板，a_s 可近似按表 4.7 取用。

表 4.7 室内正常环境下的梁、板的 a_s 近似值 mm

构件种类	纵向受力钢筋层数	混凝土强度等级	
		≤C25	>C25
梁、柱	一层	45	40
	二层	70	65
板	一层	25	20
注：表中 a_s 值仅供参考。			

(2)适用条件。

1)为防止发生超筋破坏，需满足 $\xi \leqslant \xi_b$ 或 $x \leqslant \xi_b h_0$；

2)为防止发生少筋破坏，应满足 $\rho \geqslant \rho_{min}$ 或 $A_s \geqslant A_{s,min} = \rho_{min} bh$。

在式(4-5)中，取 $x = \xi_b h_0$，即得到单筋矩形截面所能承受的最大弯矩的表达式：

$$M_{u,max} = \alpha_1 f_c b h_0^2 \xi_b (1 - 0.5\xi_b) \tag{4-6}$$

由式(4-3)可得 $x = \frac{f_y A_s}{\alpha_1 f_c b}$，则相对受压区高度即 $\xi = \frac{x}{h_0} = \frac{f_y A_s}{\alpha_1 f_c b h_0} = \rho \frac{f_y}{\alpha_1 f_c}$。

由式(4-6)可得：

$$\rho = \xi \alpha_1 \frac{f_c}{f_y} \tag{4-7}$$

对于材料给定的截面，相对受压区高度 ξ 和配筋率 ρ 之间有明确的换算关系，对应于 ξ_b 的 ρ 即该截面允许的最大配筋率。

2. 计算方法

单筋矩形截面受弯构件正截面承载力计算，可以分为两类问题：一是截面设计，二是复核已知截面的承载力。

(1)截面设计。已知：弯矩设计值 M，混凝土强度等级，钢筋级别，构件截面尺寸 b、h。

求：所需受拉钢筋截面面积 A_s。

方法一：公式求解法。计算步骤如下：

1)确定截面有效高度 h_0。

2)计算混凝土受压区高度 x，并判断是否属于超筋梁：

$$x = h_0 - \sqrt{h_0^2 - \frac{2M}{\alpha_1 f_c b}} \tag{4-8}$$

若 $x \leqslant \xi_b h_0$，则不属于超筋梁，否则为超筋梁，应加大截面尺寸，或提高混凝土强度等级，或改用双筋截面。

3)计算钢筋截面面积 A_s，并判断是否属于少筋梁：

$$A_s = \alpha_1 f_c b x / f_y \tag{4-9}$$

若 $A_s \geqslant \rho_{min} bh$，则不属于少筋梁，否则为少筋梁，应取 $A_s = \rho_{min} bh$。

4)选配钢筋。

方法二：表格求解法。

应用基本公式进行截面设计时，一般需求解二次方程式，计算过程比较麻烦，为简化计算，可根据基本公式给出一些计算系数，从而使计算过程得到简化。

取计算系数

$$\alpha_s = \frac{M}{\alpha_1 f_c b h_0^2} \tag{4-10}$$

即

$$\alpha_s = \xi(1 - 0.5\xi) \tag{4-11}$$

取

$$\gamma_s = 1 - 0.5\xi \tag{4-12}$$

计算步骤如下：

1)确定截面有效高度 h_0。

2)按式(4-10)计算所需的截面抵抗矩系数 α_s：

$$\alpha_s=\frac{M}{\alpha_1 f_c b h_0^2}$$

3)据 α_s 查附表 6，得到 ξ 或 γ_s，也可直接利用下列公式求解：

$$\xi=1-\sqrt{1-2\alpha_s} \tag{4-13}$$

$$\gamma_s=\frac{1+\sqrt{1-2\alpha_s}}{2} \tag{4-14}$$

γ_s 称为内力矩的力臂系数，α_s 称为截面抵抗矩系数。配筋率 ρ 越大，γ_s 越小，而 α_s 越大。

如果 $\xi>\xi_b$，则需要加大截面高度 h 或改用双筋重新进行计算。当然，加大截面宽度 b 或提高混凝土强度等级也可降低 ξ 值，但效果较差。

4)由式(4-15)或式(4-16)计算所需的钢筋截面面积 A_s，即

$$A_s=\frac{\alpha_1 f_c b\xi h_0}{f_y} \tag{4-15}$$

或

$$A_s=\frac{M}{f_y\gamma_s h_0} \tag{4-16}$$

检验适筋梁的最小配筋率 ρ_{min} 是否满足要求。

5)选用钢筋直径及根数，并在梁截面内布置，以检验实配钢筋排数是否与原假设相符。

在截面设计过程中，当荷载已知、材料选定后，有时也可按经济配筋率选取 ρ 值，ρ 的经济配筋率：实心板为 0.4%～0.8%；矩形梁为 0.6%～1.5%；T 形梁为 0.9%～1.8%，并由此确定 h_0 及 A_s。

(2)复核已知截面的承载力。

已知：构件截面尺寸 b、h，钢筋截面面积 A_s，混凝土强度等级，钢筋级别，弯矩设计值 M。

验算：截面是否安全。

计算步骤如下：

1)确定截面有效高度 h_0。

2)判断梁的类型：

$$x=\frac{f_y A_s}{\alpha_1 f_c b} \tag{4-17}$$

若 $A_s\geqslant\rho_{min}bh$，且 $x\leqslant\xi_b h_0$，为适筋梁；若 $x>\xi_b h_0$，为超筋梁；若 $A_s<\rho_{min}bh$，为少筋梁。

3)计算截面受弯承载力 M_u。

适筋梁：

$$M_u=A_s f_y(h_0-x/2) \tag{4-18}$$

超筋梁：

$$M_u=M_{u,max}=\alpha_1 f_c b h_0^2\xi_b(1-0.5\xi_b) \tag{4-19}$$

对少筋梁，应将其受弯承载力降低使用(已建成工程)或修改设计。

4)判断截面是否安全。

若$M \leqslant M_u$，则截面安全。

3. 计算例题与讨论

【例 4.1】 某钢筋混凝土矩形截面简支梁，结构安全等级为二级，处于一类环境，跨中弯矩设计值$M=150$ kN·m，梁的截面尺寸$b \times h=200$ mm×450 mm，采用C35级混凝土，HRB400级钢筋。试求该梁所需纵向钢筋面积并画出截面配筋简图。

【解】 查得$f_c=16.7$ N/mm²，$f_t=1.57$ N/mm²，$f_y=360$ N/mm²，$\alpha_1=1.0$，$\xi_b=0.518$，结构重要性系数$\gamma_0=1.0$。

(1)确定截面有效高度h_0。假设纵向受力钢筋为单层，则

$$h_0=h-40=450-40=410(\text{mm})$$

(2)计算x，并判断是否属于超筋梁。

$$x=h_0-\sqrt{h_0^2-\frac{2M}{\alpha_1 f_c b}}=410-\sqrt{410^2-\frac{2\times150\times10^6}{1.0\times16.7\times200}}$$

$$=130.2(\text{mm})<x_b=\xi_b h_0=0.518\times410=212.38(\text{mm})\text{，不属于超筋梁。}$$

(3)计算A_s，并判断是否属于少筋梁。

$$A_s=\frac{\alpha_1 f_c bx}{f_y}$$

$$=1.0\times16.7\times200\times130.2/360=1\ 208.0(\text{mm}^2)$$

$0.45f_t/f_y=0.45\times1.57/360=0.196\%<0.2\%$，取$\rho_{min}=0.2\%$。

$\rho=\frac{A_s}{bh}=\frac{1208.0}{200\times450}=1.34\%\geqslant0.2\%$，不属于少筋梁。

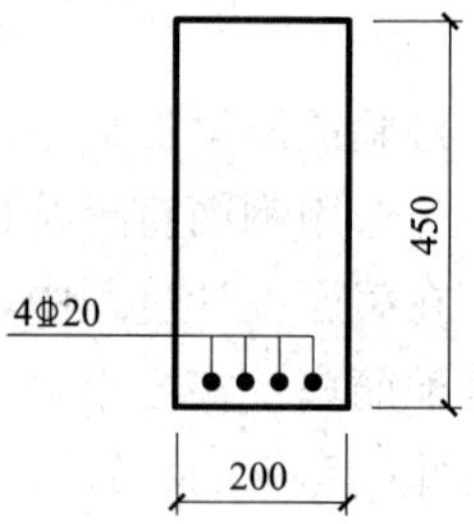

图 4.17 梁截面配筋图

(4)选配钢筋。

选配4Φ20($A_s=1\ 256$ mm²)，如图4.17所示。

【例 4.2】 某教学楼钢筋混凝土矩形截面简支梁，安全等级为二级，截面尺寸$b \times h=250$ mm×550 mm，承受恒载标准值为10 kN/m(不包括梁的自重)，活荷载标准值为12 kN/m，计算跨度$l_0=6$ m，采用C30级混凝土，HRB400级钢筋。试用查表法求解纵向受力钢筋的数量。

【解】 查得$f_c=14.3$ N/mm²，$f_t=1.43$ N/mm²，$f_y=360$ N/mm²，$\xi_b=0.518$，$\alpha_1=1.0$，结构重要性系数$\gamma_0=1.0$，可变荷载组合值系数$\Psi_c=0.7$。

(1)计算弯矩设计值M。

钢筋混凝土重度为25 kN/m³，故作用在梁上的恒荷载标准值为

$$g_k=10+0.25\times0.55\times25=13.438(\text{kN/m})$$

简支梁在恒荷载标准值作用下的跨中弯矩为

$$M_{g_k}=g_k l_0{}^2/8=13.438\times6^2/8=60.471(\text{kN}\cdot\text{m})$$

简支梁在活荷载标准值作用下的跨中弯矩为

$$M_{q_k}=q_k l_0{}^2/8=12\times6^2/8=54(\text{kN}\cdot\text{m})$$

跨中弯矩设计值为

$$\gamma_0(\gamma_G M_{g_k}+\gamma_q M_{q_k})=1.0\times(1.3\times60.471+1.5\times54)$$
$$=159.612(\text{kN}\cdot\text{m})$$

(2)计算 h_0。假定受力钢筋排一层，则

$$h_0=h-40=550-40=510(\text{mm})$$

(3)计算 α_s，并判断是否属于超筋梁。

$$\alpha_s=\frac{M}{\alpha_1 f_c b h_0^2}=\frac{159.612\times10^6}{1.0\times14.3\times250\times510^2}=0.171$$

查附表 6 得 $\xi=0.189<\xi_b=0.518$，不属于超筋梁。

(4)计算 A_s，并判断是否属于少筋梁。

$$A_s=\xi b h_0\alpha_1 f_c/f_y=0.189\times250\times510\times1.0\times14.3/360$$
$$=957.2(\text{mm}^2)$$

$0.45f_t/f_y=0.45\times1.43/360=0.18\%<0.2\%$，取 $\rho_{min}=0.2\%$。

$\rho_{min}bh=0.2\%\times250\times550=275(\text{mm}^2)<A_s=957.2\ \text{mm}^2$

不属于少筋梁。

(5)选配钢筋。选配 3Φ20($A_s=942\ \text{mm}^2$)，如图 4.18 所示。

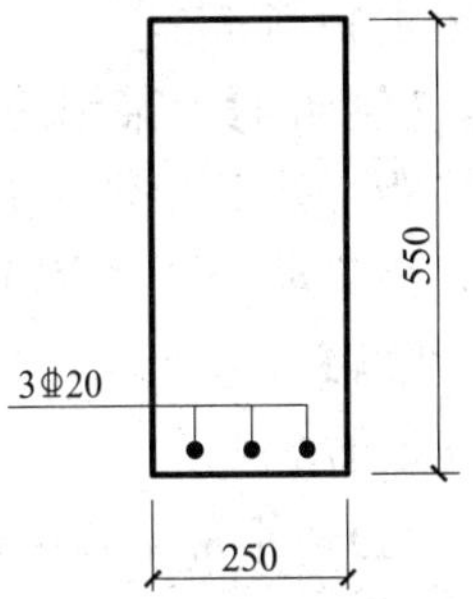

图 4.18　梁截面配筋图

【例 4.3】 某教学楼现浇钢筋混凝土走道板如图 4.19 所示，安全等级为二级，处于一类环境，板厚度 $h=100$ mm，板面做 20 mm 水泥砂浆面层，活荷载标准值 $q_k=2.5\ \text{kN/m}^2$，计算跨度 $l_0=2.5$ m，采用 C25 级混凝土，取 $a_s=20$ mm，使用 HPB300 级钢筋。试确定纵向受力钢筋的数量。

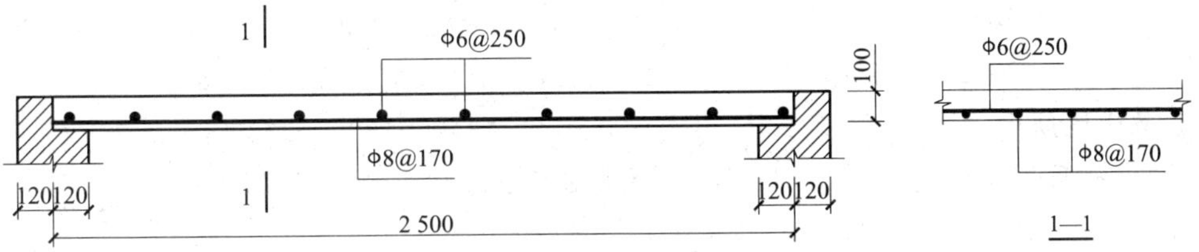

图 4.19　【例 4.3】附图

【解】 查得 $f_c=11.9\ \text{N/mm}^2$，$f_t=1.27\ \text{N/mm}^2$，$f_y=270\ \text{N/mm}^2$，$\xi_b=0.576$，$\alpha_1=1.0$，结构重要性系数 $\gamma_0=1.0$，可变荷载组合值系数 $\Psi_c=0.7$。

(1)计算跨中弯矩设计值 M。钢筋混凝土和水泥砂浆的重度分别为 25 kN/m³ 和 20 kN/m³，故作用在板上的恒荷载标准值为

80 mm 厚钢筋混凝土板		$0.10\times25=2.5(\text{kN/m}^2)$
20 mm 水泥砂浆面层	+	$0.02\times20=0.4(\text{kN/m}^2)$
		$g_k=2.9\ \text{kN/m}^2$

取 1 m 板宽作为计算单元，即 $b=1\ 000$ mm，则 $g_k=2.9$ kN/m，$q_k=2.5$ kN/m。

$$\gamma_0(1.3g_k+1.5q_k)=1.0\times(1.3\times2.9+1.5\times2.5)=7.52(\text{kN/m})$$

板跨中弯矩设计值为

$$M=ql_0{}^2/8=7.52\times2.5^2/8=5.875(\text{kN}\cdot\text{m})$$

(2)计算混凝土受压区高度 x。

$$h_0=h-20=100-20=80(\text{mm})$$

$$x=h_0-\sqrt{h_0^2-\frac{2M}{\alpha_1 f_c b}}=80-\sqrt{80^2-\frac{2\times 5.875\times 10^6}{1.0\times 11.9\times 1\ 000}}$$
$$=6.43(\text{mm})<\xi_b h_0=0.576\times 80=46.08(\text{mm})(\text{不属于超筋梁})$$

(3)计算纵向受力钢筋的数量：

$$A_s=\alpha_1 f_c bx/f_y=1.0\times 11.9\times 1\ 000\times 6.43/270=283.4(\text{mm}^2)$$

$$0.45f_t/f_y=0.45\times 1.27/270=0.21\%>0.2\%(\text{取}\ \rho_{min}=0.21\%)$$

$$\rho_{min}bh=0.21\%\times 1\ 000\times 100=210(\text{mm}^2)<A_s=283.4\ \text{mm}^2$$

(4)选配钢筋。受力钢筋选用 ϕ8@170($A_s=296\ \text{mm}^2$)，分布钢筋按构造要求选用 ϕ6@250，如图 4.19 所示。

【例 4.4】 某钢筋混凝土矩形截面梁，截面尺寸 $b\times h=200\ \text{mm}\times 500\ \text{mm}$，安全等级为二级，处于一类环境。混凝土强度等级为 C30，纵向受拉钢筋采用 3⌀25，HRB400 级钢筋，该梁承受最大弯矩设计值 $M=125\ \text{kN}\cdot\text{m}$。试复核该梁是否安全。

【解】 $f_c=14.3\ \text{N/mm}^2$，$f_t=1.43\ \text{N/mm}^2$，$f_y=360\ \text{N/mm}^2$，$\xi_b=0.518$，$\alpha_1=1.0$，$A_s=1\ 473\ \text{mm}^2$。

(1)计算 h_0。因纵向受拉钢筋布置成一层，故

$$h_0=h-40=500-40=460(\text{mm})$$

(2)判断梁的类型。

$$x=\frac{A_s f_y}{\alpha_1 f_c b}=\frac{1\ 473\times 360}{1.0\times 14.3\times 200}=185.41(\text{mm})<x_b=\xi_b h_0=0.518\times 460=238.3(\text{mm})$$

$$0.45f_t/f_y=0.45\times 1.43/360=0.18\%<0.2\%(\text{取}\ \rho_{min}=0.2\%)$$

$$\rho_{min}bh=0.2\%\times 200\times 500=200(\text{mm}^2)<A_s=1\ 473\ \text{mm}^2$$

故该梁属于适筋梁。

(3)求截面受弯承载力 M_u，并判断该梁是否安全。

$$M_u=f_y A_s(h_0-x/2)=360\times 1\ 473\times(460-185.41/2)$$
$$=194.8\times 10^6(\text{N}\cdot\text{mm})=194.8\ \text{kN}\cdot\text{m}>M=125\ \text{kN}\cdot\text{m}(\text{该梁安全})$$

4.1.6 双筋矩形截面受弯构件正截面承载力计算

1. 概念及应用

在受弯构件的受拉区配置纵向受拉钢筋的同时，在受压区也配有按计算确定的一定数量的受压钢筋，以协同受压区混凝土承担压力，即双筋截面。

单筋矩形截面梁通常是在正截面的受拉区配置纵向受拉钢筋，在受压区配置纵向架立筋，再用箍筋把它们一起绑扎成钢筋骨架。其中，受压区的纵向架立筋虽然受压，但对正截面受弯承载力的贡献很小，所以，其只在构造上起架立钢筋的作用，在计算中不予考虑。如果在受压区配置的纵向受压钢筋数量比较多，其不仅起架立钢筋的作用，而且在正截面受弯承载力的计算中必须考虑这种钢筋的受压作用，则这样配筋的截面称为双筋截面。然而在正截面受弯中，采用纵向受压钢筋协助混凝土承受压力是不经济的，所以，从承载力计算的角度出发，双筋矩形截面只适用于以下情况：

(1)梁的同一截面有承受异号弯矩的可能时，如连续梁中的跨中截面，本跨荷载较大，则发生正弯矩；而当相邻跨荷载较大时，则可能出现负弯矩。这样，随着梁上作用荷载的变化，梁跨中截面受拉区与受压区的位置发生互换，梁截面内上、下钢筋所需的数量都比较多，因此，在对正弯矩或负弯矩分别进行截面受弯承载力计算时，都可按双筋截面梁计算。再如结构或构件承受地震等交变的作用，截面上的弯矩改变方向。

(2)截面承受的弯矩设计值大于单筋截面所能承受的最大弯矩设计值，而梁截面尺寸受到限制，混凝土强度等级又不能提高时，可在受压区配置受力钢筋，以补充混凝土受压能力的不足。

(3)结构或构件的截面由于某种原因，在截面的受压区预先已经布置了一定数量的受力钢筋，宜考虑其受压作用而按双筋梁计算。如框架梁按抗震要求设计时，梁端截面的底面和顶面纵向钢筋截面面积的比值除按计算确定外，一般还不应小于0.3，对重要框架则不应小于0.5。

受压钢筋可以提高截面的延性，并可以减少构件在荷载作用下的变形，但用钢量较大。因此，除在抗震结构中要求框架梁必须配置一定比例的受压钢筋外，一般来说采用双筋截面不经济。为了节约钢材，应尽可能不将截面设计成双筋截面。配置受压钢筋后，为防止纵向受压钢筋可能发生纵向弯曲(压屈)而向外凸出，引起保护层剥落，甚至使受压混凝土过早发生脆性破坏，箍筋应做成封闭式，其间距不应大于 $15d$(d 为受压钢筋的最小直径)，如图 4.20 所示。

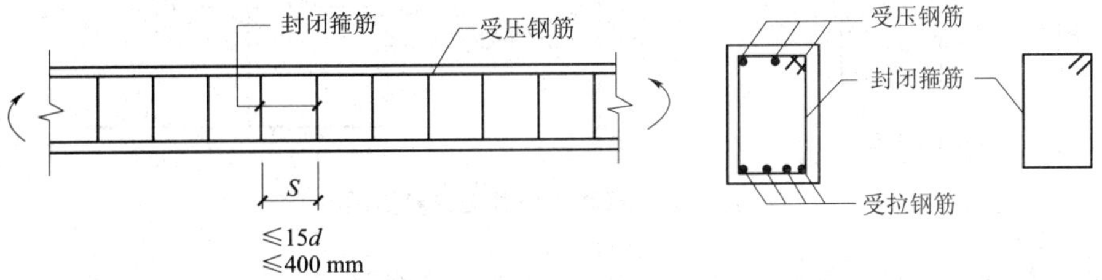

图 4.20　双筋矩形截面梁配置封闭箍筋的构造要求

2. 基本公式及适用条件

(1)纵向受压钢筋的抗压强度取值。根据双筋梁截面的应变及应力分布(图 4.21)，有：

$$\varepsilon_s' = \frac{x_c - a_s'}{x_c}\varepsilon_{cu} = \left(1 - \frac{a_s'}{x/\beta_1}\right)\varepsilon_{cu} = \left(1 - \frac{\beta_1 a_s'}{x}\right)\varepsilon_{cu} \tag{4-20}$$

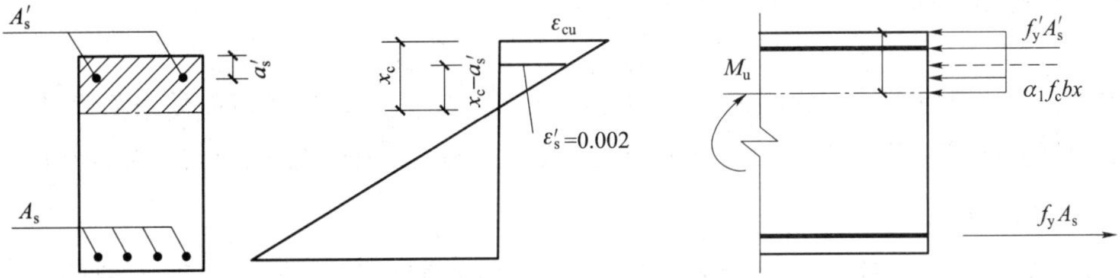

图 4.21　双筋梁截面的应变及应力分布

若取 $x=2a_s'$，则由平截面假定可得受压钢筋的压应变值：

$$\varepsilon_s' = \left(1 - \frac{a_s'\beta_1}{2a_s'}\right)\times\varepsilon_{cu} = (1-0.5\beta_1)\times\varepsilon_{cu} \tag{4-21}$$

取构件受压区边缘混凝土被压碎时的极限压应变 $\varepsilon_{cu}\approx0.0033$，$\beta_1\approx0.8$，得受压钢筋应变为 $\varepsilon_s'=0.002$，则受压钢筋应力为 $\sigma_s'=E_s\varepsilon_s'=(1.95\sim2.1)\times10^5\times0.002=(390\sim420)(\text{N/mm}^2)$。

所以，此值对于 HPB300、HRB335 和 RRB400 级钢筋，其相应的压应力 σ_s' 已达到抗压强度设计值 f_y'，故纵向受压钢筋的抗压强度采用 f_y'的先决条件是：

$$x\geqslant2a_s' \tag{4-22}$$

其含义为受压钢筋位置不低于矩形受压应力图形的重心。当不满足式(4-22)的规定时，则表明受压钢筋的位置离中和轴太近，受压钢筋的应变 ε_s' 太小，以致其应力达不到抗压强度设计值 f_y'。

(2)计算公式及适用条件。

1)计算公式。双筋矩形截面受弯构件正截面受弯的截面计算图形，如图 4.22 所示。

由力和力矩的平衡条件可得：

$$\sum X=0,\ \alpha_1f_cbx+f_y'A_s'=f_yA_s \tag{4-23}$$

$$\sum M=0,\ M_u=\alpha_1f_cbx\left(h_0-\frac{x}{2}\right)+f_y'A_s'(h_0-a_s') \tag{4-24}$$

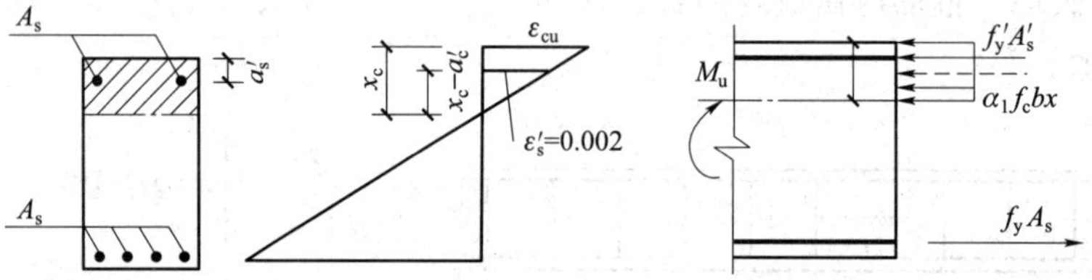

图 4.22　双筋矩形截面计算简图

2)适用条件。应用以上两式时，必须满足下列适用条件：

①为防止超筋破坏，应满足：

$$\xi\leqslant\xi_b \tag{4-25}$$

②为保证受压钢筋达到抗压设计强度，应满足：

$$x\geqslant2a_s' \tag{4-26}$$

当 $x<2a_s'$ 时，受压钢筋的应变 ε_s' 很小，受压钢筋不能屈服。这时，可近似取 $x=2a_s'$，并将各力对受压钢筋的合力作用点取矩，得：

$$M\leqslant M_u=f_yA_s(h_0-a_s') \tag{4-27}$$

用式(4-27)可以直接确定纵向受拉钢筋的截面面积 A_s，这样有可能使求得的 A_s 比不考虑受压的存在而按单筋矩形截面计算的 A_s 还大，这时，应按单筋截面的计算结果配筋。

3. 计算方法及例题

(1)截面设计。双筋梁的截面设计，一般是已知截面尺寸等，求受压钢筋和受拉钢筋。有时因构造要求，受压钢筋截面面积为已知，求受拉钢筋。如前所述，截面设计时，令 $M=M_u$。

情况 1：已知截面尺寸 $b\times h$、混凝土强度等级及钢筋等级、弯矩设计值 M，求受压钢筋 A_s' 和受拉钢筋 A_s。

由于式(4-23)、式(4-24)的两个基本计算公式中含有 x、A_s' 和 A_s 三个未知数，其解是不定的，故还需补充一个条件才能求解。显然，在截面尺寸及材料强度已知的情况下，只有引入($A_s'+A_s$)之和最小为其最优解。在一般情况下，取 $f_y=f_y'$，为最大限度地利用混凝土强度，取 $\xi=\xi_b$。由式(4-24)，有

$$A_s'=\frac{M-\alpha_1 f_c b x_b\left(h_0-\frac{x_b}{2}\right)}{f_y'(h_0-a_s')}=\frac{M-\alpha_1 f_c b h_0^2\xi_b(1-0.5\xi_b)}{f_y'(h_0-a_s')} \tag{4-28}$$

由式(4-23)，令 $f_y=f_y'$，可得：

$$A_s=A_s'+\frac{\alpha_1 f_c b x}{f_y}=A_s'+\xi_b\frac{\alpha_1 f_c b h_0}{f_y} \tag{4-29}$$

综上所述，情况 1 的设计计算步骤为：

1)根据材料强度等级，查得其强度设计值 f_y、f_c 及系数 α_1。

2)计算截面有效高度 $h_0=h-a_s$，通常假定布置两排钢筋计算 h。

3)判断是否需要采用双筋截面。

若 $M>M_{u,max}=\alpha_1 f_c b h_0^2\xi_b(1-0.5\xi_b)$，按双筋矩形截面梁进行设计；否则，按单筋矩形截面梁进行设计。

4)令 $\xi=\xi_b$，利用式(4-28)求得 A_s'。

5)由式 $A_s=A_s'+\xi_b\frac{\alpha_1 f_c b h_0}{f_y}$求得 A_s。

6)按 A_s、A_s' 值选用钢筋直径及根数，并在梁截面内布置，以检验实配钢筋排数是否与原假设相符。

【例 4.5】 已知梁的截面尺寸为 $b\times h=250\ \text{mm}\times 500\ \text{mm}$，混凝土强度等级为 C40，钢筋采用 HRB400 级钢筋，截面弯矩设计值 $M=400\ \text{kN}\cdot\text{m}$，环境类别为一类。求所需受压和受拉钢筋截面面积 A_s、A_s'。

【解】 (1)查得材料强度设计值。$f_c=19.1\ \text{N/mm}^2$，$f_y=f_y'=360\ \text{N/mm}^2$，$\alpha_1=1.0$，$\xi_b=0.518$。

(2)验算是否需要采用双筋截面。因弯矩设计值较大，假定受拉钢筋放两排，设 $a_s=65$ mm，则 $h_0=h-a_s=500-65=435$(mm)。

单筋矩形截面所能承担的最大弯矩为

$$\begin{aligned}M_{u,max}&=\alpha_1 f_c b h_0^2\xi_b(1-0.5\xi_b)\\&=1.0\times 19.1\times 250\times 435^2\times 0.518\times(1-0.5\times 0.518)\\&=346.82(\text{kN}\cdot\text{m})<M=400\ \text{kN}\cdot\text{m}\end{aligned}$$

这就说明，如果设计成单筋矩形截面，将会出现 $x>\xi_b h_0$ 的超筋情况。假设不加大截面尺寸，又不提高混凝土强度等级，按双筋矩形截面进行设计。

(3)求受压钢筋 A_s'。

令 $\xi=\xi_b$，则 $A_s'=\frac{M-M_{u,max}}{f_y'(h_0-a_s')}=\frac{400\times 10^6-346.82\times 10^6}{360\times(435-40)}=373.9(\text{mm}^2)$。

(4)求受拉钢筋 A_s。

$$A_s=\xi_b\frac{\alpha_1 f_c b h_0}{f_y}+A_s'=0.518\times\frac{1.0\times 19.1\times 250\times 435}{360}+373.9=3\,363(\text{mm}^2)$$

受拉钢筋选用7Φ25 mm的钢筋，$A_s=3\ 436\ mm^2$。受压钢筋选用2Φ16 mm($A_s'=402\ mm^2$)的钢筋，配筋图如图4.23所示。

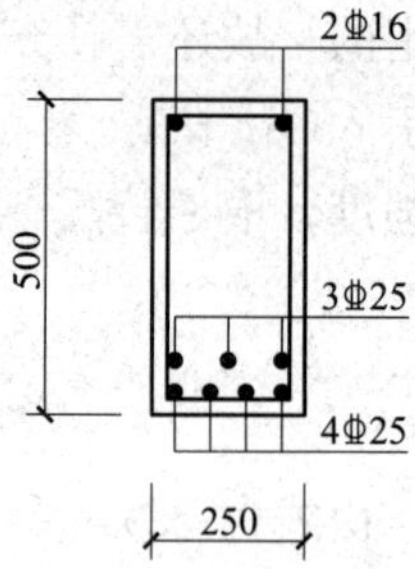

图4.23 【例4.5】截面配筋图

情况2：已知截面尺寸$b\times h$、混凝土强度等级、钢筋等级、弯矩设计值M及受压钢筋A_s'，求受拉钢筋A_s。

由于A_s'已知，所以只有充分利用A_s'才能使内力臂最大，从而算出的A_s才会最小。在式(4-23)及式(4-24)两个基本公式中，仅x及A_s为未知数，故可直接求解。

由式(4-24)，得：

$$x=h_0-\sqrt{h_0^2-\frac{2[M-f_y'A_s'(h_0-a_s')]}{\alpha_1 f_c b}} \tag{4-30}$$

若$x\geqslant 2a_s'$且$\xi\leqslant\xi_b$，由式(4-23)可得：

$$A_s=A_s'+\frac{\alpha_1 f_c bx}{f_y}\quad (f_y=f_y') \tag{4-31}$$

1)若$\xi>\xi_b$，表明原有的A_s'不足，可按A_s'未知的情况1计算。

2)当求得的$x<2a_s'$时，即表明A_s'不能达到其抗压强度设计值，因此，基本公式中$\sigma_s'\neq f_y'$，故需要求出σ_s'，但这样计算比较烦琐，通常可近似认为此时内力臂为(h_0-a_s')，即假设混凝土压应力合力C也作用在受压钢筋合力点处，这样对内力臂计算的误差很小，因而对求解A_s的误差也就很小，即

$$A_s=\frac{M}{f_y(h_0-a_s')} \tag{4-32}$$

综上所述，情况2的设计计算步骤为：

①根据材料强度等级，查得其强度设计值f_y、f_c及系数α_1。

②计算截面有效高度$h_0=h-a_s$，通常假定布置两排钢筋计算h_0。

③计算x。

④计算A_s。

若
$$2a_s'\leqslant x\leqslant\xi_b h_0,$$
则
$$A_s=A_s'\frac{f_y'}{f_y}+\frac{\alpha_1 f_c bx}{f_y}$$
若
$$x<2a_s',$$
则
$$A_s=\frac{M}{f_y(h_0-a_s')}$$

若$x>\xi_b h_0$，则说明给定的受压钢筋面积A_s'太小，按情况1进行设计计算。

⑤按A_s、A_s'值选用钢筋直径及根数，并在梁截面内布置，以检验实配钢筋排数是否与原假设相符。

【例4.6】 已知条件同【例4.5】，但在受压区已经配置了3Φ25($A_s'=1\ 473\ mm^2$)，求受拉钢筋A_s。

【解】 因已知条件同【例4.5】，所以可以直接求出x。

(1)求解x。

$$\begin{aligned}x&=h_0-\sqrt{h_0^2-\frac{2[M-f_y'A_s'(h_0-a_s')]}{\alpha_1 f_c b}}\\&=435-\sqrt{435^2-\frac{2\times[400\times10^6-360\times1\ 473\times(435-40)]}{1.0\times19.1\times250}}\\&=104.216(mm)\end{aligned}$$

$x=104.216\ \text{mm}<\xi_b h_0=0.518\times435=225.33(\text{mm})$，不会出现超筋梁。

$x=104.216\ \text{mm}>2a_s'=2\times40=80(\text{mm})$，受压钢筋可以达到屈服。

(2)计算 A_s。

$$A_s=A_s'+\frac{\alpha_1 f_c bx}{f_y}=1\ 473+\frac{1.0\times19.1\times250\times104.216}{360}$$

$$=2\ 855(\text{mm}^2)$$

选配 6⌀25 mm($A_s'=2\ 945\ \text{mm}^2$)，配筋图如图 4.24 所示。

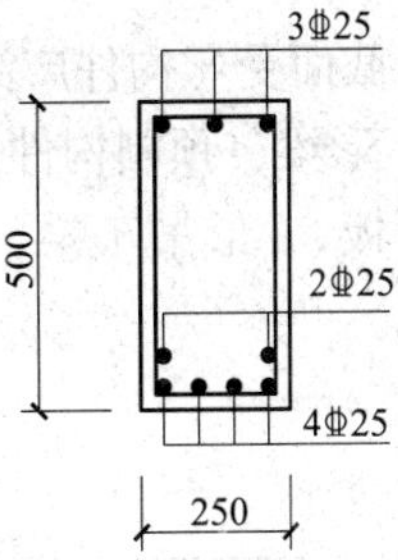

图 4.24 【例 4.6】截面配筋图

(2)截面复核。已知截面弯矩设计值 M、截面尺寸 $b\times h$、混凝土强度等级和钢筋级别、受拉钢筋 A_s 和受压钢筋 A_s'，复核正截面受弯承载力 M_u 是否足够。

复核步骤：

根据式(4-23)确定 x，若 x 满足适用条件，则代入式(4-24)，确定截面弯矩承载力 M_u。

若 $x<2a_s'$，则按式(4-27)确定 M_u。

若 $x>\xi_b h_0$，则取 $\xi=\xi_b$，代入式(4-24)确定 M_u。

将截面弯矩承载力 M_u 与截面弯矩设计值 M 进行比较，若 $M_u\geqslant M$，则说明截面承载力足够，构件安全；反之，若 $M_u<M$，则说明截面承载力不够，构件不安全，需重新设计，直至满足要求为止。

【例 4.7】 已知一钢筋混凝土梁截面尺寸为 200 mm×450 mm，混凝土强度等级为 C30，采用 HRB400 级受拉钢筋 3⌀25($A_s=1\ 473\ \text{mm}^2$)、受压钢筋 2⌀16($A_s'=402\ \text{mm}^2$)，安全等级为Ⅱ级，处于一类环境。要求承受的弯矩设计值 $M=150\ \text{kN}\cdot\text{m}$，验算此截面是否安全。

【解】 (1)查得材料强度设计值。

$f_c=14.3\ \text{N/mm}^2$，$f_y=f_y'=360\ \text{N/mm}^2$，$\alpha_1=1.0$，$\xi_b=0.518$。

(2)求 x。

由式(4-23)得：$x=\dfrac{f_yA_s-f_y'A_s'}{\alpha_1 f_c b}=\dfrac{360\times1\ 473-360\times402}{1.0\times14.3\times200}=134.81(\text{mm})$

$h_0=450-40=410(\text{mm})$，$2a_s'=80\ \text{mm}<x<\xi_b h_0=0.518\times410=212.38(\text{mm})$

(3)验算。

$$M_u=\alpha_1 f_c bx\left(h_0-\frac{x}{2}\right)+f_y'A_s'(h_0-a_s')$$

$$=1.0\times14.3\times200\times134.81\times\left(410-\frac{134.81}{2}\right)+360\times402\times(410-40)$$

$$=185\ 636\ 163(\text{N}\cdot\text{mm})\approx186\ \text{kN}\cdot\text{m}>M=150\ \text{kN}\cdot\text{m}$$

此截面是安全的。

4.1.7 T形截面受弯构件正截面承载力计算

1. T 形截面计算的特点

T 形截面由翼缘和梁肋两部分组成。可以认为它是由矩形截面演变而成，即将矩形截面不参加工作的受拉区两侧的混凝土挖去而形成梁肋，这既节省了混凝土，又减轻了自重。

T形截面受弯构件广泛应用于工程实际中，如现浇肋梁楼盖的梁与楼板浇筑在一起所形成的T形梁、预制构件中的独立T形梁等。一些其他截面形式的预制构件，如槽形板、双T屋面板、I形吊车梁、薄腹屋面梁以及预制空心板等(图 4.25)，也按T形截面受弯构件考虑。

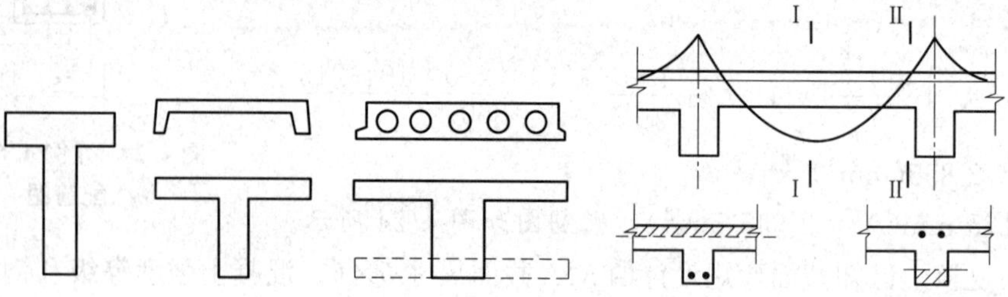

I—I 剖面（跨中截面） II—II 剖面（支座截面）

(a) (b) (c) (d)

图 4.25 工程结构中的T形和矩形截面

由矩形截面受弯构件的受力分析可知，受弯构件进入破坏阶段以后，大部分受拉区混凝土已退出工作，计算正截面承载力时，不考虑混凝土的抗拉强度，因此，设计时可将一部分受拉区的混凝土去掉，将原有纵向受拉钢筋集中布置在梁肋中，形成T形截面，如图 4.26(a)所示，其中，伸出部分称为翼缘$(b_f'-b)\times h_f'$，中间部分称为梁肋$(b\times h)$。与原矩形截面相比，T形截面的极限承载能力不受影响，同时还能节省混凝土，减轻构件自重，产生一定的经济效益。

对于倒T形截面梁[图 4.26(b)]，其翼缘在梁的受拉区，计算受弯承载力时应按宽度为b的矩形截面计算。现浇肋梁楼盖连续梁支座附近的截面就是倒T形截面[图 4.25(d)]，该处承受负弯矩，使截面下部受压(Ⅱ－Ⅱ剖面)，翼缘(上部)受拉，而跨中(Ⅰ－Ⅰ剖面)则按T形截面计算。

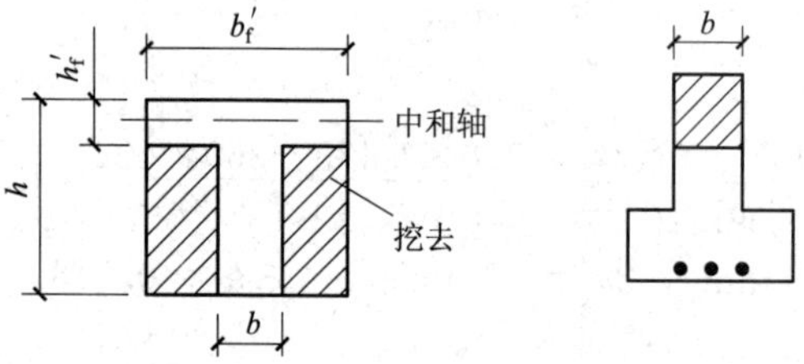

(a) (b)

图 4.26 T形截面与倒T形截面

(a)T形截面；(b)倒T形截面

T形截面与矩形截面的主要区别在于翼缘参与受压。试验研究与理论分析证明，翼缘的压应力分布不均匀，离梁肋越远，应力越小[图 4.27(a)]，可见翼缘参与受压的有效宽度是有限的，故在设计独立T形截面梁时，应将翼缘限制在一定范围内，该范围称为翼缘的计算宽度b_f'，同时假定在b_f'范围内压应力均匀分布[图 4.27(b)]；现浇T形截面梁(肋形梁)的翼缘往往较宽，如图 4.25 所示，但只取翼缘计算宽度b_f'进行计算。

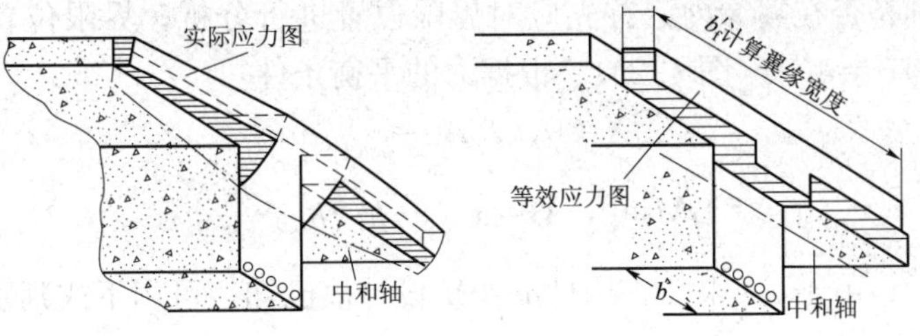

(a) (b)

图 4.27　T 形截面翼缘的应力分布及计算宽度

《结构规范》规定了 T 形及倒 L 形截面受弯构件翼缘计算宽度 b'_f 的取值，考虑到 b'_f 与翼缘厚度、梁跨度和受力状况等因素有关，应按表 4.8 中规定各项的最小值采用。

表 4.8　受弯构件受压区有效翼缘计算宽度 b'_f

情况			T 形、I 形截面		倒 L 形截面
			肋形梁(板)	独立梁	肋形梁(板)
1	按计算跨度 l_0 考虑		$l_0/3$	$l_0/3$	$l_0/6$
2	按梁(肋)净距 S_n 考虑		$b+S_n$	—	$b+S_n/2$
3	按翼缘高度 h'_f 考虑	$h'_f/h_0 \geqslant 0.1$	—	$b+12h'_f$	—
		$0.1 > h'_f/h_0 \geqslant 0.05$	$b+12h'_f$	$b+6h'_f$	$b+5h'_f$
		$h'_f/h_0 < 0.05$	$b+12h'_f$	b	$b+5h'_f$

注：1. 表中 b 为梁的腹板宽度。
2. 肋形梁在梁跨内设有间距小于纵肋间距的横肋时，可不考虑表中情况 3 的规定。
3. 加腋的 T 形、I 形和倒 L 形截面，当受压区加腋的高度 h_h 不小于 h'_f 且加腋的长度 b_h 不大于 $3h_h$ 时，其翼缘计算宽度可按表中情况 3 的规定分别增加 $2b_h$(T 形、I 形截面)和 b_h(倒 L 形截面)。
4. 独立梁受压区的翼缘板在荷载作用下经验算沿纵肋方向可能产生裂缝时，其计算宽度应取腹板宽度 b。

2. 基本公式及适用条件

(1)T 形截面的两种类型及判别条件。T 形截面受弯构件正截面受力的分析方法与矩形截面基本相同，不同之处在于需要考虑受压翼缘的作用。根据中和轴是否在翼缘中，将 T 形截面分为以下两种类型：

1)第一类 T 形截面：中和轴在翼缘内，即 $x \leqslant h'_f$，如图 4.28(a)所示；

2)第二类 T 形截面：中和轴在梁肋内，即 $x > h'_f$，如图 4.28(b)所示。

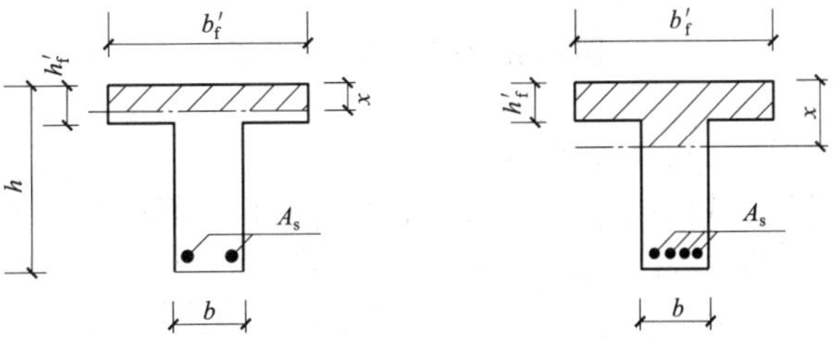

(a) (b)

图 4.28　两类 T 形截面

(a)第一类 T 形截面($x \leqslant h'_f$)；(b)第二类 T 形截面($x > h'_f$)

要判断中和轴是否在翼缘内，首先应对界限位置进行分析，界限位置为中和轴在翼缘与梁肋交界处，即 $x=h_f'$ 处(图 4.29)。根据力的平衡条件

$$\sum X=0,\ f_yA_s=\alpha_1 f_c b_f' h_f' \tag{4-33}$$

$$\sum M=0,\ M=\alpha_1 f_c b_f' h_f'\left(h_0-\frac{h_f'}{2}\right) \tag{4-34}$$

①截面设计时，由于 A_s 未知，构件的弯矩设计值已知，可用下式判别：

$$\left.\begin{aligned}M\leqslant\alpha_1 f_c b_f' h_f'\left(h_0-\frac{h_f'}{2}\right)\xrightarrow{x\leqslant h_f'}\text{第一类 T 形截面}\\ M>\alpha_1 f_c b_f' h_f'\left(h_0-\frac{h_f'}{2}\right)\xrightarrow{x>h_f'}\text{第二类 T 形截面}\end{aligned}\right\} \tag{4-35}$$

②在截面复核时，A_s 已知，其判别式为

$$\left.\begin{aligned}A_s f_y\leqslant\alpha_1 f_c b_f' h_f'\xrightarrow{x\leqslant h_f'}\text{第一类 T 形截面}\\ A_s f_y>\alpha_1 f_c b_f' h_f'\xrightarrow{x>h_f'}\text{第二类 T 形截面}\end{aligned}\right\} \tag{4-36}$$

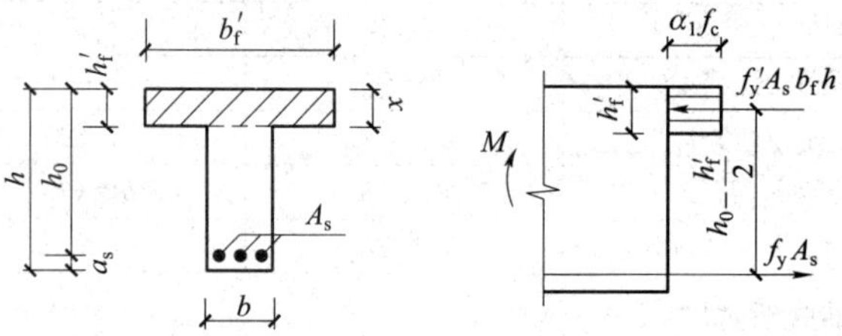

图 4.29　$x=h_f'$ 时的 T 形截面

(2)第一类 T 形截面承载力的计算公式。由于不考虑受拉区混凝土的作用，第一类 T 形截面承载力与截面宽度为 b_f' 的矩形截面完全相同(图 4.30)，即

$$\sum X=0,\ \alpha_1 f_c b_f' x=A_s f_y \tag{4-37}$$

$$\sum M=0,\ M=\alpha_1 f_c b_f' x\left(h_0-\frac{x}{2}\right) \tag{4-38}$$

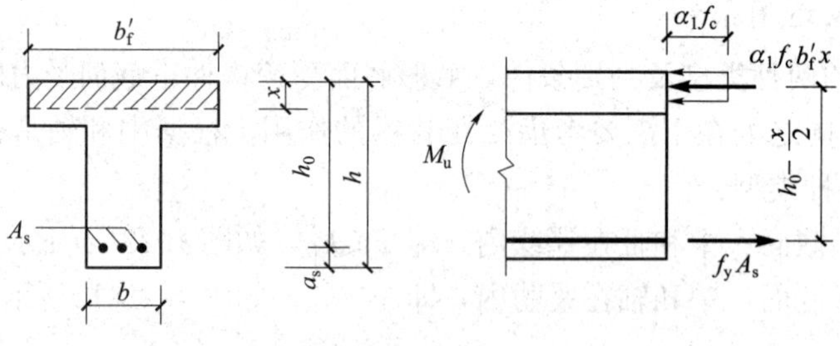

图 4.30　第一类 T 形截面

式(4-37)、式(4-38)的适用条件如下：

1)$x\leqslant\xi_b h_0$。由于 T 形截面的 h_f' 较小，而第一类 T 形截面的中和轴在翼缘中，故 x 值较小，该条件一般都可满足，不必验算。

2)$\rho_{min}\leqslant\rho=\dfrac{A_s}{bh_0}$。应该注意的是，尽管第一类 T 形截面承载力按 $b_f'\times h$ 的矩形截面计算，但最小配筋面积按 $\rho_{min}bh$ 计算，而不是按 $\rho_{min}b_f'h$ 计算。这是因为最小配筋率 ρ_{min} 是根

据钢筋混凝土梁开裂后的受弯承载力与相同截面素混凝土梁受弯承载力相同的条件得出的，而素混凝土 T 形截面受弯构件（肋宽 b、梁高 h）的受弯承载力与素混凝土矩形截面受弯构件（$b\times h$）的受弯承载力接近，为简化计算，按 $b\times h$ 的矩形截面的受弯构件的 $\rho_{\min}$ 来判断。

（3）第二类 T 形截面承载力的计算公式。第二类 T 形截面的中和轴在梁肋中，可将该截面分为伸出翼缘和矩形梁肋两部分，如图 4.31 所示，则计算公式根据平衡条件得：

$$\sum X=0,\quad f_y A_s=\alpha_1 f_c h_f'(b_f'-b)+\alpha_1 f_c bx \tag{4-39}$$

$$\sum M=0,\quad M\leqslant M_u=\alpha_1 f_c h_f'(b_f'-b)\left(h_0-\frac{h_f'}{2}\right)+\alpha_1 f_c bx\left(h_0-\frac{x}{2}\right) \tag{4-40}$$

式（4-39）、式（4-40）的适用条件如下：

1）防止超筋梁破坏：$x\leqslant\xi_b h_0$；

2）防止少筋梁破坏：$\rho_{\min}\leqslant\rho=\dfrac{A_s}{bh_0}$，该条件一般都可满足，不必验算。

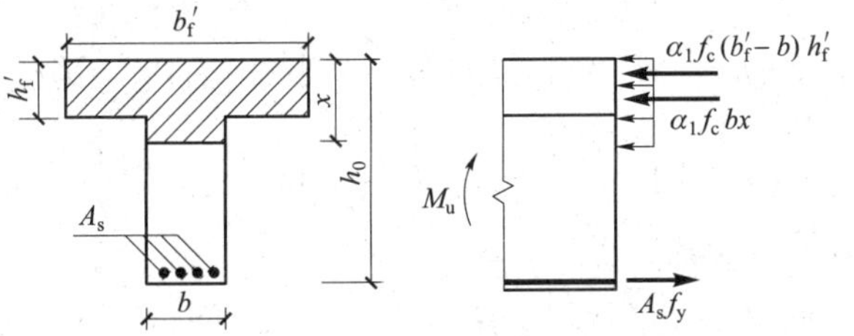

图 4.31　第二类 T 形截面

3. 计算方法及例题

T 形截面受弯构件的正截面承载力计算也可分为截面设计和截面复核两类问题。

（1）截面设计。

已知：截面弯矩设计值 M、截面尺寸、混凝土强度等级和钢筋级别，求受拉钢筋截面面积 A_s。

设计步骤：

首先判别截面类型，按相应的公式计算，最后验算适用条件。

1）第一类 T 形截面：满足下列判别条件

$$M\leqslant\alpha_1 f_c b_f' h_f'\left(h_0-\frac{h_f'}{2}\right)$$

则其计算方法与 $b_f'\times h$ 的单筋矩形截面梁完全相同，应注意最小配筋率验算时截面宽度的取值。

2）第二类 T 形截面：满足下列判别条件

$$M>\alpha_1 f_c b_f' h_f'\left(h_0-\frac{h_f'}{2}\right)$$

在基本计算公式中，有两个未知数，可用方程组直接求解。其计算步骤如下：

①由式（4-40），得：

$$x=h_0-\sqrt{h_0^2-\frac{2[M-\alpha_1 f_c(b_f'-b)h_f'(h_0-h_f'/2)]}{\alpha_1 f_c b}}\leqslant\xi_b h_0\text{，验算适用条件。}$$

②将求得的 x 代入式（4-39），得：

$$A_s=\frac{\alpha_1 f_c bx+\alpha_1 f_c(b_f'-b)h_f'}{f_y}$$

(2)截面复核。

已知：截面弯矩设计值 M、截面尺寸、受拉钢筋截面面积 A_s、混凝土强度等级及钢筋级别，验算正截面受弯承载力 M_u 是否足够。

复核步骤：

首先，判别截面类型，根据类型的不同选择相应的公式计算，最后验算适用条件。

1)第一类 T 形截面：当满足 $A_s f_y \leqslant \alpha_1 f_c b_f' h_f'$ 时，为第一类 T 形截面，按单筋矩形截面受弯构件复核方法进行。

2)第二类 T 形截面：

当满足式 $A_s f_y > \alpha_1 f_c b_f' h_f'$ 时，为第二类 T 形截面，有：

$$x=\frac{f_y A_s-\alpha_1 f_c(b_f'-b)h_f'}{\alpha_1 f_c b}$$

验算适用条件：$x \leqslant \xi_b h_0$，$M_u=\alpha_1 f_c bx\left(h_0-\frac{x}{2}\right)+\alpha_1 f_c(b_f'-b)h_f'\left(h_0-\frac{h_f'}{2}\right)$

$x > \xi_b h_0$，$M_u=\alpha_1 f_c bh_0^2\xi_b\left(1-\frac{\xi_b}{2}\right)+\alpha_1 f_c(b_f'-b)h_f'\left(h_0-\frac{h_f'}{2}\right)$

若 $M_u \geqslant M$，则承载力足够，截面安全。

【例 4.8】 已知一肋梁楼盖的次梁，跨度为 5.4 m，间距为 2.2 m，截面尺寸如图 4.32 所示。梁高 $h=400$ mm，梁腹板宽 $b=200$ mm。跨中最大正弯矩设计值 $M=150$ kN·m，混凝土强度等级为 C30，钢筋为 HRB400 级，试计算纵向受拉钢筋面积 A_s。

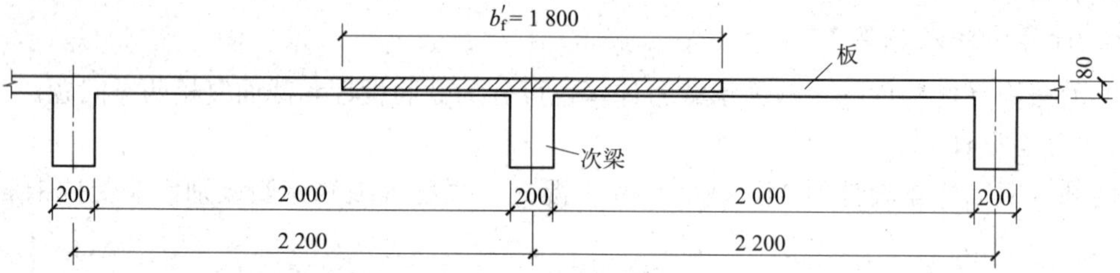

图 4.32 【例 4.8】图

【解】 (1)查得材料强度设计值。

$f_c=14.3$ N/mm^2，$\alpha_1=1.0$，$f_y=360$ N/mm^2，$\xi_b=0.518$，$\rho_{min}=0.20\%$，$h_0=400-40=360$(mm)。

(2)确定翼缘计算宽度。

查表 4.8 可得：

按梁跨度考虑：　　$b_f'=\frac{l}{3}=\frac{5\,400}{3}=1\,800$(mm)

按梁净距 S_n 考虑：　$b_f'=b+S_n=200+2\,000=2\,200$(mm)

按翼缘高度 h_f' 考虑：　$\frac{h_f'}{h_0}=\frac{80}{360}=0.222>0.1$，故翼缘不受限制。

翼缘计算宽度 b_f' 取三者中的较小值，即 $b_f'=1\,800$ mm。

(3)判别 T 形截面的类别。

$$\alpha_1 f_c b_f' h_f'\left(h_0-\frac{h_f'}{2}\right)=1.0\times14.3\times1\ 800\times80\times\left(360-\frac{80}{2}\right)$$

$$=658\ 944\ 000(\mathrm{N\cdot mm})=658.94\ \mathrm{kN\cdot m}>M$$

属于第一类T形截面。

(4)求A_s。

$$\alpha_s=\frac{M}{\alpha_1 f_c b_f' h_0^2}=\frac{150\ 000\ 000}{1.0\times14.3\times1\ 800\times360^2}=0.045$$

从附表6查得：$\xi=0.045<\xi_b$。

$$A_s=\frac{\alpha_1 f_c b_f' h_0\xi}{f_y}=\frac{1.0\times14.3\times1\ 800\times360\times0.045}{360}=1\ 158(\mathrm{mm}^2)$$

$$\rho=\frac{A_s}{bh}=\frac{1\ 158}{200\times400}=1.45\%>\rho_{\min}$$

选用3⌀22($A_s=1\ 140\ \mathrm{mm}^2$)。

【例4.9】 某独立T形梁，截面尺寸如图4.33所示，计算跨度$l_0=7$ m，$b_f'=600$ mm，承受弯矩设计值$M=695$ kN·m，采用C25级混凝土和HRB400级钢筋，试确定纵向钢筋的截面面积。

【解】 (1)查得材料强度设计值。

$f_c=11.9\ \mathrm{N/mm^2}$，$\alpha_1=1.0$，$f_y=360\ \mathrm{N/mm^2}$，$\xi_b=0.518$，假设纵向钢筋排两排，则$h_0=800-70=730(\mathrm{mm})$。

(2)判别T形截面的类型。

$$\alpha_1 f_c b_f' h_f'(h_0-h_f'/2)=1.0\times11.9\times600\times100\times(730-100/2)$$

$$=485.52\times10^6(\mathrm{N\cdot mm})<M=695\ \mathrm{kN\cdot m}$$

该梁为第二类T形截面。

(3)计算x。

$$x=h_0-\sqrt{h_0^2-\frac{2[M-\alpha_1 f_c(b_f'-b)h_f'(h_0-h_f'/2)]}{\alpha_1 f_c b}}$$

$$=730-\sqrt{730^2-\frac{2\times[695\times10^6-1.0\times11.9\times(600-300)\times100\times(730-100/2)]}{1.0\times11.9\times300}}$$

$$=190(\mathrm{mm})<\xi_b h_0=0.518\times730=378.14(\mathrm{mm})$$

(4)计算A_s。

$$A_s=\alpha_1 f_c bx/f_y+\alpha_1 f_c(b_f'-b)h_f'/f_y$$

$$=1.0\times11.9\times300\times190/360+1.0\times11.9\times(600-300)\times100/360$$

$$=2\ 875.8(\mathrm{mm}^2)$$

选配6⌀25($A_s=2\ 945\ \mathrm{mm}^2$)，钢筋布置如图4.33所示。

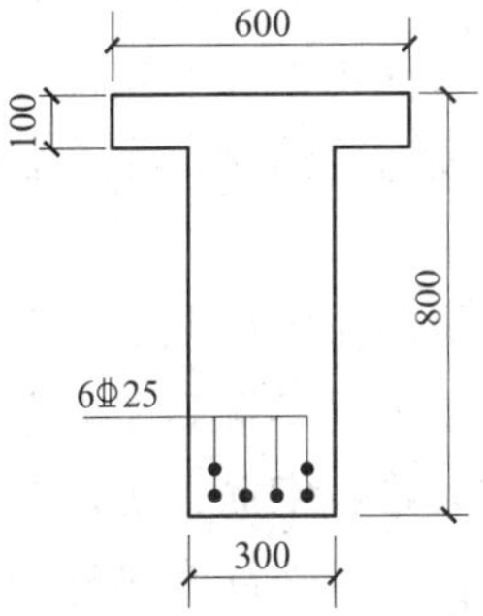

图4.33 【例4.9】截面配筋图

【例4.10】 已知T形截面梁，截面尺寸和配筋如图4.34所示。选用C25混凝土，承受的弯矩设计值$M=450$kN·m，$a_s=65$ mm，安全等级为Ⅱ级，处于一类环境。试验算该截面是否安全。

【解】 (1)查得材料设计参数。

$f_c=11.9\ N/mm^2$，$\alpha_1=1.0$，$f_y=300\ N/mm^2$，$\xi_b=0.550$，$A_s=3\ 927\ mm^2$。

$h_0=h-a_s=600-65=535(mm)$。

(2)判别截面类型。

$$\alpha_1 f_c b_f' h_f'=1.0\times11.9\times500\times100=595\ 000(N)<A_s f_y=300\times3\ 927=1\ 178\ 100(N)$$

故为第二类T形截面。

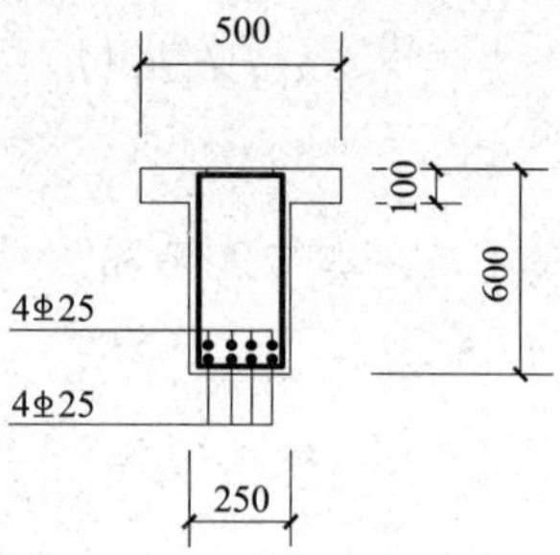

图 4.34 【例 4.10】图

(3)计算 x。

$$x=\frac{f_y A_s-\alpha_1 f_c(b_f'-b)h_f'}{\alpha_1 f_c b}=\frac{300\times3\ 927-1.0\times11.9\times(500-250)\times100}{1.0\times11.9\times250}$$

$$=296(mm)>\xi_b h_0=0.550\times535=294.3(mm)$$

(4)求 M_u。

因 $x>\xi_b h_0$，取 $x=\xi_b h_0$，则

$$M_u=\alpha_1 f_c b h_0^2\xi_b\left(1-\frac{\xi_b}{2}\right)+\alpha_1 f_c(b_f'-b)h_f'\left(h_0-\frac{h_f'}{2}\right)$$

$$=1.0\times11.9\times250\times535^2\times0.550\times\left(1-\frac{0.550}{2}\right)+1.0\times11.9\times(500-250)\times100\times\left(535-\frac{100}{2}\right)$$

$$=483.8\times10^6(N\cdot mm)=483.8\ kN\cdot m>M=450\ kN\cdot m$$

所以，正截面承载力满足要求。

4.2 受弯构件斜截面受剪承载力计算

在荷载作用下，钢筋混凝土受弯构件会产生弯矩和剪力，随着弯矩和剪力值的增大，梁内将出现垂直裂缝和斜裂缝，从而产生正截面与斜截面的破坏。试验研究和工程实践证明，即使在正截面承载力有充分保证的条件下，也不能够确保受弯构件的安全使用。因此，在设计受弯构件时，除了必须进行正截面承载力设计外，还应同时进行斜截面承载力的计算与校核。

为了防止钢筋混凝土受弯构件的斜截面破坏，应使构件有一个合理的截面尺寸，并配置必要的箍筋。箍筋和梁底纵向受力钢筋(有时还布置弯起钢筋)及梁顶架立筋绑扎或焊接在一起，形成钢筋骨架，使各种钢筋得以在施工时保持在正确的位置上。当构件剪力较大时，还可设置斜筋，斜筋一般是由纵向受力钢筋弯起而形成的，称为弯起钢筋。箍筋和弯起钢筋统称为腹筋(图 4.35)。通常把有纵筋和腹筋的梁称为有腹筋梁，把仅设置纵筋而没有设置腹筋的梁称为无腹筋梁。

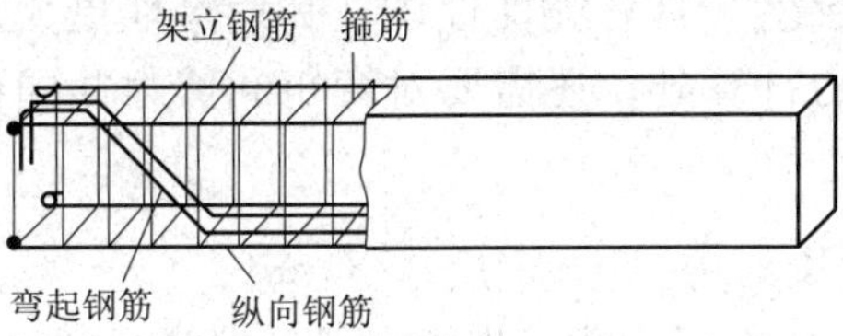

图 4.35　钢筋骨架

4.2.1　无腹筋梁的斜截面受剪承载力

1. 斜截面受剪分析

通过前面的学习已知，受弯构件在主要承受弯矩的区段将会产生垂直于梁轴线的裂缝。若其受弯承载力不足，则将沿正截面破坏。一般来说，在荷载的作用下，受弯构件不仅在各个截面上引起弯矩 M，同时还产生剪力 V。由材料力学方法分析可知，在弯曲正应力和切应力的共同作用下，受弯构件将产生与轴线斜交的主拉应力和主压应力。图 4.36 所示为梁在弯矩 M 和剪力 V 共同作用下的主应力轨迹线。其中，实线为主拉应力轨迹线，虚线为主压应力轨迹线。

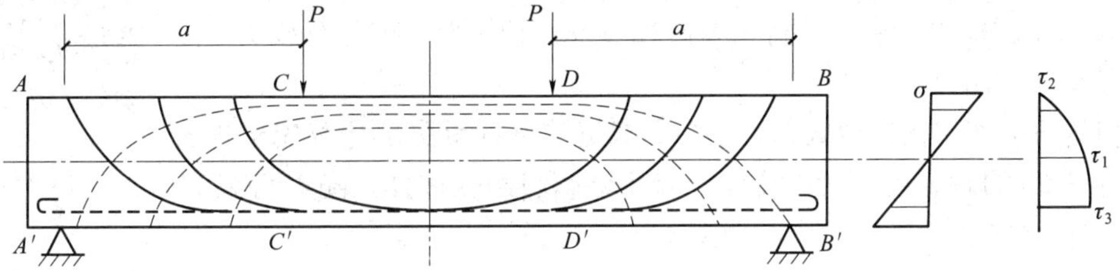

图 4.36　匀质弹性材料无腹筋梁的主应力轨迹线

从主应力轨迹线可看出，在弯剪区段(AC 段、DB 段)，梁腹部主拉应力方向是倾斜的，与梁轴线的交角约为 45°，而在梁的下边缘主拉应力方向接近水平。

由于混凝土的抗压强度较高，受弯构件一般不会因主压应力而引起破坏。但当主拉应力超过混凝土的抗拉强度时，混凝土便沿垂直于主拉应力的方向出现弯剪斜裂缝，如图 4.37 所示。

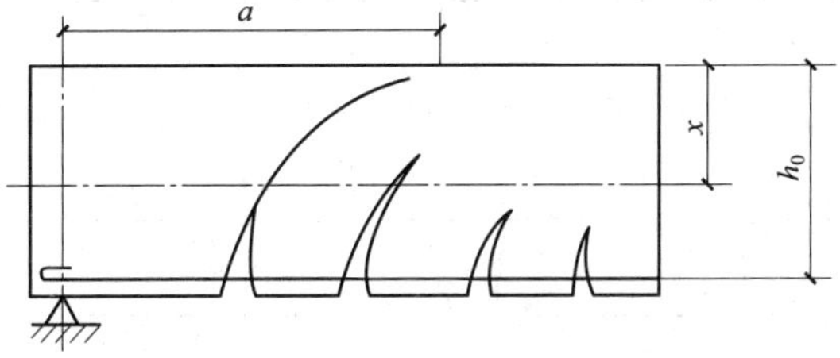

图 4.37　钢筋混凝土梁弯剪斜裂缝

这样，当正截面的抗弯强度得到保证时，梁最后有可能由于斜截面承载力不足而发生破坏。这种斜裂缝出现导致的钢筋混凝土梁的破坏，称为斜截面破坏。斜截面破坏是一种剪切破坏，通常较为突然，具有脆性性质，其危险性更大。所以，钢筋混凝土受弯构件除应进行正截面承载力计算外，还需要对弯矩和剪力共同作用的区段进行斜截面承载力计算。

2. 无腹筋梁的受剪破坏形态

试验表明，无腹筋梁的斜裂缝可能出现若干条，但当荷载增大到一定程度时，总有一条斜裂缝开展得较宽，并迅速向集中荷载作用点处延伸，这条斜裂缝称为临界斜裂缝。临界斜裂缝的出现预示着斜截面受剪破坏即将发生。大量试验结果表明，无腹筋梁的斜截面受剪破坏，有以下三种主要破坏形态：

(1)斜拉破坏。在这种破坏形态中，斜裂缝一旦出现就很快形成临界斜裂缝，并迅速上延至梁顶集中荷载作用点处，直至将整个截面裂通，梁被斜拉为两部分而破坏，如图 4.38(a)所示。其特点是整个破坏过程急速而突然，破坏荷载比斜裂缝出现时的荷载增加不多。它的破坏情况与正截面少筋梁的破坏情况相似，这种破坏称为斜拉破坏。

视频：斜拉试验

(2)剪压破坏。在这种破坏形态中，先出现垂直裂缝和几条微细的斜裂缝。当荷载增大到一定程度时，其中一条形成临界斜裂缝，这条临界斜裂缝虽向斜上方延伸，但仍保留一定的剪压区混凝土截面而不裂通，直到斜裂缝顶端压区的混凝土在剪应力和压应力的共同作用下被压碎而破坏，如图 4.38(b)所示。其特点是破坏过程比较缓慢，破坏荷载明显高于斜裂缝出现时的荷载。

视频：剪压试验

(3)斜压破坏。在这种破坏形态中，靠近支座的梁腹部分首先出现若干条大体平行的斜裂缝，梁腹被分割成几个倾斜的压柱体。随着荷载的增大，过大的主压应力将梁腹混凝土压碎而破坏，如图 4.38(c)所示。

视频：斜压试验

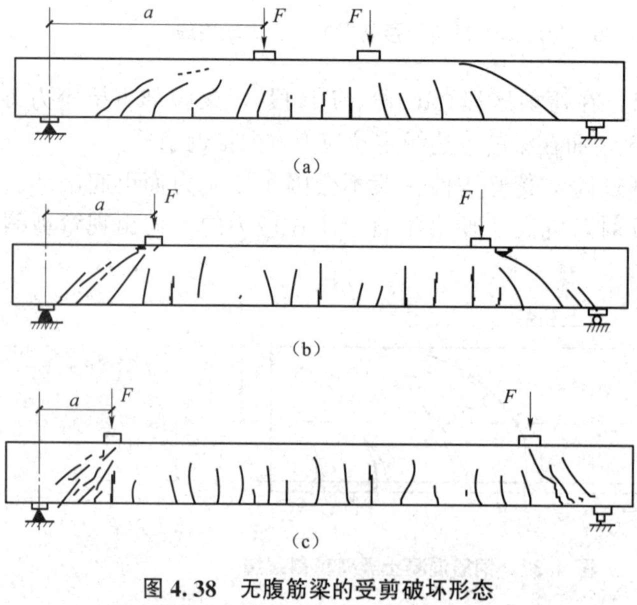

图 4.38　无腹筋梁的受剪破坏形态

(a)斜拉破坏；(b)剪压破坏；(c)斜压破坏

以上三种主要破坏形态，从受剪承载力考虑，对同样的构件，斜拉破坏最低，剪压破坏较高，斜压破坏最高；但就其破坏性质来说，由于三种破坏情况达到破坏时，梁的跨中挠度都不大，而且都是由混凝土引起的破坏，因此，它们都属于没有预兆的脆性破坏。其中，斜拉破坏最为明显。就承载力而言，斜压破坏最高，剪压破坏次之，斜拉破坏最低。

3. 无腹筋梁斜截面受剪承载力计算

在工程实践中，影响梁斜截面承载力大小的因素很多。一般来说，影响钢筋混凝土梁斜截面承载力的主要因素如下：

(1)剪跨比。对梁顶施加集中荷载的无腹筋梁，剪跨比是影响受剪承载力的主要因素。在图 4.38 中，集中荷载至支座的区段是剪力和弯矩共同作用的区段，称为剪弯段；集中荷载至支座的距离 a 称为剪跨，剪跨与梁截面有效高度之比称为剪跨比，记为 λ：

$$\lambda=\frac{a}{h_0} \tag{4-41}$$

一般情况下，当 $\lambda>3$ 时，常为斜拉破坏；当 $\lambda<1$ 时，可能发生斜压破坏；当 $1\leqslant\lambda\leqslant3$ 时，为剪压破坏。

(2)混凝土强度等级。从斜截面三种主要破坏形态的破坏情况可知：斜拉破坏主要取决于混凝土的抗拉强度；剪压破坏和斜压破坏则主要取决于混凝土的抗压强度。因此，在剪跨比和其他条件相同时，斜截面受剪承载力将随混凝土强度的提高而增大。试验表明，两者大致呈线性关系。

另外，梁斜截面破坏的形态不同，混凝土影响的程度也不同。对于斜压破坏，随着混凝土强度等级的提高，梁的抗剪能力提高的幅度较大；对于斜拉破坏，由于混凝土的抗拉强度提高不大，梁的抗剪能力提高的幅度较小；对于剪压破坏，随着混凝土强度等级的提高，梁的抗剪能力提高的幅度介于上述二者之间。

(3)纵筋配筋率。斜截面破坏的直接原因是混凝土被压碎或被拉裂，而增加纵筋配筋率可抑制斜裂缝的开展，从而提高集料咬合力，并加大了受压区未裂截面及提高了纵筋的销栓作用。总之，随着纵筋配筋率的增大，梁的承载力会有所提高，但提高幅度不大。目前，我国《结构规范》中的抗剪计算公式并未考虑这一影响因素。

对于均布荷载作用下的无腹筋简支梁，虽然其受力特点与集中荷载作用下的简支梁不同，但影响均布荷载作用下无腹筋梁斜截面承载力的因素基本相同，此时剪跨比可转换为跨高比。试验表明，随着跨高比的增大，斜截面承载力将降低。

根据《结构规范》的规定，不配置箍筋和弯起钢筋的无腹筋一般受弯构件，其斜截面的受剪承载力可按下式计算：

$$V\leqslant V_c=0.7\beta_h f_t b h_0 \tag{4-42}$$

$$\beta_h=\left(\frac{800}{h_0}\right)^{1/4} \tag{4-43}$$

式中 V——构件斜截面上的最大剪力设计值；

β_h——截面高度影响系数：当 $h_0<800$ mm 时，取 $h_0=800$ mm，当 $h_0>2\ 000$ mm 时，取 $h_0=2\ 000$ mm；

f_t——混凝土轴心抗拉强度设计值。

在集中荷载作用下的无腹筋受弯构件，其斜截面受剪承载力应符合下式要求：

$$V\leqslant V_c=\frac{1.75}{\lambda+1}f_t b h_0 \tag{4-44}$$

式中　λ——计算截面的剪跨比，当$\lambda<1.5$时，取$\lambda=1.5$，当$\lambda>3.0$时，取$\lambda=3.0$。

应当注意，无腹筋梁虽具有一定的斜截面受剪承载力，但承载力很小，而且无腹筋梁一旦出现斜裂缝，就会迅速发展成临界斜裂缝，裂缝开展很宽，且呈脆性破坏。故在实际工程中，只允许在梁高$h<150$ mm且$V\leqslant V_c$的小梁中使用无腹筋梁；对于板，由于剪力通常比较小，可以不进行斜截面承载力验算，不必配置箍筋；对其他情况下的梁，即使$V\leqslant V_c$，也必须按构造要求配置箍筋。

4.2.2　有腹筋梁的斜截面受剪承载力

1. 腹筋的作用

试验研究表明，有腹筋梁和无腹筋梁的受力特点有相同与不同之处。在作用荷载较小的情况下，斜裂缝发生前，混凝土在各方向的应变都很小，所以，腹筋的应力也很小，它对阻止斜裂缝的出现起不到多大的作用。但是，当斜裂缝出现后，与斜裂缝相交的箍筋应力增大。此时，有腹筋梁如桁架，箍筋和混凝土斜压杆分别成为桁架的受拉腹杆和受压腹杆，纵向受拉钢筋成为桁架中的受拉弦杆，剪压区混凝土则成为桁架的受压弦杆(图4.39)；当将纵向受力钢筋在梁的端部弯起时，弯起钢筋起着和箍筋相似的作用，可以提高梁斜截面的抗剪承载力(图4.40)。

和斜裂缝相交的箍筋及弯起钢筋，能通过以下几个方面大大提高斜截面的受剪承载力：

(1)与斜裂缝相交的箍筋和弯起钢筋本身，能直接承担很大一部分剪力；

(2)腹筋能阻止斜裂缝开展过宽，延缓斜裂缝向上延伸，从而提高混凝土剪压区的受剪承载力；

(3)箍筋可限制纵向钢筋的竖向位移，从而提高纵筋的销栓作用；

(4)腹筋能有效地减小斜裂缝的开展宽度，提高斜截面上的集料咬合力。

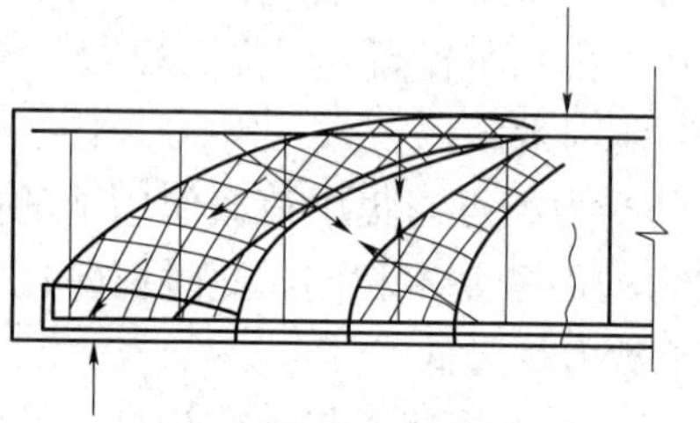

图4.39　有腹筋梁的剪力传递

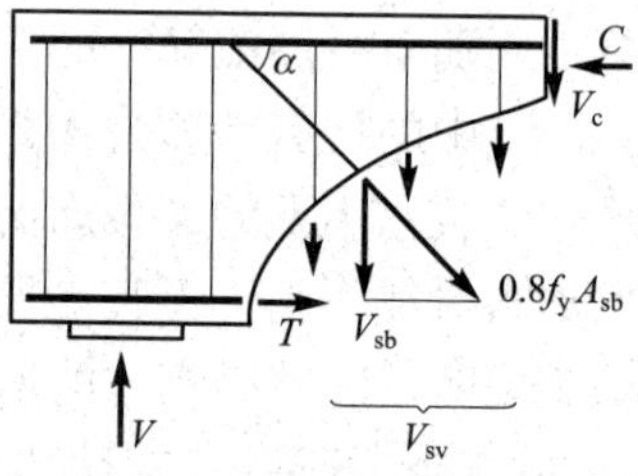

图4.40　抗剪计算模式

因此，可以认为有腹筋梁斜截面的受剪承载力由以下几部分力构成：

(1)剪压区混凝土承担的剪力；

(2)纵筋的销栓力；

(3)斜裂缝面上的集料咬合力，在此为集料咬合力的竖向分力；

(4)腹筋本身承担的剪力。

与无腹筋梁斜截面承载力比较，有腹筋梁因为腹筋的作用，将使梁的斜截面承载力提高很多。

弯起钢筋差不多与斜裂缝正交，因而传力直接，但由于弯起钢筋是由纵筋弯起而成，一般直径较大，根数较少，受力不是很均匀；箍筋虽不和斜裂缝正交，但分布均匀，因而对斜裂缝宽度的遏制作用更为有效。在配置腹筋时，一般总是先配一定数量的箍筋，必要时再加配适量的弯起钢筋。

配置箍筋可以有效提高梁的斜截面受剪承载力。箍筋最有效的布置方式是与梁腹中的主拉应力方向一致。但为了施工方便，一般和梁轴线成90°布置。在斜裂缝出现前，箍筋的应力很小，主要由混凝土传递剪力；斜裂缝出现后，与斜裂缝相交的箍筋应力增大，箍筋发挥作用。箍筋与斜裂缝之间的混凝土块体(斜压杆)形成“桁架体系”，共同把剪力传递到支座上。

2. *有腹筋梁的斜截面破坏形态*

有腹筋梁的斜截面受剪破坏情况与无腹筋梁相似，也可归纳为三种主要破坏形态。

(1)斜拉破坏。当箍筋配置过少，且剪跨比较大($\lambda>3$)时，常发生斜拉破坏。其特点是一旦出现斜裂缝，与斜裂缝相交的箍筋应力立即达到屈服强度，箍筋对斜裂缝发展的约束作用消失，随后斜裂缝迅速延伸到梁的受压区边缘，构件裂为两部分而破坏[图4.41(a)]。斜拉破坏的破坏过程急骤，具有很明显的脆性。

视频：箍筋较少斜拉试验

(2)剪压破坏。构件的箍筋适量，且剪跨比适中($\lambda=1\sim3$)时将发生剪压破坏。当荷载增加到一定值时，首先在剪弯段受拉区出现斜裂缝，其中一条将发展成临界斜裂缝(即延伸较长和开展较大的斜裂缝)。荷载进一步增加，与临界斜裂缝相交的箍筋应力达到屈服强度。随后，斜裂缝不断扩展，斜截面末端剪压区不断缩小，最后剪压区混凝土在正应力和切应力的共同作用下达到极限状态而压碎[图4.41(b)]。剪压破坏没有明显预兆，属于脆性破坏。

视频：箍筋适量剪压试验

(3)斜压破坏。当梁的箍筋配置过多、过密或者梁的剪跨比较小($\lambda<1$)时，斜截面破坏形态将主要是斜压破坏。这种破坏是因为梁的剪弯段腹部混凝土被一系列平行的斜裂缝分割成许多倾斜的受压柱体，在正应力和切应力的共同作用下混凝土被压碎，破坏时箍筋应力尚未达到屈服强度[图4.41(c)]。斜压破坏也属于脆性破坏。

视频：箍筋较多斜压试验

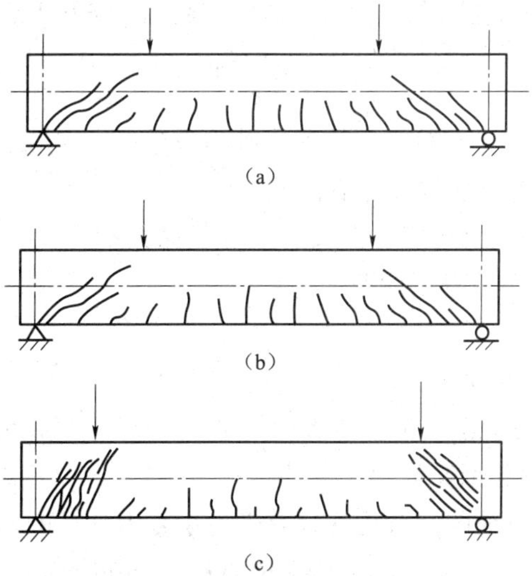

图4.41　斜截面的剪切破坏形态

(a)斜拉破坏；(b)剪压破坏；(c)斜压破坏

由于斜压破坏时箍筋强度不能充分发挥作用，而斜拉破坏又十分突然，故在设计中应避免发生这两种破坏形态，而应以剪压破坏形态作为建立斜截面受剪承载力基本公式的基础。

3. 有腹筋梁斜截面受剪承载力计算公式

影响斜截面受剪承载力的因素很多，精确计算比较困难，现行计算公式带有经验性质。钢筋混凝土受弯构件斜截面受剪承载力的计算，以剪压破坏形态为依据。为便于理解，现将受弯构件斜截面受剪承载力表示为三项相加的形式(图 4.42)，即

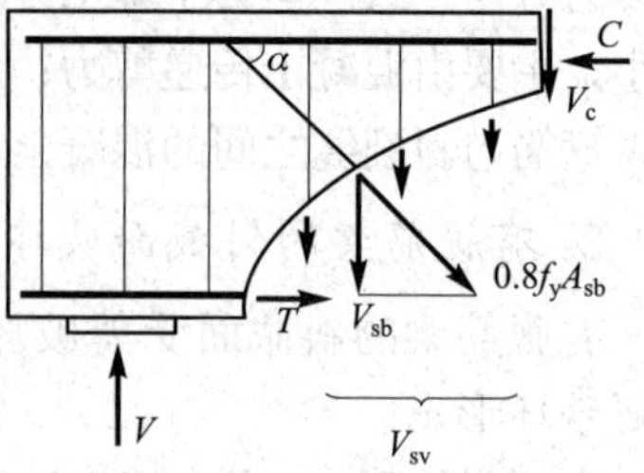

图 4.42　斜截面受剪承载力的组成

$$V_u=V_c+V_{sv}+V_{sb} \tag{4-45}$$

式中　V_u——受弯构件斜截面受剪承载力；

V_c——剪压区混凝土受剪承载力设计值，即无腹筋梁的受剪承载力；

V_{sv}——与斜裂缝相交的箍筋受剪承载力设计值；

V_{sb}——与斜裂缝相交的弯起钢筋受剪承载力设计值。

需要说明的是，式(4-45)中 V_c 和 V_{sv} 密切相关，无法分开表达，故以 $V_{cs}=V_c+V_{sv}$ 来表达混凝土和箍筋总的受剪承载力，于是有

$$V_u=V_{cs}+V_{sb} \tag{4-46}$$

《结构规范》在理论研究和试验结果的基础上，结合工程实践经验，给出了以下斜截面受剪承载力计算公式：

(1)仅配箍筋的受弯构件。

仅配箍筋的受弯构件，其受剪承载力计算的基本公式为

$$V\leqslant V_{cs}=\alpha_{cv}f_tbh_0+f_{yv}\frac{A_{sv}}{s}h_0 \tag{4-47}$$

对矩形、T 形及 I 形截面一般受弯构件，$\alpha_{cv}=0.7$。

对集中荷载作用下(包括作用多种荷载，其中集中荷载对支座截面或节点边缘所产生的剪力占该截面总剪力值的 75%以上的情况)的独立梁，α_{cv} 按下式确定：

$$\alpha_{cv}=\frac{1.75}{\lambda+1} \tag{4-48}$$

式中　α_{cv}——斜截面上混凝土和箍筋的受剪承载力系数；

f_t——混凝土轴心抗拉强度设计值；

A_{sv}——配置在同一截面内箍筋各肢的全部截面面积，$A_{sv}=nA_{sv1}$，其中 n 为箍筋肢数，A_{sv1} 为单肢箍筋的截面面积；

s——箍筋间距；

f_{yv}——箍筋抗拉强度设计值；

λ——计算截面的剪跨比，当 $\lambda<1.5$ 时，取 $\lambda=1.5$，当 $\lambda>3.0$ 时，取 $\lambda=3.0$。

(2)同时配置箍筋和弯起钢筋的受弯构件。

同时配置箍筋和弯起钢筋的受弯构件，其受剪承载力计算的基本公式为

$$V\leqslant V_u=V_{cs}+0.8f_yA_{sb}\sin\alpha_s \tag{4-49}$$

式中　f_y——弯起钢筋的抗拉强度设计值；

A_{sb}——同一弯起平面内的非预应力弯起钢筋的截面面积；

α_s——弯起钢筋与构件纵向轴线的夹角。

其余符号意义同前。

式(4-49)中的系数 0.8，是考虑弯起钢筋与破坏斜截面相交位置的不定性，其应力可能达不到屈服强度，所引入的弯起钢筋应力不均匀系数。

(3)对于矩形、T 形及 I 形截面受弯构件，当符合式(4-50)的要求时，以及集中荷载作用下的独立梁，符合式(4-51)的要求时，均可不进行斜截面受剪承载力的计算，可仅按《荷载规范》的构造要求配置腹筋。

$$V \leqslant 0.7 f_t b h_0 \tag{4-50}$$

$$V \leqslant \frac{1.75}{\lambda+1} f_t b h_0 \tag{4-51}$$

4. 斜截面受剪承载力计算公式的适用条件

(1)防止出现斜压破坏的条件——最小截面尺寸的限制。

试验表明：当箍筋量达到一定程度时，再增加箍筋，截面受剪承载力几乎不再增加。相反，若剪力很大，而截面尺寸过小，即使配置很多箍筋，也不能完全发挥作用，因为箍筋屈服前混凝土已被压碎而发生斜压破坏。所以，为了防止斜压破坏，必须限制截面最小尺寸。对矩形、T 形及 I 形截面受弯构件，其受剪截面应符合下列条件：

当 $h_w/b \leqslant 4$ 时，属于一般梁，应满足：

$$V \leqslant 0.25 \beta_c f_c b h_0 \tag{4-52}$$

当 $h_w/b \geqslant 6$ 时，属于薄腹梁，应满足：

$$V \leqslant 0.20 \beta_c f_c b h_0 \tag{4-53}$$

当 $4 < h_w/b < 6$ 时，按直线内插法确定。

式中 h_w——截面的腹板高度，矩形截面取有效高度 h_0，T 形截面取有效高度减去翼缘高度，I 形截面取腹板净高；

b——矩形截面宽度，T 形和 I 形截面的腹板宽度；

β_c——混凝土强度影响系数，当混凝土强度等级≤C50 时，取 $\beta_c=1.0$，当混凝土强度等级为 C80 时，取 $\beta_c=0.8$，其间按直线内插法取用。

实际上，截面最小尺寸条件也就是最大配箍率的条件。

(2)防止出现斜拉破坏的条件——最小配箍率的限制。

对于配置腹筋的构件，若箍筋配置量过大，梁可能会发生斜压破坏；但若箍筋配置量过小，一旦出现斜裂缝，箍筋的应力将很快达到屈服强度(甚至被拉断)，不能有效地限制斜裂缝的发展而导致发生斜拉破坏。为了避免出现斜拉破坏，当 $V \geqslant 0.7 f_t b h_0$ 时，构件配箍率应满足：

$$\rho_{sv} = \frac{A_{sv}}{bs} = \frac{nA_{sv1}}{bs} \geqslant \rho_{sv,\min} = 0.24 \frac{f_t}{f_{yv}} \tag{4-54}$$

试验研究表明：梁斜截面承载力的大小不仅与配箍率有关，而且与箍筋的间距及其直径的大小有关。在配箍率相同的情况下，若箍筋间距较大，直径较小，则既不能充分发挥箍筋的作用，也不能满足钢筋骨架的刚度要求。为此，《结构规范》规定：箍筋的直径和间距还应符合表 4.9、表 4.10 的要求。

表 4.9　梁中箍筋的最小直径

梁高 h/mm	箍筋直径 d/mm
$h \leqslant 800$	6
$h > 800$	8

表 4.10　梁中箍筋的最大间距

梁高 h/mm	$V > 0.7 f_t bh_0$	$V \leqslant 0.7 f_t bh_0$
$150 < h \leqslant 300$	150	200
$300 < h \leqslant 500$	200	300
$500 < h \leqslant 800$	250	350
$h > 800$	300	400

5. 斜截面受剪承载力的计算位置

在计算斜截面受剪承载力时，计算位置一般应按下列规定采用：

(1)支座边缘处的斜截面，如图 4.43 所示的截面 1—1；

(2)受拉区弯起钢筋弯起点处的斜截面，如图 4.43 所示的截面 2—2；

(3)受拉区箍筋截面面积或间距改变处的斜截面，如图 4.43 所示的截面 3—3；

(4)腹板宽度改变处的截面，如图 4.43 所示的截面Ⅱ—Ⅱ。

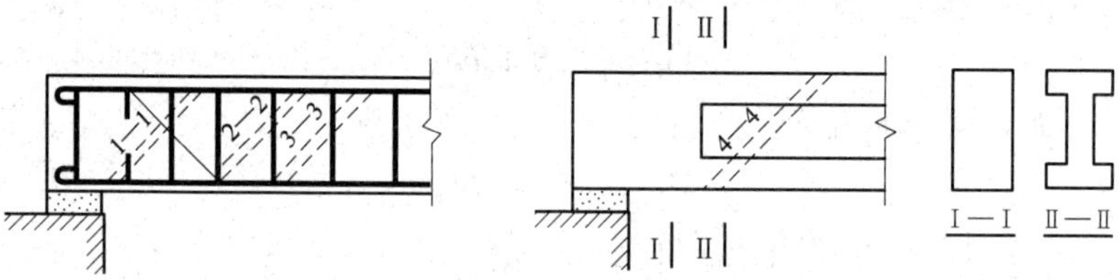

图 4.43　斜截面受剪承载力的计算位置

6. 斜截面受剪承载力的计算方法与步骤

实际工程中受弯构件斜截面承载力计算通常有两类问题，即截面设计和承载力复核。

(1)截面设计。已知剪力设计值 V、截面尺寸、混凝土强度等级、箍筋级别、纵向受力钢筋的级别和数量，求腹筋数量。

计算步骤如下：

1)复核截面尺寸。

梁的截面尺寸应满足式(4-52)、式(4-53)的要求；否则，应加大截面尺寸或提高混凝土的强度等级。

2)确定是否需要按计算配置箍筋。

当剪力设计值满足式(4-50)或式(4-51)的要求时，可直接按构造要求配置箍筋和弯起钢筋；否则，应在满足构造要求的前提下，按计算配置腹筋。

3)确定腹筋数量。

受弯构件内腹筋通常有两种基本设置方法：其一是仅配置箍筋，不配置弯起钢筋；其二是既配置箍筋，又配置弯起钢筋，让箍筋与弯起钢筋共同承担剪力。在工程设计中，因为抗震结构中不采用弯起钢筋抗剪，常优先采用第一种方法，必要时可考虑第二种方法。

仅配箍筋时：

对于一般受弯构件，按下式计算：

$$\frac{A_{sv}}{s} \geqslant \frac{V - 0.7 f_t b h_0}{f_{yv} h_0} \tag{4-55}$$

对于以集中荷载为主的独立梁，按下式计算：

$$\frac{A_{sv}}{s} \geqslant \frac{V - \frac{1.75}{\lambda+1} f_t b h_0}{f_{yv} h_0} \tag{4-56}$$

求出 A_{sv}/s 的值后，即可根据构造要求选定箍筋肢数 n 和直径 d，然后求出间距 s；或者根据构造要求选定 n、s，然后求出 d。箍筋的间距和直径应满足构造要求。

同时配置箍筋和弯起钢筋时，其计算较复杂，并且抗震结构中不采用弯起钢筋抗剪，故本书不作介绍，读者可参考有关文献。

【例 4.11】 某办公楼矩形截面简支梁，截面尺寸为 250 mm×500 mm，h_0=465 mm，承受均布荷载的作用，已求得支座边缘剪力设计值为 185.85 kN。混凝土强度等级为 C25 级，箍筋采用 HPB300 级钢筋。试确定箍筋数量。

【解】 查得 $f_c = 11.9\ \text{N/mm}^2$，$f_t = 1.27\ \text{N/mm}^2$，$f_{yv} = 270\ \text{N/mm}^2$，$\beta_c = 1.0$。

(1)复核截面尺寸。

$$h_w/b = h_0/b = 465/250 = 1.86 < 4.0$$

故应按式(4-52)复核截面尺寸。

$$0.25\beta_c f_c b h_0 = 0.25 \times 1.0 \times 11.9 \times 250 \times 465 = 345\ 843.75(\text{N}) > V = 185.85\ \text{kN}$$

故截面尺寸满足要求。

(2)确定是否需按计算配置箍筋。

$$0.7 f_t b h_0 = 0.7 \times 1.27 \times 250 \times 465 = 103\ 346.25(\text{N}) < V = 185.85\ \text{kN}$$

故需按计算配置箍筋。

(3)确定箍筋数量。

$$\frac{A_{sv}}{s} \geqslant \frac{V - 0.7 f_t b h_0}{f_{yv} h_0} = \frac{185.85 \times 10^3 - 103\ 346.25}{270 \times 465} = 0.657(\text{mm}^2/\text{mm})$$

按构造要求，箍筋直径不宜小于 6 mm，现选用 Φ8 双肢箍筋(A_{sv1}=50.3 mm²)，则箍筋间距为

$$s \leqslant \frac{A_{sv}}{0.657} = \frac{n A_{sv1}}{0.657} = \frac{2 \times 50.3}{0.657} = 153(\text{mm})$$

故取 s_{max}=200 mm，s=150 mm。

(4)验算配箍率。

$$\rho_{sv} = \frac{n A_{sv1}}{bs} = \frac{2 \times 50.3}{250 \times 150} = 0.27\%$$

$$\rho_{sv,min} = 0.24 f_t / f_{yv} = 0.24 \times 1.27/270 = 0.11\% < \rho_{sv} = 0.27\%$$

故配箍率满足要求，箍筋选用 Φ8@150，沿梁长均匀布置。

【例 4.12】 某矩形截面简支梁，其跨度及荷载设计值如图 4.44 所示，梁的截面尺寸 $b \times h$=250 mm×600 mm，混凝土强度等级为 C25，箍筋采用 HPB300 级钢筋，纵筋按两排考虑，计算所需箍筋数量。

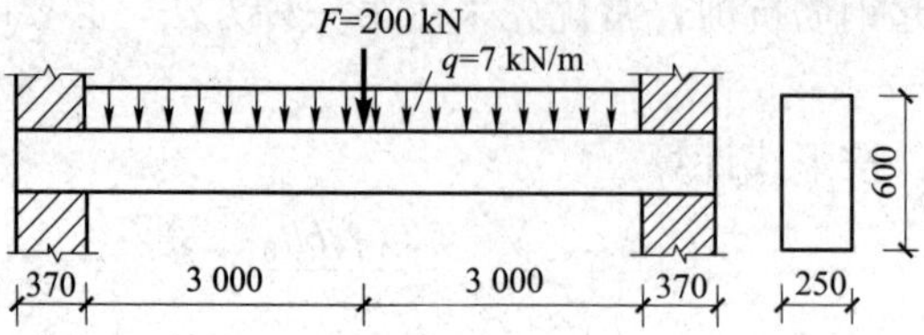

图 4.44 【例 4.12】图

【解】 根据题意可知：$f_t=1.27\ N/mm^2$，$f_c=11.9\ N/mm^2$，$\beta_c=1.0$；$a_s=70$ mm，$h_0=h-a_s=530(mm)$；$f_{yv}=270\ N/mm^2$；计算跨度 $l=6$ m。

(1)计算剪力设计值。

1)由均布荷载在支座边缘处产生的剪力设计值：

$$V_q=\frac{1}{2}ql=\frac{1}{2}\times7\times6=21(kN)$$

2)由集中荷载在支座边缘处产生的剪力设计值：

$$V_F=\frac{1}{2}F=\frac{1}{2}\times200=100(kN)$$

则支座处总剪力设计值为

$$V=V_q+V_F=121(kN)$$

由于该梁受多种荷载作用，且集中荷载对支座截面产生的剪力设计值占支座截面处总剪力值的百分比为 100/121=82.6%>75%，则该梁应按集中荷载作用下独立梁的计算公式计算斜截面的受剪承载力。

(2)验算截面尺寸。根据斜截面限制条件的规定，因 $h_w/b=h_0/b=530/250=2.12<4$，则

$$0.25\beta_c f_c bh_0=0.25\times1.0\times11.9\times250\times530=394.19(kN)>V=121\ kN(满足)$$

(3)验算是否需要按计算配置箍筋。$a/h_0=3\ 000/530=5.66>3$，取 $\lambda=3$，则

$$\frac{1.75}{\lambda+1}f_t bh_0=\frac{1.75}{3+1}\times1.27\times250\times530=73.6(kN)<V=121\ kN$$

需按计算配置箍筋。

(4)计算箍筋用量。按照式(4-56)可计算出：

$$\frac{nA_{sv1}}{s}\geqslant\frac{V-\frac{1.75}{\lambda+1}f_t bh_0}{f_{yv}h_0}=\frac{121\times10^3-\frac{1.75}{3+1}\times1.27\times250\times530}{270\times530}=0.331$$

根据表 4.9、表 4.10 的规定，可假定箍筋为双肢 Φ8($A_{sv1}=50.3\ mm^2$)，于是箍筋间距为

$$s=\frac{nA_{sv1}}{0.331}=\frac{2\times50.3}{0.331}=304(mm)$$

取 $s=250\ mm\leqslant s_{max}=250$ mm(符合要求)。

(5)验算最小配箍率。

$$\rho_{sv}=\frac{nA_{sv1}}{bs}=\frac{2\times50.3}{250\times250}=0.161\%$$

$$\rho_{sv,min}=0.24f_t/f_{yv}=0.24\times1.27/270=0.113\%<\rho_{sv}=0.161\%$$

故箍筋配筋率符合要求。

上述假设成立，则该梁箍筋可用 Φ8@250，沿梁长均匀布置。

(2)承载力复核。已知构件的截面尺寸、箍筋数量和弯起钢筋的截面面积，要求校核斜截面所能承受的剪力设计值 V。

计算步骤如下：

1)按式(4-54)计算受弯构件截面配箍率，验算是否满足最小配箍率要求。

2)选择斜截面所能承受的最大剪力计算公式。

当截面配箍率不小于最小配箍率时，按式(4-47)或式(4-49)计算。

3)判断斜截面安全性。

根据步骤 2)算得的截面所能承受的最大剪力 V_u，如果 $V_u > V_{u,max} = 0.25\beta_c f_c bh_0$，取 $V_u = 0.25\beta_c f_c bh_0$。

当实际荷载产生的剪力设计值 $V < V_u$ 时，截面安全，否则不安全。

【例 4.13】 某矩形截面简支梁，如图 4.45 所示，梁的截面尺寸 $b\times h = 200$ mm×400 mm，混凝土强度等级为 C20，箍筋采用 HPB300 级的 Φ8@200 钢筋。

(1)试求该梁所能承受的最大剪力设计值 V_u。

(2)若按斜截面抗剪承载力的要求，该梁能承受多大的均布荷载 q？

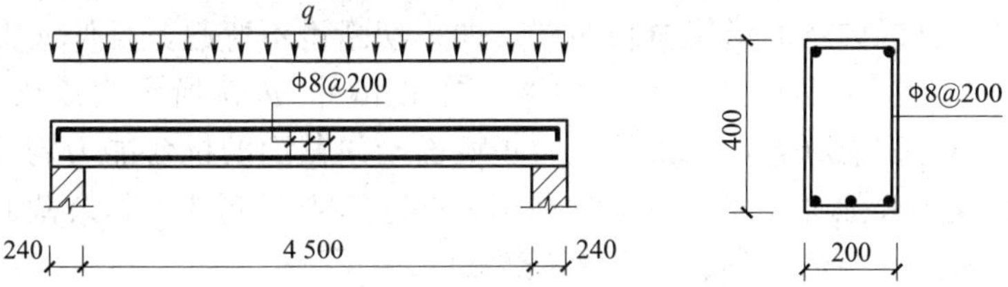

图 4.45 【例 4.13】图

【解】 根据题意，取 $a_s = 45$ mm，$h_0 = h - a_s = 355$ mm；混凝土强度等级为 C20，$\beta_c = 1.0$，$f_t = 1.1\ \text{N/mm}^2$，$f_c = 9.6\ \text{N/mm}^2$，采用 Φ8@200 钢筋，$f_{yv} = 270\ \text{N/mm}^2$，$A_{sv1} = 50.3\ \text{mm}^2$，$n = 2$，$s = 200$ mm；该梁计算跨度 $l = 4.5$ m。

(1)验算配箍率是否满足要求。

$$\rho_{sv} = \frac{nA_{sv1}}{bs}\times 100\% = \frac{2\times 50.3}{200\times 200}\times 100\% = 0.25\%$$

$$\rho_{sv,min} = \frac{0.24 f_t}{f_{yv}}\times 100\% = \frac{0.24\times 1.1}{270}\times 100\% = 0.10\% < \rho_{sv} = 0.25\%\text{(满足要求)}$$

(2)复核截面尺寸。

因 $h_w/b = h_0/b = 355/200 = 1.8 < 4$，则

$$0.25\beta_c f_c bh_0 = 0.25\times 1.0\times 9.6\times 200\times 355 = 170.4\text{(kN)}$$

该梁拟定在均布荷载的作用下，故可计算出混凝土和箍筋的抗剪力 V_{cs} 为

$$V_u = V_{cs} = 0.7 f_t bh_0 + f_{yv}\frac{A_{sv}}{s}h_0 = 0.7\times 1.1\times 200\times 355 + 270\times\frac{2\times 50.3}{200}\times 355$$

$$= 102.9\text{(kN)} < 170.4\ \text{kN}$$

梁截面的尺寸符合要求。同时，可知该梁所能承受的最大剪力设计值为 $V = 103.7$ kN。

(3)计算该梁承受的均布荷载设计值。

由 $V=\frac{1}{2}ql\leqslant V_u$，可以计算出该梁所能承受的均布荷载设计值(包括梁自重)为

$$q\geqslant\frac{2V_u}{l}=\frac{2\times102.9}{4.5}=45.7(\text{kN/m})$$

4.2.3 斜截面受弯承载力构造要求

为了保证斜截面具有足够的承载力，必须满足抗剪和抗弯两个条件。其中，抗剪条件已由配置箍筋和弯起钢筋来保证，而抗弯条件由构造措施来保证。

1. 抵抗弯矩图

按构件实际配置的纵向钢筋所绘制的沿梁纵轴各正截面所能承受的弯矩图称为抵抗弯矩图(M_u 图)，也叫作材料图。

图 4.46 所示为一均布荷载作用下的简支梁，跨度最大弯矩 $M_{max}=\frac{1}{8}ql^2$，其弯矩图为二次抛物线形。该梁配有两根直径为 20 mm 和两根直径为 25 mm 的纵向受拉钢筋。根据设计弯矩求得跨中截面所需钢筋截面面积 $A_s=1\ 518.6\ \text{mm}^2$，而实际配置钢筋面积 $A_s'=1\ 609.25\ \text{mm}^2$。这样，跨中截面所能承担的极限弯矩(抵抗弯矩)$M_u=\frac{A_s'}{A_s}M_{max}=1.06M_{max}$。如果实际配置的全部纵向钢筋沿梁全长布置，即不切断也不弯起，且伸入支座有足够的锚固长度，则沿梁长各正截面的抵抗弯矩相等。图 4.46 中 *abcd* 所示为该梁的抵抗弯矩图。这个矩形的抵抗弯矩图意味着，该梁的任一正截面与斜截面的抗弯能力均可得以保证，而且构造简单，只是钢筋强度未能得以充分利用，即除跨中截面外，其余截面的纵筋应力均没有达到其抗拉强度设计值。显然，这是不经济的。

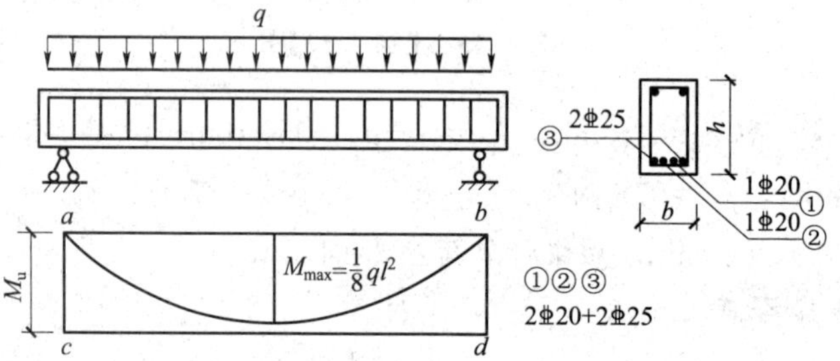

图 4.46 纵筋全部伸入支座时的抵抗弯矩图

在工程设计中，为了既保证构件受弯承载力要求，又经济合理利用钢材，对于跨度较小的构件，可以采用纵筋全部通长布置方式；对于跨度较大的构件，可将一部分纵筋在受弯承载力不需要处弯起或切断，用作受剪的弯起钢筋。

为了便于准确地确定纵向钢筋切断和弯起的位置，一般应详细地绘制出梁各截面实际所需的抵抗弯矩图。该抵抗弯矩图绘制的基本方法如下：

首先，按一定的比例绘出梁的设计弯矩图(即 M 图)，并设梁截面所配钢筋总截面面积为 A_s，每根钢筋截面面积为 A_{si}，则截面抵抗弯矩 M_u 及第 i 根钢筋的抵抗弯矩 M_{ui} 可分别表示为

$$M_u=A_sf_y\left(h_0-\frac{f_yA_s}{2\alpha_1f_cb}\right)\tag{4-57}$$

$$M_{ui}=\frac{A_{si}}{A_s}M_u \tag{4-58}$$

式中 A_s——所有抵抗弯矩钢筋的截面面积之和；

M_{ui}——第 i 根钢筋的抵抗弯矩；

A_{si}——第 i 根钢筋的截面面积。

然后，按与设计弯矩图相同的比例，将每根钢筋在各正截面上的抵抗弯矩绘在设计弯矩图上，便可得到抵抗弯矩图。

图 4.47 所示为某承受均布荷载的简支梁的抵抗弯矩图。图 4.47 中 1、2、3 各点，$n3$，23，$2m$ 各表示①号、②号、③号钢筋所能抵抗的弯矩值。

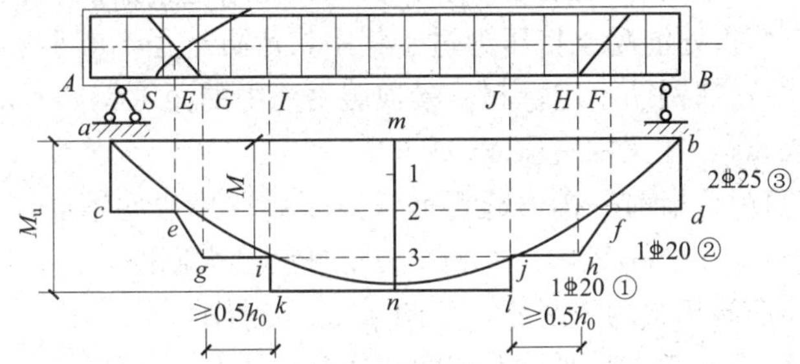

图 4.47　简支梁在均匀荷载作用下的抵抗弯矩图

通过图 4.47 可知，如果要把①号钢筋截断或弯起，过点 3 画水平线与设计弯矩图相交于 i、j 点，这说明在正截面 I、J 处始至支座各正截面承载力已不再需要①号纵筋了，可以将其截断或弯起，i、j 称为①号钢筋的“理论截断点”，同时也是②号钢筋的“充分利用点”，因为在 i、j 处抵抗弯矩恰好与设计弯矩相等，②号钢筋需要充分发挥作用。可见，①号钢筋在 i、j 处截断时，在 M_u 图上就会形成台阶 ik 和 jl，表明抵抗弯矩的突变。

同理，如果将②号钢筋在 G 和 H 截面处开始弯起，在梁上沿 E、F 作垂线与抵抗弯矩图中过点 2 的水平线交于 e、f 点，沿 G、H 作垂线与抵抗弯矩图中过点 3 的水平线交于 g、h 点，斜线 ge 和 hf 反映了②号钢筋抵抗弯矩的变化。那么，图 4.47 中 $acegikn$ 或 $bdfhjln$ 台阶线图便成了该梁在各正截面的经济使用钢筋的实际抵抗弯矩图。图 4.47 便是梁中各纵向钢筋弯起或切断的理论依据。

值得注意的是，为了保证正截面受弯承载力的要求，不论纵筋在合理的范围内何处切断或弯起，抵抗弯矩图必须将荷载作用下所产生的设计弯矩图包括在内；同时，考虑到施工操作方便，配筋构造也不宜过于复杂。

抵抗弯矩图能包住设计弯矩图，则表明沿梁长各个截面的正截面受弯承载力是足够的。抵抗弯矩图越接近设计弯矩图，说明设计越经济。

应当注意的是，使抵抗弯矩图能包住设计弯矩图，只是保证了梁的正截面受弯承载力。实际上，纵向受力钢筋的弯起与截断，还必须考虑梁的斜截面受弯承载力的要求。因此，纵向受力钢筋弯起点及截断点的确定是比较复杂的。施工时，钢筋弯起和截断位置的布置必须严格按照施工图进行。

2. 梁中纵向受力钢筋的弯起位置

梁中纵向钢筋的弯起位置必须满足以下三个要求：

(1)满足斜截面受剪承载力的要求。这点已在前面讨论过了。

(2)满足正截面受弯承载力的要求。设计时，必须使梁的抵抗弯矩图包住设计弯矩图。

(3)满足斜截面受弯承载力的要求。为了保证构件的正截面受弯承载力，弯起钢筋与梁轴线的交点必须位于该钢筋的理论截断点之外。同时，弯起钢筋的实际起弯点必须伸过其充分利用点一段距离 s，以保证纵向受力钢筋弯起后斜截面的受弯承载力。s 的精确计算很复杂。为简便计，《结构规范》规定，不论钢筋的弯起角度为多少，均统一取 $s \geqslant 0.5h_0$(图 4.47)。

3. 梁中纵向受力钢筋弯起时的构造要求

(1)在钢筋混凝土梁中，当设置弯起钢筋时，弯起钢筋在弯终点外应留有平行于轴线方向的锚固长度，以保证在斜截面处发挥其强度。《结构规范》规定，当锚固长度位于受拉区时，其长度不小于 $20d$，位于受压区时不小于 $10d$(d 为弯起钢筋的直径)。光圆钢筋的末端应设弯钩。为了防止弯折处混凝土挤压力过于集中，弯折半径不应小于 $10d$(图 4.48)。

(2)梁底层钢筋中角部钢筋不应弯起，梁顶层钢筋中的角部钢筋不应弯下。弯起钢筋的弯起角度在板中宜取 30°，在梁中宜取 45°或 60°。

(3)弯起钢筋的间距是指前一排弯起钢筋起点至后一排弯起钢筋终点之间的水平距离，这个距离不应大于表 4.10 中的 $V>0.7f_tbh_0$ 规定箍筋最大间距 s_{max}，以避免在两排弯起钢筋之间出现不与弯起钢筋相交的斜裂缝，如图 4.49(b)所示。

(4)当纵向受力钢筋不能在需要的地方弯起或弯起钢筋不足以承受剪力时，可单独为抗剪设置只承受剪力的弯起钢筋。此时，弯起钢筋应采用"鸭筋"形式，严禁采用锚固性能较差的"浮筋"(图 4.50)。"鸭筋"的构造与弯起钢筋基本相同。

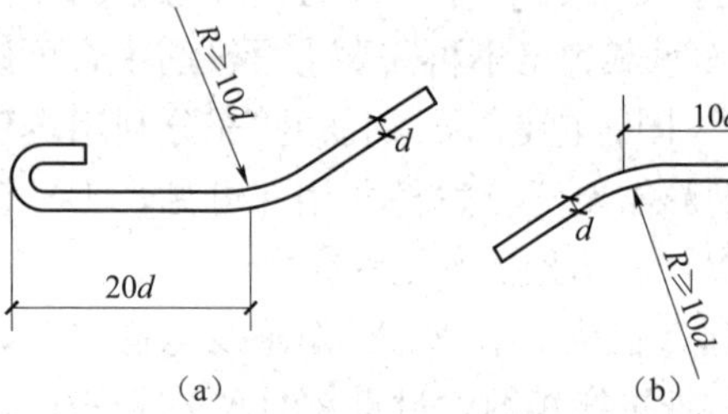

图 4.48　弯起钢筋的端部构造

(a)受拉区；(b)受压区

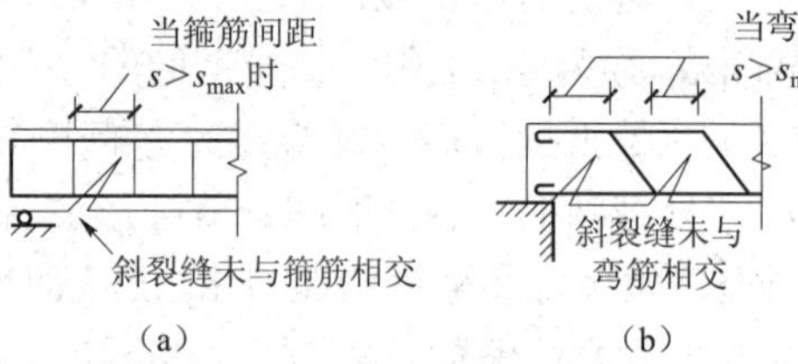

图 4.49　梁端斜裂缝

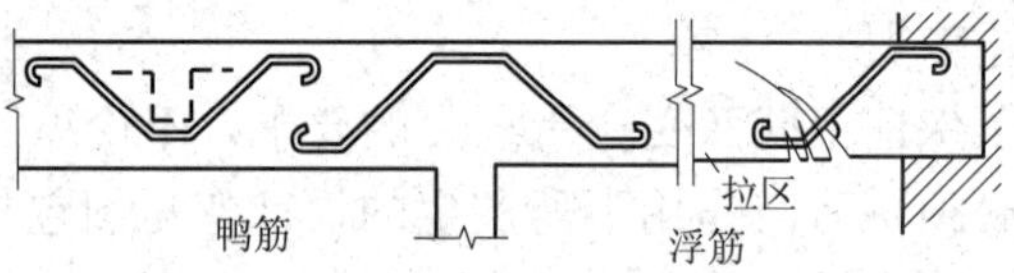

图 4.50　鸭筋与浮筋

4. 纵向受拉钢筋截断时的构造要求

梁的正、负纵向钢筋都是根据跨中或支座的最大弯矩值计算配置的。从经济角度来说，当截面弯矩减小时，纵向受力钢筋的数量也应随之减小，因此，可以在适当的位置将纵向钢筋截断。

纵向钢筋的截断位置应符合相关规范的要求。

(1)梁跨中承受正弯矩的纵向受拉钢筋一般不宜在受拉区截断。这是因为钢筋截断处钢筋截面面积骤减，混凝土内的拉力骤增，造成纵筋截断处过早地出现裂缝，而且裂缝宽度增加较快，如果截断钢筋的锚固长度不足，则会导致黏结破坏，致使构件承载力下降。

因此，对于正弯矩区段内的纵向钢筋，通常采用弯向支座(用来抗剪或承受负弯矩)的方式来减少多余钢筋。

(2)连续梁、外伸梁和框架梁梁支座承受弯矩的纵向弯拉钢筋，可根据弯矩图的变化把计算不需要的钢筋截断。

《结构规范》规定，梁支座截面负弯矩图纵向受拉钢筋不宜在受拉区截断，若必须截断，应满足下列要求：

1)当$V \leqslant 0.7f_tbh_0$时，钢筋应延伸至按正截面受弯承载力计算不需要该钢筋的截面以外不小于$20d$(d为纵向钢筋直径)处截断，且从该钢筋强度充分利用截面伸出的长度不应小于$1.2l_a$(l_a为受拉钢筋的锚固长度)。

2)当$V > 0.7f_tbh_0$时，钢筋应延伸至按正截面受弯承载力计算不需要该钢筋的截面以外不小于h_0且不小于$20d$处截断，且从该钢筋强度充分利用截面伸出的长度不小于$1.2l_a+h_0$。

3)若按上述规定确定的截断点仍位于负弯矩受拉区内，则钢筋应延伸至按正截面受弯承载力计算不需要该钢筋的截面以外不小于$1.3h_0$且不小于$20d$处截断，且从该钢筋强度充分利用截面伸出的延伸长度不应小于$1.2l_a+1.7h_0$。

(3)悬臂梁纵向受力钢筋的弯起与截断。试验表明，在剪力作用较大的悬臂梁内，由于梁全长受负弯矩作用，临界斜裂缝的倾角较小，而延伸较长，因此，不应在梁的上部截断负弯矩钢筋。此时，负弯矩钢筋可以分批向下弯折并锚固在梁的下边(其弯起点位置和钢筋端部构造按前述弯起钢筋的构造确定)，但必须有不少于两根的上部钢筋伸至悬臂梁外端，并向下弯折不小于$12d$，如图4.51所示。

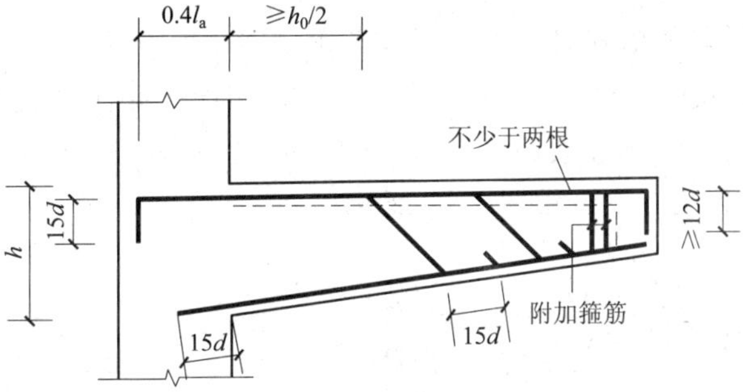

图4.51 悬臂梁的配筋

5. 纵向钢筋的锚固

在受力过程中，纵筋可能会产生滑移，甚至从混凝土中拔出而造成锚固破坏。为防止此类现象发生，将纵向受力钢筋伸过其受力截面一定长度，这个长度称为锚固长度。

(1)受拉钢筋的锚固长度。受拉钢筋的基本锚固长度(l_{ab})可按式(4-59)计算。

$$l_{ab}=\alpha\frac{f_y}{f_t}d \tag{4-59}$$

式中 f_y——钢筋抗拉强度设计值；

f_t——混凝土轴心抗拉强度设计值，当混凝土强度等级高于C60时，按C60取值；

α——钢筋外形系数，按表4.11取用。

表 4.11　钢筋的外形系数

钢筋类型	光圆钢筋	带肋钢筋	螺旋肋钢丝	三股钢绞线	七股钢绞线
α	0.16	0.14	0.13	0.16	0.17
注：光圆钢筋末端应做 180°弯钩，弯后平直段长度不应小于 $3d$，但作受压钢筋时可不做弯钩。					

受拉钢筋的锚固长度应根据锚固条件按下列公式计算，而且不应小于 200 mm：

$$l_a=\zeta_a l_{ab} \tag{4-60}$$

式中　l_a——受拉钢筋的锚固长度；

ζ_a——锚固长度修正系数。

纵向受拉钢筋的锚固长度修正系数 ζ_a 应按下列规定取用：

1)当带肋钢筋的公称直径大于 25 mm 时，取 1.10。

2)环氧树脂涂层带肋钢筋取 1.25。

3)施工过程中易受扰动的钢筋取 1.10。

4)当纵向受力钢筋的实际配筋面积大于其设计计算面积时，修正系数取设计计算面积与实际配筋面积的比值，但对有抗震设防要求及直接承受动力荷载的结构构件，不得采用此项修正。

5)锚固钢筋的保护层厚度为 $3d$ 时修正系数可取 0.80，保护层厚度为 $5d$ 时修正系数可取 0.70，中间按内插取值，此处 d 为锚固钢筋的直径。

受拉钢筋锚固长度修正系数按上述规定取用，当多于一项时，可按连乘计算，但不应小于 0.6。

(2)末端采用机械锚固措施时钢筋的锚固长度。当 HRB335 级、HRB400 级和 RRB400 级纵向受拉钢筋末端采用机械锚固措施时，包括附加锚固端头在内的锚固长度，可按式(4-59)计算的锚固长度的 70%取用。

机械锚固形式及构造要求宜按图 4.52 采用。

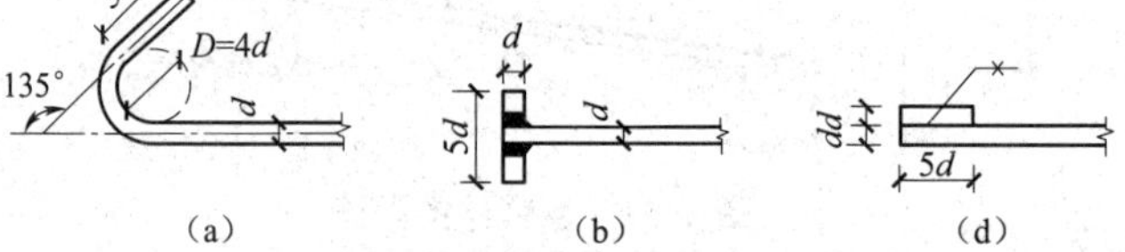

图 4.52　钢筋机械锚固的形式及构造要求

(a)末端带 135°弯钩；(b)末端与钢板穿孔塞焊；(c)末端与短钢筋双面贴焊

采用机械锚固措施时，锚固长度范围内箍筋不应少于 3 个，其直径不应小于纵向钢筋直径的 1/4，间距不应大于纵向钢筋直径的 5 倍。当纵向钢筋的混凝土保护层厚度不小于钢筋公称直径的 5 倍时，可不配置上述箍筋。

(3)纵向受压钢筋的锚固长度。当计算中充分利用纵向钢筋的抗压强度时，锚固长度不应小于受拉钢筋锚固长度的 70%。

(4)纵向受力钢筋在支座内的锚固。

1)对板端。简支板或连续板简支端下部纵向受力钢筋伸入支座的锚固长度 $l_{as}\geqslant 5d$(d 为

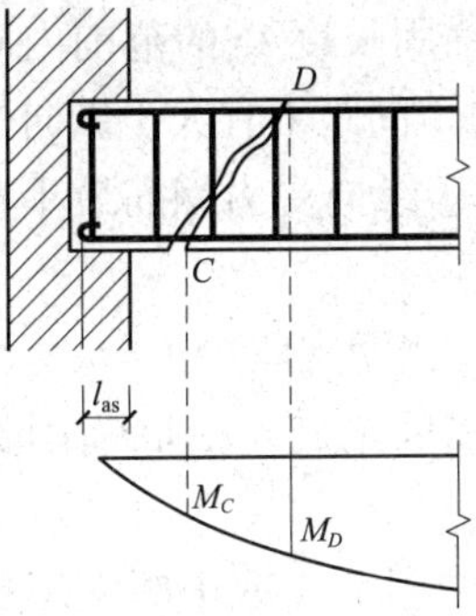

图 4.53　荷载作用下梁简支端纵向受力的钢筋受力状态

受力钢筋的直径)。伸入支座的下部钢筋的数量，当采用分离式配筋时，跨中受力钢筋应全部伸入支座。当连续板内温度、收缩应力较大时，伸入支座的锚固长度宜适当增加。

2)对梁端。在钢筋混凝土简支梁和连续梁简支端支座处，存在横向压应力，这将使钢筋与混凝土间的粘结力增大，因此，下部纵向受力钢筋伸入支座内的锚固长度 l_{as} 可比基本锚固长度 l_a 略小，如图 4.53 所示。

l_{as} 与支座边截面的剪力有关。《结构规范》规定，l_{as} 的数值不应小于表 4.12 的规定。伸入梁支座范围内锚固的纵向受力钢筋的数量不宜少于 2 根，但梁宽 $b<100$ mm 的小梁可为 1 根。

表 4.12　简支支座的钢筋锚固长度 l_{as}

锚固条件		$V\leqslant 0.7f_tbh_0$	$V>0.7f_tbh_0$
钢筋类型	光圆钢筋(带弯钩)	$5d$	$15d$
	带肋钢筋		$12d$
	带肋钢筋，强度等级为 C25 及以下的混凝土，跨边有集中力作用		$15d$

注：1. d 为纵向受力钢筋的直径；

2. 跨边有集中力作用，是指混凝土梁的简支支座跨边 $1.5h$ 范围内有集中力作用，且其对支座截面所产生的剪力占总剪力值的 75%以上。

理论上讲，简支支座处弯矩等于零，纵向受力钢筋的应力也应接近零。为什么下部纵向受力钢筋在支座内需有足够的锚固长度呢？

首先，支座以外的纵向受力钢筋存在应力，其向支座内延伸的部分应有一定的锚固长度，才能在支座边建立起承载所必需的应力；其次，支座处弯矩虽较小，但剪力最大，在弯矩、剪力的共同作用下，支座附近容易产生斜裂缝。斜裂缝产生后，与裂缝相交的纵向受力钢筋所承受的弯矩会由原来的 M_C 增加到 M_D(图 4.53)，纵向受力钢筋的拉力明显增大。若纵向受力钢筋无足够的锚固长度，就会从支座内拔出而使梁发生沿斜截面的弯曲破坏。

对混凝土强度等级为 C25 及以下的简支梁和连续梁的简支端，当距支座边 $1.5h$ 范围内作用有集中荷载，且 $V>0.7f_tbh_0$ 时，对带肋钢筋宜采取附加锚固措施，或取锚固长度 $l_{as}\geqslant 15d$。

因条件限制不能满足上述规定锚固长度时，可将纵向受力钢筋的端部弯起，或采取附加锚固措施，如在钢筋上加焊锚固钢板或将简支端纵向受力钢筋端部焊接在梁端的预埋件上等(图 4.54)。

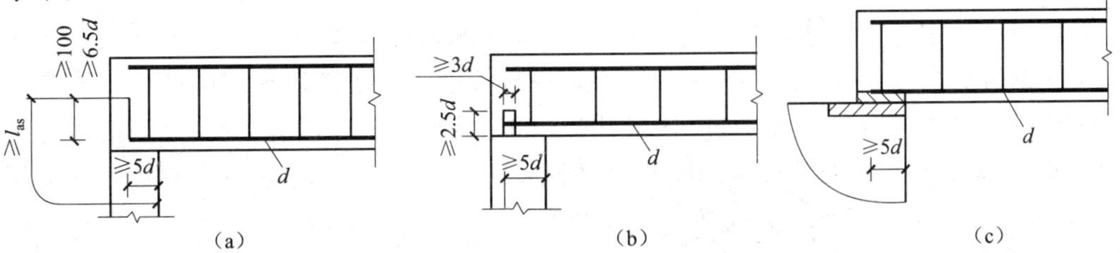

图 4.54　锚固长度不足时的措施

(a)纵向受力钢筋端部弯起锚固；(b)纵向受力钢筋端部加焊锚固钢板；

(c)纵向受力钢筋端部焊接在梁端预埋件上

支撑在砌体结构上的钢筋混凝土独立梁，在纵向受力钢筋的锚固长度 l_{as} 的范围内应配置不少于两个箍筋，其直径不宜小于纵向受力钢筋最大直径的 1/4，间距不宜大于纵向受力钢筋最小直径的 10 倍。当采用机械锚固措施时，箍筋间距不宜大于纵向受力钢筋最小直径的 5 倍。

对混凝土强度等级为 C25 及以下的简支梁和连续梁的简支端，当距支座边 1.5h 范围内作用有集中荷载，且 $V>0.7f_t bh_0$ 时，对带肋钢筋宜采取附加锚固措施，或取锚固长度 $l_{as}\geqslant 15d$。

3)对梁的中间支座。框架梁和连续梁下部的纵向钢筋应贯穿中间节点或中间支座范围(图 4.55)，下部纵向钢筋在中间节点或中间支座处应满足下列锚固要求：

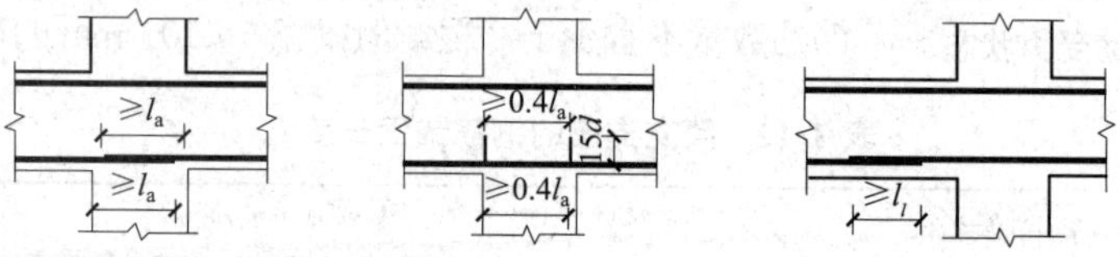

图 4.55　梁下部纵向钢筋在中间节点或中间支座范围的锚固与搭接

(a)节点中的直线锚固；(b)节点中的弯折锚固；(c)节点中支座范围外的搭接

①当计算中不利用钢筋强度时，其伸入支座和节点的锚固长度应符合上述支座在 $V>0.7f_t bh_0$ 时的规定。

②当计算中充分利用钢筋受拉时，下部纵向钢筋应锚固在节点或支座内。当采用直线锚固形式时，钢筋锚固长度不应小于受拉钢筋锚固长度 l_a，如图 4.55(a)所示；采用 90°弯折锚固时，其弯折前水平投影的长度不应小于 $0.4l_a$，弯折后的垂直投影长度不应小于 $15d$，如图 4.55(b)所示；下部纵向钢筋还可贯穿节点或支座范围，并在节点或支座以外弯矩较小的部位设置搭接接头，如图 4.55(c)所示。

③当计算中充分利用钢筋抗压时，其伸入支座的锚固长度不应小于 $0.7l_a$。

6. 纵向钢筋的连接

当构件内钢筋长度不够时，宜在钢筋受力较小处进行钢筋的连接。钢筋的连接可分为绑扎搭接、机械连接或焊接两类。

(1)绑扎搭接接头。

1)对轴心受拉及小偏心受拉杆件的纵向受力钢筋不得采用绑扎搭接接头；当受拉钢筋直径 $d>28$ mm 及受压钢筋直径 $d>32$ mm 时，不宜采用绑扎搭接接头；需要进行疲劳验算的构件中的受拉钢筋，不得采用绑扎搭接接头。

2)同一构件中，相邻纵向受力钢筋的绑扎搭接接头宜相互错开。

3)钢筋绑扎搭接接头的区段长度为 1.3 倍搭接长度，凡搭接接头的中点位于该连接区段长度内的搭接接头均属于同一连接区段(图 4.56)。位于同一区段内受拉钢筋搭接接头面积百分率(即该区段内有搭接接头的纵向受力钢筋截面面积与全部纵向受力钢筋截面面积的比值)，对梁类、板类以及墙类构件，不宜大于 25%；对柱类构件，不宜大于 50%。当工程中确有必要增大受拉钢筋搭接接头面积百分率时，对梁类构件，不应大于 50%；对板类、墙类及柱类构件，可根据实际情况放宽。

纵向受拉钢筋绑扎搭接接头的搭接长度，应根据位于同一连接区段内的钢筋搭接接头面积百分率按下式计算，且在任何情况下不应小于 300 mm：

$$l_l=\zeta_l l_a \tag{4-61}$$

式中 l_l——纵向受拉钢筋的搭接长度；

l_a——纵向受拉钢筋的基本锚固长度；

ζ_l——纵向受拉钢筋搭接长度修正系数，按表 4.13 采用，当纵向搭接钢筋接头面积百分率为表中的中间值时，修正系数可按内插法取值。

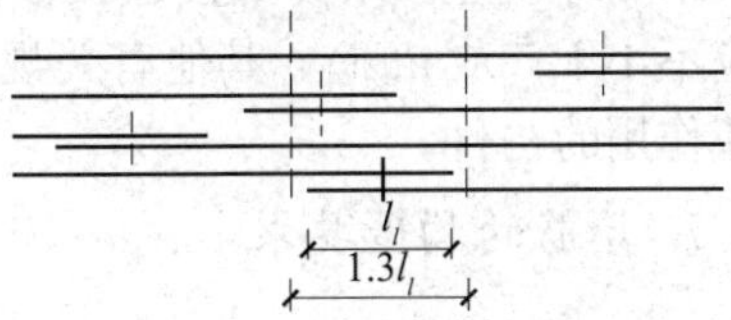

图 4.56 同一连接区段内的纵向受拉钢筋绑扎搭接接头

注：图中所示同一连接区段内的搭接接头钢筋为两根，当钢筋直径相同时，钢筋搭接接头面积百分率为 50%。

表 4.13 纵向受拉钢筋搭接长度修正系数 ζ_l

同一搭接范围内搭接钢筋面积百分率/%	≤25	50	100
ζ	1.2	1.4	1.6

钢筋搭接位置应设置在受力较小处，且同一根钢筋上宜少设置连接。同一构件中，相邻纵向受力钢筋搭接位置宜相互错开，两搭接接头的中心距应大于 1.3l_l(图 4.57)。凡搭接接头中点位于该连接区段长度内的搭接接头，均属于同一搭接范围。

4)构件中的受压钢筋，当采用搭接连接时，其受压搭接长度不应小于纵向受拉钢筋搭接长度的 0.7 倍，并且在任何情况下不应小于 200 mm。

5)在纵向受力钢筋搭接长度范围内应加密配置箍筋，如图 4.58 所示，其直径不应小于搭接钢筋较大直径的 0.25 倍。当钢筋受拉时，箍筋间距不应大于搭接钢筋较小直径的 5 倍，而且不应大于 100 mm；当钢筋受压时，箍筋间距不应大于最小搭接钢筋较小直径的 10 倍，并且不应大于 200 mm。当受压钢筋直径 $d>25$ mm 时，还应在搭接接头两个端面外 100 mm 范围内各设置两个箍筋。

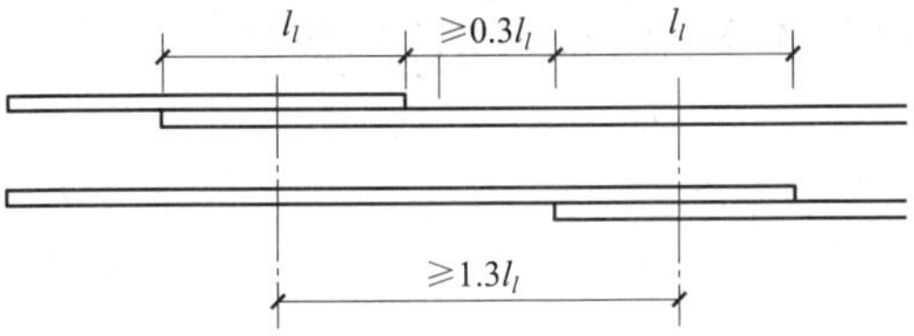

图 4.57 钢筋搭接接头的间距

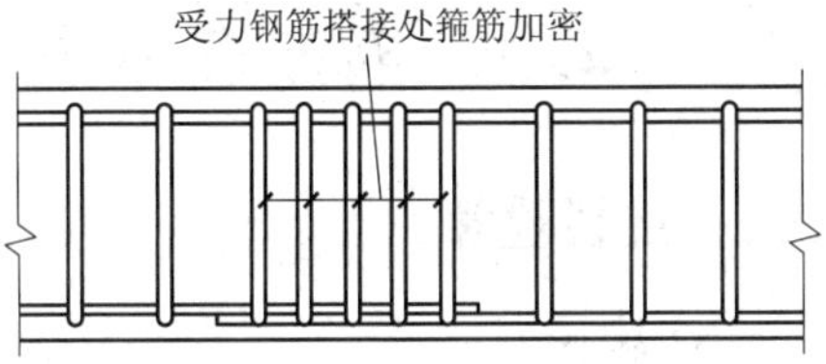

图 4.58 受力钢筋搭接处箍筋加密

(2)机械连接和焊接接头。近年来采用机械方式进行钢筋连接的技术已很成熟，如锥螺纹连接、挤压连接等。当采用机械连接时，应符合专门的技术规定。接头位置宜相互错开，凡接头中点位于连接区段的长度(35d，d 为连接钢筋的直径)内均属于同一连接区段。在受力较大处，位于同一连接区段内的纵向受拉钢筋接头面积百分率不宜大于 50%。直接承受动力荷载的结构构件中的机械连接接头，除应满足设计要求的抗疲劳性能外，位于同一连接区段内的纵向受拉钢筋接头面积百分率不应大于 50%。纵向受压钢筋的接头面积百分率可不受以上限制。装配式构件连接处的纵向受力钢筋，焊接接头可不受以上限制。

此外，机械连接接头的混凝土保护层厚度应满足受力钢筋最小保护层的要求。连接件之间的横向净间距不宜小于 25 mm。

采用焊接连接时，焊接连接接头连接区段的长度为 $35d$（d 为纵向受力钢筋的较大直径，且应不小于 500 mm)，其他有关规定基本同机械连接，但焊接接头不宜用于承受动力荷载疲劳作用的构件。

7. 箍筋的构造要求

(1)箍筋的布置。对 $V<0.7f_{t}bh_{0}$ $\left(或 V<\frac{1.75}{\lambda+1}f_{t}bh_{0}\right)$ 按计算不需要箍筋的梁，当截面高度 $h>300$ mm 时，应沿全梁设置箍筋；当截面高度 $h=150\sim300$ mm 时，可仅在构件端部各 1/4 跨度范围内设置箍筋；但当在构件中部 1/2 跨度范围内有集中荷载作用时，则应沿梁全长设置箍筋；当截面高度 $h<150$ mm 时，可不设箍筋。

(2)箍筋的形式和肢数(图 4.59)。箍筋形式有封闭式和开口式两种。对 T 形截面梁，当不承受动荷载和扭矩时，在承受正弯矩的区段内可以采用开口式箍筋。除上述情况外，一般梁中均采用封闭式箍筋。箍筋的两个端头应做成 135°弯钩，弯钩端部平直段长度不应小于 $5d$（d 为箍筋直径)和 50 mm。

图 4.59　箍筋的肢数和形式

(a)单肢；(b)双肢；

(c)四肢；(d)封闭；(e)开口

箍筋的肢数有单肢、双肢和四肢。一般采用双肢箍筋，当梁宽 $b\geqslant400$ mm，且一层内纵向受压钢筋超过 3 根或梁宽 $b<400$ mm，但一层内纵向受压钢筋多于 4 根时，宜采用四肢箍筋。当梁的截面宽度特别小时，也可采用单肢箍筋。

(3)箍筋的直径和间距。梁中箍筋的直径和间距，在满足计算要求的同时，还应符合表 4.9 和表 4.10 的规定。另外，当梁中配有按计算所需要的纵向受压钢筋时，箍筋应做成封闭式。此时，箍筋的间距不应大于 $15d$（d 为纵向受压钢筋的最小直径)，并且不应大于 400 mm；当一层内的纵向受压钢筋多于 5 根且直径大于 18 mm 时，箍筋间距不应大于 $10d$。

4.3　钢筋混凝土构件正常使用极限状态验算

4.3.1　抗裂验算

1. 一般要求

抗裂就是要求混凝土不允许开裂。《结构规范》规定，钢筋混凝土结构构件及预应力混凝土结构构件，应根据所处环境类别(表 4.14)和结构类别，确定相应的裂缝控制等级及最大裂缝宽度限值(附表 4)，并按下列规定进行受拉边缘应力或正截面裂缝宽度抗裂验算。

表 4.14　混凝土结构的环境类别

环境类别	条件
一	室内干燥环境； 无侵蚀性静水浸没环境
二 a	室内潮湿环境； 非严寒和非寒冷地区的露天环境； 非严寒和非寒冷地区与无侵蚀性的水或土壤直接接触的环境； 严寒或寒冷地区的冰冻线以下与无侵蚀性的水或土壤直接接触的环境

环境类别	条件
二 b	干湿交替环境； 水位频繁变动的环境； 严寒和寒冷地区的露天环境； 严寒和寒冷地区冰冻线以上与无侵蚀性的水或土壤直接接触的环境
三 a	严寒和寒冷地区冬季水位变动区环境； 受除冰盐影响的环境； 海风环境
三 b	盐土环境； 受除冰盐作用的环境； 海岸环境
四	海水环境
五	受人为或自然的侵蚀性物质影响的环境

注：1. 室内潮湿环境是指构件表面经常处于结露或潮湿状态的环境。
2. 严寒和寒冷地区的划分应符合现行国家标准《民用建筑热工设计规范》(GB 50176—2016)的有关规定。
3. 海岸环境和海风环境宜根据当地情况，考虑主导风向及结构所处迎风、背风部位等因素的影响，由调查研究和工程经验确定。
4. 受除冰盐影响的环境是指受到除冰盐盐雾影响的环境；受除冰盐作用的环境是指被除冰盐溶液溅射的环境以及使用除冰盐地区的洗车房、停车楼等建筑。
5. 暴露的环境是指混凝土结构表面所处的环境。

(1)一级——严格要求不出现裂缝的构件。

在荷载效应的标准组合下，应符合下列规定：

$$\sigma_{ck}-\sigma_{pc}\leqslant 0 \tag{4-62}$$

(2)二级——一般要求不出现裂缝的构件。

在荷载效应的标准组合下，应符合下列规定：

$$\sigma_{ck}-\sigma_{pc}\leqslant f_{tk} \tag{4-63}$$

在荷载效应的准永久组合下，应符合下列规定：

$$\sigma_{cq}-\sigma_{pc}\leqslant 0 \tag{4-64}$$

(3)三级——允许出现裂缝的构件。

按荷载效应的标准组合并考虑长期作用的影响计算的最大裂缝宽度，应符合下列规定：

$$w_{max}\leqslant w_{lim} \tag{4-65}$$

式中 σ_{ck}——荷载效应标准组合下抗裂验算边缘的混凝土法向应力；

σ_{pc}——扣除全部预应力损失后抗裂验算边缘混凝土的预压应力，对受弯和大偏心受压的预应力混凝土构件，其预拉区在施工阶段出现裂缝的区段，σ_{pc}应乘以系数 0.9；

σ_{cq}——荷载效应准永久组合下抗裂验算边缘的混凝土法向应力；

f_{tk}——混凝土轴心抗拉强度标准值；

w_{max}——按荷载效应标准组合并考虑长期作用影响计算的最大裂缝宽度；

w_{lim}——最大裂缝宽度限制，按附表 4 采用。

2. 轴心受拉构件的抗裂验算

进行钢筋混凝土轴心受拉构件正截面抗裂验算时，设混凝土截面面积为 A_c，钢筋截面面积为 A_s，此时混凝土的拉应力为 σ_t，钢筋的拉应力为 σ_s，由截面力的平衡条件，可得：

$$N_k = A_c\sigma_t + A_s\sigma_s \tag{4-66}$$

设混凝土的拉应变为 ε_t，根据钢筋和混凝土应变相等的关系求得 $\sigma_s = \varepsilon_s E_s = \varepsilon_t E_s$。令 $\alpha_E = E_s/E_c$，则 $\sigma_s = \alpha_E \varepsilon_t E_c = \alpha_E \sigma_t$，代入上式得：

$$N_k = (A_c + \alpha_E A_s)\sigma_t \tag{4-67}$$

根据上式可以发现，在混凝土开裂前，截面面积为 A_s 的纵向受拉钢筋的作用相当于截面面积为 $\alpha_E A_s$ 的受拉混凝土的作用，$\alpha_E A_s$ 称为钢筋 A_s 的换算截面面积。令构件总的换算截面面积为 $A_0 = A_c + \alpha_E A_s$，结合式(4-67)得到轴心受拉构件在荷载效应的标准组合和准永久组合下，抗裂验算边缘混凝土的法向应力公式为

$$\sigma_{ck} = \frac{N_k}{A_0} \tag{4-68}$$

$$\sigma_{cq} = \frac{N_q}{A_0} \tag{4-69}$$

式中 N_k——按荷载效应标准组合计算的轴向拉力值；

N_q——按荷载效应准永久组合计算的轴向拉力值；

A_0——构件换算截面面积。

由式(4-68)和式(4-69)所求得的抗裂验算边缘混凝土的法向应力应满足式(4-62)～式(4-64)的抗裂验算要求。

一般情况下，混凝土的极限拉伸值 $\varepsilon_{tu} = 0.000\ 1 \sim 0.000\ 15$，则混凝土即将开裂时，根据应变协调决定的各构件中钢筋的拉应力 $\sigma_s \approx (0.000\ 1 \sim 0.000\ 15) \times 2.0 \times 10^5 = (20 \sim 30)\,\text{N/mm}^2$。可见，此时钢筋的应力是很小的，即对于钢筋混凝土的抗裂能力而言，钢筋所起的作用不大，所以，用增加钢筋的办法来提高构件的抗裂能力既不经济，也不合理。可通过加大构件截面尺寸和提高混凝土的强度等级提高构件的抗裂能力，但最根本的方法是采用预应力混凝土结构。

3. 受弯构件的抗裂验算

受弯构件正截面在即将开裂的瞬间，其应力状态处于第Ⅰ应力阶段末，此时受拉区边缘的拉应变达到混凝土的极限拉伸值 ε_{tu}，受拉区应力分布为曲线形，具有明显的塑性特征，最大拉应力达到混凝土的抗拉强度 f_t。而受压区混凝土仍接近弹性工作状态，其应力分布图形为三角形。

根据试验结果分析，在计算受弯构件的抗裂弯矩 M_{cr} 时，可假定混凝土受拉区应力分布为图 4.60 所示的梯形，塑化区高度为受拉区高度的一半。利用平截面假定，可求出混凝土边缘应力与受压区高度之间的关系；然后，根据力和力矩的平衡条件，可求出截面抗裂弯矩。

但上述方法比较麻烦。为方便计算，设计中采用等效换算的方法，即在保持抗裂弯矩

相等的条件下，将受拉区梯形应力图形等效折算成直线分布的应力图形(图 4.61)。

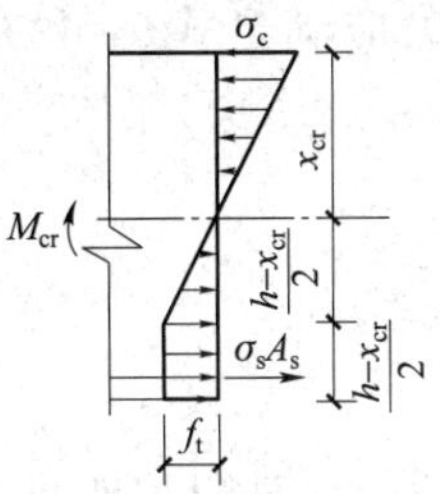

图 4.60　假定的应力图形

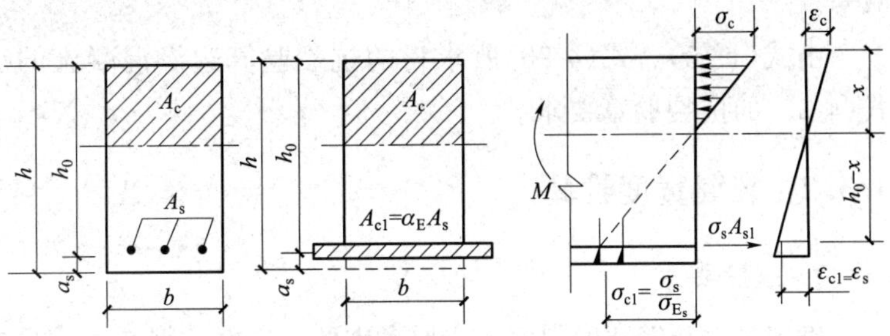

图 4.61　受弯构件正截面抗裂弯矩计算图

经过这样的换算，就可把构件视作截面面积为 $A_0=A_c+\alpha_E A_s$ 的匀质弹性体，引用材料力学的公式，可得出受弯构件正截面抗裂弯矩的计算公式：

$$M_{cr}=f_t W_0 \tag{4-70}$$

$$W_0=\frac{I_0}{h_0-x} \tag{4-71}$$

式中　M_{cr}——受弯构件的正截面开裂弯矩值；

f_t——混凝土轴心抗拉强度设计值；

W_0——换算截面受拉边缘弹性抵抗矩；

I_0——换算截面惯性矩，对于单筋矩形截面：

$$I_0=\frac{1}{3}bx^3+\alpha_E A_s(h_0-x)^2 \tag{4-72}$$

由此可以得出，受弯构件的正截面在荷载效应的标准组合和准永久组合下，抗裂验算边缘混凝土的法向应力公式为

$$\sigma_{ck}=\frac{M_k}{W_0} \tag{4-73}$$

$$\sigma_{cq}=\frac{M_q}{W_0} \tag{4-74}$$

式中　M_k——按荷载效应标准组合计算的弯矩值；

M_q——按荷载效应准永久组合计算的弯矩值；

W_0——换算截面受拉边缘弹性抵抗矩。

由式(4-73)、式(4-74)所求得的抗裂验算边缘混凝土的法向应力应满足式(4-62)～式(4-64)的抗裂验算要求。

4. 偏心受力构件的抗裂验算

《结构规范》规定，偏心受拉和偏心受压构件在荷载效应的标准组合和准永久组合下，抗裂验算边缘混凝土的法向应力公式为

$$\sigma_{ck}=\frac{M_k}{W_0}\pm\frac{N_k}{A_0} \tag{4-75}$$

$$\sigma_{cq}=\frac{M_q}{W_0}\pm\frac{N_q}{A_0} \tag{4-76}$$

式(4-75)、式(4-76)中的右边项，当轴向力为拉力时取加号，当轴向力为压力时取减号。

由式(4-75)、式(4-76)所求得的抗裂验算边缘混凝土的法向应力应满足式(4-63)～式(4-65)的抗裂验算要求。

4.3.2 裂缝宽度验算

1. 一般要求

确定最大裂缝宽度限值，主要考虑两个方面的因素：一是外观要求；二是耐久性要求，并以后者为主。

《结构规范》对混凝土构件规定的最大裂缝宽度限值见附表 4，这是指在有荷载作用下产生的横向裂缝宽度，要求通过验算予以保证。

2. 裂缝宽度的计算方法

(1)裂缝的发生和分布。钢筋混凝土构件产生裂缝的原因是多方面的。有直接作用引起的裂缝，如受弯、受拉等构件的垂直裂缝；还有间接作用引起的裂缝，如基础不均匀沉降、构件混凝土收缩或温度变化引起的裂缝。对于间接作用引起的裂缝，主要通过采用合理的结构方案、构造措施来控制。对于直接作用引起的构件垂直裂缝，《结构规范》给出了计算方法。下面借助轴心受拉构件和受弯构件着重介绍这种裂缝宽度的验算。

1)钢筋混凝土轴心受拉构件。钢筋混凝土轴心受拉构件的裂缝出现前，拉应力沿构件长度基本上是均匀分布的。当混凝土的拉应力 σ_c 达到其抗拉强度 f_t 时，在构件抗拉能力最弱的截面上将出现第一批裂缝，其位置是随机的。混凝土开裂后退出工作，拉力全由钢筋承担，应力突变，使钢筋与混凝土之间产生粘结力 τ 和相对滑移。通过 τ 使钢筋的拉力部分向混凝土传递，随着离开裂缝截面的距离增大，混凝土拉应力 σ_c 逐渐增大，直到 σ_c 等于 f_t，新的裂缝才可能出现。这个截面与第一批裂缝截面的间距为 l，在间距小于 $2l$ 的第一批裂缝之间或在第一条裂缝的两侧 l 的范围之内，$\sigma_c < f_t$，不再出现新的裂缝。裂缝间距随荷载增大将逐渐减小，趋于稳定(图 4.62)。

2)钢筋混凝土受弯构件。混凝土的抗拉强度很低。当构件受拉区外边缘混凝土的拉应力达到其抗拉强度时，由于混凝土的塑性变形，其不会马上开裂，但当受拉区外边缘混凝土在构件抗弯最薄弱的截面达到其极限拉应变时，就会在垂直于拉应力的方向形成第一批(一条或若干条)裂缝[截面 A 处，图 4.63(a)]。由于混凝土具有离散性，因而裂缝发生的部位是随机的。在裂缝出现的瞬间，裂缝截面处混凝土退出工作，应力降低为零[图 4.63(b)]，原来的拉应力全部由钢筋承担，使钢筋应力突然增大[图 4.63(c)]。裂缝出现后，原来处于拉伸状态的混凝土便向裂缝两侧回缩，混凝土与受拉纵向钢筋之间产生相对滑移而使裂缝不断开展。但是，由于混凝土与钢筋之间的黏结作用，混凝土的回缩受到钢筋的约束，在离开裂缝某一距离 $l_{cr,min}$ 的截面 B 处，混凝土不再回缩[图 4.63(a)]，此处混凝土的拉应力仍保持裂缝出现前瞬时的数值。由于在长度 $l_{cr,min}$ 范围内(A、B 之间)混凝土的应力 σ_{cr} 小于其抗拉强度 f_t，因此，若荷载不增加，该范围内不会产生新的裂缝。当荷载继续增加时，有可能在距离已裂截面$\geqslant l_{cr,min}$的另一薄弱截面出现新的裂缝。

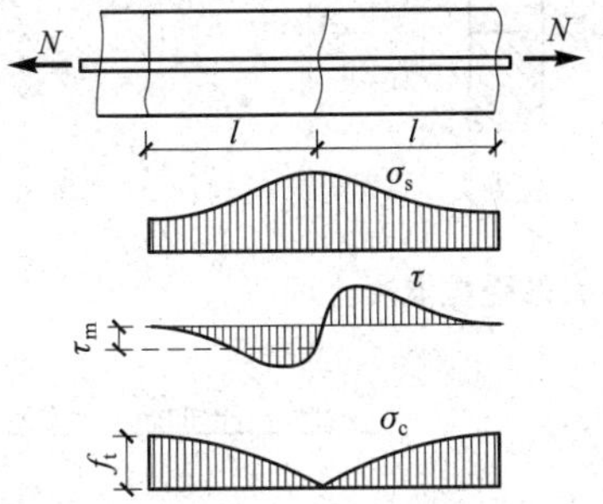

图 4.62　开裂后钢筋与混凝土应力分布

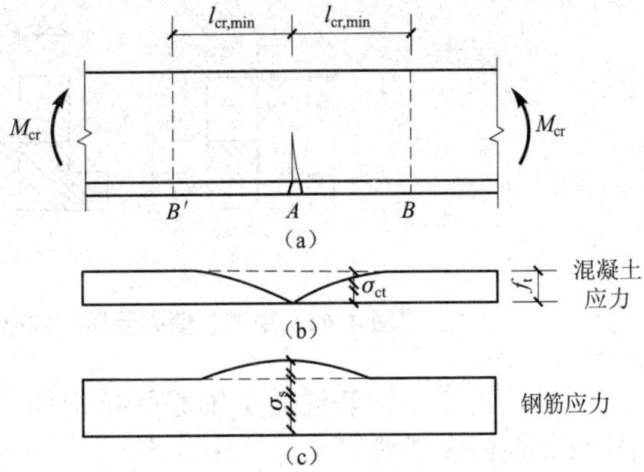

图 4.63　梁中裂缝的发展

沿裂缝深度方向，裂缝的宽度不相同。钢筋表面处的裂缝宽度只有构件混凝土表面裂缝宽度的 1/5～1/3。所要验算的裂缝宽度，是指受拉钢筋重心水平处构件侧表面上混凝土的裂缝宽度。

(2)裂缝宽度计算公式。

1)相关参数。

①钢筋混凝土构件纵向受拉钢筋应力 σ_s。

在荷载效应准永久组合下，钢筋混凝土构件受拉区纵向普通受拉钢筋应力可按下列公式计算：

对于轴心受拉构件

$$\sigma_s=\frac{N_q}{A_s} \tag{4-77}$$

对于受弯构件

$$\sigma_s=\frac{M_q}{0.87A_sh_0} \tag{4-78}$$

式中　N_q——按荷载效应准永久组合计算的轴向拉力值；

A_s——受拉区纵向钢筋截面面积：对于轴心受拉构件，取全部纵向钢筋的截面面积；对于受弯构件，取受拉区纵向普通钢筋截面面积；

M_q——按荷载效应准永久组合计算的弯矩值。

②按有效受拉混凝土面积计算的纵向受拉钢筋的配筋率 ρ_{te}。

$$\rho_{te}=\frac{A_s}{A_{te}} \tag{4-79}$$

式中　A_{te}——钢筋混凝土构件有效受拉混凝土截面面积，可按下面的方法确定：

对于轴心受拉构件，取构件截面面积；

对于受弯构件，取图 4.64 所示阴影部分的面积，即 $A_{te}=0.5bh+(b_f-b)h_f$，此处，b_f、h_f 为受拉翼缘的宽度和高度。

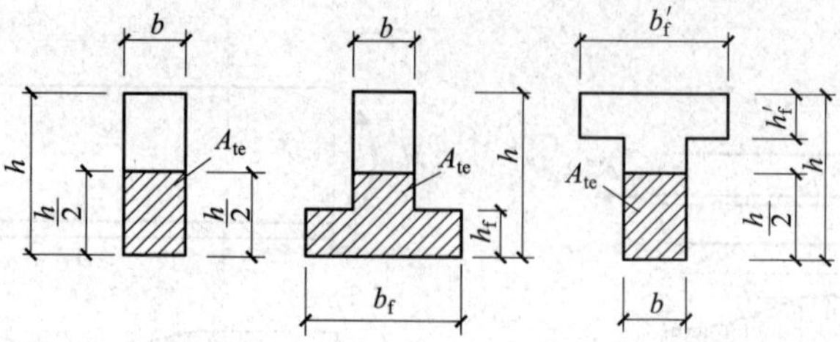

图 4.64　受弯、偏心受压和偏心受拉构件有效受拉混凝土面积

另外，无论是钢筋混凝土轴心受拉构件，还是受弯构件，在最大裂缝宽度计算中，当$\rho_{te}<0.01$时，取$\rho_{te}=0.01$。

③钢筋混凝土构件裂缝间纵向受拉钢筋应变不均匀系数 ψ。

如图 4.65 所示，钢筋混凝土构件受拉区混凝土的开裂，使受拉钢筋的拉应力应变沿长度分布不均匀，裂缝截面处较大，裂缝间截面处较小。《结构规范》用钢筋的应变不均匀系数 ψ 反映裂缝之间钢筋的平均应变与裂缝处钢筋应变的比值，并按下列公式计算：

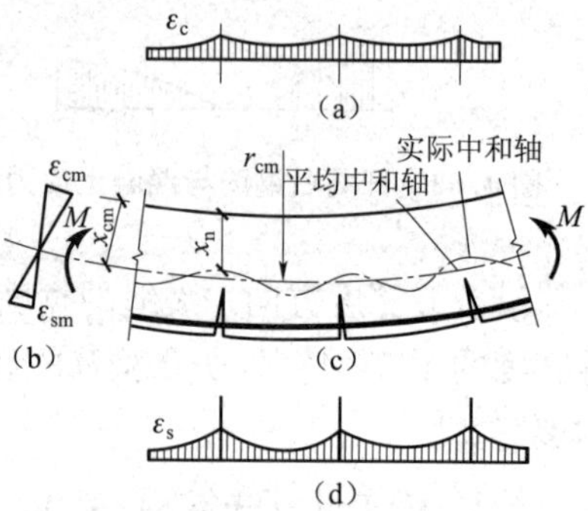

图 4.65　使用阶段梁纯弯曲段应变分布和中和轴位置

$$\psi=1.1-0.65\frac{f_{tk}}{\rho_{te}\sigma_s} \tag{4-80}$$

式中　ρ_{te}——按有效受拉混凝土面积计算的纵向受拉钢筋的配筋率，当 $\rho_{te}<0.01$ 时，取 $\rho_{te}=0.01$；

σ_s——钢筋混凝土构件纵向受拉钢筋应力。

根据式(4-80)所算得的裂缝间纵向受拉钢筋应变不均匀系数 ψ，当 $\psi<0.2$ 时，取$\psi=0.2$；当 $\psi>1.0$ 时，取 $\psi=1.0$；对直接承受重复荷载的构件，取 $\psi=1.0$。

2)平均裂缝宽度。荷载引起的拉区裂缝宽度，主要取决于裂缝间钢筋与混凝土的伸长值之差。由于各种随机因素及构件受力方式不同，各裂缝处的裂缝宽度是不同的，裂缝之间的间距也是不同的。下面先讨论平均裂缝宽度 w_m。

设裂缝的平均间距为 l_m，裂缝间钢筋的平均拉应变为 ε_{sm}，混凝土的平均拉应变为 ε_{cm}，相应的平均裂缝宽度 w_m 可表达为

$$w_m=(\varepsilon_{sm}-\varepsilon_{cm})l_m=l_m\varepsilon_{sm}\left(1-\frac{\varepsilon_{cm}}{\varepsilon_{sm}}\right)=\alpha_c l_m\varepsilon_{sm} \tag{4-81}$$

式(4-81)中的系数 $\alpha_c=1-\varepsilon_{cm}/\varepsilon_{sm}$，根据试验结果分析，受弯、偏心受压构件的 $\alpha_c=0.77$，其他构件的$\alpha_c=0.85$；钢筋的平均拉应变ε_{sm}可以用最大应变ε_s 乘以钢筋的应变不均匀系数 ψ，得到：

$$\varepsilon_{sm}=\psi\varepsilon_s=\psi\frac{\sigma_s}{E_s} \tag{4-82}$$

将式(4-82)代入式(4-81)，得：

$$w_m=\alpha_c\psi\frac{\sigma_s}{E_s}l_m \tag{4-83}$$

理论分析和试验研究表明：裂缝的平均间距 l_m 与混凝土保护层的厚度、按有效受拉区截面面积计算的配筋率以及钢筋直径等因素有关。

《结构规范》根据试验结果并参照经验，考虑到不同种类钢筋与混凝土的黏结特性不同，采用下式计算构件的平均裂缝间距：

$$l_m=\beta\left(1.9c+0.08\frac{d_{eq}}{\rho_{te}}\right) \tag{4-84}$$

$$d_{eq}=\frac{\sum n_i d_i^2}{\sum n_i \nu_i d_i} \tag{4-85}$$

式中 β——与构件受力状态有关的系数，由试验结果分析确定，对于受弯构件，$\beta=1.0$；对于轴心受拉构件，$\beta=1.1$；

c——最外层纵向受拉钢筋外边缘至受拉区混凝土外边缘的距离(mm)，当 $c<20$ 时，取 $c=20$；当 $c>65$ 时，取 $c=65$；

d_{eq}——受拉区纵向受拉钢筋的等效直径；

d_i——受拉区第 i 种纵向受拉钢筋的直径(mm)；

n_i——受拉区第 i 种纵向受拉钢筋的根数；

ν_i——受拉区第 i 种纵向受拉钢筋的相对黏结特性系数，按表 4.15 采用，对于光圆钢筋，$\nu_i=0.7$；对于带肋钢筋，$\nu_i=1.0$。

3)最大裂缝宽度及计算公式。最大裂缝宽度可以由平均裂缝宽度乘以扩大系数得到，扩大系数根据试验结果的统计分析和使用经验确定。

在荷载的标准组合作用下，当取最大裂缝宽度计算控制值的保证率为 95%时，扩大系数：$\tau_s=1.66$(受弯构件)，$\tau_s=1.9$(轴心受拉构件)。

在荷载的长期作用下，由于混凝土进一步收缩、徐变及钢筋与混凝土之间的滑移等，裂缝宽度进一步加大，因而需要再乘以一个扩大系数 $\tau_s=1.5$。

表 4.15　钢筋的相对黏结特性系数

钢筋类别	非预应力钢筋		先张法预应力钢筋			后张法预应力钢筋		
	光圆钢筋	带肋钢筋	带肋钢筋	螺旋肋钢筋	钢绞线	带肋钢筋	钢绞线	光面钢丝
ν_i	0.7	1.0	1.0	0.8	0.6	0.8	0.5	0.4
注：对环氧树脂涂层带肋钢筋，其相对黏结特性系数应按表中系数的 80%取用。								

综合考虑各种扩大系数后，把式(4-85)代入式(4-84)，可得出钢筋混凝土构件在荷载效应标准组合下并考虑长期作用影响的最大裂缝宽度计算公式为

$$w_{max}=\alpha_{cr}\psi\frac{\sigma_s}{E_s}\left(1.9c+0.08\frac{d_{eq}}{\rho_{te}}\right) \tag{4-86}$$

式中 α_{cr}——构件受力特征系数，对于普通钢筋混凝土轴心受拉构件，$\alpha_{cr}=2.7$；对于受弯构件，$\alpha_{cr}=1.9$；其他情况，按表 4.16 采用。

表 4.16　构件受力特征系数

类型	α_{cr}	
	钢筋混凝土构件	预应力混凝土构件
受弯、偏心受压	1.9	1.5
偏心受拉	2.4	—
轴心受拉	2.7	2.2

计算出的最大裂缝宽度，应不超过附表 4 规定的限值，即

$$w_{\max}\leqslant w_{\lim} \tag{4-87}$$

注意，按式(4-86)计算的最大裂缝宽度，对于承受吊车荷载，但不需作疲劳验算的受弯构件，可将计算求得的最大裂缝宽度乘以系数 0.85。

另外，对于偏心受压构件，如果 $e_0/h_0\leqslant 0.55$(e_0 为受压构件轴向压力对截面重心的偏心距)，可不验算裂缝宽度。

【例 4.14】 某钢筋混凝土简支梁，计算跨度 $l=6$ m，矩形截面 $b\times h=250\ \text{mm}\times 600\ \text{mm}$。混凝土强度等级为 C30，钢筋为 HRB400 级，$E_s=2.0\times10^5\ \text{N/mm}^2$。梁上承受均布恒荷载准永久值(包括梁自重)$g_q=16.5$ kN/m，均布活荷载准永久值 $q_q=13.6$ kN/m。通过正截面强度计算，受拉钢筋选配 2Φ22+2Φ20($A_s=1\ 388\ \text{mm}^2$)。混凝土保护层厚度 $c=40$ mm，钢筋的相对黏结特性系数 $\nu_i=1.0$，此梁处于室内干燥环境下，最大裂缝宽度限值 $w_{\lim}=0.3$ mm，试对此梁进行裂缝宽度验算。

【解】 (1)计算梁内准永久组合的最大弯矩值。

$$M_q=\frac{1}{8}(g_q+q_q)l^2=\frac{1}{8}\times(16.5+13.6)\times6^2=135.45(\text{kN}\cdot\text{m})$$

(2)计算裂缝截面钢筋应力。

$$\sigma_s=\sigma_{sq}=\frac{M_q}{0.87h_0A_s}=\frac{135.45\times10^6}{0.87\times560\times1\ 388}=200.3(\text{N/mm}^2)$$

(3)按有效受拉混凝土截面面积计算的配筋率。

$$\rho_{te}=\frac{A_s}{0.5bh}=\frac{1\ 388}{0.5\times250\times600}=0.018\ 5$$

(4)计算受拉钢筋应变不均匀系数。

$$\psi=1.1-\frac{0.65f_{tk}}{\rho_{te}\sigma_s}=1.1-\frac{0.65\times2.01}{0.018\ 5\times200.3}=0.747$$

$0.2<\psi=0.747<1.0$，所以取 $\psi=0.747$。

(5)计算换算直径。

$$d_{eq}=\frac{\sum n_id_i^2}{\sum n_i\nu_id_i}=\frac{2\times22^2+2\times20^2}{2\times1\times22+2\times1\times20}=21.05$$

(6)计算最大裂缝宽度。

$$\begin{aligned}w_{\max}&=1.9\psi\frac{\sigma_s}{E_s}\left(1.9c+0.08\frac{d_{eq}}{\rho_{te}}\right)\\&=1.9\times0.747\times\frac{200.3}{2.0\times10^5}\times\left(1.9\times40+0.08\times\frac{21.05}{0.018\ 5}\right)\\&=0.237(\text{mm})<w_{\lim}=0.3\ \text{mm}(\text{满足要求})\end{aligned}$$

4.3.3 变形验算

1. 一般要求

在结构的使用期限内，各种荷载的作用都将使构件产生相应的变形，如梁和板的跨中挠度、简支端的转角、柱和墙的侧向位移等。

钢筋混凝土受弯构件变形验算的实质是刚度验算。对受弯构件的变形进行控制，主要出于以下三方面的考虑：

[例 4.15]轴心受拉构件裂缝宽度验算

(1)功能要求。结构构件产生过大的变形，将损害构件，甚至使构件

完全丧失其所应承担的使用功能。例如：厂房结构过大的变形，会影响精密仪器的操作精度；桥梁过大的挠度，会影响桥面行车速度和舒适性；吊车梁过大的变形，会影响吊车的正常运行和使用期限；屋面构件过大的变形，将导致表层积水、渗水等。

(2)防止非结构构件破坏。结构构件的过大变形，可能导致一些变形能力较差的脆性非结构构件破坏，如门窗开启困难、轻质隔墙开裂等。

(3)外观要求。构件出现明显的挠度时，会使使用者产生不安全感。如刚度过小，桥面或楼面板大幅度震颤，会给使用者造成很大的心理压力，甚至导致心理恐慌。

2. 钢筋混凝土受弯构件截面刚度

(1)截面弯曲刚度。由材料力学可知，匀质弹性材料受弯构件的跨中挠度为

$$f=s\frac{M}{EI}l_0^2 \tag{4-88}$$

式中 f——梁中最大挠度；

s——与荷载形式、支承条件有关的挠度系数，如均布荷载时，$s=5/48$；集中荷载时，$s=1/12$；

l_0——梁的计算跨度；

EI——梁的截面弯曲刚度。

对于理想的匀质弹性材料，当梁的截面形状、尺寸和材料确定时，梁的截面弯曲刚度 EI 是一个常数。因此，弯矩与挠度之间始终是正比例关系，如图 4.66 中虚线所示。

但由于钢筋混凝土不是匀质弹性材料，且钢筋混凝土受弯构件正常使用时是带裂缝工作的。裂缝的出现和发展，导致抗弯刚度不是常数。正截面试验分析结果表明：抗弯刚度随荷载的变化而变化。受拉区混凝土开裂后，它随着荷载的增加而降低，受拉钢筋屈服后，它急剧下降；随着荷载作用时间的增长，混凝土徐变的增大也使刚度降低。刚度的变化，使挠度 f 与弯矩 M 为非直线关系，如图 4.66 实线所示。

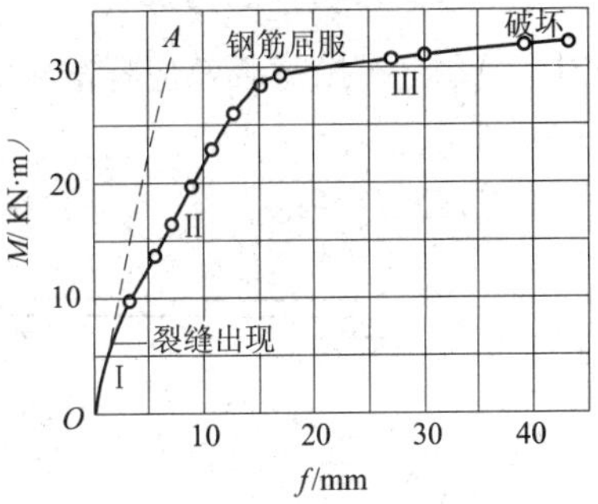

图 4.66 受弯构件的挠度与弯矩的关系

由此分析可知，钢筋混凝土受弯构件的挠度计算问题，关键在于截面抗弯刚度的取值。为了与匀质弹性材料的截面抗弯刚度 EI 区别，《结构规范》用 B 表示钢筋混凝土受弯构件的截面抗弯刚度，并用 B_s 表示在荷载效应标准组合短期作用下的抗弯刚度，简称“短期刚度”；用 B 表示考虑荷载长期作用影响后的抗弯刚度，简称“长期刚度”。

(2)短期刚度 B_s。影响钢筋混凝土受弯构件截面抗弯刚度的主要因素有截面形状与尺寸、材料的强度等级、配筋率、荷载的大小及作用时间等。通过理论分析和试验可知，截面弯曲刚度不仅随荷载的增大而减小，而且还将随荷载作用时间的增长而减小。因此，首先讨论荷载短期作用下的截面抗弯刚度 B_s(简称“短期刚度”)。

1)平均曲率 φ。图 4.67(a)所示为一个承受两个对称集中荷载的简支梁的纯弯段，它在荷载短期效应组合作用下，受拉区产生裂缝，处于第Ⅱ工作阶段——带裂缝工作阶段，此时的钢筋和混凝土的应力-应变情况如下：

①受拉钢筋的应变沿梁长分布不均匀。因为裂缝截面处混凝土退出工作，拉力全由钢筋承担[图 4.67(e)]，而裂缝间钢筋和混凝土一起工作[图 4.67(f)]，所以，裂缝截面处应变最大，裂缝间为曲线变化。裂缝截面间钢筋的平均应变可表示为

$$\bar{\varepsilon}_s=\psi\varepsilon_s \tag{4-89}$$

式中　$\bar{\varepsilon}_s$——裂缝截面间钢筋的平均应变；

ε_s——裂缝截面处钢筋的应变；

ψ——缝间纵向受拉钢筋应变的不均匀系数，反映受拉区混凝土参加工作的程度。

②受压区边缘混凝土的压应变沿梁长也不均匀分布。与受拉区相对应，裂缝截面处应变偏大，裂缝间略小，为曲线变化，但波动幅度比受拉区钢筋应变波动幅度小得多，在计算中可取混凝土平均应变$\bar{\varepsilon}_c=\varepsilon_c$。

③沿梁长受压区高度 x 值是变化的，中和轴高度呈波浪形变化，裂缝截面处中和轴高度最小。为简化计算，计算时取受压区高度 x 的平均值 $\bar{x}$ 和平均中和轴。根据平均中和轴得到的截面，称为"平均截面"。平均截面的应变即 $\bar{\varepsilon}_c$ 和 $\bar{\varepsilon}_s$。

④平均应变沿梁截面高度的变化符合平截面假定，如图 4.67(c)所示。

由于平均应变符合平截面假定，由图 4.67(b)、(c)可得平均曲率：

$$\varphi=\frac{1}{r}=\frac{\bar{\varepsilon}_s}{h_0-\bar{x}}=\frac{\bar{\varepsilon}_s+\bar{\varepsilon}_c}{h_0} \tag{4-90}$$

式中　r——与平均中和轴相应的平均曲率半径；

h_0——截面的有效高度。

因此，短期刚度：

$$B_s=\frac{M_k}{\varphi}=\frac{M_k h_0}{\bar{\varepsilon}_s+\bar{\varepsilon}_c} \tag{4-91}$$

式中　M_k——按荷载效应标准组合计算的弯矩值。

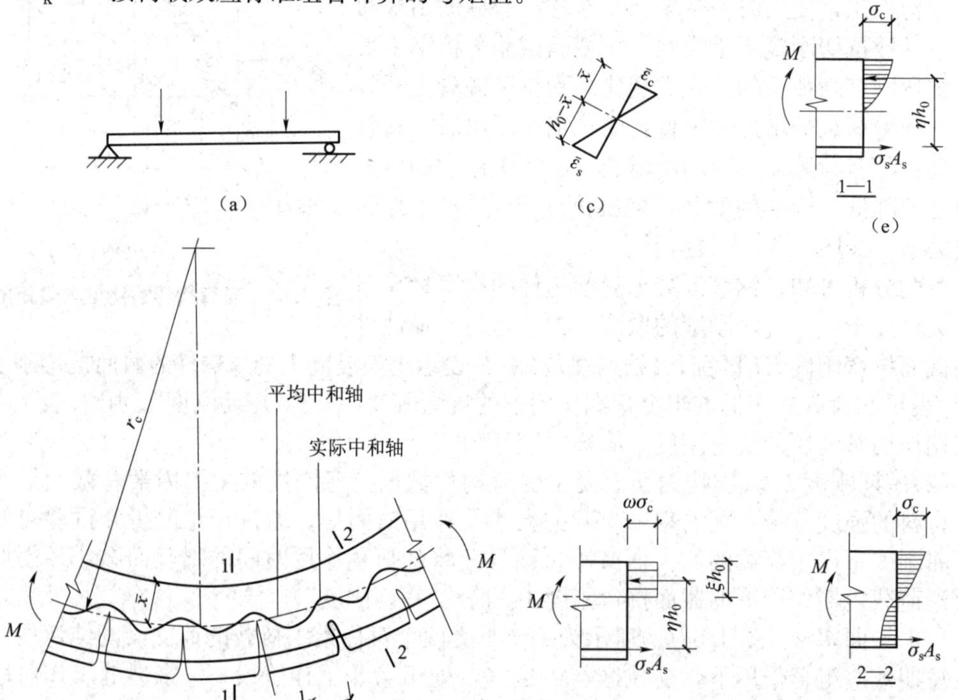

图 4.67　纯弯段裂缝出现后应力-应变分布

2)平均截面的应变 $\bar{\varepsilon}_c$ 和 $\bar{\varepsilon}_s$。在荷载效应的标准组合作用下，平均截面的纵向受拉钢筋重心处的拉应变和受压区边缘混凝土的压应变按下式计算：

$$\bar{\varepsilon}_s=\psi\varepsilon_s=\psi\frac{\sigma_s}{E_s} \tag{4-92}$$

$$\bar{\varepsilon}_c=\varepsilon_c=\frac{\sigma_c}{E_c'}=\frac{\sigma_c}{\nu E_c} \tag{4-93}$$

式中　σ_s，σ_c——按荷载效应标准组合作用计算的裂缝截面处纵向受拉钢筋重心处的拉应力和受压区边缘混凝土的压应力；

E_c'，E_c——混凝土的变形模量和弹性模量；

ν——混凝土的弹性特征值。

3)平均截面的弯矩和应力的关系。为简化计算，把图 4.67(e)等效于图 4.67(d)，等效混凝土的应力为 $\omega\sigma_c$，受压区高度为 ξh_0，内力臂为 ηh_0。

对受拉区合力点取矩，得：

$$\sigma_c=\frac{M_k}{\xi\omega\eta bh_0^2} \tag{4-94}$$

对受压区合力点取矩，得：

$$\sigma_s=\frac{M_k}{A_s\eta h_0} \tag{4-95}$$

式中　ω——压应力图形丰满程度系数；

η——裂缝截面处内力臂长度系数，取 $\eta=0.87$。

4)短期刚度 B_s 的一般表达式。将式(4-90)～式(4-95)代入式(4-91)，得：

$$B_s=\frac{1}{\dfrac{\psi}{A_s\eta h_0^2E_s}+\dfrac{1}{\xi\omega\eta\nu bh_0^2E_c}} \tag{4-96}$$

令 $\zeta=\xi\omega\eta\nu$，称为混凝土受压区边缘平均应变综合系数，又引入 $\alpha_E=E_s/E_c$，$\rho=A_s/bh_0$，并将分子分母同乘以 $E_sA_sbh_0$，整理得：

$$B_s=\frac{E_sA_sh_0^2}{\dfrac{\psi}{\eta}+\dfrac{\alpha_E\rho}{\zeta}} \tag{4-97}$$

试验分析表明，其中：

$$\frac{\alpha_E\rho}{\zeta}=0.2+\frac{6\alpha_E\rho}{1+3.5\gamma_f'} \tag{4-98}$$

$$\gamma_f'=\frac{(b_f'-b)h_f'}{bh_0} \tag{4-99}$$

式中　γ_f'——受压区翼缘截面面积与腹板有效截面面积的比值；

b_f'——受压区翼缘的宽度；

h_f'——受压区翼缘的高度，当 $h_f'>0.2h_0$ 时，取 $h_f'=0.2h_0$。

将式(4-98)及 $\eta=0.87$ 代入式(4-97)，则得钢筋混凝土受弯构件短期刚度 B_s 的计算公式：

$$B_s=\frac{E_sA_sh_0^2}{1.15\psi+0.2+\dfrac{6\alpha_E\rho}{1+3.5\gamma_f'}} \tag{4-100}$$

值得注意的是，与前面一样，式中 A_s是受弯构件受拉区纵向钢筋截面面积。

(3)长期刚度 B。在实际工程中，总是有部分荷载长期作用在构件上。在荷载的长期作用下，构件截面的抗弯刚度将会降低，使构件的挠度增大。因此，计算挠度时必须采用按荷载效应的标准组合并考虑长期作用影响下的刚度 B。

在荷载的长期作用下，受压混凝土将产生徐变，即荷载不增加而变形却随时间增长。此外，混凝土的收缩和黏结、滑移、徐变也会使曲率增大。因此，随着时间的推移，构件的刚度将会降低，而挠度将会增大。

《结构规范》采用挠度增大系数 θ 来考虑荷载长期作用对构件挠度增大的影响，对钢筋混凝土构件，其值可按下列规定采用：

$$\rho'=\frac{A_s'}{bh_0} \tag{4-101}$$

$$\rho=\frac{A_s}{bh_0} \tag{4-102}$$

式中 ρ——纵向受拉钢筋的配筋率；

ρ'——纵向受压钢筋的配筋率。

对于普通钢筋混凝土受弯构件，当 $\rho'=0$ 时，$\theta=2.0$；当 $\rho'=\rho$ 时，$\theta=1.6$；当 ρ' 为中间数值时，θ 按线性内插法取用；对翼缘位于受拉区的倒 T 形截面，θ 应增加 20%。

对于预应力混凝土受弯构件，直接取 $\theta=2.0$。

设梁在 M_q(按荷载效应的准永久组合计算的弯矩)作用下的短期挠度为 f_1，则在 M_q 长期作用下梁的挠度增为 θf_1，当施加全部可变荷载后，在弯矩增量(M_k-M_q)作用下的短期挠度为 f_2，则梁在此作用下总的挠度为 θf_1+f_2。根据式(4-88)，有：

$$f=\theta f_1+f_2=\theta s\frac{M_q l_0^2}{B_s}+s\frac{(M_k-M_q)l_0^2}{B_s}=s\frac{[M_k+(\theta-1)M_q]l_0^2}{B_s} \tag{4-103}$$

如果上式仅用刚度 B 表达，有：

$$f=s\frac{M_k l_0^2}{B} \tag{4-104}$$

则刚度 B 的计算公式为

$$B=\frac{M_k}{M_q(\theta-1)+M_k}B_s \tag{4-105}$$

式中 M_k——按荷载效应的标准组合计算的弯矩，取计算区段内的最大弯矩值；

M_q——按荷载效应的准永久组合计算的弯矩，取计算区段内的最大弯矩值；

B_s——荷载效应的标准组合作用下受弯构件的短期刚度。

3. 最小刚度原则与挠度计算

受弯构件沿轴线内各截面弯矩是不相等的，如图 4.68 所示的简支梁，在剪跨范围内各截面弯矩是不相等的，靠近支座的截面抗弯刚度要比中间区段的大。如果都用中间区段的截面抗弯刚度，似乎会使挠度计算值偏大。但实际情况不是这样，因为在剪跨段内还存在剪切变形，甚至可能出现少量斜裂缝，它们都会使梁的挠度增大，而这在计算中是没有考虑到的。为了简化计算，对图 4.68 所示的梁，可假定该同号弯矩段内刚度相等，并取用该区段内最大弯矩截面的抗弯刚度作为该梁段的抗弯刚度。对于允许出现裂缝的构件，其也就是该区段内的最小刚度，这也称为“最小刚度原则”。当构件上存在正、负弯矩时，可分别取同号弯矩区段内 $|M_{max}|$ 截面处的最小刚度计算挠度。

国内外约350根试验梁的验算结果表明，计算值与试验值符合较好。因此，采用“最小刚度原则”可以满足工程要求。

当计算跨内的支座截面刚度不大于跨中截面刚度的2倍或不小于跨中截面刚度的1/2时，该跨也可按等刚度构件进行计算，其构件刚度可取跨中最大弯矩截面的刚度。

梁的刚度$B(=B_{\min})$求出后，用它代替匀质弹性材料梁截面抗弯刚度EI后，梁的挠度计算即可按材料力学的方法进行。按《结构规范》的要求，挠度验算应满足式(4-106)。

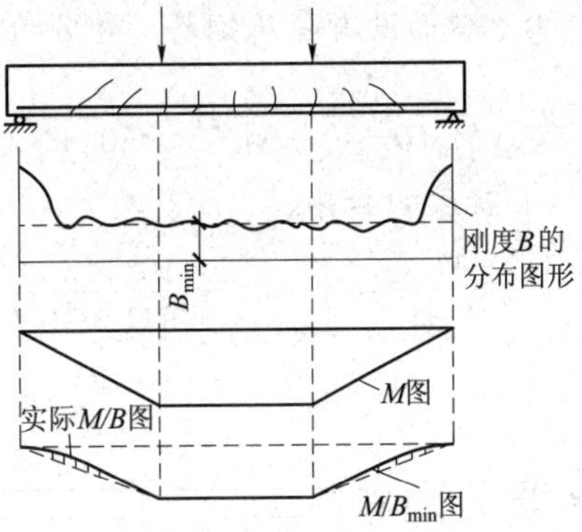

图 4.68　最小刚度原则的原理

$$f_{\max}=s\frac{M_k l_0^2}{B}\leqslant[f] \tag{4-106}$$

式中　$f_{\max}$——根据最小刚度原则采用刚度B进行计算的挠度；

$[f]$——允许挠度值，按附表5取用。

【例4.16】 某钢筋混凝土简支梁的计算跨度$l_0=6$ m，截面尺寸$b=200$ mm，$h=400$ mm，采用C30混凝土，承受均布荷载，恒荷载标准值$g_k=8$ kN/m(含自重)，活荷载标准值$q_k=8$ kN/m，准永久值系数$\psi_q=0.4$，经承载力计算，选用HRB400级受拉钢筋4Φ18，$A_s=1\,017$ mm^2，$h_0=360$ mm。规范挠度限值为$[f]=l_0/200$。试验算梁的挠度。

【解】 查得$f_{tk}=2.01$ N/mm^2，$E_c=3.0\times10^4$ N/mm^2，$E_s=2.0\times10^5$ N/mm^2。

(1)荷载效应组合。

1)荷载效应标准组合。

$$M_k=\frac{1}{8}(g_k+q_k)l_0^2=\frac{1}{8}\times(8+8)\times6^2=72(\text{kN}\cdot\text{m})$$

2)荷载效应准永久组合。

$$M_q=\frac{1}{8}(g_k+\psi_q q_k)l_0^2=\frac{1}{8}\times(8+0.4\times8)\times6^2=50.4(\text{kN}\cdot\text{m})$$

(2)参数的计算。

$$\rho_{te}=\frac{A_s}{A_{te}}=\frac{1\,017}{0.5\times200\times400}=0.025\,4$$

$$\sigma_s=\frac{M_q}{0.87A_s h_0}=\frac{50.4\times10^6}{0.87\times1\,017\times360}=158.2(\text{N/mm}^2)$$

$$\psi=1.1-0.65\frac{f_{tk}}{\rho_{te}\sigma_s}=1.1-\frac{0.65\times2.01}{0.025\,4\times158.2}=0.775$$

$$\alpha_E=\frac{E_s}{E_c}=\frac{2\times10^5}{3.0\times10^4}=6.67,\qquad \rho=\frac{A_s}{bh_0}=\frac{1\,017}{200\times360}=0.014$$

(3)短期刚度B_s、长期刚度B的计算。

$$B_s=\frac{E_s A_s h_0^2}{1.15\psi+0.2+\frac{6\alpha_E\rho}{1+3.5\gamma_f'}}=\frac{2\times10^5\times1\,017\times360^2}{1.15\times0.775+0.2+6\times6.67\times0.014}$$

$$=1.60\times10^{13}(\text{N}\cdot\text{mm}^2)$$

由于截面没有受压钢筋，即 $\rho=0$，因此 $\theta=2.0$。

$$B=\frac{M_k}{M_q(\theta-1)+M_k}B_s=\frac{72}{50.4\times(2-1)+72}\times1.60\times10^{13}=0.941\times10^{13}(\text{N}\cdot\text{mm}^2)$$

(4)挠度的验算。

$$f=s\frac{M_k l_0^2}{B}=\frac{5}{48}\times\frac{72\times10^6\times6\ 000^2}{0.941\times10^{13}}=28.7(\text{mm})\leqslant[f]=\frac{1}{200}l_0=30\text{ mm}(\text{满足要求})$$

章节回顾

(1)钢筋混凝土典型受弯构件梁与板的构造要求包括材料强度等级、截面尺寸、配筋、钢筋净距与保护层厚度等，进行截面设计时应满足构造要求。

(2)钢筋混凝土受弯构件包括超筋梁、适筋梁和少筋梁三种破坏形态。超筋梁、少筋梁属于脆性破坏，设计时应该通过限制相对受压区的高度 ξ 和截面的最小配筋率 $\rho_{\min}$ 予以避免；适筋梁属于延性破坏，工程中应按适筋梁设计。

(3)单筋矩形截面受弯构件承载力计算是本模块的重点内容，计算公式以四点假设为前提，并根据等效矩形应力图及力与力矩的平衡条件推导出基本公式，双筋矩形截面受弯构件和 T 形截面受弯构件正截面承载力计算均以此为基础得出设计表达式。公式应用主要包括截面设计和截面复核两个方面，应用时应注意公式的适用条件。

(4)根据剪跨比和箍筋用量的不同，斜截面受剪的破坏形态有三种：斜压破坏、斜拉破坏和剪压破坏。其中，斜压和斜拉破坏在工程中不允许出现，通过限制截面尺寸和控制箍筋的最小配箍率来防止这两种破坏，对剪压破坏则需要通过计算来防止。

(5)抵抗弯矩图是实际配置的钢筋在梁的各正截面所承受的弯矩图。通过抵抗弯矩图，可以确定钢筋弯起和截断的位置。抵抗弯矩图(M_u 图)必须包住设计弯矩图(M 图)，M_u 图与 M 图越贴近，钢筋利用越充分。同一根梁、同一个设计弯矩图，可以有不同的纵筋布置方案、不同的抵抗弯矩图。

(6)钢筋混凝土受弯构件中的设计，在满足计算要求的同时，还应符合必要的构造措施，来保证斜截面的承载力。纵筋弯起与截断的位置，纵筋的锚图与连接，箍筋的布置、直径与间距，弯起钢筋构造要求等，在设计中均应给予充分的重视。

(7)结构构件除了进行承载力极限状态的计算外，还应该进行正常使用极限状态的验算。混凝土构件应进行抗裂、裂缝宽度和变形的验算。

同步测试

一、简答题

1. 适筋梁从开始加载到正截面承载力破坏经历了哪几个阶段？各阶段截面上的应变-应力分布、裂缝开展、中和轴位置、梁的跨中挠度的变化规律如何？各阶段的主要特征是什么？每个阶段是哪种极限状态设计的基础？

2. 什么是界限破坏？界限破坏时的界限相对受压区高度 ξ_b 与什么有关？ξ_b 与最大配筋

率 ρ_{max} 有何关系？

3. 钢筋混凝土梁若配筋率不同，即 $\rho<\rho_{min}$，$\rho_{min}<\rho<\rho_{max}$，$\rho=\rho_{max}$，$\rho>\rho_{max}$，试回答下列问题：

(1)它们属于何种破坏？破坏现象有何区别？

(2)哪些截面能写出极限承载力受压区高度 x 的计算式？哪些截面不能？

(3)破坏时钢筋应力各等于多少？

(4)破坏时截面承载力 M_u 各等于多少？

4. 根据矩形截面承载力计算公式，分析提高混凝土强度等级、提高钢筋级别、加大截面宽度和高度对提高承载力的作用，哪种最有效、最经济。

5. 在双筋截面中受压钢筋起什么作用？为何一般情况下采用双筋截面受弯构件不经济？在什么条件下可采用双筋截面梁？

6. 根据中和轴位置的不同，T 形截面的承载力计算有哪几种情况？截面设计和截面复核时应如何鉴别？

7. 梁沿斜截面受剪破坏的主要形态有哪几种？它们分别在什么情况下发生？如何防止各种破坏形态的发生？

8. 什么是剪跨比？它对斜截面破坏形态有何影响？

9. 梁的斜截面受剪承载力计算公式有什么限制条件？其意义是什么？

10. 影响钢筋混凝土受弯构件刚度的主要因素有哪些？

11. 短期刚度 B_s 与考虑荷载长期作用影响的刚度 B 有什么区别？

12. 提高梁刚度的主要措施有哪些？什么措施最有效？

13. 裂缝平均间距主要与哪些因素有关？

14. 减小裂缝宽度的措施有哪些？最有效的措施是什么？

15. 简述配筋率对受弯构件正截面承载力、挠度和裂缝宽度的影响。

二、选择题

1. 混凝土保护层厚度是指(　　)。

A. 箍筋的外皮至混凝土外边缘的距离

B. 受力钢筋的外皮至混凝土外边缘的距离

C. 受力钢筋截面形心至混凝土外边缘的距离

2. 单筋矩形截面受弯构件在截面尺寸已定的条件下，提高承载力最有效的方法是(　　)。

A. 提高钢筋的级别

B. 提高混凝土的强度等级

C. 在钢筋排得开的条件下，尽量设计成单排钢筋

3. 适筋梁在逐渐加载的过程中，当正截面受力钢筋达到屈服以后(　　)。

A. 该梁即达到最大承载力而破坏

B. 该梁达到最大承载力，一直维持到受压混凝土达到极限强度而破坏

C. 该梁承载力略有所提高，但很快受压区混凝土达到极限压应变，承载力急剧下降而破坏

4. 钢筋混凝土梁受拉区边缘开始出现裂缝是因为在受拉边缘(　　)。

A. 混凝土的应力达到实际抗拉强度

B. 混凝土达到抗拉标准强度

C. 混凝土的应变超过受拉极限拉应变

5. 少筋梁正截面抗弯破坏时，破坏弯矩(　　)。

A. 小于开裂弯矩　　B. 等于开裂弯矩　　C. 大于开裂弯矩

6. 梁的剪跨比减小时，受剪承载力(　　)。

A. 减小　　B. 增大　　C. 无影响　　D. 不一定

7. 对于剪压破坏，提高梁的斜截面受剪承载力最有效的措施是(　　)。

A. 提高混凝土强度等级　　B. 加大截面宽度

C. 加大截面高度　　D. 增加箍筋或弯起钢筋

8. 无腹筋梁斜截面的破坏形态主要有斜压破坏、剪压破坏和斜拉破坏三种。这三种破坏的性质是(　　)。

A. 都属于脆性破坏

B. 斜压破坏和斜拉破坏属于脆性破坏，剪压破坏属于延性破坏

C. 斜拉破坏属于脆性破坏，斜压破坏和剪压破坏属于延性破坏

D. 都属于延性破坏

9. 钢筋混凝土梁在正常使用荷载下，(　　)。

A. 通常是带裂缝工作的

B. 一旦出现裂缝，沿全长混凝土与钢筋间的粘结力消失殆尽

C. 一旦出现裂缝，裂缝贯通全截面

D. 不会出现裂缝

10. 减小钢筋混凝土构件裂缝宽度的措施有若干条，不正确的为(　　)。

A. 增大裂缝间距　　B. 增加钢筋用量

C. 增大截面尺寸　　D. 采用直径较细的钢筋

三、填空题

1. 在荷载作用下，钢筋混凝土梁正截面受力和变形的发展过程可划分为三个阶段，第一阶段末的应力图形可作为________的计算依据，第二阶段末的应力图形可作为________的计算依据，第三阶段末的应力图形可作为________的计算依据。

2. 适筋梁的破坏始于____________，它的破坏属于____________；超筋梁的破坏始于________，它的破坏属于________。

3. 截面的有效高度为纵向受拉钢筋________________至________________的距离。

4. 无腹筋梁的斜截面受剪破坏，有________、________和________三种主要破坏形态。

5. 为了防止斜压破坏，必须________________；为了防止出现斜拉破坏，必须限制________________。

四、计算题

1. 已知钢筋混凝土矩形梁，处于一类环境，其截面尺寸 $b\times h=250\ \text{mm}\times 500\ \text{mm}$，承受弯矩设计值 $M=150\ \text{kN}\cdot\text{m}$，采用 C30 混凝土和 HRB400 级钢筋。试配置截面钢筋。

2. 已知某单跨简支板，处于一类环境，计算跨度 $l_0=2.18\ \text{m}$，承受均布荷载设计值 $g+q=6\ \text{kN/m}^2$(包括板自重)，采用 C30 混凝土和 HPB300 级钢筋，现浇板的厚度 $h=80\ \text{mm}$，求板所需受拉钢筋截面面积 A_s。

3. 已知钢筋混凝土矩形梁，处于一类环境，其截面尺寸 $b\times h=250\ \text{mm}\times 550\ \text{mm}$，采用 C30 混凝土，配有 HRB400 级 3⏀22 钢筋($A_s=1\ 140\ \text{mm}^2$)。试验算此梁承受弯矩设计值 $M=180\ \text{kN}\cdot\text{m}$ 时是否安全。

4. 已知一双筋矩形截面梁，梁的尺寸 $b\times h=200\ \text{mm}\times 500\ \text{mm}$，采用的混凝土强度等

级为 C30，钢筋为 HRB400 级钢筋，截面设计弯矩 $M=260$ kN·m，环境类别为一类。试配置截面钢筋。

5. 已知条件同[题 4]，但受压区已配置 2Φ20($A'_s=628$ mm²)。求：纵向受拉钢筋截面面积 A_s。

6. 已知一矩形梁，处于一类环境，截面尺寸 $b\times h=250$ mm×500 mm，采用 C30 混凝土和 HRB400 级钢筋。在受压区配有 3Φ20 的钢筋，在受拉区配有 3Φ22 的钢筋，$M=120$ kN·m，试验算此梁是否安全?

7. 已知 T 形截面梁，处于一类环境，截面尺寸为 $b\times h=250$ mm×650 mm，$b'_f=600$ mm，$h'_f=120$ mm，承受弯矩设计值 $M=430$ kN·m，采用 C30 混凝土和 HRB400 级钢筋。求该截面所需的纵向受拉钢筋。

若选用混凝土强度等级为 C50，其他条件不变，试求纵向受力钢筋截面面积，并将两种情况进行对比。

8. 已知现浇楼盖梁板截面如图 4.69 所示。选用 C30 混凝土和 HRB400 级钢筋，L-1 的计算跨度 $l_0=3.3$ m，承受弯矩设计值为 $M=275$ kN·m。试计算 L-1 所需配置的纵向受力钢筋。

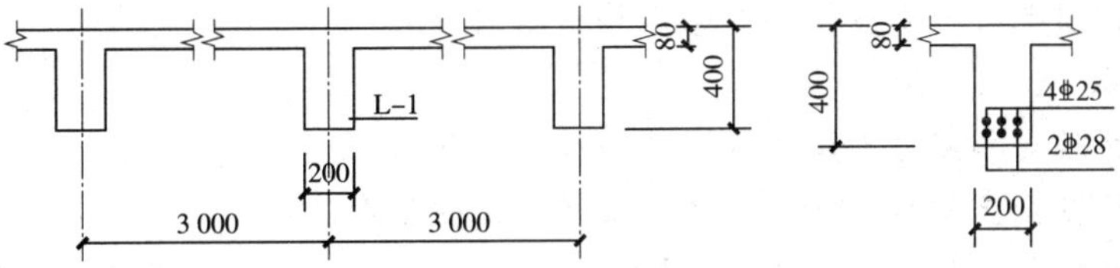

图 4.69　计算题 8 图

9. 已知 T 形截面吊车梁，处于二类 a 环境，截面尺寸为 $b'_f=550$ mm，$h'_f=120$ mm，$b=250$ mm，$h=600$ mm。承受的弯矩设计值 $M=490$ kN·m，采用 C30 混凝土和 HRB400 级钢筋。试配置截面钢筋。

10. 已知 T 形截面梁，处于一类环境，截面尺寸为 $b'_f=450$ mm，$h'_f=100$ mm，$b=250$ mm，$h=600$ mm，采用 C35 混凝土和 HRB400 级钢筋。试计算如果受拉钢筋为 4Φ25，截面所能承受的弯矩设计值是多少。

11. 已知矩形截面简支梁，梁净跨度 $l_n=5.4$ m，承受均布荷载设计值(包括自重)$q=45$ kN/m，截面尺寸 $b\times h=250$ mm×450 mm，混凝土强度等级为 C30($a_s=40$ mm)，箍筋采用 HPB300 级钢筋，求仅配箍筋时所需箍筋的用量。

12. 图 4.70 所示为一矩形截面简支梁，截面尺寸 $b\times h=250$ mm×550 mm，梁上作用集中荷载设计值 $F=120$ kN，均布荷载设计值(包括自重)$q=6$ kN/m，混凝土强度等级为 C30，箍筋选用 HPB300 级钢筋，试计算该梁仅配箍筋时所需的箍筋数量。

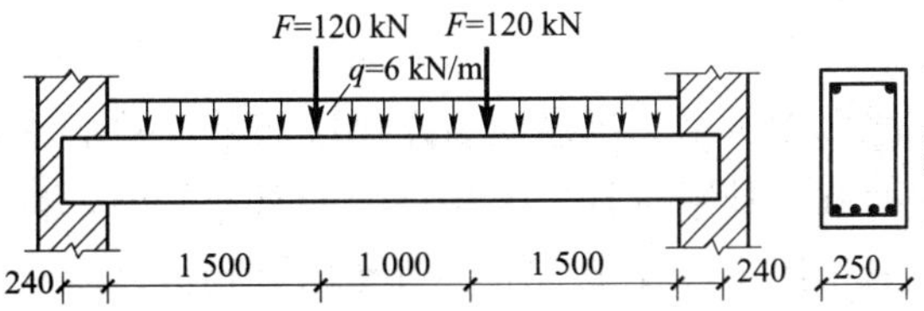

图 4.70　计算题 12 图

计算题 13～19

模块五 钢筋混凝土纵向受力构件

学习目标

知识目标

1. 了解受压构件纵向受力钢筋和箍筋的作用及受压短柱和长柱的破坏特征；
2. 掌握受压构件的材料、截面形式、尺寸及配筋构造要求；
3. 熟练掌握轴心受压构件普通箍筋柱的正截面承载力计算；
4. 熟悉大小偏心受压构件破坏特征和承载力计算公式及其适用条件；
5. 了解钢筋混凝土受拉构件的破坏特征受力特点；
6. 掌握钢筋混凝土受拉构件的基本构造要求。

能力目标

1. 能进行轴心和偏心受压构件承载力计算；
2. 能识读图纸上柱钢筋配置直径、根数、锚固长度等；
3. 能认知实际工程中哪些构件是按照轴心或偏心受拉构件计算和配筋的。

素质目标

1. 通过汶川地震中由于柱子破坏导致结构倒塌的工程案例，培养学生“强柱弱梁”设计理念；
2. 培养土木工程师社会责任意识。

5.1 受压构件的基本构造要求

建筑结构中将以承受纵向压力为主的构件称为受压构件。钢筋混凝土构件中最常见的受压构件为钢筋混凝土柱。另外，高层建筑中的剪力墙，屋架的受压弦杆、腹杆等也属于受压构件。

5.1.1 受压构件的分类

在实际工程中，钢筋混凝土受压构件，按照纵向压应力作用位置的不同，可分为轴心受压和偏心受压两种，如图 5.1 所示。当纵向力作用线与截面重心轴重合时，称为轴心受压；当纵向力作用线与截面重心轴平行且偏离构件截面重心轴时，称为偏心受压。在实际计算时，受弯构件在荷载的作用下，其截面上一般作用有轴力、弯矩和剪力。当构件截面在弯矩和轴力共同作用下时，可看成具有偏心距 $e_0=M/N$，轴向压力为 N 的偏心受压构件，e_0 称为计算偏心距。当构件截面上弯矩 $M=0$ 时，则 $e_0=0$，截面为轴向压力为 N 的轴心受压，如图 5.1(a)所示。

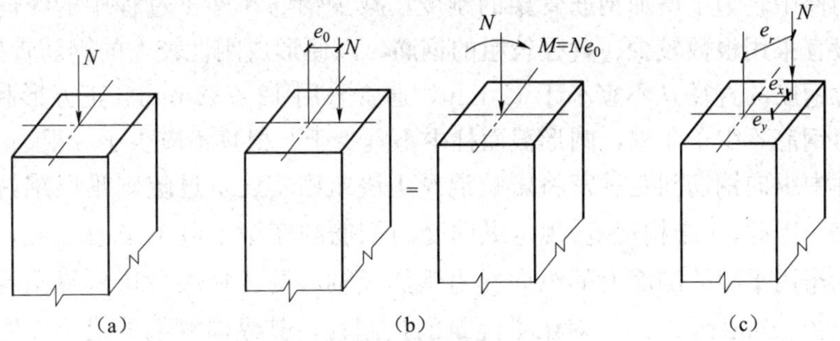

图 5.1 轴心受压与偏心受压

5.1.2 截面形式及尺寸

确定受压构件截面形式时，应从受力合理和模板制作方便方面考虑。轴心受压构件截面一般采用方形或边长接近的矩形。建筑上有特殊要求时，也可做成圆形或多边形。偏心受压构件一般采用矩形截面。当截面尺寸较大时，为了减轻混凝土自重，也可采用I形等截面形式。

柱的截面尺寸，主要依据内力的大小、构件长度及构造要求等条件来确定。受压构件过于细长时，其承载力受稳定控制，材料不能充分发挥作用，因此柱截面不宜太小，一般不宜小于 250 mm×250 mm，宜控制 $l_0/b\leqslant30$、$l_0/h\leqslant25$、$l_0/d\leqslant25$(其中，l_0 为柱的计算长度，b 和 h 分别为截面的宽度和高度)。为了施工制作方便，柱截面边长在 800 mm 以下者，宜取 50 mm 的倍数；柱截面边长在 800 mm 以上者，宜取 100 mm 的倍数。

5.1.3 材料强度等级

受压构件的承载力主要取决于混凝土强度，采用较高强度等级的混凝土，可以减小构件截面尺寸，节省钢材，因而柱中一般宜采用较高强度等级的混凝土，一般柱中采用 C20 及以上等级的混凝土，对于高层建筑的底层柱，可采用更高强度等级的混凝土，如采用 C40 或以上等级的混凝土。

受压构件不宜选用高强度钢筋。其原因是受压钢筋要与混凝土共同工作，钢筋应变受到混凝土极限压应变的限制，而混凝土极限压应变很小，所以，高强度钢筋与混凝土共同受压时，高强度钢筋的抗压强度不能被充分利用。《结构规范》规定受压钢筋的最大抗压强度为 400 N/mm^2，受压构件纵向受力普通钢筋应采用 HRB400、HRB500、HRBF400、HRBF500 钢筋，限制并准备逐步淘汰 HRB335 热轧带肋钢筋的应用。

5.1.4 纵向钢筋

轴心受压构件的荷载主要由混凝土承担，设置纵向受力钢筋的作用有三：一是协助混凝土承受压力，减小构件尺寸；二是承受可能的弯矩，以及混凝土收缩、徐变和构件的温度变形等因素引起的拉应力；三是防止构件突然的脆性破坏，减少混凝土破坏的脆性性质，减小混凝土不均匀性引起的影响。

轴心受压柱的纵向受力钢筋应沿截面四周均匀对称布置，偏心受压柱的纵向受力钢筋应布置在弯矩作用方向的两对边，圆柱中纵向受力钢筋宜沿周边均匀布置。

在受压构件中，为了增加钢筋骨架的刚度，减少钢筋在施工过程中的纵向弯曲及箍筋的用量，一般宜采用根数较少、直径较粗的钢筋，以便形成刚性较大的钢筋骨架。

纵向受力钢筋的直径 d 不宜小于 12 mm，通常采用 12～32 mm。正方形和矩形截面柱中，纵向受力钢筋不少于 4 根，圆形截面柱中不宜少于 8 根且不应少于 6 根。

受压构件中纵向钢筋间距过密将影响混凝土浇筑密实度，过疏则难以维持对芯部混凝土的围箍约束，因此，《结构规范》规定纵向受力钢筋的净距不应小于 50 mm，偏心受压柱中垂直于弯矩作用平面的侧面上的纵向受力钢筋及轴心受压柱中各边的纵向受力钢筋，其间距不宜大于300 mm(图 5.2)。对水平浇筑的预制柱，其纵向钢筋的最小净距可按梁的有关规定采用。

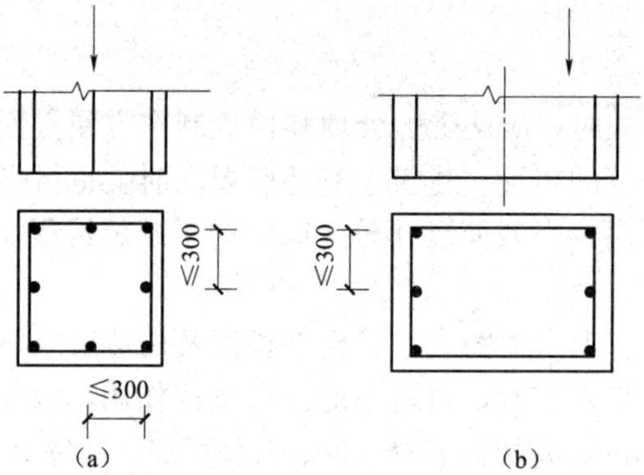

图 5.2　柱纵向钢筋的布置

(a)轴心受压柱；(b)偏心受压柱

当矩形截面偏心受压构件的截面高度$h \geqslant 600$ mm 时，应在截面两个侧面设置直径不小于 10 mm 的纵向构造钢筋，以防止构件因温度变化和混凝土收缩而产生裂缝，并相应地设置复合箍筋或拉筋。

纵向受力钢筋的面积应由计算确定，但为了使纵向钢筋起到提高受压构件截面承载力的作用，纵向钢筋应满足最小配筋率的要求。受压构件纵向钢筋的最小配筋率应符合表 4.6 的规定。从经济和施工方便(不使钢筋太密集)的角度考虑，全部纵向钢筋的配筋率不宜超过 5%。受压钢筋的配筋率一般不超过 3%，通常为 0.5%～2%。

偏心受压构件的纵向钢筋配置方式有两种。一种是在柱弯矩作用方向的两对边对称配置相同的纵向受力钢筋，这种方式称为对称配筋。对称配筋构造简单，施工方便，不易出错，但用钢量较大。另一种是非对称配筋，即在柱弯矩作用方向的两对边配置不同的纵向受力钢筋。非对称配筋的优、缺点，与对称配筋相反。实际工程中，为避免吊装出错，装配式柱一般采用对称配筋。屋架上弦、多层框架柱等偏心受压构件，由于在不同荷载(如风荷载、竖向荷载)组合下，在同一截面内可能要承受不同方向的弯矩，即在某一种荷载组合作用下受拉的部位在另一种荷载组合作用下可能就变为受压。当这两种不同符号的弯矩相差不大时，为了设计、施工方便，通常也采用对称配筋。

为了保证握裹层混凝土对受力钢筋的锚固，混凝土保护层(最外层钢筋外边缘至混凝土表面的距离)不应小于纵向受力钢筋的公称直径，设计使用年限为 50 年的混凝土结构应符合表 5.1 的要求，设计使用年限为 100 年的混凝土结构受压构件，最外层钢筋混凝土保护层厚度不应小于表 5.1 中数值的 1.4 倍。

表 5.1 纵向受力钢筋的混凝土保护层最小厚度 mm

环境类别	柱
一	20
二 a	25
二 b	35
三 a	40
三 b	50

注：1. 混凝土强度等级不大于 C25 时，表中保护层厚度数值应增加 5 mm。
2. 钢筋混凝土基础宜设置混凝土垫层，基础中钢筋的混凝土保护层厚度应从垫层顶面算起，且不应小于 40 mm。

当柱中纵向受力钢筋混凝土保护层厚度大于 50 mm 时，应对保护层采取有效的防裂构造措施。通常是在混凝土保护层中离构件表面一定距离处全面增配由细钢筋制成的构造钢筋网片，以防开裂和剥落，网片钢筋保护层厚度不应小于 25 mm。

5.1.5 箍筋

受压构件中，箍筋的作用是防止纵向钢筋压屈，保证纵向钢筋的位置正确并与纵向钢筋组成整体骨架，从而提高柱的承载能力。柱及其他受压构件中的周边箍筋应做成封闭式；圆柱中的箍筋搭接长度，不应小于受拉钢筋的锚固长度，而且末端应做成 135°弯钩，弯钩末端平直段长度不应小于箍筋直径的 5 倍。

箍筋直径不应小于 $d/4$(d 为纵向钢筋的最大直径)，而且不应小于 6 mm。箍筋间距不应大于 400 mm 及构件截面的短边尺寸，且不应大于 $15d$(d 为纵向受力钢筋的最小直径)。

当柱中全部纵向受力钢筋的配筋率超过 3%时，箍筋直径不应小于 8 mm，间距不应大于 $10d$(d 为纵向受力钢筋的最小直径)，且不应大于 200 mm；箍筋末端应做成 135°弯钩，且弯钩末端平直段长度不应小于纵向受力钢筋最小直径的 10 倍。箍筋也可焊成封闭环式。

在纵向钢筋搭接长度范围内，箍筋的直径不宜小于搭接钢筋较大直径的 0.25 倍。箍筋间距不应大于 $5d$(d 为受力钢筋的最小直径)。当搭接受压钢筋直径大于 25 mm 时，应在搭接接头两个端面外 100 mm 范围内各设置 2 根箍筋。

当柱截面短边尺寸大于 400 mm 且各边纵向受力钢筋多于 3 根时，或当柱截面短边尺寸不大于 400 mm 但各边纵向钢筋多于 4 根时，应设置复合箍筋(图 5.3)，以防止中间钢筋被压屈。复合箍筋的直径、间距，与前述箍筋相同。

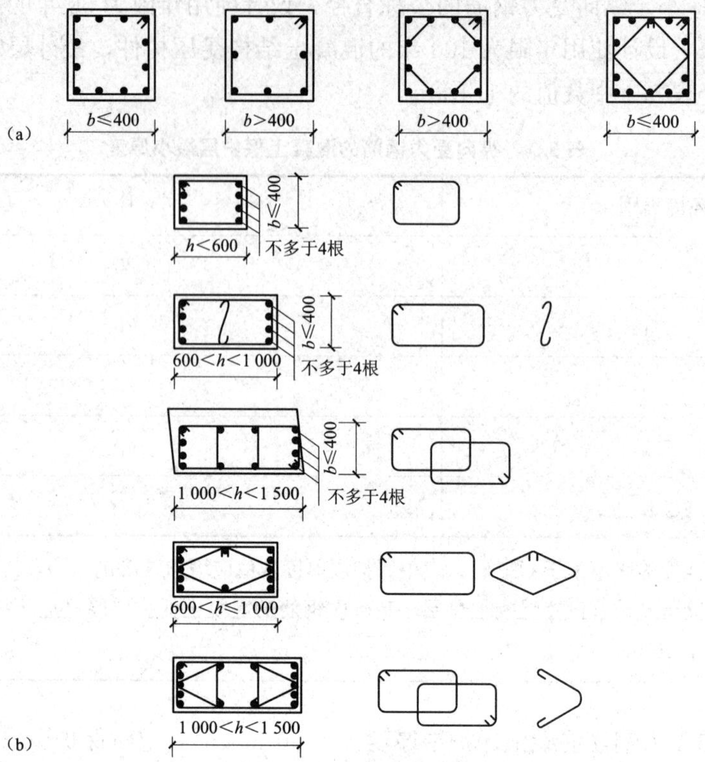

图 5.3 箍筋的构造

(a)轴心受压柱；(b)偏心受压柱

当偏心受压柱的截面高度 $h \geqslant 600$ mm 时，在柱的侧面上应设置直径为 10～16 mm 的纵向构造钢筋，并相应设置复合箍筋或拉筋。

对于截面形状复杂的构件，不可采用具有内折角的箍筋(图 5.4)。其原因是内折角处受拉箍筋的合力向外，可能使此处混凝土保护层崩裂。

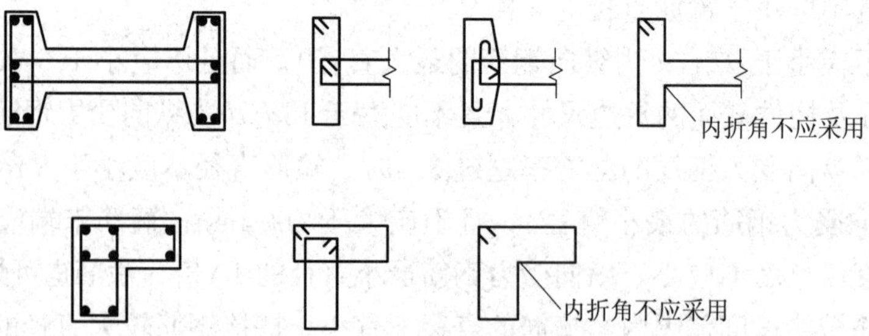

图 5.4 复杂截面的箍筋形式

5.2 轴心受压构件的正截面承载力

轴心受压构件内配有纵向钢筋和箍筋。钢筋混凝土轴心受压柱按照箍筋配置形式的不同，可分为两种类型：一种是配置纵向钢筋和普通箍筋的柱，如图 5.5(a)所示，称为普通箍筋柱；另一种是配置纵向钢筋和螺旋筋[图 5.5(b)]或焊接环[图 5.5(c)]的柱，称为螺旋箍筋柱或间接箍筋柱。

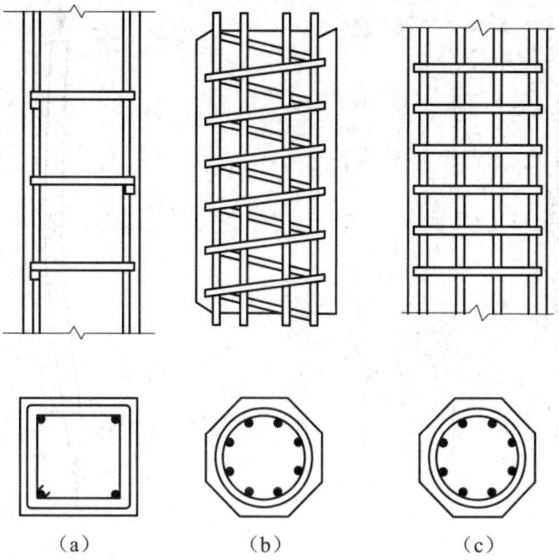

图 5.5 轴心受压柱的类型

(a)普通箍筋柱；(b)、(c)螺旋箍筋柱

1. 普通箍筋钢筋混凝土轴心受压柱的破坏形态

为了正确建立钢筋混凝土轴心受压构件的承载力计算公式，必须先明确轴心力作用下钢筋混凝土轴心受压构件的破坏过程，以及混凝土和钢筋的受力状态。

根据长细比的不同，轴心受压柱可分为短构件和中长构件。短构件柱是指长细比 $l_0/b \leqslant 8$(矩形截面，b 为截面较小边长)或 $l_0/i \leqslant 28$(一般截面，i 为截面回转半径)的柱；否则，为中长构件。习惯上，将前者称为短柱，将后者称为长柱。

(1)轴心受压短柱的破坏特征。配有普通箍筋的矩形截面短柱，在轴向压力 N 的作用下，整个截面的应变基本上呈均匀分布。N 较小时，构件的压缩变形主要为弹性变形。随着荷载的增大，构件变形迅速增大。与此同时，混凝土塑性变形增加，变形模量降低，应力增长逐渐变慢，而钢筋应力的增加越来越快。对配置热轧钢筋的构件，钢筋将先达到其屈服强度，此后增加的荷载全部由混凝土承受。在临近破坏时，柱子表面出现纵向裂缝，混凝土保护层开始剥落。最后，箍筋之间的纵向钢筋压屈而向外凸出，混凝土被压碎，崩裂而破坏(图 5.6)。破坏时，混凝土的应力达到棱柱体抗压强度。当短柱破坏时，混凝土达到极限压应变($\varepsilon_c'=0.002$)。此时，相应的纵向钢筋应力值为 $\sigma_s'=E_s\varepsilon_c'=2\times10^5\times0.002=400(\text{N/mm}^2)$。因此，若纵向钢筋为高强度钢筋，构件破坏时，纵向钢筋可能达不到屈服强度，即受压构件中钢筋受到混凝土极限压应变的限制，受压强度受到制约。

(2)轴心受压长柱的破坏特征。对于长细比较大的长柱，由各种偶然因素造成的初始偏心距的影响不可忽略，在轴心压力 N 的作用下，由于初始偏心距将产生附加弯矩，而这个附加弯矩产生的水平挠度又加大了原来的初始偏心距，这样相互影响的结果，促使构件截面材料破坏较早来到，导致承载能力降低。破坏时，首先在凹边出现纵向裂缝，接着混凝土被压碎，纵向钢筋被压弯向外凸出，侧向挠度急速发展，最终柱子失去平衡并将凸边混凝土拉裂而破坏(图 5.7)。试验表明：柱的长细比越大，其承载力越低，对于长细比很大的长柱，还有可能发生失稳破坏。

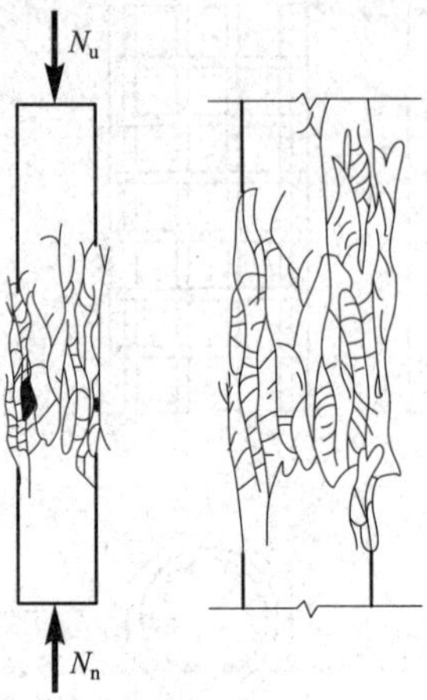

图 5.6　短柱的破坏

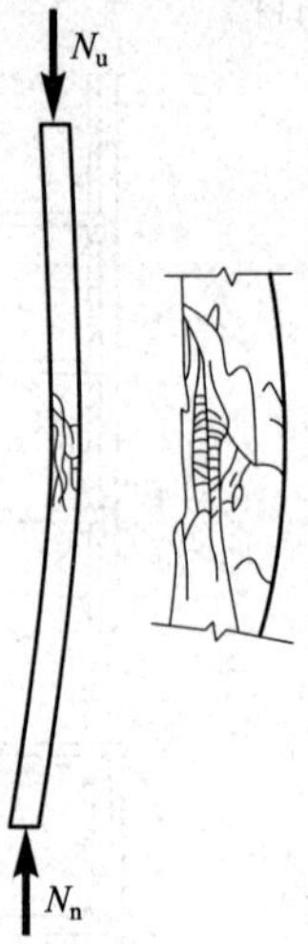

图 5.7　长柱的破坏

2. 普通箍筋钢筋混凝土轴心受压柱承载力计算

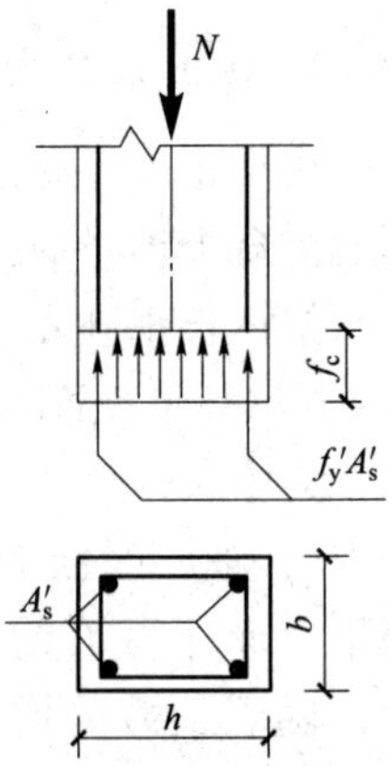

图 5.8　轴心受压构件的计算简图

钢筋混凝土轴心受压柱的正截面承载力，由混凝土承载力及钢筋承载力两部分组成。由上述试验分析及图 5.8，根据力的平衡条件，短柱的正截面承载力计算公式可写成：

$$N_s = f_c A + f'_y A'_s \tag{5-1}$$

式中　A——构件截面面积；

A'_s——全部纵向钢筋截面面积；

f_c——混凝土轴心抗压强度设计值；

f'_y——纵向受压钢筋抗压强度设计值；

N_s——短柱的承载能力。

试验测得，同等条件下(即截面相同、配筋相同、材料相同)，长柱承载力低于短柱承载力，且长细比越大，承载力越小。因此，在确定轴心受压构件承载力计算公式时，通常采用稳定系数 φ 表示长柱承载力的降低程度，即

$$\varphi = \frac{N_l}{N_s} \tag{5-2}$$

将式(5-1)代入式(5-2)，可得出长柱正截面的承载力计算公式：

$$N_l = \varphi N_s = \varphi(f_c A + f'_y A'_s) \tag{5-3}$$

考虑到构件为非弹性匀质体及施工中的人为误差等因素，它们可能引起构件截面形心与质量形心不一致，而导致截面上应力分布不均匀。另外，还需要考虑与偏心受压柱正截面承载力有相近的可靠度，《结构规范》通过将承载力乘以 0.9 的方法，修正这些因素对构件承载力的影响。因此，配有纵筋和普通箍筋的钢筋混凝土轴心受压柱正截面承载力计算公式为

$$N = 0.9\varphi(f_c A + f'_y A'_s) \tag{5-4}$$

式中　N——轴心压力设计值；

φ——钢筋混凝土构件稳定系数，按表 5.2 采用。

当纵向钢筋配筋率大于3%时，式(5-4)中的A应用$(A-A'_s)$代替。

表 5.2　钢筋混凝土轴心受压构件的稳定系数

l_0/b	≤8	10	12	14	16	18	20	22	24	26	28
l_0/d	≤7	8.5	10.5	12	14	15.5	17	19	21	22.5	24
l_0/i	≤28	35	42	48	55	62	69	76	83	90	97
φ	1.00	0.98	0.95	0.92	0.87	0.81	0.75	0.70	0.65	0.60	0.56
l_0/b	30	32	34	36	38	40	42	44	46	48	50
l_0/d	26	28	29.5	31	33	34.5	36.5	38	40	41.5	43
l_0/i	104	111	118	125	132	139	146	153	160	167	174
φ	0.52	0.48	0.44	0.40	0.36	0.32	0.29	0.26	0.23	0.21	0.19

注：表中l_0为构件的计算长度，b为矩形截面的短边尺寸，d为圆形截面的直径，i为截面的最小回转半径。

表5.2中的φ值，是根据构件在两端为不动铰支承的条件下由试验得到的，而柱的计算长度l_0与柱两端的支承情况有关。

《结构规范》规定，柱的计算长度l_0按下列情况采用：

(1)刚性屋盖单层房屋排架柱、露天吊车柱和栈桥柱，其计算长度l_0可按表5.3取用。

表 5.3　刚性屋盖单层房屋排架柱、露天吊车柱和栈桥柱的计算长度

柱的类型		l_0		
		排架方向	垂直排架方向	
			有柱间支撑	无柱间支撑
无吊车房屋柱	单跨	$1.5H$	$1.0H$	$1.2H$
	两跨及多跨	$1.25H$	$1.0H$	$1.2H$
有吊车房屋柱	上柱	$2.0H_u$	$1.25H_u$	$1.5H_u$
	下柱	$1.0H_l$	$0.8H_l$	$1.0H_l$
露天吊车柱和栈桥柱		$2.0H_l$	$1.0H_l$	—

注：1. 表中，H为从基础顶面算起的柱子全高；H_l为从基础顶面至装配式吊车梁底面或现浇式吊车梁顶面的柱子下部高度；H_u为从装配式吊车梁底面或从现浇式吊车梁顶面算起的柱子上部高度。

2. 表中，有吊车房屋排架柱的计算长度，当计算中不考虑吊车荷载时，下柱可按无吊车房屋柱的计算长度采用，但上柱的计算长度仍可按有吊车房屋采用。

3. 表中，有吊车房屋排架柱的上柱在排架方向的计算长度，仅适用于$H_u/H_l \geqslant 0.3$的情况；当$H_u/H_l < 0.3$时，计算长度宜采用$2.5H_u$。

(2)一般多层房屋中，梁、柱为刚性的框架结构，各层柱的计算长度l_0可按表5.4取用。

表 5.4　框架结构各层柱的计算长度

楼盖类型	柱的类别	l_0
现浇楼盖	底层柱	$1.0H$
	其余各层柱	$1.25H$
装配式楼盖	底层柱	$1.25H$
	其余各层柱	$1.5H$
注：表中，H 为底层柱从基础顶面到一层楼盖顶面的高度；对其余各层，为上、下两层楼盖顶面之间的高度。		

3. 承载力计算方法

实际工程中，轴心受压构件的承载力计算问题可归纳为截面设计和截面复核两大类。

(1)截面设计。

已知：构件截面尺寸、轴向力设计值 N、构件的计算长度、材料强度等级。

求：纵向钢筋截面面积 A_s'。

计算步骤如图 5.9 所示。

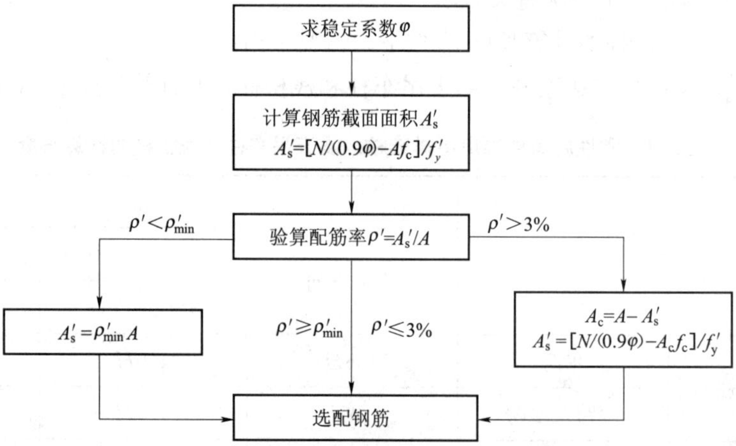

图 5.9　轴心受压构件设计步骤

若构件截面尺寸 $b\times h$ 未知，可先根据构造要求并参照同类工程，假定柱截面尺寸为 $b\times h$；然后，按上述步骤计算 A_s'。纵向钢筋配筋率宜为 0.5%～2%。若配筋率 ρ' 过大或过小，则应调整 b、h，重新计算 A_s'。也可先假定 φ 和 ρ' 的值(常可假定 $\varphi=1$，$\rho'=1\%$)，由下式计算出构件截面面积，进而得出 $b\times h$：

$$A=\frac{N}{0.9\varphi(f_c+\rho' f_y')} \tag{5-5}$$

(2)截面复核。

已知：柱截面尺寸 $b\times h$、计算长度 l_0、纵向钢筋数量及钢筋等级、混凝土强度等级。

求：柱的受压承载力 N_u。

或已知轴向力设计值 N，判断截面是否安全。

计算步骤如图 5.10 所示。

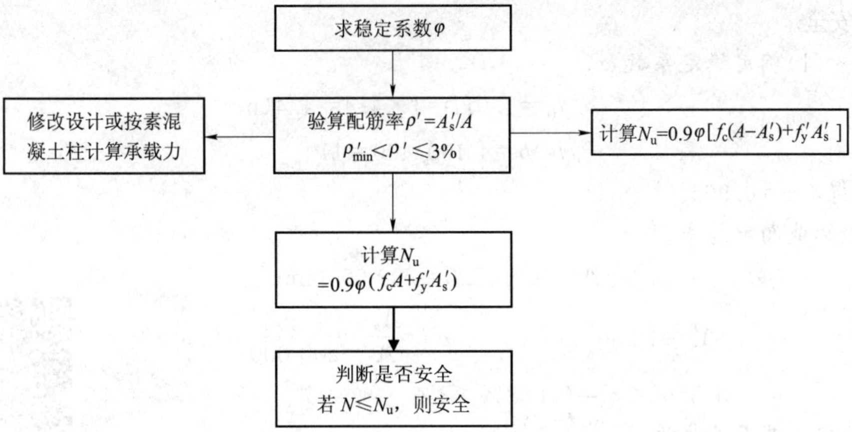

图 5.10　轴心受压构件截面复核步骤

【例 5.1】 已知某多层现浇钢筋混凝土框架结构，首层中柱按轴心受压构件计算。该柱安全等级为二级，轴向压力设计值 $N=1\ 400$ kN，计算长度 $l_0=5$ m，纵向钢筋采用 HRB400 级，混凝土强度等级为 C30。求该柱截面尺寸及纵向钢筋截面面积。

【解】 查得：$f_c=14.3$ N/mm²，$f'_y=360$ N/mm²，$\gamma_0=1.0$。

(1)初步确定柱截面尺寸。

设 $\rho'=\dfrac{A'_s}{A}=1\%$，$\varphi=1$，则

$$A=\frac{N}{0.9\varphi(f_c+\rho' f'_y)}=\frac{1\ 400\times10^3}{0.9\times1\times(14.3+1\%\times360)}=86\ 902.5(\text{mm}^2)$$

选用方形截面，则 $b=h=\sqrt{86\ 902.5}=294.8$(mm)，取 $b=300$ mm。

(2)计算稳定系数 φ。

$$l_0/b=5\ 000/300=16.7$$

查表 5.2 得，$\varphi=0.869$。

(3)计算钢筋截面面积 A'_s。

$$A'_s=\frac{\dfrac{N}{0.9\varphi}-f_cA}{f'_y}=\frac{\dfrac{1\ 400\times10^3}{0.9\times0.869}-14.3\times300^2}{360}=1\ 398(\text{mm}^2)$$

(4)验算配筋率。

$$\rho'=\frac{A'_s}{A}=\frac{1\ 398}{300\times300}=1.55\%$$

$\rho'>\rho'_{min}=0.55\%$，且 $\rho'<3\%$，满足最小配筋率要求，无须重算。

纵向钢筋选用 4⏀22，$A'_s=1\ 520$ mm²，箍筋配置为 ϕ8@300，如图 5.11 所示。

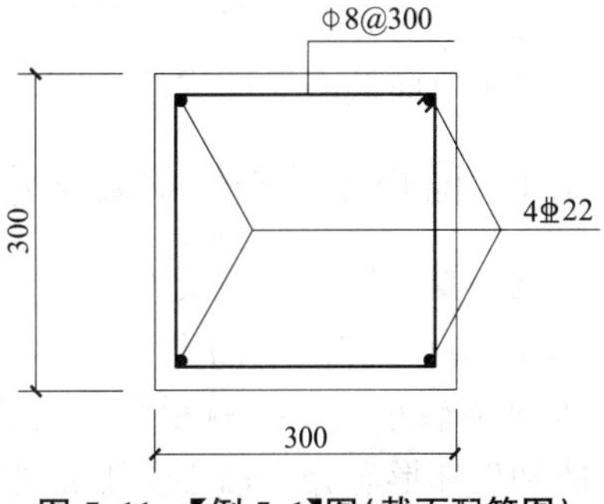

图 5.11　【例 5.1】图(截面配筋图)

【例 5.2】 某现浇底层钢筋混凝土轴心受压柱，其截面尺寸 $b\times h=400$ mm×500 mm，该柱承受的轴力设计值 $N=2\ 500$ kN，柱高 4.4 m，采用 C30 混凝土、HRB400 级受力钢筋，已知 $f_c=14.3$ N/mm²，$f'_y=360$ N/mm²，$a_s=35$ mm，配置有纵向受力钢筋面积 $A'_s=1\ 256$ mm²，试验算

截面是否安全。

【解】 (1)确定稳定系数 φ。

$$l_0=1.0H=1\times4.4=4.4(\mathrm{m})$$

$$l_0/b=4\ 400/400=11$$

查表 5.2 得，$\varphi=0.965$。

(2)验算截面配筋率。

$$A=400\times500=200\ 000(\mathrm{mm}^2)$$

$$A_s'=1\ 256\ \mathrm{mm}^2,\qquad \rho'=\frac{A_s'}{A}=\frac{1\ 256}{200\ 000}=0.628\%$$

$$0.55\%<\rho'=0.628\%<3\%$$

(3)确定柱截面承载力。

$$\rho'=0.628\%<3\%$$

$$N_u=0.9\varphi(f_cA+A_s'f_y')=0.9\times0.965\times(14.3\times200\ 000+1\ 256\times360)$$

$$=2\ 876.6\times10^3(\mathrm{N})=2\ 876.6\ \mathrm{kN}>N=2\ 500\ \mathrm{kN}$$

故此柱截面安全。

知识拓展：间接钢筋轴心受压柱的受力性能与承载力计算

5.3 偏心受压构件的正截面承载力分析

钢筋混凝土偏心受压构件是实际工程中广泛应用的受力构件之一。根据纵向压力的作用位置，偏心受压构件可分为单向偏心受压构件和双向偏心受压构件，如图 5.12 所示。

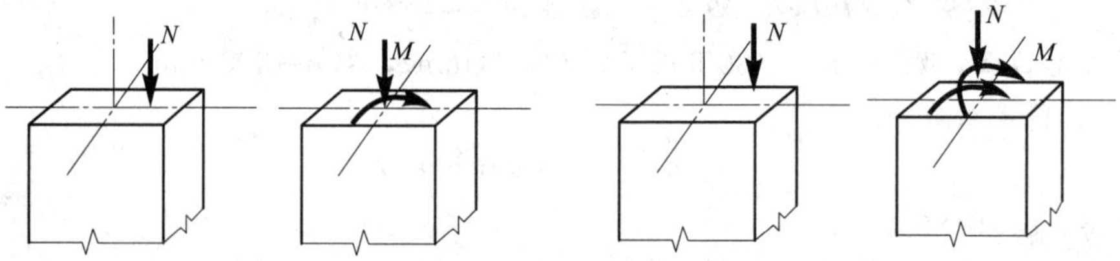

(a) (b)

图 5.12 偏心受压构件

(a)单向偏心受压构件；(b)双向偏心受压构件

在此，仅介绍单向偏心受压构件正截面承载力的计算。以下偏心受压构件未特别注明的，即指单向偏心受压构件。

5.3.1 偏心受压构件的破坏形态及其特征

偏心受压构件在承受轴向力 N 和弯矩 M 的共同作用时，等效于承受一个偏心距为 $e_0=M/N$ 的偏心力 N 的作用。当弯矩 M 相对较小时，e_0 就很小，构件接近轴心受压；相反，当 N 相对较小时，e_0 就很大，构件接近受弯。因此，随着 e_0 的改变，偏心受压构件的受力性能和破坏形态介于轴心受压和受弯之间。

当 $M=0$，$e_0=0$ 时，即轴心受压构件；当 $N=0$，$Ne_0=M$ 时，即受弯构件，故受弯构件和轴心受压构件相当于偏心受压构件的特殊情况。

按照轴向力的偏心距和配筋情况的不同，偏心受压构件的破坏可分为受拉破坏和受压破坏两种情况。

1. 受拉破坏(大偏心受压破坏)

当轴向压力偏心距 e_0 较大，且受拉钢筋配置不太多时，构件发生受拉破坏。在这种情况下，构件受轴向压力 N 后，离 N 较远一侧的截面受拉，另一侧截面受压。当 N 增加到一定程度，首先在受拉区出现横向裂缝，随着荷载的增加，裂缝不断发展和加宽，裂缝截面处的拉力全部由钢筋承担。荷载继续加大，受拉钢筋首先达到屈服，并形成一条明显的主裂缝，随后主裂缝明显加宽并向受压一侧延伸，受压区高度迅速减小。最后，受压区边缘出现纵向裂缝，受压区混凝土被压碎而导致构件破坏(图 5.13)。此时，受压钢筋一般也能屈服。由于受拉破坏通常在轴向压力偏心距 e_0 较大时发生，故习惯上也称为大偏心受压破坏。受拉破坏有明显预兆，属于延性破坏。

2. 受压破坏(小偏心受压破坏)

当构件的轴向压力的偏心距 e_0 较小，或偏心距 e_0 虽然较大但配置的受拉钢筋过多时，就会发生这种类型的破坏。加荷后整个截面全部受压或大部分受压，靠近轴向压力 N 一侧的混凝土压应力较高，远离轴向压力一侧的压应力较小，甚至受拉。随着荷载 N 逐渐增加，靠近轴 N 一侧的混凝土出现纵向裂缝，进而混凝土达到极限应变 ε_{cu} 而被压碎，受压钢筋 A_s' 的应力也达到抗压强度设计值，远离 N 一侧的钢筋 A_s 可能受压，也可能受拉，但因本身截面应力太小或配筋过多，都达不到屈服强度(图 5.14)。由于受压破坏通常在轴向压力偏心距 e_0 较小时发生，故习惯上也称为小偏心受压破坏。受压破坏无明显预兆，属脆性破坏。

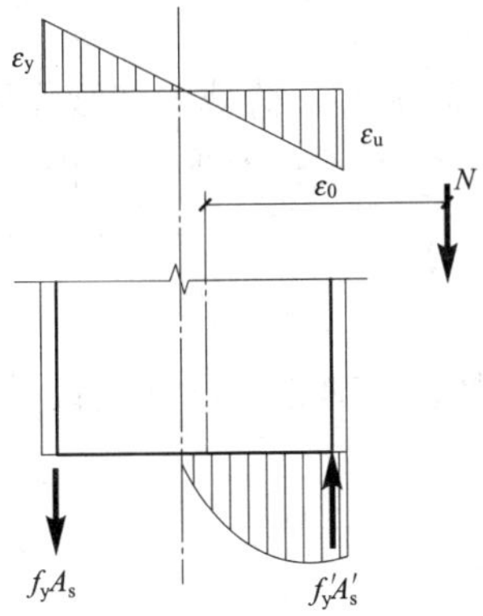

图 5.13　受拉破坏

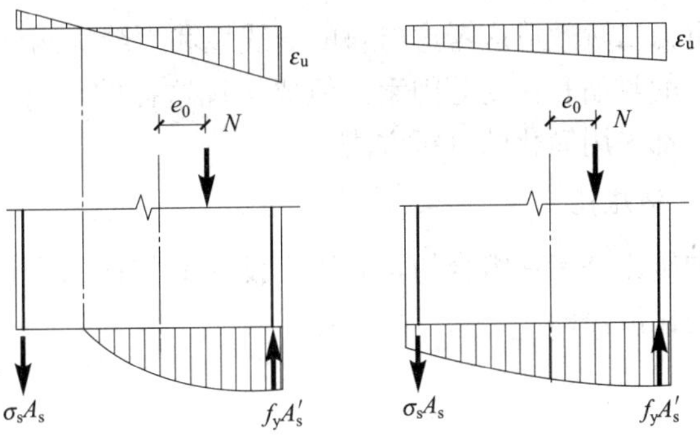

图 5.14　受压破坏

5.3.2　大、小偏心受压的分界

综上可知，受拉破坏和受压破坏都属于“材料破坏”。其相同之处是，截面的最终破坏都是受压区边缘混凝土达到极限压应变而被压碎。不同之处在于截面破坏的起因不同，即截面受拉部分和受压部分谁先发生破坏，受拉破坏是受拉钢筋先屈服，然后是受压区混凝土达到极限压应变而破坏，类似受弯构件正截面适筋破坏；受压破坏是受压钢筋屈服，受压混凝土达到极限压应变而破坏，而受拉钢筋无论受拉还是受压均未屈服，类似受弯构件正截面的超筋破坏。

两类破坏的本质区别是：离纵向力较远一侧的钢筋(受拉钢筋)能否达到屈服。因此，大、小偏心受压破坏的界限，仍可采用受弯构件正截面中的超筋与适筋的界限予以划分，即界限破坏时：$\xi=\xi_b$。

当 $\xi\leqslant\xi_b$ 或 $x\leqslant\xi_b h_0$ 时，为大偏心受压破坏；

当 $\xi>\xi_b$ 或 $x>\xi_b h_0$ 时，为小偏心受压破坏。

5.3.3 纵向弯曲对其承载力的影响

1. 附加偏心距 e_a

在实际工程中，混凝土质量的不均匀性、施工的偏差、实际荷载和设计荷载作用位置的偏差等原因，都会造成轴向力在偏心方向产生附加偏心距 e_a，因此，在偏心受压构件正截面承载力的计算中，应考虑附加偏心距 e_a 的影响。《结构规范》规定，e_a 取 20 mm 和偏心方向截面最大尺寸的 1/30 两者中的较大值。

2. 挠曲二阶效应（P-δ 效应）

挠曲二阶效应（P-δ 效应）是指构件在轴压力的作用下，自身发生挠曲引起的附加效应，可称之为构件挠曲二阶效应。

3. 重力二阶效应（P-Δ 效应）

重力二阶效应（P-Δ 效应）是由结构的水平变形（侧移）所引起的，结构发生的水平绝对侧移越大，P-Δ 效应越显著，若结构的水平变形过大，则有可能因重力二阶效应而导致结构失稳。重力二阶效应计算属于结构整体层面的问题。当结构的重力二阶效应可能使作用效应显著增大时，在结构分析中应考虑重力二阶效应的不利影响。混凝土结构的重力二阶效应可采用有限元分析方法计算，也可采用增大系数法的简化方法，具体计算方法本书不作要求，不详细叙述。

重力二阶效应应考虑材料的非线性和裂缝、构件的曲率和层间侧移、荷载的持续作用、混凝土的收缩和徐变等因素。但要实现这样的分析，在目前的条件下还有困难，工程分析中一般都采用简化的分析方法。

4. 轴压比

轴压比是指柱组合的轴向压力设计值与柱的全截面面积和混凝土轴心抗压强度设计值乘积的比值，即

$$\mu=\frac{N}{f_c A} \tag{5-6}$$

式中 μ——轴压比；

N——柱组合的轴向压力设计值；

f_c——混凝土轴心抗压强度设计值；

A——混凝土全截面面积。

受压构件的位移延性随轴压比的增加而减小，因此，柱轴压比不宜过大。《结构规范》规定，柱轴压比不宜超过 1.05。作者建议，一般情况下，非抗震设计时，柱轴压比不宜超过 0.9。

5. 受压构件长细比

较细长的偏压构件，挠曲二阶效应（P-δ 效应）也会相应较大。根据《结构规范》，在考虑挠曲二阶效应（P-δ 效应）时，受压构件的长细比公式为

$$\lambda=\frac{l_0}{i} \tag{5-7}$$

式中 λ——长细比；

l_0——构件的计算长度，可近似取偏心受压构件相应主轴方向上、下支撑点之间的距离；

i——偏心方向的截面回转半径。

6. 纵向弯曲对偏心受压构件承载力的影响

在偏心力的作用下，钢筋混凝土受压构件将产生纵向弯曲变形，即会产生侧向挠度，从而导致由轴向压力对截面重心的偏心距 e_0 增大[图 5.15(a)]，产生附加弯矩。对于长细比小的短柱，侧向挠度小，计算时一般可忽略其影响。而对于长细比较大的长柱，在轴力作用下，由于杆件自身挠曲变形的影响，通常会增大杆件中间区段截面的弯矩，即产生挠曲二阶效应(P-δ 效应)，各个截面所受的弯矩 M 不再是 Ne_0，而变为 $N(e_0+y)$[图 5.15(b)]，y 为构件任意点的水平侧向挠度，则在柱高中点处，侧向挠度最大的截面中的弯矩为 $N(e_0+f)$，f 随着荷载的增大而不断加大，因而弯矩的增长也就越来越快。偏心受压构件中的弯矩受轴向压力和构件侧向附加挠度影响的现象，称为"细长效应"或"压弯效应"，并把截面弯矩中的 Ne_0 称为初始弯矩或一阶弯矩(不考虑细长效应构件截面中的弯矩)；将 Ny 或 Nf 称为附加弯矩或二阶弯矩。这种二阶效应是由于轴压力的作用，自身发生挠曲产生的附加效应，属于构件挠曲二阶效应。

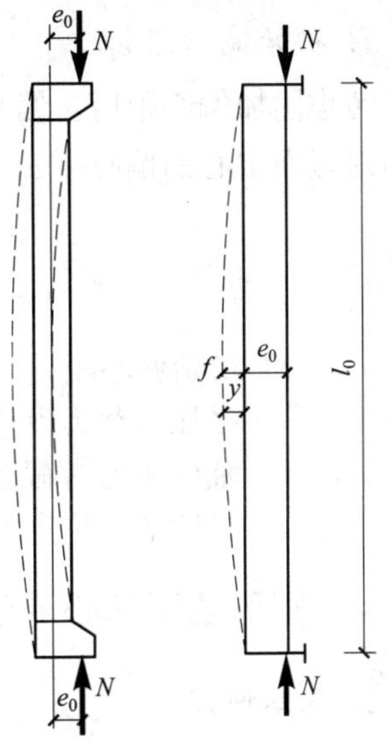

图 5.15　偏心受压柱的侧向挠曲

假设 M_1、M_2 分别为已考虑侧移影响(重力二阶效应)的偏心受压构件两端截面按结构弹性分析确定的对同一主轴的组合弯矩设计值，绝对值较大端为 M_2，绝对值较小端为 M_1。当构件按单曲率弯曲时，M_1/M_2 取正值；否则，取负值。

国外相关文献资料、规范以及近期国内对不同杆端弯矩比、不同轴压比和不同长细比的杆件的计算验算表明，弯矩作用平面内截面对称的偏心受压构件，当同一主轴方向的杆端弯矩比 M_1/M_2 不大于 0.9 且设计轴压比不大于 0.9 时，若构件的长细比满足下式要求：

$$\frac{l_c}{i}\leqslant 34-12\frac{M_1}{M_2} \tag{5-8}$$

可不考虑轴向压力在该方向挠曲杆件中产生的附加弯矩的影响。

如果偏心受压构件的长细比不能满足式(5-8)的要求，除排架结构柱外，其他偏心受压构件按截面的两个主轴方向分别考虑轴向压力在挠曲杆件中产生的附加弯矩的影响。考虑挠曲二阶效应后控制截面的弯矩设计值，应按下列公式计算：

$$M=C_m\eta_{ns}M_2 \tag{5-9}$$

$$\eta_{ns}=1+\frac{1}{1\,300(M_2/N+e_a)/h_0}\left(\frac{l_c}{h}\right)\zeta_c \tag{5-10}$$

$$\zeta_c=\frac{0.5f_cA}{N} \tag{5-11}$$

当 $C_m\eta_{ns}$ 小于 1.0 时，取 1.0。

式中　C_m——构件端截面偏心距调节系数，$C_m=0.7+0.3\dfrac{M_1}{M_2}$，当小于 0.7 时，取 0.7；

η_{ns}——弯矩增大系数；

l_c——构件的计算长度，可近似取偏心受压构件相应主轴方向上、下支撑点之间的距离；

N——弯矩设计值 M_2 相应的轴向压力设计值；

ζ_c——截面曲率修正系数，当计算值大于 1.0 时，取 1.0；

h——截面高度：对环形截面，取外直径，对圆形截面，取直径；

h_0——截面有效高度；

A——构件截面面积。

7. 初始偏心距 e_i

考虑附加偏心距后，偏心受压构件正截面承载力计算时所取的初始偏心距 e_i，由轴向压力对截面重心的偏心距 e_0 和附加偏心距 e_a 两部分组成，即

$$e_i = e_0 + e_a \tag{5-12}$$

$$e_0 = \frac{M}{N} \tag{5-13}$$

式中 e_i——初始偏心距；

N——受压承载力设计值；

e_0——轴向压力对截面重心的偏心距，取 M/N，当需要考虑二阶效应时，M 为考虑二阶效应确定的弯矩设计值。

5.3.4 矩形截面偏心受压构件的正截面承载力计算

1. 基本假定

偏心受压构件正截面承载力计算，也可仿照受弯构件正截面承载力计算，作如下基本假定：

(1)截面应变符合平截面假定；

(2)不考虑混凝土的受拉作用；

(3)受压区混凝土采用等效矩形应力图，其强度等于混凝土轴心抗压强度设计值 f_c 乘以系数 α_1，矩形应力图形的受压区高度 $x = \beta_1 x_0$，x_0 为由平截面假定确定的中性轴高度。

2. 大偏心受压构件正截面受压承载力基本计算公式及适用条件

(1)基本公式。矩形截面大偏心受压构件破坏时的应力分布如图 5.16(a)所示。为简化计算，将其简化为图 5.16(b)所示的等效矩形图。

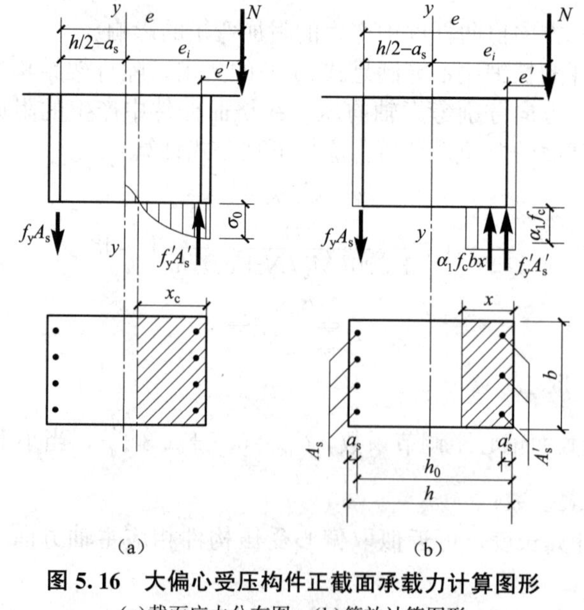

图 5.16 大偏心受压构件正截面承载力计算图形

(a)截面应力分布图；(b)等效计算图形

由静力平衡条件可得出大偏心受压的基本公式：

$$N=\alpha_1 f_c bx+f_y' A_s'-f_y A_s \tag{5-14}$$

$$Ne=\alpha_1 f_c bx\left(h_0-\frac{x}{2}\right)+f_y' A_s'(h_0-a_s') \tag{5-15}$$

$$e=e_i+\frac{h}{2}-a_s \tag{5-16}$$

式中 N——受压承载力设计值；

α_1——系数取值同受弯构件；

x——受压区计算高度；

a_s'——纵向受拉钢筋合力点至截面近边缘的距离；

e——轴向力作用点至受拉钢筋 A_s 合力点之间的距离；

e_i——初始偏心距。

(2)适用条件。

1)为了保证构件破坏时，受拉区钢筋应力能达到屈服强度，必须满足：

$$x\leqslant x_b \tag{5-17}$$

式中 x_b——界限破坏时受压区计算高度，$x_b=\xi_b h_0$，ξ_b与受弯构件的相同。

2)为了保证构件破坏时，受压钢筋应力能达到屈服强度，必须满足：

$$x\geqslant 2a_s' \tag{5-18}$$

当 $x=\xi h_0<2a_s'$ 时，表示受压钢筋的应力可能达不到屈服强度 f_y'，为安全并方便计算考虑，此时可近似取 $x=2a_s'$，其应力图形如图 5.17 所示，对受压钢筋 A_s'作用点取矩，得：

$$Ne'=f_y A_s(h_0-a_s') \tag{5-19}$$

$$e'=e_i-\frac{h}{2}+a_s' \tag{5-20}$$

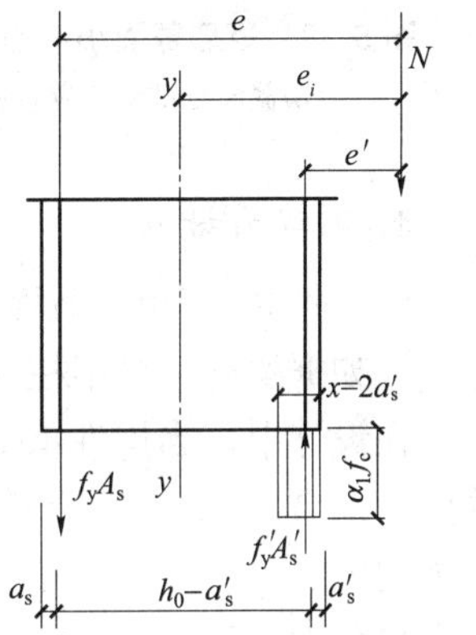

图 5.17 $x<2a_s'$ 时大偏心受压构件的计算图形

3. 小偏心受压构件正截面受压承载力基本计算公式

矩形截面小偏心受压的基本公式可按大偏心受压的方法建立。但应注意：小偏心受压构件在破坏时，远离纵向力一侧的钢筋 A_s 可能受拉或受压，但未达到屈服强度，如图 5.18 所示，其应力用σ_s 来表示，$-f_y'<\sigma_s<f_y$。

等效矩形图如图 5.19 所示，由静力平衡条件可得出小偏心受压构件承载力计算的基本公式为

$$N=\alpha_1 f_c bx+f_y' A_s'-\sigma_s A_s \tag{5-21}$$

$$Ne=\alpha_1 f_c bx\left(h_0-\frac{x}{2}\right)+f_y' A_s'(h_0-a_s') \tag{5-22}$$

式中 σ_s——距轴向力较远一侧钢筋中的应力(以拉为正)，可近似取：

$$\sigma_s=\frac{f_y}{\xi_b-\beta_1}(\xi-\beta_1) \tag{5-23}$$

β_1——系数，同受弯构件，当混凝土强度等级≤C50 时，取$\beta_1=0.8$；当混凝土强度等级为 C80 时，取 $\beta_1=0.74$，其间用线性内插法确定。

ξ，ξ_b——相对受压区的计算高度和相对界限受压区的计算高度。

$$e=e_i+\frac{h}{2}-a_s \tag{5-24}$$

$$e'=\frac{h}{2}-e_i-a_s' \tag{5-25}$$

式中　e，e'——轴向力作用点至受拉钢筋 A_s 合力点和受压钢筋 A_s'合力点之间的距离。

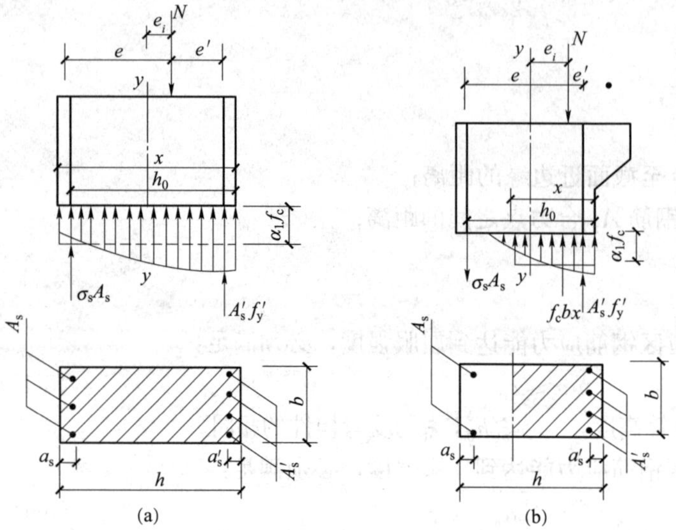

图 5.18　矩形截面小偏心受压构件正截面承载力计算图形

(a)截面全部受压应力图；(b)截面大部分受压应力图

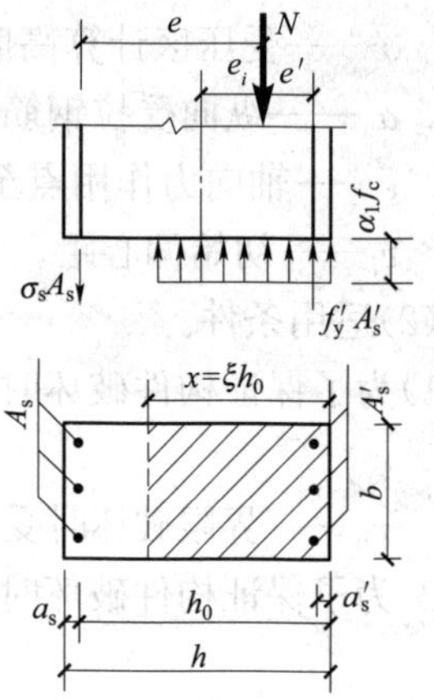

图 5.19　矩形截面小偏心受压构件等效矩形应力图

4．承载力计算

(1)对称配筋矩形截面的计算。在实际工程中，有的偏心受压构件作用的弯矩方向是变化的，如框架柱、排架柱在方向不定的风荷载或地震的作用下，弯矩方向就是变化的。因此，在设计中，当构件承受变号弯矩作用时，或为了构造简单便于施工，常采用对称配筋截面，即 $A_s=A_s'$，$f_y=f_y'$ 且 $a_s=a_s'$。对称配筋矩形截面计算，包括截面设计和截面复核两类问题。

1)截面设计。

已知：构件的截面尺寸 b、h，计算长度 l_c，材料强度，弯矩设计值 M，轴向压力设计值 N。

求：纵向钢筋的截面面积。

①大、小偏心受压的判别。

对称配筋时，截面两侧的配筋相同，即 $A_s=A_s'$，$f_y=f_y'$，根据式(5-21)，可得

$$x=\frac{N}{\alpha_1 f_c b} \tag{5-26}$$

若 $x\leqslant\xi_b h_0$，即 $\xi\leqslant\xi_b$，则为大偏心受压；若 $x\geqslant\xi_b h_0$，即 $\xi\geqslant\xi_b$，则为小偏心受压。

②大偏心受压。

当 $2a_s'\leqslant x\leqslant x_b$ 时，可由式(5-15)得到：

$$A_s=A_s'=\frac{Ne-\alpha_1 f_c bx\left(h_0-\dfrac{x}{2}\right)}{f_y'(h_0-a_s')}\geqslant\rho_{min}bh \tag{5-27}$$

当 $x<2a_s'$ 时，根据式(5-19)，得：

$$A_s=A_s'=\frac{Ne'}{f_y(h_0-a_s')}\geqslant\rho_{min}bh \tag{5-28}$$

式中，$e=e_i+\frac{h}{2}-a_s$，$e'=e_i-\frac{h}{2}+a_s'$。

③小偏心受压。

把 $A_s=A_s'$，$f_y=f_y'$ 及 $a_s=a_s'$ 代入式(5-21)～式(5-23)解联立方程，消去 A_s' 和 f_y'，可得 ξ 的三次方程，直接求解极为不便，通过近似简化计算该三次方程，得到求解 ξ 的近似公式：

$$\xi=\frac{N-\xi_b\alpha_1 f_c bh_0}{\frac{Ne-0.43\alpha_1 f_c bh_0^2}{(\beta_1-\xi_b)(h_0-a_s')}+\alpha_1 f_c bh_0}+\xi_b \tag{5-29}$$

将求得的 ξ 代入式(5-22)，即可求得钢筋面积：

$$A_s=A_s'=\frac{Ne-\alpha_1 f_c bh_0^2\xi(1-0.5\xi)}{f_y'(h_0-a_s')}\geqslant\rho_{min}bh \tag{5-30}$$

在计算中，当 $A_s+A_s'>5\%bh_0$ 时，说明截面尺寸过小，宜加大柱的截面尺寸；当 $A_s=A_s'<\rho_{min}bh_0$ 时，应取 $A_s=A_s'=\rho_{min}bh_0$。

④垂直于弯矩作用平面的承载力验算。

轴向压力 N 较大且弯矩平面内的偏心距 e_i 较小，若垂直于弯矩平面的长细比 l_0/b 又较大时，则有可能由垂直于弯矩作用平面的纵向压力起控制作用。因此，《结构规范》规定：偏心受压构件除应计算弯矩平面内的受压承载力外，还应按轴心受压构件验算垂直于弯矩平面的受压承载力。此时，可不计入弯矩的作用，但应考虑稳定系数 φ 的影响。其计算公式为

$$N\leqslant 0.9\varphi[(A_s+A_s')f_y'+f_cA] \tag{5-31}$$

式中，各符号意义同前。

一般情况下，小偏心受压构件需要进行验算；对于 $l_0/h\leqslant 24$ 的大偏心受压构件，可不进行此项验算。

【例 5.3】 已知矩形截面偏心受压柱，截面尺寸 $b=300$ mm，$h=500$ mm，$a_s=a_s'=40$ mm，构件处于一类环境，承受的纵向压力设计值 $N=600$ kN，考虑侧移影响柱两端截面的弯矩设计值 $M_1=240$ kN·m，$M_2=260$ kN·m，混凝土的强度等级为 C30，采用 HRB400 级钢筋，柱的计算高度为 4.2 m，计算按对称配筋的 A_s 和 A_s' 值。

【解】 (1)判断是否为大偏心受压构件。

$$x=\frac{N}{\alpha_1 f_c b}=\frac{600\times10^3}{1.0\times14.3\times300}=140(\text{mm})<\xi_b h_0=0.518\times(500-40)=238(\text{mm})$$

且 $>2a_s'=80$ mm，所以，为大偏心受压构件。

(2)判断是否考虑轴向压力挠曲变形产生的附加弯矩的影响。

$$e_a=\max(20,\ 500/30)=20(\text{mm})$$

因为

$$\frac{M_1}{M_2}=\frac{240}{260}=0.92>0.90$$

及轴压比 $$\mu=\frac{N}{f_cA}=\frac{600\times10^3}{14.3\times300\times500}=0.280<0.9$$

所以，应考虑轴向压力挠曲变形产生的附加弯矩的影响。

(3)计算构件端截面偏心距调节系数 C_m 和弯矩增大系数 η_{ns}。

$$C_m = 0.7 + 0.3\frac{M_1}{M_2} = 0.7 + 0.3 \times \frac{240}{260} = 0.977 > 0.7$$

$$\zeta_c = \frac{0.5 f_c A}{N} = \frac{0.5 \times 14.3 \times 300 \times 500}{600 \times 10^3} = 1.788 > 1.0 (\text{取 } \zeta_c = 1.0)$$

$$\eta_{ns} = 1 + \frac{1}{1\,300(M_2/N + e_a)/h_0}\left(\frac{l_c}{h}\right)^2 \zeta_c$$

$$= 1 + \frac{1}{1\,300 \times [260 \times 10^6/(600 \times 10^3) + 20]/460} \times \left(\frac{4\,200}{500}\right)^2 \times 1.0$$

$$= 1.055$$

(4)求控制截面弯矩设计值。

$$M = C_m \eta_{ns} M_2 = 0.977 \times 1.055 \times 260 = 268(\text{kN} \cdot \text{m})$$

(5)求初始偏心距。

$$e_0 = \frac{M}{N} = \frac{268 \times 10^6}{600 \times 10^3} = 447(\text{mm})$$

$$e_i = e_0 + e_a = 447 + 20 = 467(\text{mm})$$

(6)求 A_s 和 A_s'。

$$e = e_i + \frac{h}{2} - a_s = 467 + \frac{500}{2} - 40 = 677(\text{mm})$$

$$A_s = A_s' = \frac{Ne - \alpha_1 f_c bx\left(h_0 - \dfrac{x}{2}\right)}{f_y'(h_0 - a_s')}$$

$$= \frac{600 \times 10^3 \times 677 - 1.0 \times 14.3 \times 300 \times 140 \times (460 - 0.5 \times 140)}{360 \times (460 - 40)}$$

$$= 1\,137(\text{mm}^2) > 0.002bh = 0.002 \times 300 \times 500 = 300(\text{mm}^2)$$

每侧选用 3Φ22 的钢筋，实际配 $A_s = A_s' = 1\,140\ \text{mm}^2$，配筋如图 5.20 所示。

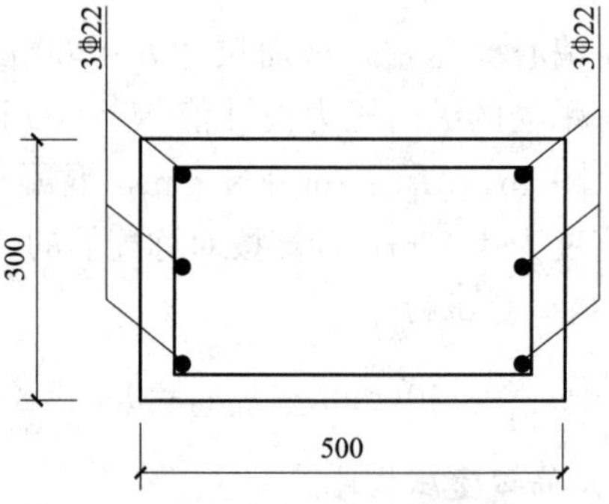

图 5.20 【例 5.3】图(截面配筋图)

因为 $\frac{l_c}{h} = \frac{4\,200}{500} = 8.4 < 24$，故可不进行垂直于弯矩作用平面的承载力验算。

2)截面复核。

已知：构件的截面尺寸 $b \times h$、钢筋面积 $A_s = A_s'$、材料强度设计值以及偏心距 e_0。

[例 5.4]

求：该构件所能承受的轴向压力设计值 N_u 和弯矩设计值 $M_u(M_u=N_u e_0)$。

需要求解的未知数为 x(或 ξ)和 N，可直接利用方程求解。一般先按大偏心受压的基本公式[式(5-14)、式(5-15)]消去 N，求出 ξ。若 $\xi \leqslant \xi_b$，为大偏心受压，即可用式(5-14)求出 N；若 $\xi > \xi_b$，为小偏心受压，则应按小偏心受压重新计算，最后求出 N。

【例 5.5】 一矩形截面偏心受压柱，截面尺寸 $b\times h=400\ \text{mm}\times 600\ \text{mm}$，柱计算长度 $l_0=3\ 000\ \text{mm}$，混凝土强度等级为 C30，纵向钢筋采用 HRB400 级，每侧均配置 4⌀20($A_s=A'_s=1\ 256\ \text{mm}^2$)的钢筋，受力钢筋 $a_s=a'_s=40\ \text{mm}$，求当 $e_0=450\ \text{mm}$ 时，该柱所能承受的轴向压力设计值 N_u。

【解】 $f_c=14.3\ \text{N/mm}^2$，$f_y=f'_y=360\ \text{N/mm}^2$，$\xi_b=0.518$，$\alpha_1=1.0$。

(1)计算有关数据。

$$h_0=600-40=560(\text{mm})$$

$$e_a=\max\left(20,\ \frac{h}{30}\right)=\max\left(20,\ \frac{600}{30}\right)=20(\text{mm})$$

$$e_i=e_0+e_a=450+20=470(\text{mm})$$

$$e=e_i+\frac{h}{2}-a_s=470+300-40=730(\text{mm})$$

(2)按大偏心受压公式计算 ξ。

利用式(5-14)、式(5-15)，有

$$N=1.0\times 14.3\times 400\times 560\times \xi$$

$$730N=1.0\times 14.3\times 400\times 560^2\times \xi\times(1-0.5\xi)+360\times 1\ 256\times(560-40)$$

解得 $\xi=0.292<\xi_b=0.518$，与假定相符。

(3)求 N_u。

$$N_u=1.0\times 14.3\times 400\times 560\times 0.292=935.334(\text{kN})$$

(2)不对称配筋矩形截面的计算。相应内容请扫描右侧二维码查看。

不对称配筋矩形截面的计算

5.4 受拉构件

钢筋混凝土受拉构件按轴向拉力的作用线与构件截面形心轴线的位置关系，可分为轴心受拉构件和偏心受拉构件。

在实际工程中，对桁架或拱结构中的拉杆、承受内压力的圆管管壁、圆形水池的池壁等，在通常情况下均按轴心受拉构件计算；而对单层厂房中双肢柱的肢杆、矩形水池的池壁等，均按偏心受拉构件计算。

5.4.1 轴心受拉构件的正截面承载力计算

1. 轴心受拉的受力特点及承载力计算公式

对轴心受拉构件，在混凝土出现裂缝前，混凝土与钢筋共同承担拉力；开裂后，裂缝处截面的混凝土则完全退出工作，全部拉力由钢筋承担；当裂缝截面处的钢筋应力达到屈服强度时，构件破坏。轴心受拉构件的受力状态如图 5.21 所示。

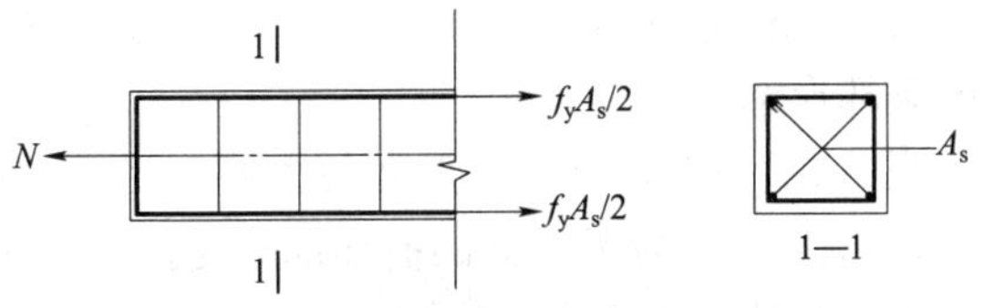

图 5.21 轴心受拉构件的受力状态

轴心受拉构件正截面承载力计算公式为

$$N \leqslant f_y A_s \tag{5-32}$$

式中 N——轴向拉力设计值；

A_s——截面上全部纵向受拉钢筋截面面积。

2. 构造要求

(1)纵向受力钢筋。

1)轴心受拉构件的受力钢筋沿截面周边均匀对称布置，并宜优先选用直径较小的钢筋。

2)轴心受拉及小偏心受拉构件(如桁架和拱拉杆)的纵向受力钢筋不得采用绑扎搭接接头。

(2)箍筋。在轴心受拉构件中，箍筋的主要作用是与纵筋形成骨架，固定纵向钢筋的位置。箍筋直径应不小于 6 mm，间距一般为 150～200 mm。

5.4.2 偏心受拉构件的正截面承载力计算

1. 偏心受拉构件的破坏形态及特征

按轴向拉力作用位置的不同，偏心受拉构件正截面破坏形态可分为小偏心受拉破坏和大偏心受拉破坏两种情况。

(1)小偏心受拉破坏。轴向拉力 N 作用在钢筋 A_s 与 A_s' 之间，即 $e_0 \leqslant h/2-a_s$ 时产生的破坏形态。

当轴向拉力偏心距 e_0 较小时，轴向拉力使构件全截面受拉，其破坏形态与轴心受拉构件类似；当轴向拉力偏心距 e_0 较大时，离 N 较近一侧的截面受拉，另一侧截面受压，在受拉区混凝土开裂退出工作后，拉力主要由钢筋 A_s 承担；随着荷载的增加，裂缝贯通全部截面，这时拉力由钢筋 A_s 与 A_s' 共同承担；最后，钢筋 A_s 及 A_s' 的应力达到屈服强度，构件破坏，如图 5.22 所示。

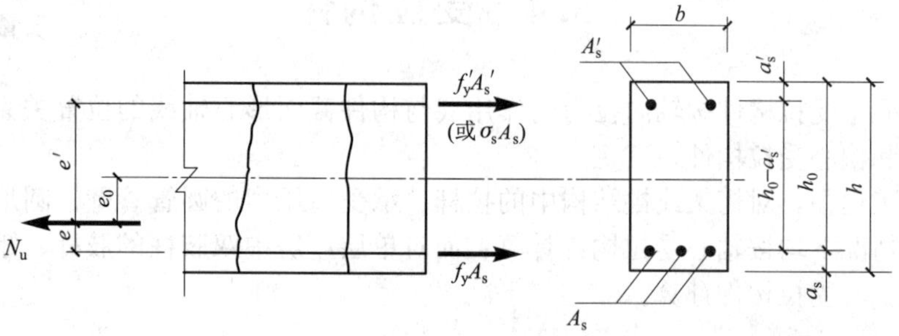

图 5.22 矩形截面小偏心受拉构件正截面承载力计算应力图形

因此，小偏心受拉破坏时均为全截面受拉，构件的承载力取决于钢筋的屈服强度。

(2)大偏心受拉破坏。轴向拉力 N 作用在钢筋 A_s 和 A_s' 范围以外，即 $e_0 > h/2-a_s$ 时产生的破坏形态。

当 A_s 适量时，其破坏形态与大偏心受压构件相似，如图 5.23 所示。在轴向拉力的作用下，离拉力 N 较近一侧的截面部分受拉，另一侧部分受压，随着受拉区混凝土出现裂缝退出工作，拉力主要由受拉钢筋 A_s 承担，而受压区的压力由混凝土和钢筋 A_s' 承担。临近破坏时，受拉区钢筋 A_s 首先达到屈服强度；然后，受压区混凝土被压碎；同时，受压钢筋

A_s' 也达到屈服强度。

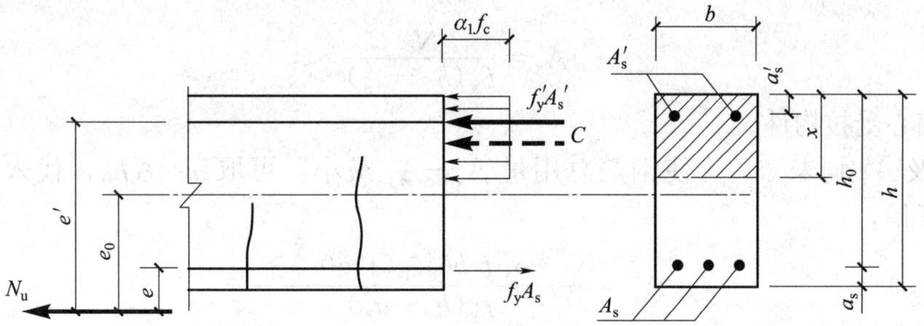

图 5.23　矩形截面大偏心受拉构件正截面承载力计算应力图形

当 A_s 过大时，破坏形态与小偏心受压构件类似。另外，当 $x<2a_s'$ 时，构件破坏时受压一侧钢筋 A_s' 也不能屈服。

2. 非对称配筋的矩形截面偏心受拉构件正截面承载力计算

(1)基本公式及适用条件。

1)小偏心受拉构件。如图 5.22 所示，分别对钢筋 A_s 和 A_s' 合力作用点取矩，由平衡条件可得：

$$Ne=f_yA_s'(h_0-a_s') \tag{5-33}$$

$$Ne'=f_yA_s(h_0'-a_s) \tag{5-34}$$

式中　N——轴向拉力设计值；

e——轴向力作用点至受拉钢筋 A_s 合力点之间的距离，即 $e=\frac{h}{2}-a_s-e_0$；

e'——轴向拉力作用点至钢筋 A_s' 合力作用点之间的距离，即 $e'=\frac{h}{2}-a_s'+e_0$；

e_0——轴向力对截面形心的偏心距，$e_0=M/N$。

2)大偏心受拉构件。

①基本公式。如图 5.23 所示，当 A_s 适量时，由平衡条件可得：

$$N=f_yA_s-f_y'A_s'-\alpha_1 f_c bx \tag{5-35}$$

$$Ne=\alpha_1 f_c bx\left(h_0-\frac{x}{2}\right)+f_y'A_s'(h_0-a_s') \tag{5-36}$$

式中　e——轴向力作用点至受拉钢筋 A_s 合力作用点之间的距离，即 $e=e_0-\frac{h}{2}+a_s$。

②公式适用条件，即

$$2a_s'\leqslant x\leqslant \xi_b h_0$$

(2)截面设计。

已知：构件截面尺寸 $b\times h$、混凝土及钢筋的强度、弯矩设计值 M、轴向拉力设计值 N。

求：钢筋的截面面积。

1)大、小偏心受拉构件的判别。

$e_0\leqslant h/2-a_s$ 时，为小偏心受拉构件；

$e_0>h/2-a_s$ 时，为大偏心受拉构件。

2)小偏心受拉构件。

由式(5-33)、式(5-34)可得：

$$A_s=\frac{Ne'}{f_y(h_0-a_s')} \tag{5-37}$$

$$A_s'=\frac{Ne}{f_y(h_0-a_s')} \tag{5-38}$$

3)大偏心受拉构件。

①A_s 及 A_s' 均未知。为使钢筋总用量 A_s+A_s' 最小，可取 $x=\xi_b h_0$，代入式(5-35)及式(5-36)可得：

$$A_s'=\frac{Ne-\alpha_1 f_c bh_0^2\xi_b(1-0.5\xi_b)}{f_y(h_0-a_s')} \tag{5-39}$$

$$A_s=\frac{N+\alpha_1 f_c bh_0\xi_b}{f_y}+\frac{f_y'}{f_y}A_s' \tag{5-40}$$

如按式(5-39)计算的 A_s' 小于 $\rho_{\min}'bh$，则取 $A_s'=\rho_{\min}'bh$，并按 A_s' 为已知重新计算 A_s。

②A_s' 已知，A_s 未知。由式(5-36)求得：

$$x=h_0-h_0\sqrt{1-\frac{Ne-f_y'A_s'(h_0-a_s')}{0.5\alpha_1 f_c bh_0^2}} \tag{5-41}$$

a. 若 $x>\xi_b h_0$，则仍按 A_s' 未知的情况求 A_s。

b. 若 $2a_s'\leqslant x\leqslant\xi_b h_0$，则

$$A_s=\frac{\alpha_1 f_c bh_0}{f_y}+\frac{f_y'A_s'}{f_y} \tag{5-42}$$

c. 若 $x<2a_s'$，则假定 $x=2a_s'$，由平衡条件对钢筋 A_s' 合力作用点取矩得：

$$A_s=\frac{Ne'}{f_y(h_0-a_s')} \tag{5-43}$$

其中，$e'=e_0+\frac{h}{2}-a_s'$。

【例 5.6】 已知矩形截面偏心受拉构件，截面尺寸 $b\times h=300\ \text{mm}\times450\ \text{mm}$，$a_s=a_s'=40\ \text{mm}$，承受的轴向拉力设计值 $N=750\ \text{kN}$，弯矩设计值 $M=71.25\ \text{kN}\cdot\text{m}$，混凝土强度等级为C30，采用HRB400级钢筋，试计算截面所需钢筋 A_s 和 A_s'。

【解】 已知：$f_c=14.3\ \text{N/mm}^2$，$f_y=f_y'=360\ \text{N/mm}^2$。

(1)判别大、小偏心受拉。

$$e_0=\frac{M}{N}=\frac{71.25\times10^3}{750}=95(\text{mm})<\frac{h}{2}-a_s=\frac{450}{2}-40=185(\text{mm})$$

属于小偏心受拉构件。

(2)计算 e 及 e'。

$$e=\frac{h}{2}-a_s-e_0=\frac{450}{2}-40-95=90(\text{mm})$$

$$e'=\frac{h}{2}-a_s'+e_0=\frac{450}{2}-40+95=280(\text{mm})$$

(3)求 A_s 和 A_s'。

$$A_s=\frac{Ne'}{f_y(h_0-a_s')}=\frac{750\times10^3\times280}{360\times(410-40)}=1\ 577(\text{mm}^2)>0.002bh=0.002\times300\times450=270(\text{mm}^2)$$

选用 2⌀20+2⌀25($A_s=1\ 610\ \text{mm}^2$)。

$$A_s'=\frac{Ne}{f_y(h_0-a_s')}=\frac{750\times10^3\times90}{360\times(410-40)}=507(\text{mm}^2)>0.002bh=0.002\times300\times450=270(\text{mm}^2)$$

选用 2Φ18($A_s'=509\ \text{mm}^2$)。

3. 对称配筋的矩形截面偏心受拉构件正截面承载力计算

当对称配筋时，远轴向拉力一侧的钢筋 A_s' 应力达不到屈服强度，《结构规范》规定，在设计时不论大、小偏心受拉情况，均可按下式计算：

$$A_s'=A_s=\frac{Ne'}{f_y(h_0-a_s')} \tag{5-44}$$

[例 5.7]

5.4.3 偏心受拉构件的斜截面受剪承载力

1. 偏心受拉构件斜截面受力特征

偏心受拉构件在承受弯矩和拉力的同时，一般也承受着剪力。由于存在轴向拉力，构件中的主拉应力增大，斜裂缝倾斜角增大，剪压区高度减小，甚至没有剪压区，这使构件斜截面抗剪承载力降低，降低幅度随轴向拉力的增加而增加。

2. 计算公式

(1)矩形截面偏心受拉构件截面尺寸，应符合受弯构件斜截面抗剪的要求。

(2)矩形偏心受拉构件受剪承载力计算公式为

$$V\leqslant\frac{1.75}{\lambda+1.0}f_t bh_0+f_{yv}\frac{A_{sv}}{s}h_0-0.2N \tag{5-45}$$

式中 N——与剪力设计值 V 相对应的轴向拉力设计值；

λ——计算截面的剪跨比。

当式(5-45)右边的计算值小于 $f_{yv}\frac{A_{sv}}{s}h_0$ 时，应取 $f_{yv}\frac{A_{sv}}{s}h_0$，且 $f_{yv}\frac{A_{sv}}{s}h_0$ 值不应小于 $0.36f_t bh_0$。

章节回顾

(1)受压构件分为轴心受压构件和偏心受压构件，柱是典型的受压构件。单向偏心受压构件分为大偏心受压构件和小偏心受压构件。当 $\xi\leqslant\xi_b$ 时，构件处于大偏心受压状态(含界限状态)；当 $\xi>\xi_b$ 时，构件处于小偏心受压状态。

(2)轴心受压构件正截面承载力计算是本模块重点内容之一。在构件设计计算时，不仅要满足计算相关要求，还要满足规范对受压构件的材料、截面尺寸、纵向受力钢筋、箍筋等方面的构造要求。

(3)大、小偏心受压的承载力计算公式中，均考虑二阶效应的影响。对于二阶效应影响计算，新规范不再采用 η-l_0 方法，而采用 C_m-η_{ns} 方法。这样，在截面设计时，内力已经考虑了二阶效应。

(4)根据偏心受压构件破坏时的应力状态建立的两个平衡方程，是进行截面设计和承载力验算的依据。截面分非对称配筋和对称配筋，但考虑到有可能承受变向内力或为了构造简单便于施工，常采用对称配筋截面设计。

(5)受拉构件也分为轴心受拉构件和偏心受拉构件，常见的受拉构件有水池、筒仓等。偏心受拉构件按轴力的位置，分为大偏心受拉构件和小偏心受拉构件。

(6)钢筋混凝土轴心受拉构件开裂前，钢筋与混凝土共同承受拉力；开裂后，裂缝贯通整个截面，拉力全部由钢筋承担。轴心受拉构件除了满足承载力要求外，还应满足有关构造要求。

(7)小偏心受拉构件的受力特点类似于轴心受拉，破坏时拉力全部由钢筋承受。

(8)大偏心受拉构件的受力特点类似于大偏心受压构件，所不同的是纵向力 N 方向相反，大偏心受拉构件一般为受拉破坏。

同步测试

一、简答题

1. 简述轴心受压柱正截面承载力计算公式中各符号的意义。

2. 设计受压构件时，为何不宜采用高强度钢筋？

3. 钢筋混凝土受压构件配置箍筋有何作用？对其直径、间距和附加箍筋有何要求？

4. 为什么要考虑附加偏心距？

5. 为什么要对偏心受压构件进行垂直于弯矩作用平面的验算？

6. 受拉构件中，纵向受力钢筋和箍筋有哪些构造要求？

二、选择题

1. 下列有关轴心受压构件纵筋的作用，错误的是(　　)。

A. 帮助混凝土承受压力　　B. 增强构件的延性

C. 纵筋能减小混凝土的徐变变形　　D. 纵筋强度越高，越能增加构件的承载力

2. 在配置普通箍筋的混凝土轴心受压构件中，箍筋的主要作用是(　　)。

A. 帮助混凝土受压

B. 提高构件的受剪承载力

C. 防止纵筋在混凝土压碎之前压屈

D. 对混凝土提供侧向约束，提高构件的承载力

3. 对于高度、截面尺寸、配筋以及材料强度完全相同的柱，支承条件为(　　)时，其轴心受压承载力最大。

A. 两端嵌固　　B. 一端嵌固，一端不动铰支

C. 两端不动铰支　　D. 一端嵌固，一端自由

4. 钢筋混凝土大偏心受压构件的破坏特征是(　　)。

A. 远离轴向力一侧的钢筋先受拉屈服，混凝土压碎，随后另一侧的钢筋屈服

B. 远离轴向力一侧的钢筋应力不定，随后另一侧的钢筋压屈，混凝土压碎

C. 靠近轴向力一侧的钢筋和混凝土应力不定，而另一侧的钢筋受压屈服，混凝土压碎

D. 靠近轴向力一侧的钢筋和混凝土先屈服及压碎，远离纵向力一侧的钢筋随后受压屈服

5. 附加偏心距取值为(　　)。

A. 20 mm　　B. 30 mm

C. $h/30$　　D. $h/30$ 和 20 mm 两者中的较大值

6. 在偏心受压构件计算中，通过(　　)因素来考虑二阶偏心距的影响。

A. C_m-η_{ns}　　B. e_a　　C. e_i　　D. η

7. 判别大偏心受压破坏的本质条件是(　　)。

A. $e_i>0.3h_0$　　B. $e_i\leqslant 0.3h_0$　　C. $\xi\leqslant\xi_b$　　D. $\xi>\xi_b$

8. 用 $e_i>$或$\leqslant 0.3h_0$ 作为大、小偏心受压的判别条件(　　)。

A. 是对称配筋时的初步判别　　B. 是对称配筋时的准确判别

C. 是非对称配筋时的准确判别　　D. 是非对称配筋时的初步判别

9. 设计大偏心受拉构件时，若已知受压钢筋截面面积，计算出 $\xi>\xi_b$，则说明(　　)。

A. A_s' 过多　　B. A_s' 过少　　C. A_s 过多　　D. A_s 过少。

三、填空题

1. 钢筋混凝土受压构件，按照纵向压应力作用位置的不同，受压构件可分为________和________两种类型构件。

2. 为了施工制作方便，柱截面边长在 800 mm 以下者，宜取________的倍数；在 800 mm 以上者，取________的倍数。

3. 受压构件混凝土宜选用________。

4.《结构规范》规定，附加偏心距 e_a 取________和________两者的较大值。

5. 偏心距较大，配筋率不高的受压构件属________受压情况，其承载力主要取决于________钢筋。

6. 对于大偏心受压构件，为了保证构件破坏时，受拉区钢筋应力能达到屈服强度，必须满足________。

7. ____________受拉构件不会产生贯通缝。

四、计算题

1. 钢筋混凝土框架底层中柱，截面尺寸 $b\times h=400\ \text{mm}\times 400\ \text{mm}$，构件的计算长度 l_0 为 5.7 m，承受包括自重在内的轴向压力设计值 $N=2\,000$ kN，该柱采用 C30 级混凝土、HRB400 级钢筋。试确定柱的配筋。

2. 某矩形截面柱，其尺寸 $b\times h=400\ \text{mm}\times 500\ \text{mm}$，该柱承受的轴力设计值 $N=2\,500$ kN，计算长度 l_0 为 4.4 m，采用 C30 级混凝土、HRB400 级钢筋，已配置纵向受力钢筋面积 4⌀20，试验算截面是否安全。

3. 已知矩形截面柱 $b=300$ mm，$h=400$ mm，计算长度 l_0 为 3.3 m，作用轴向力设计值 $N=300$ kN，考虑侧移影响柱两端截面的弯矩设计值 $M_1=130$ kN·m，$M_2=140$ kN·m，混凝土强度等级为 C30，采用 HRB400 级钢筋。按对称配筋计算纵向钢筋 A_s 及 A'_s 的数量并绘出配筋示意图。

4. 已知矩形截面柱 $h=600$ mm，$b=400$ mm，计算长度 l_0 为 5.4 m，柱上作用轴向力设计值 $N=2\,400$ kN，考虑侧移影响柱两端截面的弯矩设计值 $M_1=70$ kN·m，$M_2=76$ kN·m，混凝土强度等级为 C30，采用 HRB400 级钢筋。按对称配筋计算纵向钢筋 A_s 及 A_s' 的数量，绘出配筋示意图，并验算垂直弯矩作用平面的抗压承载力。

5. 已知矩形截面偏心受压构件 $h=500$ mm，$b=300$ mm，$a_s=a_s'=40$ mm，$l_0=4.0$ m，采用对称配筋 $A_s=A_s'=804\ \text{mm}^2$(4⌀16)，混凝土强度等级为 C30 级，纵筋采用 HRB400 级钢筋。设考虑二阶效应后轴向沿长边方向的偏心距 $e_0=150$ mm，求此柱的受压承载力设计值。

6. 偏心受拉构件的截面尺寸 $b\times h=500\ \text{mm}\times 500\ \text{mm}$，混凝土强度等级为 C30 级，纵向受力钢筋为 HRB400 级钢筋，承受的轴心拉力设计值 $N=510$ kN，弯矩设计值 $M=100$ kN·m，$a_s=a_s'=40$ mm，试确定截面所需钢筋的截面面积。

模块六　钢筋混凝土受扭构件

学习目标

知识目标

1. 了解受扭构件的分类及受力特点；
2. 掌握受扭构件的配筋特点及配筋构造要求；
3. 了解纯扭及弯剪扭共同作用下构件承载力计算。

能力目标

1. 能判断工程上受到扭矩作用的混凝土构件；
2. 可以判断扭矩作用下构件配筋位置及配筋根数。

素质目标

通过分析闭口截面和开口截面承载力差别，使学生理解“差之毫厘，谬以千里”在工程中的体现，培养严谨的学习态度。

6.1　受扭构件的分类

结构构件除承受弯矩、剪力、轴向压力和拉力外，受扭也是一种基本的受力形式，例如：框架的边梁、支撑悬臂板的雨篷梁、曲梁、吊车梁和螺旋楼梯等，均承受扭矩的作用。

工程中钢筋混凝土构件的受扭有两类情况，即平衡扭转和协调扭转。若构件中的扭矩由荷载直接引起，则称为平衡扭转，其值可由静力平衡条件直接求出，与构件刚度无关，如支撑悬臂板的雨篷梁[图 6.1(a)]。在超静定结构中，相邻构件的位移受到该构件的约束而引起该构件的扭转，称为协调扭转，也称为约束扭转。其值不能由静力计算得

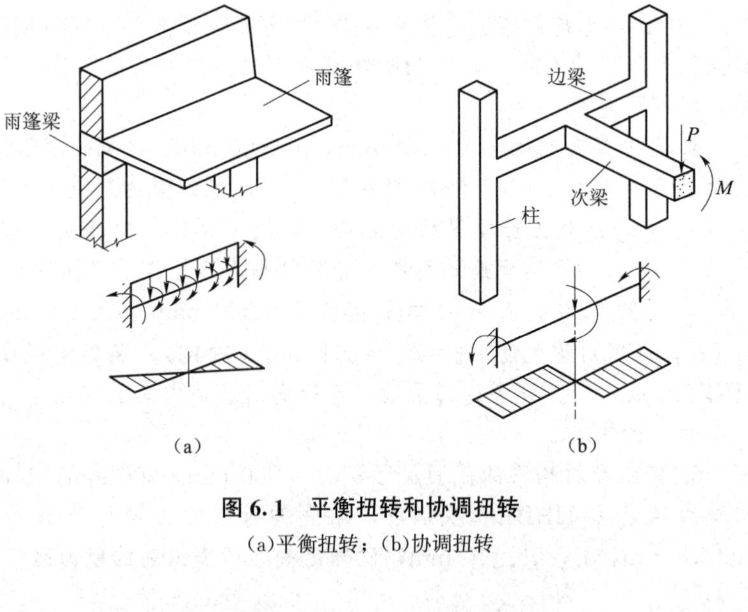

图 6.1　平衡扭转和协调扭转

(a)平衡扭转；(b)协调扭转

出，需结合变形协调条件才能求得。扭矩的大小与受扭构件的抗扭刚度有关，如框架边梁受到次梁负弯矩的作用而引起的扭转[图 6.1(b)]。对于协调扭转，构件在受力过程中因混凝土的开裂和钢筋的屈服，造成构件刚度的变化，从而引起内力重新分布。扭矩的大小与各阶段受力构件的刚度比有关，不是一个定值。

在实际结构中，仅受纯扭矩作用的情况是极少的，绝大多数是处于弯矩、剪力和扭矩共同作用下的复合受扭情况。本模块首先介绍纯扭构件的受力性能，然后介绍在弯矩、剪力和扭矩共同作用下的复合受扭构件的承载力计算。

6.2 纯扭构件的承载力

试验表明：受扭素混凝土构件，一旦出现斜裂缝，就立即破坏。若配置适量受扭钢筋，则不仅能提高其承载力，而且构件破坏时，具有较好的延性。扭矩在构件中引起的主拉应力轨迹线与构件的轴线成 45°角。从这一点看，最合理的抗扭配筋似乎应沿与该构件的轴线成 45°角的方向布置螺旋箍筋。但由于螺旋箍筋在受力上只能适应一个方向的扭转，在实际工程中，扭矩沿构件全长不改变方向的情况很少。当扭矩改变方向时，螺旋箍筋也必须相应改变方向，这在构造上很困难。所以，在实际结构中，一般是采用横向封闭箍筋与纵向抗扭钢筋组成的空间骨架来承担扭矩。

6.2.1 矩形截面纯扭构件的破坏形态

钢筋混凝土受扭构件的试验表明，配置抗扭钢筋的数量及形式，对构件的极限扭矩有很大的影响。构件的受扭破坏形态和极限扭矩，随配筋数量的不同而变化。一般受扭破坏的形态有以下几种。

1. *少筋破坏*

其破坏形态如图 6.2(a)所示。当抗扭钢筋配得过少或过稀时，裂缝首先出现在截面长边中点处，并迅速沿 45°方向向邻近两个短边的面上发展。在第四个面上出现裂缝后(压区很小)，构件就突然破坏，破坏面为一空间扭曲裂面。破坏时，钢筋不仅屈服，而且可经过流幅进入强化阶段，甚至被拉断，构件截面的扭转角较小，构件的破坏扭矩和开裂扭矩非常接近，破坏属于脆性破坏，在设计中应予以避免。构件受扭极限承载力取决于混凝土抗拉强度及截面尺寸，该类破坏模型是求混凝土开裂扭矩的试验依据，并可据此求得抗扭钢筋的最小值。

2. *适筋破坏*

其破坏形态如图 6.2(b)所示。当配置适量的抗扭钢筋时，破坏在由多条螺旋裂缝中的一条主裂缝造成的空间扭曲面上发生。裂缝首先出现在截面长边中点处，并迅速沿 45°方向向邻近两个短边的面上发展，但由于抗扭钢筋用量适当，在出现第一条裂缝后抗扭钢筋就发挥作用，使构件破坏前形成多条裂缝。当通过主裂缝处的抗扭钢筋达到屈服强度后，构件即在该主裂缝的第四个面受压区的混凝土被压碎时破坏。破坏时，扭转角较大，属于延性破坏。构件受扭极限承载力比少筋构件有很大提高，该类破坏模型是设计的试验依据。

3. 超筋破坏

其破坏形态如图 6.2(c)所示。当抗扭钢筋配置过多或混凝土强度过低时，随着外扭矩的不断增加，构件由于混凝土被压碎而破坏，此时抗扭箍筋和纵筋均未屈服，破坏是由某相邻两条 45°螺旋裂缝间的混凝土被压碎引起的。构件破坏时，虽然螺旋裂缝很多，但都很细。构件受扭极限承载力取决于混凝土抗压强度及截面尺寸。破坏时扭转角也较小，属于脆性破坏，这类破坏在设计中也应予以避免。该类破坏模型是求抗扭钢筋最大值的试验依据。

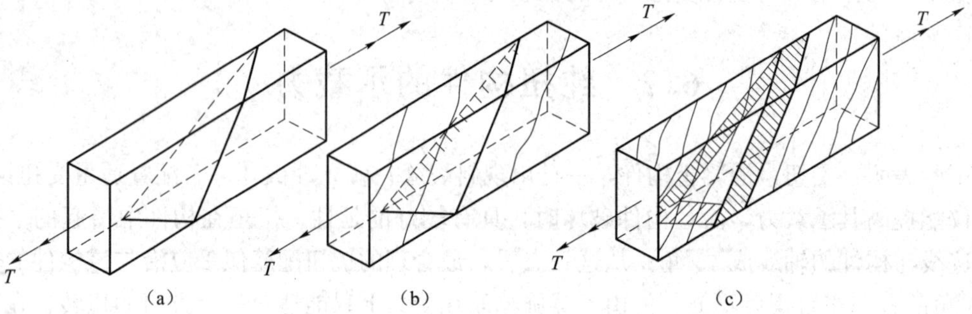

图 6.2　受扭构件的破坏形态

(a)少筋破坏；(b)适筋破坏；(c)超筋破坏

由于抗扭钢筋由纵筋和箍筋两部分组成，纵筋和箍筋的比例对构件的受扭承载力也有影响。当抗扭箍筋配置相对抗扭纵筋少时，构件破坏时箍筋屈服，而纵筋可能达不到屈服强度；反之，当抗扭纵筋配置相对抗扭箍筋少时，构件破坏时纵筋屈服，而箍筋可能达不到屈服强度。这种破坏称为部分超筋破坏。部分超筋构件的延性比适筋构件要差一些，但还不是完全超筋，在设计中允许使用，只是不够经济。

6.2.2　矩形截面纯扭构件的承载力计算

知识拓展：变角度空间桁架模型理论

按《结构规范》中的承载力计算公式，当抗扭钢筋配置适当时，穿过裂缝的纵筋和箍筋在破坏时都可以达到屈服强度，不发生超筋破坏和少筋破坏。试验表明，构件的受扭承载力 T_u 可认为是由混凝土承担的扭矩 T_c 和抗扭钢筋承担的扭矩 T_s 两部分组成，即

$$T_u = T_c + T_s \tag{6-1}$$

《结构规范》在变角度空间桁架模型理论的基础上，根据试验统计分析，得到矩形截面纯扭构件承载力的计算公式：

$$T \leqslant T_u = T_c + T_s = 0.35 f_t W_t + 1.2\sqrt{\zeta} f_{yv} \frac{A_{st1}}{s} A_{cor}$$

$$\zeta = \frac{f_y A_{stl} s}{f_{yv} A_{st1} u_{cor}} \tag{6-2}$$

式中　T——扭矩设计值；

T_u——构件受扭承载力设计值；

W_t——截面抗扭塑性抵抗矩；

f_t——混凝土抗拉强度设计值；

f_{yv}——受扭箍筋的抗拉强度设计值；

s——抗扭箍筋间距；

A_{cor}——截面核心部分的面积；

A_{st1}——受扭计算中沿截面周边所配置箍筋的单肢截面面积；

A_{stl}——受扭计算中对称布置的全部纵向钢筋的截面面积；

u_{cor}——截面核心部分的周长，$u_{cor}=2(b_{cor}+h_{cor})$，$b_{cor}$和$h_{cor}$为箍筋内表面范围内截面核心部分的长边和短边，如图6.3所示；

ζ——受扭构件纵向钢筋与箍筋的配筋强度比值。

应当指出，试验表明，当$0.5\leqslant\zeta\leqslant2.0$时，受扭破坏时纵筋和箍筋均能达到屈服强度，《结构规范》为了安全考虑，规定ζ值应符合下式要求：

$$0.6\leqslant\zeta\leqslant1.7 \tag{6-3}$$

当$\zeta>1.7$时，取$\zeta=1.7$。在工程结构中，常用的范围为$\zeta=1.0\sim1.3$。

其余符号同前。图6.4所示为《结构规范》的公式与试验数值的比较。

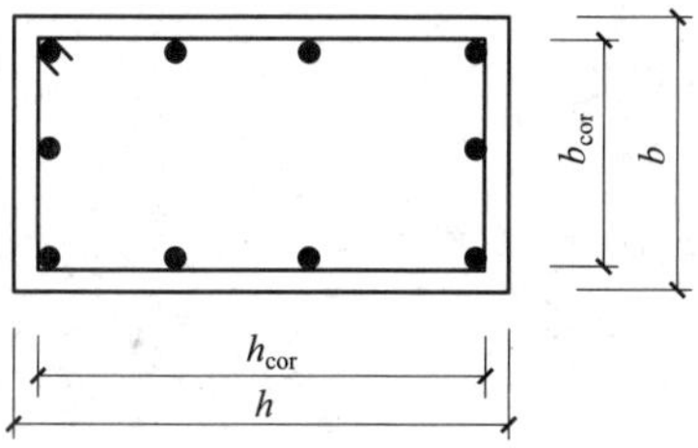

图6.3　矩形受扭截面

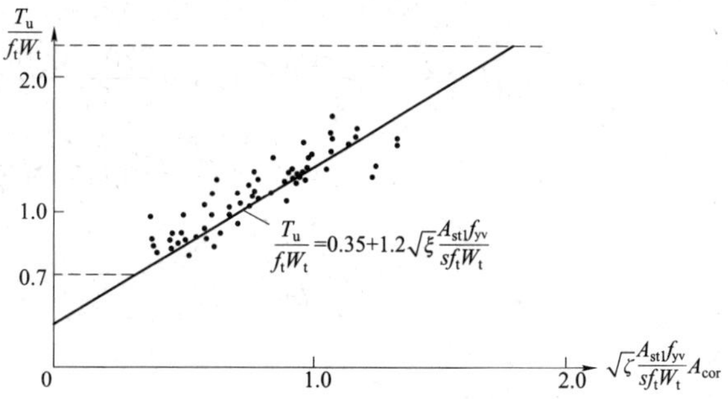

图6.4　矩形截面钢筋混凝土纯扭构件承载力计算公式与实验结果的比较

【例6.1】 已知矩形截面构件，$b\times h=150\ \text{mm}\times300\ \text{mm}$，承受扭矩设计值为5 kN·m，采用C30级混凝土，纵筋和箍筋采用HPB300级钢筋，试计算其配筋。

【解】 (1)整理资料。

$f_c=14.3\ \text{N/mm}^2$，$f_t=1.43\ \text{N/mm}^2$，$f_y=270\ \text{N/mm}^2$，$f_{yv}=270\ \text{N/mm}^2$。

取$a_s=40\ \text{mm}$，$h_0=300-40=260(\text{mm})$；

取$c=30\ \text{mm}$，$h_{cor}=300-60=240(\text{mm})$，$b_{cor}=150-60=90(\text{mm})$，

$$u_{cor}=2\times(240+90)=660(\text{mm}),\ A_{cor}=240\times90=21\ 600(\text{mm}^2),$$

$$W_t=\frac{b^2}{6}(3h-b)=\frac{150^2}{6}\times(3\times300-150)=2.81\times10^6(\text{mm}^3)。$$

(2)验算截面尺寸。

$$\frac{h_0}{b}=\frac{260}{150}<4$$

$$\frac{T}{W_t}=\frac{5\times10^6}{2.81\times10^6}=1.78(\text{N/mm}^2)$$

$$<0.2\beta_c f_c=0.2\times1\times14.3=2.86(\text{N/mm}^2)$$

$$>0.7f_t=0.7\times1.43=1.001(\text{N/mm}^2)$$

截面尺寸满足要求，按计算配置钢筋。

(3)计算抗扭箍筋。

取$\zeta=1.3$，由$T\leqslant0.35f_tW_t+1.2\sqrt{\zeta}\frac{f_{yv}A_{st1}A_{cor}}{s}$，得：

$$\frac{A_{st1}}{s} \geqslant \frac{T-0.35 f_t W_t}{1.2\sqrt{\zeta} f_{yv} A_{cor}} = \frac{5\times 10^6 - 0.35\times 1.43\times 2.81\times 10^6}{1.2\times \sqrt{1.3}\times 270\times 21\ 600} = 0.45(\text{mm}^2/\text{mm})$$

选 Φ8 单肢截面面积 50.3 mm^2，则 $s=100.5$ mm，取 $s=100$ mm。

最小配箍率验算：

$$\rho_{sv} = \frac{A_{sv}}{b_s} = \frac{2\times 50.3}{150\times 100} = 0.671\% \geqslant \rho_{sv,\min} = 0.28\times \frac{f_t}{f_{yv}} = 0.28\times \frac{1.27}{270} = 0.132\%$$

满足要求。

(4)计算抗扭纵筋。

由

$$\zeta = \frac{f_y A_{stl} s}{f_{yv} A_{st1} u_{cor}}$$

得

$$A_{stl} = \zeta \frac{f_{yv} u_{cor} A_{st1}}{f_y s} = 1.3\times \frac{270\times 660}{270}\times \frac{50.3}{100} = 431.57(\text{mm}^2)$$

$$\rho_{tl,\min} = 0.85\frac{f_t}{f_y} = 0.85\times \frac{1.43}{270} = 0.450\%$$

$$\rho_{tl} = \frac{A_{stl}}{bh} = \frac{431.57}{150\times 300} = 0.96\% > \rho_{tl,\min}$$

满足要求。

选筋 6Φ10，$A_s=471\ \text{mm}^2$。

6.3 弯剪扭共同作用下的构件承载力

承受弯矩、剪力和扭矩共同作用的构件，称为弯剪扭构件，其受扭承载力与受弯承载力、受剪承载力相互影响，这种相互影响的性质称为相关性。由于构件的受扭、受弯与受剪承载力之间的相互影响问题过于复杂，采用统一的相关方程来计算比较困难。为了简化计算，《结构规范》对弯剪扭构件的计算采用对混凝土提供的抗力部分考虑相关性，而对钢筋提供的抗力部分进行叠加的方法计算。

随着弯矩、剪力和扭矩的比值不同和配筋的不同，有三种典型的破坏形态，如图 6.5 所示。

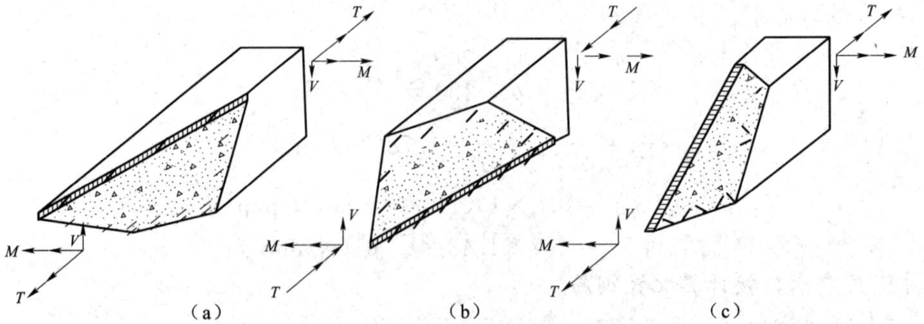

图 6.5 弯剪扭构件的破坏形态

(a)弯型破坏；(b)扭型破坏；(c)剪扭型破坏

(1)弯型破坏。受压区在构件的顶面，如图 6.5(a)所示。破坏形态为构件底面及两侧面的混凝土开裂后，底部钢筋首先屈服，然后顶面混凝土被压碎而破坏。这种破坏通常发生在剪力很小、弯矩与扭矩的比值较大、底部钢筋多于顶部钢筋时，主要由弯矩引起。

(2)扭型破坏。受压区在构件的底面，如图 6.5(b)所示。破坏形态为构件顶面及两侧面的混凝土开裂后，顶部钢筋受扭屈服后，引起底部混凝土被压碎而破坏。这种破坏一般发生在剪力很小、扭矩与弯矩的比值较大且上部纵筋较少的情况下，主要由扭矩引起。

(3)剪扭型破坏。受压区在构件的一个侧面，如图 6.5(c)所示。破坏形态为截面长边一侧中点混凝土开裂后，向顶端和底面延伸，该侧的纵筋(抗扭)和箍筋(抗扭、抗剪)首先屈服，然后另一长边压区混凝土被压碎而破坏。这种破坏通常发生在弯矩很小、剪力和扭矩较大时。

除上述三种破坏形态外，当剪力作用十分明显时，还会发生与剪压破坏十分相近的剪型破坏。

因此，配筋矩形截面构件在弯、剪、扭复合受力情况下的破坏形态与截面尺寸大小及高宽比值，混凝土强度大小；弯、剪、扭内力大小及相互比值，截面上、下纵筋承载力比值，纵筋与箍配筋强度比等因素有关。

6.3.1 矩形截面剪扭构件的承载力计算

知识拓展：剪扭构件混凝土受扭承载力降低系数

《结构规范》给出的受剪扭承载力公式如下：

(1)对于矩形截面一般剪扭构件：

受扭承载力

$$T_u = 0.35\beta_t f_t W_t + 1.2\sqrt{\xi} f_{yv} \frac{A_{st1} A_{cor}}{s} \tag{6-4}$$

受剪承载力

$$V_u = 0.7(1.5 - \beta_t) f_t b h_0 + 1.25 f_{yv} \frac{A_{sv}}{s} h_0 \tag{6-5}$$

式中，$\beta_t = \dfrac{1.5}{1 + 0.5\dfrac{VW_t}{Tbh_0}}$。

(2)对于集中荷载作用下独立的剪扭构件(包括作用有多种荷载且其中集中荷载对支座截面或节点边缘所产生的剪力值占总剪力值 75%以上的情况)，剪扭构件混凝土受扭承载力降低系数：

$$\beta_t = \frac{1.5}{1 + 0.2(\lambda + 1)\dfrac{VW_t}{Tbh_0}} \tag{6-6}$$

剪扭构件的受剪承载力：

$$V_u = (1.5 - \beta_t)\frac{1.75}{\lambda + 1} f_t b h_0 + f_{yv}\frac{A_{sv}}{s} h_0 \tag{6-7}$$

剪扭构件的受扭承载力计算公式与式(6-4)相同。

6.3.2 矩形截面弯扭构件的承载力计算

在同时承受弯矩和扭矩的构件中，纵向钢筋要同时承受弯矩产生的拉应力和压应力以及扭矩产生的拉应力。当弯矩和扭矩的比值不同时，可能发生如下破坏形态：

(1)弯型破坏。当 M/T 较大，即弯矩对构件截面的破坏起主要作用时，发生如同受弯构件的弯曲破坏。破坏时截面下部(指受弯时的受拉区，下同)纵筋屈服，截面上边缘混凝土压碎。

(2)扭型破坏。当 M/T 较小，即扭矩对构件截面的破坏起主要作用时，发生这种破坏。破坏从截面上部纵筋受扭屈服开始，混凝土压碎区在截面的下边缘。

(3)弯扭型破坏。当构件截面高宽比较大，侧面的抗扭纵筋配置较弱或箍筋数量相对较少时，则有可能由于截面一个侧面的纵筋首先受扭屈服而开始破坏，混凝土压碎区发生在截面的另一侧边，因此称为弯扭型破坏。

对于弯扭构件，《结构规范》采用“叠加法”进行设计：按受弯构件的正截面受弯承载力和构件的受扭承载力，分别求出所需要的纵向钢筋截面面积，并按如下方式配置(图 6.6)：

(1)按构件受扭承载力得出的纵向钢筋截面面积 A_{stl} 应沿构件截面周边均匀对称布置，其间距不应大于 200 mm 和梁的宽度，且截面的四角必须有纵向受扭钢筋。受扭的纵向受力钢筋配筋率不应小于其最小配筋率。

$$\rho_{tl}=\frac{A_{stl}}{bh}\geqslant 0.6\sqrt{\frac{T}{Vb}}\cdot\frac{f_t}{f_y} \tag{6-8}$$

(2)按构件受弯承载力得出的纵向受力钢筋面积 A_s，按受弯要求进行配置，并应满足最小配筋率要求。

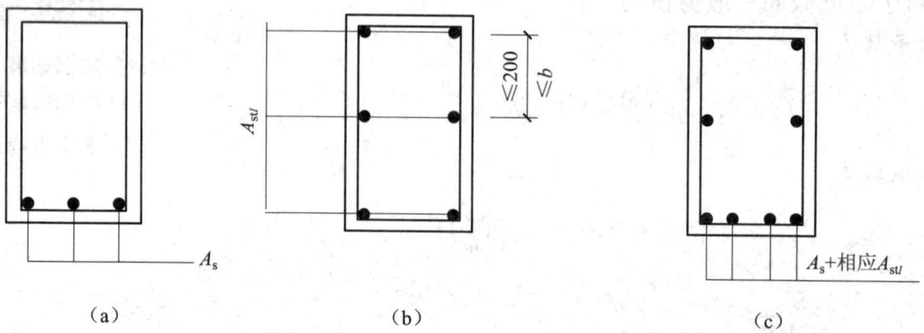

图 6.6　弯扭钢筋纵向钢筋叠加

(a)受弯纵筋；(b)受扭纵筋；(c)叠加

6.3.3　矩形截面弯剪扭构件的承载力计算

为了进一步简化计算，《结构规范》规定：

(1)当满足

$$V\leqslant 0.35f_cbh_0\left(\text{或 }V\leqslant\frac{0.875}{\lambda+1.0}f_tbh_0\right) \tag{6-9}$$

时，可仅按受弯构件的正截面受弯承载力和纯扭构件的受扭承载力分别进行计算。

(2)当满足

$$T\leqslant 0.175f_tW_t \tag{6-10}$$

时，可仅按受弯构件的正截面受弯承载力和斜截面受剪承载力分别进行计算。

(3)当满足

$$\frac{V}{bh_0}+\frac{T}{W_t}\leqslant 0.7f_t \tag{6-11}$$

时，可不进行剪扭承载力计算，仅按受扭构件最小配筋率、配箍率和构造要求配筋。

对于在弯矩、剪力和扭矩共同作用下的T形和I形截面构件的承载力计算，可与计算纯扭构件一样，先将截面划分为几个矩形分块，将扭矩按各矩形分块的截面受扭塑性抵抗矩分配给各个矩形分块，然后按上述方法分别进行计算。但应注意，抗弯纵筋应按整个T形或I形截面计算；腹板应承担全部的剪力和相应分配的扭矩；受压和受拉翼缘不考虑其承受剪力，根据其所分配的扭矩按纯扭构件计算。

6.4 构造要求

1. 纵筋的构造要求

抗扭钢筋应由抗扭纵筋和抗扭箍筋组成。由于扭矩引起的剪应力在截面四周最大，同时为满足扭矩变号的要求，除应在截面四角处放置抗扭纵筋外，其余受扭纵筋应沿截面周边均匀对称布置。抗扭纵筋的间距不应大于200 mm或截面短边尺寸，其两端应按受拉钢筋的构造要求锚固在支座内，纵筋的搭接也应按受拉钢筋的构造要求处理。

2. 箍筋的构造要求

抗扭箍筋必须封闭，沿截面周边布置；当采用复合箍筋时，位于截面内部的箍筋不应计入受扭所需的箍筋面积；箍筋末端应弯成不小于135°的弯钩，且弯钩端头平直段长度不应小于$10d$（d为箍筋直径），以使箍筋端部锚固于截面核心混凝土内。

抗扭箍筋的最大间距应满足受弯构件的规定，在超静定结构中考虑到协调扭转而设置的箍筋，其间距不宜大于$0.75b$（b为截面短边尺寸）。

剪扭构件中配置在同一截面内箍筋各肢的全部截面面积、箍筋的最大间距和最小直径应符合受剪构件的要求，受扭构件配筋构造如图6.7所示。

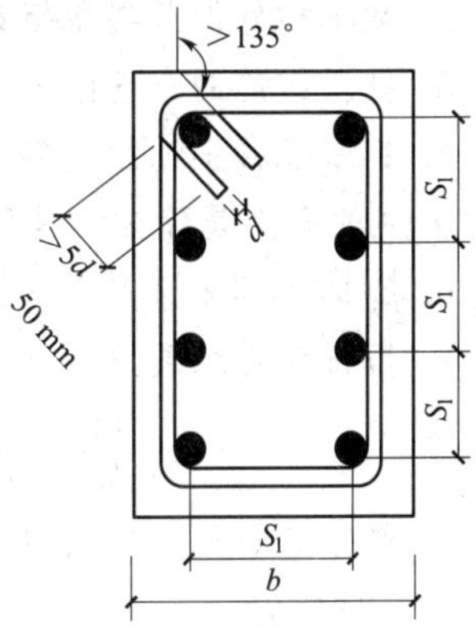

纵筋间距$S_1<300$ mm

箍筋间距$S<S_{max}$

图6.7 受扭构件配筋构造

[例6.2] 剪扭相关计算

章节回顾

在扭矩的作用下，未配筋的受扭构件破坏是突然的脆性破坏，形成三面开裂、一面压碎的空间破坏面。配有适当受扭纵向钢筋和受扭箍筋的钢筋混凝土受扭构件，与斜裂缝间混凝土形成空间桁架的受力机理，使破坏具有较明显的塑性，受扭承载力大大提高。

扭矩往往与剪力、弯矩等共同作用。剪力的存在使受扭承载力下降，扭矩的存在使受剪承载力降低，这就是剪扭的相关性；引入混凝土强度降低系数 β_t 来考虑这一影响。弯矩和扭矩的相关性更复杂，《结构规范》采用分别按受弯计算和受扭计算的纵筋相应位置叠加的方法进行纵向钢筋计算。受扭的纵筋和箍筋必须满足有关的构造要求。

同步测试

一、简答题

1. 什么是平衡扭转？什么是协调扭转？
2. 受扭构件的开裂扭矩如何计算？
3. 抗扭钢筋的合理配置显示是怎样的？
4. 钢筋混凝土纯扭构件的破坏形态有哪几类？应避免哪类破坏形态？如何避免？
5. ζ 的含义是什么？其取值范围是什么？
6. β_t 的物理意义是什么？
7. 剪扭构件承载力计算中如符合下列条件，说明了什么？

$$\frac{V}{bh_0}+\frac{T}{0.8W_t}\geqslant 0.25\beta_c f_c \text{ 和 } \frac{V}{bh_0}+\frac{T}{0.8W_t}\geqslant 0.7f_t$$

8. 简述弯剪扭构件承载力的计算方法和步骤。

二、选择题

1. 受扭构件的配筋形式为(　　)。

A. 仅配抗扭钢筋

B. 配抗扭箍筋和抗扭纵筋

C. 仅配抗扭纵筋

D. 配置与构件轴线成 45°角的螺旋状钢筋

2. 部分超筋的钢筋混凝土纯扭构件的破坏属于(　　)。

A. 塑性破坏　　B. 脆性破坏

C. 可能塑性破坏，也可能脆性破坏　　D. 不能确定

3. 通常设计的钢筋混凝土构件的破坏性质为(　　)。

A. 少筋破坏　　B. 超筋破坏　　C. 脆性破坏　　D. 塑性破坏

三、填空题

1. 纯扭构件有________、________、________、________ 4 种破坏形态。

2. 受扭构件承载力计算公式中参数的物理意义是________，《结构规范》中规定取值应

该在________范围内，其目的是保证________。

3. 无腹筋剪扭构件的抗剪和抗扭承载力的相互关系大致成____________________规律变化。

四、计算题

1. 矩形截面悬臂梁支座处截面尺寸 $b \times h = 250\ \text{mm} \times 550\ \text{mm}$，承受弯矩设计值 $M = 110\ \text{kN} \cdot \text{m}$、扭矩设计值 $T = 8.5\ \text{kN} \cdot \text{m}$、剪力设计值 $V = 122\ \text{kN}$，采用 C25 级混凝土，纵向受力钢筋为 HRB335 级，如图 6.8 所示。试计算该梁配筋，并画出截面配筋图。

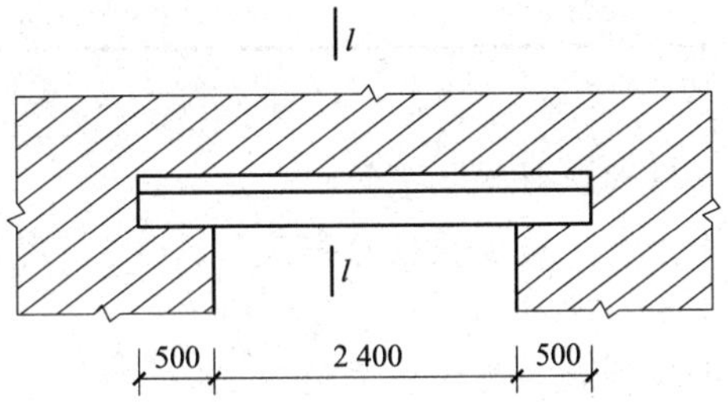

图 6.8　计算题 1 图

计算题 2

模块七 预应力混凝土构件

学习目标

知识目标

1. 理解预应力混凝土原理、材料、张拉控制应力；
2. 掌握预应力混凝土分类、施加预应力方法；
3. 了解预应力损失概念；
4. 掌握预应力混凝土构件的一般构造要求。

能力目标

1. 能够根据抗裂要求判断预应力混凝土构件和普通混凝土构件；
2. 能够看懂预应力构件配筋图纸。

素质目标

通过引入“木桶理论”，引导学生补齐短板，全面发展。

7.1 概　　述

普通钢筋混凝土受拉与受弯等构件，由于混凝土的抗拉强度及极限拉应变值都很低(其极限拉应变为 $0.1\times10^{-3}\sim0.15\times10^{-3}$)，即每米只能拉长 0.1～0.15 mm，所以对使用上不允许出现裂缝的构件，受拉钢筋的应力只能控制在 20～30 N/mm^2，不能充分利用其强度。即使对于允许开裂的构件，当裂缝宽度控制在 0.2～0.3 mm 时，受拉钢筋的应力也只能用到 250 N/mm^2 左右。若采用高强度钢筋，在使用阶段其应力可达到 500～1 000 N/mm^2，但此时构件的裂缝宽度将很大，无法满足其裂缝及变形控制要求。因此，在普通钢筋混凝土结构中采用高强度钢筋是不能充分发挥其作用的，这就使普通钢筋混凝土结构用于大跨度承重结构或承受动力荷载成为不可能或很不经济。

为了避免普通钢筋混凝土结构的裂缝过早出现，应充分利用高强度钢筋和高强度混凝土。目前采用的方法是在结构承受外荷载作用之前，在结构受拉区人为地预先施加压应力，从而可以部分或全部抵消由外荷载产生的拉应力，推迟和限制裂缝的开展，充分利用钢筋的抗拉能力，提高结构的抗裂度和刚度。

现以图 7.1 所示预应力混凝土简支梁为例，说明预应力混凝土的基本原理。

在外荷载作用之前，预先在梁的受拉区施加一对集中压力 N，使梁跨中截面的上边缘混凝土产生预拉应力 σ_{pt}，下边缘混凝土产生预压应力 σ_{pc}，如图 7.1(a)所示。当受到荷载 q 作用时，梁跨中截面的下边缘混凝土将产生拉应力 σ_{ct}，上边缘混凝土产生压应力 σ_c，如

图 7.1(b)所示。这样，在预压力 N 和外荷载 q 的共同作用下，该梁跨中截面的下边缘混凝土产生的拉应力将减至 $\sigma_{ct}-\sigma_{pc}$，上边缘混凝土应力一般为压应力，但也有可能为拉应力，如图 7.1(c)所示。如果施加的预压力比较大，则即使在使用荷载作用下，梁的下边缘仍为压应力。由此可见，预应力混凝土构件可推迟和限制构件裂缝的开展，提高构件的抗裂度和刚度，从根本上克服了普通钢筋混凝土结构抗裂性差的主要缺点，并为采用高强度钢筋和高强度混凝土创造了条件，可以节约钢筋，减轻自重，提高构件的抗疲劳强度。

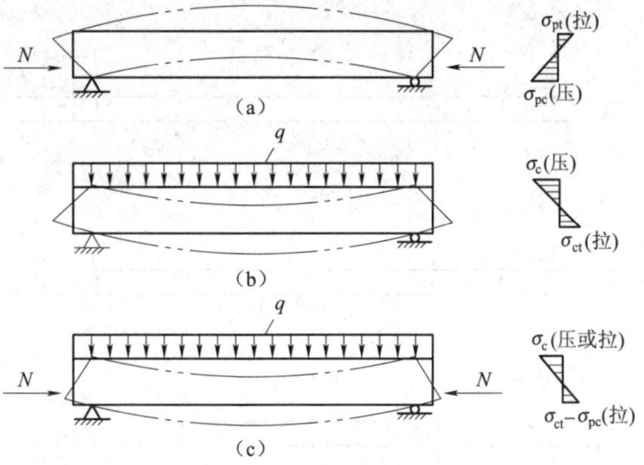

图 7.1　预应力混凝土简支梁

(a)集中预压力作用；(b)使用荷载作用；
(c)集中预压力与使用荷载共同作用

预应力混凝土具有很多优点，其缺点是构造、施工和计算均较钢筋混凝土构件复杂，且延性也差些。下列结构宜优先采用预应力混凝土：

(1)要求裂缝控制等级较高的结构；

(2)大跨度或受力很大的构件；

(3)对构件的刚度和变形控制要求较高的结构构件，如工业厂房中的吊车梁、码头和桥梁中的大跨度梁式构件等。

预应力混凝土构件可根据截面的应力状态分为全预应力混凝土、部分预应力混凝土。全预应力混凝土是指在使用荷载的作用下，不允许截面上混凝土出现拉应力的情况；部分预应力混凝土是指预应力混凝土构件在使用荷载的作用下，允许截面上混凝土出现拉应力，但最大裂缝宽度不得超过允许值的情况。此外，近年发展起来的无黏结预应力混凝土，是在预应力筋的管道内以油脂充填，使预应力筋与管道壁不黏结。施工时，在浇筑混凝土之前可直接将无黏结预应力筋像非预应力筋一样布设即可浇筑混凝土，混凝土达到一定强度后，直接张拉钢筋并锚固，张拉力直接由锚具传递到混凝土上。

知识拓展：无黏结预应力混凝土应用

1. 施加预应力的方法

施加预应力的方法有机械张拉法、电热张拉法和化学方法等。

(1)机械张拉法。机械张拉法是目前最常用的方法。它是通过机械张拉设备张拉配置在结构构件内的纵向预应力钢筋，并使其产生弹性回缩，从而达到对构件施加预应力的目的。机械张拉法按照张拉钢筋与浇筑混凝土的先后顺序又可分为先张法和后张法两种。

1)先张法是在浇筑混凝土之前张拉预应力钢筋的方法，其主要工序如图 7.2 所示。

先张法施工工艺简单，生产效率高，锚夹具可多次重复使用，质量容易保证，通常适合在专用的长线台座(或钢模)上生产中小型预制构件，如屋面板、空心楼板、檩条等。

2)后张法是在结硬后的混凝土构件的预留孔道中张拉预应力钢筋的方法，其主要工序如图 7.3 所示。

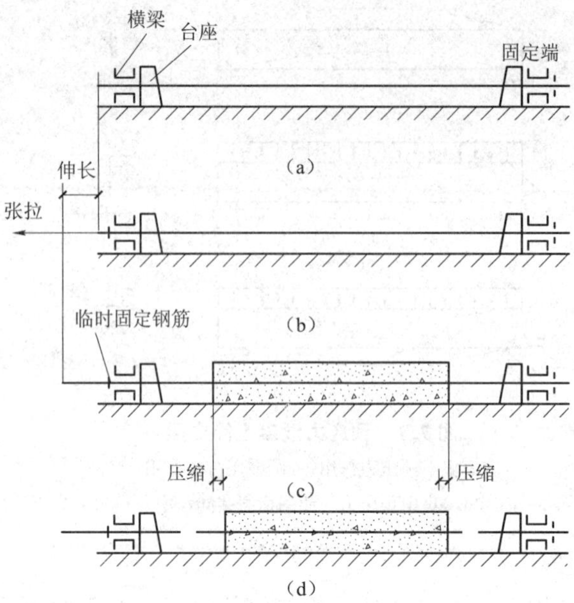

图 7.2　先张法的主要工序示意

(a)钢筋就位；(b)张拉钢筋；(c)临时固定钢筋，浇筑混凝土并养护；(d)放松钢筋，钢筋回缩，混凝土受预压

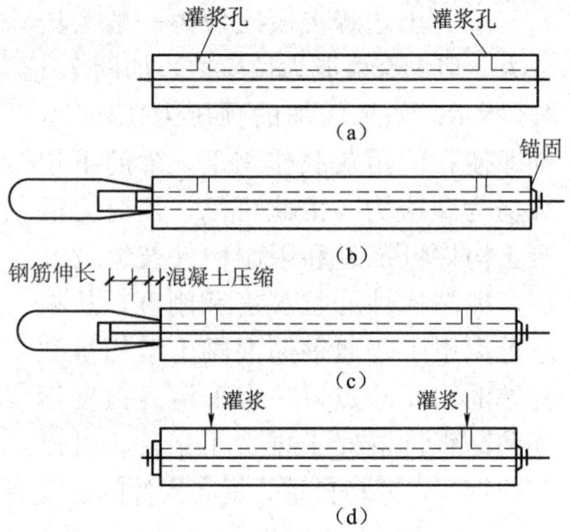

图 7.3　后张法的主要工序示意

(a)浇筑构件并预留孔道，穿入预应力钢筋；(b)安装专用千斤顶；(c)张拉钢筋；(d)锚固钢筋，拆除千斤顶，孔道灌浆

后张法不需要专门台座，适合在现场制作大型构件，但其施工工艺较复杂，锚具加工要求的精度高，消耗量大，成本较高。

(2)电热张拉法。电热张拉法是将低压强电流通过预应力钢筋使其加热伸长，利用断电后钢筋降温冷却回缩来建立预压应力的。其优点是劳动强度低、投资小、设备工艺简单、效率高。其缺点是耗电量大、难以准确建立预应力。电热张拉法常用于制造楼屋面构件、电线杆、枕轨等。

(3)化学方法。化学方法是利用膨胀水泥实现的。它主要应用于压力管道等预制装配式构件。其目前还处于实践中，并未得到广泛的应用。

知识拓展：后张法预应力混凝土梁

知识拓展：预应力混凝土构件的锚夹具

2. 预应力混凝土对材料的要求

预应力混凝土构件在施工阶段，预应力钢筋在张拉时就有很大的拉应力，在使用阶段，其拉应力会进一步增大。同时，混凝土也将承受较大的预压应力。这些都要求预应力混凝土构件采用强度等级较高的钢材和混凝土。

(1)预应力钢材。预应力混凝土构件所用的钢材，应具有下列性能：

1)强度高。混凝土预压应力的大小，主要取决于预应力钢筋张拉后回缩的能力。考虑到构件在制作过程中还会出现各种因素造成的预应力损失，因此需要采用较高的张拉应力，这必然要求预应力钢筋具有较高的抗拉强度，否则不能建立有效的预压应力。

2)具有一定的塑性。为了避免预应力混凝土构件发生脆性破坏，保证在构件破坏之前具有较大的变形能力，要求预应力钢筋具有一定的伸长率。当构件处于低温环境或受到冲击荷载作用时，更应注意其塑性和抗冲击韧性的要求。

3)良好的加工性能。预应力钢筋应具有较好的冷拉、冷拔和焊接等性能，在经过弯转或“镦粗”后应不影响其物理力学性能。

4)与混凝土之间具有较好的黏结性能。预应力混凝土构件预应力的建立，主要依靠其钢筋和混凝土之间的粘结力来完成。因此，预应力钢筋与混凝土之间必须要有足够的黏结强度。当采用光面高强度钢丝时，其表面应经“刻痕”或“压波”等措施处理或捻制成钢绞线后使用。

目前用于混凝土构件中的预应力钢材主要有钢丝、钢绞线及预应力螺纹钢筋等。

1)钢丝。预应力混凝土所用钢丝是将含碳量为 0.5%～0.9%的优质高碳钢轧制成盘条，经回火、酸洗、镀铜或磷化处理后多次冷拔而成。常用钢丝的主要类型有光面钢丝、螺旋肋钢丝及消除应力钢丝等。钢丝的直径为 5～9 mm，中强度预应力钢丝极限抗拉强度标准值为 800～1 270 MPa，消除应力钢丝极限抗拉强度标准值可达 1 570～1 860 N/mm^2。

2)钢绞线。预应力混凝土所用钢绞线是用多根高强度钢丝在绞线机上扭绞而成的。用 3 根钢丝扭绞而成的钢绞线，其直径有 8.6 mm、10.8 mm 和 12.9 mm 三种；用 7 根钢丝扭绞而成的钢绞线，其直径有 9.5 mm、12.7 mm、15.2 mm 和 17.8 mm 四种。钢绞线的极限抗拉强度标准值可达 1 570～1 860 N/mm^2。

3)预应力螺纹钢筋。预应力螺纹钢筋是用热轧、轧后余热处理或热处理等工艺制成的中高强度钢筋。其直径为 18～50 mm，极限抗拉强度标准值为 980～1 230 N/mm^2。

在预应力混凝土结构中，除预应力钢筋外还常采用非预应力钢筋，对非预应力钢筋的要求与在普通钢筋混凝土结构中的要求相同。

(2)混凝土。预应力混凝土构件所用的混凝土，应满足下列要求：

1)强度高。在预应力混凝土结构中应采用强度较高的混凝土，才能建立起较高的预压应力，同时可减小构件截面尺寸，减轻结构自重。另外，对先张法构件，强度较高的混凝土可提高钢筋与混凝土之间的粘结力；对后张法构件，则可提高锚固端的局部承压承载力。

2)收缩、徐变小。混凝土的收缩、徐变小，可以减小混凝土因收缩、徐变引起的预应力损失，从而建立较高而有效的预压应力。

3)快硬、早强。混凝土具有较好的快硬、早强性，可以提高台座，模具，锚、夹具及张拉设备等的周转率，加快施工进度，降低间接费用。

与普通钢筋混凝土结构相比，预应力混凝土结构应采用强度等级更高的混凝土。《结构规范》规定，预应力混凝土结构的混凝土强度等级不应低于 C30。

知识拓展：预应力混凝土结构的发展

7.2 张拉控制应力和预应力损失

7.2.1 张拉控制应力

张拉控制应力是指在张拉预应力钢筋时控制所达到的最大应力值。其值为张拉设备(如千斤顶油压表)所指示的总张拉力除以预应力钢筋截面面积所得到的应力值，以 σ_{con} 表示。

为了充分发挥预应力混凝土的优点，张拉控制应力 σ_{con} 宜定得尽可能高一些，以使混凝土获得较高的预压应力，提高构件的抗裂性。但张拉控制应力也不能定得过高，否则构件在施工阶段，其受拉区就可能因为拉应力过大而直接开裂，或者开裂荷载接近其破坏荷载，导致构件在破坏前无明显的预兆，后张法构件还可能在构件端部出现混凝土局部受压破坏。另外，为了减少预应力损失，构件有时还需要进行超张拉，而钢筋的实际屈服强度具有一定的离散性，如将张拉控制应力定得过高，也有可能使个别预应力钢筋的应力超过其屈服强度，产生较大的塑性变形，从而达不到预期的预应力效果；对于高强度钢丝，甚至会发生脆断。

张拉控制应力 σ_{con} 的取值，除与预应力钢材的种类有关外，还和张拉方法有关。

冷拉钢筋属于软钢，以屈服强度作为强度标准值，所以张拉控制应力 σ_{con} 可以定得高一些。而钢丝和钢绞线属于硬钢，塑性差，且以极限抗拉强度作为强度标准值，故张拉控制应力 σ_{con} 应该定得低一些。

先张法是浇筑混凝土之前在台座上张拉预应力钢筋，混凝土是在钢筋放张后才产生弹性压缩的，故需要考虑混凝土弹性压缩引起的应力降低。而后张法是在混凝土构件上张拉钢筋，在张拉的同时，混凝土被压缩，因而不必再考虑混凝土弹性压缩引起的应力降低。所以，后张法构件的张拉控制应力 σ_{con} 应比先张法构件定得低一些。

《结构规范》规定，预应力钢筋的张拉控制应力 σ_{con} 不宜超过表 7.1 规定的限值，消除应力钢丝、钢绞线、中强度预应力钢丝的张拉控制应力值不应小于 $0.4f_{ptk}$；预应力螺纹钢筋的张拉控制应力值不宜小于 $0.5f_{pyk}$。

表 7.1　张拉控制应力限值

钢筋种类 应力限值	消除应力钢丝、钢绞线	中强度预应力钢丝	预应力螺纹钢筋
应力限值	$0.75f_{ptk}$	$0.70f_{ptk}$	$0.85f_{ptk}$

注：1. 表中 f_{ptk} 为预应力钢筋的强度标准值，详见附表 2。

2. 当符合下列情况之一时，表 7.1 中的张拉控制应力限值可提高 $0.05f_{ptk}$ 或 $0.05f_{pyk}$：

(1)要求提高构件在施工阶段的抗裂性能而在使用阶段受压区内设置的预应力筋；

(2)要求部分抵消由应力松弛、摩擦、钢筋分批张拉以及预应力钢筋与张拉台座之间的温差等因素产生的预应力损失。

7.2.2　预应力损失及减小预应力损失的措施

在预应力混凝土构件施工及使用过程中，预应力钢筋的张拉应力值并不是始终不变的，由于各种原因(如预应力钢筋与孔道壁之间的摩擦，锚具夹片的滑移，混凝土的收缩、徐变以及钢筋的应力松弛等因素)，预应力钢筋的张拉应力会不断地降低。这种预应力钢筋张拉应力的降低，即预应力损失 σ_l。

由于引起预应力损失的因素很多，而且有些因素引起的预应力损失值还随时间的增长和环境的变化而变化，并且又进一步相互影响，所以要精确计算和确定预应力损失值是一项非常复杂的工作。目前，对于预应力损失的计算，各国规范的规定大同小异，一般采用分项计算再叠加确定总预应力损失的方法。

1. 锚具变形和预应力钢筋内缩引起的预应力损失 σ_{l1}

(1)预应力直线钢筋。当预应力直线钢筋张拉到 σ_{con} 后即被锚固于台座或构件上，锚具变形(如螺帽、垫板与构件之间缝隙的挤紧)和预应力钢筋的滑移使钢筋回缩，引起预应力损失 σ_{l1}(N/mm²)，其值可按下式计算：

$$\sigma_{l1}=\frac{a}{l}E_s \tag{7-1}$$

式中 a——张拉端锚具变形和钢筋内缩值(mm)，按表 7.2 取用；

l——张拉端至锚固端之间的距离(mm)。

表 7.2　锚具变形和钢筋内缩值 a　　mm

锚具类别		a
支承式锚具(钢丝束镦头锚具等)	螺帽缝隙	1
	每块后加垫板的缝隙	1
锥塞式锚具(钢丝束的钢质锥形锚具等)		5
夹片式锚具	有顶压时	5
	无顶压时	6～8

注：1. 表中的锚具变形和钢筋内缩值也可根据实测数据确定。
2. 其他类型的锚具变形和钢筋内缩值应根据实测数据确定。

对于块体拼成的结构，其预应力损失尚应计及块体间填缝的预压变形。当采用混凝土或砂浆为填缝材料时，每条填缝的预压变形可取 1 mm。

(2)预应力曲线钢筋。当后张法构件采用曲线预应力钢筋时，由于反摩擦的作用，锚固损失在张拉端最大，沿预应力钢筋逐步减小，直到消失，如图 7.4 所示。根据变形协调原理，后张法构件预应力曲线钢筋由于锚具变形和预应力钢筋内缩引起的预应力损失 σ_{l1} (N/mm^2)，可按下列公式计算：

$$\sigma_{l1}=2\sigma_{\mathrm{con}}l_{\mathrm{f}}\left(\frac{\mu}{\gamma_{\mathrm{c}}}+\kappa\right)\left(1-\frac{x}{l_{\mathrm{f}}}\right) \tag{7-2}$$

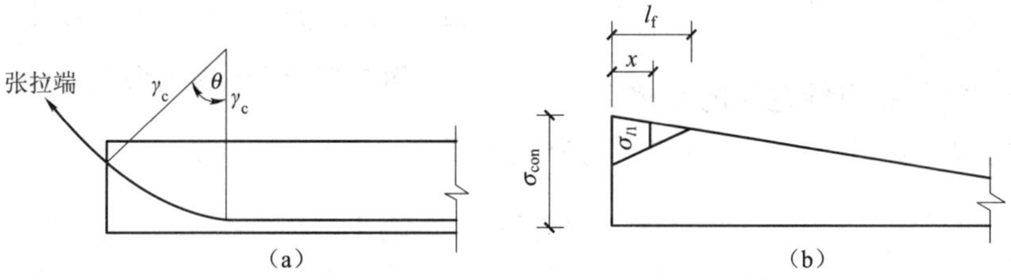

图 7.4　预应力钢筋端部曲线段因锚具变形和钢筋回缩引起的预应力损失计算图

(a)预应力钢筋端部曲线段示意；(b)σ_{l1}分布图

反向摩擦影响长度 l_{f}(m)按下式计算：

$$l_{\mathrm{f}}=\sqrt{\frac{aE_{\mathrm{s}}}{1\,000\sigma_{\mathrm{con}}\left(\frac{\mu}{\gamma_{\mathrm{c}}}+\kappa\right)}} \tag{7-3}$$

式中 γ_{c}——圆弧形曲线预应力钢筋的曲率半径(m)；

κ——考虑孔道每米长度局部偏差的摩擦系数，按表 7.3 取用；

μ——预应力钢筋与孔道壁之间的摩擦系数，按表 7.3 取用；

x——张拉端至计算截面的孔道长度(m)，可近似取该段孔道在纵轴上的投影长度；

a——张拉端锚具变形和钢筋内缩值(mm)，按表 7.2 取用。

表 7.3 摩擦系数 κ 及 μ 值

孔道成型方式	κ	μ	
		钢绞线、钢丝束	预应力螺纹钢筋
预埋金属波纹管	0.001 5	0.25	0.50
预埋塑料波纹管	0.001 5	0.15	—
预埋钢管	0.001 0	0.30	—
抽芯成型	0.001 4	0.55	0.60
橡胶管或钢管抽芯成型	0.004 0	0.09	—
注：摩擦系数也可根据实测数据确定。			

(3)减小 σ_{l1} 损失的措施。选择锚具变形小或使预应力钢筋内缩小的锚具、夹具，并尽量少用垫板；对先张法预应力混凝土构件，增加台座长度。当台座长度超过 100 mm 时，σ_{l1} 可忽略不计。

2. 预应力钢筋与孔道壁之间摩擦引起的预应力损失 σ_{l2}

(1)σ_{l2} 的计算。后张法预应力混凝土构件，当采用预应力直线钢筋时，由于预留孔道位置偏差、内壁粗糙及预应力钢筋表面粗糙等，预应力钢筋在张拉时与孔道壁之间产生摩擦阻力。这种摩擦阻力距离预应力钢筋张拉端越远，其影响越大；当采用预应力曲线钢筋时，曲线孔道的曲率使预应力钢筋与孔道壁之间产生附加的法向力和摩擦力，摩擦阻力更大，如图 7.5所示。

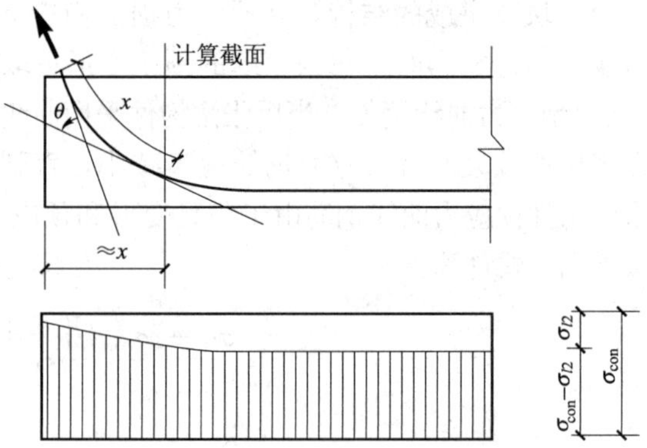

图 7.5 摩擦引起的预应力损失

预应力钢筋与孔道壁之间的摩擦引起的预应力损失 σ_{l2}(N/mm^2)，可按下列公式计算：

$$\sigma_{l2}=\sigma_{con}\left(1-\frac{1}{e^{\kappa x+\mu\theta}}\right) \tag{7-4}$$

式中 x——张拉端至计算截面的孔道长度(m)，可近似取该段孔道在纵轴上的投影长度；

θ——张拉端至计算截面孔道部分切线的夹角(rad)；

κ——考虑孔道每米长度局部偏差的摩擦系数，按表 7.3 取用；

μ——预应力钢筋与孔道壁之间的摩擦系数，按表 7.3 取用。

当($\kappa x+\mu\theta$)≤0.2 时，可按下列公式近似计算：

$$\sigma_{l2}=(\kappa x+\mu\theta)\sigma_{con} \tag{7-5}$$

对多曲率的曲线孔道或直线段与曲线段组成的孔道，应分段计算摩擦引起的预应力损失。

(2)减小 σ_{l2} 损失的措施。

1)两端张拉：对于较长的构件可在两端进行张拉，则计算中的孔道长度可减小一半，如图 7.6(b)所示。但这个措施将引起 σ_{l1} 的增加，使用时应加以注意。

2)超张拉：如张拉程序为 0→1.1σ_{con} 持荷 2 min→0.85σ_{con}→σ_{con}[图 7.6(c)]，则可减小 σ_{l2} 损失。当张拉端 A 超张拉至 1.1σ_{con} 时，钢筋中预拉应力将沿 EHD 分布。当张拉端的张

拉应力降低至 0.85σ_{con}时，由于钢筋回缩时孔道摩擦力的反向影响，钢筋中预拉应力将沿 $FGHD$ 分布。当张拉端 A 再次张拉至σ_{con}时，钢筋中预拉应力将沿 $CGHD$ 分布，它比一次张拉至 σ_{con}的预拉应力分布均匀，且预应力损失也有所减小。

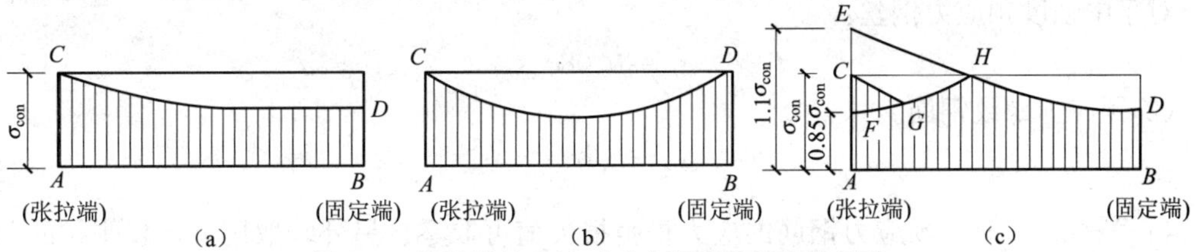

图 7.6　钢筋张拉方法对减小预应力损失的影响

(a)—端张拉；(b)两端张拉；(c)超张拉

3. 加热养护时，预应力钢筋与台座之间的温差引起的预应力损失 σ_{l3}

为了缩短先张法构件的生产周期，混凝土浇筑后常进行蒸汽养护。升温时，新浇筑的混凝土尚未结硬，钢筋受热后可自由伸长，但两端的台座是固定不动的，也即台座间的距离保持不变，这必然使张拉后受力的钢筋变松，产生预应力损失。降温时，混凝土已结硬并同预应力钢筋结成整体共同回缩，而且二者的温度线膨胀系数相近，故所产生的预应力损失无法恢复。

设混凝土加热养护时，受张拉的钢筋与承受拉力的设备(台座)之间的温差为Δt(℃)，钢筋的温度线膨胀系数为 $\alpha=1\times10^{5}$/℃，则 σ_{l3}(N/mm^2)可按下式计算：

$$\sigma_{l3}=\varepsilon_s E_s=\frac{\Delta l}{l}E_s=\frac{\alpha l\Delta t}{l}E_s=\alpha E_s\Delta t$$

$$=1\times10^{-5}\times2.0\times10^{5}\times\Delta t=2\Delta t \tag{7-6}$$

为了减小 σ_{l3} 损失，可采用两次升温养护，即在蒸汽养护混凝土时，先控制养护室内温差不超过 20℃，待混凝土强度达到 C7.5～C10 后，再逐渐升温至规定的养护温度。此时可认为钢筋与混凝土已结成整体，能够一起胀缩而无预应力损失。如果是在钢模上张拉预应力钢筋，由于预应力钢筋是锚固在钢模上的，升温时两者温度相同，因此不会因温差而产生预应力损失。

4. 预应力钢筋的应力松弛引起的预应力损失 σ_{l4}

钢筋在高应力的作用下，其塑性变形具有随时间而增长的性质。在钢筋长度保持不变的条件下，其应力会随时间的增长而逐渐降低，这种现象称为钢筋的应力松弛。钢筋的应力松弛引起的预应力损失 σ_{l4}(N/mm^2)的计算方法如下：

(1)预应力钢丝、钢绞线。

对于普通松弛预应力钢丝、钢绞线：

$$\sigma_{l4}=0.4\phi\left(\frac{\sigma_{con}}{f_{ptk}}-0.5\right)\sigma_{con} \tag{7-7}$$

其中，一次张拉时，$\phi=1$；超张拉时，$\phi=0.9$。

对于低松弛预应力钢丝、钢绞线：

当 $\sigma_{con}\leqslant0.7f_{ptk}$时，

$$\sigma_{l4}=0.125\left(\frac{\sigma_{con}}{f_{ptk}}-0.5\right)\sigma_{con} \tag{7-8}$$

当 $0.7f_{ptk}<\sigma_{con}\leqslant 0.8f_{ptk}$ 时，

$$\sigma_{l4}=0.2\left(\frac{\sigma_{con}}{f_{ptk}}-0.575\right)\sigma_{con} \tag{7-9}$$

对于中强度预应力钢丝：

$$\sigma_{l4}=0.08\sigma_{con} \tag{7-10}$$

(2)预应力螺纹钢筋。

$$\sigma_{l4}=0.03\sigma_{con} \tag{7-11}$$

当 $\frac{\sigma_{con}}{f_{ptk}}\leqslant 0.5$ 时，预应力钢筋的应力松弛损失值可取零。另外，取用上述超张拉的预应力损失值时，其张拉程序应为：$0\rightarrow 1.03\sigma_{con}$ 或 $0\rightarrow 1.05\sigma_{con}$ 持荷 2 min$\rightarrow\sigma_{con}$。

试验表明，钢筋应力松弛与时间和初应力有关。应力松弛在开始阶段发展较快，第一小时松弛可达全部松弛损失的50%左右，24 小时后可达 80%左右，以后发展缓慢；应力松弛与初应力呈线性关系，张拉控制应力值高，应力松弛大。反之，应力松弛小。为减小 σ_{l4} 损失，可进行超张拉，因为在高应力状态下，钢筋在短时间内所产生的松弛损失即可达到它在低应力下需经过较长时间才能完成的松弛数值。

5. 混凝土的收缩和徐变引起的预应力损失 σ_{l5}

在一般湿度条件下，混凝土结硬时会发生体积收缩，而在预应力的作用下，混凝土会发生沿压力方向的徐变。二者都使构件的长度缩短，预应力钢筋也随之内缩，产生预应力损失。混凝土的收缩和徐变引起的预应力损失 σ_{l5}（N/mm^2），可按下列公式计算：

先张法构件

$$\sigma_{l5}=\frac{60+340\frac{\sigma_{pc}}{f'_{cu}}}{1+15\rho} \tag{7-12}$$

$$\sigma'_{l5}=\frac{60+340\frac{\sigma'_{pc}}{f'_{cu}}}{1+15\rho'} \tag{7-13}$$

后张法构件

$$\sigma_{l5}=\frac{55+300\frac{\sigma_{pc}}{f'_{cu}}}{1+15\rho} \tag{7-14}$$

$$\sigma'_{l5}=\frac{55+300\frac{\sigma'_{pc}}{f'_{cu}}}{1+15\rho'} \tag{7-15}$$

式中 σ_{pc}，σ'_{pc}——在受拉区、受压区预应力钢筋合力点处的混凝土法向压应力；

f'_{cu}——施加预应力时的混凝土立方体抗压强度；

ρ，ρ'——受拉区、受压区预应力钢筋和非预应力钢筋的配筋率。

对先张法构件

$$\rho=\frac{A_p+A_s}{A_0}\qquad \rho'=\frac{A'_p+A'_s}{A_0} \tag{7-16}$$

对后张法构件

$$\rho=\frac{A_p+A_s}{A_n}\qquad \rho'=\frac{A'_p+A'_s}{A_n} \tag{7-17}$$

式中　A_0——混凝土换算截面面积；

A_n——混凝土净截面面积。

对于对称配置预应力钢筋和非预应力钢筋的构件，配筋率 ρ、ρ'应按钢筋总截面面积的一半计算。

上述公式是在相对湿度为 60%～80%的环境条件下得出的经验公式，当处于高湿度环境条件下时，σ_{l5} 及 σ'_{l5} 的值可降低 50%。而当结构处于年平均相对湿度低于 40%的环境下时，σ_{l5} 及σ'_{l5} 的值应增加 30%。对坍落度大的泵送混凝土或周围空气相对湿度为 40%～60%的情况，宜根据实际情况考虑混凝土收缩和徐变引起预应力损失值增大的影响，或采用其他可靠数据。

由于混凝土收缩和徐变引起的预应力损失 σ_{l5} 在预应力总损失中所占比例较大，故应采取有效措施减小 σ_{l5}。采用高强度等级水泥、减少水泥用量、降低水胶比、采用干硬性混凝土、选择级配较好的集料、加强振捣、提高混凝土的密实性、注意加强混凝土养护等，都可以减少混凝土的收缩和徐变引起的预应力损失。

6. 环形构件混凝土受螺旋式预应力钢筋局部挤压引起的预应力损失 σ_{l6}

环形构件混凝土由于受螺旋式预应力钢筋的挤压而发生局部压陷，构件的直径将有所减小，预应力钢筋中的拉应力就会随之降低，引起预应力损失 σ_{l6}。

σ_{l6} 的大小与环形构件的直径 d 成反比。构件直径 d 越小，预应力损失 σ_{l6} 越大。《结构规范》规定：当 $d \leqslant 3$ m 时，取 $\sigma_{l6}=30$ N/mm^2；当 $d>3$ m 时，取 $\sigma_{l6}=0$。

7.2.3　预应力损失值的组合

上述各项预应力损失是按不同张拉施工方式和在不同阶段分批产生的。通常把混凝土预压前出现的预应力损失称为第一批损失($\sigma_{l\mathrm{I}}$)，混凝土预压后出现的预应力损失称为第二批损失($\sigma_{l\mathrm{II}}$)。

预应力混凝土构件在各阶段的预应力损失值可按表 7.4 的规定进行组合。

预应力损失的计算值与实际预应力损失值之间可能有一定的误差，为避免计算值偏小带来的不利影响，《结构规范》规定当计算求得的预应力总损失 $\sigma_l=\sigma_{l\mathrm{I}}+\sigma_{l\mathrm{II}}$ 小于下列数值时，应按下列数值取用：

先张法构件：100 N/mm^2；

后张法构件：80 N/mm^2。

表 7.4　各阶段预应力损失值的组合

预应力损失值的组合	先张法构件	后张法构件
混凝土预压前(第一批)的损失 $\sigma_{l\mathrm{I}}$	$\sigma_{l1}+\sigma_{l3}+\sigma_{l4}$	$\sigma_{l1}+\sigma_{l2}$
混凝土预压后(第二批)的损失 $\sigma_{l\mathrm{II}}$	σ_{l5}	$\sigma_{l4}+\sigma_{l5}+\sigma_{l6}$
注：先张法构件由于钢筋应力松弛引起的损失值在第一批和第二批损失中所占的比例如需区分，可根据实际情况确定。		

7.3 预应力混凝土轴心受拉构件的应力分析

预应力混凝土轴心
受拉构件的应力分析

7.4 预应力混凝土轴心受拉构件的计算和验算

预应力混凝土轴心
受拉构件的计算和验算

7.5 预应力混凝土构件的构造要求

预应力混凝土构件的构造，是关系到构件设计能否实现的实际问题，因而预应力混凝土构件应根据其张拉工艺、锚固措施及预应力钢筋种类的不同，满足相应的构造要求。

7.5.1 先张法构件

1. 预应力钢筋(丝)的配筋方式及净间距

当先张法预应力钢丝按单根方式配筋困难时，可采用相同直径的钢丝并筋的配筋方式。并筋的等效直径，对双并筋应取为单筋直径的 1.4 倍，对三并筋应取为单筋直径的 1.7 倍。

当预应力钢绞线、热处理钢筋采用并筋方式时，应有可靠的构造措施。

先张法预应力钢筋之间的净间距应根据浇筑混凝土、施加预应力及钢筋锚固等要求确定。预应力钢筋之间的净间距不应小于其直径(或等效直径)的 1.5 倍，且应符合下列规定：对热处理钢筋及钢丝，不应小于 15 mm；对三股钢绞线，不应小于 20 mm；对七股钢绞线，不应小于 25 mm。

2. 预应力钢筋的保护层

为保证钢筋与周围混凝土的黏结锚固，防止放松预应力钢筋时在构件端部沿预应力钢筋周围出现纵向裂缝，必须有一定的混凝土保护层厚度。纵向受力的预应力钢筋，其混凝土保护层厚度取值同普通钢筋混凝土构件，并且不小于 15 mm。

对有防火要求，处于海水环境、受人为或自然的侵蚀性物质影响的环境中的建筑物，其混凝土保护层厚度还应符合国家现行有关标准的要求。

3. 构件端部的加强措施

(1)对单根配置的预应力钢筋，其端部宜设置长度不小于 150 mm 且不少于 4 圈的螺旋筋；当有可靠经验时，也可利用支座垫板上的插筋，但插筋数量不应少于 4 根，其长度不宜小于 120 mm。

(2)对分散布置的多根预应力钢筋，在构件端部 $10d$(d 为预应力钢筋直径)范围内应设置 3～5 片与预应力钢筋垂直的钢筋网。

(3)当构件端部与下部支承结构焊接时，应考虑混凝土收缩、徐变及温度变化所产生的不利影响，宜在构件端部可能产生裂缝的部位设置足够的非预应力纵向构造钢筋。

7.5.2 后张法构件

1. 预留孔道的构造要求

后张法预应力钢丝束、钢绞线束的预留孔道应符合下列规定：

(1)对预制构件，孔道之间的水平净间距不宜小于 50 mm；孔道至构件边缘的净间距不宜小于 30 mm，并且不宜小于孔道直径的 1/2。

(2)预留孔道的内径，应比预应力钢丝束或钢绞线束外径及需穿过孔道的连接器外径大 10～15 mm。

(3)在构件两端及中部应设置灌浆孔或排气孔，灌浆孔或排气孔的孔距不宜大于 12 m。

(4)凡制作时需要预先起拱的构件，预留孔道宜随构件同时起拱。

(5)灌浆用的水泥浆宜采用不低于 42.5 级普通硅酸盐水泥配置的水泥浆，水泥浆应有足够的强度，较好的流动性、干缩性和泌水性；灌浆顺序宜先灌注下层孔道，再灌注上层孔道；对较大的孔道或预埋管孔道，宜采用二次灌浆法。

要求预留孔道位置应正确，孔道平顺，接头不漏浆，端部预埋钢板应垂直于孔道中心线等。

2. 锚具

后张法预应力钢筋所用锚具的形式和质量，应符合国家现行有关标准的规定。

3. 构件端部的加强措施

(1)构件端部尺寸应考虑锚具的布置、张拉设备的尺寸和局部受压的要求，必要时应适当加大。

(2)构件端部锚固区，应按预应力混凝土轴心受拉构件的计算和验算的相关规定进行局部受压承载力计算，并配置间接钢筋。

(3)在预应力钢筋锚具下及张拉设备的支承处，应设置预埋钢垫板并按上述规定设置间接钢筋和附加构造钢筋。

(4)当构件在端部有局部凹进时，应增设折线构造钢筋或其他有效的构造钢筋，如图 7.7 所示。当有足够依据时，

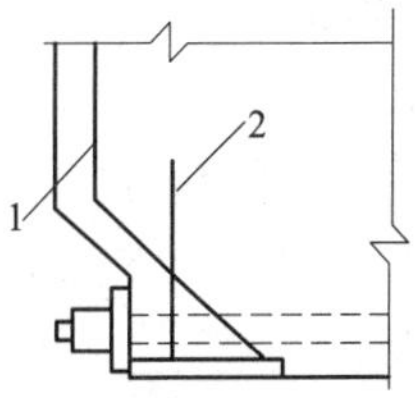

图 7.7 端部凹进处的构造钢筋

1—折线构造钢筋；2—竖向构造钢筋

还可采用其他端部附加钢筋的配置方法。

(5)对外露金属锚具，应采取涂刷油漆、砂浆封闭等可靠的防锈措施。

章节回顾

本模块从预应力的概念入手，介绍了施加预应力的目的和两种主要的施加预应力的方法：先张法和后张法；预应力混凝土所用材料，常用的锚具、夹具；预应力损失的概念、分类、计算方法及其组合；预应力混凝土轴心受拉构件各阶段应力状态的分析和设计计算方法以及有关预应力混凝土结构的基本构造要求。

(1)对混凝土构件施加预应力，是克服混凝土构件自重大、易开裂最有效的途径之一。与普通钢筋混凝土结构相比，预应力混凝土结构具有许多显著的优点，因而，在目前的工程中正得到越来越广泛的应用。

(2)预应力损失是预应力混凝土结构中特有的现象。预应力混凝土构件中，引起预应力损失的因素较多，不同预应力损失出现的时刻和延续的时间受许多因素制约，给计算工作增添了复杂性。深刻认识预应力损失现象，把握其变化规律，对于理解预应力混凝土构件的设计计算十分重要。

(3)在施工阶段，预应力混凝土构件的计算分析是基于材料力学的分析方法，先张法构件和后张法构件采用不同的截面几何特征；在使用阶段，构件开裂前，材料力学的方法仍适用于预应力混凝土构件的分析，而且先张法构件和后张法构件都采用换算截面进行。

同步测试

一、简答题

1. 何谓预应力？为什么要对构件施加预应力？

2. 与普通钢筋混凝土构件相比，预应力混凝土构件有何优、缺点？

3. 预应力混凝土构件对材料有何要求？为什么预应力混凝土构件所选用的材料都要求有较高的强度？

4. 什么是张拉控制应力？为什么要对预应力钢筋的张拉应力进行控制？

5. 预应力损失有哪些？如何减小各项预应力损失值？

6. 什么是第一批和第二批预应力损失？先张法和后张法构件各项预应力损失是怎样组合的？

二、填空题

1. 目前用于混凝土构件中的预应力钢材主要有钢丝、________及________等。

2. 若各项预应力损失记为锚具变形损失 σ_{l1}、管道摩擦损失 σ_{l2}、温差损失 σ_{l3}、钢筋松弛损失 σ_{l4}、混凝土收缩和徐变损失 σ_{l5}、钢筋对混凝土的挤压损失 σ_{l6}，则先张法混凝土第一批损失为________，第二批损失为________；后张法混凝土第一批损失为________，第二批损失为________。

三、计算题

1. 某预应力混凝土轴心受拉构件，长 24 m，截面尺寸为 250 mm×160 mm。混凝土强度等级为 C50，预应力钢筋为 10 $\Phi^{H}9$ 螺旋肋钢丝，如图 7.8 所示。采用先张法在 50 m 台座上张拉(超张拉 5%)，端头采用镦头锚具固定预应力筋。蒸汽养护时构件与台座之间的温差 Δt=20 ℃，混凝土达到强度设计值的 75%时放松预应力钢筋。试计算各项预应力损失。

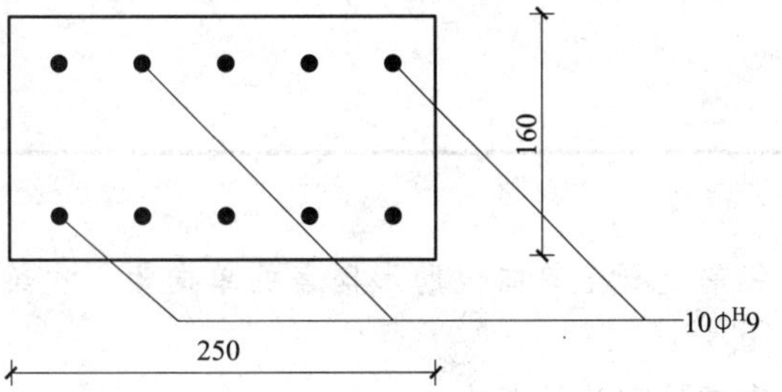

图 7.8　计算题 1 图

计算题 2

模块八 钢筋混凝土楼盖

学习目标

知识目标

1. 熟练掌握现浇钢筋混凝土单向板肋形楼盖的单向板、次梁、主梁的计算要点及构造要求；
2. 能用弹性理论和塑性理论计算内力；
3. 深刻理解塑性铰的概念及塑性内力重分布的概念；
4. 了解现浇钢筋混凝土双向板及其支撑梁的受力特点和内力计算方法及构造要求；
5. 熟悉现浇钢筋混凝土梁式、板式楼梯的计算方法与构造。

能力目标

1. 能根据设计资料设计单向板肋梁楼盖；
2. 能够在钢筋混凝土楼盖上配置钢筋。

素质目标

通过讲解正确布置梁格及设计配筋具有的重要工程意义，引出土木工程应具备的职业道德。

8.1 概　　述

钢筋混凝土楼盖作为建筑结构的重要组成部分，是由梁、板、柱(或无梁)组成的梁板结构体系，工业与民用建筑中的屋盖、楼盖、阳台、雨篷、楼梯等构件广泛采用楼盖结构形式。工程结构中梁板结构体系的结构构件极为常见，如板式基础、水池的顶板和底板、挡土墙、桥梁的桥面结构等。了解楼盖结构的选型，正确布置梁格，掌握结构的计算和构造，具有重要的工程意义。

视频：楼盖介绍

8.1.1 单向板与双向板

现浇钢筋混凝土肋形楼盖由板、次梁、主梁组成(图 8.1)。按板的受力特点，其可分为现浇单向板肋形楼盖和现浇双向板肋形楼盖。楼盖板为单向板的楼盖，称为单向板肋形楼盖；相应地，楼盖板为双向板的楼盖，称为双向板肋形楼盖。

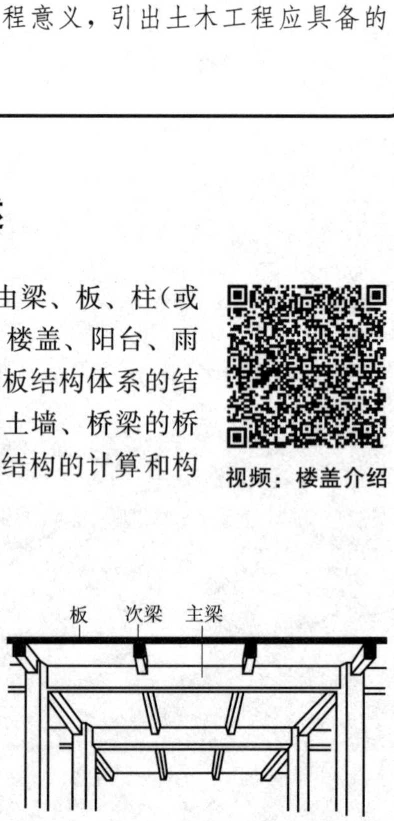

图 8.1 肋形楼盖

现浇肋形楼盖中板的四边支承在次梁、主梁或砖墙上，当板的长边 l_2 与短边 l_1 之比较大时(图 8.2)，荷载主要沿短边方向传递，而沿长边方向传递的荷载很少，可以忽略不计。板中的受力钢筋将沿短边方向布置，在垂直于短边方向只布置构造钢筋，这种板称为单向板，也叫作梁式板。当板的长边 l_2 与短边 l_1 之比不大时(图 8.3)，板上荷载沿长、短边两个方向传递差别不大，板在两个方向的弯曲均不可忽略。板中的受力钢筋应沿长、短边两个方向布置，这种板称为双向板。实际工程中，通常将 $l_2/l_1 \geqslant 3$ 的板按单向板计算；将 $l_2/l_1 \leqslant 2$ 的板按双向板计算。而当 $2 < l_2/l_1 < 3$ 时，宜按双向板计算；若按单向板计算，应沿长边方向布置足够数量的构造钢筋。

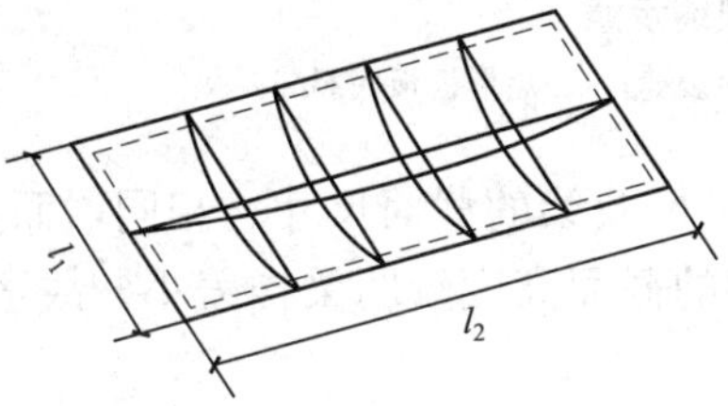

图 8.2　单向板

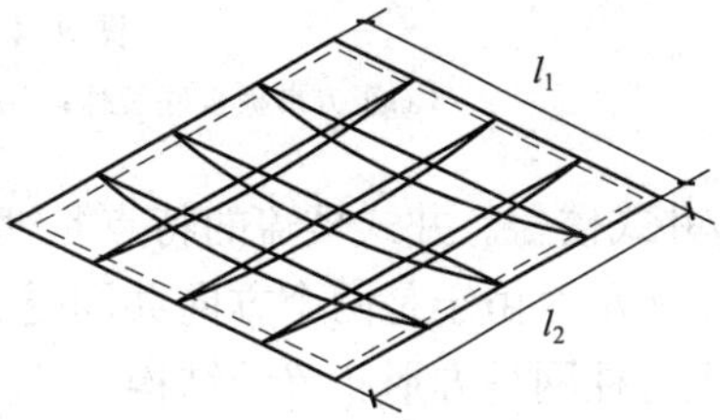

图 8.3　双向板

应当注意的是，单边嵌固的悬臂板和两对边支承的板，无论其长、短边的尺寸关系如何，都只在一个方向受弯，故属于单向板。对于三边支承的板或相邻两边支承的板，则将沿两个方向受弯，属于双向板。

单向板肋形楼盖构造简单，施工方便，是整体式楼盖结构中最常见的形式。因板、次梁和主梁为整体现浇，所以，将板视为多跨超静定连续板，而将梁视为多跨超静定梁。其荷载的传递路线是：板→次梁→主梁→柱或墙。可见，板的支座为次梁，次梁的支座为主梁，主梁的支座为柱或墙。

双向板比单向板受力好，板的刚度大，板跨可达 5 m 以上。当跨度相同时，双向板较单向板薄。在双向板肋形楼盖中，荷载的传递路线是：板→支承梁→柱或墙，板的支座是支承梁，支承梁的支座是柱或墙。双向板的受力特点如下：

(1)双向板受荷后第一批裂缝出现在板底中部，然后逐渐沿 45°向板的四角扩展。当钢筋应力达到屈服点后，裂缝显著增大。板即将破坏时，板面四角产生环状裂缝。这种裂缝的出现，促使板底裂缝进一步开展，最后板破坏(图 8.4)。

(2)双向板在荷载的作用下，四角有翘曲的趋势，所以，板传给支承梁的压力，沿板的周边分布不均匀，在板的中部较大，在两端较小。

(3)尽管双向板的破坏裂缝并不平行于板边，但由于平行于板边的配筋的板底开裂荷载较大，而板破坏时的极限荷载又与对角线方向配筋相差不大，因此，为了施工方便，双向板常采用平行于四边的配筋方式。

(4)细而密的配筋较粗而疏的配筋有利，强度等级高的混凝土较强度等级低的混凝土有利。

8.1.2　楼盖的类型

1. 钢筋混凝土楼盖按结构形式分类

(1)肋梁楼盖。肋梁楼盖由相交的梁和板组成，如图 8.5(a)所示，它是楼盖中最常见的结构形式。这种结构的优点是构造简单、结构布置灵活、用钢量较低，其缺点是模板工程比较复杂。图 8.5(b)所示为梁板式筏形基础，实际可视之为倒置的肋梁楼盖。

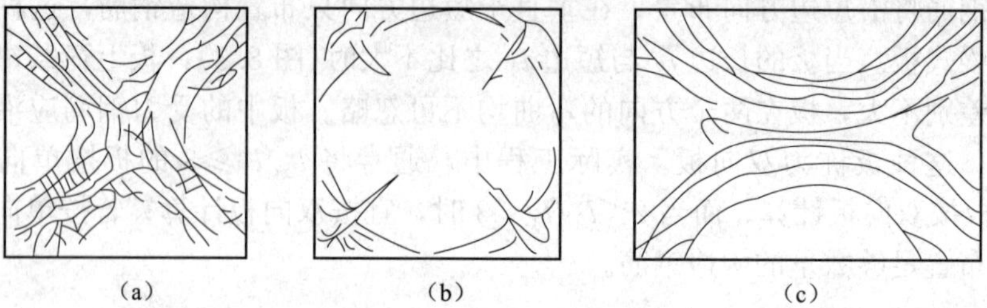

图 8.4　双向板的裂缝示意

(a)正方形板板底裂缝；(b)正方形板板面裂缝；(c)矩形板板底裂缝

(2)井式楼盖。井式楼盖的特点是两个方向的柱网及梁的截面尺寸均相同，而且正交，如图 8.6 所示。由于是两个方向共同受力，因而梁的截面高度较肋梁楼盖小，故适合用于跨度较大且柱网呈方形布置的结构。

(3)密肋楼盖。密肋楼盖由密布的小梁(肋)和板组成，如图 8.7 所示。密肋楼盖由于梁肋的间距小，板厚也很小，梁高也较肋梁楼盖小，故结构的自重较轻。

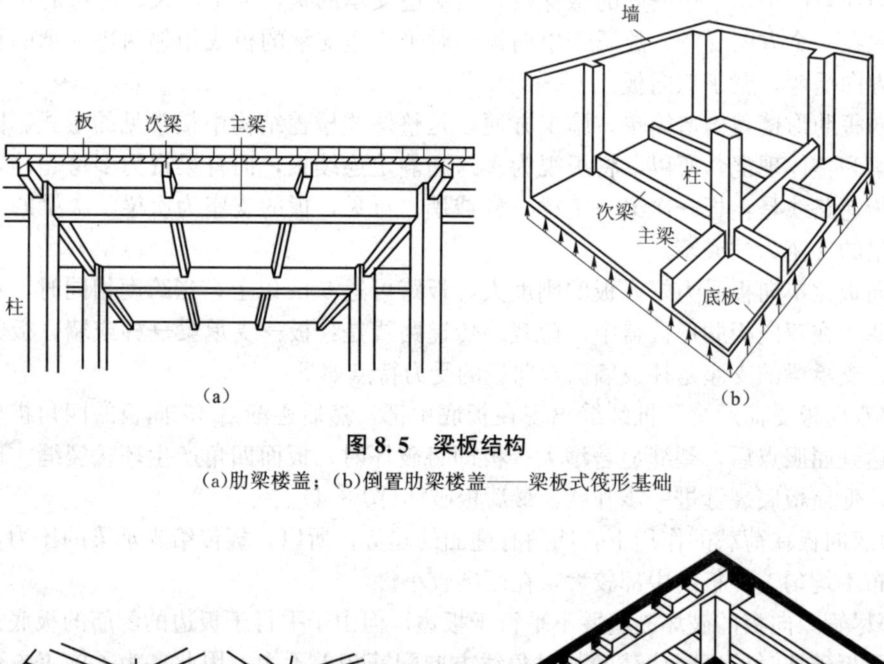

图 8.5　梁板结构

(a)肋梁楼盖；(b)倒置肋梁楼盖——梁板式筏形基础

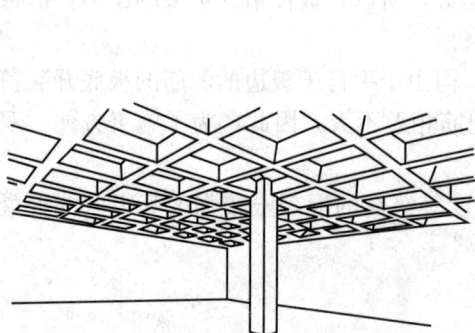

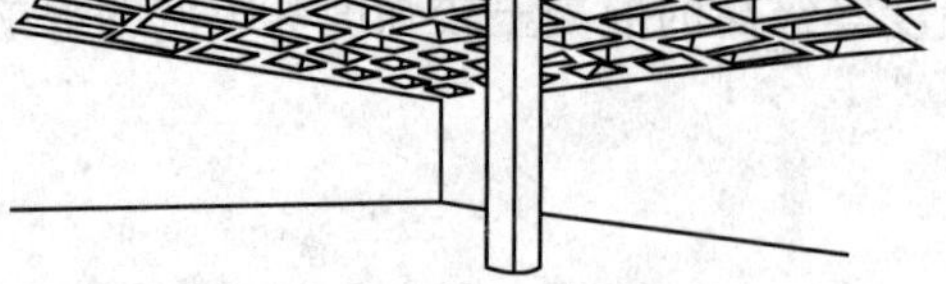

图 8.6　井式楼盖

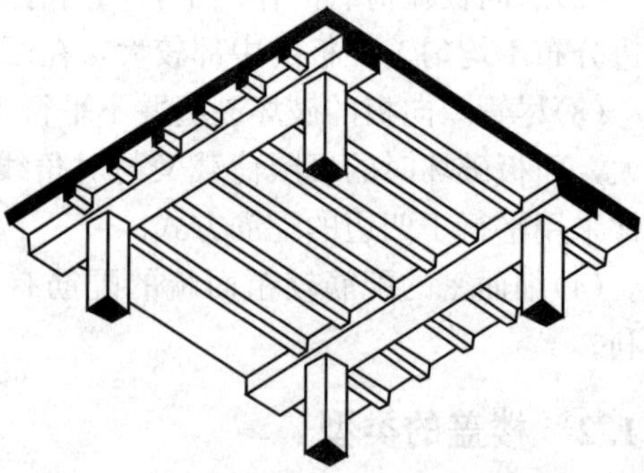

图 8.7　密肋楼盖

(4)无梁楼盖。无梁楼盖又称板柱楼盖。这种楼盖不设梁，而将板直接支撑在带有柱帽(或无柱帽)的柱上，如图 8.8 所示。无梁楼盖顶棚平整，通常用于书库、仓库、商场等工程中，也用于水池的顶板、底板和平板式筏形基础等处。

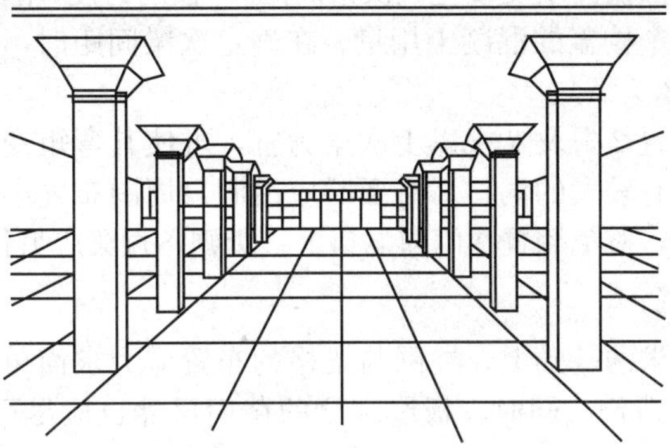

图 8.8　无梁楼盖

2. 钢筋混凝土楼盖按施工方法分类

(1)现浇整体式楼盖。现浇整体式楼盖的混凝土为现场浇筑，其优点是刚度大，整体性好，抗震、抗冲击性能好，防水性好，结构布置灵活；其缺点是模板用量大、现场作业量大、工期较长、施工受季节影响比较大。多层工业建筑的楼盖、楼面承受某些特殊设备荷载或有较复杂的孔洞时，常采用现浇整体式楼盖。随着商品混凝土、泵送混凝土以及工具式模板的广泛使用，整体式楼盖在多高层建筑中的应用也日益增多。

(2)装配式楼盖。装配式楼盖是由预制的梁板构件在现场装配而成的，具有施工速度快、省工、省材等优点，符合建筑工业化的要求。其缺点是结构的刚度和整体性不如现浇整体式楼盖，对抗震不利，因而不宜用于高层建筑，在有些抗震设防要求较高的地区它已被限制使用。

(3)装配整体式楼盖。装配整体式楼盖由预制板(梁)上现浇一叠合层而成为一个整体，最常见的做法是在板面做厚度为 40 mm 的配筋现浇层。其特点介于现浇整体式结构和装配式结构之间，适用于荷载较大的多层工业厂房、高层民用建筑及有抗震设防要求的建筑。

知识拓展：装配整体式楼盖

8.2　单向板肋梁楼盖

8.2.1　结构平面布置

平面楼盖结构布置的主要任务是合理地确定柱网和梁格，它通常是在建筑设计初步方案提出的柱网和承重墙布置的基础上进行的。

1. 柱网布置

柱网布置应与梁格布置统一考虑。柱网尺寸(即梁的跨度)过大，将使梁的截面过大而增加材料用量和工程造价；反之，柱网尺寸过小，会使柱和基础的数量增多，也会使造价增加，并将影响房屋的使用。因此，柱网布置应综合考虑房屋的使用要求和梁的合理跨度。通常次梁的跨度取 4～6 m 为宜，主梁的跨度取 5～8 m 为宜。

2. 梁格布置

梁格布置除需确定梁的跨度外，还应考虑主梁、次梁的方向和次梁的间距，并与柱网布置相协调。

主梁可沿房屋横向布置，它与柱构成横向刚度较强的框架体系，但次梁平行于侧窗，使顶棚上形成次梁的阴影；主梁也可沿房屋纵向布置，以便通风等管道通过，并且次梁垂直于侧窗使顶棚明亮，但横向刚度较差。次梁间距(即板的跨度)增大，可使次梁数量减少，但会增大板厚而增加整个楼盖的混凝土用量。在确定次梁间距时，应使板厚较小为宜，常用的次梁间距为 1.7～2.7 m。

在主梁跨度内以布置 2 根及 2 根以上次梁为宜，可使其弯矩变化较为平缓，有利于主梁的受力；若楼板上开有较大的洞口，必要时应沿洞口周围布置小梁；主梁和次梁应力求布置在承重的窗间墙上，避免搁置在门窗洞口上；否则，过梁应另行设计。

3. 柱网与梁格布置

在满足房屋使用要求的基础上，柱网与梁格的布置应力求简单、规整，以使结构受力合理、节约材料、降低造价。同时，板厚和梁的截面尺寸也应尽可能统一，以便于设计、施工及满足美观要求。

单向板肋梁楼盖结构平面布置方案主要有以下三种：

(1)主梁沿横向布置，次梁沿纵向布置[图 8.9(a)]。该方案的优点是主梁和柱可形成横向框架，横向抗侧移刚度大，各榀横向框架由纵向次梁相连，房屋整体性好。

(2)主梁沿纵向布置，次梁沿横向布置[图 8.9(b)]。这种布置适用于横向柱距比纵向柱距大得多的情况。它的优点是减小了主梁的截面高度，可增加室内净高。

(3)只设置次梁，不设置主梁[图 8.9(c)]。此方案适用于有中间走道的砌体墙承重混合结构房屋。

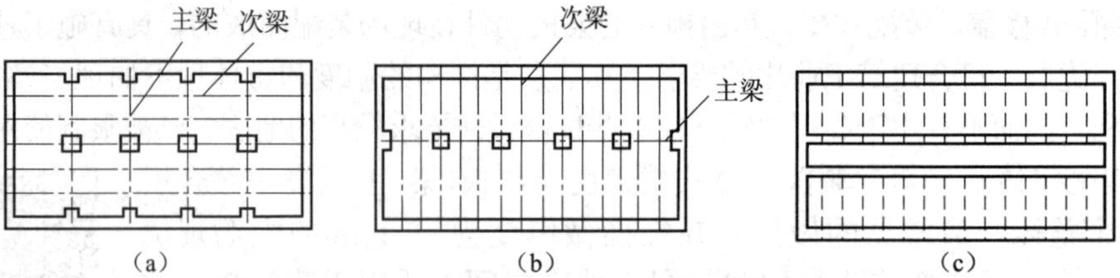

图 8.9　单向板肋梁楼盖结构布置

(a)主梁沿横向布置；(b)主梁沿纵向布置；(c)只设置次梁，不设置主梁

8.2.2　计算简图

单向板肋形楼盖的板、次梁、主梁和柱均整体浇筑在一起，形成一个复杂体系。但由于板的刚度很小，次梁的刚度又比主梁的刚度小很多，因此，可以认为板简单支承在次梁上，次梁简单支承在主梁上，将整个楼盖体系分解为板、次梁和主梁几类构件单独进行计算。作用在板面上的荷载传递路线为：荷载→板→次梁→主梁→柱或墙，板和主、次梁可视为多跨连续板(梁)，其计算简图应表示出梁(板)的跨数，计算跨度，支座的特点以及荷载的形式、位置及大小等。

1. 支座的特点

在肋梁楼盖中，当板或梁支承在砖墙(或砖柱)上时，由于其嵌固作用较小，可假定为铰支座，其嵌固的影响可在构造设计中加以考虑。

当板支承在次梁上，次梁支承在主梁上时，次梁对板、主梁对次梁都将有一定的嵌固作用。为简化计算，通常也假定为铰支座，由此引起的误差将在内力计算时加以调整。

当主梁支承在混凝土柱上时，其计算简图应根据梁、柱的抗弯刚度比确定：如果梁的抗弯刚度比柱的抗弯刚度大很多(通常认为主梁与柱的线刚度比大于 3～4)，则可将主梁视为铰支于柱上的连续梁进行计算；否则，应按框架梁设计。

2. *计算跨数*

连续梁任何一个截面的内力值，与其跨数、各跨跨度、刚度以及荷载等因素有关。但对某一跨来说，相隔两跨以上的上述因素，对该跨内力的影响很小。因此，为了简化计算，对于跨数多于五跨的等跨度(或跨度相差不超过 10%)、等刚度、等荷载的连续梁(板)，可近似地按五跨计算。由图 8.10 可知，实际结构 1、2、3 跨的内力按五跨连续梁(板)计算简图采用，其余中间各跨(第 4 跨)内力按五跨连续梁(板)的第 3 跨采用。这种简化，在工程上已具有足够的精度，因而广为应用。

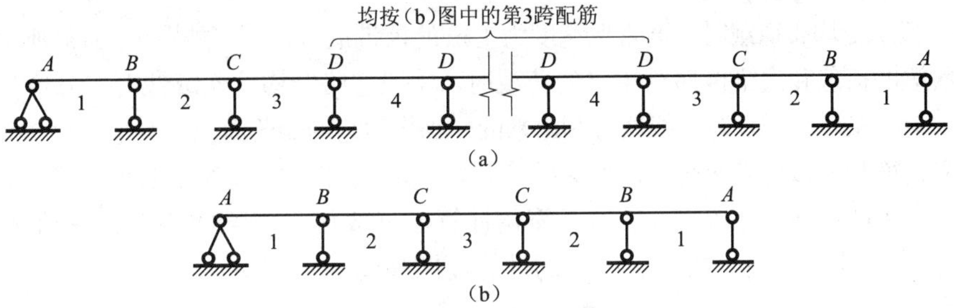

图 8.10　连续梁(板)计算简图

3. *计算跨度*

梁、板的计算跨度是指在内力计算时所应采用的跨间长度，其值与支座反力分布有关，即与构件本身的刚度和支承条件有关。在设计中，梁、板的计算跨度 l_0 一般按表 8.1 的规定采用。

表 8.1　梁和板的计算跨度 l_0

<table>
<tr><th rowspan="2">跨数</th><th rowspan="2" colspan="2">支座情形</th><th colspan="2">计算跨度 l_0</th></tr>
<tr><th>板</th><th>梁</th></tr>
<tr><td rowspan="3">单跨</td><td colspan="2">两端简支</td><td>$l_0=l_n+h$</td><td rowspan="3">$l_0=l_n+a\leqslant 1.05l_n$</td></tr>
<tr><td colspan="2">一端简支，一端与梁整体连接</td><td>$l_0=l_n+h$</td></tr>
<tr><td colspan="2">两端与梁整体连接</td><td>$l_0=l_n$</td></tr>
<tr><td rowspan="5">多跨</td><td colspan="2">两端简支</td><td>当 $a\leqslant 0.1l_c$ 时，$l_0=l_c$
当 $a>0.1l_c$ 时，$l_0=1.1l_n$</td><td>当 $a\leqslant 0.05l_c$ 时，$l_0=l_c$
当 $a>0.05l_c$ 时，$l_0=1.05l_n$</td></tr>
<tr><td rowspan="2">一端嵌入墙内，另一端与梁整体连接</td><td>按塑性计算</td><td>$l_0=l_n+0.5h$</td><td>$l_0=l_n+0.5a$</td></tr>
<tr><td>按弹性计算</td><td>$l_0=l_n+(h+a')/2$</td><td>$l_0=l_n\leqslant 1.025l_n+0.5a$</td></tr>
<tr><td rowspan="2">两端均与梁整体连接</td><td>按塑性计算</td><td>$l_0=l_n$</td><td>$l_0=l_n$</td></tr>
<tr><td>按弹性计算</td><td>$l_0=l_n$</td><td>$l_0=l_n$</td></tr>
<tr><td colspan="5">注：l_n—支座间净距；l_c—支座中心间的距离；h—板的厚度；a—边支座宽度；a'—中间支座宽度；l_0—计算跨度。对于连续板，当一端搁置在墙上，另一端与梁整体连接时，l_0 取 $\left(l_n+\frac{h}{2}\right)$ 与 $\left(l_n+\frac{a}{2}\right)$ 中的较小值。</td></tr>
</table>

4. 荷载取值

楼盖上的荷载有恒荷载和活荷载两种。恒荷载一般为均布荷载，它主要包括结构自重、各构造层自重、永久设备自重等；活荷载的分布通常是不规则的，一般均折合成等效均布荷载计算，主要包括楼面活荷载(如使用人群、家具及一般设备的重力)、屋面活荷载和雪荷载等。

楼盖恒荷载的标准值按结构实际构造情况通过计算确定，楼盖活荷载的标准值按《荷载规范》确定。在设计民用房屋楼盖时，应考虑楼面活荷载的折减问题，因为当梁的负荷面积较大时，全部满载的可能性较小，故应对活荷载标准值按规范进行折减。其折减系数依据房屋类别和楼面梁的负荷范围，取 0.55～1.0 不等。

当楼面板承受均布荷载时，通常取宽度为 1 m 的板带进行计算，如图 8.11(a)所示。在确定板传递给次梁的荷载和次梁传递给主梁的荷载时，一般忽略结构的连续性而按简单支承进行计算。所以，对次梁取相邻板跨中线所分割出来的面积作为它的受荷面积；次梁所承受荷载为次梁自重及其受荷面积上板传来的荷载；主梁承受主梁自重以及由次梁传来的几种荷载，但由于主梁自重与次梁传来的荷载相比较小，故为了简化计算，一般可将主梁的均布自重荷载折算为若干集中荷载一并计算。板、次梁、主梁的计算简图如图 8.11(b)～(d)所示。

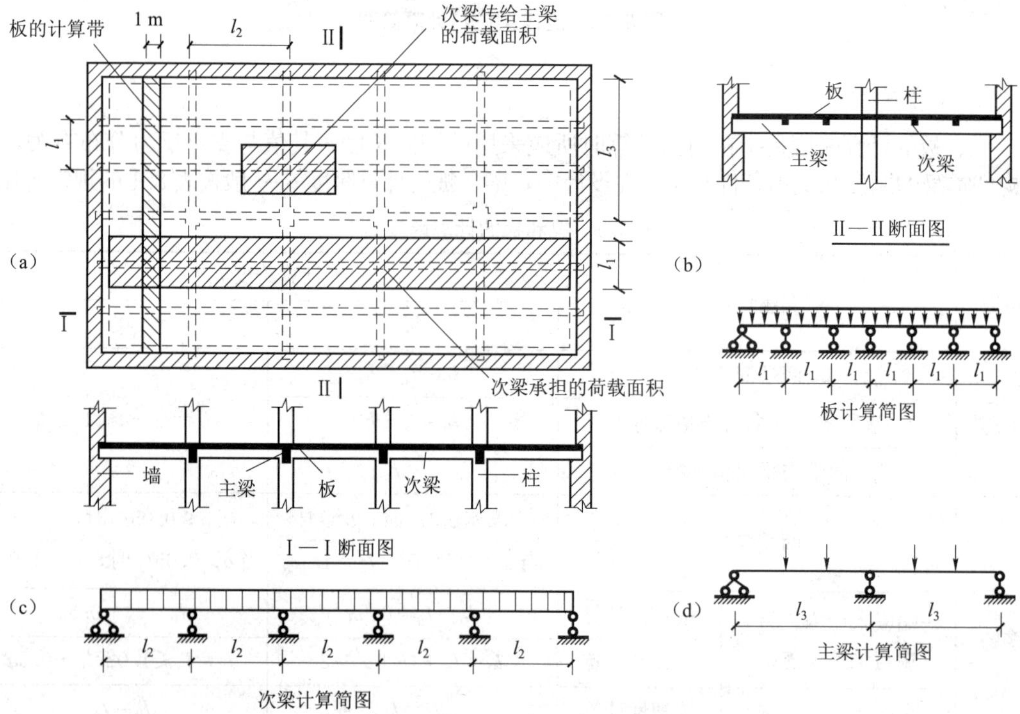

图 8.11　单向板肋梁楼盖计算简图

如前所述，在计算梁(板)的内力时，假设梁(板)的支座为铰接，这对于等跨连续梁(板)当活荷载沿各跨均为满布时是可行的。因为，此时梁(板)在中间支座发生的转角很小，按简支计算与实际情况相差甚微。但是，当活荷载 q 隔跨布置时情况则不同。现以图 8.12 所示支承在次梁上的连续板为例予以说明。当按铰支座计算时，板绕支座的转角 θ 值较大[图 8.12(a)]。而实际上，由于板与次梁整体现浇在一起，当板受荷载弯曲，在支座发生转动时，将带动次梁(支座)一同转动。同时，次梁因具有一定的抗扭刚度且两端受主梁的约束，将阻止板的自由转动，最终只能产生两者变形协调的约束转角 θ'，如图 8.12(b)所示。其值小于前述自由转角 θ，转角减小使板的跨中弯矩有所降低，而支座负弯矩相应地有所增加，但不会超过两相邻跨布满活荷载时的支座负弯矩。类似的情况也会发生在次梁与主梁及主梁与柱之间。这种由于支承构件的抗扭刚度，使被支承构件跨中弯矩有所减小的有利影响，在设计中，一般通过采用增大恒荷载和减小活荷载的办法来考虑，即将恒荷载和活荷载分别调整为 g' 和 q'[图 8.12(c)]。

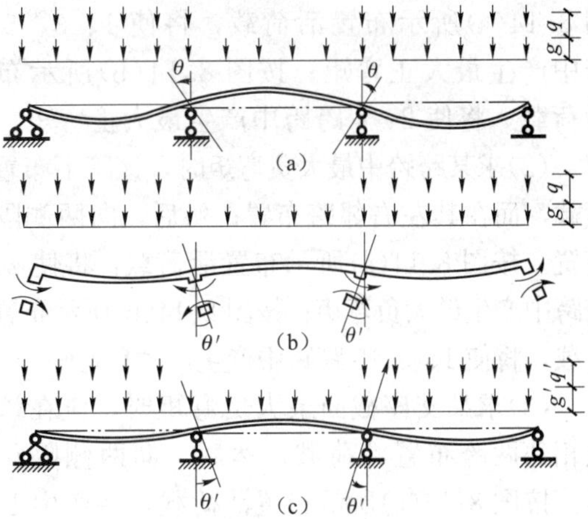

图 8.12　连续梁(板)的折算荷载

对于板：

$$g'=g+\frac{q}{2},\ q'=\frac{q}{2} \tag{8-1}$$

对于次梁：

$$g'=g+\frac{q}{4},\ q'=\frac{3q}{4} \tag{8-2}$$

式中　g'，q'——调整后的折算恒荷载、活荷载设计值；

g，q——实际的恒荷载、活荷载设计值。

对于主梁，因转动影响很小，一般不予考虑。

当梁(板)搁置在砌体或钢结构上时，对荷载不作调整。

8.2.3　连续梁(板)按弹性理论的内力计算

钢筋混凝土连续梁(板)的内力按弹性理论方法计算，是假定梁(板)为理想弹性体系，因而，其内力计算可按结构力学中的方法进行。

钢筋混凝土连续梁(板)所受恒荷载是保持不变的，而活荷载在各跨的分布是变化的。由于结构设计必须使构件在各种可能的荷载布置下都能安全、可靠地使用，所以，在计算内力时，应研究活荷载如何布置，将使梁(板)内各截面可能产生的内力绝对值最大，即要考虑荷载的最不利布置和结构的内力包络图。

1. 活荷载的最不利布置

对于单跨梁，显然是当全部恒荷载和活荷载同时作用时将产生最大的内力。但对于多跨连续梁某一指定截面，往往并不是所有荷载同时布满梁上各跨时引起的内力为最大。图 8.13给出了一个五跨连续梁在活荷载单跨布置时的弯矩图和剪力图。从图中可以看出其内力图的变化规律：当活荷载作用在某跨时，该跨跨中为正弯矩，邻跨跨中则为负弯矩，然后正负弯矩相间。研究各弯矩图变化规律和不同组合后的结果，可以确定截面活荷载最不利布置的原则为：

(1)求某跨跨中的最大正弯矩时，应在该跨布置活荷载；然后，向两侧隔跨布置。按

图 8.14(a)所示布置活荷载，将使 1、3、5 跨跨中产生最大正弯矩；按图 8.14(b)所示布置活荷载，将使 2、4 跨跨中产生最大正弯矩。

(2)求某跨跨中最大负弯矩时，该跨不布置活荷载，而在其左右邻跨布置；然后，向两侧隔跨布置。按图 8.14(a)所示布置活荷载，将使 2、4 跨跨中产生最大负弯矩；按图 8.14(b)所示布置活荷载，将使 1、3、5 跨跨中产生最大负弯矩。

(3)求某支座截面最大负弯矩时，应在该支座相邻两跨布置活荷载；然后，向两侧隔跨布置。按图 8.14(c)所示布置活荷载，将产生 B 支座截面最大负弯矩；按图 8.14(d)所示布置活荷载，将产生 C 支座截面最大负弯矩。

(4)求某支座截面最大剪力时，其活荷载布置与求该截面最大负弯矩时的布置相同，如图 8.14(c)、(d)所示。

梁上的恒荷载应按实际情况布置。

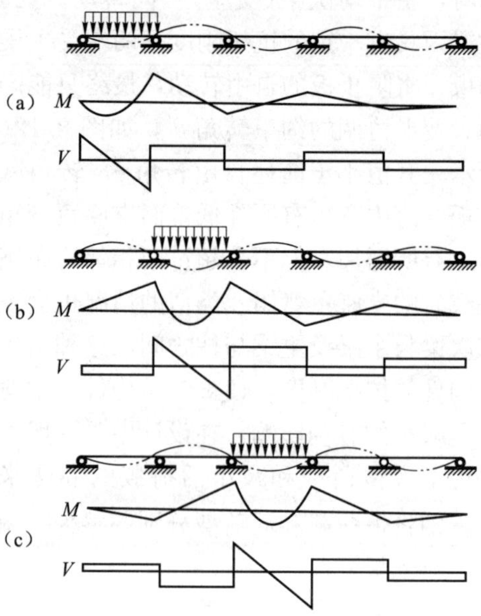

图 8.13　五跨连续梁在不同跨间荷载作用下的内力图

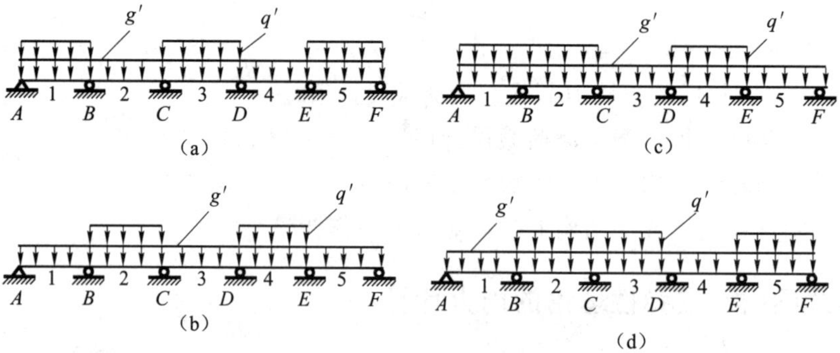

图 8.14　五跨连续梁最不利荷载组合

(a)恒+活 1+活 3+活 5(产生 M_{1max}、M_{3max}、M_{5max}、M_{2min}、M_{4min})；

(b)恒+活 1+活 2+活 4(产生 M_{2max}、M_{4max}、M_{1min}、M_{3min}、M_{5min})；

(c)恒+活 1+活 2+活 4(产生 M_{Bmax}、$V_{B\text{左}max}$、$V_{B\text{右}max}$)；

(d)恒+活 2+活 3+活 5(产生 M_{Cmax}、$V_{C\text{左}max}$、$V_{C\text{右}max}$)

活荷载布置确定后，即可按结构力学的方法进行连续梁(板)的内力计算。

2. 内力计算

明确活荷载的不利布置后，即可按结构力学中所述的方法求出弯矩和剪力。为了减轻计算工作量，已将等跨连续梁(板)在各种不同布置荷载作用下的内力系数，制成计算表格，详见附表 11。设计时可直接从表中查得内力系数后，按下式计算各截面的弯矩和剪力值，作为截面设计的依据。

在均布荷载作用下

$$M=\text{表中系数}\times ql^2 \tag{8-3}$$

$$V=\text{表中系数}\times ql \tag{8-4}$$

在集中荷载作用下

$$M=\text{表中系数}\times Pl \tag{8-5}$$

$$V=\text{表中系数}\times P \tag{8-6}$$

式中　q——均布荷载设计值(kN/m)；

　　　P——集中荷载设计值(kN)。

当连续板(梁)的各跨跨度不相等但相差不超过10%时，仍可近似地按等跨内力系数表进行计算。但当求支座负弯矩时，计算跨度应取相邻两跨的平均值(或取其中较大值)；而求跨中弯矩时，则取相应跨的计算跨度。

3. 内力包络图

根据各种最不利荷载组合，按一般结构力学方法或利用前述表格进行计算，即可求出各种荷载组合作用下的内力图(弯矩图和剪力图)，把它们叠画在同一坐标图上，其外包线所形成的图形即为内力包络图，它表示连续梁(板)在各种荷载最不利布置下各截面可能产生的最大内力值。图8.15所示为五跨连续梁的弯矩包络图和剪力包络图，它是确定连续梁纵筋、弯起钢筋、箍筋的布置和绘制配筋图的依据。

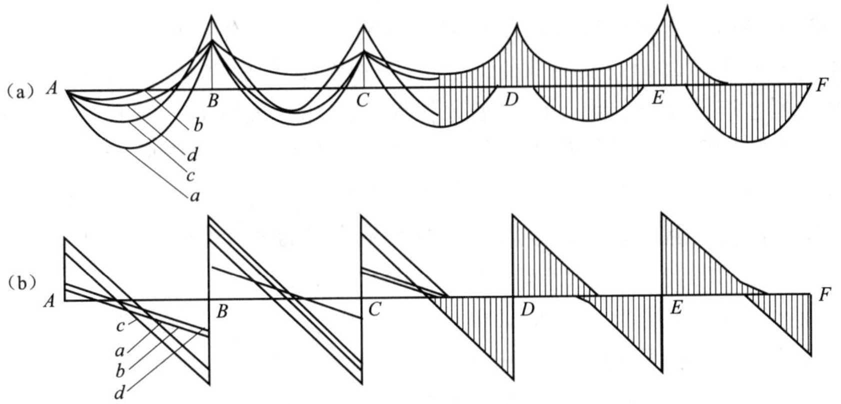

图8.15　五跨连续梁均布荷载内力包络图

(a)弯矩包络图；(b)剪力包络图

4. 支座截面内力的计算

在按弹性理论计算连续梁的内力时，其计算跨度取支座中心线间的距离，即按计算简图求得的支座截面内力为支座中心线的最大内力。若梁与支座非整体连接或支撑宽度很小时，计算简图与实际情况基本相符。然而，对于整体连接的支座，中心处梁的截面高度将会由于支撑梁(柱)的存在而明显增大。实践证明，该截面的内力虽为最大，但其并非为最危险截面，破坏都出现在支撑梁(柱)的边缘处(图8.16)。因此，可取支座边缘截面作为计算控制截面，其弯矩和剪力的计算值，可近似地按下式求得：

$$M_b=M-V_0\,\frac{b}{2} \tag{8-7}$$

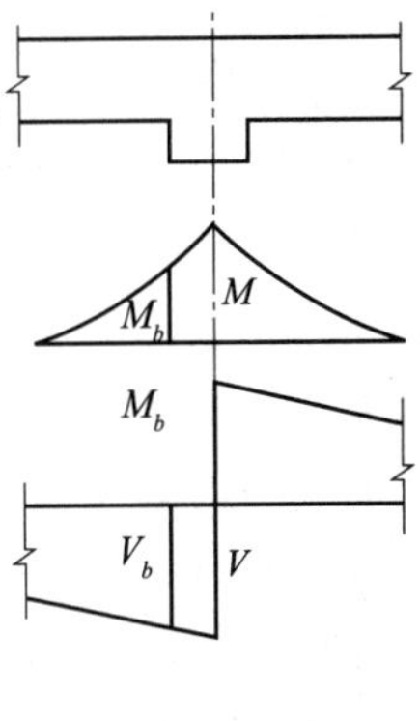

图8.16　支座处的弯矩、剪力图

$$V_b = V - (g+q)\frac{b}{2} \tag{8-8}$$

式中 M，V——支座中心线处截面的弯矩和剪力；

V_0——按简支梁计算的支座剪力；

g，q——均布恒荷载和活荷载；

b——支座宽度。

8.2.4 连续梁(板)按塑性理论的内力计算

如前所述，钢筋混凝土梁(板)正截面受弯经历了三个阶段：弹性阶段、带裂缝工作阶段和破坏阶段。在弹性阶段，应力沿截面高度的分布近似为直线，而到了带裂缝工作阶段和破坏阶段，材料表现出明显的塑性性能。截面在按受弯承载力计算时，已考虑了这一因素，但是当按弹性理论计算连续梁板时，却忽视了钢筋混凝土材料的构件在工作中存在着这种非弹性性质，假定结构的刚度不随荷载的大小而改变。而实际上结构中某截面发生塑性变形后，其内力和变形与不变刚度的弹性体系分析的结果是不一致的，因为在结构中产生了内力重分布现象。

钢筋混凝土结构的内力重分布现象在裂缝出现前即已产生，但不明显；在裂缝出现后内力重分布程度不断扩大，而受拉钢筋屈服后的塑性变形使内力重分布现象进一步加剧。在进行钢筋混凝土连续梁(板)设计时，如果按照上述弹性理论的活荷载最不利布置所求得内力包络图来选择截面及配筋，认为构件任一截面上的内力达到极限承载力时，整个构件即达到承载力极限状态，这对静定结构是基本符合的。但对于具有一定塑性性能的超静定结构来说，构件的任一截面达到极限承载力时并不会导致整个结构的破坏，因此，按弹性理论方法计算求得的内力，不能正确反映结构的实际破坏内力。

为解决上述问题，充分考虑钢筋混凝土构件的塑性性能，挖掘结构潜在的承载力，达到节省材料和改善配筋的目的，提出了按塑性内力重分布的计算方法。理论及试验表明，钢筋混凝土连续梁(板)内塑性铰的形成，是结构破坏阶段塑性内力重分布的主要原因。

1. 塑性铰的概念

如图 8.17 所示的钢筋混凝土简支梁，在集中荷载 P 作用下，跨中截面内力从加荷至破坏经历了三个阶段。当进入第Ⅲ阶段时，受拉钢筋开始屈服[图 8.17(f)中的 B 点]并产生塑性流动，混凝土垂直裂缝迅速发展，受压区高度不断缩小，截面绕中和轴转动，最后其受压区混凝土边缘压应变达到 ε_{cu} 而被压碎(C 点)，致使构件破坏。从该图中截面的弯矩与曲率关系曲线[图 8.17(f)]可以看出，自钢筋开始屈服至构件破坏(BC 段)，其 M-φ 曲线变化平缓，说明在截面所承受的弯矩仅有微小增长的情况下，曲率激增，也即截面相对转角急剧增大[图 8.17(e)]，也就是说，构件在塑性变形集中产生的区域[图 8.17(a)中 ab 段，相应于图 8.17(b)中 $M>M_y$ 的部分]，犹如形成了一个能够转动的“铰”，一般称之为塑性铰，如图 8.17(d)所示。

与力学中的理想铰相比，塑性铰具有下列特点：

(1)理想铰不能承受弯矩，而塑性铰能承受基本不变的弯矩；

(2)理想铰集中于一点，而塑性铰有一定的长度区段；

(3)理想铰可以沿任意方向转动，而塑性铰只能沿弯矩作用的方向，绕不断上升的中和轴发生单向转动。

塑性铰是构件塑性变形发展的结果。塑性铰出现后，使静定结构简支梁形成三铰在一条直线上的破坏结构，标志着构件进入破坏状态，如图 8.17(d)所示。

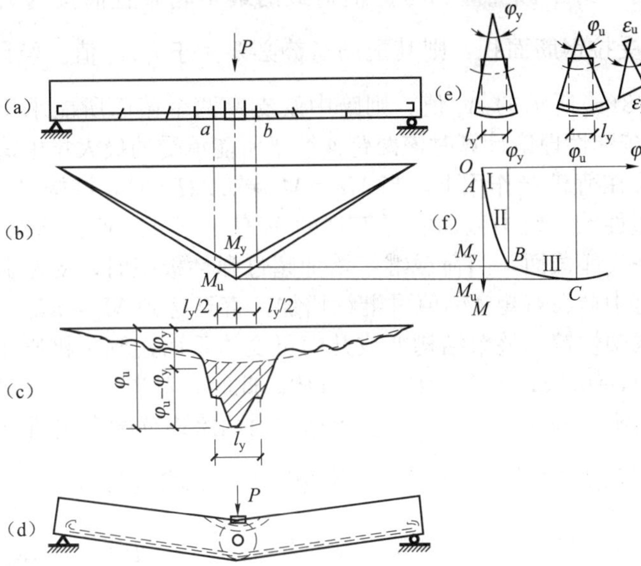

图 8.17　塑性铰的形成

2. 超静定结构的塑性内力重分布

显然，对于静定结构，任一截面出现塑性铰后，即可使其形成几何可变体系而丧失承载力。但对于超静定结构，由于存在多余约束，构件某截面出现塑性铰，并不能使其立即成为几何可变体系，构件仍能继续承受增加的荷载，直到其他截面也出现塑性铰，使结构成为几何可变体系，才丧失承载力。其破坏过程是：在一个截面出现塑性铰，随着荷载的增加，塑性铰陆续出现(每出现一个塑性铰，相当于超静定结构减少一次约束)，直到最后一个塑性铰出现，整个结构形成几何可变体系，结构达到极限承载力。在形成破坏结构的过程中，结构的内力分布和塑性铰出现前的弹性分布规律完全不同。在塑性铰出现后的加载过程中，结构的内力经历了一个重新分布的过程，这个过程称为塑性内力重分布。

现以图 8.18 所示的各跨内作用有两个集中荷载 P 的两跨连续梁为例，将这一过程作如下说明。

连续梁在承载过程中实际的内力状态为：在加载初期混凝土开裂前，整个处于第Ⅰ阶段，接近弹性体工作；随着荷载的增加，梁进入第Ⅱ阶段工作，在弯矩最大的中间支座处受拉区混凝土出现裂缝，刚度降低，使其弯矩增长减慢，而跨中弯矩增长加快；当继续加载至跨中混凝土出现裂缝时，跨中截面刚度降低，弯矩增长减慢，而支座弯矩增长较快。以上这一变化过程是由于混凝土裂缝引起各截面刚度相对的变化导致梁的内力重分布，但在钢筋尚未屈服前，其刚度变化不显著，因而，内力重分布幅度很小。随着荷载的增加，截面 B 受拉钢筋屈服，进入第Ⅲ阶段工作，形成塑性铰，发生塑性转动并产生明显的内力重分布。

当按弹性理论计算，集中荷载为 P 时，中间支座 B 截面的负弯矩 $M_B=-0.33Pl$，跨中最大正弯矩 $M_1=0.22Pl$，如图 8.18(b)所示。

在设计时，若连续梁按图 8.18(b)所示的弯矩值进行配筋，其中间支座截面的受拉钢筋

配筋量为 A_s，则跨中截面受拉钢筋配筋量相应地应为$\frac{2}{3}A_s$，设计结果可满足其承载力的要求。但在实际设计时，跨中截面应当考虑活荷载的最不利布置而按内力包络图跨中截面 $M_{1\max}$来计算所需的受拉钢筋面积，则其配筋量势必要大于$\frac{2}{3}A_s$ 值。经计算，若其所配的受拉钢筋为如图 8.18(a)所示的 A_s 值，则跨中及支座两个截面所能承担的极限弯矩均为 $M_u=0.33Pl$，P 即按弹性理论计算时该两跨连续梁所能承受的最大集中荷载。

实际上，连续梁在荷载 P 作用下，当 $M_B=M_u=0.33Pl$ 时，结构仅仅是在支座 B 截面发生“屈服”，形成塑性铰，跨中截面实际产生的 M 值小于 M_u 值，结构并未丧失承载力，仍能继续承载。但在支座截面，当荷载继续增加超过弹性极限时，支座截面所承受的 M_{Bu} 值将不再增加，而跨中截面弯矩 M_1 值可继续增加，直至达到 $M_1=M_u=0.33Pl$ 的极限值时，跨中截面也形成塑性铰，整个结构变成几何可变体系而达到了极限承载力。其相应弯矩的增量为 ΔM，$\Delta M=0.33Pl-0.22Pl=0.11Pl$。此时，对产生 ΔM 的相应荷载 ΔP 可按下列方法求得：将支座 B 视作一个铰，即整个结构由两跨连续梁变成两个简支梁一样工作，因 $\Delta M=\frac{P}{3}\times\frac{l}{3}=0.11Pl$，由图 8.18(c)可求出相应的荷载增量为 $\Delta P=\frac{P}{3}$。

因此，该两跨连续梁所能承受的极限荷载应为 $P+\frac{P}{3}=\frac{4}{3}P$，比按弹性理论计算的承载力 P 有所提高。该两跨连续梁的最后弯矩如图 8.18(d)所示。

若按图 8.18(e)所示方案配筋，则该两跨连续梁的最后弯矩图如图 8.18(f)所示。由此可见，支座和跨中弯矩的幅值可以人为地予以调整，这种控制截面的弯矩可以互相调整的计算方法称为“弯矩调幅法”。

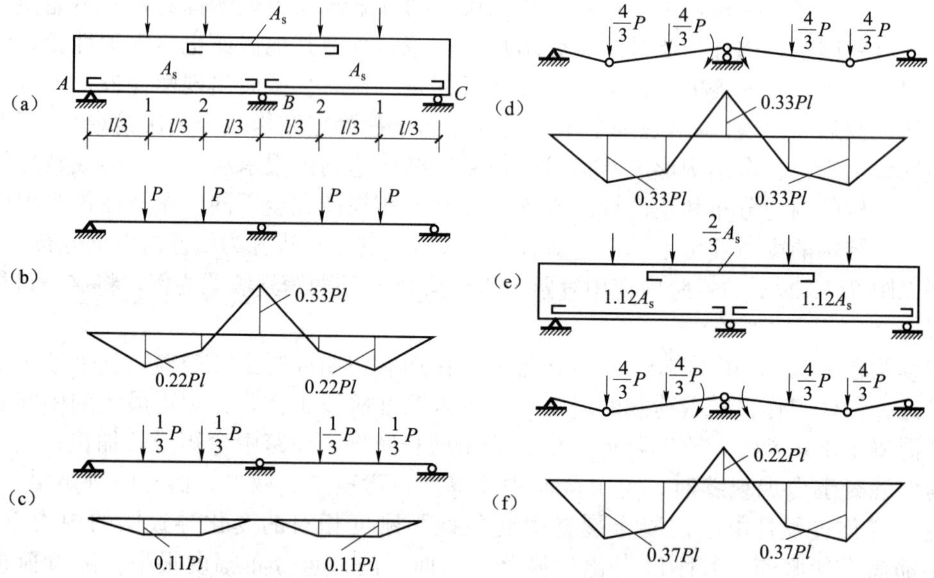

图 8.18　两跨连续梁在荷载 P 作用下的弯矩图

由上述可见，塑性内力重分布需要考虑以下因素：

(1)塑性铰应具有足够的转动能力。为使内力得以完全重分布，应保证结构加载后各截面中能先后出现足够数目的塑性铰，最后形成破坏机构。若最初形成的塑性铰转动能力不足，在其塑性铰尚未全部形成前，已因某些受压区截面混凝土过早被压坏而导致构件破坏，就不能达到完全内力重分布的目的。

(2)结构构件应具有足够的斜截面承载能力。在国内外的试验研究表明：支座出现塑性铰后，连续梁的受剪承载力比不出现塑性铰的梁低。加载过程中，连续梁首先在支座和跨内出现垂直裂缝，随后在中间支座两侧出现斜裂缝。一些破坏前支座已形成塑性铰的梁，在中间支座两侧的剪跨段，纵筋和混凝土的黏结有明显破坏，有的甚至还出现沿纵筋的劈裂裂缝。构件的剪跨比越小，这种现象越明显。因此，为了保证连续梁内力重分布能充分发展，结构构件必须要有足够的受剪承载能力。

(3)满足正常使用条件。如果最初出现的塑性铰转动幅度过大，塑性铰附近截面的裂缝就可能开展过宽，结构的挠度过大，不能满足正常使用的要求。因此，在考虑塑性内力重分布时，应对塑性铰的允许转动量予以控制，即控制内力重分布的幅度。一般要求，在正常使用阶段不应出现塑性铰。

3. 塑性内力重分布的计算方法

钢筋混凝土连续梁(板)考虑塑性内力重分布的计算时，目前工程中应用较多的是弯矩调幅法，即在弹性理论的弯矩包络图基础上，对构件中选定的某些支座截面较大的弯矩值，按内力重分布的原理加以调整；然后，按调整后的内力进行配筋计算。对于均布荷载作用下等跨连续梁(板)考虑塑性内力重分布的弯矩和剪力可按下式计算：

板和次梁的跨中及支座弯矩：

$$M=\alpha(g+q)l_0^2 \tag{8-9}$$

次梁支座的剪力：

$$V=\beta(g+q)l_n \tag{8-10}$$

式中 g，q——作用在梁(板)上的均布恒荷载、活荷载设计值；

l_0——计算跨度；

l_n——净跨度；

α——考虑塑性内力重分布的弯矩计算系数，按表 8.2 选用；

β——考虑塑性内力重分布的剪力计算系数，按表 8.3 选用。

表 8.2 连续梁和连续单向板的考虑塑性内力重分布的弯矩计算系数 α

<table>
<tr><th rowspan="3" colspan="2">支承情况</th><th colspan="6">截面位置</th></tr>
<tr><th>端支座</th><th>边跨跨中</th><th>离端第二支座</th><th>离端第二跨跨中</th><th>中间支座</th><th>中间跨跨中</th></tr>
<tr><th>A</th><th>Ⅰ</th><th>B</th><th>Ⅱ</th><th>C</th><th>Ⅲ</th></tr>
<tr><td colspan="2">梁(板)搁置在墙上</td><td>0</td><td>$\frac{1}{11}$</td><td rowspan="4">二跨连续：$-\frac{1}{10}$
三跨及以上连续：$-\frac{1}{11}$</td><td rowspan="4">$\frac{1}{16}$</td><td rowspan="4">$-\frac{1}{14}$</td><td rowspan="4">$\frac{1}{16}$</td></tr>
<tr><td>板</td><td rowspan="2">与梁整浇连接</td><td>$-\frac{1}{16}$</td><td rowspan="2">$\frac{1}{14}$</td></tr>
<tr><td>梁</td><td>$-\frac{1}{24}$</td></tr>
<tr><td colspan="2">梁与柱整浇连接</td><td>$-\frac{1}{16}$</td><td>$\frac{1}{14}$</td></tr>
</table>

表 8.3 连续梁和连续单向板的考虑塑性内力重分布的剪力计算系数 β

支承情况	截面位置				
	端支座内侧 A_{in}	离端第二支座		中间支座	
		外侧 B_{ex}	内侧 B_{in}	外侧 C_{ex}	内侧 C_{in}
搁置在墙上	0.45	0.60	0.55	0.55	0.55
与梁(柱)整体连接	0.50	0.55			

4. 考虑塑性内力重分布计算的一般原则

根据理论分析及试验结果，连续梁(板)按塑性内力重分布计算应遵循以下原则：

(1)通过控制支座和跨中截面的配筋率可以控制连续梁(板)中塑性铰出现的顺序和位置，控制调幅的大小和方向。为了保证塑性铰具有足够的转动能力，避免受压区混凝土“过早”被压坏，以实现完全的内力重分布，必须控制受力钢筋用量，即应满足 $\xi \leqslant 0.35$ 的限制条件要求；同时，钢筋宜采用塑性较好的 HPB300 级、HRB400 级钢筋，混凝土强度等级宜为 C20～C45。

(2)连续梁(板)的弯矩调幅幅度不宜过大，应控制在弹性理论计算弯矩的 20%以内。

(3)由于连续梁(板)出现塑性铰后，是按简支梁工作的，因此，每跨调整后的两端支座弯矩的平均值加上跨中弯矩的绝对值之和应不小于相应的简支梁跨中弯矩，即

$$M_0 = \frac{(\,|M_B| + |M_C|\,)}{2} + M_1 \tag{8-11}$$

式中 M_B，M_C——分别为调整后支座截面的弯矩；

M_1——调整后跨中截面的弯矩；

M_0——该跨按简支梁计算的跨中截面弯矩。

(4)调整后的所有支座和跨中的弯矩的绝对值，对承受均布荷载的梁均应满足下式要求：

$$|M| \geqslant \frac{1}{24}(g+q)l_0^2 \tag{8-12}$$

5. 按塑性内力重分布计算的适用范围

按塑性内力重分布计算超静定结构虽然可以节约钢材，但在使用阶段钢筋应力较高，构件裂缝和扰度均较大。通常，对于在使用阶段不允许开裂的结构、处于重要部位而又要求可靠度较高的结构(如肋梁楼盖中的主梁)、受动力和疲劳荷载作用的结构及处于有腐蚀环境中的结构，不能采用塑性理论计算方法，而应按弹性理论方法进行设计。

8.2.5 单向板肋梁楼盖的截面设计与构造

1. 板的计算和构造要求

(1)板的计算要点。板的内力可按塑性理论方法计算；在求得单向板的内力后，可根据正截面抗弯承载力计算，确定各跨跨中及各支座截面的配筋；板在一般情况下均能满足斜截面受剪承载力要求，设计时可不进行受剪承载力计算；连续板跨中由于正弯矩作用引起截面下部开裂，支座由于负弯矩作用引起截面上部开裂，这就使板的实际轴线呈拱形(图 8.19)。如果板的四周存在有足够刚度的梁，即板的支座不能自由移动时，则作用

于板上的一部分荷载将通过拱的作用直接传给边梁，而使板的最终弯矩降低。考虑到这一有利作用，可对周边与梁整体连接的单向板中间跨跨中截面及中间支座截面的计算弯矩折减20%。但对于边跨的跨中截面及第二支座截面，由于边梁侧向刚度不大(或无边梁)，难以提供足够的水平推力，因此，其计算弯矩不予降低。

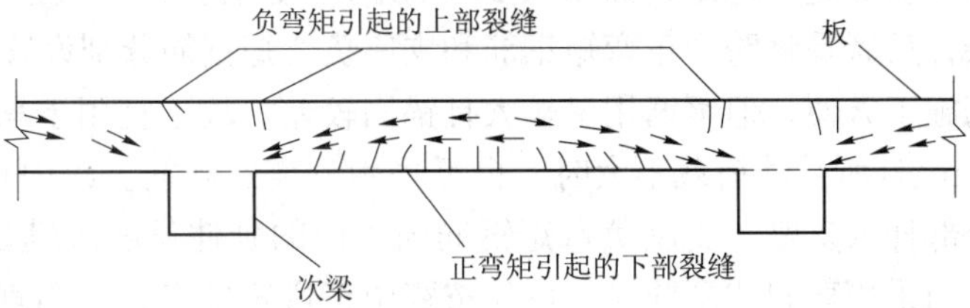

图 8.19　钢筋混凝土连续板的拱作用

(2)板的构造要求。单向板的构造要求主要为板的尺寸和配筋两方面。

1)板的跨度一般在梁格布置时已确定。因板的厚度直接关系到混凝土的用量和配筋，故在取用时，除应满足建筑功能的要求外，主要还应考虑板的跨度及其所受的荷载。从刚度要求出发，根据设计经验，单向板的最小厚度不应小于跨度的1/40(连续板)、1/30(简支板)及1/10(悬臂板)。同时，单向板的最小厚度还不应小于表8.4规定的数值。板的配筋率一般为0.3%～0.8%。

表 8.4　现浇钢筋混凝土板的最小厚度

板的类别		最小厚度/mm
单向板	屋面板	60
	民用建筑楼板	60
	工业建筑楼板	70
	行车道下的楼板	80
双向板		80
密肋楼盖	面板	50
	肋高	250
悬臂板(根部)	悬臂长度不大于500 mm	60
	悬臂长度为1 200 mm	80
无梁楼板		150
现浇空心楼盖		200

2)在现浇钢筋混凝土单向板的钢筋，分受力钢筋和构造钢筋两种。布设时应分别满足以下要求。

①单向板中的受力钢筋应沿板的短跨方向在截面受拉一侧布置，其截面面积由计算确定。板中受力钢筋一般采用HPB300级钢筋，在一般厚度的板中，钢筋的常用直径为ϕ6 mm、ϕ8 mm、ϕ10 mm、ϕ12 mm等。对于支座处钢筋，为便于施工，其直径一般不小于ϕ8 mm。对于绑扎钢筋，当板厚$h\leqslant$150 mm时，间距不宜大于200 mm；当板厚$h>$

150 mm时，间距不宜大于1.5h，且不宜大于250 mm。简支板或连续板下部纵向受力钢筋伸入支座的锚固长度不应小于5d(d为下部纵向受力钢筋直径)。当连续板内温度、收缩应力较大时，伸入支座的锚固长度宜适当增加。

连续板受力钢筋的配筋方式有弯起式和分离式两种。前者是将跨中正弯矩钢筋在支座附近弯起一部分以承受支座负弯矩，如图8.20(a)所示。这种配筋方式锚固较好，并可节省钢筋，但施工复杂；后者是将跨中正弯矩钢筋和支座负弯矩钢筋分别设置，如图8.20(b)所示。这种方式配筋施工方便，但钢筋用量较大且锚固较差，故不宜用于承受动荷载的板中。当板厚$h\leqslant 120$ mm，且所受动荷载不大时，也可采用分离式配筋。跨中正弯矩钢筋采用分离式配筋时，宜全部伸入支座，支座负弯矩钢筋向跨内的延伸长度应满足覆盖负弯矩图和钢筋锚固的要求；当采用弯起式配筋时，可先按跨中正弯矩确定其钢筋直径和间距；然后，在支座附近将跨中钢筋按需要弯起1/2(隔一弯一)以承受负弯矩，但最多不超过2/3(隔一弯二)。如弯起钢筋的截面面积不够，可另加直钢筋。弯起钢筋弯起的角度一般采用30°；当板厚$h>120$ mm时，宜采用45°。

(a)

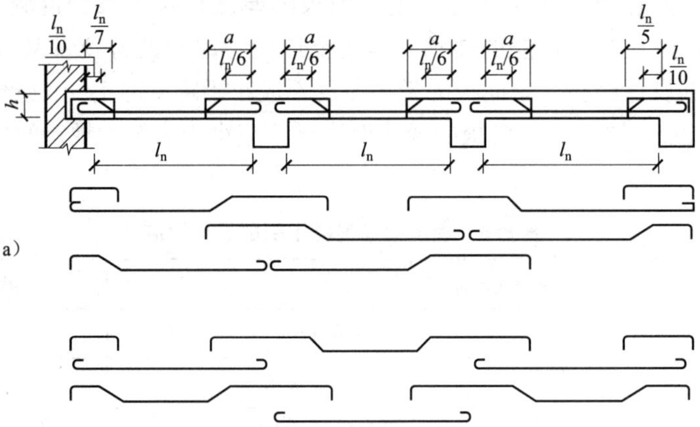

(b)

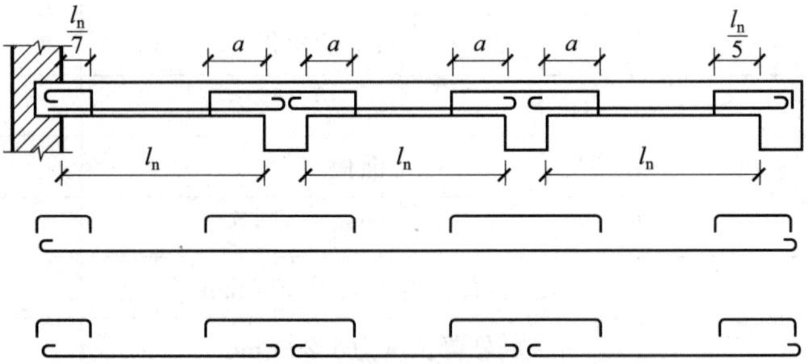

图8.20　单向板的配筋方式

(a)弯起式配筋；(b)分离式配筋

注：当$q\leqslant 3g$时，$a=l_n/4$；当$q>3g$时，$a=l_n/3$。其中，q为均布活荷载设计值；g为均布恒荷载设计值；l_n为板的计算跨度

②在单向板中除了按计算配置受力钢筋外，通常还按要求设置以下四种构造钢筋：

a. 分布钢筋：垂直于板的受力钢筋方向，并在受力钢筋内侧按构造要求配置。其作用除固定受力钢筋位置外，主要承受混凝土收缩和温度变化所产生的应力，控制温度裂缝的开展；同时，还可将局部板面荷载更均匀地传给受力钢筋，并承受在计算中未计但实际存在的长跨方向的弯矩。分布钢筋的截面面积应不小于受力钢筋的15%，并且不宜小于板面截面面积的0.15%。分布钢筋间距不宜大于250 mm（当集中荷载较大时，间距不宜大于200 mm），直径不宜小于6 mm；在受力钢筋的弯折处，也应设置分布钢筋。

b. 与主梁垂直的上部构造钢筋：单向板上荷载将主要沿短边方向传到次梁，此时，板的受力钢筋与主梁平行，由于板将产生一定与主梁方向垂直的负弯矩，为承受这一弯矩和防止产生过宽的裂缝，应配置与主梁垂直的上部构造钢筋，如图8.21所示。其数量不宜少于板中受力钢筋的1/3，且不少于每米5Φ8，伸出主梁边缘的长度不宜小于$l_0/4$。

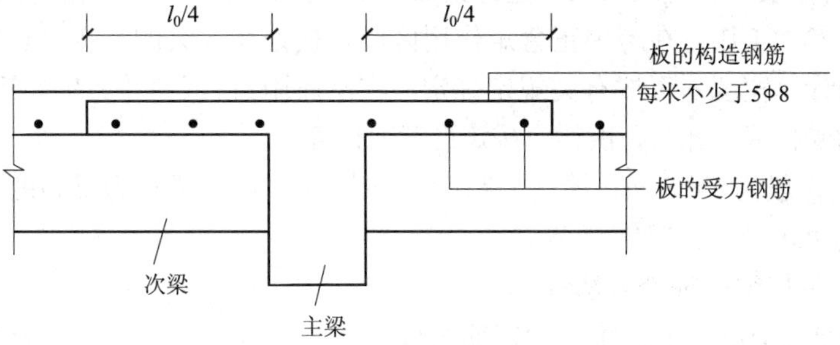

图8.21　与主梁垂直的上部构造钢筋

c. 嵌固在墙内或与钢筋混凝土梁整体连接的板端上部构造钢筋：嵌固在承重砖墙内的单向板，计算时按简支考虑，但实际上由于墙的约束有部分嵌固作用，而将产生局部负弯矩，因此，对嵌固在承重砖墙内的现浇板，在板的上部应设置与板垂直的不少于每米5Φ8的构造钢筋，其伸出墙边的长度不宜小于$l_0/7$（l_0为板短跨计算跨度）；当现浇板的周边与混凝土梁或混凝土墙整体连接时，也应在板边上部设置与其垂直的构造钢筋，其数量不宜小于相应方向跨中纵筋截面面积的1/3；其伸出梁边或墙边的长度不宜小于$l_0/5$；在双向板中不宜小于$l_0/4$。

d. 板脚构造钢筋：对两边均嵌固在墙内的板角部分，当受到墙体约束时，也将产生负弯矩，在板顶引起圆弧形裂缝，因此，应在板的上部双向配置构造钢筋，以承受负弯矩和防止裂缝的扩展，其数量不宜小于该方向跨中受力钢筋的1/3，其由墙边伸出到板内的长度不宜小于$l_0/4$（图8.22）。

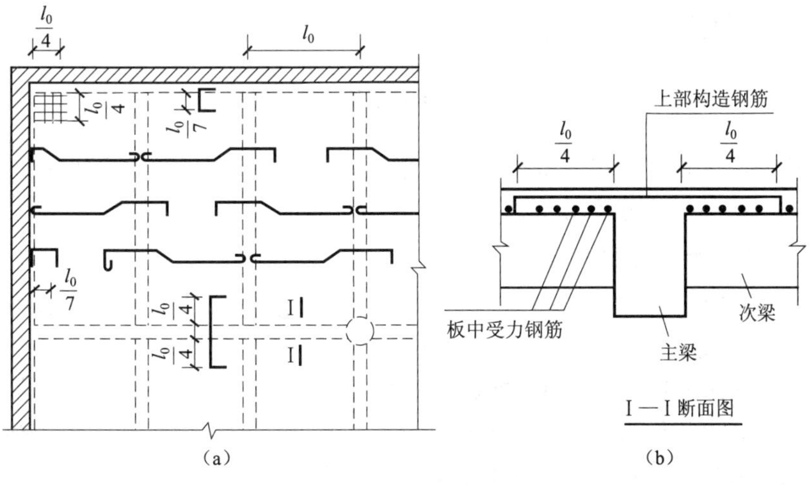

图8.22　板的构造钢筋

在温度、收缩应力较大的现浇板区域内，钢筋间距宜取为150～200 mm，并应在板的未配筋表面布置温度收缩钢筋。板的上、下表面沿纵、横两个方向的配筋率均不宜小于0.1%。温度收缩钢筋可利用原有钢筋贯通布置，也可另行设置构造钢筋网，并与原有钢筋按受拉钢筋的要求搭接，或在周边构件中锚固。

2. 次梁的计算和构造要求

(1)次梁的计算要点。连续次梁在进行正截面承载力计算时，由于板与次梁整体连接，板可作为梁的翼缘参加工作。在跨中正弯矩作用区段，板处在次梁的受压区，次梁应按T形截面计算，其翼缘计算宽度b_f'可按有关规定确定。在支座附近(或跨中)的负弯矩作用区段，由于板处在次梁的受拉区，此时，次梁应按矩形截面计算。

次梁的跨度一般为4～6 m，梁高为跨度的1/18～1/12，梁宽为梁高的1/3～1/2。纵向配筋的配筋率为0.6%～1.5%。

次梁的内力可按塑性理论方法计算。

(2)次梁的配筋构造要求。次梁的钢筋组成及其布置可参考图8.23。次梁伸入墙内的长度一般应不小于240 mm。

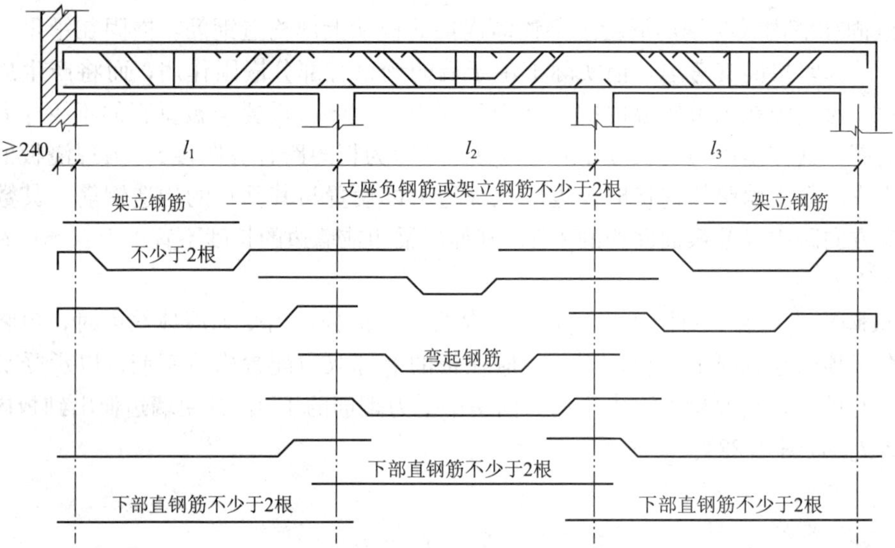

图8.23　次梁的钢筋组成及其布置

当次梁相邻跨度相差不超过20%，且均布活荷载与恒荷载设计值之比$q/g \leqslant 3$时，其纵向受力钢筋的弯起和切断可按图8.24进行；否则，应按弯矩包络图确定。

3. 主梁的计算和构造要求

(1)主梁的计算要点。主梁的正截面抗弯承载力计算与次梁相同，通常跨中按T形截面计算，支座按矩形截面计算。当跨中出现负弯矩时，跨中也应按矩形截面计算。

主梁的跨度一般以5～8 m为宜，常取梁高为跨度的1/15～1/10，梁宽为梁高的1/3～1/2。主梁除承受自重和直接作用在主梁上的荷载外，主要是承受次梁传来的集中荷载。为计算方便，可将主梁的自重等效简化成若干集中荷载，并作用于次梁位置处。

由于在主梁支座处，次梁与主梁负弯矩钢筋相互交叉重叠，而主梁负筋位于次梁和板的负筋之下(图8.25)，故截面有效高度在支座处有所减小。其具体取值为(对一类环境)：

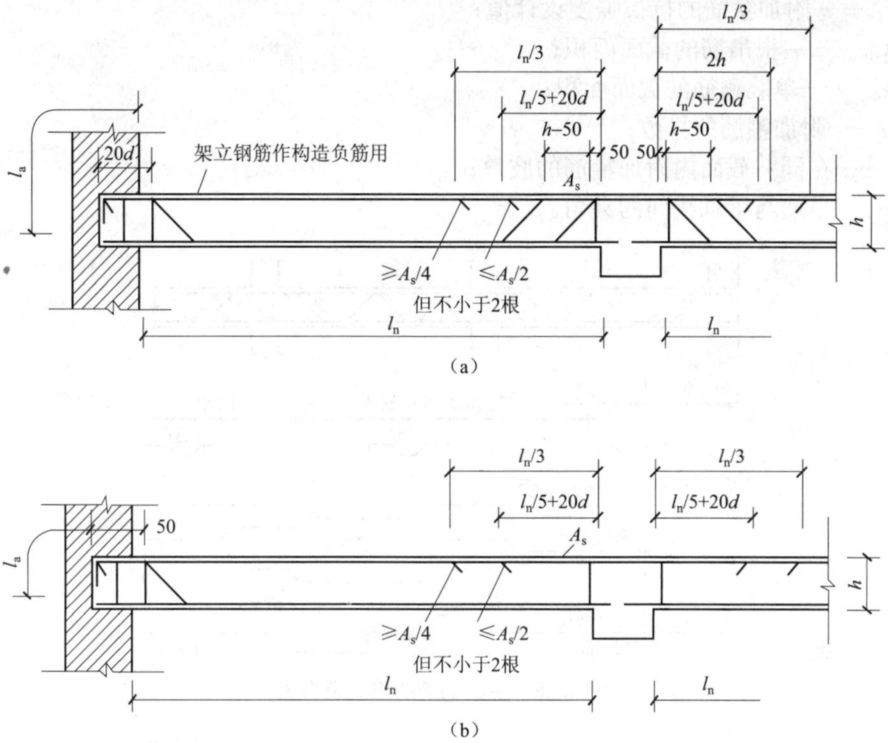

图 8.24　次梁配筋的构造要求

当受力钢筋单排布置时，$h_0=h-(60\sim70)$mm；当钢筋双排布置时，$h_0=h-(80\sim90)$mm。

主梁的内力通常按弹性理论方法计算，不考虑塑性内力重分布。

(2)主梁的构造要求。主梁钢筋的组成及布置可参考图 8.26，主梁伸入墙内的长度一般应不小于 370 mm。

对于主梁及其他不等跨次梁，其纵向受力钢筋的弯起与切断，应在弯矩包络图上作材料图，确定纵向钢筋的切断和弯起位置，并应满足有关构造要求。

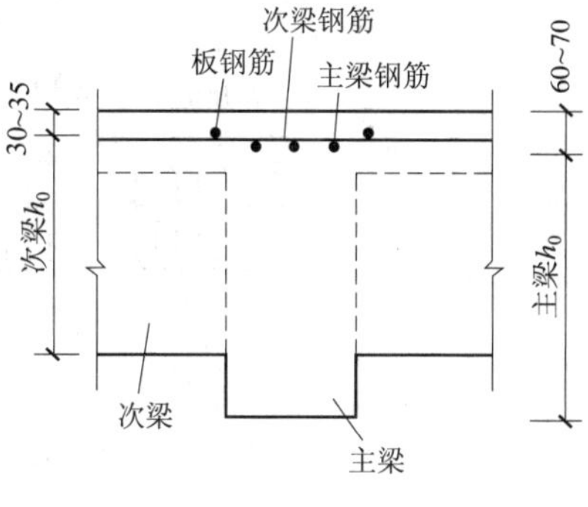

图 8.25　主梁支座处截面的有效高度

在次梁与主梁相交处，次梁顶部在负弯矩作用下将产生裂缝，如图 8.27(a)所示。因此，次梁传来的集中荷载将通过其受压区的剪切面传至主梁截面高度的中、下部，使其下部混凝土可能产生斜裂缝而引起局部破坏。为此，需设置附加的横向钢筋(吊筋或箍筋)，以使次梁传来的集中力传至主梁上部的承压区。附加横向钢筋宜采用箍筋，并应布置在长度为 s 的范围内，此处 $s=2h_1+3b$，如图 8.27(b)所示；当采用吊筋时，其弯起段应伸至梁上边缘，且末端水平段长度在受拉区不应小于 $20d$，受压区不应小于 $10d$(d 为弯起钢筋的直径)。

附加横向钢筋所需总截面面积应符合下列规定：

$$F_l \leqslant 2f_yA_{sb}\sin\alpha + mnf_{yv}A_{sv1} \tag{8-13}$$

式中　F_l——由次梁传递的集中力设计值；

f_y——吊筋的抗拉强度设计值；

f_{yv}——附加箍筋的抗拉强度设计值；

A_{sb}——一根吊筋的截面面积；

A_{sv1}——单肢箍筋的截面面积；

m——附加箍筋的排数；

n——在同一截面内附加箍筋的肢数；

a——吊筋与梁轴线间的夹角。

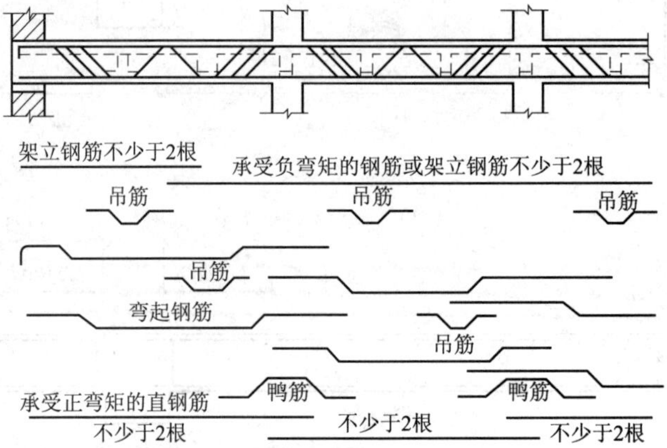

图 8.26　主梁钢筋的组成及布置

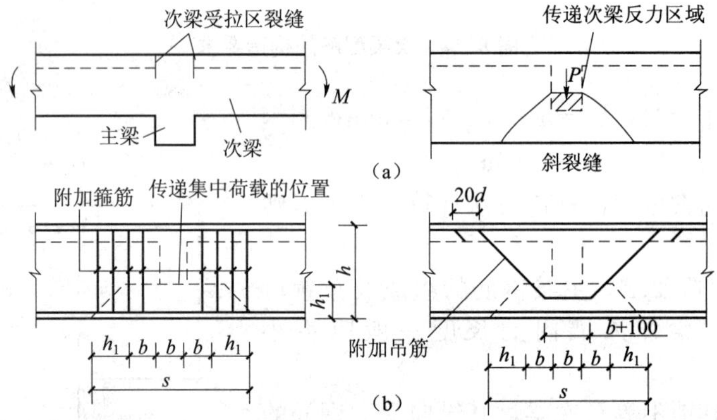

图 8.27　附加横向钢筋的布置

(a)次梁和主梁相交处的裂缝状态；

(b)承受集中荷载处附加横向钢筋的布置

8.2.6　单向板肋梁楼盖设计例题

1. 设计资料

某设计基准期为 50 年的多层工业建筑楼盖，采用整体式钢筋混凝土结构，柱截面尺寸拟定为 300 mm×300 mm，柱高为 4.5 m，楼盖梁格布置如图 8.28 所示。

(1)楼面构造层做法：水泥砂浆面层厚度为 20 mm，混合砂浆顶棚抹灰厚度为 20 mm。

(2)楼面活荷载：标准值为 6 N/mm^2。

(3)恒荷载分项系数为 1.3；活荷载分项系数为 1.4(因楼面活荷载标准值大于 4 N/mm^2)。

(4)材料选用：①混凝土：采用 C30(f_c=14.3 N/mm^2，f_t=1.43 N/mm^2)；②钢筋混凝土梁

中受力纵筋采用 HRB400 级($f_y=360\ N/mm^2$)，其余采用 HPB300 级($f_y=270\ N/mm^2$)。

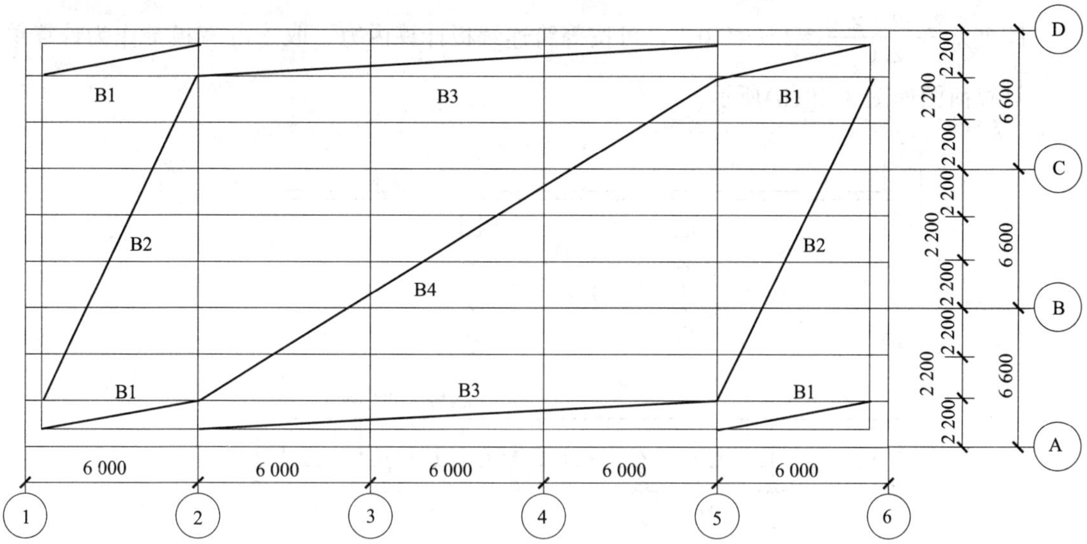

图 8.28　楼盖结构平面布置图

2. 板的计算

板按考虑塑性内力重分布方法计算。

板厚 $h \geqslant \frac{l}{30}=\frac{2\ 200}{30}=73(mm)$，对工业建筑楼盖，要求 $h \geqslant 70$ mm，故取其厚度 $h=80$ mm。

次梁截面高度应满足 $h=\left(\frac{1}{18} \sim \frac{1}{12}\right) l=\left(\frac{1}{18} \sim \frac{1}{12}\right) \times 6\ 000=333 \sim 500(mm)$，考虑到楼面活荷载比较大，故取次梁截面高度 $h=450$ mm。梁宽 $b=\left(\frac{1}{3} \sim \frac{1}{2}\right) h=150 \sim 225(mm)$，取 $b=200$ mm。板的尺寸及支承情况，如图 8.29(a)所示。

(1)荷载计算：

20 mm 厚水泥砂浆面层	$0.02 \times 20=0.4(kN/m^2)$
80 mm 厚钢筋混凝土现浇板	$0.08 \times 25=2.0(kN/m^2)$
20 mm 厚混合砂浆顶棚抹灰	$0.02 \times 17=0.34(kN/m^2)$
恒荷载标准值	$g_k=2.74(kN/m^2)$
恒荷载设计值	$g=1.3 \times 2.74=3.56(kN/m^2)$
活荷载设计值	$q=1.4 \times 6.0=8.4(kN/m^2)$
合计	$g+q=11.96(kN/m^2)$

(2)计算简图与板的计算跨度：

边跨　$$l_n=2.2-0.12-\frac{0.2}{2}=1.98(m)$$

$$l_0=l_n+\frac{a}{2}=1.98+\frac{0.12}{2}=2.04(m)$$

因 $l_n+\frac{h}{2}=1.98+\frac{0.08}{2}=2.02(m)<2.04$ m，故取 $l_0=2.02(m)$。

中间跨　　　　　　　$l_0=l_n=2.2-0.2=2.0(m)$

跨度差$\frac{2.02-2.0}{2.0}=1\%<10\%$，可按等跨连续板计算内力。取 1 m 宽板带作为计算单元，计算简图如图 8.29(b)所示。

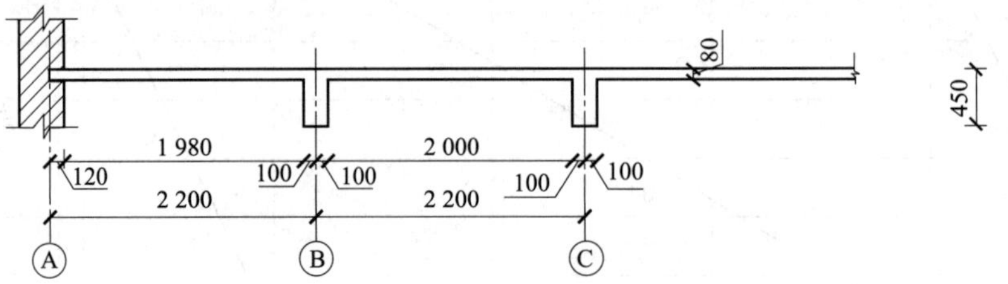

(a)

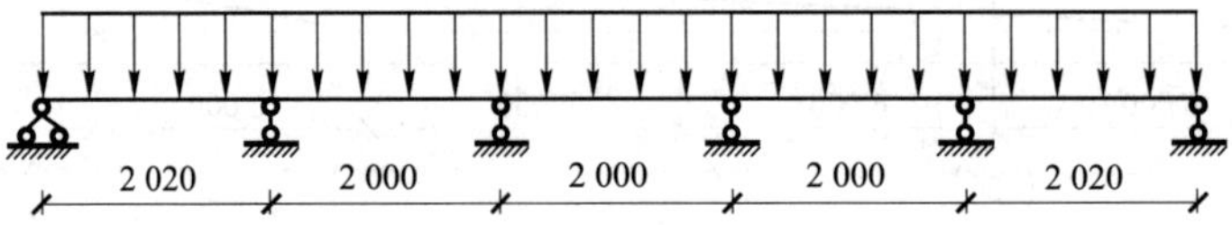

(b)

图 8.29　板的构造和计算简图

(a)构造；(b)计算简图

(3)弯矩设计值，连续板各截面弯矩计算。

计算结果见表 8.5。

(4)承载力计算，$b=1\ 000$ mm，$h=80$ mm，$h_0=80-20=60$(mm)。钢筋采用 HPB300 级($f_y=270\ N/mm^2$)，混凝土采用 C30($f_c=14.3\ N/mm^2$)，$a_1=1.0$。各截面配筋见表 8.6。

表 8.5　连续板各截面弯矩计算

截面	边跨跨中	离端第二支座	离端第二跨跨中	中间支座
弯矩计算系数 a	$\frac{1}{11}$	$-\frac{1}{11}$	$\frac{1}{16}$	$-\frac{1}{14}$
$M=a(g+q)l_0^2$ /(kN·m)	$\frac{1}{11}\times11.96\times2.02^2=4.44$	$-\frac{1}{11}\times11.96\times2.02^2=-4.44$	$\frac{1}{16}\times11.96\times2.00^2=2.99$	$-\frac{1}{14}\times11.96\times2.00^2=-3.42$

表 8.6　板的配筋计算

板带部位	边区板带(①～②、⑤～⑥轴线间)				中间区板带(②～⑤轴线间)			
板带部位截面	边跨跨中	离端第二支座	离端第二跨跨中、中间跨跨中	中间支座	边跨跨中	离端第二支座	离端第二跨跨中、中间跨跨中	中间支座
M/(kN·m)	4.44	−4.44	2.99	−3.42	4.44	−4.44	2.99×0.8 =2.39	−3.42×0.8 =−2.74
$a_s=\frac{M}{a_1 f_c bh_0^2}$	0.104	0.104	0.070	0.080	0.104	0.104	0.056	0.064

续表

板带部位	边区板带(①～②、⑤～⑥轴线间)				中间区板带(②～⑤轴线间)			
γ_s	0.945	0.945	0.963	0.958	0.945	0.945	0.971	0.966
$A_s=\dfrac{M}{f_y\gamma_s h_0}$/mm²	287	287	192	220	287	287	141	162
选配钢筋	Φ8@180	Φ8@180	Φ8@180	Φ8@180	Φ8@180	Φ8@180	Φ8@180	Φ8@180
实配钢筋面积/mm²	279	279	279	279	279	279	279	279
注：中间区板带(②～⑤轴线间)，其各内区格板的四周与梁整体连接，故中间跨跨中和中间支座考虑板的内拱作用，其计算弯矩折减 20%。								

板的配筋图如图 8.30 所示。

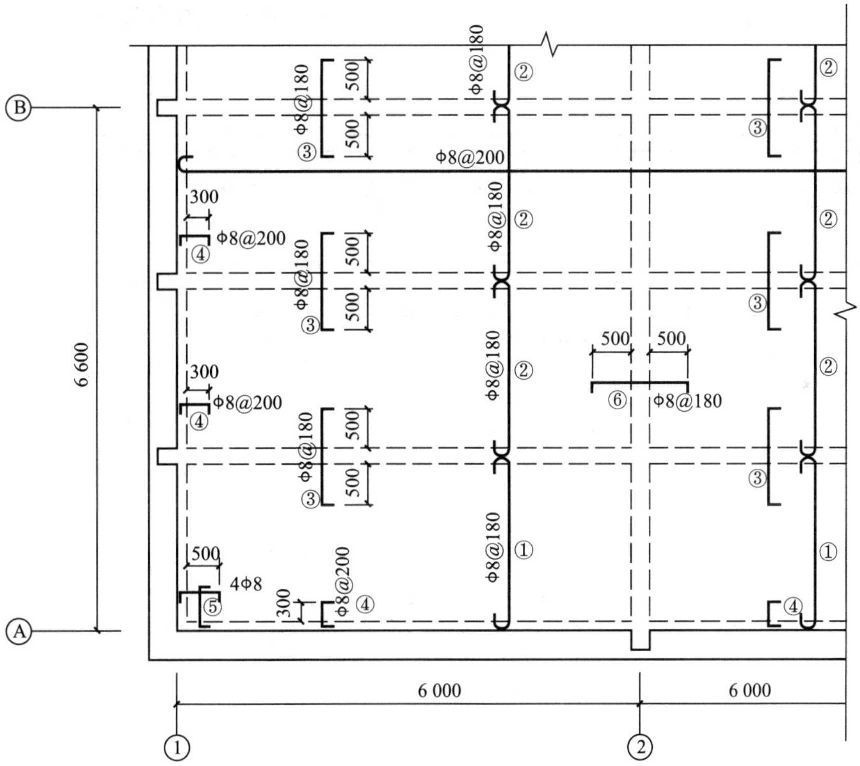

图 8.30　板的配筋图(1∶50)

3. 次梁计算

次梁按考虑塑性内力重分布方法计算。

主梁截面高度 $h=\left(\frac{1}{15}\sim\frac{1}{10}\right)l=\left(\frac{1}{15}\sim\frac{1}{10}\right)\times 6\ 600=440\sim660$(mm)，取主梁截面高度 $h=650$ mm。梁宽 $b=\left(\frac{1}{3}\sim\frac{1}{2}\right)h=217\sim325$(mm)，取 $b=250$ mm。次梁的尺寸及支承情况，如图 8.31(a)所示。

(1)荷载：

恒荷载设计值：

板传来恒荷载　　$3.56\times2.2=7.83(\text{kN/m})$

次梁自重　　$1.3\times25\times0.2\times(0.45-0.08)=2.405(\text{kN/m})$

梁侧抹灰　　$1.3\times17\times0.02\times(0.45-0.08)\times2=0.327(\text{kN/m})$

合计　　$g=10.56\ \text{kN/m}$

活荷载设计值，由板传来　　$q=8.4\times2.2=18.48(\text{kN/m})$

总计　　$g+q=29.04(\text{kN/m})$

(2)计算简图，次梁的计算跨度：

边跨　　$l_n=6.0-0.12-\dfrac{0.25}{2}=5.755(\text{m})$

$l_0=l_n+\dfrac{a}{2}=5.755+\dfrac{0.24}{2}=5.875(\text{m})<1.025l_n=5.899\ \text{m}$，取 $l_0=5.875\ \text{m}$。

中间跨　　$l_0=l_n=6.0-0.25=5.75(\text{m})$

跨度差$\dfrac{5.875-5.75}{5.75}=2.2\%<10\%$，可按等跨连续梁进行内力计算，其计算简图如图 8.31(b)所示。

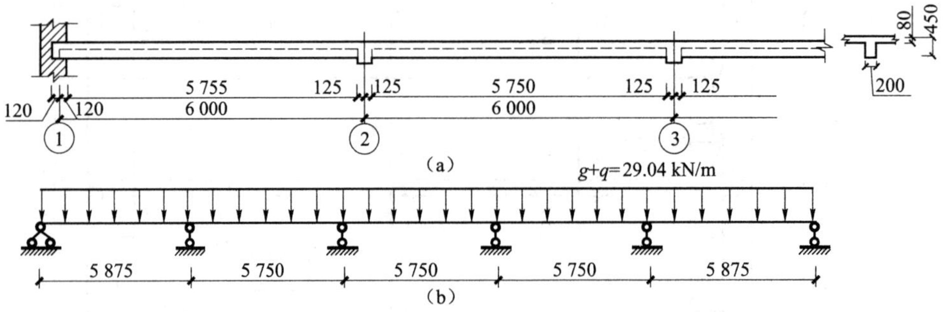

图 8.31　次梁的构造和计算简图

(a)构造；(b)计算简图

(3)弯矩设计值和剪力设计值，次梁各截面弯矩、剪力设计值见表 8.7、表 8.8。

表 8.7　次梁各截面弯矩计算

截面	边跨跨中	离端第二支座	离端第二跨跨中、中间跨跨中	中间支座
弯矩计算系数 a	$\frac{1}{11}$	$-\frac{1}{11}$	$\frac{1}{16}$	$-\frac{1}{14}$
$M=a(g+q)l_0^2$/kN·m	$\frac{1}{11}\times29.04\times5.875^2=91.12$	$-\frac{1}{11}\times29.04\times5.875^2=-91.12$	$\frac{1}{16}\times29.04\times5.750^2=60.01$	$-\frac{1}{14}\times29.04\times5.750^2=-68.58$

表 8.8　次梁各截面剪力计算

截面	端支座右侧	离端第二支座左侧	离端第二支座右侧	中间支座左侧、右侧
剪力计算系数 β	0.45	0.6	0.55	0.55
$V=\beta(g+q)l_n$/kN	$0.45\times29.04\times5.755=75.21$	$0.6\times29.04\times5.755=100.28$	$0.55\times29.04\times5.750=91.84$	91.84

(4)承载力计算，次梁正截面受弯承载力计算时，支座截面按矩形截面计算，跨中截面按 T 形截面计算，其翼缘计算宽度为：

$$边跨\ b'_f=\frac{1}{3}l_0=\frac{1}{3}\times 5\ 875=1\ 958(mm)<b+S_n=200+2\ 000=2\ 200(mm)$$

$$离端第二跨、中间跨\ b'_f=\frac{1}{3}l_0=\frac{1}{3}\times 5\ 750=1\ 917(mm)$$

梁高 $h=450$ mm，翼缘厚度 $h'_f=80$ mm。除离端第二支座纵向钢筋按两排布置[$h_0=450-65=385(mm)$]外，其余截面均按一排纵筋考虑，$h_0=450-40=410(mm)$。纵向钢筋采用 HRB400 级($f_y=360\ N/mm^2$)，箍筋采用 HPB300 级($f_y=270\ N/mm^2$)，混凝土采用 C30($f_c=14.3\ N/mm^2$，$f_t=1.43\ N/mm^2$)，$\alpha_1=1.0$。经判断各跨中截面均属于第一类 T 形截面。

次梁正截面及斜截面承载力计算，分别见表 8.9、表 8.10。

表 8.9　次梁正截面承载力计算

截面	边跨跨中	离端第二支座	离端第二跨跨中、中间跨跨中	中间支座
$M/(kN\cdot m)$	91.12	−91.12	60.01	−68.58
$\alpha_s=\frac{M}{\alpha_1 f_c bh_0^2}$	$\frac{91.12\times10^6}{1.0\times14.3\times1\ 958\times410^2}=0.019$	$\frac{91.12\times10^6}{1.0\times14.3\times200\times385^2}=0.215$	$\frac{60.01\times10^6}{1.0\times14.3\times1\ 916\times410^2}=0.013$	$\frac{68.58\times10^6}{1.0\times14.3\times200\times410^2}=0.143$
ξ	0.020	0.245	0.013	0.154
γ_s	0.991	0.857	0.994	0.916
$A_s=\frac{M}{f_y\gamma_s h_0}/mm^2$	$\frac{91.12\times10^6}{360\times0.991\times410}=623$	$\frac{91.12\times10^6}{360\times0.857\times385}=767$	$\frac{60.01\times10^6}{360\times0.994\times410}=409$	$\frac{68.58\times10^6}{360\times0.916\times410}=507$
选配钢筋	3⌀16	4⌀16	2⌀16	3⌀16
实配钢筋面积/mm^2	603	804	402	603

表 8.10　次梁斜截面承载力计算

截面	端支座右侧	离端第二支座左侧	离端第二支座右侧	中间支座左侧、右侧
V/kN	75.21	100.28	91.84	91.84
$0.25\beta_c f_c bh_0/kN$	$293.2>V$	$275.3>V$	$275.3>V$	$293.2>V$
$0.7f_t bh_0/kN$	$82.1>V$	$77.1<V$	$77.1<V$	$82.1<V$
选用箍筋	双肢 Φ8	双肢 Φ8	双肢 Φ8	双肢 Φ8
$A_{sv}=nA_{sv1}/mm^2$	101	101	101	101
$s=\frac{f_{yv}A_{sv}h_0}{V-0.7f_t bh_0}/mm$	按构造配箍	$\frac{270\times101\times385}{100\ 280-77\ 100}=453$	$\frac{270\times101\times385}{91\ 840-77\ 100}=712$	$\frac{270\times101\times385}{91\ 840-82\ 100}=1\ 078$
实配箍筋间距/mm	200	200	200	200

次梁的配筋图如图 8.32 所示。

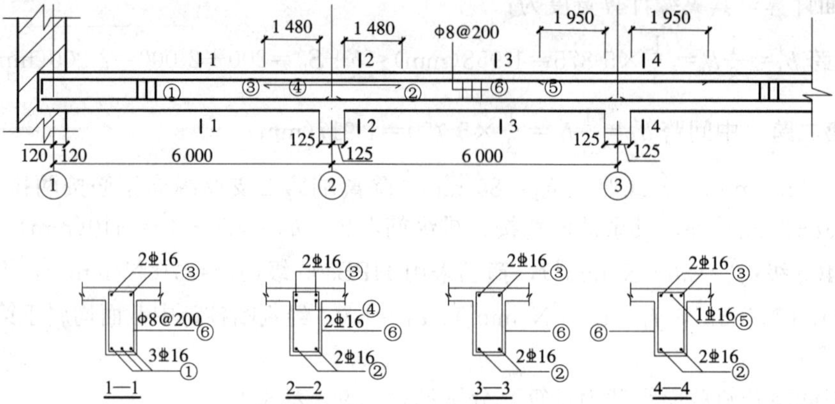

图 8.32　次梁配筋图

4. 主梁计算

主梁按弹性理论方法计算。

(1)截面尺寸及支座简化。由于$\left(\frac{EI}{l}\right)_{梁}\Big/\left(\frac{EI}{l}\right)_{柱}=\left(\frac{E\times250\times650^3}{12\times6\ 600}\right)\Big/\left(\frac{E\times300\times300^3}{12\times4\ 500}\right)=$ 5.78＞3，故可将主梁视为铰支于柱上的连续梁进行计算；两端支承于砖墙上也可视为铰支。主梁的尺寸及计算简图如图 8.33 所示。

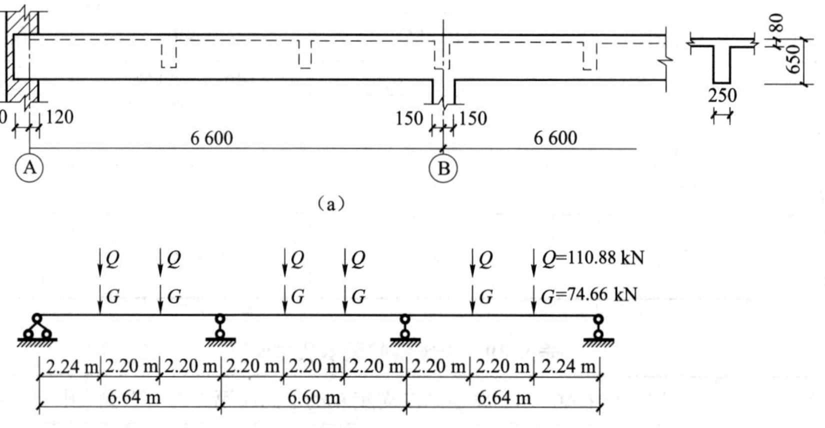

(a)

(b)

图 8.33　主梁的构造和计算简图

(a)构造；(b)计算简图

(2)荷载。

恒荷载设计值：

次梁传来恒荷载	10.56×6.0＝63.36(kN)
主梁自重(折算为集中荷载)	1.3×25×0.25×(0.65－0.08)×2.2＝10.19(kN)
梁侧抹灰(折算为集中荷载)	1.3×17×0.02×(0.65－0.08)×2×2.2＝1.11(kN)
合计	G＝74.66 kN
活荷载设计值由次梁传来	Q＝18.48×6.0＝110.88(kN)

总计　　　　　　　　$G+Q=185.54$ kN

(3)主梁计算跨度的确定。边跨 $l_n=6.6-0.12-\frac{0.3}{2}=6.33(\text{m})$

$$l_0=l_n+\frac{a}{2}+\frac{b}{2}=6.33+\frac{0.36}{2}+\frac{0.3}{2}=6.66(\text{m})>1.025l_n+\frac{b}{2}=1.025\times6.33+\frac{0.3}{2}=6.64(\text{m})$$

取　　　　$l_0=6.64$ m

中间跨　　$l_n=6.60-0.3=6.30(\text{m})$

$l_0=l_n+b=6.30+0.3=6.60(\text{m})$

平均跨度　$\frac{6.64+6.60}{2}=6.62(\text{m})$(计算支座弯矩用)

跨度差 $\frac{6.64-6.60}{6.60}=0.61\%<10\%$，可按等跨连续梁计算内力，则主梁的计算简图如图 8.33(b)所示。

(4)弯矩设计值。主梁在不同荷载作用下的内力计算可采用等跨连续梁的内力系数表进行，其弯矩和剪力设计值的具体计算见表 8.11、表 8.12。

表 8.11　主梁各截面弯矩计算

序号	荷载简图及弯矩图	边跨跨中	中间支座	中间跨跨中
		$\frac{K}{M_1}$	$\frac{K}{M_B(M_C)}$	$\frac{K}{M_2}$
①	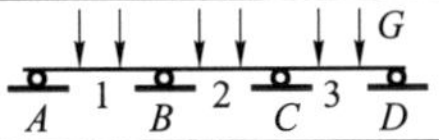	$\frac{0.244}{119.34}$	$\frac{-0.267}{-130.20}$	$\frac{0.067}{32.57}$
②	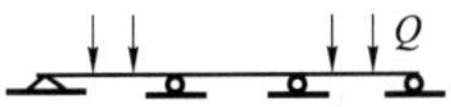	$\frac{0.289}{212.77}$	$\frac{-0.133}{-97.63}$	$\frac{-0.133}{97.63}$
③	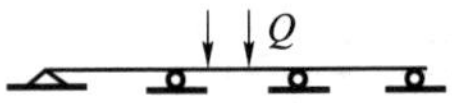	$\approx\frac{1}{3}M_B=-30.23$	$\frac{-0.133}{-97.63}$	$\frac{0.200}{146.81}$
④		$\frac{0.229}{168.60}$	$\frac{-0.311(-0.089)}{-228.28(-65.33)}$	$\frac{0.170}{124.78}$
最不利内力组合	①+②	332.11	−227.83	−65.06
	①+③	86.8	−227.83	179.38
	①+④	287.94	−358.48(−195.33)	157.35

表 8.12　主梁各截面剪力计算

序号	荷载简图及弯矩图	端支座	中间支座	
		$\frac{K}{V_A^r}$	$\frac{K}{V_B^l(V_C^l)}$	$\frac{K}{V_B^r(V_C^r)}$
①	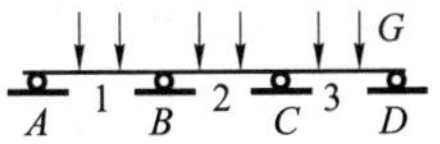	$\frac{0.733}{53.99}$	$\frac{-1.267(-1.000)}{-93.33(-73.66)}$	$\frac{1.000(1.267)}{73.66(93.33)}$
②		$\frac{0.866}{96.02}$	$\frac{-1.134}{-125.74}$	0

续表

<table>
<tr><th rowspan="2">序号</th><th rowspan="2">荷载简图及弯矩图</th><th>端支座</th><th colspan="2">中间支座</th></tr>
<tr><th>$\frac{K}{V_A^r}$</th><th>$\frac{K}{V_B^l(V_C^l)}$</th><th>$\frac{K}{V_B^r(V_C^r)}$</th></tr>
<tr><td>④</td><td>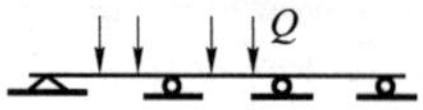</td><td>$\frac{0.689}{76.40}$</td><td>$\frac{-1.311(-0.778)}{-145.36(-86.26)}$</td><td>$\frac{1.222(0.089)}{135.50(9.87)}$</td></tr>
<tr><td rowspan="2">最不利内力组合</td><td>①+②</td><td>150.01</td><td>−219.07</td><td>73.66</td></tr>
<tr><td>①+④</td><td>130.09</td><td>−238.69(−159.92)</td><td>209.16(103.2)</td></tr>
<tr><td colspan="5">注：式中，K 为剪力系数。</td></tr>
</table>

将以上最不利组合下的弯矩图和剪力图分别叠画在同一坐标图上，即可得到主梁的弯矩包络图及剪力包络图(图 8.34)。

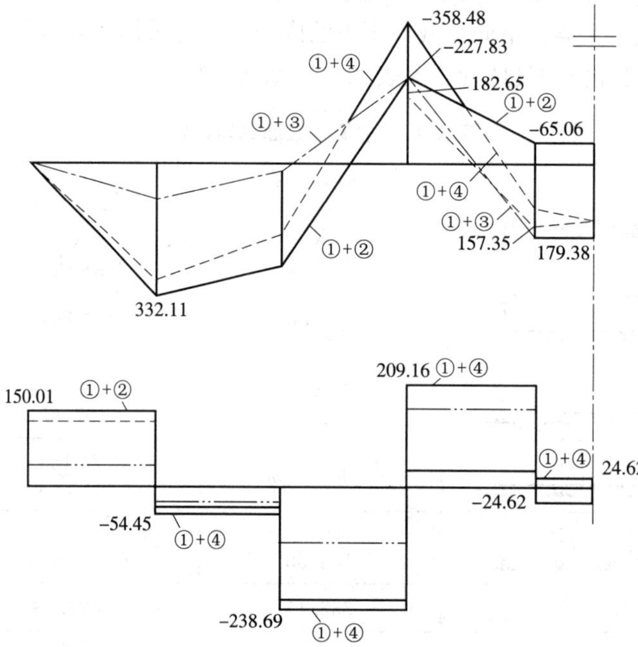

图 8.34　主梁的弯矩包络图及剪力包络图

(5)承载力计算。主梁正截面受弯承载力计算时，支座截面按矩形截面计算[因支座弯矩较大，取 $h_0=650-80=570$(mm)]，跨中截面按 T 形截面计算[$h'_f=80$ mm，$h_0=650-40=610$(mm)]，其翼缘计算宽度为 $b'_f=\frac{1}{3}l_0=\frac{1}{3}\times 6\ 600=2\ 200(mm)<b+s_0=6\ 000$(mm)。

纵向钢筋采用 HRB400 级($f_y=360$ N/mm^2)，箍筋采用 HPB300 级($f_y=270$ N/mm^2)，混凝土采用C30($f_c=14.3$ N/mm^2，$f_t=1.43$ N/mm^2)，$\alpha_1=1.0$。经判别，各跨中截面均属于第一类 T 形截面。主梁的正截面及斜截面承载力计算分别见表 8.13、表 8.14。

表 8.13 主梁正截面承载力计算

截面	边跨跨中	中间支座	中间跨跨中	
$M/(kN\cdot m)$	332.11	−358.48	179.38	−65.06
$V_0\frac{b}{2}$ /(kN·m)	—	$(73.66+110.88)\times\frac{0.3}{2}$ =27.7	—	—
$M-V_0\frac{b}{2}$ /(kN·m)	—	−330.58	—	—
$\alpha_s=\frac{M}{\alpha_1 f_c bh_0^2}$	$\frac{332.11\times10^6}{1.0\times14.3\times2\ 200\times610^2}$ =0.028	$\frac{330.58\times10^6}{1.0\times14.3\times250\times570^2}$ =0.285	$\frac{179.38\times10^6}{1.0\times14.3\times2\ 200\times610^2}$ =0.015	$\frac{65.06\times10^6}{1.0\times14.3\times250\times590^2}$ =0.052
ξ	0.028	0.344	0.015	0.053
γ_s	0.986	0.828	0.993	0.974
$A_s=\frac{M}{f_y\gamma_s h_0}/mm^2$	$\frac{332.11\times10^6}{360\times0.986\times610}$ =1 534	$\frac{330.58\times10^6}{360\times0.828\times570}$ =1 947	$\frac{179.38\times10^6}{360\times0.993\times610}$ =823	$\frac{65.06\times10^6}{360\times0.974\times590}$ =315
选配钢筋	5⌀20	4⌀20+2⌀22	3⌀20	2⌀20
实配钢筋 /mm^2	1 570	2 016	740	628

表 8.14 主梁斜截面承载力计算

截面	支座 A	支座 B^l(左)	支座 B^r(右)
V/kN	150.01	238.69	209.16
$0.25\beta_c f_c bh_0$/kN	545.19>V	509.44>V	509.44>V
$0.7 f_t bh_0$/kN	152.65>V	142.64<V	142.64<V
选用箍筋	双肢 Φ8	双肢 Φ8	双肢 Φ8
$A_{sv}=nA_{sv1}/mm^2$	101	101	101
$s=\frac{f_{yv}A_{sv}h_0}{V-0.7f_t bh_0}$/mm	—	161.2	233
实配箍筋间距/mm	150	150	150
注：$\rho_{sv}=\frac{nA_{sv1}}{bs}\times100\%=\frac{2\times50.3}{250\times150}\times100\%=0.268\%>0.24\times\frac{1.43}{270}=0.127\%$			

(6)次梁两侧附加横向箍筋的计算。由次梁传至主梁的全部集中荷载：

$$F_l=G+Q=63.36+110.88=174.24(kN),\ h_1=650-450=200(mm)$$

附加箍筋布置范围 $s=2h_1+3b=2\times200+3\times200=1\ 000$(mm)，取附加箍筋 Φ8@150 双肢，则在长度 s 布置附加箍筋的排数，$m=1\ 000/150+1\approx8$(排)，次梁两侧各布置 4 排。由式(8-13)，$mnf_{yv}A_{sv1}=8\times2\times270\times50.3=217\times10^3(kN)>F_l$，满足要求。主梁的配筋图如图 8.35 所示。因主梁的腹板高度 $h_w=610-80=530$(mm)>450 mm，需要在梁的两侧配置纵向构造钢筋。现每侧配置 1⌀14，配置率 153.9/(250×530)=0.12%>0.1%。

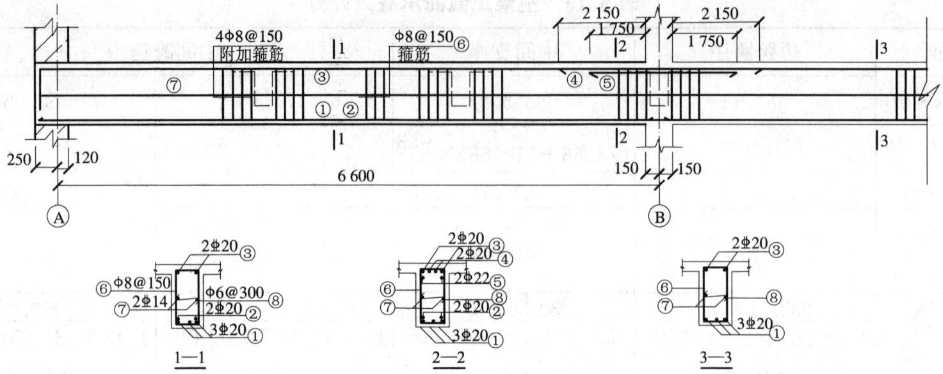

图 8.35　主梁的配筋图

5. 梁板结构施工图

板、次梁配筋图和主梁配筋及材料图，如图 8.30、图 8.32、图 8.35 所示。

8.3　双向板肋梁楼盖

在肋梁楼盖中，如果梁格布置使各区格板的长边与短边之比 $l_2/l_1 \leqslant 2$，应按双向板肋设计；当 $2 < l_2/l_1 < 3$ 时，宜按双向板设计。

双向板肋梁楼盖受力性能较好，可以跨越较大跨度，梁格的布置可使顶棚整齐、美观，常用于民用及公共建筑房屋、跨度较大的房屋及门厅等处。当梁格尺寸及使用荷载较大时，双向板肋梁楼盖比单向板肋梁楼盖经济，所以，也常用于工业建筑楼盖中。

8.3.1　双向板的受力特点

双向板的受力特点不同于单向板，它在两个方向的横截面上都作用有弯矩和剪力。另外，其还有扭矩；而单向板只是在一个方向上作用有弯矩和剪力，在另一个方向上基本不传递荷载。双向板中因有扭矩的存在，受力后使板的四周有上翘的趋势。受到墙的约束后，使板的跨中弯矩减小，而显得刚度较大，因此，双向板的受力性能比单向板优越。双向板的受力情况较为复杂，其内敛的分布取决于双向板四边的支承条件(简支、嵌固、自由等)、几何条件(板边长的比值)以及作用于板上荷载的性质(集中力、均布荷载)等因素。

试验研究表明：在承受均布荷载作用的四边简支正方形板中，随着荷载的增加，第一批裂缝首先出现在板底中央，随后沿对角线 45°向四角扩展，如图 8.36(a)所示。在接近破坏时，在板的顶面四角附近出现了垂直于对角线方向的圆弧形裂缝，如图 8.36(b)所示，它促使板底对角线方向裂缝进一步扩展，最终由于跨中钢筋屈服导致板的破坏。

在承受均布荷载的四边简支矩形板中，第一批裂缝出现在板底中央且平行于长边方向，如图 8.36(c)所示；当荷载继续增加时，这些裂缝逐渐延伸，并沿 45°方向向四周扩展；然后，板顶四角也出现圆弧形裂缝，如图 8.36(d)所示；最后导致板的破坏。

8.3.2　双向板按弹性理论的内力计算

与单向板的一样，双向板在荷载作用下的内力分析也有弹性理论和塑性理论两种方法。

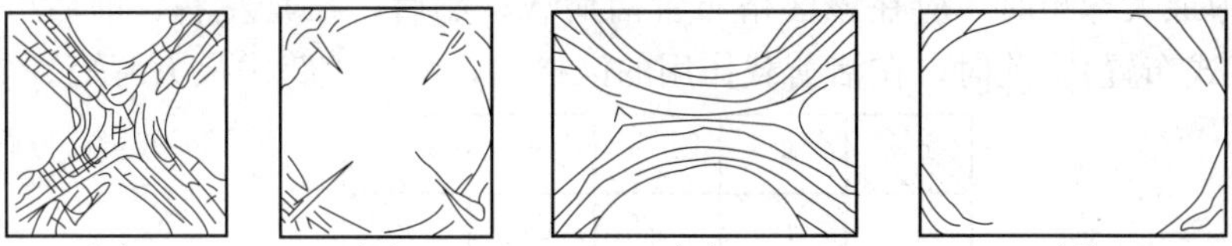

图 8.36　双向板的破坏裂缝

1. 单跨双向板的计算

双向板按弹性理论方法计算属于弹性理论小挠度薄板的弯曲问题，由于这种方法需考虑边界条件，内力分析比较复杂，为了便于工程设计计算，可采用简化的计算方法，通常是直接应用根据弹性理论编制的计算用表(见附表 12)进行内力计算。在该附表中，按边界条件选列了 6 种计算简图，如图 8.37 所示。对于图 8.37 的 6 种计算简图，附表 12 分别给出了在均布荷载作用下的跨内弯矩和支座弯矩系数，故板的计算可按下式进行：

$$M=\text{表中弯矩系数}\times(g+q)l^2 \tag{8-14}$$

式中　M——跨内或支座弯矩设计值；

g，q——均布恒荷载和活荷载设计值；

l——取用 l_x 和 l_y 中较小者。

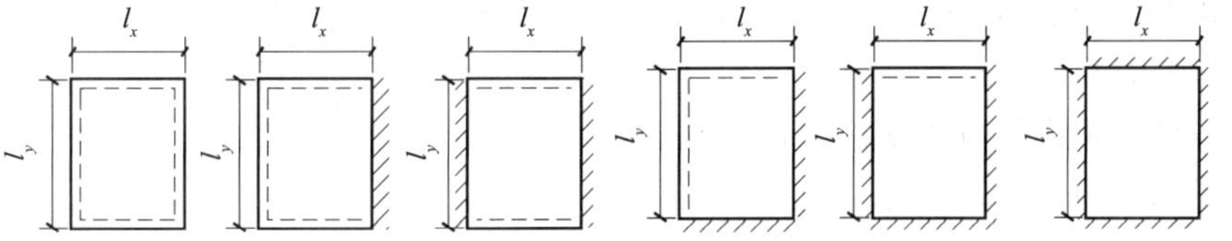

图 8.37　双向板的计算简图

(a)四边简支；(b)一边固定、三边简支；(c)两对边固定、两对边简支；

(d)两邻边固定、两邻边简支；(e)三边固定、一边简支；(f)四边固定

需要说明的是，附表 12 中的系数是根据材料的泊松比 $\upsilon=0$ 制定的。对于跨内弯矩，尚需考虑横向变形的影响。当 $\upsilon\neq0$ 时，则应按下式进行折算：

$$M_x^{(\upsilon)}=M_x+\upsilon M_y \tag{8-15}$$

$$M_y^{(\upsilon)}=M_y+\upsilon M_x \tag{8-16}$$

式中　$M_x^{(\upsilon)}$，$M_y^{(\upsilon)}$——l_x 和 l_y 方向考虑 υ 影响的跨内弯矩设计值；

M_x，M_y——l_x 和 l_y 方向 $\upsilon=0$ 时的跨内弯矩设计值；

υ——泊松比，对钢筋混凝土可取 $\upsilon=0.2$。

2. 多跨连续板的计算

多跨连续板内力的精确计算更为复杂，在设计中一般采用实用的简化计算方法，即通过对双向板上活荷载的最不利布置以及支承情况等的合理简化，将多跨连续板转化为单跨双向板进行计算。该方法假定其支承梁抗弯刚度很大，梁的竖向变形可忽略不计且不受扭。同时规定，当在同一方向的相邻最大与最小跨度之差小于 20%时，可按下述方法计算。

(1)跨中最大正弯矩。在计算多跨连续双向板某跨跨中的最大弯矩时，与多跨连续单向板类似，也需要考虑活荷载的最不利布置。其活荷载的布置方式如图 8.38(a)所示，即当求

某区格板跨中最大弯矩时，应在该区格布置活荷载；然后，在其左右、前后分别隔跨布置活荷载(棋盘式布置)。此时，在活荷载作用的区格内，将产生跨中最大弯矩。

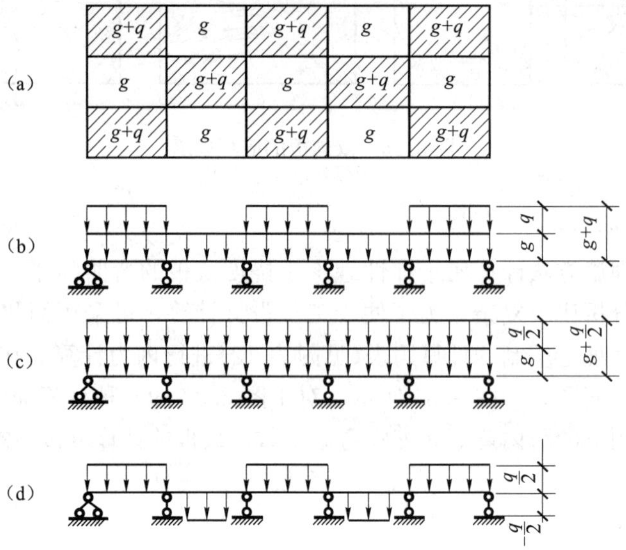

图 8.38　双向板活荷载的最不利布置

在图 8.38(a)所示的荷载作用下，任一区格板的边界条件为既非完全固定又非理想简支的情况。为了能利用单跨双向板的内力计算系数表来计算连续双向板，可以采用下列近似方法：把棋盘式布置的荷载分解为各跨满布的对称荷载和各跨向上向下相间作用的反对称荷载，如图 8.38(c)、(d)所示。此时

对称荷载
$$g'=g+\frac{q}{2} \tag{8-17}$$

反对称荷载
$$q'=\pm\frac{q}{2} \tag{8-18}$$

在对称荷载 $g'=g+\frac{q}{2}$ 作用下，所有中间支座两侧荷载相同，则支座的转动变形很小，若忽略远跨荷载的影响，可以近似地认为支座截面处转角为零，这样就可将所有中间支座视为固定支座，从而将所有中间区格板视为四边固定双向板；对于其他的边、角区格板，根据其外边界条件按实际情况确定，可分为三边固定、一边简支和两边固定、两边简支以及四边固定等。这样，根据各区格板的四边支承情况，即可分别求出在对称荷载 $g'=g+\frac{q}{2}$ 作用下的跨中弯矩。

在反对称荷载 $q'=\pm\frac{q}{2}$ 作用下，在中间支座处相邻区格板的转角方向是一致的，大小基本相同，即相互没有约束影响。若忽略梁的扭转作用，则可近似地认为支座截面弯矩为零，即可将所有中间支座均视为简支支座。因而，在反对称荷载 $q'=\pm\frac{q}{2}$ 作用下，各区格板的跨中弯矩可按单跨四边简支双向板来计算。

最后，将各区格板在上述两种荷载作用下的跨中弯矩相叠加，即得到各区格板的跨中最大弯矩。

(2)支座最大负弯矩。考虑到隔跨活荷载对计算跨弯矩的影响很小，可近似认为恒荷载和活荷载皆满布在连续双向板所有区格时支座产生最大负弯矩。此时，可按前述在对称荷载作用下的原则，即各中间支座均视为固定，各周边支座根据其外边边界条件按实际情况确定，利用附表 14 求得各区格板中各固定边的支座弯矩。对某些中间支座，若由相邻两个区格板求得的同一支座弯矩不相等，则可近似地取其平均值作为该支座最大负弯矩。

8.3.3 双向板按塑性铰线法的内力计算

当楼面承受较大均布荷载后，四边支承的双向板首先在板底出现平行于长边的裂缝。随着荷载的增加，裂缝逐渐延伸，与板边大致呈 45°，向四角发展。当短跨跨度截面受力钢筋屈服后，裂缝宽度明显增大，形成塑性铰，这些截面所承受的弯矩不再增加。荷载继续增加，板内产生内力重分布，其他裂缝处截面的钢筋达到屈服，板底主裂缝线明显地将整块板划分为四个板块，如图 8.39 所示。对于四周与梁浇筑的双向板，由于四周约束的存在而产生负弯矩，在板顶出现沿支承边的裂缝。随着荷载的增加，沿支承边的板截面也陆续出现塑性铰。

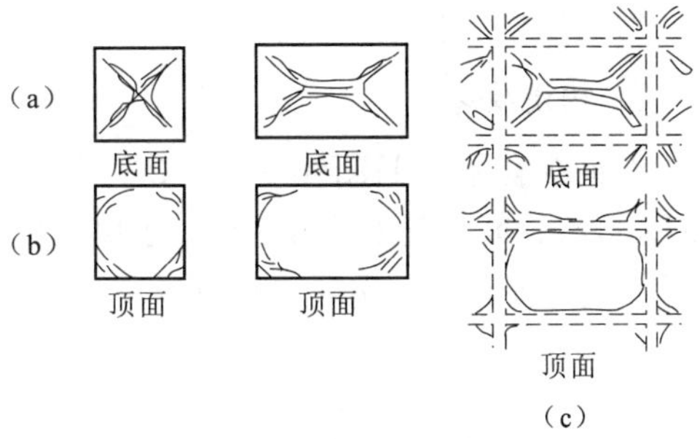

图 8.39 双向板破坏时裂缝分布

将板上连续出现的塑性铰连在一起而形成的连线，称为塑性铰线，也称屈服线。正弯矩引起正塑性铰线，负弯矩引起负塑性铰线。塑性铰线的基本性能与塑性铰相同。板内塑性铰线的分布与板的形状、边界条件、荷载形式以及板内配筋等因素有关。

当板内出现足够多的塑性铰线后，板就会成为几何可变体系而破坏，此时板所能承受的荷载为板的极限荷载。

对结构的极限承载能力进行分析时，需要满足三个条件，即极限条件、机动条件和平衡条件。当三个条件都能够满足时，结构分析得到的解就是结构的真实极限荷载。但对于复杂的结构，一般很难同时满足三个条件，通常采用近似的求解方法，使其至少满足两个条件。满足机动条件和平衡条件的解称为上限解，上限解求得的荷载值大于真实解，使用的方法通常为机动方法和极限平衡方法；满足极限条件和平衡条件的解称为下限解，下限解求得的荷载值小于真实解，使用的方法通常为板条法。

8.3.4 双向板的构造

1. 截面设计

(1)双向板的厚度。双向板的厚度一般不应小于 80 mm，也不宜大于 160 mm，且应满足表 8.4 的规定。双向板一般可不做变形和裂缝验算，因此，要求双向板应具有足够的刚度。对于简支情况的板，其板厚 $h \geqslant l_0/40$；对于连续板，$h \geqslant l_0/50$(l_0 为板短跨方向上的计算跨度)。

(2)板的截面有效高度。由于双向板跨中弯矩，短板方向比长跨方向大，因此，短板方向的受力钢筋应放在长跨方向受力钢筋的外侧，以充分利用板的有效高度。如对一类环境，短板方向，板的截面有效高度 $h_0=h-20$ mm；长跨方向，$h_0=h-30$ mm。

在截面配筋计算时，可取截面内力臂系数 $\gamma_s=0.90 \sim 0.95$。

(3)弯矩折减。对于周边与梁整体连接的双向板，由于在两个方向受到支承构件的变形约束，整体板内存在着顶作用，使板内弯矩大为减小。鉴于这一有利因素，对四边与梁整体连接的双向板，其计算弯矩可根据下列情况予以折减：

1)中间区格的跨中截面及中间支座减少 20%。

2)边区格的跨中截面及从楼板边缘算起的第二支座截面，当 $l_b/l<1.5$ 时，减少 20%；当 $1.5\leqslant l_b/l\leqslant 2.0$ 时，减少 10%（l 为垂直于板边缘方向的计算跨度，l_b 为沿板边缘方向的计算跨度，如图 8.40 所示）。

3)角区格不折减。

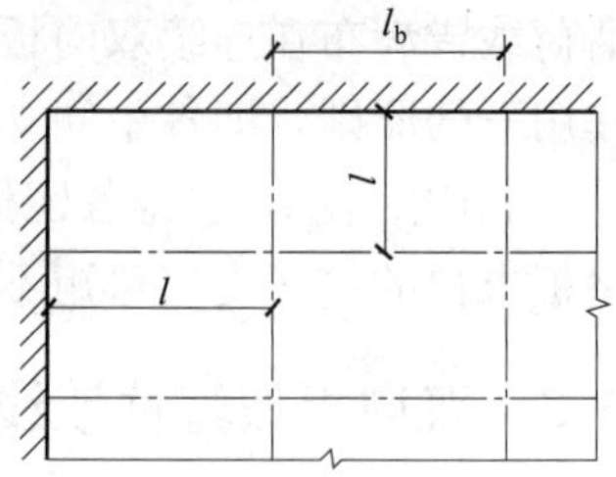

图 8.40　双向板的计算跨度

2. 构造要求

双向板宜采用 HRB400、HRB500、HRBF400、HRBF500 级钢筋，也可采用 HPB300、RRB400 级钢筋，其配筋方式类似于单向板，也分为弯起式配筋和分离式配筋两种，如图 8.41 所示。为方便施工，实际工程中多采用分离式配筋。

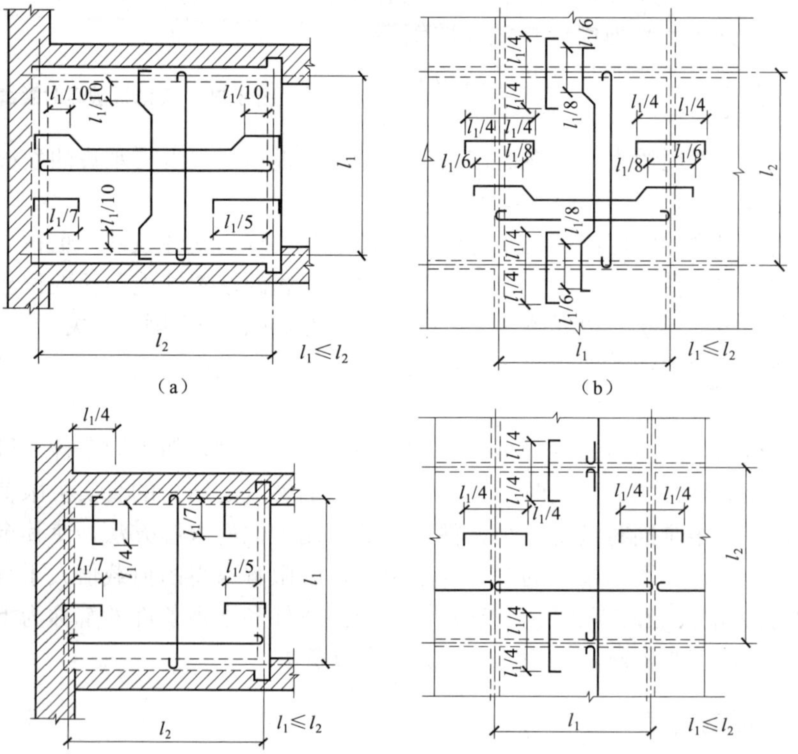

图 8.41　连续双向板的配筋方式

(a)单块板弯起式配筋；(b)连续板弯起式配筋；
(c)单块板分离式配筋；(d)连续板分离式配筋

按弹性理论计算时，板底钢筋数量是根据跨中最大弯矩求得的，而跨中弯矩沿板宽向两边逐渐减小，故配筋也可逐渐减少。考虑到施工方便，可按图 8.42 所示将板在两个方向各划分成三个板带，边缘板带的宽度为较小跨度的 1/4，其余为中间板带。在中间板带内按跨中最大弯矩配筋，而两边板带配筋为其相应中间板带的一半；连续板的支座负弯矩钢筋，是按各支座的最大负弯矩分别求得，故应沿全支座均匀布置而不在边缘板带内减少。但在任何情况下，每米宽度内的钢筋都不得少于 3 根。

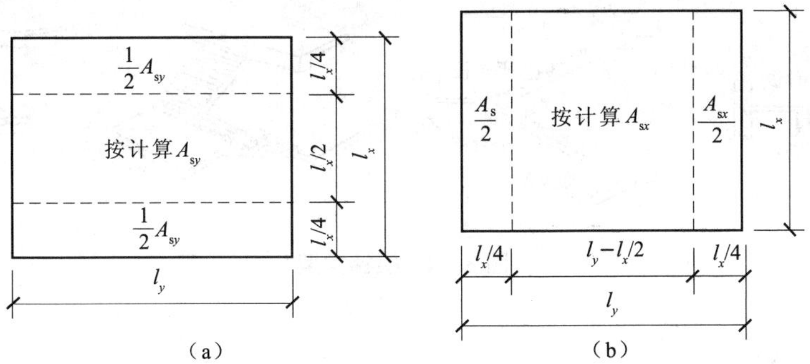

图 8.42　双向板配筋时板带的划分

8.3.5　双向板支承梁

作用在双向板上的荷载是由两个方向传到四边的支承梁上的。通常采用如图 8.43(a) 所示的近似方法(45°线法)，将板上的荷载就近传递到四周梁上。这样，长边的梁上由板传的荷载呈梯形分布；短边梁上的荷载则呈三角形分布。先将梯形和三角形荷载折算成等效均布荷载 q'，如图 8.43(b)所示，利用前述的方法求出最不利情况下的各支座弯矩，再根据所得的支座弯矩和梁上的实际荷载，利用静力平衡关系，分别求出跨中弯矩和支座剪力。

梁的截面设计和构造要求等均与支承单向板的梁相同。

三角形荷载：$q'=\dfrac{5}{8}q$；

梯形荷载：$q'=(1-2\alpha^2+\alpha^3)q$ (其中，$\alpha=a/l_0$)。

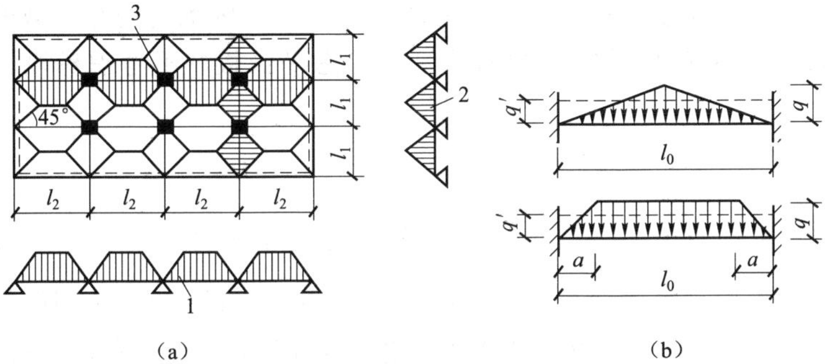

图 8.43　双向板支承梁的荷载分布及荷载折算

(a)双向板传给支承的荷载；(b)荷载的折算

1—次梁；2—主梁；3—柱

知识拓展：双向板设计例题

8.4　楼　　梯

楼梯是多、高层建筑的重要组成部分，通过它来实现房屋的竖向交通。楼梯按施工方法可分为整体现浇式楼梯和预制装配式楼梯两类；按结构形式和受力特点可分为梁式楼梯[图 8.44(a)]、板式楼梯[图 8.44(b)]、螺旋楼梯[图 8.44(c)]、折板旋挑式楼梯[图 8.44(d)]

等结构形式。

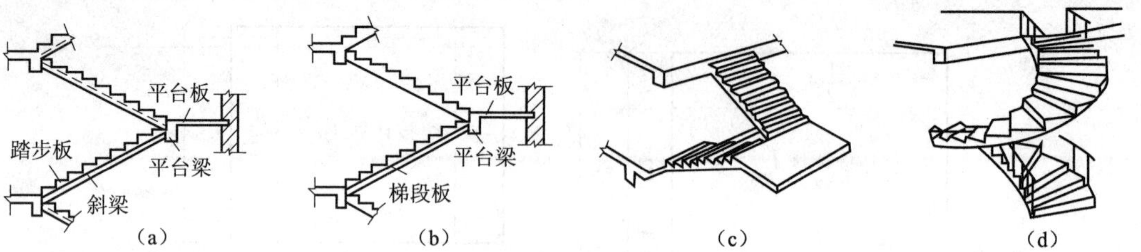

图 8.44　楼梯类型

8.4.1　板式楼梯

板式楼梯是由一块斜放的板和平台梁组成的。板端支承在平台梁上，荷载传递途径为：荷载作用于楼梯的踏步板，由踏步板直接传递给平台梁。

板式楼梯的优点是下表面平整，外观轻巧，施工简便；其缺点是斜板较厚。当承受的荷载或跨度较小时，选用板式楼梯较为合适，其一般应用于住宅等建筑。

板式楼梯的计算如下：

1. 梯段板的计算

梯段斜板计算时，一般取 1 m 斜向板带作为结构及荷载计算单元。梯段斜板支承于平台梁上，在进行内力分析时，通常将板带简化为斜向板简支板。承受荷载为梯段板自重及活荷载。考虑到平台梁对梯段板两端的嵌固作用，计算时，跨中弯矩可近似取$\frac{1}{10}ql^2$。

梯段斜板按矩形截面计算，截面计算高度取垂直斜板的最小高度。

2. 平台梁的计算

板式楼梯中的平台梁承受梯段板和平台板传来的均布荷载，按承受均布荷载的简支梁计算内力，配筋计算按倒 L 形截面计算，截面翼缘仅考虑平台板，不考虑梯段斜板参加工作。

3. 构造要求

板式楼梯踏步板的厚度不应小于$\left(\frac{1}{25}+\frac{1}{30}\right)l$($l$ 为板的跨度)，一般取 $d=100\sim120$ mm。

踏步板内受力钢筋要求除计算确定外，每级踏步范围内需配置一根 Φ8 钢筋作为分布筋。考虑到支座连接处的整体性，为防止板面出现裂缝，应在斜板上部布置适量的钢筋。

8.4.2　梁式楼梯

梁式楼梯由踏步板、斜梁、平台板和平台梁等组成。踏步板支承在斜梁上，斜梁再支承在平台梁上。荷载传递途径为：荷载作用于楼梯的踏步板，由踏步板传递给斜梁，再由斜梁传递给平台梁。

梁式楼梯的优点是传力路径明确，可承受较大荷载，跨度较大；其缺点是施工复杂。梁式楼梯广泛应用于办公楼、教学楼等建筑。

1. 踏步板的计算

梁式楼梯的踏步板可视为四边固定支承的斜放单向板，短向边支承在梯段的斜梁上，长向边支承在平台梁上。

计算单元的选取：取一个踏步板为计算单元，其截面形式为梯形。为简化计算，将其高度转化为矩形，折算高度为：$h=\frac{c}{2}+\frac{d}{\cos\alpha}$，其中，$c$ 为踏步高度，d 为楼梯板厚。这样，踏步板可按截面宽度为 b、高度为 h 的矩形板，进行内力与配筋计算。

2. 斜梁的计算

斜梁的两端支承在平台梁上，一般按简支梁计算。作用在斜梁上的荷载为踏步板传来的均布荷载，其中恒荷载按倾斜方向计算，活荷载按水平投影方向计算。通常，也将恒荷载换算成水平投影长度方向的均布荷载。

斜梁是斜向搁置的受弯构件。在外荷载的作用下，斜梁上将产生弯矩、剪力和轴力。其中，竖向荷载与斜梁垂直的分量使梁产生弯矩和剪力，与斜梁平行的分量使梁产生轴力。轴向力对梁的影响最小，通常可忽略不计。

若传递到斜梁上的竖向荷载为 q，斜梁长度为 l_1，斜梁的水平投影长度为 l，斜梁的倾角为 α，则与斜梁垂直作用的均布荷载为 $ql\cos\alpha/l_1$，斜梁的跨中最大正弯矩为：

$$M_{\max}=\frac{1}{8}\left(\frac{ql\cos\alpha}{l_1}\right)l_1^2=\frac{1}{8}ql^2 \tag{8-19}$$

支座剪力分别为：

$$V=\frac{1}{2}\left(\frac{ql\cos\alpha}{l_1}\right)l_1=\frac{1}{2}ql\cos\alpha \tag{8-20}$$

如图 8.45 所示，可见斜梁的跨中弯矩为按水平简支梁计算所取得的弯矩，但其支座剪力为按水平简支梁计算所得的剪力乘以 $\cos\alpha$。

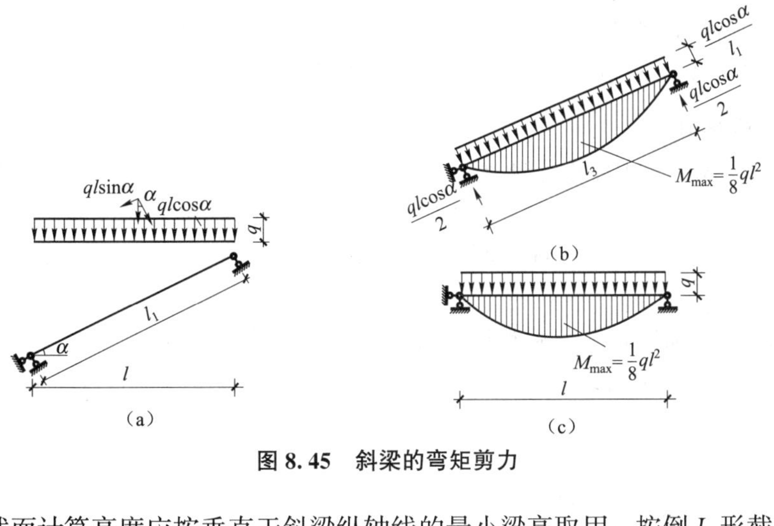

图 8.45 斜梁的弯矩剪力

斜梁的截面计算高度应按垂直于斜梁纵轴线的最小梁高取用，按倒 L 形截面计算配筋。

3. 平台板和平台梁的计算

平台板一般为支承在平台梁及外墙上或钢筋混凝土过梁上，承受均布荷载的单向板。当平台板一端与平台梁整体连接，另一端支承在砖墙上时，跨中计算弯矩可近似取$\frac{1}{8}ql^2$；当平台板外端与过梁整体连接时，考虑到平台梁和过梁对板的嵌固作用，跨中计算弯矩可近似取$\frac{1}{10}ql^2$。

平台梁承受平台板传来的均布荷载以及上、下楼梯斜梁传来的集中荷载，一般按简支梁计算内力，按受弯构件计算配筋。

4. 构造要求

梁式楼梯踏步板的厚度一般取 $d=30\sim40$ mm，梯段梁与平台梁的高度应满足不需要进行变形验算的简支梁允许高跨比的要求，梯段梁应取 $h\geqslant\frac{1}{20}l$，平台梁应取 $h\geqslant\frac{1}{12}l$（l 为梯段梁水平投影计算跨度或平台梁的计算跨度）。

踏步板内受力钢筋要求除计算确定外，每级踏步范围内不少于 2 根 Φ6 钢筋，且沿梯段方向布置 Φ6@300 的分布钢筋。

8.5 雨篷设计

雨篷是指设置在建筑物外墙出入口上方，用以挡雨并有一定装饰作用的水平构件。按结构形式不同，雨篷分为板式和梁板式两种。一般雨篷的外挑长度大于 1.5 m 时，需设计成有悬挑边梁的梁板式雨篷；当雨篷的外挑长度在 1.5 m 以内时，则常设计成板式雨篷。板式雨篷一般由雨篷板和雨篷梁组成，如图 8.46 所示。雨篷梁既是雨篷板的支承，又兼有门窗的过梁作用。雨篷的设计，除了具有与一般的梁板结构相同的内容外，还应进行抗倾覆验算。下面简要介绍其设计及构造要点。

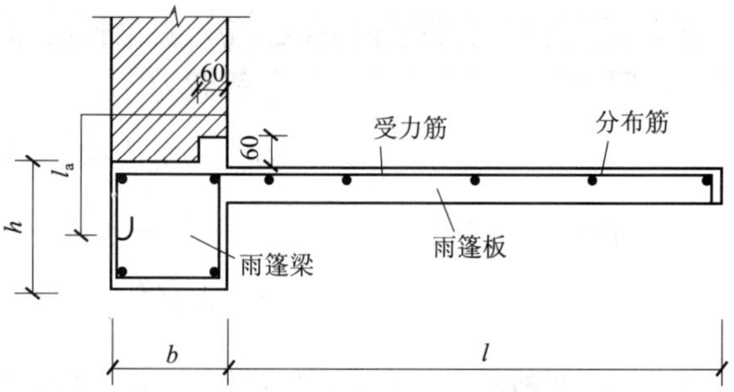

图 8.46　板式雨篷的构造

1. 雨篷板的设计

当雨篷板无边梁时，雨篷板是悬挑板，按照受弯构件进行设计。一般雨篷板的挑出长度为 0.6～1.2 m 或更长，视建筑设计要求而定。现浇雨篷板多做成变厚度的，一般根部板厚约为 1/10 挑出长度，且不小于 70 mm（悬挑长度≤500 mm）和 80 mm（悬挑长度＞500 mm），板端不小于 60 mm。

雨篷板承受的荷载除永久荷载和均布荷载外，还应考虑施工荷载或检修的集中荷载（沿板宽每隔 1.0 m 考虑一个 1.0 kN 的集中荷载），它作用于板的端部，雨篷板的受力情况如图 8.47 所示。

梁式雨篷的雨篷板不是悬挑板，也不变厚度。其设计计算与一般梁板结构中的板相同，其配筋与普通板相同。

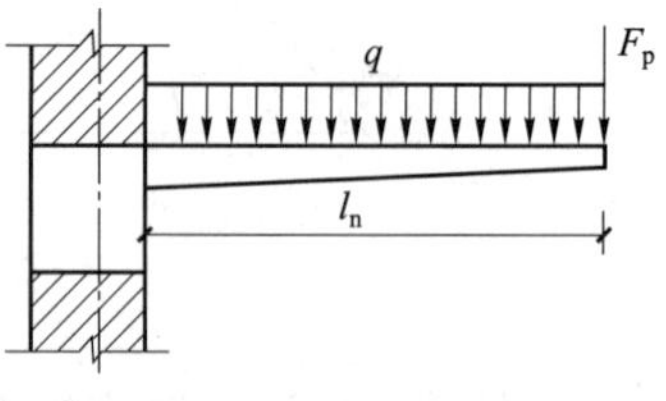

图 8.47　雨篷板受力图

2. 雨篷梁的设计

雨篷梁除承受作用在板上的均布荷载和集中荷载外，还承受雨篷梁上砌体传来的荷载。雨篷梁在自重、梁上砌体重力等荷载作用下产生弯矩和剪力；在雨篷板传来的荷载作用下不仅产生弯矩和剪力，还将产生力矩。因而，雨篷梁是弯、剪、扭复合受力构件。

雨篷梁的宽度一般取与墙厚相同，梁的高度应按承载力确定。梁两端伸进砌体的长度，应考虑雨篷的抗倾覆因素。

3. 雨篷抗倾覆验算

如图 8.48 所示，雨篷为悬挑结构，因而雨篷板上的荷载将绕图中 O 点产生倾覆力矩 $M_{倾}$，而抗倾覆力矩 $M_{抗}$ 由梁自重以及墙重的合力 G_r 产生。雨篷的抗倾覆验算要求：

$$M_{倾} \leqslant M_{抗} \tag{8-21}$$

式中　$M_{抗}$——雨篷抗倾覆力矩设计值，取荷载分项系数为 0.8，则抗倾覆力矩设计值可按 $M_{抗}=0.8G_r(l_2-x_0)$ 计算；

G_r——雨篷的抗倾覆荷载，可取图 8.48 所示雨篷梁尾端上部 45°扩散角范围(其水平长度为 $l_3=l_n/2$)内的墙体恒荷载标准值；

l_2——G_r 距墙边的距离，$l_2=l_1/2$(l_1 为雨篷梁上墙体的厚度)；

x_0——倾覆点 O 到墙外边缘的距离，$x_0=0.13l_1$。

若上式不能满足，则应采取加固措施。如适当增加雨篷梁的支承长度，以增加压在梁上的恒荷载值，或增强雨篷梁与周围结构的连接等。图 8.49 所示为一悬臂板式雨篷的配筋图。

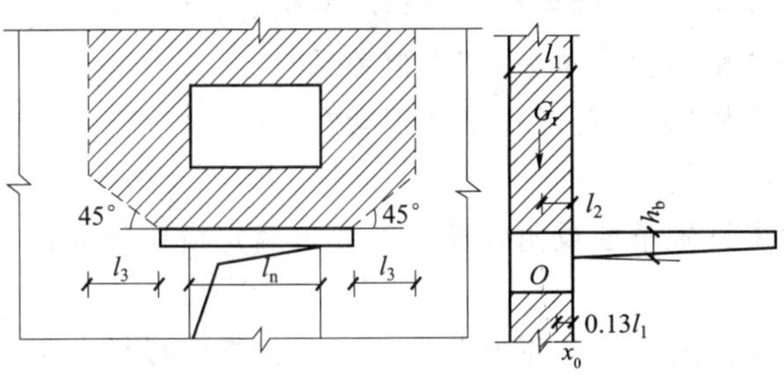

图 8.48　雨篷抗倾覆验算受力图

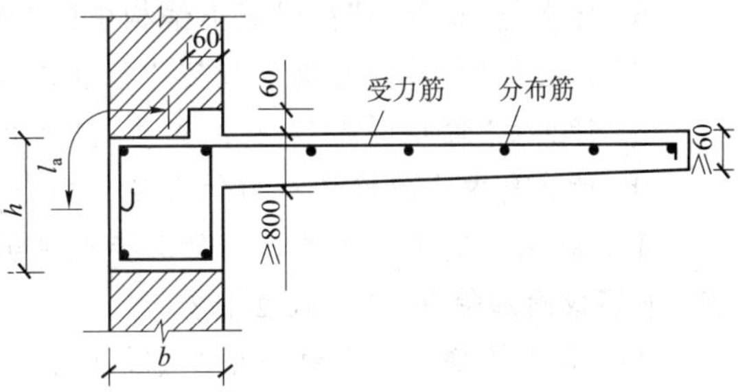

图 8.49　悬臂板式雨篷配筋图

章节回顾

(1)现浇肋形楼盖中板的四边支承在次梁、主梁或砖墙上，当板的长边 l_2 与短边 l_1 之比较大时，荷载主要沿短边方向传递，而沿长边方向传递的荷载很少。实际工程中通常将 $l_2/l_1 \geqslant 3$ 的板按单向板计算；将 $l_2/l_1 \leqslant 2$ 的板按双向板计算。而当 $2<l_2/l_1<3$ 时，宜按双向板计算；若按单向板计算，应沿长边方向布置足够数量的构造钢筋。

(2)钢筋混凝土连续梁、板所受恒荷载是保持不变的，而活荷载在各跨的分布是变化的，即要考虑荷载的最不利布置和结构的内力包络图。

(3)构件在塑性变形集中产生的区域犹如形成了一个能够转动的"铰"，一般称之为塑性铰。与力学中的理想铰相比，塑性铰具有下列特点：能承受基本不变的弯矩、有一定的长度区段、沿弯矩作用的方向绕不断上升的中和轴发生单向转动。

(4)双向板在荷载作用下的内力分析有弹性理论和塑性理论两种方法。

(5)楼梯按施工方法分，有整体现浇式楼梯和预制装配式楼梯；按结构形式和受力特点分，有梁式楼梯、板式楼梯、螺旋楼梯、折板旋挑式楼梯等结构形式。板式楼梯中的平台梁承受梯段板和平台板传来的均布荷载，按承受均布荷载的简支梁计算内力，配筋计算按倒 L 形截面计算。梁式楼梯的斜梁一般按简支梁计算。

(6)雨篷的设计除了与一般的梁板结构相同外，还应进行抗倾覆验算。

同步测试

一、简答题

1. 钢筋混凝土梁板结构设计的一般步骤是怎样的?

2. 钢筋混凝土楼盖结构有哪几种类型?说明它们各自的受力特点和适用范围。

3. 在现浇梁板结构中,单向板和双向板如何划分?

4. 现浇单向板肋形楼盖中的板、次梁和主梁的计算简图如何确定?为什么主梁通常用弹性理论计算,而不采用塑性理论计算?

5. 现浇单向板肋形楼盖中的板、次梁和主梁,当其内力按弹性理论计算时,如何确定其计算简图?当按塑性理论计算时,其计算简图又如何确定?如何绘制主梁的弯矩包络图?

6. 什么是“塑性铰”?混凝土结构中的“塑性铰”与力学中的“理想铰”有何异同?

7. 什么是“塑性内力重分布”?“塑性铰”与“塑性内力重分布”有何关系?

8. 什么是“弯矩调幅”?连续梁进行“弯矩调幅”时,要考虑哪些因素?

9. 什么是内力包络图?为什么要作内力包络图?

10. 在主、次梁交接处,为什么要在主梁中设置吊筋或附加箍筋?如何确定横向附加钢筋(吊筋或附加箍筋)的截面面积?

11. 常用楼梯有哪几种类型?它们的优、缺点及适用范围有何不同?如何确定楼梯各组成构件的计算简图?

12. 雨篷板和雨篷梁有哪些计算要点和构造要求?

二、填空题

1. 确定连续梁最不利活载位置,欲求某跨跨中最大正弯矩时,除应在________布置活载外,两边应________布置活载。

2. 确定连续梁最不利活载位置,当欲求某支座截面最大负弯矩时,除应在该支座________布置活载外,然后向两边________布置活载。

3. 肋形楼盖中的四边支承板,当 $l_2/l_1 \geqslant 3$ 时,按________设计;当 $l_2/l_1 \leqslant 2$ 时,按________设计。

4. 单向板肋梁楼盖荷载的传递途径为:楼面(屋面)荷载→________→________→________→基础→地基。

5. 在钢筋混凝土单向板设计中,板的短跨方向按________配置钢筋,长跨方向按________配置钢筋。

6. 多跨连续梁板的内力计算方法有________和________两种方法。

7. 常用的现浇楼梯有________楼梯和________楼梯两种。

8. 对于跨度相差小于________的现浇钢筋混凝土连续梁、板,可按等跨连续梁进行内力计算。

9. 双向板上荷载向两个方向传递,长边支承梁承受的荷载为________分布;短边支承梁承受的荷载为________分布。

10. 在计算钢筋混凝土单向板肋梁楼盖中次梁在其支座处的配筋时,次梁的控制截面位置应取在支座________________,这是因为________________________。

11. 钢筋混凝土超静定结构内力重分布有两个过程，第一过程由________________引起，第二过程由________________引起。

12. 在现浇单向板肋梁楼盖中，单向板的长跨方向应放置分布钢筋，分布钢筋的主要作用是：承担在长向实际存在的一些________________、抵抗由于温度变化或混凝土收缩引起的________________、将板上作用的集中荷载分布到较大面积上，使更多的受力筋参与工作、固定________________位置。

三、选择题

1. 在计算钢筋混凝土肋梁楼盖连续次梁内力时，为考虑主梁对次梁的转动约束，用折算荷载代替实际计算荷载，其做法是(　　)。

A. 减小恒荷载，减小活荷载　　B. 增大恒荷载，减小活荷载

C. 减小恒荷载，增大活荷载　　D. 增大恒荷载，增大活荷载

2. 现浇钢筋混凝土单向板肋梁楼盖的主、次梁相交处，在主梁中设置附加横向钢筋的目的是(　　)。

A. 承担剪力　　B. 防止主梁发生受弯破坏

C. 防止主梁产生过大的挠度　　D. 防止主梁由于斜裂缝引起的局部破坏

3. 板内分布钢筋不仅可使主筋定位，分担局部荷载，还可(　　)。

A. 承担负弯矩　　B. 承受收缩和温度应力

C. 减少裂缝宽度　　D. 增加主筋与混凝土的黏结

4. 五跨等跨连续梁，现求第三跨跨中最大弯矩，活荷载应布置在(　　)跨。

A. 1，2，3　　B. 1，2，4　　C. 2，4，5　　D. 1，3，5

5. 五跨等跨连续梁，现求最左端 B 支座最大剪力，活荷载应布置在(　　)跨。

A. 1，2，4　　B. 2，3，4

C. 1，2，3　　D. 1，3，5

6. 按单向板设计(　　)。

A. 600 mm×3 300 mm 的预制空心楼板

B. 长短边之比小于 2 的四边固定板

C. 长短边之比等于 1.5，两短边嵌固，两长边简支板

D. 长短边相等的四边简支板

7. 对于两跨连续梁，下述表述正确的是(　　)。

A. 活荷载两跨满布时，各跨跨中正弯矩最大

B. 活荷载两跨满布时，各跨跨中负弯矩最大

C. 活荷载单跨布置时，中间支座处负弯矩最大

D. 活荷载单跨布置时，另一跨跨中负弯矩最大

8. 多跨连续梁(板)按弹性理论计算，为求得某跨跨中最大负弯矩，活荷载应布置在(　　)。

A. 该跨，然后隔跨布置　　B. 该跨及相邻跨

C. 所有跨　　D. 该跨左右相邻各跨，然后隔跨布置

9. 在确定梁的纵筋弯起点时，要求抵抗弯矩图不得切入设计弯矩图以内，即应包在设计弯矩图的外面，这是为了保证梁的(　　)。

A. 正截面受弯承载力　　B. 斜截面受剪承载力

C. 受拉钢筋的锚固　　D. 箍筋的强度被充分利用

10. 承受均布荷载的钢筋混凝土五跨连续梁(等跨)，在一般情况下，由于塑性内力重分布的结果，而使(　　)。

A. 跨中弯矩减少，支座弯矩增加　　B. 跨中弯矩增大，支座弯矩减小

C. 支座弯矩和跨中弯矩都增加　　D. 支座弯矩和跨中弯矩都减小

11. 按弹性方法计算现浇单向肋梁楼盖时，对板和次梁采用折算荷载来进行计算，这是因为考虑到(　　)。

A. 在板的长跨方向能传递一部分荷载

B. 塑性内力重分布的影响

C. 支座转动的弹性约束将减少活荷载布置对跨中弯矩的不利影响

D. 在跨中形成了塑性铰

12. 连续梁(板)塑性设计应遵循的原则之一是(　　)。

A. 必须采用折算荷载　　B. 不考虑活荷载的不利位置

C. 限制截面受压区相对高度　　D. 必须对恒荷载予以折减

13. 整浇楼盖的次梁搁置在钢梁上时，(　　)。

A. 板和次梁均可采用折算荷载　　B. 仅板可以采用折算荷载

C. 仅次梁可以采用折算荷载　　D. 两者均不可采用折算荷载

四、计算题

1. 某钢筋混凝土连续梁(图 8.50)，截面尺寸 $b\times h$=300 mm×500 mm。承受恒荷载标准值 G_k=20 kN(荷载分项系数为 1.3)，集中活荷载标准值 Q_k=40 kN(荷载分项系数为 1.5)。混凝土强度等级为 C25，钢筋采用 HRB400 级。试按弹性理论计算内力，绘出此梁的弯矩包络图和剪力包络图，并对其进行截面配筋计算。

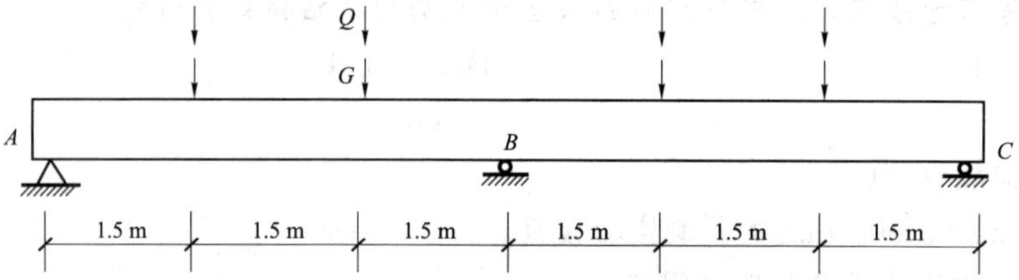

图 8.50　计算题 1 图

2. 某工业建筑现浇钢筋混凝土肋梁楼盖次梁(图 8.51)，截面尺寸 $b\times h$=200 mm×400 mm。承受均布恒荷载标准值 g_k=8.0 kN/m(荷载分项系数为 1.3)，活荷载标准值 q_k=10.0 kN/m(荷载分项系数为 1.4)。混凝土强度等级为 C25，钢筋采用 HRB400 级。试按塑性理论计算内力，并对其进行截面配筋计算。

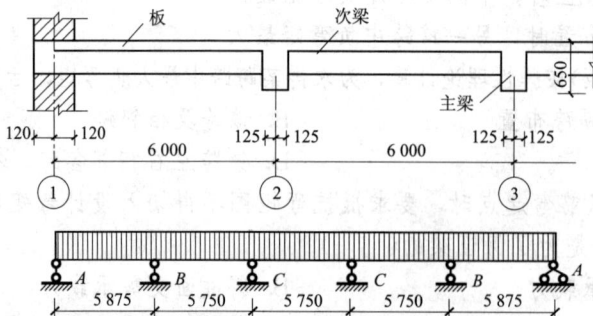

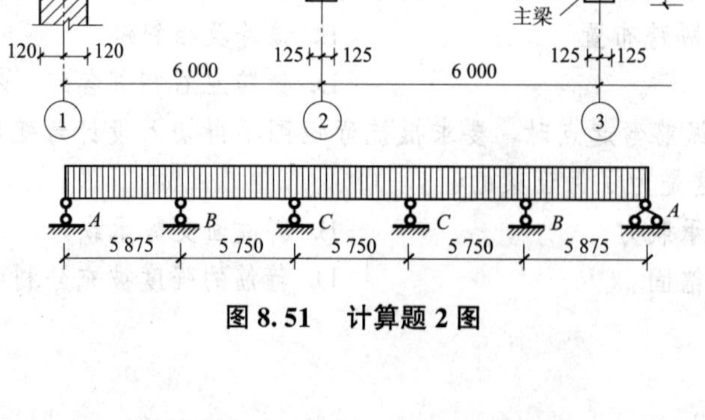

图 8.51　计算题 2 图

模块九　钢筋混凝土单层厂房及多高层房屋

学习目标

知识目标

1. 了解单层钢筋混凝土厂房排架结构的组成、荷载及传力途径；
2. 掌握框架结构的类型和构造要求；
3. 了解其他多高层的结构受力特点、构造要求；
4. 掌握建筑结构抗震的基本知识。

能力目标

1. 能够根据荷载传递路径判断结构类型；
2. 能够检查框架梁柱的构造要求是否正确。

素质目标

通过震害表明严格按照现行规范进行设计、施工和使用的建筑，有效地保护了人民的生命安全，工程质量是安全的保证。

9.1　钢筋混凝土单层厂房

单层厂房比较容易组织生产工艺流程和车间内部运输，地面能够放置较重的机器设备和产品。同时，装配式的单层厂房有利于定型设计，构配件的标准化、通用化，生产工业化，施工机械化。因此，单层厂房主要用于重工业生产厂房中的炼钢、铸造、金工车间，轻工业生产厂房中的纺织车间等工业建筑中。

单层厂房的承重结构类型主要有排架结构和门式刚架结构两种形式。

排架结构由屋架(或屋面梁)、柱和基础组成，柱与屋架(或屋面梁)铰接而与基础刚接。根据生产工艺和使用要求的不同，排架结构可以做成等高[图 9.1(a)、(b)]、不等高[图 9.1(c)]等形式。该结构传力明确，构造简单，施工比较方便。

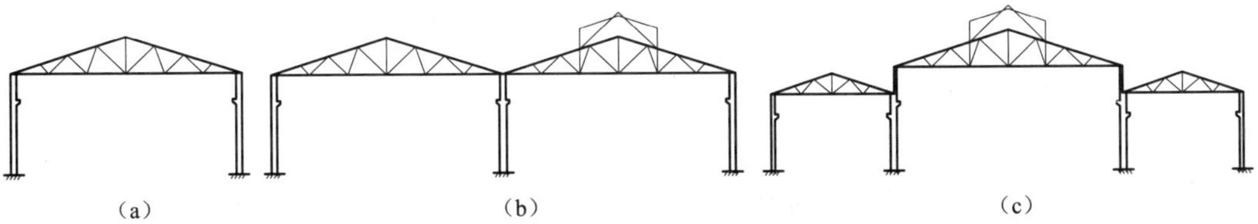

图 9.1　排架结构类型

(a)、(b)等高；(c)不等高

门式刚架是一种梁柱合一的钢筋混凝土结构，梁与柱为刚接，柱与基础通常为铰接。当顶节点为铰接时，称为三铰门式刚架[图 9.2(a)]。当顶节点为刚接时，称为两铰门式刚架[图 9.2(b)]。门式刚架可做成单跨或多跨结构[图 9.2(c)]。门式刚架一般仅用于吊车的起重量≤100 kN、跨度≤18 m 的厂房。

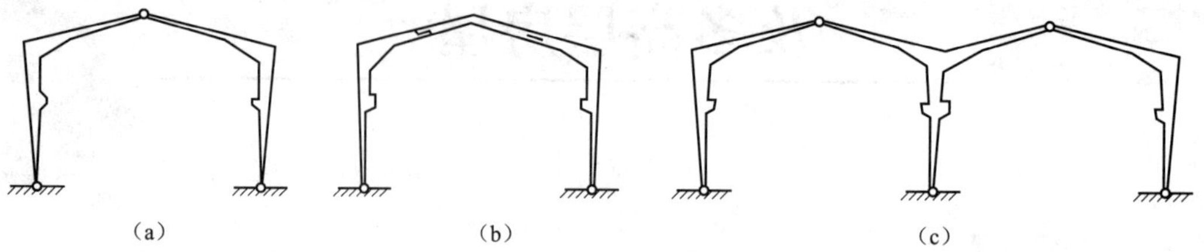

图 9.2　门式刚架结构类型

本节主要介绍单层厂房装配式钢筋混凝土排架结构。

9.1.1　单层厂房的结构组成和结构布置

1. 结构组成

单层厂房通常由屋盖结构、横向平面排架、纵向平面排架和围护结构四部分组成(图 9.3)。

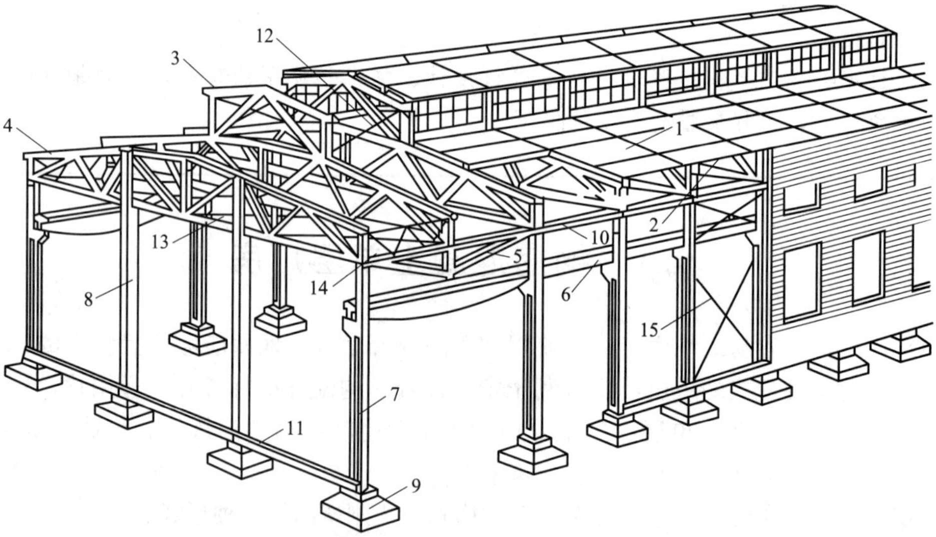

图 9.3　单层厂房结构组成

1—屋面板；2—天沟板；3—天窗架；4—屋架；5—托架；6—吊车梁；7—排架柱；
8—抗风柱；9—基础；10—连系梁；11—基础梁；12—天窗架垂直支撑；
13—屋架下弦横向水平支撑；14—屋架端部垂直支撑；15—柱间支撑

(1)屋盖结构。屋盖结构由屋面板(包括天沟板)、屋架或屋面梁(包括屋盖支撑)组成，有时还设有天窗架(包括天窗架支撑)及托架。

屋盖结构分为有檩体系和无檩体系两种。有檩体系由小型屋面板(或瓦材)、檩条和屋架(或屋面梁)组成；无檩体系由大型屋面板、屋面梁或屋架组成。

在屋盖结构中，屋面板承受作用在屋面上的活荷载、雪荷载、自重等，屋架(或屋面梁)承受屋面板传来的荷载，并把荷载传至排架柱，因此，屋盖结构具有承重和围护双重作用。设置天窗架及其支撑是为了设置供采光和通风用的天窗；设置托架是为了满足工艺流程的抽柱需要。

(2)横向平面排架。横向平面排架(图 9.4)由屋架(或屋面梁)、横向柱列和基础组成，是厂房的基本承重结构。横向平面排架承受竖向荷载(包括结构自重、屋面活荷载、吊车竖向荷载等)及横向水平荷载(包括横向风荷载、吊车横向水平荷载和横向水平地震荷载等)，并将荷载传递给基础和地基。

(3)纵向平面排架。纵向平面排架由纵向柱列及基础、连系梁、吊车梁和柱间支撑等组成，如图 9.5 所示。其作用是保证厂房结构的纵向稳定性和刚度，并承受纵向水平荷载，如纵向风荷载、吊车纵向水平荷载、纵向水平地震作用及温度应力等。

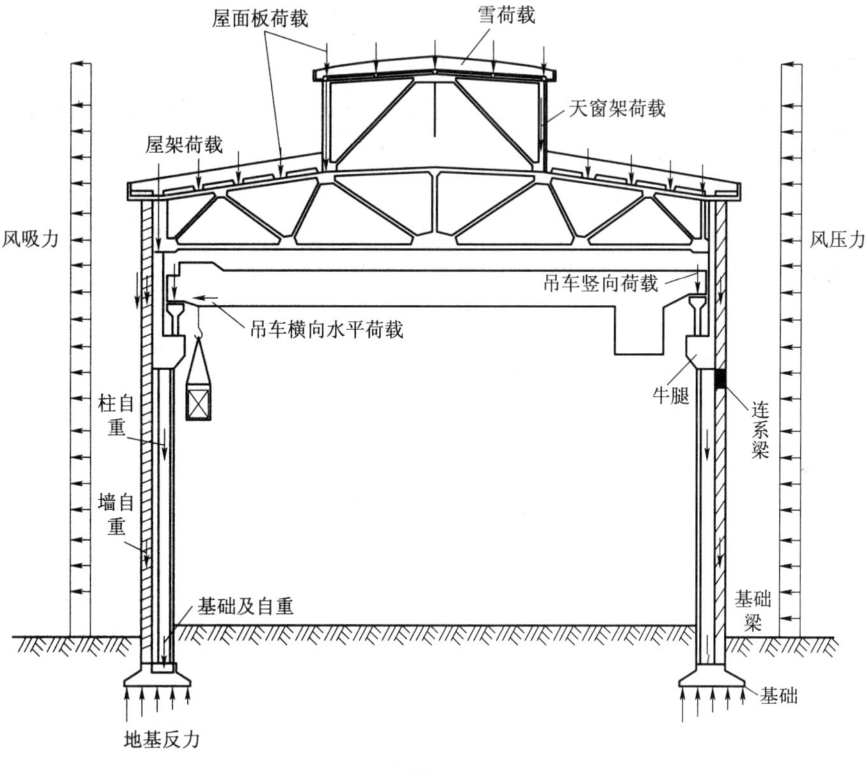

图 9.4　横向平面排架

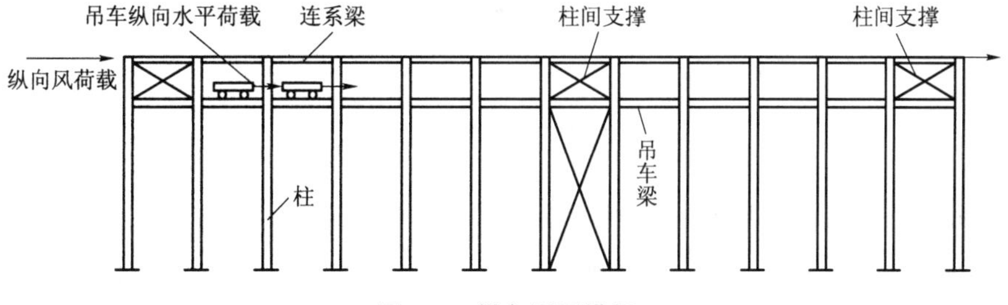

图 9.5　纵向平面排架

(4)围护结构。围护结构一般由纵墙、横墙(山墙)、连系梁、抗风柱(有时还设有抗风梁或桁架)、基础梁等构件组成，主要承受自重和作用在墙面上的风荷载等。

在单层厂房结构中，横向平面排架承受主要的荷载，且跨度大、柱列数少，因此，需要通过设计来满足强度和刚度要求。纵向排架承受的荷载较小，而且一般厂房沿纵向柱子较多。当在柱间设置柱间支撑时，纵向排架的刚度大，内力小，一般不做计算，仅需采取一定的构造措施。

若厂房纵向柱列数少于 7 根，或在地震设防地区需考虑地震作用时，则需对纵向平面排架进行计算。

2. 结构布置

单层工业厂房的结构布置主要包括：柱网布置；变形缝的设置；支撑系统的布置；抗风柱的布置；圈梁、连系梁、过梁及基础梁的布置等。

(1)柱网布置。单层厂房承重柱的纵向和横向定位轴线在平面上形成的网格，称为柱网。

柱网布置的一般原则是：符合生产工艺和正常使用的要求；建筑和结构方案经济合理；施工方法上具有先进性；符合厂房建筑统一化基本规则；适应生产发展和技术革新的要求。

厂房柱网的尺寸应符合模数要求(图 9.6)。当厂房跨度≤18 m 时，应采用 3 m 的倍数；当厂房跨度>18 m 时，应采用 6 m 的倍数。厂房的柱距应采用 6 m 或 6 m 的倍数。当工艺布置和技术经济有明显的优越性时，也可采用 21 m、27 m、33 m 的跨度和 9 m 柱距或其他柱距。目前，工业厂房中大多数采用的是 6 m 柱距。

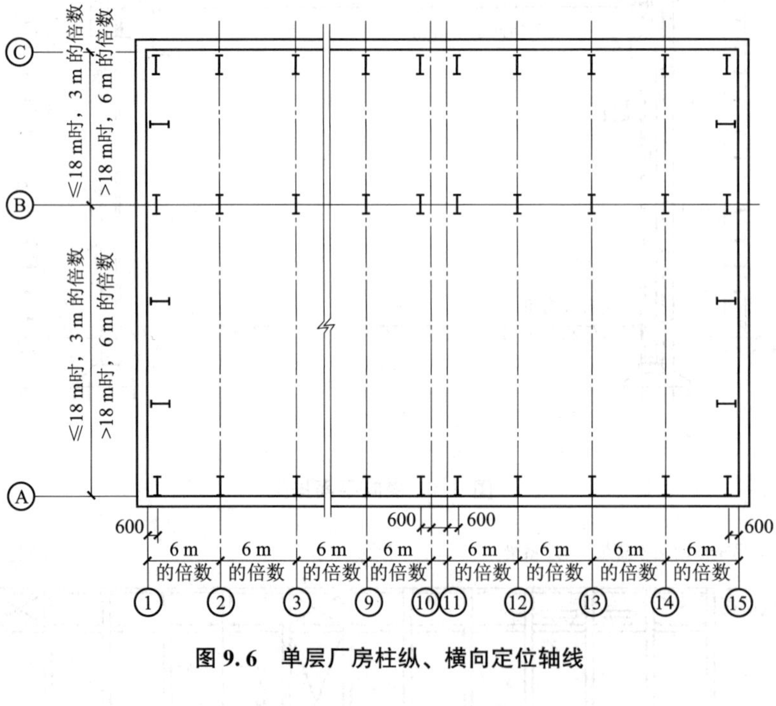

图 9.6　单层厂房柱纵、横向定位轴线

(2)变形缝的设置。变形缝包括伸缩缝、沉降缝和防震缝三种。

1)伸缩缝。为了减小厂房结构的温度应力，可设置伸缩缝将厂房结构分成若干温度区段。伸缩缝可从基础顶面开始，将两个温度区段的上部结构分开，并留出一定宽度的缝隙。温度区段的形状应尽量简单，并应使伸缩缝的数量最少。温度区段的长度(伸缩缝之间的距离)，取决于结构类型和屋盖的形式以及温度变化的情况等因素。《结构规范》规定，装配式钢筋混凝土排架结构的伸缩缝最大间距，在室内或土中时为 100 m，在露天时为 70 m。当厂房的伸缩缝间距超过规定的允许值时，应验算温度应力。

横向伸缩缝的一般做法是双排柱、双榀屋架式[图 9.7(a)]；纵向伸缩缝一般采用滚轴式[图 9.7(b)]。

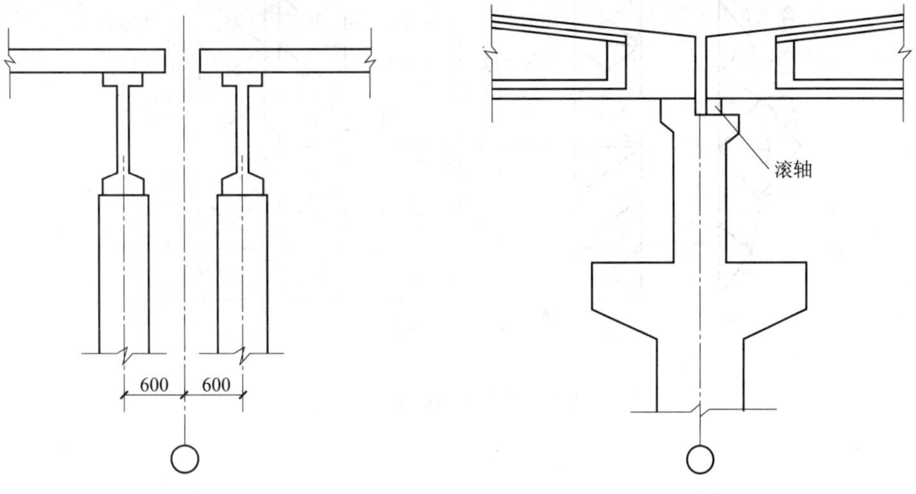

图 9.7 单层厂房伸缩缝

(a)横向伸缩缝；(b)纵向伸缩缝

2)沉降缝。在单层厂房中，一般很少采用沉降缝。如需设置沉降缝，则沉降缝应将建筑物从基础至屋顶全部分开。

3)防震缝。防震缝是减轻震害的措施之一。当厂房的平面、立面布置复杂，结构高度或刚度相差很大，以及在厂房侧有贴建的附属(如生活间、变电所、锅炉间等)时，应设置防震缝将其分成对称规则的单元。

在厂房纵横跨交接处、大柱网厂房或不设柱间支撑的厂房，防震缝的宽度可采用 100～150 mm，其他情况可采用 50～90 mm。地震地区的厂房，其伸缩缝和沉降缝均应符合防震缝的要求。

(3)支撑系统的布置。支撑是连系主要结构构件，保证厂房整体刚度的重要组成部分，在抗震设计中尤为重要。当支撑布置不当时，不仅会影响厂房的正常使用，而且可能使主要承重构件破坏或失稳，甚至可能造成厂房的整体倒塌。支撑可分为屋盖支撑和柱间支撑。

1)屋盖支撑。屋盖支撑系统包括屋架上弦横向水平支撑、屋架下弦水平支撑、垂直支撑及水平系杆、天窗支撑等。

①屋架上弦横向水平支撑。屋架上弦横向水平支撑的作用是：保证屋架上弦(或屋面梁上翼缘)平面外的侧向稳定性，增强屋盖的整体刚度；同时，将抗风柱传来的纵向水平风荷载或纵向地震作用传至纵向排架柱顶和柱间支撑。

当屋盖为无檩体系，大型屋面板连接可靠(屋面板与屋架上弦或屋面梁上翼缘之间至少有三点焊接，板肋间的空隙用 C15 或 C20 细石混凝土灌实)且无天窗时，可不设置上弦横向水平支撑。当屋盖为有檩体系，或大型屋面板不能满足上述刚性构造要求或有天窗时，均应在伸缩缝区段两端第一或第二柱间设置上弦横向水平支撑(图 9.8)；当有天窗时，还应沿屋脊设置一道通长的钢筋混凝土受压水平系杆。

②屋架下弦水平支撑。屋架下弦水平支撑包括下弦横向水平支撑和下弦纵向水平支撑(图 9.9)。

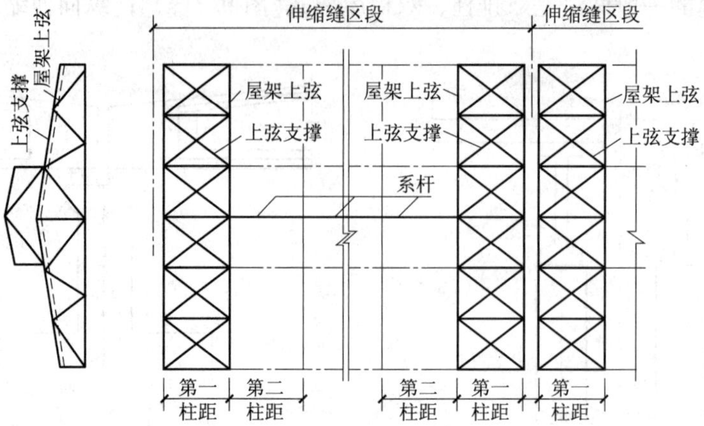

图 9.8　屋架上弦横向水平支撑

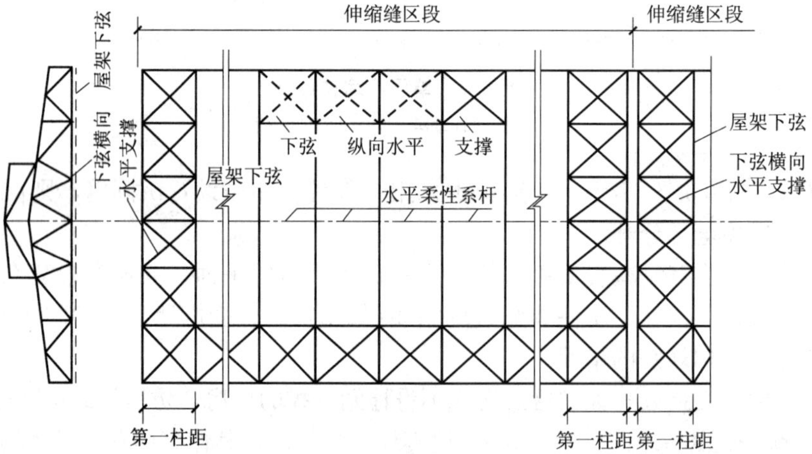

图 9.9　屋架下弦水平支撑

屋架下弦横向水平支撑的作用是：其作为屋盖垂直支撑的支点，同时将作用在屋架下弦的纵向水平荷载(风荷载、地震作用或有悬挂吊车时的启动、制动荷载)传递到纵向排架柱，保证屋架下弦的侧向稳定。当屋架下弦设有悬挂吊车；或山墙抗风柱与屋架下弦连接；或厂房吊车的起重量大，震动荷载大时，均应设置屋架下弦横向水平支撑。

屋架下弦纵向水平支撑的作用是：其设置在屋架下弦的端部节间，并与下弦横向水平支撑组成封闭的支撑体系，以提高厂房的空间刚度，增强厂房的整体性，保证横向水平力沿纵向分布。当厂房柱距为 6 m，且属于下列情况之一：厂房内设有 5 t 或 5 t 以上的悬臂吊车；厂房内设有较大振动设备；厂房内设有硬钩吊车；厂房内设有普通桥式吊车，吊车吨位大于 10 t 时，跨间内设有托架；厂房排架分析考虑空间作用，需设置屋架间纵向水平支撑。

③屋盖垂直支撑及水平系杆。屋盖垂直支撑是布置在相邻两榀屋架(或屋面梁)之间的竖向支撑(图 9.10)。设置屋盖支撑和水平系杆的目的是：保证屋架在安装和使用阶段的侧

向稳定，增强厂房的整体刚度。设置在第一柱间的下弦受压水平系杆，除能改善屋架下弦的侧向稳定外，当山墙抗风柱与屋架下弦连接时，还可起到支承抗风柱、传递山墙风荷载的作用，因此，垂直支撑应与下弦横向水平支撑布置在同一柱间。

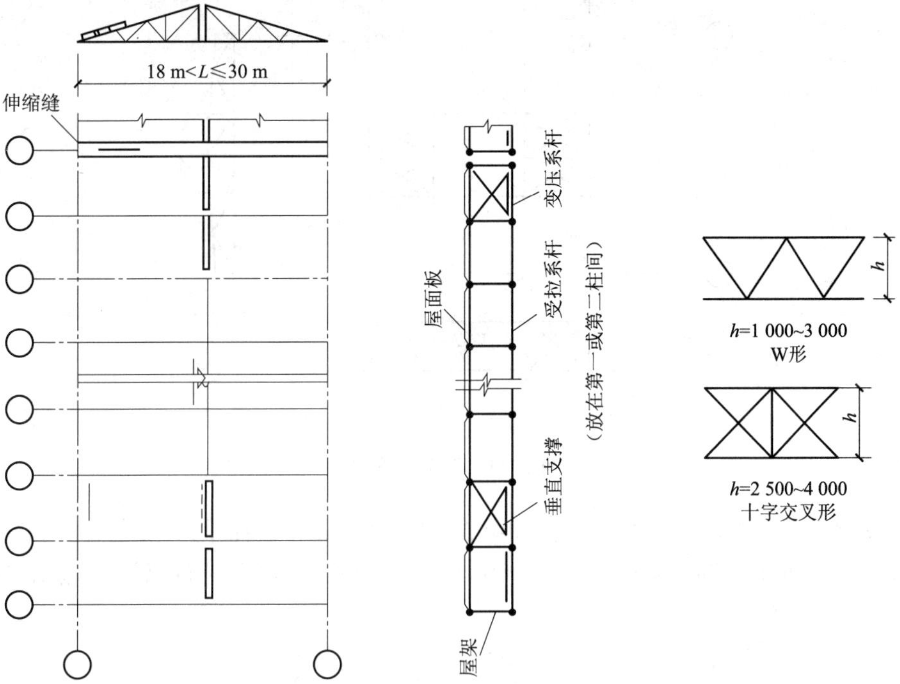

图 9.10　垂直支撑和水平系杆

当厂房跨度 $L \leqslant 18$ m，且无天窗时，可不设置垂直支撑和水平系杆；当 18 m$<L\leqslant$ 30 m时，应在屋架中部布置一道垂直支撑；当 $L>30$ m时，在屋架跨度 1、3 左右布置两道垂直支撑，并在下弦设置通长水平系杆。当屋架端部高度$>$1.2 m时，还应在屋架两端各设置一道。

④天窗支撑。天窗支撑包括天窗上弦横向水平支撑和天窗垂直支撑。前者的作用是传递天窗端壁所受的风荷载和保证天窗架上弦的侧向稳定。当屋盖为有檩体系或虽为无檩体系，但屋面板的连接不能起整体作用时，应在天窗端部的第一柱距内设置上弦水平支撑。后者的作用是保证天窗架的整体稳定。天窗垂直支撑应设置在天窗架两端的第一柱间，垂直支撑应尽可能与屋架上弦水平支撑布置在同一柱距间(图 9.11)。

2)柱间支撑。柱间支撑分为上柱柱间支撑和下柱柱间支撑两种。

位于吊车梁上部的支撑称为上柱柱间支撑，它设置在伸缩缝区段两端与屋架间横向水平支撑相对应的柱间以及伸缩缝区段中间或邻近中间的柱间，并在柱顶设置通长的刚性系杆以传递水平力。位于吊车梁下部的支撑称为下柱柱间支撑，它设置在伸缩缝区段中部与上柱柱间支撑相对应的位置，这主要是使厂房在温度变化或混凝土收缩时，可以向两端自由伸缩，以减小温度应力和收缩应力。

下列情况之一者，均应设置柱间支撑：

①厂房跨度 $L\geqslant 18$ m 或高度 $H\geqslant 8$ m；

②设有起重量≥10 t 的 A1～A5 工作制吊车或设有 A1～A5 工作制吊车；

③设有起重量悬臂式吊车或≥3 t 的悬挂吊车；

④露天吊车栈桥的柱列；

⑤纵向柱列的总柱数少于 7 根。

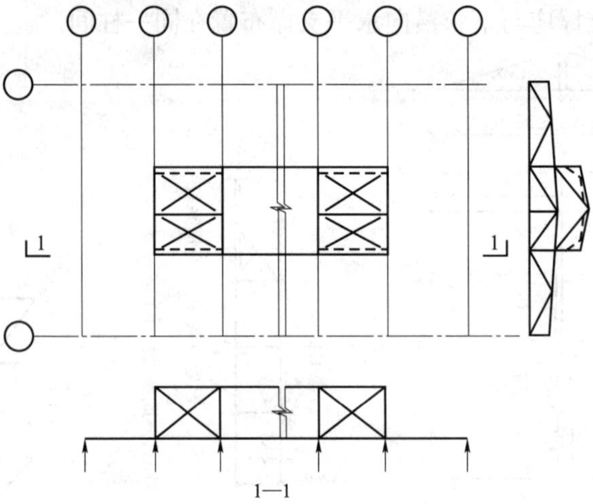

图 9.11　天窗架支撑

柱间支撑一般由 35°～55°交叉钢杆件组成[图 9.12(a)]。当柱间需要通行、放置设备或柱距较大时，也可用门架式支撑[图 9.12(b)]。杆件截面尺寸应进行承载力和稳定性验算。

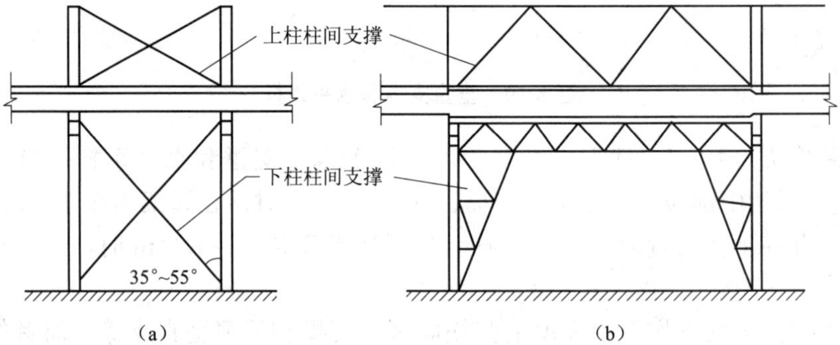

图 9.12　柱间支撑

(a)交叉钢杆式；(b)门架式

(4)抗风柱的布置。单层厂房的端墙(山墙)，受风面积较大，一般设置抗风柱将山墙分成几个区格，使墙面受到的风荷载一部分直接传递给纵向柱列；另一部分则经抗风柱上端，通过屋盖结构传递给纵向柱列和经抗风柱下端传递给基础。

当厂房高度和跨度均不大(如柱顶标高 8 m 以下，跨度为 9～12 m)时，可采用砖壁柱作为抗风柱；当高度和跨度较大时，一般采用钢筋混凝土抗风柱。钢筋混凝土抗风柱一般设置在山墙内侧，并用钢筋与山墙拉结。当厂房高度很大时，为减少抗风柱的截面尺寸，可加设水平抗风梁或桁架，作为抗风柱的中间支点。

抗风柱一般与基础刚接，与屋架上弦铰接。抗风柱与屋架连接必须满足两个要求：一是在水平方向必须与屋架有可靠的连接，以保证有效地传递风荷载；二是在竖向应允许两者之间有一定相对位移的可能性，以防止厂房与抗风柱沉降不均匀时产生不利影响。抗风柱与屋架一般采用竖向可移动、水平方向又有较大刚度的弹簧板连接[图 9.13(a)]；如果厂房沉降较大，则采用通长圆孔的螺栓连接[图 9.13(b)]。

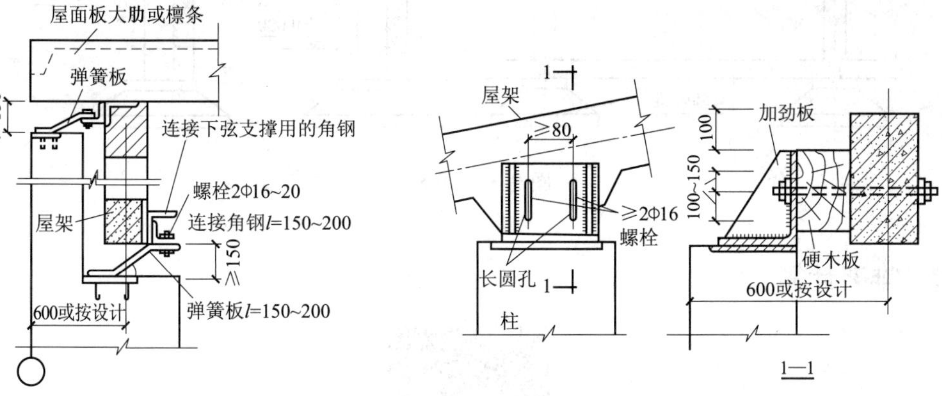

(a)　　　　　　　　　　　　　　　　　　(b)

图 9.13　钢筋混凝土抗风柱的构造

(a)弹簧板连接；(b)螺栓连接

钢筋混凝土抗风柱间距一般为 6 m。其上柱宜采用矩形截面，截面尺寸不小于 350 mm×350 mm，下柱宜采用矩形或 I 形截面。

抗风柱主要承受山墙风荷载，一般情况下可忽略其自重，按受弯构件计算，并应考虑正、反两个方向的弯矩。当抗风柱还承受承重墙梁、墙板及平台板传来的竖向荷载时，应按偏心受压构件计算。

(5)圈梁和基础梁的布置。当用砖砌体作为厂房围护墙体时，一般要设置圈梁和基础梁。

1)圈梁。圈梁的作用是将墙体同厂房柱箍在一起，以加强厂房的整体刚度，防止由于地基的不均匀沉降或较大的震动荷载对厂房引起不利的影响。圈梁设在墙内，并与柱用钢筋拉结。圈梁不承受墙体的重量。

圈梁的布置与墙体高度、对厂房的刚度要求及地基情况有关。一般单层厂房可参照下列原则布置：

①对无桥式吊车的厂房，当砖墙厚度 $h \leqslant 240$ mm，檐口标高为 5～8 m 时，应在檐口附近布置一道圈梁；当檐口标高大于 8 m 时，宜适当增设圈梁。

②对无桥式吊车的厂房，当砌块或石砌墙体厚度≤240 mm 时，檐口标高为 4～5 m 时，应设置一道圈梁；檐口标高大于 5 m 时，宜适当增设圈梁。

③对有桥式吊车或较大振动设备的单层工业房屋，除在檐口或窗顶标高处设置圈梁外，还应当在吊车梁标高处或其他适当位置增设圈梁。

圈梁应连续设置在墙体的同一平面上，并尽可能沿整个建筑平面物形成封闭状。当圈梁被门窗洞口切断时，应在洞口上部墙体内设置一道附加圈梁(过梁)，其截面尺寸不应小于被切断的圈梁，两者的搭接长度应符合规范要求。

2)基础梁。当厂房采用钢筋混凝土柱承重时，通常用基础梁来承受围护墙体的重量，并把它传递给柱基础，而不另作墙基础。基础梁两端支承在柱基础的杯口上；当柱基础埋置较深时，则通过混凝土垫块支承在杯口上(图 9.14)。基础梁底面与下面土的表面之间应预留 100 mm 的空隙，使基础梁可与柱基础一起沉降。当基础下有冻胀土时，应在梁下铺设一层砂、碎石或矿渣等松散材料，并留有 50～150 mm 的空隙，以防止土冻结膨胀时将梁顶裂。

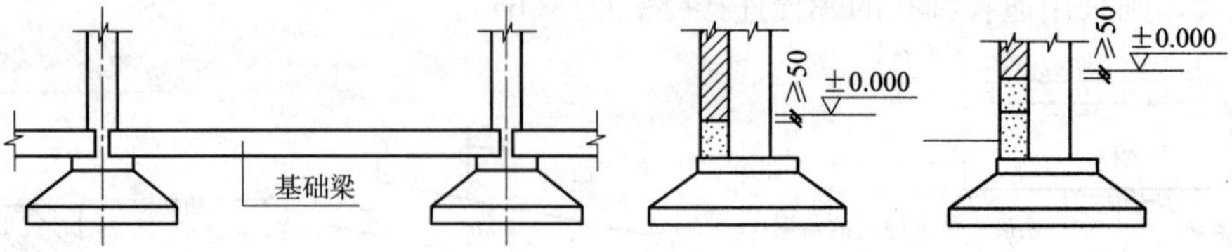

图 9.14　基础梁

9.1.2　排架计算

排架计算

9.1.3　排架柱的设计

排架柱的设计

9.1.4　单层厂房主要构件选型

1. 标准结构构件选型

单层铰接排架结构厂房中各类结构构件，除排架柱及基础外，都已统一标准化，制定了标准图集。设计时，可根据厂房的跨度、高度及吊车起重量等具体情况，并考虑当地材料供应、施工条件及技术经济指标等因素，合理选用标准构件。

(1)屋面板。单层厂房常用屋面板的形式较多。设计时，可根据所需屋面板的形式、尺寸、承载力等，在相应标准图集中选取。

(2)屋架与屋面梁。常用的钢筋混凝土、预应力混凝土屋面梁和屋架的形式见表 9.1。设计和施工时，可按标准图集的要求选用和制作。

表 9.1　钢筋混凝土桁架式屋架类型

序号	构件名称	形式	跨度/m	特点及适用条件
1	钢筋混凝土组合式屋架		12～18	上弦及受压腹杆为钢筋混凝土构件，下弦及受拉腹杆为角钢，自重较轻，刚度较差 适用于中、轻型厂房 屋面坡度为 1/4

续表

序号	构件名称	形式	跨度/m	特点及适用条件
2	钢筋混凝土 三角形屋架		9～15	自重较大，屋架上设檩条或挂瓦板 适用于跨度不大的中、轻型厂房 屋面坡度为 1/3～1/2
3	钢筋混凝土 折线形屋架 （卷材防水屋面）	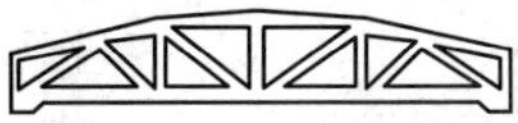	15～24	外形较合理，屋面坡度合适 适用于卷材防水屋面的中型厂房 屋面坡度为 1/15～1/5
4	预应力混凝土 折线形屋架 （卷材防水屋面）		15～30	外形较合理，屋面坡度合适，自重较轻 适用于卷材防水屋面的中、重型厂房 屋面坡度为 1/15～1/5
5	预应力混凝土 折线形屋架 （非卷材防水屋面）		18～24	外形较合理，屋面坡度合适，自重较轻 适用于非卷材防水屋面的中型厂房 屋面坡度为 1/4
6	预应力混凝土 梯形屋架		18～30	自重较大，刚度好 适用于卷材防水的重型、高温及采用井式或横向天窗的厂房 屋面坡度为 1/12～1/10
7	预应力混凝土 空腹屋架		15～36	无斜腹杆，构造简单 适用于采用横向天窗或井式天窗的厂房
注：屋架跨度的模数为 3 m。				

(3)托架。托架形式有三角形和折线形两种。12 m 跨度预应力混凝土托架形式如图 9.15 所示。

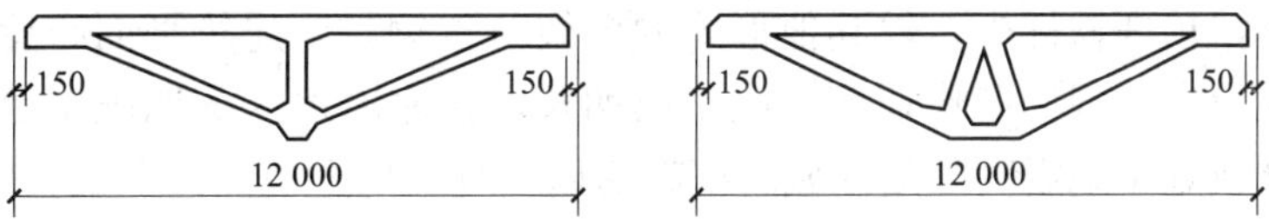

(a) (b)

图 9.15 托架类型

(a)三角形托架；(b)折线形托架

(4)吊车梁。吊车梁是有吊车单层厂房的主要承重构件，它直接承受吊车传来的动力荷载。所以，其除应满足一般梁的强度、抗裂度、刚度等要求外，还需满足疲劳强度的要求。

2. 基础选型

柱下基础类型的选择，主要取决于上部结构荷载的性质、大小以及工程地质条件。

单层厂房柱下独立基础是最常用的形式。这种基础分为阶梯形和锥形两种[图 9.16(a)、(b)]。由于基础与预制柱的连接部分做成杯口，故又称为杯形基础。

当柱下基础与设备基础或地坑冲突，以及地质条件差等原因需要深埋时，为了不使预制柱过长，而且能与其他柱长一致，可做成高杯口基础[图 9.16(c)]。

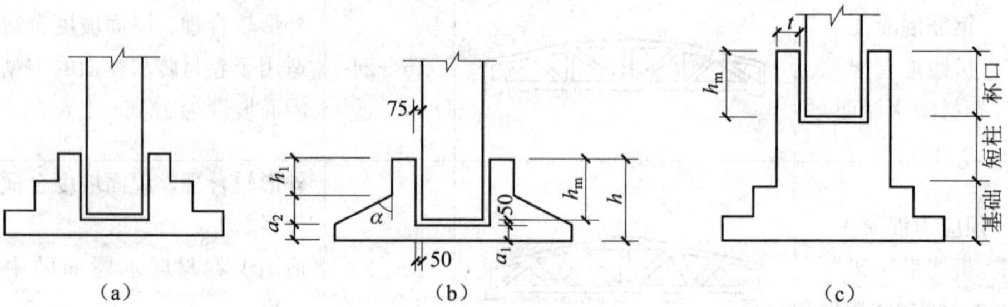

图 9.16　柱下杯形基础

(a)阶梯形基础；(b)锥形基础；(c)高杯口基础

伸缩缝两侧双柱下的基础，则需要在构造上做成双杯口基础，甚至四杯口基础。

在上部结构荷载大、地质条件差、对地基不均匀沉降要求严格控制的厂房中，可在独立基础下采用桩基础。

9.2　框架结构

9.2.1　框架结构的类型与结构布置

1. 框架结构的类型

框架结构按施工方法，可分为全现浇式框架、全装配式框架、装配整体式框架和半现浇式框架四种形式。

(1)全现浇式框架。全现浇式框架的全部构件均在现场浇筑。这种形式的优点是：整体性及抗震性能好，预埋铁件少，较其他形式的框架节省钢材，建筑平面布置较灵活等；其缺点是模板消耗量大，现场湿作业多，施工周期长，在寒冷地区冬期施工等。对使用要求较高、功能复杂或处于地震高烈度区域的框架房屋，宜采用全现浇式框架。

(2)全装配式框架。将梁、板、柱全部预制，然后在现场进行装配、焊接而成的框架，称为全装配式框架。

全装配式框架的构件可采用先进的生产工艺在工厂进行大批量的生产，在现场以先进的组织管理方式进行机械化装配，因而构件质量容易保证，并可节约大量模板，改善施工条件，加快施工进度，但其结构整体性差、节点预埋件多、总用钢量较全现浇式框架多、施工需要大型运输和吊装机械，在地震区不宜采用。

(3)装配整体式框架。装配整体式框架是将预制梁、柱和板在现场安装就位后，再在构件连接处现浇混凝土使之成为整体。

与全装配式框架相比，装配整体式框架的优点是：保证了节点的刚性，提高了框架的整体性，省去了大部分的预埋铁件，节点用钢量减少，故应用较广泛。其缺点是增加了现场浇筑混凝土量。

(4)半现浇式框架。这种框架是将房屋结构中的梁、板和柱部分现浇，部分预制装配而形成的。常见的做法有两种：一种是梁、柱现浇，板预制；另一种是柱现浇，梁、板预制。

半现浇式框架的施工方法比全现浇式框架简单，而整体受力性能比全装配式框架优越。梁、柱现浇，节点构造简单，整体性好；而楼板预制，又比全现浇式框架节约模板，省去了现场支撑的麻烦。因此，半现浇式框架是目前采用较多的框架形式之一。

2. 框架的结构布置

(1)承重框架布置方案。在框架体系中，主要承受楼面和屋面荷载的梁称为框架梁，另一方向的梁称为连系梁。框架梁和柱组成主要承重框架，连系梁和柱组成非主要承重框架。若采用双向板，则双向框架都是承重框架。承重框架有以下三种布置方案：

1)横向布置方案。框架梁沿房屋横向布置，连系梁和楼(屋)面板沿纵向布置，如图 9.17 所示。由于房屋纵向刚度较富余，而横向刚度较弱，采用这种布置方案有利于增加房屋的横向刚度，提高抵抗水平作用的能力，因此，在实际工程中应用较多；其缺点是由于主梁截面尺寸较大，当房屋需要较大空间时，其净空间较小。

2)纵向布置方案。框架梁沿房屋纵向布置，楼板和连系梁沿横向布置，如图 9.18 所示。其房间布置灵活，采光和通风好，有利于提高楼层净高，需要设置集中通风系统的厂房常采用这种方案。但因其横向刚度较差，在民用建筑中一般采用较少。

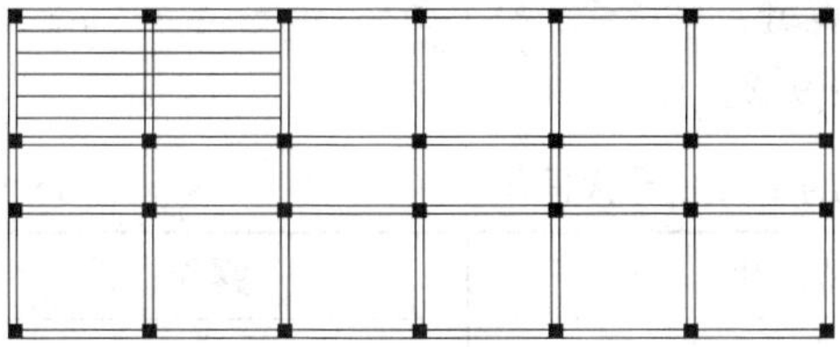

图 9.17　横向布置方案

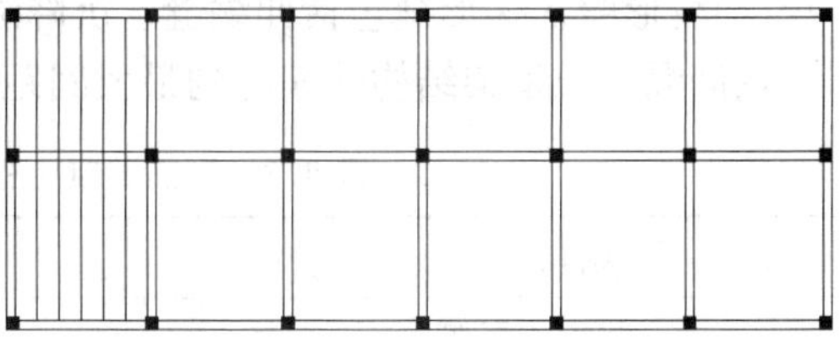

图 9.18　纵向布置方案

3)纵、横向布置方案。沿房屋的纵向和横向都布置承重框架，如图 9.19 所示。采用这种布置方案，可使两个方向都获得较大的刚度，因此，柱网尺寸为正方形或接近正方形，地震区的多层框架房屋以及由于工艺要求需要双向承重的厂房常用这种方案。

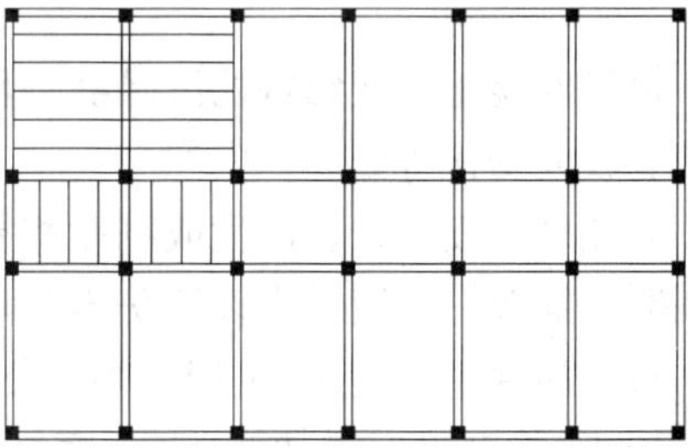

图 9.19　纵、横向布置方案

(2)柱网布置和层高。框架结构房屋的柱网和层高，应根据生产工艺、使用要求、建筑材料、施工条件等因素综合考虑，并应力求简单、规则，有利于装配化、定型化和工业化。柱网尺寸，即平面框架的跨度(进深)及其间距(开间)。

民用建筑的柱网尺寸和层高因房屋用途不同而变化较大，但一般按 300 mm 晋级。常用跨度是 4.8 m、5.4 m、6 m、6.6 m 等，常用柱距为 3.9 m、4.5 m、4.8 m、6.1 m、6.4 m、6.7 m、7 m。采用内廊式时，走廊跨度一般为 2.4 m、2.7 m、3 m。常用层高为

3.0 m、3.3 m、3.6 m、3.9 m、4.2 m。

工业建筑典型的柱网布置形式有内廊式、等跨式、对称不等跨式等，如图 9.20 所示。采用内廊式布置时，常用跨度(房间进深)为 6 m、6.6 m、6.9 m，走廊宽度常用 2.4 m、2.7 m、3 m，开间方向柱距为 3.6～8 m。等跨式柱网的跨度常用 6 m、7.5 m、9 m、12 m，柱距一般为 6 m。对称不等跨柱网一般用于建筑平面宽度较大的厂房，常用柱网尺寸有(5.8 m+6.2 m+6.2 m+5.8 m)×6.0 m、(8.0 m+12.0 m+8.0 m)×6.0 m、(7.5 m+7.5 m+12.0 m+7.5 m+7.5 m)×6.0 m 等。

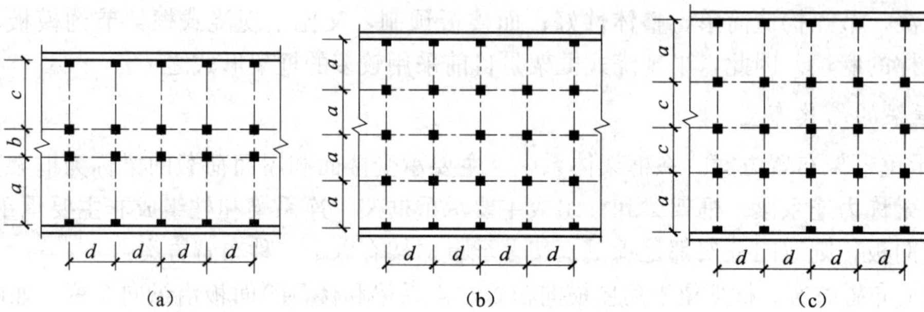

图 9.20　框架结构柱网布置

(a)内廊式；(b)等跨式；(c)对称不等跨式

工业建筑底层往往有较大设备和产品，甚至有起重运输设备，故底层层高一般较大。底层常用层高为 4.2 m、4.5 m、4.8 m、5.4 m、6.0 m、7.2 m、8.4 m，楼层常用层高为 3.9 m、4.2 m、4.5 m、4.8 m、5.6 m、6.0 m、7.2 m 等。

(3)变形缝。变形缝包括伸缩缝、沉降缝和防震缝。

钢筋混凝土框架结构伸缩缝的最大间距，见表 9.2。

表 9.2　钢筋混凝土框架结构伸缩缝的最大间距　　m

结构类型	室内或土中	露天
装配式框架	75	50
装配整体式、现浇式框架	55	35

钢筋混凝土框架结构的沉降缝一般设置在地基土层压缩性有显著差异，或房屋高度或荷载有较大变化等处。

当建筑平面过长、高度或刚度相差过大以及各结构单元的地基条件有较大差异时，钢筋混凝土框架结构应考虑设置防震缝，其最小宽度应符合下列要求：

1)当高度不超过 15 m 时，可采用 70 mm；当高度超过 15 m 时，6 度每增加 5 m、7 度每增加 4 m、8 度每增加 3 m、9 度每增加 2 m，宜加宽 20 mm。

2)防震缝两侧结构类型不同时，宜按需要较宽防震缝的结构类型和较低房屋的高度确定缝宽。

设置变形缝对构造、施工、造价及结构整体性和空间刚度都不利，基础防水也不易处理。因此，实际工程中常通过采用合理的结构方案、可靠的构造措施和施工措施(如设置后浇带)，减少或避免设缝。在需要同时设置一种以上变形缝时，应合并设置。

9.2.2 框架结构的近似计算

框架结构的近似计算

9.2.3 框架的构件与节点设计

1. 框架的内力组合

框架的内力组合

2. 多层框架的杆件设计

对无抗震设防要求的框架，按照上述方法得到控制截面的基本组合内力后，可进行梁柱截面设计。对框架梁来说，和前述的基本构件截面承载力设计方法完全相同；而框架柱的截面设计，需考虑侧向约束条件对计算长度的影响。构件截面承载力设计完成后，应进行梁柱节点设计，以确保结构的整体性及受力性能。

(1)柱的计算长度。梁与柱为刚接的钢筋混凝土框架柱，其计算长度应根据框架不同的侧向约束条件及荷载情况，并考虑柱的二阶效应(由轴向力与柱的挠曲变形所引起的附加弯矩)对柱截面设计的影响程度来确定。若计算框架内力时，已采用考虑二阶效应的分析方法，则不必再考虑计算长度及相应的偏心距增大系数。

通常，框架可分为有侧移和无侧移两种情况。无侧移框架是指具有非轻质隔墙等较强抗侧力体系，使框架几乎不承受侧向力而主要承担竖向荷载；有侧移框架是指主要侧向力由框架本身承担。上述两种情况柱的计算长度取值，详见表 9.3、表 9.4。

(2)框架节点的构造要求。节点设计是框架结构设计中极重要的一环。因节点失效后果严重，故节点的重要性大于一般构件。节点设计应保证整个框架结构安全可靠、经济合理且便于施工。在非地震区，框架节点的承载能力一般通过采取适当的构造措施来保证。

表 9.3 刚性屋盖单层房屋排架柱、露天起重机柱和栈桥柱的计算长度

<table>
<tr><th colspan="2" rowspan="3">柱的类型</th><th colspan="3">l_0</th></tr>
<tr><th rowspan="2">排架方向</th><th colspan="2">垂直排架方向</th></tr>
<tr><th>有柱间支撑</th><th>无柱间支撑</th></tr>
<tr><td rowspan="2">无起重机房屋柱</td><td>单跨</td><td>$1.5H$</td><td>$1.0H$</td><td>$1.2H$</td></tr>
<tr><td>两跨及多跨</td><td>$1.25H$</td><td>$1.0H$</td><td>$1.2H$</td></tr>
<tr><td rowspan="2">有起重机房屋柱</td><td>上柱</td><td>$2.0H_u$</td><td>$1.25H_u$</td><td>$1.5H_u$</td></tr>
<tr><td>下柱</td><td>$1.0H_l$</td><td>$0.8H_l$</td><td>$1.0H_l$</td></tr>
<tr><td colspan="2">露天起重机和栈桥柱</td><td>$2.0H_l$</td><td>$1.0H_l$</td><td>—</td></tr>
</table>

表 9.4　混凝土框架结构柱计算长度

框架	楼盖形式		柱计算长度
无侧移框架结构	现浇楼盖		$0.70H$
	装配式楼盖		$1.00H$
有侧移框架结构	现浇楼盖	底层柱	$1.00H$
		其余层柱	$1.25H$
	装配式楼盖	底层柱	$1.25H$
		其余层柱	$1.50H$

1)一般要求。

①混凝土强度。框架节点区的混凝土强度等级，应不低于柱子的混凝土强度等级。

②箍筋。在框架节点范围内应设置水平箍筋，间距不宜大于 250 mm，并应符合柱中箍筋的构造要求。当顶层端节点内设有梁上部纵筋和柱外侧纵筋的搭接接头时，节点内水平箍筋的布置，应依照纵筋搭接范围内箍筋的布置要求确定。

③截面尺寸。当节点截面过小，梁、柱负弯矩钢筋配置数量过高时，以承受静力荷载为主的顶层端节点将由于核心区斜压杆机构中压力过大而发生核心区混凝土的斜向压碎。因此，对梁上部纵筋的截面面积应加以限制，这也相当于限制节点的截面尺寸不能过小。《结构规范》规定，在框架顶层端节点处，计算所需梁上部钢筋的面积 A_s 应满足下式要求：

$$A_s \leqslant \frac{0.35 f_c b_b h_{b0}}{f_y} \tag{9-1}$$

式中　b_b——梁腹板宽度；

h_{b0}——梁截面有效高度。

2)梁柱纵筋在节点区的锚固。

①中间层中节点。框架中间节点梁上部纵向钢筋应贯穿中间节点，该钢筋自柱边伸向跨中的截断位置应根据梁端负弯矩确定。梁下部纵向钢筋的锚固要求，如图 9.21 所示。当计算中不利用下部钢筋强度时，其伸入节点的锚固长度可按简支梁 $V>0.7f_c bh_0$ 的情况取用；否则，其下部纵筋应伸入节点内锚固。图 9.21(a)为直线锚固方式，适用于柱截面尺寸较大的情况；如图 9.21(b)所示为带 90°弯折的锚固方式，适用于柱截面尺寸不够时的情况。梁下部纵向钢筋也可贯穿框架节点，在节点外梁内弯矩较小部位搭接，如图 9.21(c)所示。当计算中充分利用钢筋的抗压强度时，其下部纵向钢筋应按受压钢筋的要求锚固，锚固长度应不小于 $0.7l_a$。

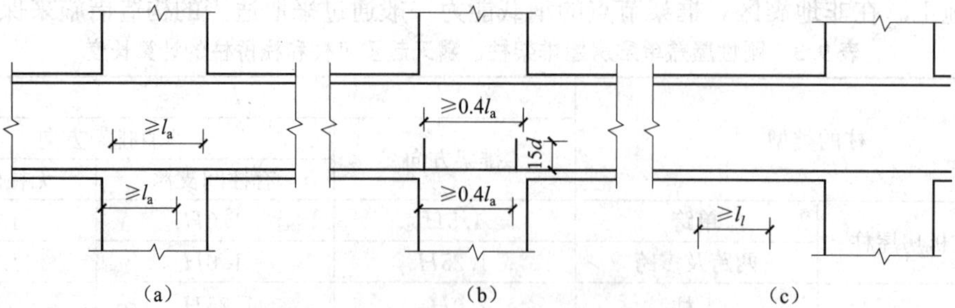

图 9.21　框架中间节点梁纵向钢筋的锚固

(a)节点中的直线锚固；(b)节点中的弯折锚固；(c)节点范围外的搭接

②中间层端节点。框架中间层端节点应将梁上部纵向钢筋伸至节点外边并向下弯折，如图 9.22 所示。当柱截面尺寸足够时，框架梁的上部纵向钢筋可用直线方式伸入节点。梁下部纵向钢筋在端节点的锚固要求与中间节点相同。

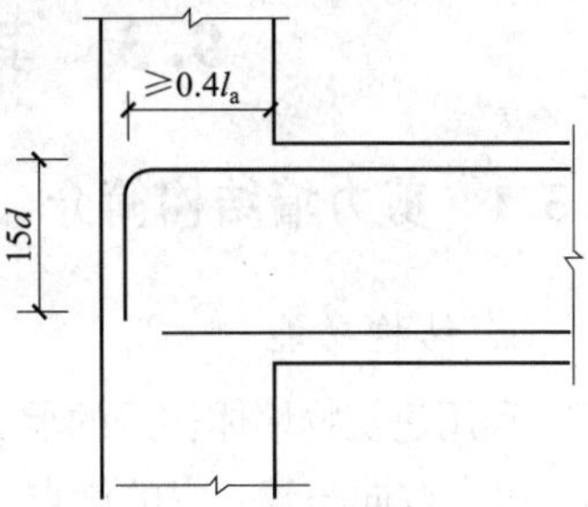

图 9.22　框架中间层端节点梁纵向钢筋的锚固

框架柱纵筋应贯穿中间层中节点和端节点。柱纵筋接头位置应尽量选择在层高中间等弯矩较小的区域。

③顶层中节点。顶层柱的纵筋应在节点内锚固。当顶层节点处梁截面高度足够时，柱纵筋可用直线方式锚固，同时必须伸至梁顶面，如图 9.23(a)所示；当顶层节点处梁截面高度小于柱纵筋锚固长度时，如图 9.23(b)所示，柱纵向钢筋应伸至梁顶面，然后向节点内水平弯折；当楼盖为现浇，且板厚不小于 80 mm、混凝土强度等级不低于 C20 时，柱纵向钢筋水平段也可向外弯折，如图 9.23(c)所示。

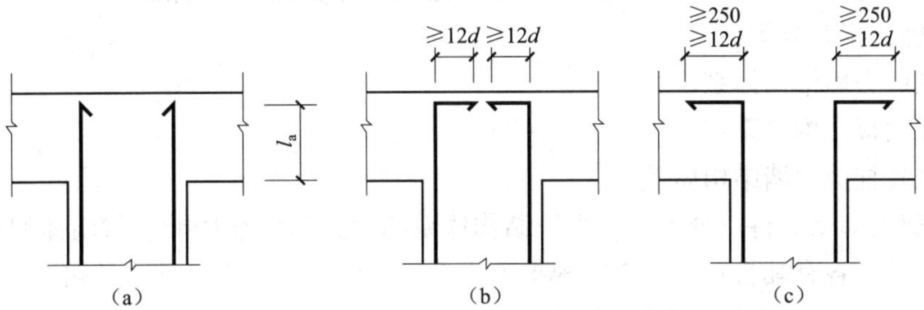

图 9.23　顶层中节点柱纵向钢筋的锚固

④顶层端节点。为了方便施工，框架顶层端节点最好是将柱外侧纵向钢筋弯入梁内，作为梁上部纵向受力钢筋使用。也可将梁上部纵向钢筋和柱外侧纵向钢筋在顶层端节点及其邻近部位搭接，如图 9.24 所示。注意，顶层端节点的梁柱外侧纵筋不是在节点内锚固，而是在节点处搭接，因为在该节点处梁柱弯矩相同。

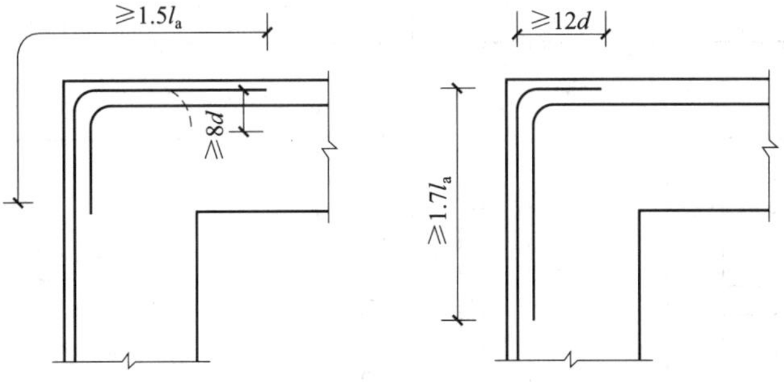

图 9.24　梁上部纵向钢筋与柱外侧纵向钢筋在顶层端节点的搭接

(a)位于节点外侧和梁端顶部的弯折搭接接头；(b)位于柱顶外侧的直线搭接接头

9.3 其他多高层房屋结构形式简介

9.3.1 剪力墙结构简介

1. 结构功能

利用建筑物墙体构成的承受水平作用和竖向作用的结构称为剪力墙结构。剪力墙一般沿横向、纵向双向布置。它的优点是比框架结构具有更强的侧向和竖向刚度，抵抗水平作用的能力强，空间整体性好。在历次地震中，剪力墙结构均表现出了良好的抗震性能，震害较少发生，而且程度也比较小；其缺点是如果采用纯剪力墙结构，因墙体较密，则平面布置和空间布置都会受到一定的局限，且结构自重和抗侧刚度较大，结构自振周期较短，导致较大的地震作用。

2. 类型、受力特点及适用范围

剪力墙结构体系的类型，可以根据施工工艺和剪力墙的受力特点来分类：

(1)按施工工艺分类。

1)现浇剪力墙结构体系；

2)装配大板结构体系；

3)内浇外挂剪力墙结构体系。

(2)按剪力墙受力特点分类。剪力墙结构体系的内力和位移性能，与墙体洞口大小、形状和位置有关，各有其自身的特点。根据剪力墙结构的受力特点，剪力墙可分为以下五类：

1)整体墙。无洞口或洞口面积不超过墙面面积15%，且孔洞间净距及洞口至墙边距离均大于洞口边长尺寸时，可忽略洞口影响。墙作为整体墙来考虑，其受力状态如同竖向悬臂梁，截面变形仍符合截面假定，因而截面应力可按照材料力学公式计算，如图9.25(a)所示，变形属弯曲变形。

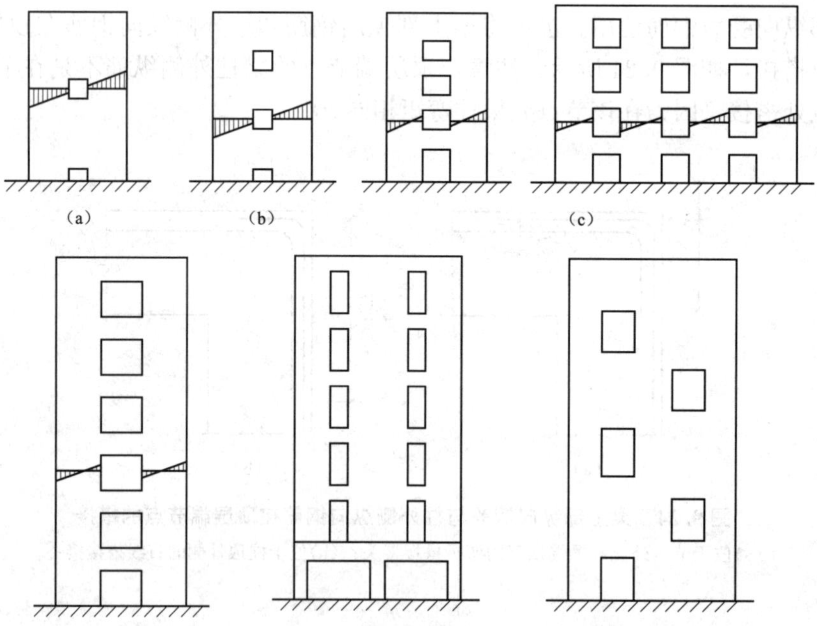

图9.25 剪力墙结构类型

(a)整体墙；(b)小开口整体墙；(c)联肢墙；(d)壁式框架；
(e)框支剪力墙；(f)开口不规则、大洞口的墙

2)小开口整体墙。当洞口稍大时，通过洞口横截面上的正应力分布已不再成一条直线，而是在洞口两侧的部分横截面上，其正应力分布各成一条直线，如图 9.25(b)所示。这说明除了整个墙截面产生整体弯矩外，每个墙肢还出现局部弯矩，实际正应力分布是整个截面直线分布的应力上叠加局部弯矩应力。但由于洞口还不是很大，局部弯矩不超过水平荷载悬臂弯矩的 15%，大部分楼层上墙肢没有反弯点，可以认为剪力墙截面变形大体上仍符合平截面假定，且内力和变形仍按材料力学计算，然后适当修正。

3)双肢、多肢剪力墙。洞口开得比较大，截面的整体性已经破坏，如图 9.25(c)所示。连梁的刚度比墙肢刚度小得多，连梁中部有反弯点，各墙肢单独弯曲作用较为显著，个别或少数层内墙肢出现反弯点。这种剪力墙可视为由连梁把墙肢连接起来的结构体系，故称为联肢剪力墙。其中，由一系列连梁把两个墙肢连接起来的，称为双肢剪力墙；由两列以上的连梁把三个以上的墙肢连接起来的，称为多肢剪力墙。

4)壁式框架。壁式框架的洞口更大，墙肢与连梁的刚度比较接近，墙肢明显出现局部弯矩，在许多楼层内有反弯点，如图 9.25(d)所示。剪力墙的内力分布接近框架。壁式框架实质是介于剪力墙和框架之间的一种过渡形式，它的变形已很接近框架。只不过壁柱和壁梁都比较宽，因而在梁柱交接区形成不产生变形的刚域。

5)框支剪力墙。当底层需要大空间时，采用框架结构支承上部剪力墙，这种结构称为框支剪力墙结构，如图 9.25(e)所示。

由上可知，剪力墙结构随着类型和开洞大小的不同，计算方法和计算简图也不同。整体墙和小开口整体墙的计算简图，基本上用单根竖向悬臂杆代表，计算方法按材料力学公式(对整体墙不修正，对小开口整体墙修正)计算。其他类型剪力墙，其计算简图均无法用单根竖向悬臂杆代表，而应按能反映其性态的结构体系计算。

3. 剪力墙结构布置及构件尺寸

剪力墙结构的布置，应符合以下要求：

(1)沿建筑物整个高度，剪力墙应贯通，上、下不断层、不中断，门窗洞口应对齐，做到规则、统一，避免在地震作用下产生应力集中和出现薄弱层，电梯井尽量与抗侧力结构结合布置。

(2)为增大剪力墙的平面外刚度，剪力墙端部宜有翼缘(与其垂直的剪力墙)，布置成T形、L形和工字形结构，此外，还可提高剪力墙平面内抗弯延性；剪力墙应由纵、横两个方向双向布置，且纵、横两个方向的刚度宜接近。

(3)震区剪力墙高度比宜设计成 H/B 较大的高墙或中高墙，因为矮墙延性不好。如果墙长度太长，宜将墙分段，以提高弯曲变形能力。

(4)剪力墙结构墙体多，不容易布置面积较大的房间，因此，对底部为大空间的剪力墙结构，底部的部分剪力墙宜做成框支剪力墙，底部另一部分剪力墙宜做成落地剪力墙，形成底部大空间剪力墙结构和大底盘大空间剪力墙结构，而标准层可以是小开间或大开间结构。

框支剪力墙(也称框托墙结构)结构上部各层采用剪力墙结构，结构底部一层或几层采用框一剪结构或框一筒体结构，故属于双重结构体系，如图 9.26 所示。框支剪力墙结构在地震时，底层因采用框架，导致刚度突变、变形集中，故破坏严重。

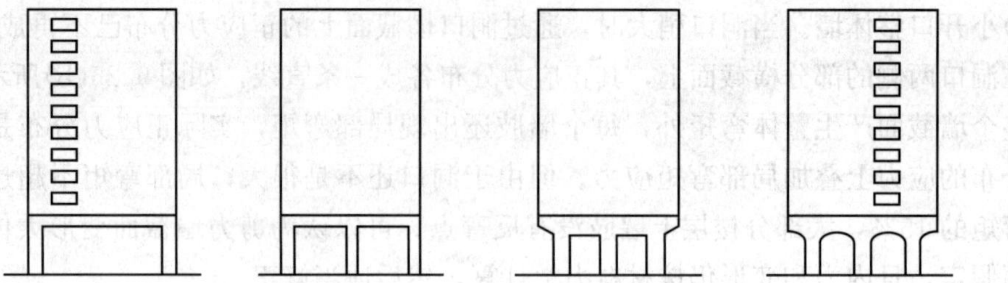

图 9.26　框支剪力墙结构

(5)剪力墙结构的剪力墙应沿结构平面主要轴线方向布置。一般情况下，当结构平面采用矩形、L 形、T 形平面时，剪力墙沿主轴方向布置。对采用正多边形、圆形和弧形平面，则可沿径向及环向布置。图 9.27 所示为北京国际饭店典型的剪力墙结构平面布置。

剪力墙尺寸应满足如下要求：

(1)较长的剪力墙可用跨高比不小于 5 的连梁分为若干个独立墙肢，每个独立墙肢可为整体墙或连体墙，每个独立墙段的总高度和宽度之比不应小于 2，墙肢截面高度不宜大于 8 m。

(2)两端有翼墙或端柱的剪力墙厚度，在抗震等级为一、二级时，不应小于楼层净高的 1/20，且不应小于 160 mm；一、二级底部加强区厚度不应小于层高的 1/16，且不应小于 200 mm；当底部加强部位无端柱或翼墙时，截面厚度不宜小于楼层净高的 1/10。

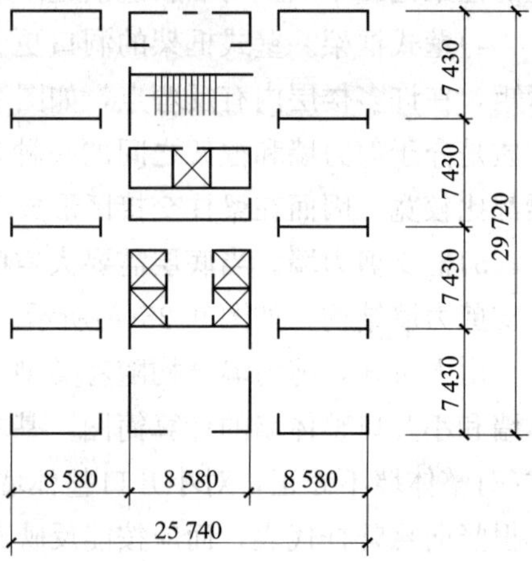

图 9.27　北京国际饭店 26 层(112 m)

(3)按三、四级抗震等级设计的剪力墙厚度，不应小于楼层高度的 1/25，且不应小于 140 mm。其底部加强区厚度不宜小于层高的 1/20，且不宜小于 160 mm。

(4)非抗震设计的剪力墙，其截面厚度不应小于层高或剪力墙长度的 1/25，且不应小于 160 mm。

(5)剪力墙井筒中，分隔电梯井或管道井的墙厚，可适当减小，但不小于 160 mm(一、二级抗震)及 140 mm(三、四级抗震)。

(6)剪力墙的间距受到楼板构件跨度的限制，一般要求在非抗震时为 $5B$ 和 60 m 的小者、6 度和 7 度抗震时为 $4B$ 和 50 m 的小者、8 度抗震时为 $3B$ 和 40 m 的小者、9 度抗震时为 $2B$ 和 30 m 的小者。

4. 主要构造要求

(1)剪力墙材料选择。剪力墙结构混凝土强度等级不应低于 C20；带有筒体和短肢剪力墙结构的混凝土强度等级，不应低于 C30。

(2)配筋要求。

1)高层建筑剪力墙中竖向和水平分布钢筋，不应采用单排配筋。当剪力墙截面厚度 b_w 不大于 400 mm 时，可采用双排配筋；当 b_w 大于 400 mm，但不大于 700 mm 时，宜采用三排配筋；当 b_w 大于 700 mm 时，宜采用四排配筋。受力钢筋均可分布成数排，各排分布钢筋之间的拉结筋间距还应适当加密。

2)矩形截面独立墙肢的截面高度 h_w，不宜小于截面厚度 b_w 的 5 倍；当 h_w/b_w 小于 5 时，其在重力荷载代表值作用下的轴压力设计值的轴压比，一、二级时不宜大于表 9.5 的限值减 0.1，三级时不宜大于 0.6；当 h_w/b_w 不大于 3 时，宜按框架柱进行截面设计，底部加强部位纵向钢筋的配筋率不应小于 1.2%；一般部位不应大于 1.0%，箍筋宜沿墙肢全高加密。

(3) 抗震设计轴压比限值。抗震设计时，一、二级抗震等级的剪力墙底部加强部位，其重力荷载代表值作用下墙肢的轴压比不宜超过表 9.5 的限值。

表 9.5　剪力墙轴压比限值

轴压比	一级(9 度)	一级(7、8 度)	二、三级
$\dfrac{N}{f_c A}$	0.4	0.5	0.6
注：N——重力荷载代表值作用下剪力墙墙肢的轴向压力设计值； A——剪力墙墙肢截面面积； f_c——混凝土轴心抗压强度设计值。			

(4)抗震设计约束边缘构件设置要求。一、二级抗震设计的剪力墙底部加强部位及其上一层的墙肢端部，应设置约束边缘构件。剪力墙约束边缘构件(图 9.28)的设计应符合一定要求。

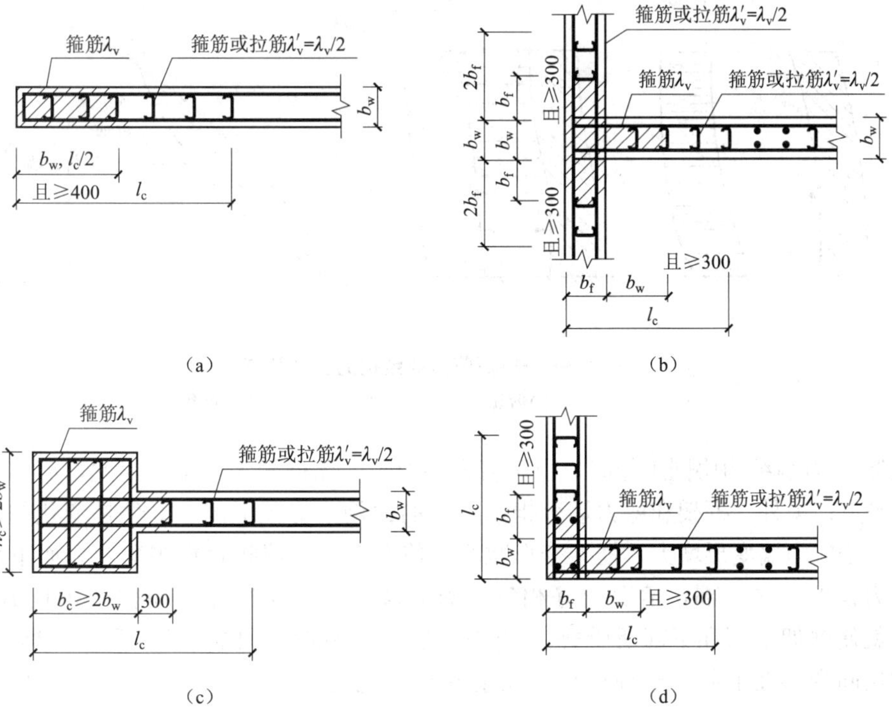

图 9.28　剪力墙约束边缘构件(单位：mm)

(a)暗柱；(b)有翼缘；(c)有端柱；(d)有转角墙(L 形墙)

(5)分布钢筋配置。剪力墙分布钢筋的配置应符合下列要求：

1)非抗震设计时，剪力墙纵向钢筋最小锚固长度应取 l_a。抗震设计时，剪力墙纵向钢筋最小锚固长度应取 l_{aE}。

2)剪力墙竖向及水平分布钢筋的搭接连接，如图 9.29 所示，一级、二级抗震等级剪力墙的加强部位，接头位置应错开，每次连接的钢筋数量不宜超过总数量的 50%，错开净距不宜小于 500 mm；在其他情况下，剪力墙的钢筋可在同一部位连接。非抗震设计时，分布钢筋的搭接长度不应小于 $1.2l_a$；抗震设计时，不应小于 $1.2l_{aE}$。

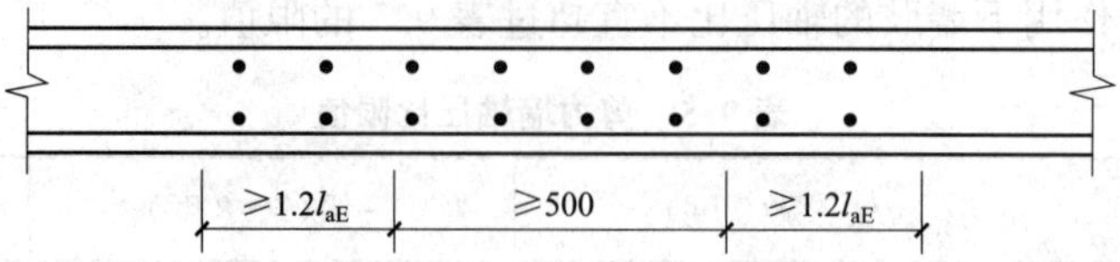

图 9.29　剪力墙水平分布钢筋搭接连接

9.3.2　框架-剪力墙结构简介

1. 框架-剪力墙结构的受力特点

框架-剪力墙结构是由框架和剪力墙两类抗侧力单元组成的，这两类抗侧力单元的变形和受力特点不同。剪力墙的变形以弯曲变形为主，如图 9.30(a)所示；框架的变形以剪切变形为主，如图 9.30(b)所示。在框架-剪力墙结构中，框架和剪力墙由楼盖连接起来而共同变形，如图 9.30(c)所示，其协同变形曲线如图 9.30(d)所示。

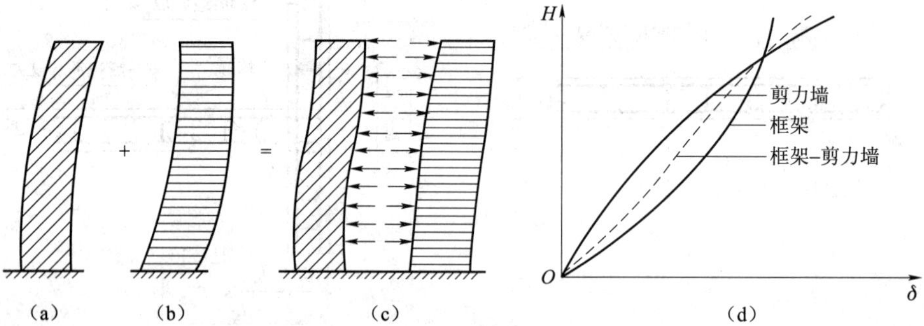

图 9.30　框架-剪力墙结构的变形特点

(a)弯曲变形；(b)剪切变形；(c)共同变形；(d)变形曲线

框架-剪力墙结构协同工作时，由于剪力墙的刚度比框架大得多，因此，剪力墙负担大部分水平力；另外，框架和剪力墙分担水平力的比例，房屋上部、下部是变化的。在房屋下部，由于剪力墙变形增大，框架变形减小，使下部剪力墙担负更多剪力，而下部框架担负的剪力较少。在上部，情况恰好相反，剪力墙担负外载减小，而框架担负剪力增大。这样，就使框架上部和下部所受剪力均匀变化。从协同变形曲线可以看出，框架-剪力墙结构的层间变形在下部小于纯框架，在上部小于纯剪力墙，因此，各层的层间变形也将趋于均匀化。

2. 框架-剪力墙结构的构造

在框架-剪力墙结构中，剪力墙是主要的抗侧力构件，承担着绝大部分剪力，因此，构造上应加强。

剪力墙的厚度不应小于 160 mm，也不应小于 $h/20$(h 为层高)。

剪力墙墙板的竖向和水平分布钢筋的配筋率均不应小于 0.2%，直径不应小于 8 mm，间距不应大于 300 mm，并至少采用双排布置。各排分布钢筋间应设置拉筋，拉筋直径不小于 6 mm，间距不应大于 600 mm。

剪力墙周边应设置梁(或暗梁)和端柱组成边框。边框梁或暗梁的上、下纵向钢筋配筋率，均不应小于 0.2%，箍筋不应少于 Φ6@200。

墙中的水平和竖向分布钢筋宜分别贯穿柱、梁或锚入周边的柱、梁中，锚固长度为 l_a。端柱的箍筋应沿全高加强配置。

框架-剪力墙结构中的框架、剪力墙，还应符合框架结构和剪力墙结构的有关构造要求。

9.3.3 筒体结构简介

由筒体为主组成的承受竖向和水平作用的结构，称为筒体结构体系。筒体是由若干片剪力墙围合而成的封闭井筒式结构，其受力与一个固定于基础上的筒形悬臂构件相似。根据开孔的多少，筒体有空腹筒和实腹筒之分，如图 9.31 所示。实腹筒一般由电梯井、楼梯间、管道井等形成，开孔少，因其常位于房屋中部，故又称核心筒。空腹筒又称框筒，由布置在房屋四周的密排立柱和截面高度很大的横梁组成。立柱柱距一般为 1.22～3.0 m，横梁(称为窗裙梁)梁高一般为 0.6～1.22 m。筒体体系由核心筒、框筒等基本单元组成。根据房屋高度及其所受水平力的不同，筒体体系可以布置成核心筒结构、框筒结构、筒中筒结构、框架-核心筒结构、成束筒结构和多重筒结构等形式，如图 9.32 所示。筒中筒结构通常用框筒作外筒，实腹筒作内筒。

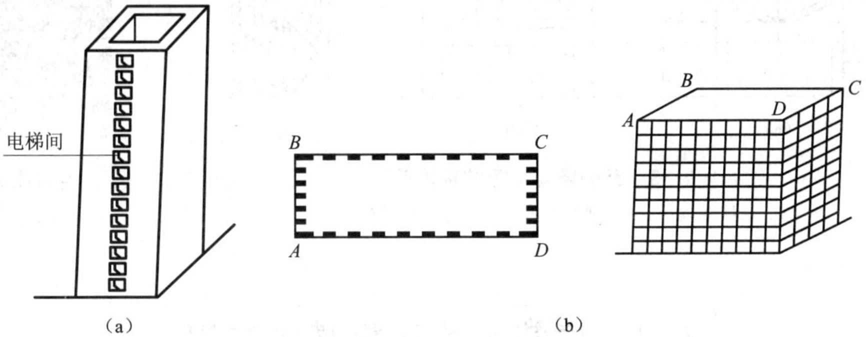

图 9.31　筒体示意图

(a)实腹筒；(b)空腹筒

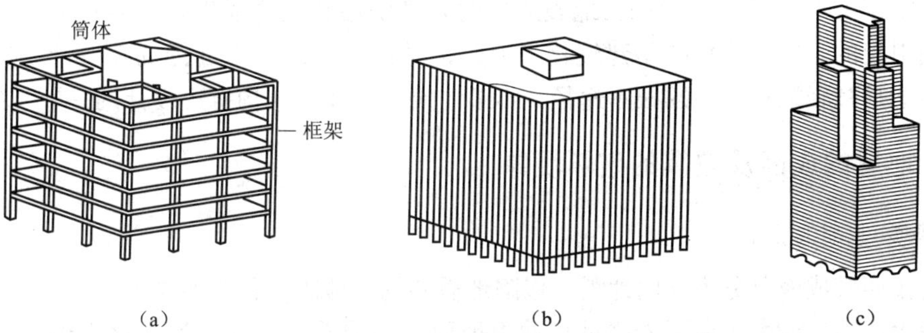

图 9.32　几种筒体结构透视图

(a)框架-核心筒结构；(b)筒中筒结构；(c)成束筒结构

上述四种结构体系适用的最大高度，见表 9.6。

表 9.6　钢筋混凝土房屋的最大适用高度

m

结构体系		非抗震设计	抗震设防烈度			
			6 度	7 度	8 度	9 度
框架		70	60	50	40	24
框架-剪力墙		140	130	120	100	50
剪力墙结构	全部落地剪力墙	150	140	120	100	60
	部分框支剪力墙	130	120	100	80	不宜采用
筒体结构	框架-核心筒结构	160	150	130	100	70
	筒中筒结构	200	180	150	120	80

注：房屋高度指室外地面到主要屋面板板顶的高度(不包括局部凸出屋顶部分)。

除上述四种常用结构体系外，尚有悬挂结构、巨型框架结构、巨型桁架结构、悬挑结构等新的竖向承重结构体系，如图 9.33 所示，但目前应用较少。

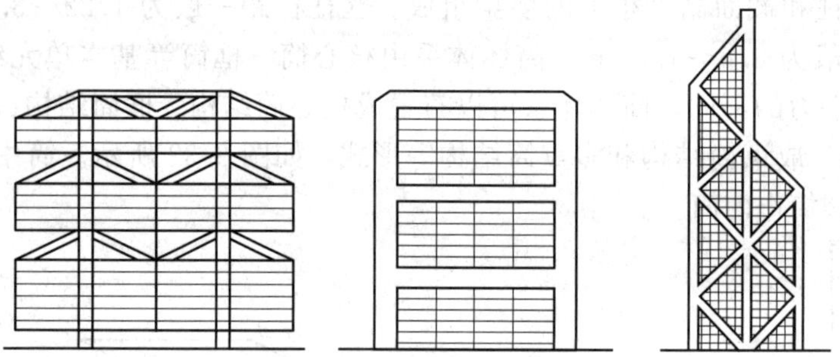

(a)　　(b)　　(c)

图 9.33　新的竖向承重结构体系

(a)悬挂结构；(b)巨型框架结构；(c)巨型桁架结构

巨型桁架结构应用

9.4　建筑结构抗震基本知识

地震是一种自然现象，我国是多地震的国家之一，抗震设防的国土面积约占全国国土面积的 60%。历次强震经验表明：地震造成的人员伤亡和经济损失，主要是由房屋破坏和结构倒塌引起的，造成伤亡的是建筑物。因此，对各类建筑结构进行抗震设计，提高结构的抗震性能是减轻地震灾害的根本途径。本节主要介绍建筑结构抗震设计的一些基础知识。

9.4.1　地震的成因及地震的破坏现象

1. 地震类型与成因

地震按照其成因可分为火山地震、塌陷地震和构造地震三种主要类型。

伴随火山喷发或由于地下岩浆迅猛冲出地面引起的地面运动，称为火山地震。这类地震一般强度不大，影响范围和造成的破坏程度均比较小，主要分布于环太平洋、地中海以及东非等地带，其数量约占全球地震的7%。

地表或地下岩层由于某种原因陷落和崩塌引起的地面运动，称为塌陷地震。这类地震的发生主要由重力引起，地震释放的能量与波及的范围均很小，主要发生在具有地下溶洞或古旧矿坑地质条件的地区，其数量约占全球地震的3%。

由于地壳构造运动，造成地下岩层断裂或错动引起的地面震动，称为构造地震。这类地震破坏性大、影响面广且发生频繁，几乎所有的强震均属构造地震。构造地震的数量最多，占全球地震的90%以上。构造地震一直是人们主要研究的对象，下面主要介绍构造地震的发生过程。

构造地震成因的局部机制可以用地壳构造运动来说明。地球内部处于不断运动之中，地幔物质发生对流释放能量，使地壳岩石层处在强大的地应力作用下。在漫长的地质年代，原始水平状的岩层在地应力作用下发生形变，如图9.34(a)所示；当地应力只能使岩层产生弯曲而未丧失其连续性时，岩层就会发生褶皱，如图9.34(b)所示；当岩层变形积蓄的应力超过本身极限强度时，岩层就会发生突然断裂和猛烈错动，岩层中原先积累的应变能全部释放，并以弹性波的形式传到地面，地面随之震动形成地震，如图9.34(c)所示。

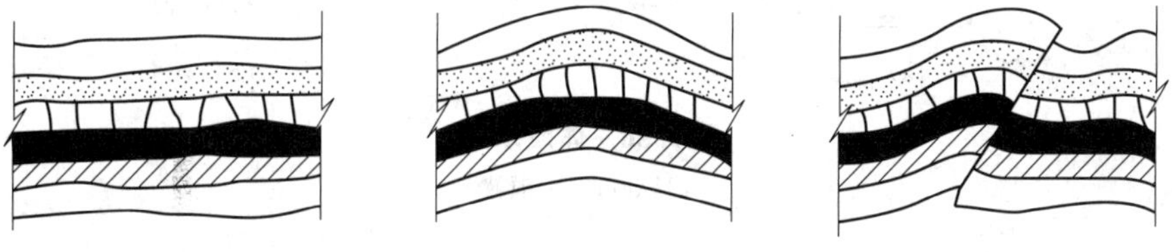

图9.34 地壳构造运动

(a)岩层原始状态；(b)褶皱变形；(c)断裂错动

2. 地震特征描述

地震在发生的空间、强度、时间等方面有很大的随机性。为了同地震灾害作斗争，需要对地震的特征加以描述，下面介绍描述地震空间位置、强度大小和发生时间的有关概念。

(1) 地震空间位置。图9.35示意了描述地震空间位置的常用术语。震源是指地球内部发生地震首先发射出地震波的地方，往往也是能量释放中心。震源在地面上的投影，称为震中。震源到地面的垂直距离，或者说震源到震中的距离，称为震源深度。地面某处到震中的距离，称为震中距。地面某处到震源的距离，称为震源距。震中周围地区，称为震中区。地面震动最剧烈、破坏最严重的地区，称为极震区。极震区一般位于震中附近。

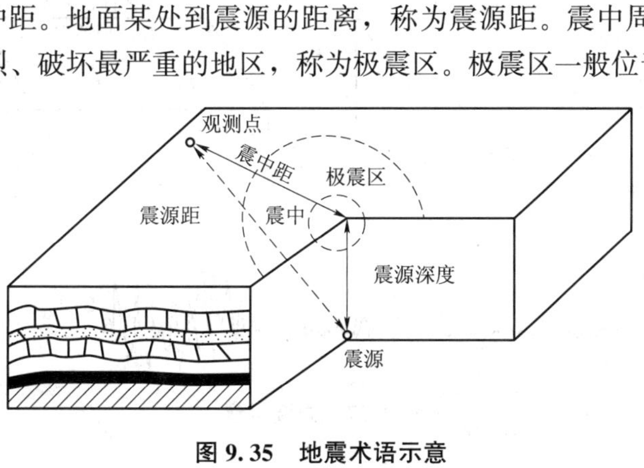

图9.35 地震术语示意

地震按震源深浅，可分为浅源地震(震源深度小于 60 km)、中源地震(震源深度在 60～300 km)和深源地震(震源深度大于 300 km)。其中，浅源地震造成的危害最大，全世界每年地震释放的能量约有 85%来自浅源地震。我国发生的地震绝大多数是浅源地震，震源深度为 10～20 km。

(2)地震强度度量。

1)地震波。地震引起的震动以波的形式从震源向各个方向传播并释放能量，这就是地震波。地震波是一种弹性波，它包括在地球内部传播的体波和在地面附近传播的面波。

体波可分为两种形式的波，即纵波(P 波)和横波(S 波)。

①纵波在传播过程中，其介质质点的震动方向与波的前进方向一致。纵波又称为压缩波，其特点是周期较短，振幅较小，如图 9.36(a)所示。

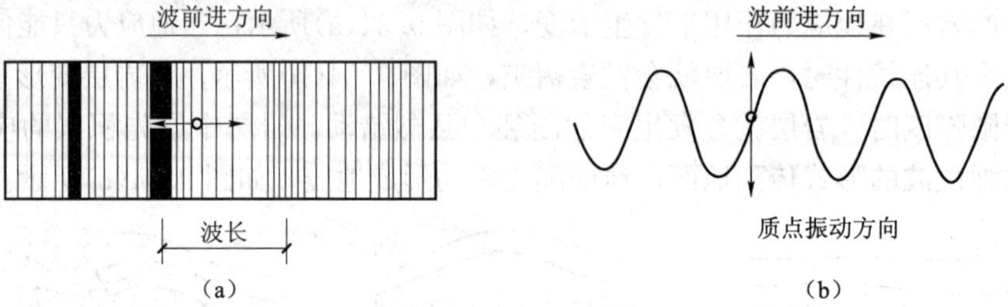

图 9.36 体波示意

(a)纵波；(b)横波

②横波在传播过程中，其介质质点的震动方向与波的前进方向垂直。横波又称为剪切波，其特点是周期较长，振幅较大，如图 9.36(b)所示。

纵波的传播速度比横波的传播速度要快。所以，当某地发生地震时，在地震仪上首先记录到的地震波是纵波，随后记录到的才是横波。先到的波，通常称为初波(Primary Wave)或 P 波；后到的波，通常称为次波(Secondary Wave)或 S 波。

面波是体波经地层界面多次反射形成的次声波，它包括两种形式的波，即瑞雷波(R 波)和乐甫波(L 波)。瑞雷波传播时，质点在波的前进方向与地表面法向组成的平面内(图 9.37 中 xz 平面)作逆向椭圆运动；乐甫波传播时，质点在与波的前进方向垂直的水平方向(图 9.37 中 y 方向)作蛇形运动。与体波相比，面波周期长，振幅大，衰减慢，能传播到很远的地方。

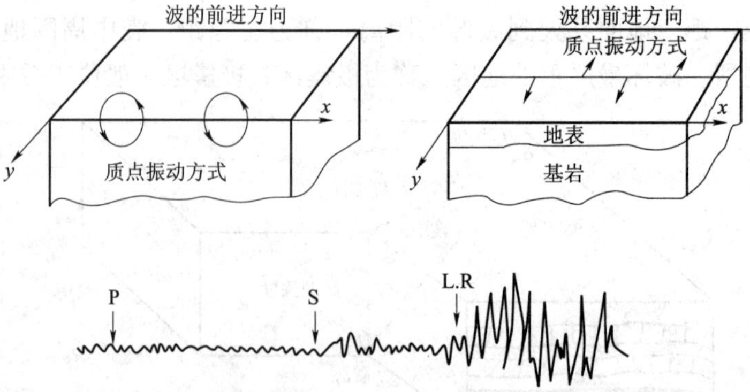

图 9.37 面波示意

地震波的传播速度，以纵波最快，横波次之，面波最慢。纵波使建筑物产生上下颠动，横波使建筑物产生水平摇晃，而面波使建筑物既产生上下颠动又产生水平摇晃；当横波和面波都到达时，震动最为剧烈。一般情况下，横波产生的水平震动是导致建筑物破坏的主要因素；在强震震中区，纵波产生的竖向震动造成的影响也不容忽视。

2)震级。地震震级是表示地震本身大小的等级，它以地震释放的能量为尺度，根据地震仪记录到的地震波来确定。

1935 年里克特(Richter)给出了地震震级的原始定义：用标准地震仪(周期为 0.8 s、阻尼系数为 0.8、放大倍数为 2 800 倍的地震仪)在距震中 100 km 处记录到最大水平位移(单振幅，以 μm 计)的常用对数值，表达式为：

$$M=\lg A \tag{9-2}$$

式中 M——震级，即里氏震级；

A——地震仪记录到的最大振幅。

例如：某次地震在距震中 100 km 处地震仪记录到的振幅为 10 000 μm，取其对数等于 4，根据定义这次地震就是 4 级。实际上，地震发生时距震中 100 km 处不一定有地震仪，现在也都不用上述标准的地震仪，所以，需要根据震中距和使用仪器对上式确定的震级进行修正。

$$\lg E=11.8+1.5M \tag{9-3}$$

上式表明，震级每增加一级，地震释放的能量就会增大约 32 倍。

一般来说，小于 2 级的地震，人感觉不到，称为微震；2～4 级地震，震中附近有感，称为有感地震；5 级以上地震，能引起不同程度的破坏，称为破坏地震；7 级以上的地震，称为强烈地震或大地震；8 级以上地震，称为特大地震。到目前为止，世界上记录到的最大一次地震是 1960 年 5 月 22 日发生在智利的 8.5 级地震。

3)烈度。地震烈度是指某地区地面和各类建筑物遭受一次地震影响的强烈程度，它是按地震造成的后果分类的。相对于震源来说，烈度是地震的强度。

对一次地震，表示地震大小的震级只有一个，但同一次地震对不同地点的影响是不一样的，因而烈度随地点的变化而存在差异。一般来说，距震中越远，地震影响越小，烈度越低；距震中越近，地震影响越大，烈度越高，震中区的烈度称为震中烈度，震中烈度往往最高。

为了评定地震烈度，需要制定一个标准，目前我国和世界上绝大多数国家都采用 12 等级的烈度划分表。它根据地震时人的感觉、器物的反应、建筑物的破坏和地表现象划分。把地面运动最大加速度和最大速度作为参考物理指标，给出了对应于不同烈度(5～10 度)的具体数值。地震烈度既是地震后果的一种评价，又是地面运动的一种度量，它是联系宏观地震现象和地面运动强弱的纽带。需要指出的是，地震造成的破坏是多因素综合影响的结果，把地震烈度孤立地与某项物理指标联系起来的观点是片面的、不恰当的。

4)震级与震中烈度关系。地震震级与地震烈度是两个不同的概念，震级表示一次地震释放能量的大小，烈度表示某地区遭受地震影响的强弱程度。两种关系可用炸弹爆炸来解释，震级好比是炸弹的装药量，烈度则是炸弹爆炸后造成的破坏程度。震级和烈度只在特定条件下存在大致对应关系。

对于浅源地震(震源深度为 10～30 km)，震中烈度 I_0 与震级 M 之间有如下对照关系，见表 9.7。

表 9.7 震中烈度 I_0 与震级 M 之间的关系

震级 M/级	2	3	4	5	6	7	8	8 以上
震中烈度 I_0/度	1～2	3	4～5	6～7	7～8	9～10	11	12

上面对应关系也可用经验公式的形式给出：

$$M=0.58I_0+1.5$$

9.4.2 建筑抗震设防标准及设防目标

1. 建筑结构抗震设防依据

抗震设防的依据是抗震设防烈度，全国的抗震设防烈度以地震烈度区划图体现。

工程抗震的目标是减轻工程结构的地震破坏，降低地震灾害造成的损失，减轻震害的有效措施是对已有工程进行抗震加固和对新建工程进行抗震设防。在采取抗震措施前，必须知道哪些地方存在地震危害，其危害程度如何。地震的发生在地点、时间和强度上都具有不确定性，为适应这个特点，目前采用的方法是基于概率含义的地震预测。该方法将地震的发生及其影响视作随机现象，根据区域性地质构造、地震活动性和历史地震资料，划分潜在震源区，分析震源区地震活动性，确定地震动衰减规律，利用概率方法评价某一地区未来一定期限内遭受不同强度地震影响的可能性，给出以概率形式表达的地震烈度区划图或其他地震动参数。

基于上述方法编制的《中国地震烈度区划图(1990)》经国务院批准由国家地震局和建设部(现住房和城乡建设部)于 1992 年 6 月 6 日颁布实施，试图用基本烈度表示地震危害性，把全国划分为基本烈度不同的 5 个地区。基本烈度是指 50 年期限内，在一般场地条件下，可能遭受超越概率为 10%的烈度值。我国目前以地震烈度区划图上给出的基本烈度作为抗震设防的依据，《建筑抗震设计规范(2016 年版)》(GB 50011—2010)(以下简称《抗震规范》)规定，一般情况下，可采用基本烈度作为建筑抗震设计中的抗震设防烈度。

2. 建筑结构抗震设计思想

(1)三水准的抗震设防准则。抗震设防是为了减轻建筑的地震破坏，避免人员伤亡和减少经济损失。鉴于地震的发生，在时间、空间和强度上都不能确切预测，要使所设计的建筑物在遭受未来可能发生的地震时不发生破坏，是不现实和不经济的。抗震设防准则在很大程度上依赖于经济条件和技术水平，既要使震前用于抗震设防的经费投入为经济条件所允许，又要使震后经过抗震技术设计的建筑破坏程度不超过人们所能接受的限度。为达到经济与安全之间的合理平衡，现在世界上大多数国家都采用了下面的设防标准：抵抗小地震，结构不受损坏；抵抗中等地震，结构不显著破坏；抵抗大地震，结构不倒塌。也就是说，建筑物在使用期间，对不同强度和频率的地震，其结构具有不同的抗震能力。

基于上述抗震设计准则，我国《抗震规范》提出了三水准的抗震设防要求。

1)第一水准：当遭受低于本地区设防烈度的多遇地震(或称小震)影响时，建筑物一般不损坏或不需要修理仍可继续使用；

2)第二水准：当遭受本地区设防烈度的地震影响时，建筑物可能损坏，经过一般修理或不需要修理仍可继续使用；

3)第三水准：当遭受高于本地区设防烈度的预估罕遇地震(或称大震)影响时，建筑物不倒塌，或不发生危及生命的严重破坏。

上述三个烈度水准分别对应多遇烈度、基本烈度和罕遇烈度，如图 9.38 所示。与三个烈度水准相应的抗震设防目标是：遭受第二水准烈度时，建筑物可能发生一定程度的破坏，允许结构进入非弹性工作阶段，但非弹性变形造成的结构损坏应控制在可修复范围内；遭遇第三水准烈度时，建筑物可以产生严重破坏，结构可以有较大的非弹性变形，但不应发生建筑倒塌或危及生命的严重破坏。概括起来，就是“小震不坏，中震可修，大震不倒”的设防思想。

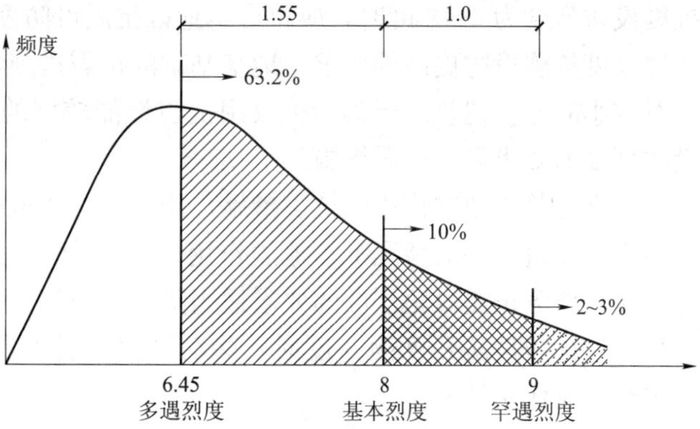

图 9.38　地震烈度概率分布

(2)二阶段设计方法。为使三水准设防要求在抗震分析中具体化，《抗震规范》采用二阶段设计方法实现三水准的抗震设防要求。

第一阶段设计，是多遇地震下承载力验算和弹性变形计算。取第一水准的地震动参数，用弹性方法计算结构的弹性地震作用，然后将地震作用效应和其他荷载效应进行组合，对构件界面进行承载力验算，保证必要的强度和可靠度，满足第一水准“不坏”的要求；对有些结构(如钢筋混凝土结构)，还要进行弹性变形计算，控制侧向变形不要过大，防止结构构件和非结构构件出现较多损坏，满足第二水准“可修”的要求；再通过合理的结构布置和抗震构造措施，增强结构的耗能能力和变形能力，即认为满足第三水准“不倒”的要求。对于大多数结构，可只进行第一阶段设计，不必进行第二阶段设计。

第二阶段设计，是罕遇地震下弹塑性变形验算。对于特别重要的结构或抗侧能力较弱的结构，除进行第一阶段设计外，还要取第三水准的地震动参数进行薄弱层(部位)的弹塑性变形验算；如不满足要求，则应修改设计或采取相应构造措施来满足第三水准的设防要求。

(3)建筑物分类与设防标准。在抗震设计中，根据建筑遭受地震破坏后可能产生的经济损失、社会影响及其在抗震救灾中的作用，将建筑物按重要性分为甲、乙、丙、丁四类。对于不同重要性的建筑，采取不同的抗震设防标准。

1)甲类建筑。特殊要求的建筑，如核电站、中央级电信枢纽，这类建筑遇到破坏会导致严重后果，如产生放射性污染、剧毒气体扩散或其他重大政治和社会影响。

2)乙类建筑。国家重点抗震城市的生命线工程的建筑，如这些城市中的供水、供电、广播、通信、消防、医疗建筑或其他重要建筑。

3)丙类建筑。甲、乙、丁以外的建筑，如大量的一般工业与民用建筑。

4)丁类建筑。次要建筑、遇到地震破坏不易造成人员伤亡和较大经济损失的建筑，如一般仓库、人员较少的辅助性建筑。

《抗震规范》规定，抗震设防标准应符合下列要求：

1)甲类建筑。地震作用应高于本地区抗震设防烈度的要求，其值应按标准的地震安全性评价结果确定；抗震措施，当抗震设防烈度为 6～8 度时，应符合本地区抗震设防烈度提高一度的要求；当抗震设防烈度为 9 度时，应符合比 9 度抗震设防更高的要求。

2)乙类建筑。地震作用应符合本地区抗震设防烈度的要求；抗震措施，一般情况下，当抗震设防烈度为 6~8 度时，应符合本地区抗震设防烈度；当抗震设防烈度为 9 度时，应符合比 9 度抗震设防更高的要求；地基基础的抗震措施，应符合有关规定。

对较小的乙类建筑，当其结构改用抗震性能较好的结构类型时，应允许仍按本地区抗震设防烈度的要求采取抗震措施。

3)丙类建筑。地震作用和抗震措施，均应符合本地区抗震设防烈度的要求。

4)丁类建筑。一般情况下，地震作用仍应符合本地区抗震设防烈度的要求；抗震措施应允许比本地区抗震设防烈度的要求适当降低，但抗震设防烈度为 6 度时不应降低。

另外，抗震设防烈度为 6 度时，除《抗震规范》有具体规范外，对乙、丙、丁类建筑，可不进行地震作用计算。

3. 建筑结构抗震概念设计基本要求

建筑结构抗震概念设计须考虑地震及其影响的不确定性，依据历次震害总结出的规律性，既着眼于结构的总体地震反应，合理选择建筑体形和结构体系，又顾及结构关键部位细节问题，正确处理细部构造和材料选用，灵活运用抗震设计思想，综合解决抗震设计的基本问题。概念设计包括以下内容：

(1)建筑形状选择。建筑形状关系到结构体形，其对建筑物抗震性能有明显影响。震害表明，形状比较简单的建筑，在遭遇地震时一般破坏较轻，这是因为形状简单的建筑受力性能明确，传力途径简捷，设计时容易分析建筑的实际地震反应和结构内力分布，结构的构造措施也易于处理。因此，建筑形状应力求简单、规则，注意遵循如下要求：

1)建筑平面布置应简单、规整。建筑平面的简单和复杂，可通过平面形状的凸凹来区别。简单的平面图形多为凸形的，即在图形内任意两点间的连线不与边界相交，如方形、矩形、圆形、椭圆形、正多边形等，如图 9.39(a)所示。复杂图形常有凹角，即在图形内任意两点间的边线可能同边界相交，如 L 形、T 形、U 形、十字形和其他带有伸出翼缘的形状，如图 9.39(b)所示。有凹角的结构容易产生应力集中或应变集中，形成抗震薄弱环节。

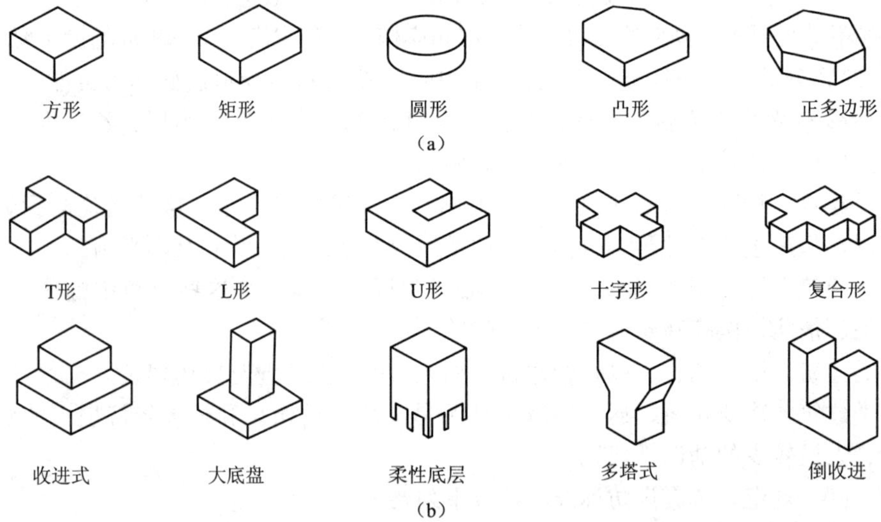

图 9.39　建筑形状

(a)简单图形；(b)复杂图形

2)建筑物竖向布置应均匀和连续。建筑体形复杂会导致结构体系沿竖向强度与刚度分布不均匀，在地震作用下某一层间或某一部位率先屈服而出现较大的弹塑性变形。例如，立面突然收进的建筑或局部突出的建筑，会在凹角处产生应力集中；大底盘建筑，低层裙房与高层主楼相连，体形突变引起刚度突变，在裙房与主楼交接处塑性变形集中；柔性底层建筑，建筑上因底层需要开放大空间，上部的墙、柱不能全部落地，形成柔弱底层。

3)刚度中心和质量中心应一致。房屋中抗侧力构件合力作用点的位置称为质量中心。地震时，如果刚度中心和质量中心不重合，会产生扭转效应，使远离刚度中心的构件产生较大应力而严重破坏。例如，前述具有伸出翼缘的复杂平面形状的建筑，伸出端往往破坏较重。又如，刚度偏心的建筑，有的建筑虽然外形规则、对称，但抗侧力系统不对称，如抗侧刚度很大的钢筋混凝土芯筒或钢筋混凝土墙偏设，造成刚心偏离质心，产生扭转效应。

4)复杂体形建筑物的处理。房屋体形常常受到使用功能和建筑美观的限制，不易布置成简单、规则的形式。对于体形复杂的建筑物，可采取下面两种处理方法：设置建筑防震缝，并对建筑物进行细致的抗震设计；估计建筑物的局部应力、变形集中及扭转影响，判明易损部位，采取加强措施，提高结构变形能力。

(2) 抗震结构体系。抗震结构体系的主要功能为承担侧向地震作用，合理选用抗震结构体系是抗震设计中的关键问题，直接影响着房屋的安全性和经济性。在结构方案决策时，应从以下几个方面加以考虑：

1)结构屈服机制。结构屈服机制可以根据地震中构件出现屈服的位置和次序，划分为两种基本类型：层间屈服机制和总体屈服机制。层间屈服机制是指结构的竖向构件先于水平构件屈服，塑性铰首先出现在柱上，只要某一层柱上、下端出现塑性铰，该楼层就会整体侧向屈服，发生层间破坏，如弱柱型框架、强梁型联肢剪力墙等。总体屈服机制是指结构的水平构件先于竖向构件屈服。塑性铰首先会出现在梁上，即使大部分梁甚至全部梁上出现塑性铰，结构也不会形成破坏机构，如强柱型框架、弱梁型联肢剪力墙等。总体屈服机制有较强的耗能能力，在水平构件屈服的情况下，仍能维持相对稳定的竖向承载力，可以继续经历变形而不倒塌，其抗震性能优于层间屈服机制。

2)多道抗震防线。结构的抗震能力依赖于组成结构各部分的吸能和耗能能力。在抗震体系中，吸收和消耗地震输入能力的各部分，称为抗震防线。一个良好的抗震结构体系应尽量设置多道防线。当某部分结构出现破坏，降低或丧失抗震能力时，其余部分能继续抵抗地震作用。具有多道防线的结构，一是要求结构具有良好的延性和耗能能力；二是要求结构具有尽可能多的抗震赘余度。结构的吸能和耗能能力，主要依靠结构或构件在预定部位产生塑性铰。若结构没有足够的赘余度，一旦某部位形成塑性铰，就会使结构变成可变体系而丧失整体稳定。另外，应控制塑性铰出现在恰当位置，塑性铰的形成不应危及整体结构的安全。

3)结构构件。结构体系是由各类构件连接而成的，抗震结构的构件应具备必要的强度、适当的刚度、良好的延性和可靠的连接，并注意强度、刚度和延性之间的合理均衡。

结构构件要有足够的强度，其抗剪、抗弯、抗压、抗扭等强度均应满足抗震承载力要求。要合理选择截面、合理配筋，在满足强度要求的同时，还要做到经济、可行。在构件强度计算和构造处理上，要避免剪切破坏先于弯曲破坏，混凝土压溃先于钢筋屈服，钢筋锚固失效先于构件破坏，以便更好地发挥构件的耗能能力。

结构构件的刚度要适当。构件刚度太小，地震作用下结构变形过大，会导致非结构构件的损坏甚至结构构件的破坏；构件刚度太小，会降低构件延性，增大地震作用，还要多消耗大量材料。抗震结构要在刚柔之间寻找合理的方案。

结构构件应具有良好的延性，即具有良好的变形能力和耗能能力。从某种意义上说，结构抗震的本质就是延性。提高延性可以增加结构抗震潜力，增强结构抗倒塌能力。采取措施可以提高和改善构件延性，如砌体结构具有较大的刚度和一定的强度，但延性较差。若在砌体中设置圈梁和构造柱，将墙体横竖相箍，可以大大提高变形能力。又如钢筋混凝土抗震墙，刚度大、强度高，但延性不足。若在抗震墙中利用竖缝把墙体划分成若干并列墙段，可以改善墙体的变形能力，做到强度、刚度和延性的合理匹配。

构件之间要有可靠连接，保证结构的空间整体性，构件的连接应具有必备的强度和一定的延性，使之能满足传递地震作用的强度要求和适应地震对大变形的延性要求。

4)非结构构件。非结构构件一般指附属于主体结构的构件，如围护墙、内隔墙、女儿墙、装饰贴面、玻璃幕墙、吊顶等。这些构件若构造不当、处理不妥，地震时往往发生局部倒塌或装饰物脱落，砸伤人员、砸坏设备，影响主体结构的安全。非结构构件按其是否参与主体结构工作，大致分成以下两类：

一类为非结构的墙体，如围护墙、内隔墙、框架填充墙等。在地震作用下，这些构件或多或少地参与了主体结构工作，改变了整个结构的强度、刚度和延性，直接影响了结构的抗震性能。设置上要考虑其对结构抗震的有利影响和不利影响，采取妥善措施。例如：框架填充墙的设置增大了结构的质量和刚度，从而增大了地震作用，但由于墙体参与抗震，分担了一部分水平地震作用，减小了整个结构的侧移。因此，在构造上应当加强框架与填充墙的联系，使非结构构件的填充墙成为主体抗震结构的一部分。

另一类为附属构件或装饰物，这些构件不参与主体结构工作。对于附属构件，如女儿墙、雨篷等，应采取措施，加强本身的整体性，并与主体结构加强连接和锚固，避免地震时倒塌伤人。对于装饰物，如建筑贴面、玻璃幕墙、吊顶等，应增强与主体结构的连接。必要时采用柔性连接，使主体结构变形不会导致贴面和装饰的破坏。

9.5 多高层房屋的抗震构造

9.5.1 框架结构的抗震构造

1. 框架梁

梁的截面尺寸，宜符合下列各项要求：

(1)截面宽度不宜小于 200 mm；

(2)截面高宽之比不宜大于 4；

(3)净跨与截面高度之比不宜小于 4。

梁宽大于柱宽的扁梁应符合下列要求：

(1)采用扁梁的楼、屋盖应现浇，梁中线宜与柱中线重合，扁梁应双向布置。扁梁的截面尺寸应符合下列要求，并应满足现行有关规范对挠度和裂缝宽度的规定：

$$b_b \leqslant 2b_c \tag{9-4}$$

$$b_b \leqslant b_c + h_b \tag{9-5}$$

$$h_b \geqslant 16d \tag{9-6}$$

式中　b_c——柱截面宽度，圆形截面取柱直径的 0.8 倍；

b_b，h_b——分别为梁截面宽度和高度；

d——柱纵筋直径。

(2)扁梁不宜用于一级框架结构。梁的钢筋配置，应符合下列各项要求：

1)梁端计入受压钢筋的混凝土受压区高度和有效高度之比，一级不应大于 0.25，二、三级不应大于 0.35。

2)梁端截面的底面和顶面纵向钢筋配筋量的比值，除按计算确定外，一级不应小于 0.5，二、三级不应小于 0.3。

3)梁端箍筋加密区的长度、箍筋最大间距和最小直径应按表 9.8 采用，当梁端纵向钢筋配筋率大于 2%时，表中箍筋最小直径数值应增大 2 mm。

表 9.8　梁端箍筋加密区的长度、箍筋的最大间距和最小直径　　mm

抗震等级	加密区长度(采用较大值)	箍筋最大间距(采用最小值)	箍筋最小直径
一	$2h_b$，500	$h_b/4$，$6d$，100	10
二	$1.5h_b$，500	$h_b/4$，$8d$，100	8
三	$1.5h_b$，500	$h_b/4$，$8d$，150	8
四	$1.5h_b$，500	$h_b/4$，$8d$，150	6

注：1. d 为纵向钢筋直径，h_b 为梁截面高度。

2. 箍筋直径大于 12 mm、数量不少于 4 肢且肢距不大于 150 mm 时，一、二级的最大间距应允许适当放宽，但不得大于 150 mm。

4)梁端纵向受拉钢筋的配筋率不宜大于 2.5%。沿梁全长顶面、底面的配筋，一、二级不应少于 2Φ14，且分别不应少于梁顶面、底面两端纵向配筋中较大截面面积的 1/4；三、四级不应少于 2Φ12。

5)一、二、三级框架梁内贯通中柱的每根纵向钢筋直径，对框架结构，不应大于矩形截面柱在该方向截面尺寸的 1/20，或纵向钢筋所在位置圆形截面柱弦长的 1/20；对其他结构类型的框架，不宜大于矩形截面柱在该方向截面尺寸的 1/20，或纵向钢筋所在位置圆形截面柱弦长的 1/20。

6)梁端加密区的箍筋肢距，一级不宜大于 200 mm 和 20 倍箍筋直径的较大值，二、三级不宜大于 250 mm 和 20 倍箍筋直径的较大值，四级不宜大于 300 mm。

2. 框架柱

柱的截面尺寸，宜符合下列各项要求：

(1)截面的宽度和高度，四级或不超过 2 层时，不宜小于 300 mm；一、二、三级且超过 2 层时，不宜小于 400 mm。圆柱的直径，四级或不超过 2 层时，不宜小于 350 mm；一、二、三级且超过 2 层时，不宜小于 450 mm。

(2)剪跨比宜大于 2。

(3)截面长边与短边的边长比不宜大于 3。

柱轴压比不宜超过表 9.9 的规定；建造于 4 类场地且较高的高层建筑，柱轴压比限值应适当减小。

表 9.9 柱轴压比限值

结构类型	抗震等级			
	一	二	三	四
框架结构	0.65	0.75	0.85	0.90
框架-抗震墙，板柱-抗震墙、框架-核心筒及筒中筒	0.75	0.85	0.90	0.95
部分框支抗震墙	0.6	0.7	—	

注：1. 轴压比指柱组合的轴压力设计值与柱的全截面面积和混凝土轴心抗压强度设计值乘积之比值；对于《建筑抗震设计规范(2016 年版)》(GB 50011—2010)规范规定不进行地震作用计算的结构，可取无地震作用组合的轴力设计值计算。

2. 表内限值适用于剪跨比大于 2、混凝土强度等级不高于 C60 的柱；剪跨比不大于 2 的柱，轴压比限值应降低 0.05；剪跨比小于 1.5 的柱，轴压比限值应专门研究并采取特殊构造措施。

3. 沿柱全高采用井字复合箍且箍筋肢距不大于 200 mm、间距不大于 100 mm、直径不小于 12 mm，或沿柱全高采用复合螺旋箍、螺旋间距不大于 100 mm、箍筋肢距不大于 200 mm、直径不小于 12 mm，或沿柱全高采用连续复合矩形螺旋箍、螺旋净距不大于 80 mm、箍筋肢距不大于 200 mm、直径不小于 10 mm，轴压比限值均可增加 0.10；上述三种箍筋的最小配箍特征值，均应按增大的轴压比由《建筑抗震设计规范(2016 年版)》(GB 50011—2010)表 6.3.9 确定。

4. 在柱的截面中部附加芯柱，其中，另加的纵向钢筋的总面积不少于柱截面面积的 0.8%，轴压比限值可增加 0.05；此项措施与注 3 的措施共同采用时，轴压比限值可增加 0.15，但箍筋的体积配筋率仍按轴压比增加 0.10 的要求确定。

5. 柱轴压比不应大于 1.05。

柱的钢筋配置，应符合下列各项要求：

(1)柱纵向受力钢筋的最小总配筋率应按表 9.10 采用，同时每一侧配筋率不应小于 0.2%；对建造于 4 类场地且较高的高层建筑，最小总配筋率应增加 0.1%。

表 9.10 柱截面纵向钢筋的最小总配筋率 %

类别	抗 震 等 级			
	一	二	三	四
中柱和边柱	0.9(1.0)	0.7(0.8)	0.6(0.7)	0.5(0.6)
角柱、框架柱	1.1	0.9	0.8	0.7

注：1. 表中括号内数值用于框架结构的柱。

2. 钢筋强度标准值小于 400 MPa 时，表中数值应增加 0.1，钢筋强度标准值为 400 MPa 时，表中数值应增加 0.05。

3. 混凝土强度等级高于 C60 时，上述数值应相应增加 0.1。

(2)柱箍筋在规定的范围内应加密。加密区的箍筋间距和直径，应符合下列要求：

1)一般情况下，箍筋的最大间距和最小直径，应按表 9.11 采用。

表 9.11　柱箍筋加密区的箍筋最大间距和最小直径　mm

抗震等级	箍筋最大间距(采用较小值)	箍筋最小直径
一	$6d$，100	10
二	$8d$，100	8
三	$8d$，150(柱根 100)	8
四	$8d$，150(柱根 100)	6(柱根 8)

注：1. d 为柱纵筋最小直径。
　　2. 柱根指底层柱下端箍筋加密区。

2)当一级框架柱的箍筋直径大于 12 mm 且箍筋肢距不大于 150 mm、二级框架柱的箍筋直径不小于 10 mm 且箍筋肢距不大于 200 mm 时，除底层柱下端外，最大间距应允许采用 150 mm；当三级框架柱的截面尺寸不大于 400 mm 时，箍筋最小直径应允许采用 6 mm；当四级框架柱剪跨比不大于 2 时，箍筋直径不应小于 8 mm。

3)框支柱和剪跨比不大于 2 的框架柱，箍筋间距不应大于 100 mm。

(3)柱的纵向钢筋宜对称配置。

(4)截面边长大于 400 mm 的柱，纵向钢筋间距不宜大于 200 mm。

(5)柱总配筋率不应大于 5%；剪跨比不大于 2 的一级框架柱，每侧纵向钢筋配筋率不宜大于 1.2%。

(6)边柱、角柱及抗震墙端柱在小偏心受拉时，柱内纵筋总截面面积应比计算值增加 25%。

(7)柱纵向钢筋的绑扎接头，应避开柱端的箍筋加密区。

(8)柱的箍筋加密范围，应按下列规定采用：

1)柱端，取截面高度(圆柱直径)、柱净高的 1/6 和 500 mm 三者中的最大值；

2)底层柱的下端不小于柱净高的 1/3；

3)刚性地面上下各 500 mm；

4)剪跨比不大于 2 的柱、因设置填充墙等形成的柱净高与柱截面高度之比不大于 4 的柱、框支柱、一级和二级框架的角柱，取全高。

(9)柱箍筋加密区的箍筋肢距，一级不宜大于 200 mm，二、三级不宜大于 250 mm，四级不宜大于 300 mm。至少每隔一根纵向钢筋宜在两个方向有箍筋或拉筋约束；采用拉筋复合箍时，拉筋宜紧靠纵向钢筋并钩住箍筋。

(10)柱箍筋加密区的体积配筋率，应按下列规定采用：

1)柱箍筋的加密区的体积配筋率，应符合下式要求：

$$\rho_v \geqslant \lambda_v f_c / f_{yv} \tag{9-7}$$

式中　ρ_v——柱箍加密区的体积配筋率，一级不应小于 0.8%，二级不应小于 0.6%，三、四级不应小于 0.4%；计算复合螺旋箍的体积配筋率时，非螺旋箍的箍筋体积应乘以折减系数 0.80；

f_c——混凝土轴心抗压强度设计值，强度等级低于 C35 时，应按 C35 计算；

f_{yv}——箍筋或拉筋抗拉强度设计值；

λ_v——最小配箍特征值，宜按表 9.12 采用。

表 9.12　柱箍筋加密区的箍筋最小配箍特征值

抗震等级	箍筋形式	柱轴压比								
		≤0.3	0.4	0.5	0.6	0.7	0.8	0.9	1.0	1.05
一	普通箍、复合箍	0.10	0.11	0.13	0.15	0.17	0.20	0.23	—	—
一	螺旋箍、复合或连续复合矩形螺旋箍	0.08	0.09	0.11	0.13	0.15	0.18	0.21	—	—
二	普通箍、复合箍	0.08	0.09	0.11	0.13	0.15	0.17	0.19	0.22	0.24
二	螺旋箍、复合或连续复合矩形螺旋箍	0.06	0.07	0.09	0.11	0.13	0.15	0.17	0.20	0.22
三、四	普通箍、复合箍	0.06	0.07	0.09	0.11	0.13	0.15	0.17	0.20	0.22
三、四	螺旋箍、复合或连续复合矩形螺旋箍	0.05	0.06	0.07	0.09	0.11	0.13	0.15	0.18	0.20

注：普通箍是指单个矩形箍和单个圆形箍，复合箍是指由矩形、多边形、圆形箍或拉筋组成的箍筋；复合螺旋箍是指由螺旋箍与矩形、多边形、圆形箍或拉筋组成的箍筋；连续复合箍是指用一根通长钢筋加工而成的箍筋。

2)框支柱宜采用复合螺旋箍或井字复合箍，其最小配箍特征值应比表 9.12 内数值增加 0.02，且体积配筋率不应小于 1.5%。

3)剪跨比不大于 2 的柱，宜采用复合螺旋箍或井字复合箍，其体积配筋率不应小于 1.2%；9 度一级时，不应小于 1.5%。

(11)柱箍筋非加密区的箍筋配置，应符合下列要求：

1)柱箍筋非加密区的体积配筋率，不宜小于加密区的 50%。

2)箍筋间距，一、二级框架柱不应大于 10 倍纵向钢筋直径，三、四级框架柱不应大于 15 倍纵向钢筋直径。

3. 框架节点

一、二、三级框架节点核心区配箍特征值，分别不宜小于 0.12、0.10 和 0.08，且体积配箍率分别不宜小于 0.6%、0.5%和 0.4%。柱剪跨比不大于 2 的框架节点核心区，体积配箍率不宜小于核心区上、下柱端的较大体积配箍率。

4. 楼梯

(1)宜采用现浇钢筋混凝土楼梯。

(2)楼梯间的布置，不应导致结构平面特别不规则；楼梯构件与主体结构整浇时，应计入楼梯构件对地震作用及其效应的影响，应进行楼梯构件的抗震承载力验算；宜采取构造措施，减少楼梯构件对主体结构刚度的影响。

(3)楼梯间两侧填充墙与柱之间应加强连接。

9.5.2　框架-剪力墙结构的抗震构造

(1)采用装配整体式楼、屋盖时，应采用措施保证楼、屋盖的整体性及其与剪力墙的可靠连接。装配整体式楼、屋盖采用配筋现浇面层加强时，其厚度不应小于 50 mm。

(2)框架-剪力墙结构和板柱-剪力墙结构中的剪力墙设置，宜符合下列要求：

1)剪力墙宜贯通房屋全高。

2)楼梯间宜设置剪力墙，但不宜造成较大的扭转效应。

3)剪力墙的两端(不包括洞口两侧)宜设置端柱或与另一方向的剪力墙相连。

4)房屋较长时，刚度较大的纵向剪力墙不宜设置在房屋的端开间。

5)剪力墙洞口宜上、下对齐；洞边距端柱不宜小于 300 mm。

(3)剪力墙底部加强部位的范围，应符合下列规定：

1)底部加强部位的高度，应从地下室顶板算起。

2)部分框支抗震结构的剪力墙，起底部加强部位的高度，可取框支层加框支层以上两层的高度及落地剪力墙总高度的 1/10 两者中的较大值。其他结构的剪力墙，当房屋高度大于 24 m 时，底部加强部位的高度可取底部两层和墙体总高度的 1/10 两者中的较大值；当房屋高度不大于 24 m 时，底部加强部位可取底部一层。

附图：单阶柱柱顶反力与水平位移系数值

3)当结构计算嵌固端位于地下一层的底板或以下时，底部加强部位还宜向下延伸到计算嵌固端。

章节回顾

(1)单层厂房结构布置包括结构平面布置、支撑、变形缝、抗风柱等结构构件的布置。其中，尤其要重视屋面支撑系统和柱间支撑系统的布置。

(2)单层厂房一般只按横向平面排架计算。横向平面排架的设计包括：确定排架计算简图、作用在排架上的各种荷载计算及计算简图。

(3)排架柱的设计内容主要包括使用阶段各控制截面上的配筋计算，施工阶段吊装验算及牛腿的受力特点和构造要求。

(4)由柱和梁连接而成的框架结构是一种常用的竖向结构形式。确定柱网后，用梁把柱连起来，便成为空间受力体系，但通常视为纵向和横向两个方向的平面框架。按楼板布置方式的不同，框架的布置有横向承重、纵向承重和纵、横向混合承重等方案。

(5)框架结构内力计算时，可取有代表性的区段作为计算单元。确定计算简图时，要视节点及基础的具体情况，区别为刚接或是铰接；在计算框架梁惯性矩时，可考虑楼板的影响。

(6)高层建筑结构的基本单元有框架、剪力墙、核心筒和框筒，可以组成许多结构承重体系，常用的有框架结构、剪力墙结构、框架-剪力墙结构、筒体结构，以及用于超高层的其他结构体系形式。为了使结构物在水平力作用下具有足够的承载能力、刚度和延性，高层建筑的体形应简单、规则，结构布置也应力求较规则，建筑物的高宽比和基础埋深应满足一定的要求，楼盖、屋盖在水平面内的刚度也应保证。

(7)剪力墙结构通常分为纵、横两个方向，按平面结构计算，因此，必须事先确定各片剪力墙的有效翼缘宽度；然后，还应确定水平力在各片剪力墙之间的分配；为此，必须确定抗侧刚度中心的位置。抗侧刚度中心，就是把各片剪力墙的抗侧刚度看作为“假想面积”的“假想形心”。水平力合力点通过该中心楼盖只产生平移而无转动，不通过时将产生扭转。当楼层产生扭转时，各片剪力墙上水平力的分配要适当调整。

(8)在水平荷载作用下的框架-剪力墙能够协同工作。由于单独剪力墙的位移曲线呈弯曲型，而框架呈剪切型，两者依靠各层楼盖的连接作用而协调变形，大多形成弯剪型位移曲线。在结构顶部，框架协助剪力墙承担外荷载；在底部，剪力墙协助框架承担外荷载，从而使框架受力较均匀，剪力墙受力则上小下大。

同步测试

一、简答题

1. 单层工业厂房结构由哪几个部分组成？

2. 厂房变形缝的种类和作用是什么？

3. 柱间支撑的作用是什么？其布置原则是什么？

4. 作用在排架结构上的荷载有哪些？试分别画出每一种荷载单独作用下的计算简图。

5. 排架柱的荷载组合有几种？配筋时应考虑几种内力组合？

6. 牛腿主要有哪几种破坏形态？试绘出牛腿的计算简图。

7. 牛腿的配筋有哪些构造要求？

8. 高层建筑结构有哪几种主要体系？简述各自的优缺点。

9. 框架结构体系的特点是什么？框架结构根据施工方法分哪几类？各有何特点？

10. 框架结构的柱网布置有什么基本要求？

11. 框架结构纵、横向框架混合承重方案有什么特点？

12. 简述框架结构的计算简图包括哪些主要内容。

13. 框架结构的竖向及水平可变荷载有哪些？如何考虑？

14. 为提高框架结构的延性，应采取什么设计原则？

15. 水平荷载作用下框架柱的反弯点位置与哪些因素有关？为什么底层柱反弯点通常高于柱中点？

16. 试述现浇框架设计的主要内容和步骤。

17. 在框架-剪力墙结构中，为什么要控制剪力墙的间距及数量？

18. 框架-剪力墙结构有哪些基本假定？建立微分方程时的基本未知量是什么？

二、选择题

1. 单层厂房下柱柱间支撑设置在伸缩缝区段的(　　)。

A. 两端与上柱柱间支撑相对应的柱间

B. 中间与屋盖横向支撑对应的柱间

C. 两端与屋盖支撑横向水平支撑对应的柱间

D. 中间与上柱柱间支撑相对应的柱间

2. 单层厂房除下列(　　)情况外，应设置柱间支撑。

A. 设有重级工作制吊车，或中、轻级工作制吊车且起重量≥10 t

B. 厂房跨度≤18 m 或柱高≤8 m

C. 纵向柱的总数每排小于 7 根

D. 设有 3 t 及 3 t 以上悬挂吊车

3. 在一般单阶柱的厂房中，柱的(　　)截面为内力组合的控制截面。

A. 上柱底部、下柱的底部与顶部　　B. 上柱顶部、下柱的顶部与底部

C. 上柱顶部与底部、下柱的底部　　D. 上柱顶部与底部、下柱顶部与底部

4. 排架柱进行内力组合时，任何一组最不利内力组合中都必须包括(　　)引起的内力。

A. 风荷载　　B. 吊车荷载

C. 恒荷载　　D. 屋面活荷载

5. 单层厂房排架计算中，吊车横向水平荷载 T_{max} 的作用位置是(　　)。

A. 牛腿顶面标高处

B. 吊车梁顶面标高处

C. 柱向支撑与柱连接处

6. 现浇框架结构梁柱节点区的混凝土强度等级应该(　　)。

A. 低于梁的混凝土强度等级　　B. 高于梁的混凝土强度等级

C. 不低于梁的混凝土强度等级　　D. 与梁柱混凝土强度等级无关

7. 水平荷载作用下每根框架柱所分配到的剪力与(　　)直接有关。

A. 矩形梁截面惯性矩　　B. 柱的抗侧刚度

C. 梁柱线刚度比　　D. 柱的转动刚度

8. 框架结构体系与剪力墙结构体系相比，其正确的结论是(　　)。

A. 框架结构体系的延性好些，但抗侧能力差些

B. 框架结构体系的延性和抗侧能力都比剪力墙结构体系差

C. 框架结构体系的抗侧能力好些，但延性差些

D. 框架结构体系的延性和抗侧能力都比剪力墙结构体系好

9. 关于结构的抗震等级，下列说法错误的是(　　)。

A. 决定抗震等级时所考虑的设防烈度与抗震设防烈度可能不一致

B. 只有多高层钢筋混凝土房屋才需划分结构的抗震等级

C. 房屋高度是划分结构抗震等级的条件之一

D. 抗震等级越小，要求采用的抗震措施越严格

10. 划分钢筋混凝土结构抗震等级所考虑的因素有：Ⅰ. 设防烈度；Ⅱ. 房屋高度；Ⅲ. 结构类型；Ⅳ. 楼层高度；Ⅴ. 房屋的高宽比。其中，正确的是(　　)。

A. Ⅰ、Ⅱ、Ⅲ　　B. Ⅱ、Ⅲ、Ⅳ　　C. Ⅲ、Ⅳ、Ⅴ　　D. Ⅰ、Ⅲ、Ⅴ

11. 有抗震设防要求的钢筋混凝土结构构件的箍筋的构造要求，(　　)是正确的。

Ⅰ. 框架梁柱的箍筋为封闭式；Ⅱ. 仅配置纵向受压钢筋的框架梁的箍筋为封闭式；

Ⅲ. 箍筋的末端做成 135°弯钩；Ⅳ. 箍筋的末端做成直钩(90°弯钩)。

A. Ⅱ　　B. Ⅰ、Ⅲ　　C. Ⅱ、Ⅳ　　D. Ⅳ

12. 有关抗震建筑框架梁的截面宽度要求如下，(　　)错误。

A. 截面宽度不宜小于 200 mm

B. 净跨不宜小于截面高度的4倍

C. 截面高度和截面宽度的比值不宜大于4

D. 截面宽度不宜小于柱宽的1/2

13. 有关抗震建筑框架柱的截面尺寸要求如下，(   )错误。

A. 截面宽度和高度均不宜小于300 mm

B. 截面宽度不宜小于梁宽度的2倍

C. 截面高度和截面宽度的比值不宜大于3

D. 剪跨比宜大于2

14. 对于抗震等级为二级的框架柱，其轴压比限值为(   )。

A. 0.4　　B. 0.6　　C. 0.8　　D. 1.0

三、填空题

1. 单层厂房的结构类型主要有__________和__________。

2. 屋盖结构的主要作用是__________和__________。

3. 装配式钢筋混凝土单层厂房中，支撑通常包括__________和__________两种。

4. 排架计算中，假定排架柱与横梁__________，与基础__________。

5. 抗风柱与屋架的连接必须满足两方面要求，一是________________，二是________________。

6. 框架“抗侧刚度”定义为__________。

7. 框架结构在计算梁的惯性矩时，通常假定截面惯性矩 I 沿轴线不变，对装配式楼盖，取 $I=I_0$，I_0 为矩形截面梁的截面惯性矩；对现浇式楼盖，中框架 $I=$__________，边框架 $I=$__________。

8. 抗震设计时，要求框架结构呈__________、__________、__________的受力性能，此时，结构一般具有较好的延性。

9. 框架柱抗震设计时，要对轴压比进行限制，目的是保证框架柱的__________。

四、计算题

计算题1～3

模块十　砌体结构

学习目标

知识目标

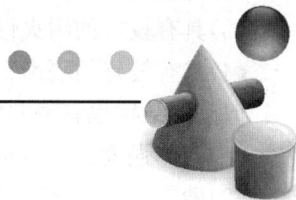

1. 知道块体和砂浆的种类、强度等级及其选择；
2. 熟悉砌体结构的设计方法与砌体的强度设计值；
3. 熟练掌握无筋砌体构件的受压承载力计算方法；
4. 理解混合结构房屋的静力计算方案，掌握墙、柱高厚比验算和刚性方案房屋的墙体设计计算方法；
5. 了解圈梁、过梁、挑梁和墙梁的设计方法和构造；
6. 熟悉配筋砌体构件的构造和计算方法。

能力目标

1. 能够校核验算砌体构件承载力；
2. 能够认知砌体结构房屋的设计方案。

素质目标

通过配筋砌体在传统建筑中的加固和改造中的利用，引出建筑与环境共生的发展理念。

10.1　概　　述

砌体结构是指以砖、石或砌块为块材，用砂浆砌筑而成的墙、柱作为建筑物主要受力构件的结构。砌体结构一般用于工业与民用建筑的内、外墙，柱、基础及过梁等，楼屋盖及楼梯还需采用其他材料(钢筋混凝土、钢、木)，所以，人们又将这几种不同结构材料建造的房屋承重结构，称为混合结构。

砌体结构在我国具有悠久的历史，隋代李春建造的河北赵县安济桥(赵州桥)，是世界上最早建造的空腹式单孔圆弧石拱桥，还有举世闻名的万里长城以及用砖建造的河南登封嵩岳寺塔、西安的大雁塔等。世界上著名的埃及金字塔、罗马大角斗场及公元 6 世纪建造的砖砌大跨结构圣索菲亚大教堂等，也都是砌体结构的代表作。我国自新中国成立以来，随着新材料、新技术和新结构的不断研制和使用，以及砌体结构计算理论和计算方法的逐步完善，砌体结构得到很大发展，取得了显著的成就。特别是为了不破坏耕地和占用农田，由硅酸盐砌块、混凝土空心砌块代替黏土砖作为墙体材料，既符合国家可持续发展的方针政策，也是我国墙体材料改革的有效途径之一。

砌体结构之所以被广泛应用，是由于它具有如下的优点：

(1)材料来源广泛；

(2)与钢筋混凝土结构相比，节省钢筋和水泥，降低造价；

(3)具有较好的耐火性、化学稳定性和大气稳定性；

(4)具有较好的隔声、隔热保温性能。

但砌体结构也有一些明显的缺点：

(1)砌体强度低，自重大，材料用量多；

(2)砂浆和块体之间的黏结较弱，砌体的受拉、受弯和受剪强度很低，抗震性能差；

(3)砌筑工作繁重，施工进度慢。

砌体结构是我国应用广泛的结构形式之一。随着我国基本建设规模的扩大，人们居住条件的不断改善，砌体结构在我国的现代化建设中仍将发挥很大的作用。

10.2 砌体力学性能

10.2.1 砌体材料及其强度

1. *砖*

在我国，目前用于砌体结构的砖主要有烧结普通砖、烧结多孔砖、蒸压灰砂砖和蒸压粉煤灰砖及混凝土普通砖五种。烧结砖中，以烧结普通砖的应用最为普遍。

烧结砖可分为烧结普通砖和烧结多孔砖。烧结普通砖是以黏土、煤矸石、页岩或粉煤灰为主要原料，经过焙烧而成的实心砖或孔洞率在15%以下的外形尺寸符合相关规定的砖，其规格尺寸为240 mm×115 mm×53 mm，如图10.1(a)所示。

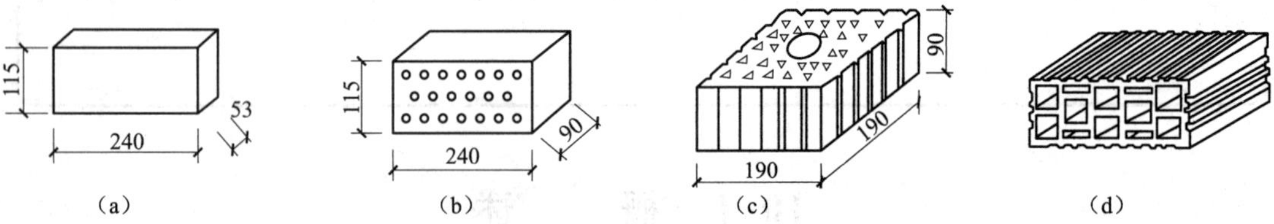

图10.1 部分地区空心砖的规格

(a)烧结普通砖；(b)P型多孔砖；(c)M型多孔砖；(d)空心砖

烧结多孔砖是以黏土、页岩、煤矸石为主要原料，经焙烧而成，其孔洞率大于15%，简称多孔砖。多孔砖分为P型砖和M型砖以及相应的配砖，P型砖的规格尺寸为240 mm×115 mm×90 mm，如图10.1(b)所示；M型砖的规格尺寸为190 mm×190 mm×90 mm，如图10.1(c)所示。此外，用黏土、页岩、煤矸石等原料，还可以经焙烧制成孔洞率大于35%的大孔空心砖，如图10.1(d)所示，其多用于围护结构。由于我国人口众多，人均耕地少，黏土砖的烧制将占用大量农田，因此，多孔砖越来越广泛地被应用。在有些地区，实心砖已被限制使用。

混凝土砖是以水泥为胶结材料，以砂、石等为主要集料，加水搅拌、成型、养护制成的一种多孔的混凝土半盲孔砖或实心砖。多孔砖的主规格尺寸为240 mm×115 mm×90 mm、240 mm×190 mm×90 mm、190 mm×190 mm×90 mm等；实心砖的主规格尺寸为240 mm×115 mm×53 mm、240 mm×115 mm ×90 mm等。

根据块体强度的大小，将块体分为不同的强度等级，并用 MU 表示。

烧结普通砖、烧结多孔砖的强度分为 MU30、MU25、MU20、MU15 和 MU10 五个等级。

蒸压灰砂普通砖、蒸压粉煤灰普通砖的强度等级：MU25、MU20、MU15。

混凝土普通砖、混凝土多孔砖的强度等级：MU30、MU25、MU20 和 MU15。

2. *砌块*

砌块一般是指混凝土砌块、轻集料混凝土砌块。砌块按尺寸大小，分为小型、中型和大型三种，通常把砌块高度为 115～380 mm 的称为小型砌块，高度为 380～980 mm 的称为中型砌块，高度大于 980 mm 的称为大型砌块。我国目前在承重墙体材料中，使用最为普遍的是混凝土小型空心砌块，其尺寸为 390 mm×190 mm×190 mm，孔洞率一般为 25%～50%，常简称为混凝土砌块或砌块。

混凝土空心砌块的强度等级是根据标准试验方法，按毛截面面积计算的极限抗压强度值(N/mm^2)来划分的。混凝土小型砌块的强度有 MU20、MU15、MU10、MU7.5 和 MU5 五个等级。

3. *石材*

将天然石材进行加工后形成满足砌筑要求的石材，根据其外形和加工程度，将石材分为料石与毛石两种。料石又分为细料石、半细料石、粗料石和毛料石。石材的强度等级为：MU100、MU80、MU60、MU50、MU40、MU30 和 MU20。石材的抗压强度高、耐久性好，多用于房屋的基础和勒脚部位。

4. *砂浆*

砂浆是由胶凝材料(如水泥、石灰等)和细集料(砂子)加水搅拌而成的混合材料。砂浆的作用是将砌体中的单个块体连接成一个整体，并因抹平块体表面而促使应力的分布较为均匀。同时，因砂浆填满块体间的缝隙，减少了砌体的透气性，从而提高了砌体的保温性能与抗冻性能。

(1)砂浆的分类。砂浆分为水泥砂浆、混合砂浆和非水泥砂浆三种类型。

1)水泥砂浆是由水泥、砂子和水搅拌而成的，其强度高、耐久性好，但和易性差、水泥用量大，适用于对防水有较高要求(如±0.000 以下的砌体)以及对强度有较高要求的砌体。

2)在水泥砂浆中掺入适量的塑化剂即形成混合砂浆，最常用的混合砂浆是水泥石灰砂浆。这类砂浆的和易性与保水性都很好，便于砌筑。水泥用量相对较少，砂浆强度也相对较低，适用于一般的墙、柱砌体的砌筑。

3)非水泥砂浆有：石灰砂浆，强度不高，只能在空气中硬化，通常用于地上砌体；黏土砂浆，强度低，用于简易建筑；石膏砂浆，硬化快，一般用于不受潮湿的地上砌体中。

(2)砂浆的强度等级。砂浆的强度一般由 70.7 mm 的立方体试块的抗压强度确定，分为 M15、M10、M7.5、M5 和 M2.5 五个等级。其中，M 表示砂浆(Mortar)，其后的数字表示砂浆的强度大小，单位为 N/mm^2。混凝土砌块砌筑专用砂浆则以 Mb 表示，如 Mb15、Mb7.5 等。蒸压灰砂砖和蒸压粉煤灰砖专用砂浆以 Ms 表示，如 Ms10、Ms7.5 等。

10.2.2 砌体的分类

根据砌体的作用不同，砌体可分为承重砌体与非承重砌体。如一般的多层住宅，大多数为墙体承重，则墙体称为承重砌体。如框架结构中的墙体，一般为隔墙，并不承重，故称为非承重砌体。根据砌法及材料的不同，又可分为实心砌体与空心砌体；砖砌体、石砌体、砌块砌体；无筋砌体与配筋砌体等。

1. *砖砌体*

由砖和砂浆砌筑而成的砌体称为砖砌体。在房屋建筑中，砖砌体既可作为内、外墙，柱、基础等承重结构；又可用作围护墙与隔墙等非承重结构。在砌筑时，要尽量符合砖的模数，常用的标准墙厚度有一砖 240 mm、一砖半 370 mm 和二砖 490 mm 等。

2. *砌块砌体*

由砌块和砂浆砌筑而成的砌体，称为砌块砌体。我国目前多采用小型混凝土空心砌块砌筑砌体。采用砌块砌体可减轻劳动强度，有利于提高劳动生产率，并具有较好的经济技术效果。砌块砌体主要用于住宅、办公楼及学校等建筑以及一般工业建筑的承重墙和围护墙。

3. *石砌体*

石砌体是用天然石材和砂浆(或混凝土)砌筑而成的，可分为料石砌体、毛石混凝土砌体等。石砌体在产石的山区应用较为广泛。料石砌体不仅可建造房屋，还可用于修建石拱桥、石坝、渡槽和储液池等。

知识拓展：石砌体结构应用

4. *配筋砌体*

为提高砌体强度和整体性，减小构件的截面尺寸，可在砌体的水平灰缝内每隔几皮砖放置一层钢筋网，称为网状配筋砌体，如图 10.2(a)所示；当钢筋直径较大时，可采用连弯式钢筋网，如图 10.2(b)所示。此外，钢筋混凝土构造柱与砖砌体组合墙体，如图 10.2(c)所示，以及配筋混凝土空心砌块砌体，如图 10.2(d)所示。

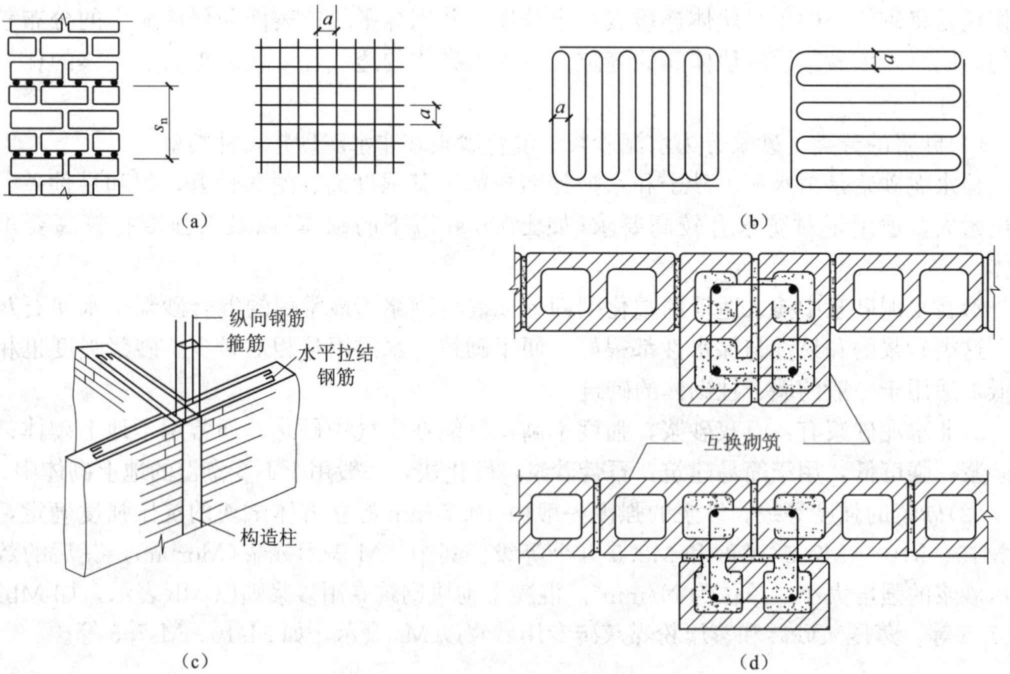

图 10.2　配筋砌体

(a)用方格网配筋的砖砌体；(b)连弯式钢筋网；(c)组合砖砌体；(d)配筋混凝土空心砌块砌体

10.2.3　砌体的力学性能

砌体作为一个整体，和钢筋混凝土构件一样，可能受压，也可能受弯、受拉或受剪。在各种受力情况下，砌体的力学性能不同。

1. 砌体的受压性能

(1)砌体受压破坏特征。试验表明，砌体从开始受荷到破坏大致可分为三个阶段。以砖砌体为例，这三个阶段是：

第一阶段：从开始加载到个别砖出现裂缝为第一阶段。这个阶段的特点是：第一批裂缝在单块砖内出现，此时的荷载值为破坏荷载的50%～70%，在此阶段中裂缝细小，未能穿过砂浆层；如果不再增加压力，单块砖内裂缝也不继续发展，如图10.3(a)所示。

第二阶段：随着荷载增加，单块砖内的个别裂缝发展成通过若干皮砖的连续裂缝，同时又有新的裂缝发生。当荷载为破坏荷载的80%～90%时，连续裂缝将进一步发展成贯通裂缝，它标志着第二阶段结束，如图10.3(b)所示。

第三阶段：继续增加荷载时，连续裂缝发展成贯通整个砌体的贯通裂缝，砌体被分割为几个独立的1/2砖小立柱，砌体明显向外鼓出，砌体受力极不均匀；最后，由于小柱体丧失稳定而导致砌体破坏，个别砖也可能被压碎，如图10.3(c)所示。可以看出，破坏时砖砌体中的砖并未全部压碎，而是达到了各自的受压最大承载力。砌体的破坏是由小立柱丧失稳定而导致的。

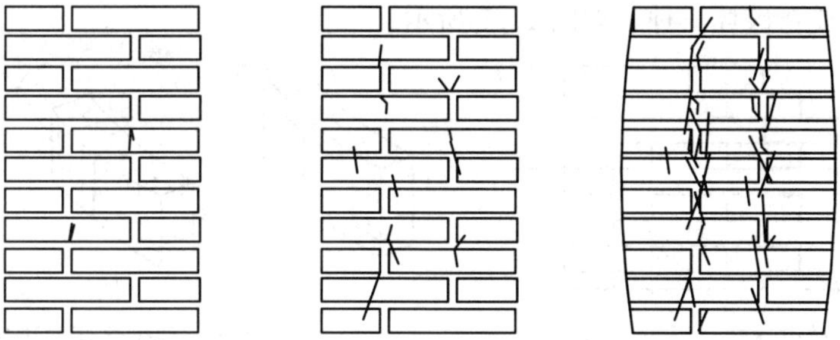

图10.3　砖砌体受压破坏情况

(a)第一阶段；(b)第二阶段；(c)第三阶段

(2)影响砌体抗压强度的因素。通过对砖砌体在轴心受压时的受力分析及试验结果表明，影响砌体抗压强度的主要因素有：

1)块材与砂浆的强度。块材和砂浆的强度是影响砌体抗压强度最主要也是最直接的因素。在其他条件不变的情况下，块体和砂浆强度越高，砌体的强度越高。对一般砖砌体来说，提高砖的强度等级比提高砂浆的强度等级效果好。

2)块材尺寸和几何形状的影响。块材的高度越大，其受弯、受剪及受拉能力就越强，而因块材越长，则弯应力、剪应力越大，故强度降低。块材表面越平整、规则，受力就越均匀，砌体的抗压强度也越高。

3)砂浆的流动性、保水性和弹性模量的影响。当砌筑砌体所用砂浆的和易性好、流动性大时，容易形成厚度均匀和密实的灰缝，可减小块材的弯曲应力和剪应力，从而提高砌体的抗压强度。所以，除有防水要求外，一般不采用流动性较差的纯水泥砂浆砌筑。砂浆的弹性模量越低，变形率越大。由于砌块与砂浆的交互作用，砌体所受到的拉应力越大，从而使砌体的强度降低。

4)砌筑质量。砌筑时砂浆铺砌饱满、均匀，可以改善块体在砌体中的受力性能，使之较均匀地受压，从而提高砌体的抗压强度，在《砌体结构工程施工质量验收规范》(GB 50203—2011)中就有“砌体水平灰缝的砂浆饱满程度不得低于80%”的规定。灰缝厚度对砌体抗压强度也有影响，灰缝越厚，越容易铺砌均匀，对改善单块砖的受力性能越有利，但砂浆横向变形的不利影响也相应增大。通常，灰缝厚度以10～12 mm为宜。为增加砖和砂浆的黏结性能，砖在砌筑前要提前浇水湿润，避免砂浆“脱水”，影响砌筑质量。

此外，强度差别较大的砖或砌块混合砌筑时，砌体在同样荷载下，将引起不同的压缩变形，因而使砌体将会在较低荷载下破坏。故在一般情况下，不同强度等级的砖或砌块不应混合使用。

2. 砌体的受拉、受弯、受剪性能

(1)砌体的抗拉性能。在砌体结构中，如圆形水池池壁为常遇到的轴心受拉构件。砌体在由水压力等引起的轴心拉力作用下，构件的主要破坏形式为沿齿缝截面破坏，如图10.4所示。砌体的抗拉强度主要取决于块材与砂浆连接面的黏结强度。由于块材和砂浆的黏结强度主要取决于砂浆强度等级，所以，砌体的轴心抗拉强度可由砂浆的强度等级来确定。

(2)砌体的受弯性能。在砌体结构中常遇到受弯及大偏心受压，如带壁柱的挡土墙、地下室墙体等。按其受力特征，可分为沿齿缝截面受弯破坏、沿通缝截面受弯破坏、沿块体与竖向灰缝截面受弯破坏三种，如图10.5所示。

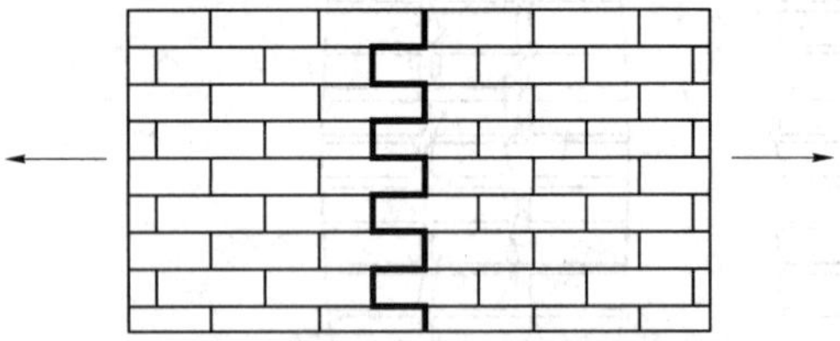

图10.4　砖砌体轴心受拉破坏

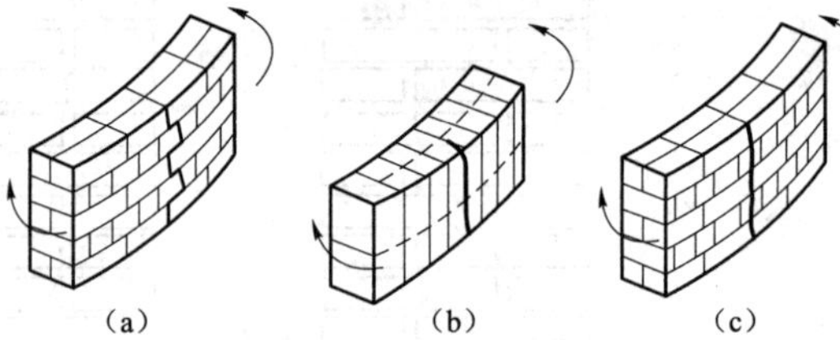

图10.5　砖砌体弯曲破坏情况

(a)沿齿缝破坏；(b)沿通缝破坏；(c)沿块材及竖缝破坏

沿齿缝和沿通缝截面的受弯破坏与砂浆的强度有关。

(3)砌体的抗剪性能。砌体在剪力作用下的破坏，均为沿灰缝的破坏，故单纯受剪时砌体的抗剪强度主要取决于水平灰缝中砂浆及砂浆与块体的黏结强度。

3. 砌体的强度设计值

根据试验和结构可靠度分析结果，《砌体结构设计规范》(GB 50003—2011)规定了各类砌体的强度设计值，见表10.1～表10.7。

特别注意，考虑到一些不利因素，下列情况的各类砌体，其砌体强度设计值还应乘以调整系数γ_a：

(1)对无筋砌体构件，其截面面积小于0.3 m^2时，γ_a为其截面面积加0.7；对于配筋砌体，当其中砌体截面面积小于0.2 m^2时，γ_a为截面面积加0.8，构件截面面积以m^2计。

(2)当砌体用强度等级小于M5的水泥砂浆砌筑时，对表10.1～表10.6的数值，γ_a为0.9，对表10.7的数值γ_a为0.8；对配筋砌体构件，当其中的砌体采用水泥砂浆砌筑时，仅对砌体的强度设计值乘以调整系数 γ_a。

(3)当验算施工中房屋的构件时，γ_a 为 1.1。

(4)表 10.1～表 10.7 给出的是当施工质量控制等级为 B 级时各类砌体的抗压、抗拉和抗剪强度设计值。当施工质量控制等级为 C 级时，表中数值应乘以调整系数 γ_a=0.89；当施工质量控制等级为 A 级时，可将表中砌体强度设计值提高 5%。

表 10.1　烧结普通砖和烧结多孔砖砌体的抗压强度设计值　N/mm²

砖强度等级	砂浆强度等级					砂浆强度
	M15	M10	M7.5	M5	M2.5	0
MU30	3.94	3.27	2.93	2.59	2.26	1.15
MU25	3.60	2.98	2.68	2.37	2.06	1.05
MU20	3.22	2.67	2.39	2.12	1.84	0.94
MU15	2.79	2.31	2.07	1.83	1.60	0.82
MU10	—	1.89	1.69	1.50	1.30	0.67

注：当烧结多孔砖的孔洞率大于 30%时，表中数值应乘以 0.9。

表 10.2　蒸压灰砂砖和蒸压粉煤灰砖砌体的抗压强度设计值　N/mm²

砖强度等级	砂浆强度等级				砂浆强度
	M15	M10	M7.5	M5	0
MU25	3.60	2.98	2.68	2.37	1.05
MU20	3.22	2.67	2.39	2.12	0.94
MU15	2.79	2.31	2.07	1.83	0.82

注：当采用专用砂浆砌筑时，其抗压强度设计值按表中数值采用。

表 10.3　单排孔混凝土和轻集料混凝土砌块对孔砌筑砌体的抗压强度设计值　N/mm²

砌块强度等级	砂浆强度等级					砂浆强度
	Mb20	Mb15	Mb10	Mb7.5	Mb5	0
MU20	6.30	5.68	4.95	4.44	3.94	2.33
MU15	—	4.61	4.02	3.61	3.20	1.89
MU10	—	—	2.79	2.50	2.22	1.31
MU7.5	—	—	—	1.93	1.71	1.01
MU5	—	—	—	—	1.19	0.70

注：1. 对独立柱或厚度为双排组砌的砌块砌体，应按表中数值乘以 0.7。
2. 对 T 形截面墙体、柱，应按表中数值乘以 0.85。

表 10.4　双排孔或多排孔轻集料混凝土砌块砌体的抗压强度设计值　N/mm²

砌块强度等级	砂浆强度等级			砂浆强度
	Mb10	Mb7.5	Mb5	0
MU10	3.08	2.76	2.45	1.44
MU7.5	—	2.13	1.88	1.12
MU5	—	—	1.31	0.78
MU3.5	—	—	0.95	0.56

注：1. 表中的砌块为火山渣、浮石和陶粒轻集料混凝土砌块。
2. 对厚度方向为双排组砌的轻集料混凝土砌体的抗压强度设计值，应按表中数值乘以 0.8。

表 10.5　毛料石砌体的抗压强度设计值　MPa

毛料石强度等级	砂浆强度等级			砂浆强度
	M7.5	M5	M2.5	0
MU100	5.42	4.80	4.18	2.13
MU80	4.85	4.29	3.73	1.91
MU60	4.20	3.71	3.23	1.65
MU50	3.83	3.39	2.95	1.51
MU40	3.43	3.04	2.64	1.35
MU30	2.97	2.63	2.29	1.17
MU20	2.42	2.15	1.87	0.95

注：细料石砌体、粗料石砌体和干砌勾缝石砌体，表中数值应分别乘以调整系数 1.4、1.2 和 0.8。

表 10.6　毛石砌体的抗压强度设计值　MPa

毛石强度等级	砂浆强度等级			砂浆强度
	M7.5	M5	M2.5	0
MU100	1.27	1.12	0.98	0.34
MU80	1.13	1.00	0.87	0.30
MU60	0.98	0.87	0.76	0.26
MU50	0.90	0.80	0.69	0.23
MU40	0.80	0.71	0.62	0.21
MU30	0.69	0.61	0.53	0.18
MU20	0.56	0.51	0.44	0.15

表 10.7 沿砌体灰缝截面破坏时砌体的轴心抗拉强度设计值、弯曲抗拉强度设计值和抗剪强度设计值

MPa

强度类别	破坏特征与砌体种类		砂浆强度等级			
			≥M10	M7.5	M5	M2.5
轴心抗拉	 沿齿缝	烧结普通砖、烧结多孔砖	0.19	0.16	0.13	0.09
		混凝土普通砖、混凝土多孔砖	0.19	0.16	0.13	—
		蒸压灰砂砖、蒸压粉煤灰普通砖	0.12	0.10	0.08	—
		混凝土和轻集料混凝土砌块	0.09	0.08	0.07	
		毛石	—	0.07	0.06	0.04
弯曲抗拉	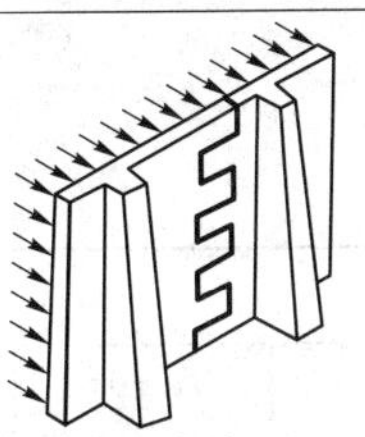 沿齿缝	烧结普通砖、烧结多孔砖	0.33	0.29	0.23	0.17
		混凝土普通砖、混凝土多孔砖	0.33	0.29	0.23	—
		蒸压灰砂砖、蒸压粉煤灰普通砖	0.24	0.20	0.16	—
		混凝土和轻集料混凝土砌块	0.11	0.09	0.08	—
	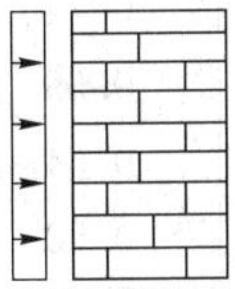 沿通缝	毛石	—	0.11	0.09	0.07
		烧结普通砖、烧结多孔砖	0.17	0.14	0.11	0.08
		混凝土普通砖、混凝土多孔砖	0.17	0.14	0.11	—
		蒸压灰砂砖、蒸压粉煤灰普通砖	0.12	0.10	0.08	—
		混凝土和轻集料混凝土砌块	0.08	0.06	0.05	—
抗剪	烧结普通砖、烧结多孔砖		0.17	0.14	0.11	0.08
	混凝土普通砖、混凝土多孔砖		0.17	0.14	0.11	—
	蒸压灰砂普通砖、蒸压粉煤灰普通砖		0.12	0.10	0.08	—
	混凝土和轻集料混凝土砌块		0.09	0.08	0.06	—
	毛石		—	0.19	0.16	0.11

注：1. 对于用形状规则的块体砌筑的砌体，当搭接长度与块体高度的比值小于 1 时，其轴心抗拉强度设计值 f_t 和弯曲抗拉强度设计值 f_{tm}，应按表中数值乘以搭接长度与块体高度比值后采用。

2. 表中数值依据普通砂浆砌筑的砌体确定，采用经过研究性试验且通过技术鉴定的专用砂浆砌筑的蒸压灰砂普通砖、蒸压粉煤灰普通砖砌体，其抗剪强度设计值按相应普通砂浆强度等级砌筑的烧结普通砖砌体采用。

3. 对混凝土普通砖、混凝土多孔砖、混凝土和轻集料混凝土砌块砌体，表中的砂浆强度等级分别为≥Mb10、Mb7.5 及 Mb5 。

10.3 无筋砌体受压构件承载力计算

10.3.1 基本计算公式

在试验研究和理论分析的基础上，无筋砌体受压构件的承载力应按下式计算：

$$N \leqslant \varphi f A \tag{10-1}$$

式中 N——轴向力设计值；

φ——高厚比 β 和轴向力的偏心距 e 对受压构件承载力的影响系数，可由表 10.8 查得；与砂浆强度等级 M2.5、0 对应的影响系数 φ 值表，可查阅附表 13；

f——砌体抗压强度设计值，按表 10.1～表 10.6 采用；

A——截面面积，对各类砌体均按毛截面面积计算。

表 10.8 影响系数 φ(砂浆强度等级≥M5)

β	e/h 或 e/h_T						
	0	0.025	0.05	0.075	0.1	0.125	0.15
≤3	1	0.99	0.97	0.94	0.89	0.84	0.79
4	0.98	0.95	0.90	0.85	0.80	0.74	0.69
6	0.95	0.91	0.86	0.81	0.75	0.69	0.64
8	0.91	0.86	0.81	0.76	0.70	0.64	0.59
10	0.87	0.82	0.76	0.71	0.65	0.60	0.55
12	0.82	0.77	0.71	0.66	0.60	0.55	0.51
14	0.77	0.72	0.66	0.61	0.56	0.51	0.47
16	0.72	0.67	0.61	0.56	0.52	0.47	0.44
18	0.67	0.62	0.57	0.52	0.48	0.44	0.40
20	0.62	0.57	0.53	0.48	0.44	0.40	0.37
22	0.58	0.53	0.49	0.45	0.41	0.38	0.35
24	0.54	0.49	0.45	0.41	0.38	0.35	0.32
26	0.50	0.46	0.42	0.38	0.35	0.33	0.30
28	0.46	0.42	0.39	0.36	0.33	0.30	0.28
30	0.42	0.39	0.36	0.33	0.31	0.28	0.26

β	e/h 或 e/h_T					
	0.175	0.2	0.225	0.25	0.275	0.3
≤3	0.73	0.68	0.62	0.57	0.52	0.48
4	0.64	0.58	0.53	0.49	0.45	0.41
6	0.59	0.54	0.49	0.45	0.42	0.38
8	0.54	0.50	0.46	0.42	0.39	0.36
10	0.50	0.46	0.42	0.39	0.36	0.33

续表

β	e/h 或 e/h_T					
	0.175	0.2	0.225	0.25	0.275	0.3
12	0.47	0.43	0.39	0.36	0.33	0.31
14	0.43	0.40	0.36	0.34	0.31	0.29
16	0.40	0.37	0.34	0.31	0.29	0.27
18	0.37	0.34	0.31	0.29	0.27	0.25
20	0.34	0.32	0.29	0.27	0.25	0.23
22	0.32	0.30	0.27	0.25	0.24	0.22
24	0.30	0.28	0.26	0.24	0.22	0.21
26	0.28	0.26	0.24	0.22	0.21	0.19
28	0.26	0.24	0.22	0.21	0.19	0.18
30	0.24	0.22	0.21	0.20	0.18	0.17

10.3.2 计算时高厚比 β 的确定及修正

使用式(10-1)时，高厚比 β 应按以下方法确定：

对矩形截面：$\beta=\gamma_\beta \dfrac{H_0}{h}$；对T形或十字形截面：$\beta=\gamma_\beta \dfrac{H_0}{h_T}$

式中 H_0——受压构件的计算高度，按表10.9采用；

h——矩形截面轴向力偏心方向的边长，当轴心受压时，为截面较小的边长；

h_T——T形截面的折算厚度，可近似按 $h_T=3.5i$ 计算，i 为截面的回转半径；

γ_β——高厚比修正系数，按表10.10取用。

表10.9 受压构件的计算高度 H_0

房屋类别			柱		带壁柱墙或周边拉结的墙		
			排架方向	垂直排架方向	$s>2H$	$2H\geqslant s>H$	$s\leqslant H$
有吊车的单层房屋	变截面柱上段	弹性方案	$2.5H_u$	$1.25H_u$	$2.5H_u$		
		刚性、刚弹性方案	$2.0H_u$	$1.25H_u$	$2.0H_u$		
	变截面柱下段		$1.0H_l$	$0.8H_l$	$1.0H_l$		
无吊车的单层房屋和多层房屋	单跨	弹性方案	$1.5H$	$1.0H$	$1.5H$		
		刚弹性方案	$1.2H$	$1.0H$	$1.2H$		
	多跨	弹性方案	$1.25H$	$1.0H$	$1.25H$		
		刚弹性方案	$1.10H$	$1.0H$	$1.10H$		
	刚性方案		$1.0H$	$1.0H$	$1.0H$	$0.4s+0.2H$	$0.6s$

注：1. 表中，H_u 为变截面柱的上段高度；H_l 为变截面柱的下段高度。

2. 对于上端为自由端的构件，$H_0=2H$。

3. s 为房屋横墙间距。

4. 自承重墙的计算高度应根据周边支承或拉结条件确定。

5. 独立砖柱，当无柱间支撑时，柱在垂直排架方向的 H_0 应按表中数值乘以1.25后采用。

表 10.10　高厚比修正系数 γ_β

砌体材料类别	γ_β
烧结普通砖、烧结多孔砖	1.0
混凝土普通砖、混凝土多孔砖、混凝土及轻集料混凝土砌块	1.1
蒸压灰砂普通砖、蒸压粉煤灰普通砖、细料石	1.2
粗料石、毛石	1.5
注：对灌孔混凝土砌块砌体，γ_β 取 1.0。	

在受压承载力计算时应注意：对矩形截面，当轴向力偏心方向的截面边长大于另一方向的边长时，除按偏心受压计算外，还应对较小边长方向按轴心受压进行验算。其 β 值是不同的；轴向力偏心距应满足 $e\leqslant 0.6y$，y 为截面中心到轴向力所在偏心方向截面边缘的距离。

10.3.3　计算例题

【例 10.1】 已知某轴心受压砖柱，柱底承受的轴向压力设计值 $N=150$ kN，柱的计算高度 $H_0=4.5$ m，采用 MU10 烧结普通砖和 M5 混合砂浆砌筑，截面尺寸为 $b\times h=370$ mm$\times$490 mm，施工质量控制等级为 B 级，试验算该柱的承载力是否满足要求。

【解】 首先，确定该柱为轴心受压。

(1)查表 10.1 可得，$f=1.50$ N/mm^2，$A=0.49\times 0.37=0.181\ 3(m^2)<0.3$ m^2

须对 f 乘以调整系数 γ_a，$\gamma_a=A+0.7=0.181\ 3+0.7=0.881\ 3$

故调整后的砌体抗压强度：

$$f=1.5\times 0.881\ 3=1.322(\text{N/mm}^2)$$

(2)计算高厚比 β。

$$\beta=\frac{H_0}{h}=\frac{4.5}{0.37}=12.16$$

查表 10.10 可得，$\gamma_\beta=1.0$。

(3)确定承载力影响系数 φ 值。

查表 10.8 可得，$\varphi=0.818$。

(4) 验算。

$$\varphi fA=0.818\times 1.322\times 0.181\ 3\times 10^6=196\ 057(\text{N})$$
$$\approx 196.1\ \text{kN}>N=150(\text{kN})$$

故柱的承载力满足要求。

【例 10.2】 一截面尺寸为 $b\times h=1\ 000$ mm$\times$190 mm 窗间墙，计算高度 $H_0=3.0$ m，采用 MU10 单排孔混凝土小型空心砌块对孔砌筑，M5 混合砂浆砌筑，承受轴向力的设计值 $N=150$ kN，偏心距(沿墙厚方向)$e=35$ mm，施工质量控制等级为 B 级，试验算该柱的承载力是否满足要求。

【解】 (1)查表 10.3 可得，$f=2.22$ N/mm^2，$A=1\times 0.19=0.19$(m^2)<0.3 m^2

须对 f 乘以调整系数 γ_a，$\gamma_a=A+0.7=0.19+0.7=0.89$

故调整后的砌体抗压强度：

$$f=2.22\times 0.89=1.976(\text{N/mm}^2)$$

(2)计算高厚比β。

$$\beta=\frac{H_0}{h}=\frac{3.0}{0.19}=15.79$$

查表10.10，修正系数$\gamma_\beta=1.1$，$\beta=1.1\times15.79=17.37$

(3)计算φ值。

根据 $e/h=35/190=0.184$

查表10.8可得，$\varphi=0.368$

(4)验算。

$$\begin{aligned}\varphi fA&=0.368\times1.976\times0.19\times10^6=138\,162(\text{N})\\&=138.2(\text{kN})<N=150\text{ kN}\end{aligned}$$

不满足要求。

【例10.3】 带壁柱窗间墙截面如图10.6所示，计算高度$H_0=8.0$ m，采用MU10烧结普通砖和M5混合砂浆砌筑，承受轴向力的设计值$N=100$ kN，弯矩设计值$M=12$ kN·m；偏心压力偏向截面肋部一侧，施工质量控制等级为B级，试验算该柱的承载力是否满足要求。

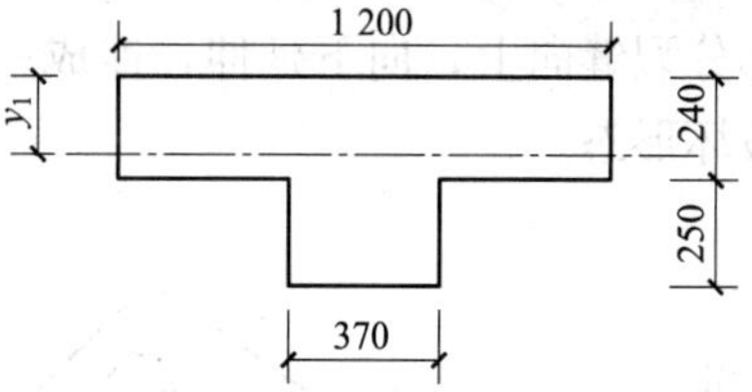

图10.6 【例题10.3】带壁柱墙的截面图

【解】 (1)几何特征计算。

截面面积 $A=1.2\times0.24+0.25\times0.37$
$=0.380\,5(\text{m}^2)$

截面重心位置 $y_1=\dfrac{1.2\times0.24\times0.12+0.25\times0.37\times(0.24+0.25/2)}{1.2\times0.24+0.25\times0.37}=0.18(\text{m})$

$$y_2=0.49-0.18=0.31(\text{m})$$

截面惯性矩

$$I=\frac{1}{12}\times1.2\times0.24^3+1.2\times0.24\times(0.18-0.12)^2+\frac{1}{12}\times0.37\times0.25^3+0.37\times0.24\times(0.25/2+0.24-0.18)^2=5.94\times10^{-3}(\text{m}^4)$$

截面回转半径 $i=\sqrt{\dfrac{I}{A}}=\sqrt{\dfrac{5.94\times10^{-3}}{0.380\,5}}=0.125(\text{m})$

则T形截面的折算厚度$h_\text{T}=3.5i=3.5\times0.125=0.437\,5(\text{m})$

(2)计算偏心距。

$$e=\frac{M}{N}=\frac{12}{100}=0.12(\text{m})$$

$$e/y=0.12/0.31=0.387<0.6$$

(3)承载力计算。

查表10.1可得，$f=1.50\text{ N/mm}^2$

$$\beta=\frac{H_0}{h_\text{T}}=\frac{8.0}{0.437\,5}=18.28,\quad e/h_\text{T}=0.12/0.437\,5=0.274$$

查表10.8可得，$\varphi=0.27$

$$\begin{aligned}\varphi fA&=0.27\times1.50\times0.380\,5\times10^6=154\,103(\text{N})\\&=154.1(\text{kN})>N=100\text{ kN}\end{aligned}$$

满足要求。

10.4 局部受压承载力计算

10.4.1 局部受压的特点

当轴向压力只作用在砌体的局部截面上时，称为局部受压。若轴向力在该截面上产生的压应力均匀分布，称为局部均匀受压，如图 10.7(a)所示。压应力若不是均匀分布，则称为局部非均匀受压，如直接承受梁端支座反力的墙体，如图 10.7(b)所示。

试验表明：局部受压力时，砌体有三种破坏形态。

(1)因竖向裂缝的发展而破坏。这种破坏的特点是：随荷载的增加，第一批裂缝在离开垫板一定距离(1～2 皮砖)时首先发生，裂缝主要沿纵向分布，也有沿斜向分布的。其中，部分裂缝向上、向下延伸，连成一条主裂缝而引起破坏，如图 10.8(a)所示。这是较常见的破坏形态。

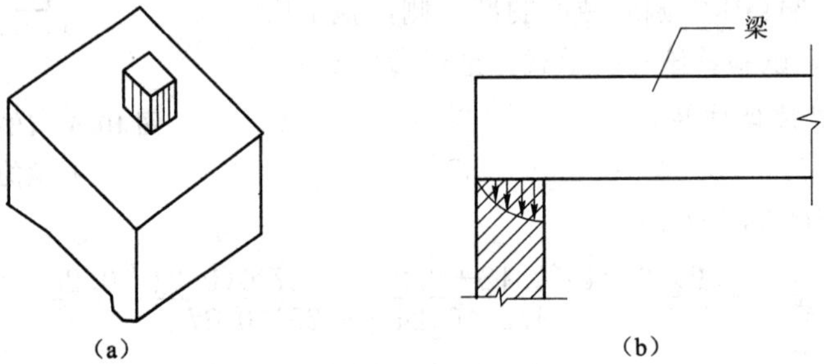

图 10.7　局部受压情形

(a)局部均匀受压；(b)局部非均匀受压

(2)劈裂破坏。这种破坏多发生于砌体面积与局部受压面积之比很大时，其产生的纵向裂缝少而集中，而且一旦出现裂缝，砌体犹如刀劈那样突然破坏，砌体的开裂荷载与破坏荷载很接近，如图 10.8(b)所示。

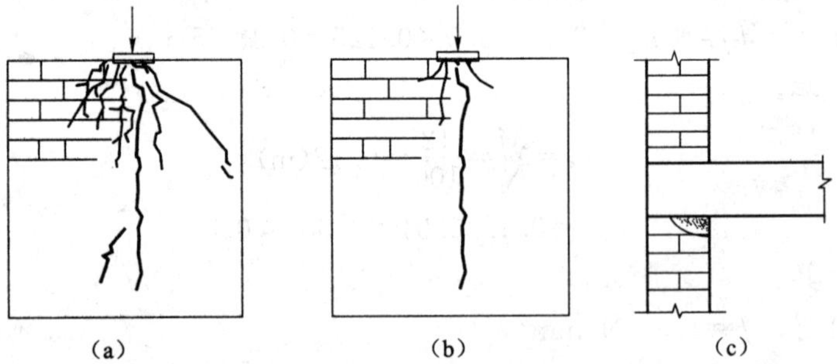

图 10.8　局部受压破坏形态

(a)因纵向裂缝的发展而引起的破坏；(b)劈裂破坏；(c)局部受压面的压碎破坏

(3)局部受压面的压碎破坏。当砌筑砌体的块体强度较低而局部压力很大时，如梁端支座下面砌体局部受压，可能在砌体未开裂时就发生局部被压碎的现象，如图 10.8(c)所示。

10.4.2 局部抗压强度提高系数

在局部压力作用下，局部受压范围内砌体的抗压强度会有较大提高。主要有两个方面的原因：一是未直接受压的外围砌体阻止直接受压砌体的横向变形，对直接受压的内部砌体具有约束作用，被称为“套箍强化”作用；二是由于砌体搭缝砌筑，局部压力迅速向未直接受压的砌体扩散，从而使应力很快变小，称为“应力扩散”作用。

如砌体抗压强度为 f，则其局部抗压强度可取为 γf，γ 称为局部抗压强度提高系数。《砌体结构设计规范》(GB 50003—2011)规定，γ 按下式计算：

$$\gamma=1+0.35\sqrt{\frac{A_0}{A_l}-1} \tag{10-2}$$

式中 A_l——局部受压面积；

A_0——影响砌体局部受压强度的计算面积，如图 10.9 所示。

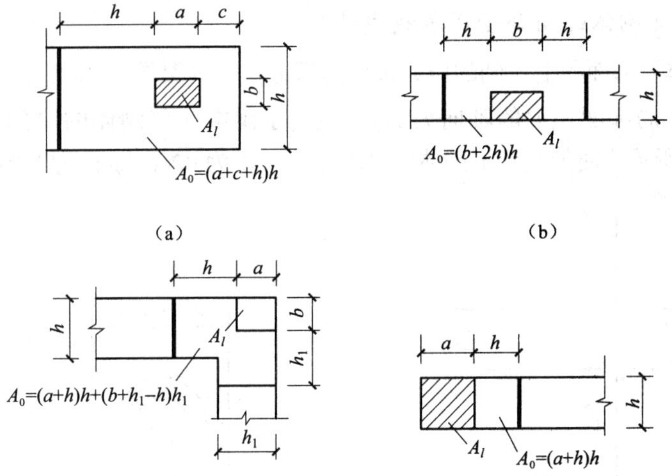

图 10.9 影响砌体局部抗压强度的面积 A_0

为了避免 A_0/A_l 大于某一限值时，会出现危险的劈裂破坏，《砌体结构设计规范》(GB 50003—2011)还规定，按式(10-2)计算的 γ 值应有所限制。在图 10.9 中所列四种情况下的 γ 值，分别不宜超过 2.5、2.0、1.5 和 1.25。

10.4.3 局部均匀受压时的承载力

局部均匀受压时，按下式计算：

$$N_l\leqslant\gamma f A_l \tag{10-3}$$

式中 N_l——局部受压面积上的轴向力设计值；

γ——局部抗压强度提高系数，按式(10-2)计算；

A_l——局部受压面积；

f——砌体局部抗压强度设计值，局部受压面积小于 0.3 m^2 时，可不考虑强度调整系数 γ_a 的影响。

10.4.4 梁端支承处砌体局部受压(局部非均匀受压)

1. 梁端有效支承长度

钢筋混凝土梁直接支承在砌体上，若梁的支承长度为 a，则由于梁的变形和支承处砌体的压缩变形，梁端有向上翘的趋势，因而梁的有效支承长度 a_0 常常小于或等于实际支承长度 $a(a_0 \leqslant a)$。砌体的局部受压面积为 $A_l = a_0 b$(b 为梁的宽度)，而且梁端下面砌体的局部压应力也非均匀分布，如图 10.10 所示。

《砌体结构设计规范》(GB 50003—2011)建议，a_0 可近似地按下式计算：

$$a_0 = 10\sqrt{\frac{h_c}{f}} \tag{10-4}$$

式中 h_c——梁的截面高度；

f——砌体抗压强度设计值。

2. 梁端支承处砌体的局部受压承载力计算

梁端下面砌体局部面积上受到的压力包括两部分：一为梁端支承压力 N_l；二为上部砌体传至梁端下面砌体局部面积上的轴向力 N_0。但由于梁端底部砌体的局部变形而产生"拱作用"，如图 10.11 所示，使传至梁下砌体的平均压力减少为 ψN_0，ψ 称为上部荷载的折减系数。

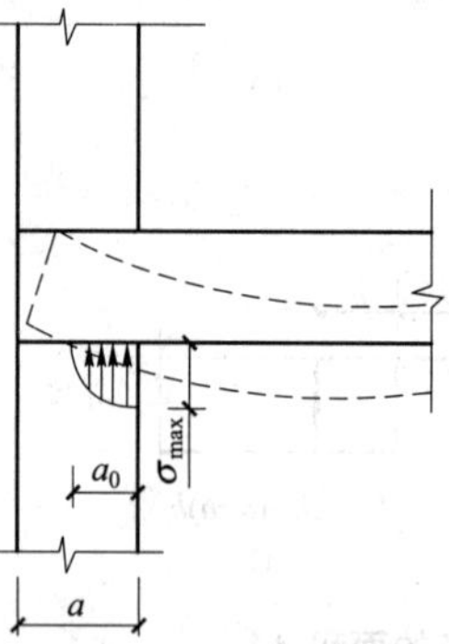

图 10.10 梁端局部受压

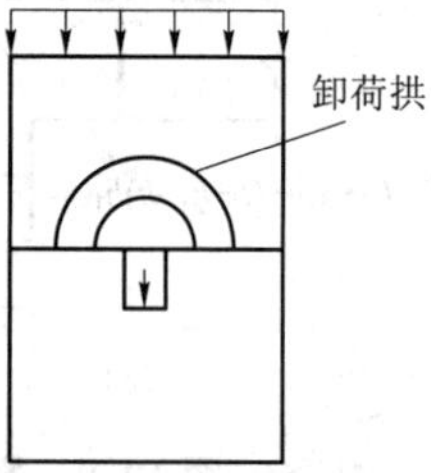

图 10.11 上部荷载的传递

故梁端下砌体所受到的局部平均压应力为 $\frac{N_l}{A_l} + \frac{\psi N_0}{A_l}$，而局部受压的最大压应力可表达为 σ_{max}，则有：

$$\eta \sigma_{max} = \frac{N_l}{A_l} + \frac{\psi N_0}{A_l} \tag{10-5}$$

当 $\sigma_{max} \leqslant \gamma f$ 时，梁端支承处砌体的局部受压承载力满足要求。代入后整理，得梁端支承处砌体的局部受压承载力公式：

$$N_l + \psi N_0 \leqslant \eta \gamma f A_l \tag{10-6}$$

$$\psi = 1.5 - 0.5\frac{A_0}{A_l} \tag{10-7}$$

$$A_l = a_0 b \tag{10-8}$$

$$N_0 = \sigma_0 A_l \tag{10-9}$$

式中 ψ——上部荷载的折减系数，当 $A_0/A_l \geqslant 3$ 时，取 $\psi = 0$；

N_0——局部受压面积内上部轴向力设计值；

N_l——梁端荷载设计值产生的支承压力；

A_l——局部受压面积；

σ_0——上部荷载产生的平均压应力设计值；

η——梁端底面应力图形的完整系数，一般可取 0.7；对于过梁和墙梁，可取 1.0；

a_0——梁端有效支承长度，当 $a_0 > a$ 时，取 $a_0 = a$；

f——砌体抗压强度设计值。

10.4.5 梁下设有刚性垫块

当梁端局部受压承载力不满足要求时，常采用在梁端下设置预制或现浇混凝土垫块的方法，以扩大局部受压面积，提高承载力。当垫块高度 $t_b \geqslant 180$ mm，且垫块自梁边缘起挑出的长度不大于垫块的高度时，称为刚性垫块，如图 10.12 所示。刚性垫块不但可以增大局部受压面积，还能使梁端压力较均匀地传至砌体表面。《砌体结构设计规范》(GB 50003—2011)规定，刚性垫块下砌体局部受压承载力计算公式为：

$$N_0 + N_l \leqslant \varphi \gamma_1 f A_b \tag{10-10}$$

式中 N_0——垫块面积内上部轴向力设计值，$N_0 = \sigma_0 A_b$；

N_l——梁端支承压力设计值；

γ_1——垫块外的砌体面积的有利影响系数，$\gamma_1 = 0.8\gamma$ 但不小于 1，γ 为砌体局部抗压强度的提高系数，按式(10-2)计算，但要用 A_b 代替式中的 A_l；

φ——垫块上 N_0 及 N_l 合力的影响系数，但不考虑纵向弯曲影响，查表 10.9～表 10.11 时，取 $\beta \leqslant 3$ 时的 φ 值；

A_b——垫块面积，$A_b = a_b \times b_b$；

a_b——垫块的长度；

b_b——垫块的宽度。

在带壁柱墙的壁柱内设置刚性垫块时，如图 10.12 所示，壁柱上垫块伸入翼墙内的长度不应小于 120 mm，计算面积应取壁柱面积 A_0，不计算翼缘部分。

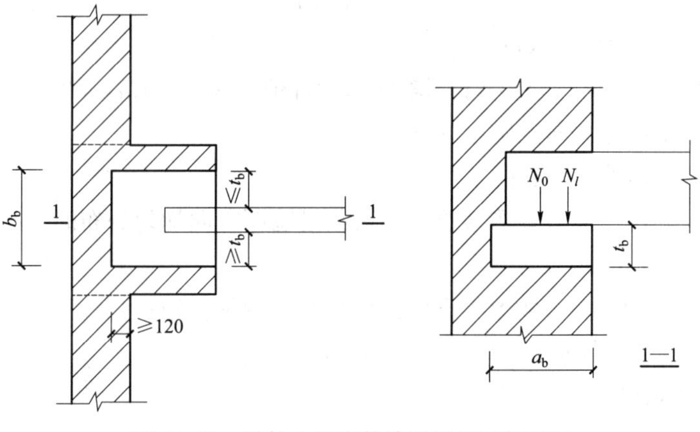

图 10.12 壁柱上设有垫块时梁端局部受压

刚性垫块上表面梁端有效支承长度 a_0 按下式确定：

$$a_0=\delta_1\sqrt{\frac{h_c}{f}} \tag{10-11}$$

式中 δ_1——刚性垫块计算公式 a_0 的系数，应按表 10.11 采用，垫块上 N_l 合力点位置可取在 $0.4a_0$ 处。

表 10.11 δ_1 系数值表

σ_0/f	0	0.2	0.4	0.6	0.8
δ_1	5.4	5.7	6.0	6.9	7.8

10.4.6 梁下设有长度大于 πh_0 的钢筋混凝土垫梁

如图 10.13 所示，当梁端支承处的墙体上设有连续的钢筋混凝土梁(如圈梁)时，该梁可起垫梁的作用，其下的压应力分布可近似地简化为三角形分布，其分布长度为 πh_0。

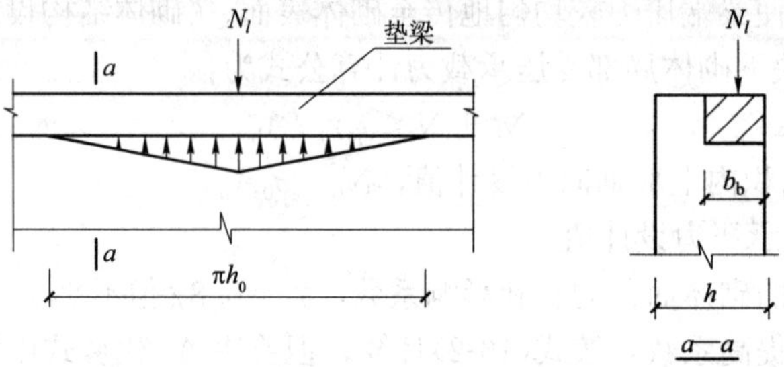

图 10.13 垫梁局部受压

垫梁下砌体的局部受压承载力按下式计算：

$$N_l+N_0\leqslant 2.4\delta_2 f b_b h_0 \tag{10-12}$$

$$N_0=\frac{\pi b_b h_0\sigma_0}{2} \tag{10-13}$$

$$h_0=2\sqrt[3]{\frac{E_cI_c}{Eh}} \tag{10-14}$$

式中 N_l——梁端支承压力(N)；

N_0——垫梁 $\pi b_b h_0/2$ 范围内上部轴向力设计值，$N_0=\pi b_b h_0\sigma_0/2$；

b_b——垫梁在墙厚方向的宽度(mm)；

h_0——垫梁折算高度(mm)；

δ_2——垫梁底面压应力分布系数，当荷载沿墙厚方向均匀分布时，δ_2 取 1.0；不均匀分布时，δ_2 取 0.8；

E_c，I_c——分别为垫梁的混凝土弹性模量和截面惯性矩；

E——砌体的弹性模量；

h——墙厚(mm)。

10.4.7 计算例题

【例 10.4】 某窗间墙截面尺寸为 1 200 mm×240 mm，采用 MU10 烧结普通砖 M5 混合砂浆砌筑。墙上支承有 250 mm×600 mm 的钢筋混凝土梁，如图 10.14 所示。梁上荷载

产生的支承压力 $N_l=100$ kN，上部荷载传来的轴向力设计值为 80 kN。试验算梁端支承处砌体的局部受压承载力。

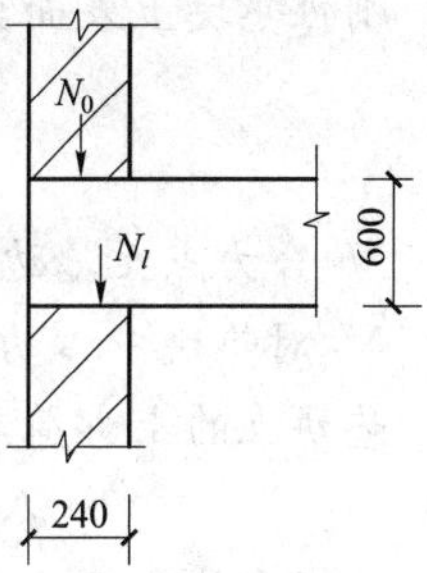

图 10.14 【例 10.4】附图

【解】 (1)查表 10.1 可得，$f=1.5\ \text{N/mm}^2$

(2)有效支承长度。

$$a_0=10\sqrt{\frac{h_c}{f}}=10\times\sqrt{\frac{600}{1.5}}=200(\text{mm})<a=240\ \text{mm}$$

(3)局部受压面积、局部抗压强度提高系数。

$$A_l=a_0\times b=200\times 250=50\ 000(\text{mm}^2)$$

$$A_0=240\times(240\times 2+250)=175\ 200(\text{mm}^2)$$

$$\gamma=1+0.35\sqrt{\frac{A_0}{A_l}-1}=1+0.35\times\sqrt{\frac{175\ 200}{50\ 000}-1}=1.55<2.0$$

(4)上部荷载折减系数。

$\frac{A_0}{A_l}=\frac{175\ 200}{50\ 000}=3.5>3$，故不考虑上部荷载的影响，取 $\psi=0$

(5)局部受压承载力验算。

$$\eta\gamma f A_l=0.7\times 1.55\times 1.5\times 50\ 000=81\ 375(\text{N})=81.375(\text{kN})$$
$$<N_l+\psi N_0=100\ \text{kN}$$

故局部受压承载力不满足要求。

【例 10.5】 条件同【例 10.4】，如设置刚性垫块，试选择垫块的尺寸，并进行验算。

【解】 (1)选择垫块的尺寸如图 10.15 所示。

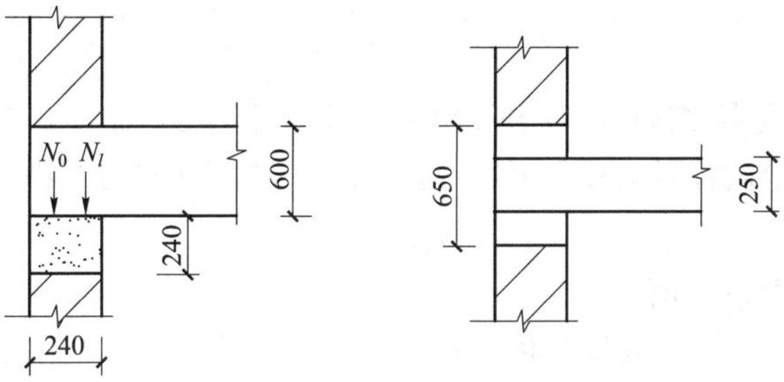

图 10.15 【例 10.5】附图

取垫块的厚度 $t_b=240$ mm，宽度 $a_b=240$ mm，长度 $b_b=650$ mm

因 $b_b=650\ \text{mm}<250+2\times t_b=730(\text{mm})$，且 $240\times 2+650=1\ 130(\text{mm})<1\ 200$ mm（窗间墙宽度）

故有　$A_0=240\times(240\times 2+650)=271\ 200(\text{mm}^2)$

局部受压面积 $A_l=A_b=a_b\times b_b=240\times 650=156\ 000(\text{mm}^2)$

(2)局部抗压强度提高系数。

$$\gamma=1+0.35\sqrt{\frac{A_0}{A_l}-1}=1+0.35\times\sqrt{\frac{271\ 200}{156\ 000}-1}=1.30<2.0$$

$$\gamma_1=0.8\gamma=0.8\times 1.30=1.04>1$$

(3)求影响系数 φ。

$\sigma_0=\frac{80\times 10^3}{1\ 200\times 240}=0.28(\text{N/mm}^2)$，$\frac{\sigma_0}{f}=0.187$，查表 10.11 可得，$\delta_1=5.68$

刚性垫块上表面梁端有效支承长度

$$a_0=\delta_1\sqrt{\frac{h_c}{f}}=5.68\times\sqrt{\frac{600}{1.50}}=113.6(\text{mm})$$

N_l 合力点至墙边的位置为 $0.4a_0=0.4\times113.6=45.44(\text{mm})$

N_l 对垫块中心的偏心距为 $e_l=120-45.44=74.56(\text{mm})$

垫块上的上部荷载产生的轴向力

$$N_0=\sigma_0 A_b=0.28\times156\ 000=43\ 680(\text{N})=43.68\ \text{kN}$$

作用在垫块上的总轴向力

$$N=N_0+N_l=43.68+100=143.68(\text{kN})$$

轴向力对垫块重心的偏心距

$$e=\frac{N_l e_l}{N_0+N_l}=\frac{100\times74.56}{143.68}=51.89(\text{mm})$$

$$e/a_b=51.89/240=0.216，查表(\beta\leqslant3)时，\varphi=0.648$$

$\varphi\gamma_1 fA_b=0.648\times1.04\times1.5\times156\ 000=157\ 697(\text{N})=157.7\ \text{kN}>N=143.68\ \text{kN}$

满足要求。

[例 10.6]梁下设钢筋混凝土圈梁局压验算

10.5 其他构件的承载力计算

10.5.1 受拉、受弯和受剪构件承载力计算

1. 轴心受拉构件

常见的砌体轴心受拉构件有容积较小的圆形水池或筒仓，《砌体结构设计规范》(GB 50003—2011)规定砌体轴心受拉构件的承载力应按下列公式计算：

$$N_t\leqslant f_t A \tag{10-15}$$

式中 N_t——轴心拉力设计值；

f_t——砌体轴心抗拉强度设计值，按表 10.7 采用。

2. 受弯构件

砖砌过梁及挡土墙属于受弯构件。在弯矩作用下砌体可能沿通缝截面[图 10.5(c)]或沿齿缝截面[图 10.5(a)]因弯曲受拉而破坏，应进行受弯承载力计算。此外，在支座处有时还存在较大的剪力，还应进行相应的抗剪计算。

(1)受弯构件的受弯承载力，应满足下式的要求：

$$M\leqslant f_{tm}W \tag{10-16}$$

式中 M——弯矩设计值；

f_{tm}——砌体弯曲抗拉强度设计值，按表 10.7 采用；

W——截面抵抗矩，矩形截面的高度和宽度为 h、b 时，$W=\frac{1}{6}bh^2$。

(2)受弯构件的受剪承载力，应按下列公式计算：

$$V\leqslant f_v bz \tag{10-17}$$

式中 V——剪力设计值；

f_v——砌体抗剪强度设计值，按表 10.7 采用；

b——截面宽度；

z——内力臂，$z=I/S$，I 为截面惯性矩，S 为截面面积矩。当截面为矩形时，取 $z=\frac{2}{3}h$，h 为截面高度。

3. 受剪构件

图 10.16 所示为一拱支座的受力情况，对于此类既受到竖向压力，又受到水平剪力作用的砌体受剪承载力，《砌体结构设计规范》(GB 50003—2011)规定沿通缝或沿阶梯形截面破坏时，受剪构件的承载力，可按下式计算：

$$V \leqslant (f_v + \alpha\mu\sigma_0)A \tag{10-18}$$

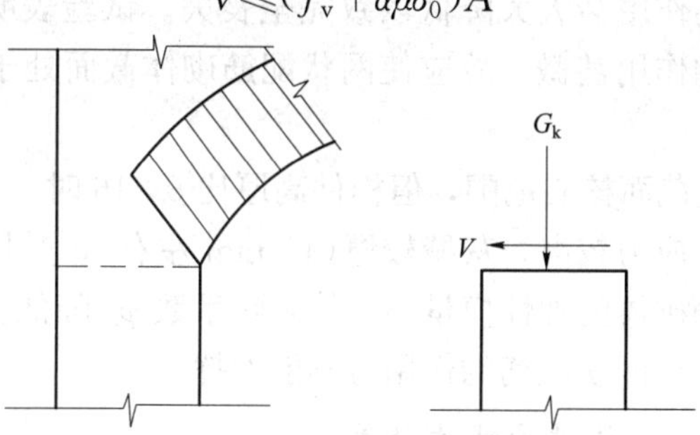

图 10.16　拱支座截面受剪

当 $\gamma_G=1.3$ 时，$\mu=0.26-0.082\frac{\sigma_0}{f}$

式中　σ_0——永久荷载设计值产生的水平截面平均压应力；

V——截面剪力设计值；

A——水平截面面积；当有孔洞时，取净截面面积；

f_v——砌体抗剪强度设计值，按表 10.7 采用；

α——修正系数，当 $\gamma_G=1.3$ 时，砖砌体取 0.6，混凝土砌块砌体取 0.64；

μ——剪压复合受力影响系数，α 与 μ 的乘积可查表 10.12；

f——砌体抗压强度设计值；

σ_0/f——轴压比，且不大于 0.8。

表 10.12　$\alpha\mu$ 值

γ_G	σ_0/f	0.1	0.2	0.3	0.4	0.5	0.6	0.7	0.8
1.3	砖砌体	0.15	0.15	0.14	0.14	0.13	0.13	0.12	0.12
	砌块砌体	0.16	0.16	0.15	0.15	0.14	0.13	0.13	0.12

10.5.2　网状配筋砖砌体受压构件

1. 网状配筋砖砌体的破坏特征和应用范围

(1)破坏特征。在水平灰缝内配置网状钢筋可以阻止砌体横向变形的发展，提高砌体承载力。这是因为钢筋与砖砌体黏结牢固并能共同工作，而钢筋的弹性模量大于砌体的弹性模量，砌体的横向变形受钢筋约束，这相当于对受压砖砌体横向加压，使砌体产生三向应力状态。网状钢筋延缓了砖块的开裂及其发展，阻止了竖向裂缝的上下贯通，避免了将砖柱分裂成半砖小柱导致的失稳破坏。砌体和钢筋的共同工作可延续到整体砖层被压碎，砌体完全破坏。

(2)应用范围。当受压构件的截面尺寸受限制时，可采用网状配筋砖砌体。配筋方式可以采用方格钢筋网和连弯式钢筋网，如图 10.2(a)、(b)所示。但下列情况不宜采用网状配筋砖砌体：

1)偏心距 e 超过截面核心范围，对于矩形截面即 $e/h>0.17$ 时。

当偏心距 e 较大时，砌体截面上会出现拉应力，使网状筋与砂浆之间的粘结力受到破坏，钢筋约束横向变形的作用会大大降低以致完全丧失。试验表明，当 $e>0.5y$ 时，网状钢筋对砌体承载力提高的作用甚微，故应使网状配筋砌体截面处于无拉应力状态，才能发挥其提高承载力的作用。

2)偏心距 e 虽未超过截面核心范围，但构件高厚比 $\beta>16$ 时。

一般网状配筋砖砌体应力较高，灰缝较厚(12 mm 左右)，受压后变形大，即网状配筋砖砌体的弹性模量较无筋砌体的弹性模量小，故影响系数 φ_n 降低。若网状配筋砖砌体的高厚比过大，影响系数过低，网状配筋的作用将不能发挥。

2. 网状配筋砖砌体受压构件承载力计算

网状配筋砖砌体受压构件的承载力计算，可按下式进行：

$$N\leqslant\varphi_n f_n A \tag{10-19}$$

式中 N——荷载设计值产生的轴向力；

φ_n——高厚比和配筋率以及轴向力的偏心距对网状配筋砖砌体受压构件承载力的影响系数，按附表 13 取用；

f_n——网状配筋砖砌体的抗压强度设计值，按下列公式计算：$f_n=f+2(1-2e/y)\rho f_y$；

f——无筋砌体抗压强度设计值，当符合本模块上节所述情况时应乘以调整系数 γ_a；

e——轴向力的偏心距，按荷载标准值计算；

y——砌体截面形心至轴向力偏心一侧的截面边缘距离；

ρ——网状配筋砖砌体的体积配筋率，$\rho=V_s/V$(V_s 为砖砌体体积 V 内的钢筋体积)；

f_y——受拉钢筋的设计强度，当 $f_y>320\ \text{N/mm}^2$ 时，仍采用 $320\ \text{N/mm}^2$。

10.6 混合结构房屋墙、柱的设计

混合结构房屋是指墙、柱、基础等竖向承重构件采用砌体材料，楼盖、屋盖等水平构件采用钢筋混凝土材料(或钢材、木材)建造的房屋，如住宅、宿舍、办公楼、食堂、仓库等，一般是混合结构房屋，在我国的低层和多层民用建筑中应用极为广泛。

混合结构房屋墙体的设计主要包括结构布置方案、计算简图、荷载统计、内力计算、内力组合、构件截面承载力验算等。

10.6.1 混合结构房屋的结构布置

结构布置方案主要是确定竖向承重构件的平面位置。混合结构房屋结构布置方案，根

据承重墙体和柱的位置不同，可分为纵墙承重、横墙承重、纵横墙混合承重及内框架承重四种方案。

1. 纵墙承重方案

此方案由纵墙直接承受屋(楼)面荷载。屋面板(楼板)直接支承于纵墙上，或支承在搁置于纵墙上的钢筋混凝土梁上，如图 10.17 所示。荷载的主要传递路线是：屋(楼)面荷载→纵墙→基础→地基。

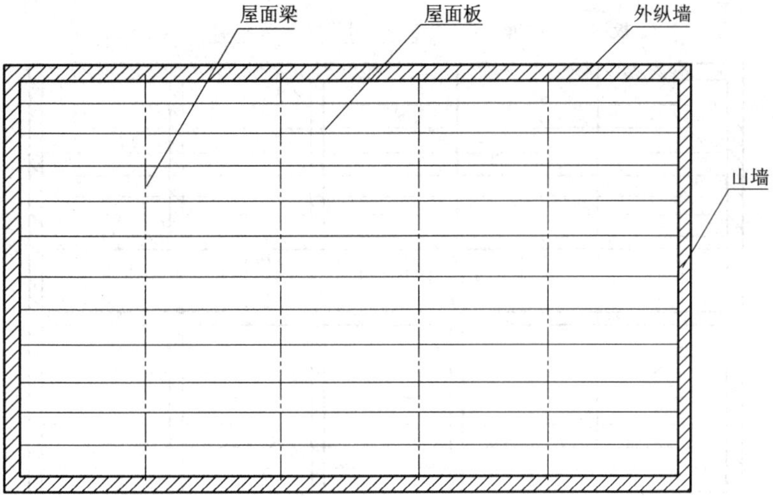

图 10.17　纵墙承重

这种承重方案的优点是房屋空间较大，平面布置灵活。但是由于纵墙上有大梁或屋架，外纵墙上窗的设置受到限制，而且由于横墙很少，房屋的横向刚度较差，故适用于要求空间大的房屋如厂房、教室、仓库等。

2. 横墙承重方案

由横墙直接承受屋(楼)面荷载。荷载的主要传递路线是：屋(楼)面荷载→横墙→基础→地基。横墙是主要的承重墙，如图 10.18 所示。

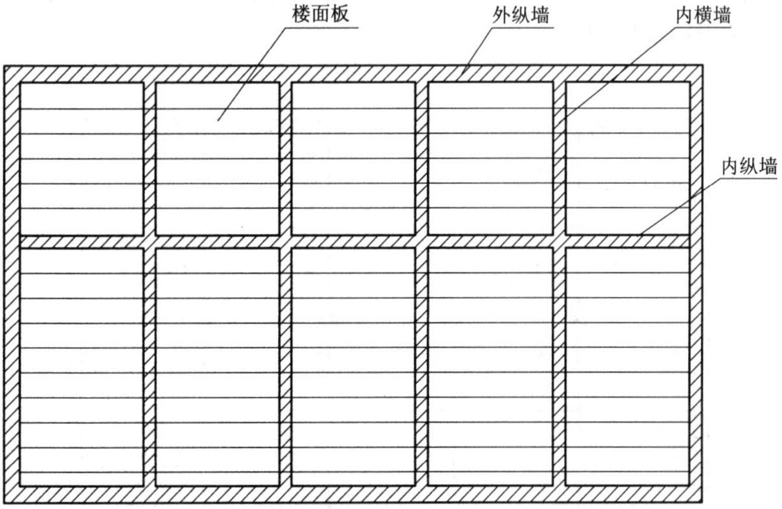

图 10.18　横墙承重方案

这种承重方案的优点是横墙很多，房屋的横向刚度较大，整体性好，且外纵墙上开窗可不受限制，立面处理、装饰较方便；缺点是横墙很多，空间受到限制。横墙承重方案适用于房间大小固定、横墙间距较密的住宅、宿舍等建筑。

3. 纵横墙混合承重方案

在实际工程中，往往是纵墙和横墙混合承重的，形成混合承重方案。如图 10.19 所示。荷载的主要传递路线是：屋(楼)面荷载→横墙及纵墙→相应基础→地基。

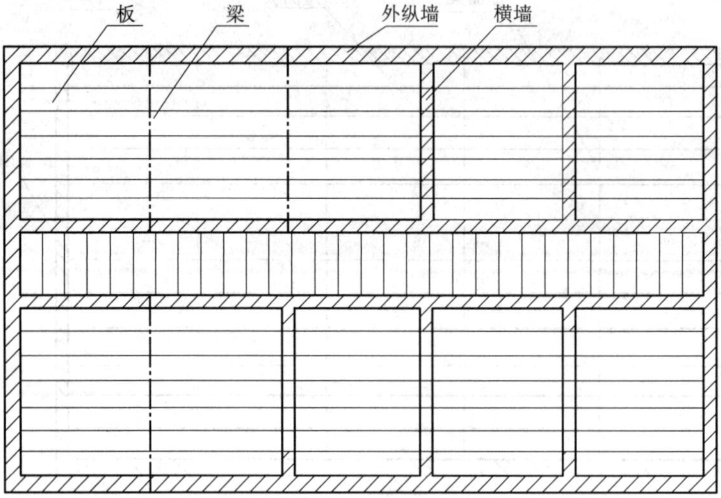

图 10.19 纵横墙承重方案

这种承重方案的优点是纵、横向墙体都承受楼面传来的荷载，且房屋在两个方向上的刚度均较大，有较强的抗风能力。纵横墙混合承重方案适用于建筑使用功能要求多样的房屋，如教学楼、试验楼、办公楼等。

4. 内框架承重方案

它是由房屋内部的钢筋混凝土框架和外部的砖墙、砖柱组成的。荷载的主要传递路线是：屋(楼)面荷载→梁→外墙及框架柱→相应基础→地基。其可用作多层工业厂房、仓库和商店等建筑，如图 10.20 所示。

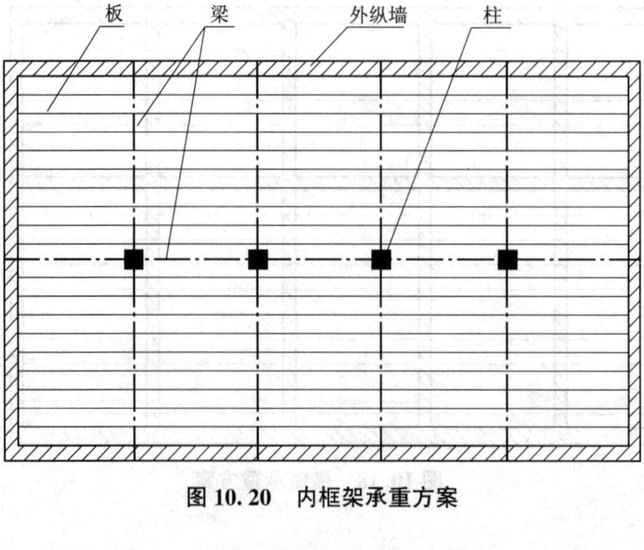

图 10.20 内框架承重方案

这种承重方案的特点是平面布置较为灵活，容易满足使用要求，但横墙少，房屋的空间刚度较差。另外，由于房屋由两种性能不同的材料组成，协调变形能力较差，因此，其抵抗地基不均匀沉降和地震能力较弱。

在实际工程中，无论采用哪一种方案，都要根据具体的使用要求、施工条件、材料、经济性等多种因素综合分析，并作方案比较后确定。

10.6.2 混合结构房屋的静力计算方案

确定混合结构房屋的静力计算方案，实际上就是通过对房屋空间工作情况进行分析，根据房屋空间刚度的大小确定墙、柱设计时的结构计算简图。确定混合结构房屋的静力计算方案非常重要，是满足墙、柱的构造要求和计算承载力的主要根据。

1. *房屋的空间工作情况*

混合结构房屋中的屋盖、楼盖、墙、柱和基础，共同组成一个空间结构体系，承受作用在房屋上的竖向荷载和水平荷载。房屋的垂直荷载由楼盖和屋盖承受，并通过墙或柱传到基础和地基上去。作用在外墙上的水平荷载(如风荷载、地震作用)一部分通过屋盖和楼盖传给横墙，再由横墙传至基础和地基；另一部分直接由纵墙传给基础和地基。

在水平荷载作用下，屋盖和楼盖的工作相当于一根在水平方向受弯的梁，将产生水平的位移，而房屋的墙、柱和楼、屋盖连接在一起，因此，墙柱顶端也将产生水平位移。由此可见，混合结构房屋在荷载作用下，各种构件相互连系、相互影响，处在空间工作情况，因此，在静力计算分析中，必须考虑房屋的空间工作。

2. *房屋的静力计算方案*

根据房屋空间刚度的大小，我国《砌体结构设计规范》(GB 50003—2011)规定房屋的静力计算方案分为下列三种：

(1)刚性方案。当横墙间距小、楼屋盖水平刚度较大时，在水平荷载作用下，房屋的水平位移很小。在确定墙柱的计算简图时，可以忽略房屋的水平位移，将楼屋盖视为墙柱的不动铰支承，则墙柱的内力可按不动铰支承的竖向构件计算，如图 10.21(a)所示。这种房屋称为刚性方案房屋。一般的多层住宅、办公楼、教学楼、宿舍等，均为刚性方案房屋。

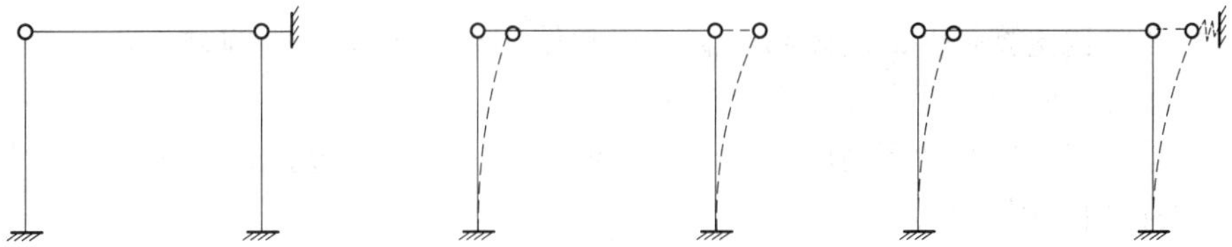

(a)　　　　　(b)　　　　　(c)

图 10.21　三种静力计算方案计算简图

(a) 刚性方案；(b)弹性方案；(c)刚弹性方案

(2)弹性方案。当房屋的横墙间距较大时，楼(屋)盖水平刚度较小，则在水平荷载作用下，房屋的水平位移很大，不可以忽略。故在确定墙柱的计算简图时，就不能把楼屋盖视为墙柱的不动铰支承，而应视为可以自由位移的悬臂端，按平面排架计算墙柱的内力，如图 10.21(b)所示。这种房屋称为弹性方案房屋。一般的单层厂房、仓库、礼堂等，多属于弹性方案房屋。

(3)刚弹性方案。这是介于“刚性”和“弹性”两种方案之间的房屋。其楼盖或屋盖具有一定的水平刚度，横墙间距不太大，能起一定的空间作用。在水平荷载作用下，其水平位移较弹性方案的水平位移小，但又不能忽略。这种房屋称为刚弹性方案房屋。刚弹性方案房屋的墙柱内力计算，应按屋盖或楼盖处具有弹性支承的平面排架计算，如图 10.21(c)所示。

《砌体结构设计规范》(GB 50003—2011)根据不同类型的楼盖、屋盖和横墙的间距，设计了表格(表 10.13)，可直接查用，以确定房屋的静力计算方案。

表 10.13　房屋的静力计算方案

屋盖或楼盖类型		刚性方案	刚弹性方案	弹性方案
1	整体式、装配整体式和装配式无檩体系钢筋混凝土屋盖或钢筋混凝土楼盖	$s<32$	$32\leqslant s\leqslant 72$	$s>72$
2	装配式有檩体系钢筋混凝土屋盖、轻钢屋盖和有密铺望板的木屋盖或木楼盖	$s<20$	$20\leqslant s\leqslant 48$	$s>48$
3	瓦材屋面的木屋盖和轻钢屋盖	$s<16$	$16\leqslant s\leqslant 36$	$s>36$

注：1. 表中，s 为房屋横墙间距，其长度单位为 m。
　　2. 对无山墙或伸缩缝处无横墙的房屋，应按弹性方案计算。

需要注意的是：从上面的表中可以看出，横墙间距是确定房屋静力计算方案的一个重要条件，因此，刚性和刚弹性方案房屋的横墙应符合下列条件：

(1)横墙中开有洞口时，洞口的水平截面面积不应超过横墙截面面积的 50%；

(2)横墙的厚度不宜小于 180 mm；

(3)单层房屋的横墙长度不宜小于其高度，多层房屋的横墙长度不宜小于 $H/2$(H 为横墙总高度)。

若横墙不能同时符合上述三项要求，应对横墙的刚度进行验算。如其最大水平位移值不超过横墙高度的 1/4 000 时，仍可视作刚性或刚弹性房屋的横墙。

10.6.3　墙、柱高厚比验算

墙、柱高厚比验算是保证砌体结构满足正常使用要求的构造措施之一，也是保证砌体结构在施工和使用阶段的稳定性的重要措施。

高厚比是指墙、柱的计算高度 H_0 与墙厚或矩形柱截面的边长 h(应取与 H_0 相对应方向的边长)的比值，用 β 表示。

1. 矩形截面墙柱高厚比验算

《砌体结构设计规范》(GB 50003—2011)规定墙、柱的高厚比应符合下列条件：

$$\beta=\frac{H_0}{h}\leqslant\mu_1\mu_2[\beta] \tag{10-20}$$

式中　H_0——墙、柱的计算高度，按表 10.9 采用；

h——墙厚或矩形柱与 H_0 对应的边长；

$[\beta]$——墙、柱的允许高厚比，按表 10.14 采用；

μ_1——自承重墙允许高厚比的修正系数，可按下列规定采用：

$h=240$ mm　　　　　$\mu_1=1.2$；

$h=90$ mm　　　　　　$\mu_1=1.5$；

90 mm$<h<$240 mm　　　μ_1 可按插入法取用；

μ_2——有门窗洞口墙允许高厚比的修正系数，按下式计算：

$$\mu_2=1-0.4\frac{b_s}{s} \tag{10-21}$$

b_s——在宽度 s 范围内的门窗洞口宽度；

s——相邻窗间墙之间，或壁柱之间、构造柱之间的距离，如图 10.22 所示。

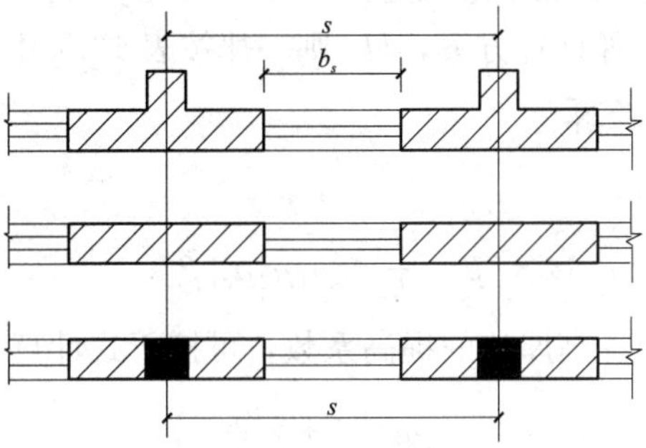

图 10.22　门窗洞口示意

当按式(10-21)计算的 μ_2 值小于 0.7 时，应采用 0.7；当洞口高度等于或小于墙高的 1/5 时，可取 $\mu_2=1.0$。

应用式(10-20)时，应注意下列几个问题：

(1)当与墙连接的相邻两横墙的距离 $s\leqslant\mu_1\mu_2[\beta]h$ 时，墙的高度可不受式(10-20)的限制。

(2)变截面柱的高厚比，可按上、下截面分别验算。

表 10.14　墙、柱的允许高厚比[β]值

砌块类型	砂浆强度等级	墙	柱
无筋砌体	M2.5	22	15
	M5.0 或 Mb5.0、Ms5.0	24	16
	≥M7.5 或 Mb7.5、Ms7.5	26	17
配筋砌块砌体	—	30	21

注：1. 毛石墙、柱的允许高厚比应比表中数值降低 20%。
2. 组合砖砌体构件的允许高厚比，可按表中数值提高 20%，但不得大于 28。
3. 验算施工阶段砂浆尚未硬化的新砌块砌体高厚比时，允许高厚比对墙取 14，对柱取 11。

2. 带壁柱墙高厚比验算

(1)整片墙高厚比验算：

$$\beta=\frac{H_0}{h_T}\leqslant\mu_1\mu_2[\beta] \tag{10-22}$$

式中　h_T——带壁柱墙截面的折算厚度，$h_T=3.5i$；

i——带壁柱墙截面的回砖半径，$i=\sqrt{\frac{I}{A}}$；

I，A——分别为带壁柱墙截面的惯性矩和截面面积。

如果验算纵墙的高厚比，计算 H_0 时，s 取相邻横墙间距，如图 10.23 所示；如果验算横墙的高厚比，计算 H_0 时，s 取相邻纵墙间距。

(2)壁柱间墙高厚比验算：壁柱间墙的高厚比验算可按式(10-20)进行。计算 H_0 时，s 取如图 10.23 所示壁柱间距离。而且无论房屋静力计算时属于何种计算方案，H_0 则一律按表 10.9 中“刚性方案”考虑。

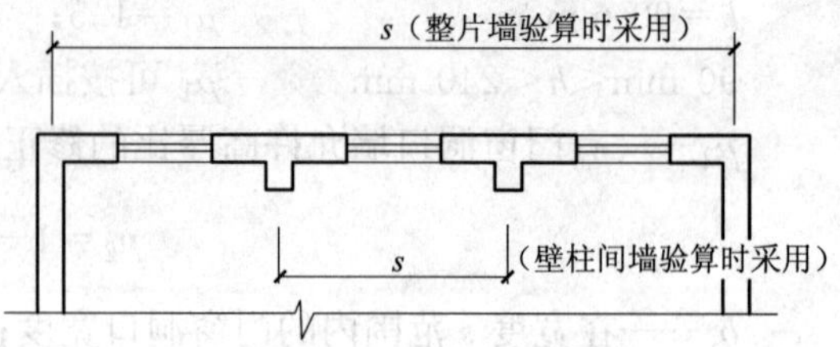

图 10.23 带壁柱墙验算图

3. 带构造柱墙高厚比验算

(1)整片墙高厚比验算：

$$\beta=\frac{H_0}{h}\leqslant\mu_1\mu_2\mu_c[\beta] \tag{10-23}$$

式中 μ_c——带构造柱墙允许高厚比的提高系数，可按下式计算：

$$\mu_c=1+\gamma\frac{b_c}{l} \tag{10-24}$$

式中 γ——系数，对细料石砌体，$\gamma=0$；对混凝土砌块、混凝土多孔砖粗料石、毛料石及毛石砌体，$\gamma=1.0$；其他砌体，$\gamma=1.5$；

b_c——构造柱沿墙长方向的宽度；

l——构造柱间距，此时 s 取相邻构造柱间距。

当 $b_c/l>0.25$ 时，取 $b_c/l=0.25$；当 $b_c/l<0.05$ 时，取 $b_c/l=0$。

(2)构造柱间墙高厚比验算。可按式(10-20)进行验算。确定 H_0 时，s 取构造柱间距离。无论房屋静力计算时属于何种计算方案，H_0 均按表 10.9 中“刚性方案”考虑。

验算墙、柱高厚比计算步骤可归纳如下：

1)确定房屋的静力计算方案，根据房屋的静力计算方案，查表 10.9 确定计算高度 H_0；

2)确定是承重墙还是非承重墙，计算 μ_1 值；

3)根据有无门窗洞口，计算 μ_2 值；

4)验算墙、柱的高厚比。对无壁柱、有壁柱及有构造柱墙体，应分别按式(10-20)、式(10-22)、式(10-23)进行验算。

【例 10.7】 某教学楼平面如图 10.24 所示，采用预制钢筋混凝土空心楼板，外墙厚度为 370 mm，内墙厚度为 240 mm，层高为 3.6 m；隔墙厚度为 120 mm，砂浆为 M5，砖为 MU10；纵墙上窗宽为 1 800 mm，门宽为 1 000 mm。室内地坪到基础顶面的距离为 800 mm。试验算各墙的高厚比。

【解】 (1)确定房屋的静力计算方案。

横墙的最大间距 $s=3.6\times3=10.8$(m)，查表 10.13 可得，$s<32$ m，确定为刚性方案。

(2)确定允许高厚比$[\beta]$。

查表 10.14 可得，$[\beta]=24$

(3)纵墙高厚比验算。

1)外纵墙验算：取横墙间距最大的房间的纵墙验算。

外纵墙高 $H=(3.6+0.8)$m，$s=3.6\times3=10.8$(m)$>2H=8.8$ m，查表 10.9 可得，$H_0=1.0H=4.4$ m。

由于外纵墙为承重墙，所以 $\mu_1=1.0$

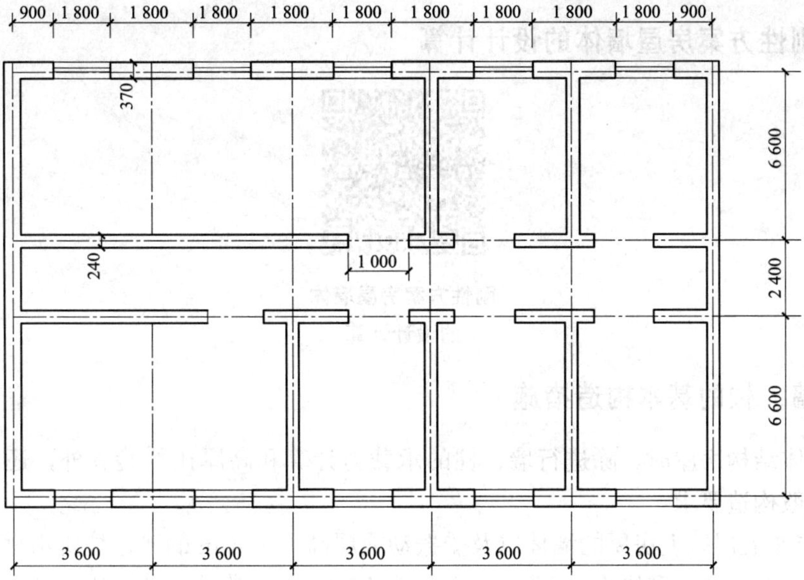

图 10.24　某教学楼平面图

$$\mu_2=1-0.4\frac{b_s}{s}=1-0.4\times\frac{1.8}{3.6}=0.8>0.7$$

纵墙的高厚比 $\beta=\dfrac{H_0}{h}=\dfrac{4.4}{0.37}=11.89<\mu_1\mu_2[\beta]=1.0\times0.8\times24=19.2$

满足要求。

2)内纵墙验算：内纵墙上洞口宽度 $b_s=1.0$ m，$s=3.6$ m，

$$\mu_2=1-0.4\frac{b_s}{s}=1-0.4\times\frac{1.0}{3.6}=0.89$$

纵墙的高厚比

$$\beta=\frac{H_0}{h}=\frac{4.4}{0.24}=18.33<\mu_1\mu_2[\beta]=1.0\times0.89\times24=21.4$$

满足要求。

(4)横墙高厚比验算。

纵墙最大间距 $s=6.6$ m，故 $2H>s>H$，查表 10.9 可得，$H_0=0.4s+0.2H=0.4\times6.6+0.2\times4.4=3.52$(m)

横墙未开有洞口，$\mu_2=1.0$

横墙高厚比 $\beta=\dfrac{H_0}{h}=\dfrac{3.52}{0.24}=14.67<\mu_1\mu_2[\beta]=1.0\times1.0\times24=24$

满足要求。

(5)隔墙高厚比验算。

隔墙为非承重墙，而且一般直接砌在地面上，所以，隔墙的高度可取 $H=3.6$ m

计算高度 $H_0=1.0H=3.6$ m，墙厚 120 mm，$\mu_1=1.44$

隔墙高厚比 $\beta=\dfrac{H_0}{h}=\dfrac{3.6}{0.12}=30<\mu_1\mu_2[\beta]=1.44\times1.0\times24=34.56$

满足要求。

10.6.4 刚性方案房屋墙体的设计计算

刚性方案房屋墙体
的设计计算

10.6.5 墙、柱的基本构造措施

设计砌体结构房屋时，除进行墙、柱的承载力计算和高厚比的验算外，还应满足下列墙、柱的一般构造要求：

(1)五层及五层以上房屋的墙体以及受振动或层高大于 6 m 的墙、柱所用材料的最低强度等级：砖为 MU10，砌块为 MU7.5，石材为 MU30，砂浆为 M5。对于安全等级为一级或设计使用年限大于 50 年的房屋，墙、柱所用材料的最低强度等级应至少提高一级。

(2)在室内地面以下，室外散水坡顶面以上的砌体内，应设防潮层。地面以下或防潮层以下的砌体、潮湿房间的墙，所用材料的最低强度等级应符合表 10.15 的要求。

表 10.15 地面以下或防潮层以下的砌体、潮湿房间墙所用材料的最低强度等级

基土的潮湿程度	烧结普通砖	混凝土普通砖、蒸压普通砖	混凝土砌块	石材	水泥砂浆
稍潮湿的	MU15	MU20	MU7.5	MU30	M5
很潮湿的	MU20	MU20	MU10	MU30	M7.5
含水饱和的	MU20	MU25	MU15	MU40	M10

注：1. 在冻胀地区，地面以下或防潮层以下的砌体，不宜采用多孔砖，采用时，其孔洞应用水泥砂浆灌实。当采用混凝土空心砌块时，其孔洞应采用强度等级不低于 Cb20 的混凝土灌实。

2. 对安全等级为一级或设计使用年限大于 50 年的房屋，表中材料强度等级应至少提高一级。

(3)承重的独立砖柱截面尺寸不应小于 240 mm×370 mm。毛石墙的厚度不宜小于 350 mm，毛料石柱较小边长不宜小于 400 mm。当有振动荷载时，墙、柱不宜采用毛石砌体。

(4)跨度大于 6 m 的屋架和跨度大于下列数值的梁(对砖砌体为 4.8 m，对砌块和料石砌体为 4.2 m，对毛石砌体为 3.9 m)，应在支承处砌体上设置混凝土或钢筋混凝土垫块。当墙中设有圈梁时，垫块与圈梁宜浇成整体。

(5)跨度大于或等于后列数值的梁(对 240 mm 厚的砖墙为 6 m，对 180 mm 厚的砖墙为 4.8 m，对砌块、料石墙为 4.8 m)，其支承处宜加设壁柱或采取其他加强措施。

(6)预制钢筋混凝土板的支承长度，在墙上不宜小于 100 mm；在钢筋混凝土圈梁上不宜小于 80 mm。当利用板端伸出钢筋拉结和混凝土灌缝时，其支承长度可为 40 mm，但板端缝宽不宜小于 80 mm，灌缝混凝土强度等级不宜低于 C20。

(7)支承在墙、柱上的吊车梁、屋架及跨度大于或等于下列数值的预制梁的端部，应采用锚固件与墙、柱上的垫块锚固(对砖砌体为 9 m，对砌块和料石砌体为 7.2 m)。

(8)填充墙、隔墙应分别采取措施与周边构件可靠连接。山墙处的壁柱宜砌至山墙顶部，屋面构件应与山墙可靠拉结。

(9)砌块砌体应分皮错缝搭砌。上、下皮搭砌长度不得小于 90 mm。当搭砌长度不满足上述要求时，应在水平灰缝内设置不少于 2 根直径不小于 4 mm 的焊接钢筋网片(横向钢筋的间距不宜大于 200 mm)。网片每端均应超过该垂直缝，其长度不得小于 300 mm。

(10)砌块墙与后砌隔墙交接处，应沿墙高每 400 mm 在水平灰缝内设置不少于 2 根直径不小于 4 mm、横筋间距不大于 200 mm 的焊接钢筋网片。

(11)混凝土砌块房屋，宜将纵横墙交接处，距墙中心线每边不小于 300 mm 范围内的孔洞采用不低于 Cb20 的灌孔混凝土灌实，灌实高度为墙身全高。

(12)混凝土砌块墙体的下列部位，如未设圈梁或混凝土垫块，应采用不低于 Cb20 的灌孔混凝土将孔洞灌实：

1)搁栅、檩条和钢筋混凝土楼板的支承面下，高度不小于 200 mm 的砌体；

2)屋架、梁等构件的支承面下，高度不应小于 600 mm，长度不应小于 600 mm 的砌体；

3)挑梁支承面下，距墙中心线每边不应小于 300 mm，高度不应小于 600 mm 的砌体。

(13)在砌体中留槽洞或埋设管道时，应符合下列规定：

1)不应在截面长边小于 500 mm 的承重墙体、独立柱内埋设管线；

2)墙体中避免穿行暗线或预留、开凿沟槽；当无法避免时，应采取必要的加强措施或按削弱后的截面验算墙体的承载力。

(14)夹心墙中混凝土砌块的强度等级不应低于 MU10，夹心墙的夹层厚度不宜大于 120 mm，夹心墙外叶墙的最大横向支承间距不宜大于 9 m。

(15)夹心墙与叶墙之间的连接应符合下列规定：

1)叶墙应用经防腐处理的拉结件或钢筋网片连接；

2)当采用环形拉结件时，钢筋直径不小于 4 mm；当采用 Z 形拉结件时，钢筋直径不小于 6 mm。拉结件应沿竖向梅花形布置，拉结件的水平和竖向最大间距，分别不宜大于 800 mm 和 600 mm；当有振动或有抗震设防要求时，其水平和竖向最大间距分别不宜大于 800 mm 和 400 mm；

3)当采用钢筋网片作拉结件时，网片横向钢筋的直径不小于 4 mm，其间距不大于 400 mm。网片的竖向间距不大于 600 mm；当有振动或有抗震设防要求时，不宜大于 400 mm；

4)拉结件在叶墙上的搁置长度，不应小于叶墙厚度的 2/3 且不应小于 60 mm；

5)门窗洞口周边 300 mm 范围内应附加间距不大于 600 mm 的拉结件；

知识拓展：防止或减轻墙体开裂的措施

6)对安全等级为一级或设计使用年限大于 50 年的房屋，夹心墙与叶墙之间宜采用不锈钢拉结件连接。

10.7 过梁、挑梁

10.7.1 过梁

1. 过梁的分类及应用

过梁是砌体结构房屋中门窗洞口上常用的构件。常用的过梁有砖砌过梁和钢筋混凝土过梁两类，如图 10.25 所示。砖砌过梁按其构造不同，分为砖砌平拱和钢筋砖过梁等形式。砖砌过梁造价低，但整体性较差，且对震动荷载和地基不均匀沉降反应敏感。因此，对有震动或可能产生不均匀沉降的房屋，或当门窗洞口宽度较大时，应采用钢筋混凝土过梁。

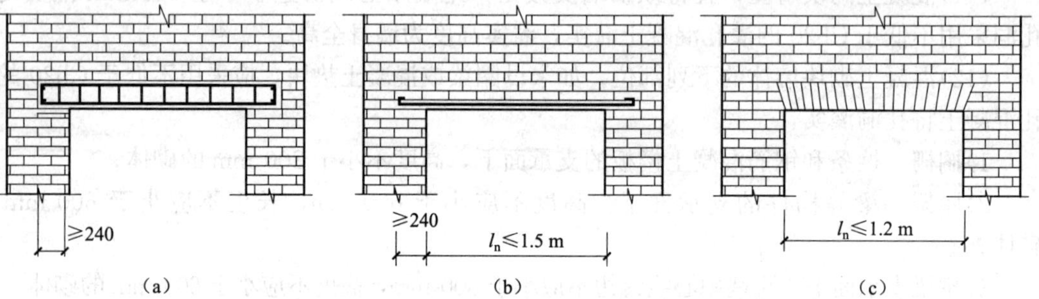

图 10.25 过梁的分类

(a)钢筋混凝土过梁；(b)钢筋砖过梁；(c)砖砌平拱过梁

砖砌过梁的跨度不得过大。《砌体结构设计规范》(GB 50003—2011)规定，钢筋砖过梁跨度不应超过 1.5 m；对砖砌平拱过梁跨度不应超过 1.2 m。砖砌过梁截面计算高度内，砖的强度等级不应低于 MU10，砂浆强度等级不宜低于 M5。砖砌平拱用竖砖砌筑部分的高度不应小于 240 mm。钢筋砖过梁底面砂浆层处的钢筋直径不应小于 5 mm，间距不宜大于 120 mm，钢筋伸入支座砌体内的长度不宜小于 240 mm。砂浆层的厚度不宜小于 30 mm。

2. 过梁上的荷载

作用在过梁上的荷载，由墙体荷载和过梁计算高度范围内的梁、板荷载等组成。试验表明，由于过梁上的砌体与过梁的共同作用，作用在过梁上的砌体等效荷载仅相当于高度等于跨度 1/3 的砌体自重。当在砌体高度等于跨度的 0.8 倍位置施加荷载时，过梁挠度几乎没有变化。在实际工程中，由于过梁与砌体的组合作用，高度等于或大于跨度的砌体上施加的荷载不是单独通过过梁传给墙体，而是通过过梁和其上的砌体组合深梁传给墙体，对过梁的应力增大不多。因此，过梁上的荷载可按下列规定采用：

(1)梁、板荷载[图 10.26(a)]。对砖和小型砌块砌体，当梁、板下的墙体高度 $h_w < l_n$ 时(l_n 为过梁的净跨)，过梁应计入梁、板传来的荷载；当梁、板下的墙体高度 $h_w \geq l_n$ 时，可不考虑梁、板荷载。

(2)墙体荷载[图 10.26(b)、(c)]。对砖砌体，当过梁上的墙体高度 $h_w < l_n/3$ 时，应按墙体的均布自重计算；当墙体高度 $h_w > l_n/3$ 时，应按高度为 $l_n/3$ 墙体的均布自重计算。

对混凝土砌块砌体，当过梁上的墙体高度 $h_w < l_n/2$ 时，应按墙体的均布自重计算。当墙体高度 $h_w \geq l_n/2$ 时，应按高度为 $l_n/2$ 墙体的均布自重计算，如图 10.26(b)、(c)所示。

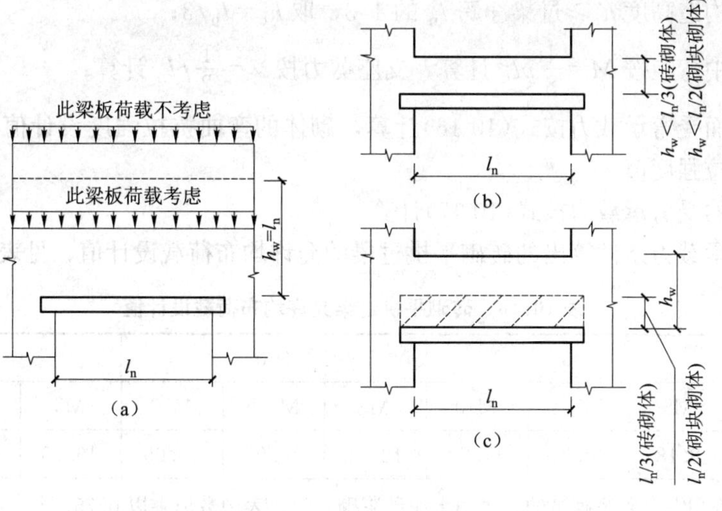

图 10.26　过梁上的荷载

(a)过梁上的梁、板荷载；(b)、(c)过梁上的墙体荷载

3. 过梁的计算

砖砌过梁承受荷载后，与受弯构件受力相似，上部受压、下部受拉。随荷载的增大，当跨中竖向截面的拉应力或支座斜截面的主拉应力超过砌体的抗拉强度时，将先后在跨中出现竖向裂缝，在靠近支座处出现大致呈 45°的阶梯形斜裂缝。对钢筋砖过梁，过梁下部的拉力将由钢筋承受；对砖砌平拱过梁，过梁下部的拉力则由过梁两端砌体提供的推力平衡，如图 10.27 所示。这时，过梁的工作情况类似于三铰拱。过梁破坏主要有：过梁跨中截面因受弯承载力不足而破坏；过梁支座附近截面因受剪承载力不足，沿灰缝产生大致呈 45°方向的阶梯形裂缝扩展而破坏或因外墙端部距洞口尺寸过小，墙体宽度不够，引起水平灰缝的受剪承载力不足而发生支座滑动破坏。

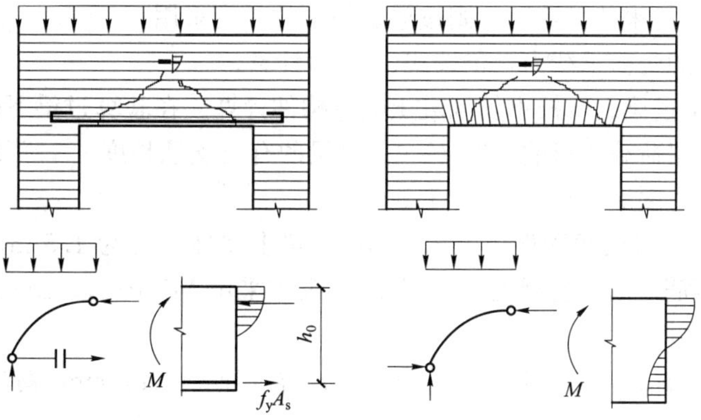

图 10.27　砖砌过梁的破坏特征

(a)钢筋砖过梁；(b)砖砌平拱过梁

(1)砖砌平拱过梁的计算。根据过梁的工作特性和破坏形态，对砖砌平拱过梁应进行跨中正截面的受弯承载力和支座斜截面的受剪承载力计算。

若过梁的构造高度 $h_c \geqslant$ 过梁净跨 l_n 的 1/3，取 $h_c = l_n/3$；

过梁的跨中弯矩按 $M=\frac{1}{8}pl_n^2$ 计算，支座剪力按 $V=\frac{1}{2}pl_n$ 计算；

跨中正截面受弯承载力按式(10-16)计算，砌体的弯曲抗拉强度设计值 f_{tm} 采用沿齿缝截面的弯曲抗拉强度值。

支座截面的受剪承载力按式(10-17)计算。

根据受弯承载力条件算出的砖砌平拱过梁的允许均布荷载设计值，见表 10.16。

表 10.16　砖砌平拱过梁允许均布荷载设计值　　kN/m

墙厚 h/mm	240			370			490		
砂浆强度等级	M5	M7.5	M10	M5	M7.5	M10	M5	M7.5	M10
允许均布荷载	8.18	10.31	11.73	12.61	15.90	18.09	16.70	21.05	23.96

注：1. 本表为用混合砂浆砌筑的，当用水泥砂浆砌筑时，表中数值乘以 0.75。
2. 过梁计算高度及 $h_0 = l_n/3$ 范围内，不允许开设门窗洞口。

(2)钢筋砖过梁的计算。根据过梁的工作特性和破坏形态，钢筋砖过梁应进行跨中正截面受弯承载力和支座斜截面受剪承载力计算。

1)受弯承载力按下列公式计算：

$$M \leqslant 0.85 h_0 f_y A_s \tag{10-25}$$

式中　M——按简支梁计算的跨中弯矩设计值；

A_s——受拉钢筋的截面面积；

f_y——钢筋的抗拉强度设计值；

h_0——过梁截面的有效高度，$h_0 = h - a_s$；

a_s——受拉钢筋截面面积重心至截面下边缘的距离；

h——过梁的截面计算高度，取过梁底面以上的墙体高度，但不大于 $l_n/3$；当考虑梁、板传来的荷载时，则按梁、板下的高度采用。

2)钢筋砖过梁的受剪承载力，仍按式(10-17)计算。

(3)钢筋混凝土过梁。应按钢筋混凝土受弯构件计算。在验算过梁下砌体局部受压承载力时，可不考虑上层荷载的影响，取 $\psi=0$；过梁的有效支承长度 a_0，可取过梁的实际支承长度，梁端底面应力图形完整系数 $\eta=1.0$。

【例 10.8】 已知过梁净跨度 $l_n = 3.0$ m，过梁上墙体高度为 1.5 m，墙厚为 240 mm，采用 HPB300 级钢筋、C20 混凝土，$\gamma_G = 1.3$，砌体采用 MU10 砖、M5 混合砂浆砌筑。试设计该钢筋混凝土过梁。

【解】 (1)确定截面尺寸。过梁宽度取与墙同厚，即 $b=240$ mm，高度 $h=l/12$，并符合砖的模数，取 $h=250$ mm。

(2)荷载计算。过梁上的荷载有过梁自重、过梁上墙体的重量。

过梁自重为

$0.24 \times 0.25 \times 25 \times 1.3 = 1.95$(kN/m)

过梁上墙体的高度为

$l_n/3 = 3.0/3 = 1.0$(m)$< h_w = 1.5$ m，故过梁上墙体高度取 1.0 m 计算。

过梁上墙体的重量为

$0.24\times1.0\times18\times1.3=5.616(\mathrm{kN/m})$

过梁上总的荷载值为

$$g=1.95+5.616=7.566(\mathrm{kN/m})$$

(3)内力计算。

过梁计算跨度 $l_0=1.05l_n=1.05\times3.0=3.15(\mathrm{m})$

$$M=\frac{1}{8}gl_0^2=\frac{1}{8}\times7.566\times3.15^2=9.39(\mathrm{kN\cdot m})$$

$$V=\frac{1}{2}gl_n=\frac{1}{2}\times7.566\times3.0=11.35(\mathrm{kN})$$

(4)配筋计算。

$$\xi=1-\sqrt{1-\frac{M}{0.5\alpha_1 f_c bh_0^2}}=1-\sqrt{1-\frac{9.39\times10^6}{0.5\times1.0\times9.6\times240\times215^2}}=0.092$$

$$A_s=\frac{\alpha_1 f_c bh_0\xi}{f_y}=\frac{1.0\times9.6\times240\times215\times0.092}{210}=217.01(\mathrm{mm}^2)$$

选筋 2Φ12$[A_s=226\ \mathrm{mm}^2>A_{s,\min}=0.002\times240\times250=120\ (\mathrm{mm}^2)]$

箍筋选用 Φ6@200，验算省略，满足要求。

(5)验算梁端下砌体的局部受压。

取梁端的有效支承长度 $a_0=a=240\ \mathrm{mm}$

局部受压面积 $A_l=a_0b=240\times240=57\ 600(\mathrm{mm}^2)$

梁端支承压力 $N_l=\frac{1}{2}\times7.566\times3.15=11.92(\mathrm{kN})$

查表 10.1 可得，$f=1.50\ \mathrm{N/mm}^2$，取 $\psi=0$，$\eta=1.0$，$\gamma=1.25$

$$\eta\gamma fA_l=1.0\times1.25\times1.50\times57\ 600=108\ 000(\mathrm{N})>N_l=11\ 920\ \mathrm{N}$$

满足要求。

10.7.2 挑梁

挑梁是指一端嵌入墙内，一端挑出墙外的钢筋混凝土悬挑构件。在砌体结构房屋中，挑梁多用于在房屋的阳台、雨篷、悬挑楼梯和悬挑外廊中。

1. 挑梁的受力特点

挑梁在悬挑端集中力、墙体自重以及上部荷载作用下，共经历三个工作阶段：

(1)弹性工作阶段。挑梁在未受外荷载前，墙体自重及其上部荷载在挑梁埋入墙体部分的上、下界面产生初始压应力。当挑梁端部施加外荷载后，挑梁与墙体的上、下界面的竖向压应力如图 10.28(a)所示。随着应力的增加，将首先达到墙体通缝截面的抗拉强度而出现水平裂缝，如图 10.28(b)所示，出现水平裂缝时的荷载约为倾覆时外荷载的 20%～30%，此为第一阶段。

(2)带裂缝工作阶段。随着外荷载的继续增加，最开始出现的水平裂缝①将不断向内发展，同时挑梁埋入端下界面出现水平裂缝②并向前发展。随着上、下界面的水平裂缝的不断发展，挑梁埋入端上界面受压区和墙边下界面受压区也不断减小，从而在挑梁埋入端上角砌体处产生裂缝。随着外荷载的增加，此裂缝将沿砌体灰缝向后上方发展为阶梯形裂缝③，此时的荷载约为倾覆时外荷载的80%。斜裂缝的出现预示着挑梁进入倾覆破坏阶段。在此过程中，也可能出现局部受压裂缝④。

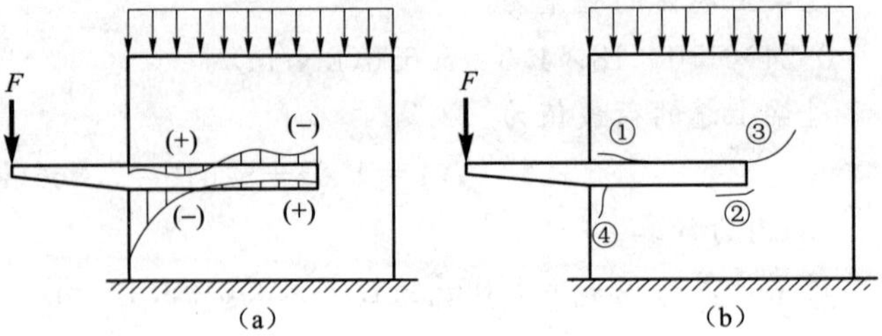

图 10.28　挑梁的应力分布及裂缝

(a)弹性阶段；(b)裂缝发展阶段

(3)破坏阶段。挑梁可能发生的破坏形态有以下三种：

1)挑梁倾覆破坏。挑梁倾覆力矩大于抗倾覆力矩，挑梁尾端墙体斜裂缝不断发展，挑梁绕倾覆点发生倾覆破坏，如图 10.29(a)所示；

2)挑梁下砌体局部受压破坏。当挑梁埋入墙体较深、梁上墙体高度较大时，挑梁下靠近墙边的小部分砌体由于压应力过大发生局部受压破坏，如图 10.29(b)所示；

3)挑梁弯曲或剪切破坏。挑梁由于正截面受弯承载力或斜截面受剪承载力不足引起弯曲破坏或剪切破坏。

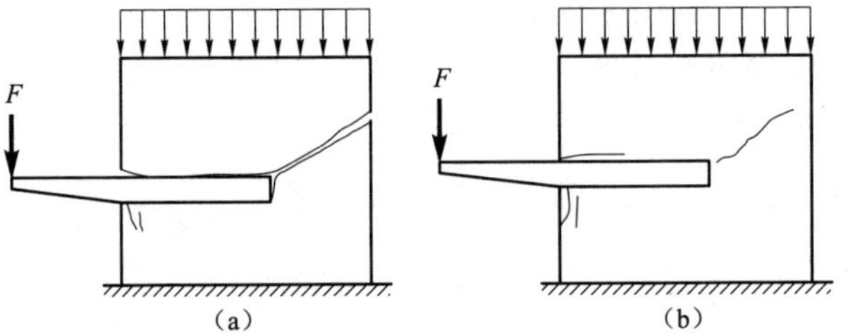

图 10.29　挑梁的破坏形态

(a)倾覆破坏；(b)挑梁下砌体局部受压破坏或挑梁弯曲或剪切破坏

2. 挑梁的计算

挑梁应进行抗倾覆验算、自身承载力计算和挑梁悬挑端根部砌体局部受压承载力验算。

(1)挑梁抗倾覆验算。砌体墙中钢筋混凝土挑梁可按下式进行抗倾覆验算：

$$M_{ov} \leqslant M_r \tag{10-26}$$

式中　M_{ov}——挑梁的荷载设计值对计算倾覆点产生的倾覆力矩；

M_r——挑梁的抗倾覆力矩设计值。

1)计算倾覆点至墙外边缘的距离 x_0。试验表明，挑梁倾覆破坏时其倾覆点并不在墙边，而在距墙边 x_0 处，计算简图如图 10.30 所示。挑梁的计算倾覆点至墙外缘的距离可按下列规定采用：

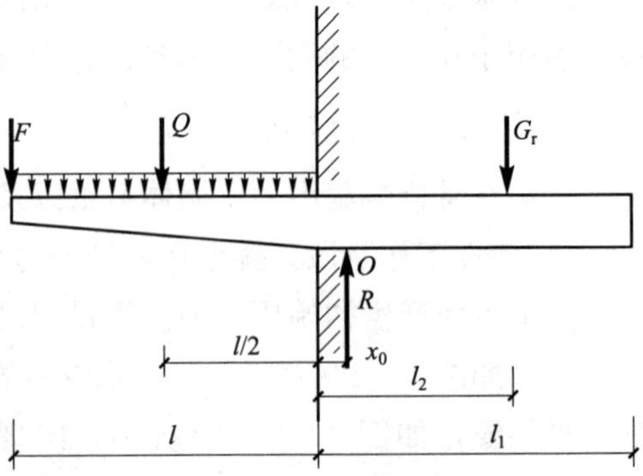

图 10.30　抗倾覆计算简图

①当 $l_1 \geqslant 2.2h_b$ 时，$x_0 = 0.3h_b$，且不应大于 $0.13l_1$。

②当 $l_1 < 2.2h_b$ 时，$x_0 = 0.13l_1$。

式中　l_1——挑梁埋入砌体墙中的长度(mm)；

x_0——计算倾覆点至墙外缘的距离(mm);

h_b——挑梁的截面高度(mm)。

2)挑梁的抗倾覆力矩设计值。挑梁的抗倾覆力矩设计值可按下式计算:

$$M_r = 0.8G_r(l_2 - x_0) \tag{10-27}$$

式中 G_r——挑梁的抗倾覆荷载,为挑梁尾端上部45°扩展角的阴影范围(其水平长度为 l_3)内本层的砌体与楼面恒荷载标准值之和;

l_2——G_r 作用点至墙外边缘的距离。

应按下列原则取值:

①无洞口。当 $l_3 \leqslant l_1$ 时,取实际扩展的长度[图 10.31(a)];当 $l_3 > l_1$ 时,取 $l_3 = l_1$ [图 10.31(b)]。

②有洞口。当洞口在 l_1 之内时,按无洞口的取值原则[图 10.31(c)];当洞口在 l_1 之外时,$l_3 = 0$,阴影范围只计算到洞口边[图 10.31(d)]。

l_0——作用点至墙外边缘的距离。

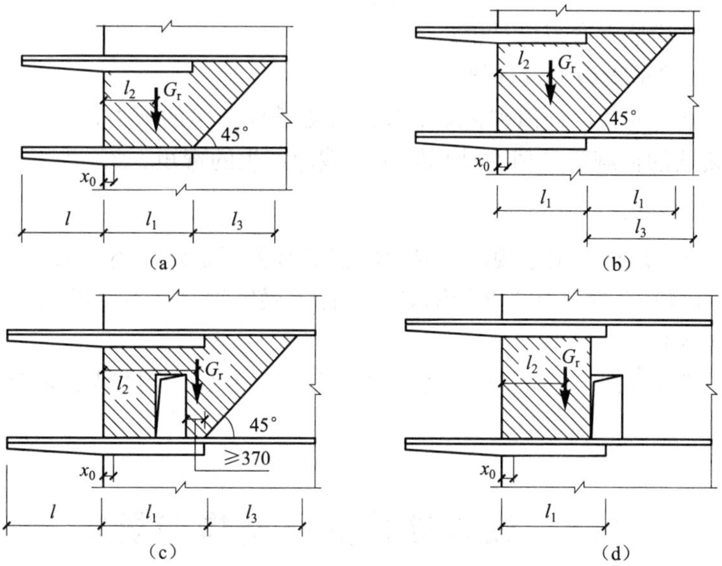

图 10.31 挑梁的抗倾覆荷载

(2)挑梁下砌体局部受压承载力验算。挑梁下砌体局部受压承载力可按下式验算:

$$N_l \leqslant \eta\gamma f A_l \tag{10-28}$$

式中 N_l——挑梁下的支承压力,可取 $N_l = 2R$,R 为挑梁的倾覆荷载设计值;

η——梁端底面压应力图形完整性系数,取 $\eta = 0.7$;

γ——砌体局部抗压强度提高系数,对矩形截面墙段(一字墙),$\gamma = 1.25$;对T形截面墙段(丁字墙),$\gamma = 1.5$(图 10.32);

A_l——挑梁下砌体局部受压面积,可取 $A_l = 1.2bh_b$,b 为挑梁的截面宽度,h_b 为挑梁的截面高度。

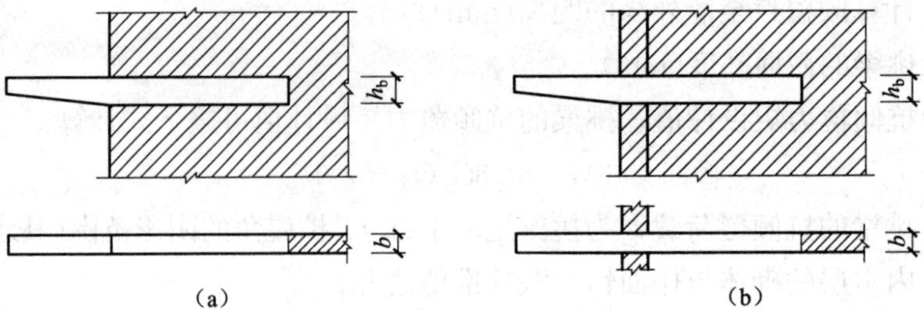

图 10.32　挑梁下砌体局部受压

(a)挑梁支承在一字墙；(b)挑梁支承在丁字墙

(3)挑梁承载力计算。挑梁受弯承载力和受剪承载力计算与一般钢筋混凝土梁相同。挑梁承受的最大弯矩 M_{max} 发生在计算倾覆点处的截面，最大剪力 V_{max} 发生在墙边截面，故《结构规范》给出的计算公式为：

$$M_{max}=M_o \tag{10-29}$$

$$V_{max}=V_o \tag{10-30}$$

式中　M_{max}——挑梁最大弯矩设计值；

V_{max}——挑梁最大剪力设计值；

V_o——挑梁的荷载设计值在挑梁墙外边缘处截面产生的剪力；

M_o——挑梁的荷载设计值对计算倾覆点截面产生的弯矩。

3. 挑梁的构造要求

挑梁设计除应满足现行国家规范《结构规范》的有关规定外，还应满足下列要求：

(1)纵向受力钢筋至少应有 1/2 的钢筋面积伸入梁尾端，且不少于 2ϕ12。其余钢筋伸入支座的长度不应小于 $2l_1/3$。

(2)挑梁埋入砌体长度 l_1 与挑出长度 l 之比宜大于 1.2；当挑梁上无砌体时，l_1 与 l 之比宜大于 2。

10.8　砌体结构的抗震构造要求

砌体结构
的抗震构造要求

章节回顾

1. 由块体和砂浆砌筑而成的砌体，统称为砌体结构，主要用于承受压力。按材料，其一般可分为砖砌体、石砌体和砌块砌体。

2. 砌体最基本的力学指标是轴心抗压强度。砌体从加载到受压破坏的三个特征阶段，大体可分为单块砖先开裂、裂缝贯穿若干皮砖、形成独立受压小柱，在砌体中砖的抗压强度并未充分发挥。

3. 砌体受压承载力计算公式中的φ，是考虑高厚比β和偏心距e综合影响的系数，偏心距$e=M/N$按内力的设计值计算。

4. 局部受压是砌体结构中常见的一种受力状态，有局部均匀受压和局部不均匀受压。由于“套箍强化”和“应力扩散”的作用，使局部受压范围内砌体的抗压强度提高，γ称为局部抗压强度的提高系数。当梁下砌体局部受压不满足强度要求时，可设置刚性垫块，以扩大局部受压面积，改善垫块下砌体的局部受压情况。

5. 砌体房屋的静力计算方案有三种：刚性方案、刚弹性方案和弹性方案。静力计算方案的划分，主要根据楼(屋)盖的刚度和横墙的间距。

6. 混合结构房屋墙、柱的高厚比验算：

(1)对一般的墙、柱高厚比验算：$\beta=H_0/h\leqslant\mu_1\mu_2[\beta]$

(2)带壁柱墙高厚比验算：

整片墙：$\beta=H_0/h_T\leqslant\mu_1\mu_2[\beta]$

壁柱间墙：$\beta=H_0/h\leqslant\mu_1\mu_2[\beta]$

(3)带构造柱墙高厚比验算：

构造柱间墙：$\beta=H_0/h\leqslant\mu_1\mu_2[\beta]$

整片墙：$\beta=H_0/h\leqslant\mu_1\mu_2\mu_c[\beta]$

7. 多层刚性方案房屋的墙柱实际上是受压构件，在竖向荷载作用下，各层墙体可视为上部为偏心受压、下部为轴心受压的构件。

8. 过梁和挑梁是混合结构房屋中经常遇到的构件，过梁上的荷载与过梁上的砌体高度有关。超过一定高度后，由于拱的卸荷作用，上部荷载可直接传到洞口两侧的墙体上。根据挑梁有三种破坏形态，挑梁的验算内容包括：抗倾覆验算、局部受压承载力验算和自身承载力验算。

9. 砌体结构的抗震措施：应选择合理的结构方案与结构布置，限制房屋高度与高宽比，抗震构造措施主要是合理设置构造柱与圈梁，对砌体形成约束，以增强房屋整体性，改善砌体的延性。

同步测试

一、简答题

1. 砌体的种类有哪些？
2. 砖砌体轴心受压时可分为哪几个受力阶段？它们的特征如何？
3. 影响砌体抗压强度的因素有哪些？
4. 如何采用砌体抗压强度的调整系数？
5. 影响砌体局部抗压强度的因素有哪些？
6. 如何确定砌体房屋的静力计算方案？画出单层房屋三种静力计算方案的计算简图。

7. 为什么要验算墙、柱的高厚比？如何验算？

8. 常用砌体过梁的种类及适用范围如何？

9. 简述圈梁和构造柱在抗震中的作用。

二、选择题

1.《砌体结构设计规范》(GB 50003—2011)规定，下列情况的各类砌体强度设计值应乘以调整系数 γ_a：

Ⅰ. 有吊车房屋和跨度不小于 9 m 的多层房屋，γ_a 为 0.9

Ⅱ. 有吊车房屋和跨度不小于 9 m 的多层房屋，γ_a 为 0.8

Ⅲ. 无筋构件截面 A 小于 0.3 m^2 时，取 $\gamma_a=0.7$

Ⅳ. 无筋构件截面 A 小于 0.3 m^2 时，取 $\gamma_a=0.85$

下列(　　)是正确的。

A. Ⅰ、Ⅲ　　B. Ⅰ、Ⅳ

C. Ⅱ、Ⅲ　　D. Ⅱ、Ⅳ

2. 单层混合结构房屋，静力计算时不考虑空间作用，按平面排架分析，则称为(　　)。

A. 刚性方案　　B. 弹性方案　　C. 刚弹性方案

3.《砌体结构设计规范》(GB 50003—2011)规定，在(　　)情况下不宜采用网状配筋砖砌体。

A. $e/h>0.17$　　B. $e/h\leqslant 0.17$

C. $\beta>16$　　D. $\beta\leqslant 16$

4. 混合结构房屋的空间刚度与(　　)有关。

A. 楼(屋)盖类别、横墙间距　　B. 横墙间距、有无山墙

C. 有无山墙、施工质量　　D. 楼(屋)盖类别、施工质量

三、计算题

1. 一承受轴心压力的砖柱，截面尺寸为 $b\times h=370$ mm×490 mm，采用 MU10 砖、M5 混合砂浆砌筑，荷载设计值在柱顶产生的轴向力 $N=200$ kN，柱的计算高度 $H_0=H=3.6$ m，试验算柱的承载力。

2. 某砖柱，截面尺寸为 $b\times h=620$ mm×490 mm，采用 MU10 砖、M5 水泥砂浆砌筑，荷载设计值在柱底产生的轴向力设计值 $N=150$ kN，弯矩 $M=8.5$ kN·m(沿长边)，该砖柱的计算高度为 $H_0=H=3.9$ m，试验算柱的承载力。

3. 钢筋混凝土梁支承在窗间墙上，如图 10.33 所示。梁端荷载设计值产生的支承压力为 80 kN，窗间墙截面尺寸为 1 500 mm×240 mm，采用 MU10 烧结普通砖、M2.5 混合砂浆砌筑，施工质量控制等级为 B 级。梁底截面处的上部荷载设计值为 180 kN，梁的截面尺寸 $b\times h=300$ mm×600 mm，支承长度为 240 mm。试验算梁底部砌体的局部受压承载力。

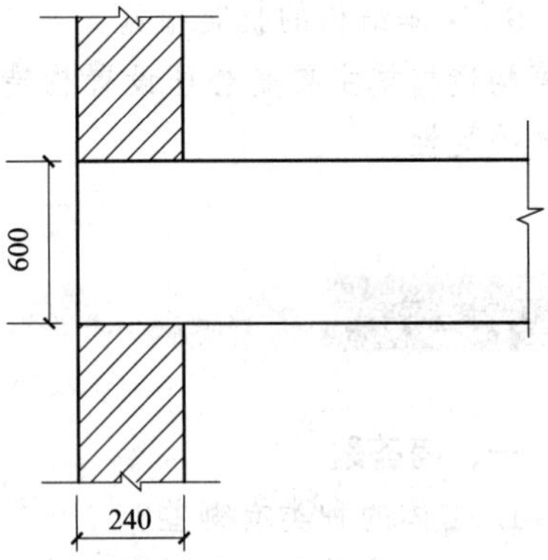

图 10.33　计算题 3 图

4. 验算习题 2 中柱的高厚比是否满足要求。

5. 某单层带壁柱房屋(刚性方案)。山墙间距 $s=20$ m，$H=H_0=6.5$ m，开间距离 4 m，每开间有 2 m 宽的窗洞，采用 MU10 砖和 M5 混合砂浆砌筑。墙厚为 370 mm，壁柱尺寸如图 10.34 所示。试验算墙的高厚比是否满足要求($[\beta]=22$)。

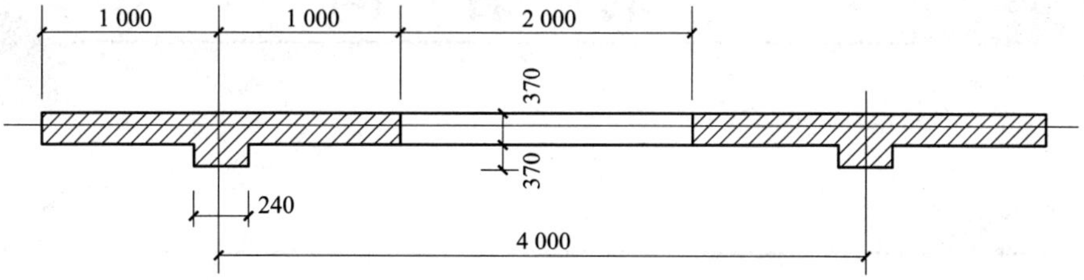

图 10.34　计算题 5 图

模块十一 钢结构

学习目标

知识目标

1. 熟悉钢结构用钢材的品种、规格、力学性能及强度设计指标；

2. 掌握焊缝连接的构造要求，对接焊缝与角焊缝连接的计算及减小焊接应力与焊接变形的措施；

3. 掌握普通螺栓连接的构造要求，普通螺栓连接的计算，高强度螺栓连接的构造要求；

4. 了解轴心受力构件的强度、刚度验算，受弯构件的强度、刚度、整体稳定性验算，知道梁的拼接及支座和主、次梁连接的构造要求；

5. 了解钢屋盖的结构布置，钢屋架的节点构造。

能力目标

1. 能认知钢结构用钢材的强度和型号及会查取相关参数；

2. 能进行焊缝设计。

素质目标

1. 结合生态保护，钢材再生利用，提升学生环保意识；

2. 装配式建筑发展激发学生学习积极性。

11.1 概　　述

钢结构是钢材制成的工程结构，通常由热轧型钢、钢板和冷加工成型的薄壁型钢等制成的梁、桁架、柱、板等构件组成，各部分之间用焊缝、螺栓或铆钉连接，有些钢结构还部分采用钢丝绳或钢丝束。和其他结构形式(如钢筋混凝土结构、砖石等砌体结构)相比，钢结构具有如下特点：

(1)钢材的强度高、塑性韧性好。钢材和其他建筑材料(诸如混凝土、砖石和木材)相比，强度要高得多。钢材还具有塑性和韧性好的特点。钢结构在一般条件下不会因超载而突然断裂，同时钢结构对动力荷载适应能力强、抗震性能好。

(2)材质均匀，和力学计算的假定比较符合。钢材内部组织比较接近匀质和各向同性，而且在一定的应力幅度内几乎是完全弹性的。因此，钢结构的实际受力情况和工程力学中的计算结果比较符合。

(3)适于机械化加工，工业化程度高，运输、安装方便，施工速度快。钢结构所用的材料是钢材，适合冷、热加工，同时具有良好的可焊性，并能使用机械操作。因此，大量的钢结构一般在专业化的金属结构工厂做成构件，精度较高。构件在工地拼装，可以采用普通螺栓或高强度螺栓，也可以使用焊缝连接，因此，施工速度较快。

(4)密闭性较好。钢材和焊接连接的水密性和气密性较好，适宜建造密闭的板壳结构、如高压容器、油库、气柜、管道等。

(5)耐腐蚀性差。钢材容易锈蚀，对钢结构必须注意防护，特别是薄壁构件。处于较强腐蚀性介质内的建筑物不宜采用钢结构。在设计中应避免使结构受潮、漏雨，构造上应尽量避免存在难检查、维修的死角。

(6)钢材耐热但不耐火。钢材受热，温度在 200 ℃以内，其主要性能(屈服点和弹性模量)下降不多。温度超过 200 ℃后，材质变化较大，强度总趋势逐步降低，还有蓝脆和徐变现象。当温度达到 600 ℃时，钢材进入塑性状态已不能承载。因此，《钢结构设计标准》(GB 50017—2017)规定，钢材表面温度超过 150 ℃后，即需加以隔热防护。有防火要求者，更需按相应规定采取隔热保护措施。

基于以上特点，钢结构适用于大跨度结构、重型厂房结构、受动力荷载影响的结构、可拆卸的结构、高耸结构和高层建筑、容器及其他构筑物、轻型钢结构等。

11.2 建筑钢材

11.2.1 建筑钢材的力学性能及其技术指标

建筑钢材的主要力学性能有强度、塑性、冷弯性能、冲击韧性、硬度和耐疲劳性等。

1. 强度

钢材在常温、静载条件下一次拉伸所表现的性能最具代表性，拉伸试验也比较容易进行，并且便于规定标准的试验方法和多项性能指标。所以，钢材的主要强度指标和塑性性能都是根据标准试件一次拉伸试验确定的。该试验是在常温下按规定的加荷速度逐渐施加拉力荷载，使试件逐渐伸长，直至拉断破坏。

低碳钢和低合金钢在一次拉伸时的应力-应变曲线如图 11.1 所示。钢材的屈服点 f_y 是衡量结构的承载能力和确定强度设计值的指标。虽然钢材在应力达到抗拉强度 f_u 时才发生断裂，但结构强度设计却以屈服点 f_y 作为确定钢材强度设计值的依据。这是因为钢材的应力在达到屈服点后应变急剧增长，从而使结构的变形迅速增加，以致不能继续使用。

抗拉强度 f_u 可直接反映钢材内部组织的优劣，同时还可作为钢材的强度贮备，是抵抗塑性破坏的重要指标。

试验表明：在屈服强度 f_y 前，钢材的应变很小；而在屈服强度 f_y 后，钢材产生很大的塑性变形，常使结构出现过大的变形。因此，认为屈服强度 f_y 是设计钢材可以达到的最大应力，而抗拉强度 f_u 是钢材在破坏前能够承受的最大应力。钢材可以看作为理想的弹塑性体，其应力-应变关系如图 11.2 所示。

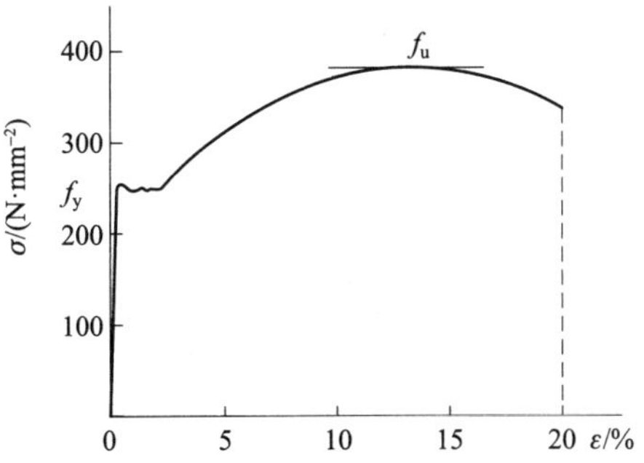

图 11.1 钢材的应力-应变图

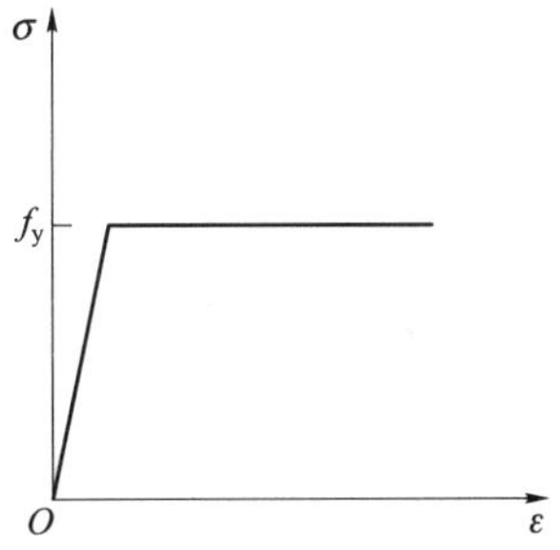

图 11.2 理想弹塑性材料的应力-应变图

2. 塑性

塑性是指钢材在应力超过屈服点后，能产生显著的残余变形而不立即断裂的性质。可由静力拉伸试验得到的伸长率δ来衡量。伸长率δ等于试件拉断后的原标距间的塑性变形与原标距的比值，用百分数表示，即：

$$\delta=\frac{l_1-l_0}{l_0}\times100\% \tag{11-1}$$

式中 l_0——试件原标距长度；

l_1——试件拉断后的标距长度。

δ值越大，钢材的塑性越好，δ随试件的标距长度l_0与直径d_0的比值(l_0/d_0)增大而减小。标准试件一般取$l_0=5d_0$或$l_0=10d_0$，所得伸长率用δ_5和δ_{10}表示。

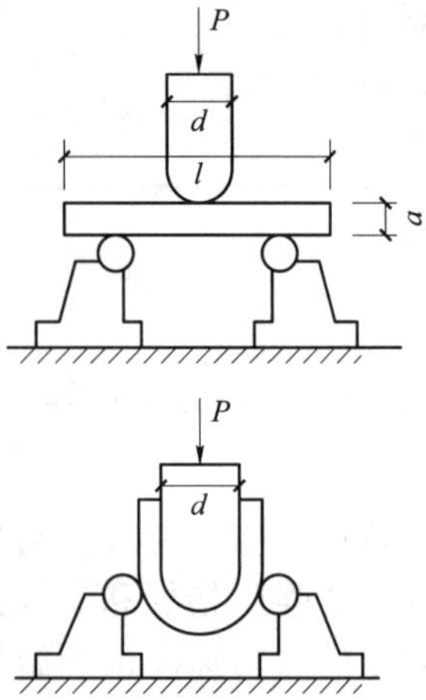

图 11.3 冷弯试验

3. 冷弯性能

冷弯性能可衡量钢材在常温下冷加工弯曲产生的塑性变形对裂缝的抵抗能力。它是将钢材按原有的厚度(直径)做成标准试件，放在如图 11.3 所示的冷弯试验机上，用一定的弯心直径d的冲头，在常温下对标准试件中部施加荷载，将试样弯曲180°；然后，检查其表面及侧面，如果不出现裂纹、缝隙、断裂和起层，则认为材料的冷弯试验合格。

冷弯试验合格，一方面同伸长率符合规定一样，表示钢材冷加工(常温下加工)产生塑性变形时，对裂缝的抵抗能力；另一方面表示钢材的冶金质量(颗粒结晶及非金属夹杂分布，甚至在一定程度上包括可焊性)符合要求。因此，冷弯性能是判断钢材塑性变形能力及冶金质量的综合指标。焊接承重结构的钢材和重要的非焊接承重结构的钢材，需要有良好的冷热加工性能时，都需要冷弯试验合格作保证。

4. 冲击韧性

冲击韧性是衡量钢材承受动力荷载抵抗脆性断裂破坏的性能。韧性是钢材断裂时吸收机械能能力的量度。试件冲击断裂所耗费的功越大，说明钢材能吸收较多的能量，表示冲击韧性越好。实际结构在动力荷载下脆性断裂总是发生在钢材内部缺陷处或有缺口处。因此，最有代表性的是用钢材的缺口冲击韧性衡量钢材在冲击荷载下抗脆断的性能，简称冲击韧性或冲击值。

国家标准规定采用国际上通用的夏比试验法测量冲击韧性。该法所用的试件带V形缺口，由于缺口比较尖锐(图 11.4)，故缺口根部的应力集中现象就能很好地描绘实际结构的缺陷。夏比缺口韧性用A_{KV}表示，其值为试件折断所需的功，单位为J。

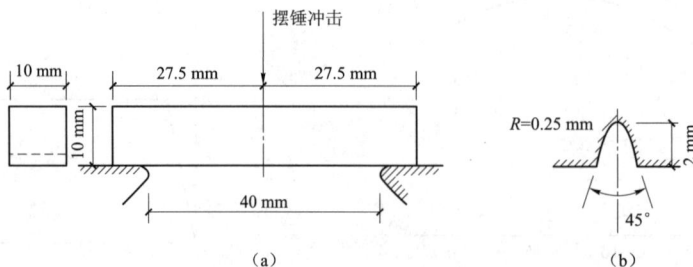

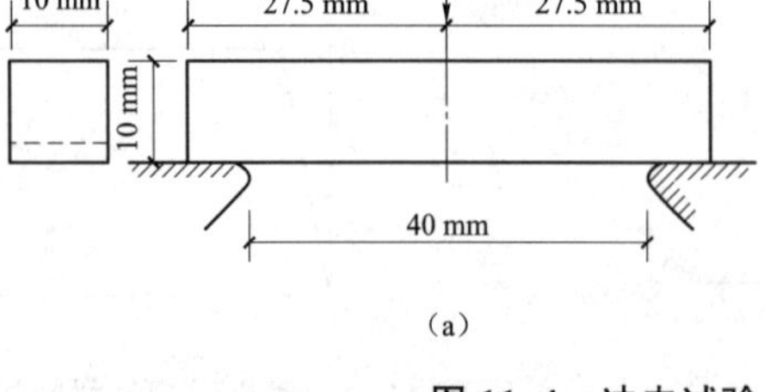

图 11.4 冲击试验

11.2.2 影响建筑钢材力学性能的因素

影响建筑钢材
力学性能的因素

11.2.3 建筑钢材的种类及选用

1. 建筑钢材的种类

在品种繁多的钢材中，钢结构常用的钢材主要有碳素结构钢、低合金结构钢、高强度钢丝和钢索材料。低合金结构钢因含有锰、钒等合金元素而具有较高的强度。处在腐蚀介质中的结构，则应采用加入铜、磷、铬、镍等元素而具有较高抗锈能力的高耐候结构钢。

钢结构所使用的钢材有不同的种类，每个钢种又有不同的牌号。以下分别叙述碳素结构钢和低合金钢的牌号和性能(紧固件中的普通螺栓、高强度螺栓和焊条的钢材)。

(1)碳素结构钢。我国生产的碳素钢分为 Q195、Q215、Q235 和 Q275 四个牌号。《碳素结构钢》(GB/T 700—2006)标准中钢材牌号表示方法是由字母 Q、屈服点数值(N/mm^2)、质量等级代号(A、B、C、D)及脱氧方法代号(F、Z、TZ)四个部分组成。其中，Q 是屈服强度“屈”字的汉语拼音的字头，质量等级中 D 级质量最优，A 级质量最差，F、Z、TZ 则分别是“沸”“镇”及“特、镇”汉语拼音的首位字母，分别代表沸腾钢、镇静钢及特殊镇静钢。其中，代号 Z、TZ 可以省略。碳素结构钢的表示方法为 Q235＃・＃，＃分别表示质量等级和浇铸方法，如 Q235A・F、Q235C 等。

碳素结构钢质量优劣主要是以夏比 V 形缺口试件的冲击韧性的要求来区分，对冷弯试验只在需求方有要求时才进行。对 A 级钢，冲击韧性不作为要求条件，冷弯试验只在需求方有要求时才进行。而 B、C、D 级分别要求 20 ℃、0 ℃、−20 ℃时的冲击韧性值，B、C、D 级也要求冷弯试验合格。不同等级的 Q235 钢对化学元素的含量要求略有不同，对 C、D 级钢要提高其锰的含量以改进韧性，同时降低其含碳量的上限以保证可焊性。此外，对硫、磷含量的限制也应得到保证。

前面已经讲到，在浇铸过程中由于脱氧程度的不同，钢材有镇静钢与沸腾钢之分。用汉语拼音字首表示，符号分别为 Z、F。另外，还有用铝补充脱氧的特殊镇静钢，用 TZ 表示。对 Q235 钢来说，A、B 两级的脱氧方法可以是 Z 或 F，C 级只能是 Z，D 级只能是 TZ。其牌号表示法及代表的意义如下：

Q235A——屈服强度为 235 N/mm^2，A 级，镇静钢。

Q235A・F——屈服强度为 235 N/mm^2，A 级，沸腾钢。

Q235B——屈服强度为 235 N/mm^2，B 级，镇静钢。

Q235 B・F——屈服强度为 235 N/mm^2，B 级，沸腾钢。

Q235C——屈服强度为 235 N/mm^2，C 级，镇静钢。

Q235D——屈服强度为 235 N/mm^2，D 级，特殊镇静钢。

(2)低合金结构钢。在普通碳素钢中添加一种或几种少量合金元素，合金元素总量低于5%的钢称为低合金钢，合金元素总量高于5%的钢称为高合金钢。建筑结构仅用低合金钢，其屈服点和抗拉强度比相应的碳素钢高，并具有良好的塑性和冲击韧性，也较耐腐蚀，可在平炉和氧气转炉中冶炼而成本增加不多，且多为镇静钢。

根据国家标准《低合金高强度结构钢》(GB/T 1591—2018)的规定，低合金高强度结构钢分为Q355、Q390、Q420、Q460、Q500、Q550、Q620、Q690八种。阿拉伯数字表示以N/mm^2为单位的屈服强度的大小。其中，Q355、Q390为钢结构常用钢。

Q355、Q390按质量等级分为B、C、D、E、F五级。由B到F表示质量由低到高。不同质量等级对冲击韧性(夏比V形缺口试验)的要求有所区别，对冷弯试验的要求也有所区别。对B、C、D各级钢都要求冲击韧性A_{KV}值不小34 J(纵向)，不过三者的试验温度有所不同，B级要求常温(20 ℃)冲击韧性，C级和D级则分别要求0 ℃和－20 ℃冲击韧性。D级要求－20 ℃冲击韧性A_{KV}值不小27 J(横向)。不同质量等级对碳、硫、磷、铝的含量的要求也有所区别。

低合金高强度结构钢的B级属于镇静钢，C、D、E、F级属于特殊镇静钢。

结构钢发展的趋势是进一步提高强度而又能保持较好的塑性。公称厚度40～63 mm的Q235钢和Q355钢的纵向伸长率不小于21%，Q390、Q420和Q460钢分别不小于20%、19%和17%。这就是说，塑性随强度提高而下降。塑性过低就难以适用于土建结构，因此，当继续提高强度时，塑性不应再降低。

(3)高强度钢丝和钢索材料。悬索结构和斜张拉结构的钢索、桅杆结构的钢丝绳等通常都采用由高强度钢丝组成的平行钢丝束、钢绞线和钢丝绳。高强度钢丝是由优质碳素钢经过多次冷拔而成，分为光面钢丝和镀锌钢丝两种类型。钢丝强度的主要指标是抗拉强度，其值在1 570～1 700 N/mm^2范围内，而屈服强度通常不作要求。根据国家有关标准，对钢丝的化学成分有严格要求，硫、磷的含量不得超过0.03%，铜含量不超过0.2%，同时对铬、镍的含量也有控制要求。高强度钢丝的伸长率较小，最低为4%，但高强度钢丝却有一个不同于一般结构钢材的特点——松弛。

2. 钢材的选择

(1)钢材选用的原则和考虑因素。钢材选用的原则是：既能使结构安全、可靠地满足使用要求，又要尽最大可能节约钢材，降低造价。对于不同的使用条件，应当有不同的质量要求。钢材的力学性质中，屈服点、抗拉强度、伸长率、冷弯性能、冲击韧性等各项指标是从不同的方面来衡量钢材的质量。显然，没有必要在不同的使用条件下都要符合这些质量指标。

(2)钢材的选择和保证项目的要求。承重结构选择钢材的任务是确定钢材的牌号(包括钢种、冶炼方法、脱氧方法和质量等级)以及提出应有的力学性能和化学成分的保证项目。

1)一般结构多采用Q235钢，但对于跨度较大、荷载较重、较大动荷载作用下以及低温条件下，可选用16Mn钢或15MnV钢。

知识拓展：钢材选用考虑的主要因素

2)结构钢用的平炉钢和氧气转炉钢，质量相当，订货和设计时一般不加区别。

3)采用Q235钢时可用沸腾钢，通常能满足实用要求，但较大动荷载和低温条件下不宜采用沸腾钢。

4)结构钢至少有屈服强度、抗拉强度和伸长率三项力学性能和磷、硫两项化学成分的合格保证。焊接结构还需有含碳量的合格保证。

5)对重级工作制和吊车起重量大于 50 t 的中级工作制吊车梁、吊车桁架等构件，应具有常温(20 ℃)的冲击韧性的保证，低温工作时，还需要有 0 ℃、−20 ℃和−40 ℃时低温冲击韧性的合格保证。

6)对较大房屋的柱、屋架、托架等构件承受直接动力荷载的结构等，应有冷弯试验的合格保证。

3. 钢材的规格

钢结构构件一般宜直接选用型钢，这样可减少制造工作量，降低造价。当型钢尺寸不合适或构件很大时，则用钢板制作。构件之间间接或直接连接，或者附以连接钢板进行连接。所以，钢结构中的元件是型钢及钢板。型钢有热轧及冷成型两种。现分别介绍如下。

(1)热轧钢板。热轧钢板分为厚板和薄板两种，后者是冷成型型钢(常称为冷弯薄壁型钢)的原料之一。厚板的厚度为 4.5～60 mm，薄板的厚度为 0.35～4 mm，在图纸中钢板用“宽×厚×长(单位为 mm)”前面附加钢板横断面的方法表示，如：−800×12×2 100 等。

(2)热轧型钢(图 11.5)。角钢：有等边和不等边两种。等边角钢(也叫等肢角钢)，以边宽和厚度表示，如L100×10 为肢宽 100 mm、厚 10 mm 的角钢；不等边角钢则以两边宽度和厚度表示，如 L100×80×8 等。我国目前生产的等边角钢，其肢为 20～200 mm，不等边角钢的肢宽为25×16～200×125。

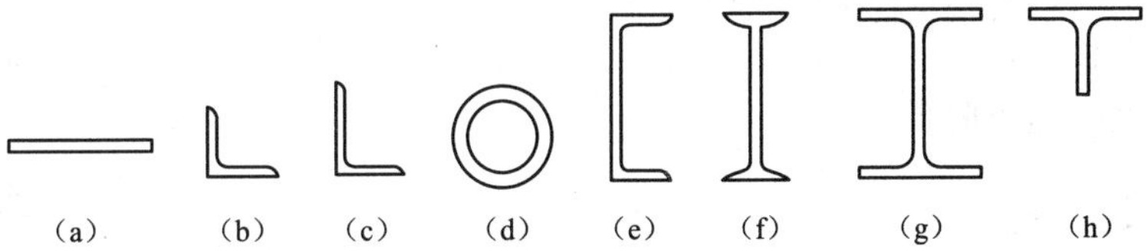

图 11.5　热轧型材截面

(a)钢板；(b)等边角钢；(c)不等边角钢；(d)钢管；(e)槽钢；(f)工字钢；(g)H 型钢；(h)T 型钢

槽钢：我国槽钢有两种尺寸系列，即热轧普通槽钢与普通低合金热轧轻型槽钢。前者用 Q235 钢轧制，表示方法为【30a，指槽钢外廓高度为 30 cm，且腹板厚度为最薄的一种；后者的表示法，例如，【25Q，表示外廓高度为 25 cm，Q 是汉语拼音“轻”的字首。同样号数时，轻型者由于腹板薄及翼缘宽薄，故截面面积小但回转半径大，能节约钢材，减少自重。但轻型系列的实际产品较少。

工字钢：与槽钢相同，也分为上述的两个尺寸系列：普通型和轻型。与槽钢一样，工字钢外轮廓高度的厘米数即为型号，普通型工字钢当型号较大时腹板厚度分为 a、b、c 三种。轻型工字钢由于壁厚已薄，故不再按厚度划分。两种工字钢表示方法如 I32c、I32Q 等。

H 型钢和剖分 T 型钢：H 型钢分为三类，即宽翼缘 H 型钢(HW)、中翼缘 H 型钢(HM)和窄翼缘 H 型钢(HN)。H 型钢型号的表示方法是先用符号 HW、HM 和 HN 表示 H 型钢的类别，后面加“高度(mm)×宽度(mm)”，例如，HW300×300，即为截面高度为 300 mm，翼缘宽度为 300 mm 的宽翼缘 H 型钢。剖分 T 型钢也分为三类，即宽翼缘剖分 T 型钢(TW)、中翼缘剖分 T 型钢(TM)和窄翼缘剖分 T 型钢(TN)。剖分 T 型钢是由对应的 H 型钢沿腹板中部对等剖分而成。其表示方法与 H 型钢类同，如 TN225×200，即表示截面高度为 225 mm，翼缘宽度为 200 mm 的窄翼缘剖分 T 型钢。

(3)冷弯薄壁型钢。用 2～6 mm 厚的薄钢板经冷弯或模压而成，如图 11.6 所示。在国外，冷弯型钢所用的钢板厚度有加大范围的趋势，如美国可用到 1 英寸(25.4 mm)厚。压型钢板是近年来开始使用的薄壁型材，所用的钢板厚度为 0.4～2 mm，用作轻型屋面等构件。

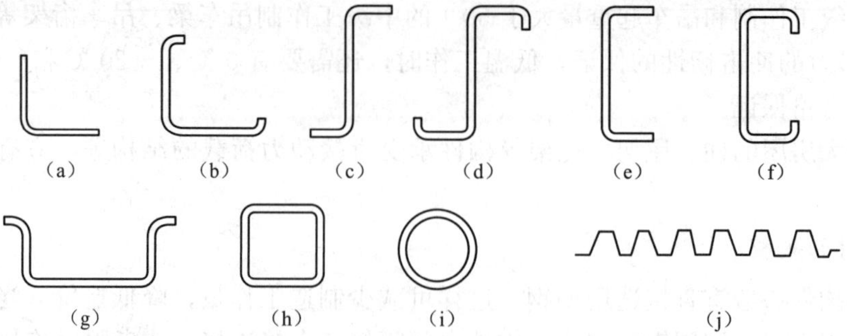

图 11.6　薄壁型钢的截面形式

(a)等边角钢；(b)卷边等边角钢；(c)Z 型钢；(d)卷边 Z 型钢；(e)槽钢；(f)卷边槽钢；(g)向外卷边槽钢(帽型钢)；(h)方管；(i)圆管；(j)压型板

11.3　钢结构的连接

钢结构是指由钢板、型钢等组合连接制成的基本构件，如梁、柱、桁架等运到工地后再通过安装连接组成整体结构，如屋盖、厂房、桥梁等。钢结构的连接方法关系到结构的传力和使用要求，同时还对结构的构造和加工方法、工程造价等有着直接影响。钢结构连接方法的选择要做到传力明确、简捷、强度可靠、保证安全，同时还必须构造简单、材料节约、施工简便、造价降低。

11.3.1　连接方法

钢结构三种连接方法实图示例

目前，钢结构的连接方法主要有铆钉连接、焊缝连接和螺栓连接三种(图 11.7)。目前，大多数钢结构采用焊接或高强度螺栓连接成基本构件，工地安装多采用螺栓连接。铆钉连接费工、费料，房屋结构中已经很少使用。此外，在薄钢结构中还经常采用抽芯铆钉、自攻螺钉、射钉和焊钉等连接方式。

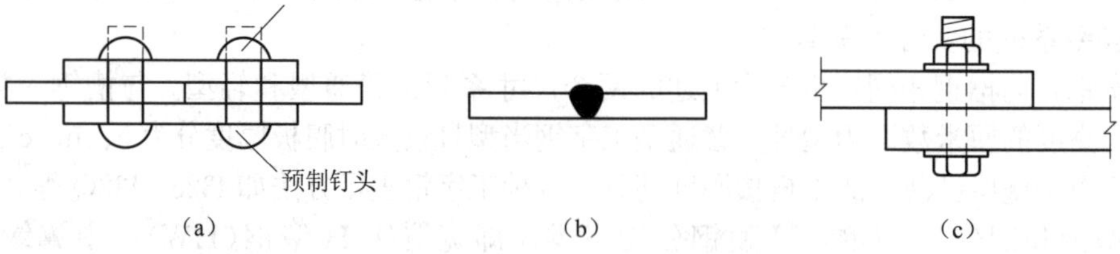

图 11.7　钢结构的连接方法

(a)铆钉连接；(b)焊缝连接；(c)螺栓连接

1. 铆钉连接

铆钉连接是将一端有预制钉头的铆钉插入被连接构件的钉孔中，利用铆钉枪或压铆机将另一端压成封闭钉头，从而使连接件被铆钉夹紧形成牢固的连接。铆钉连接的优点是传力可靠，塑性和韧性较好，质量易于检查和保证，可用于承受动荷载的重型结构；其缺点是构造复杂，费钢、费工，劳动条件差，成本高，目前已很少采用。

2. 焊缝连接

焊缝连接是现代钢结构最常用的连接方法，钢结构中一般采用电弧焊，它是通过电弧产生的热量，使焊条和焊件局部熔化，经冷却凝结成焊缝，从而将焊件连接成一体。它具有不削弱构件截面、刚性好、构造简单、施工便捷、节约钢材、密封性能好、易于采用自动化作业、连接刚度大等优点，但焊接时会产生残余应力和残余变形，连接处的塑性和韧性较差。在工业与民用建筑中，只有少数情况下不宜采用焊接，如重级工作制吊车梁、制动梁及制动梁与柱的连接部位。

3. 螺栓连接

按制作螺栓的材料强度大小及传力机理不同，螺栓连接可分为普通螺栓连接和高强度螺栓连接。

(1)普通螺栓连接。普通螺栓连接依靠栓杆承压和抗剪来传递剪力。普通螺栓连接装拆方便，施工简单，主要用于结构的安装连接和临时性结构。

普通螺栓分为 A、B、C 三级。

A、B 级螺栓为精制螺栓，经机床车削加工精制而成，表面光滑，尺寸准确，精度较高，要求用Ⅰ类孔，栓杆和螺孔间的空隙仅为 0.3 mm 左右。其精度较高，受剪性能较好，变形很小，但制造和安装过于费工、价格高，因此，在钢结构中已很少采用。

C 级螺栓为粗制螺栓，由未经加工的圆钢压制而成。螺栓表面粗糙，一般只要求用Ⅱ类孔，孔径比螺栓杆径大 1～1.5 mm。采用 C 级螺栓的连接，由于螺栓杆和螺栓孔之间间隙较大，受剪时板件间将产生较大的相对滑移，连接的变形大，所以，其抗剪性能较差；但连接成本低，装拆方便，广泛用于承受拉力的安装连接、不重要的连接作用或用作安装时的临时固定。

钢结构采用的普通螺栓形式为大六角头型，其代号用字母 M 和公称直径(单位 mm)表示。建筑工程中常用 M16、M20、M22、M24。

(2)高强度螺栓连接。高强度螺栓连接主要是靠被连接板件间的强大摩擦阻力来传递剪力。高强度螺栓具有强度高、工作可靠、安装简便迅速、耐疲劳、可拆换等优点，被广泛应用于永久性结构的连接，尤其是承受动力荷载的结构；其缺点是在材料、扳手、制造和安装方面有一定的特殊要求，价格较高。

高强度螺栓按其传力方式，可分为摩擦型和承压型两种。摩擦型高强度螺栓连接，在受剪力时，只依靠摩擦阻力传力，并以剪力不超过板件接触面的最大摩擦力为准则。而承压型螺栓连接，允许被连接件间的摩擦力被克服后产生相对滑移，以连接达到破坏的极限承载力作为设计准则。

11.3.2 焊缝连接

焊接自 20 世纪 50 年代以来，由于焊接技术的改进提高，目前它已在钢结构连接中处于主宰地位。它不仅是制造构件的基本连接方法，同时也是构件安装连接的一种重要方法。除了少数直接承受动力荷载结构的某些部位(如吊车梁的工地拼接、吊车梁与柱的连接等)，因容易产生疲劳破坏而在采用时有所限制外，其他部位均可普遍应用。

1. 钢结构中常用的焊接方法

钢结构中常用的焊接方法有电弧焊、埋弧焊(自动和半自动)和气体保护焊等。

(1)电弧焊。电弧焊的质量比较可靠，是最常用的一种焊接方法。手工电弧焊是各种电弧焊方法中发展最早、目前仍然应用最广的一种焊接方法。

如图 11.8 所示，手工电弧焊的电路由焊条、焊钳、焊件、电焊机和导线等组成。通电后，在涂有焊药的焊条与焊件间的间隙中产生电弧，利用电弧产生的高温(约 6 000 ℃)使焊条与焊件熔化成液态，滴落在被电弧所吹成的焊件上小凹槽熔池中，并与焊件熔化部分结成焊缝。由焊条药皮燃烧形成的熔渣和保护气体覆盖熔池，防止空气中的氧、氮等有害气体与熔化的液体金属接触，避免形成脆性、易裂的化合物。焊缝金属冷却后，就把焊件连成一体。随着焊条的移动，焊接熔池不断形成和不断冷却，连续形成焊缝，焊件即被焊成整体。手工电弧焊焊条应与焊件金属品种相适应，对 Q235 钢焊件用 E43 系列型焊条，Q355 钢焊件用 E50 系列型焊条，Q390 钢焊件用 E55 系列型焊条。

手工焊具有设备简单、操作灵活的优点，在钢结构中被普遍采用，特别是短焊缝或曲折焊缝，或在施工现场进行高空焊接时；其缺点是生产效率低，劳动强度大，焊缝质量波动较大。

(2)埋弧焊。埋弧焊的原理如图 11.9 所示。其特点是焊丝成卷装在焊丝转盘上，焊丝外表裸露，不涂焊剂。自动埋弧焊的电焊机可沿轨道按设定的速度移动。焊剂成散落状颗粒装置在焊剂漏斗中，通电后由于电弧的作用，使埋于焊剂下的焊丝和附近的焊剂熔化。熔渣浮在熔化的焊缝金属表面上保护熔化金属，使其不与外界空气接触，有时焊剂还可供给焊缝必要的合金元素，以改善焊缝质量。随着焊机的自动移动，颗粒状的焊剂不断由漏斗漏下，电弧完全被埋在焊剂之内，同时焊丝也自动地边熔化边下降。如果焊机的移动由人工操作，则为半自动埋弧焊。

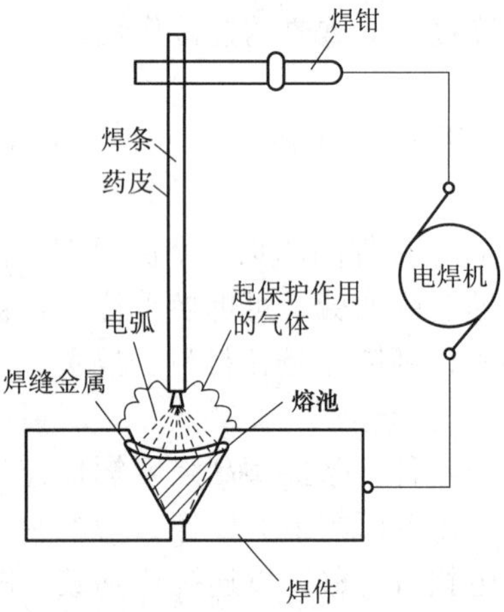

图 11.8　手工电弧焊原理

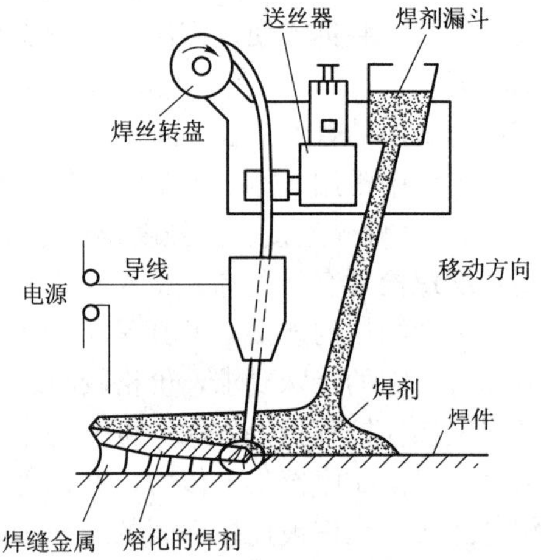

图 11.9　自动埋弧焊原理

自动埋弧焊的焊缝比手工电弧焊好、质量均匀、塑性好、冲击韧性高，但其只适合焊接较长的直线焊缝。半自动埋弧焊除由人工操作前进外，其余过程与自动焊相同，而焊缝质量介于自动焊与手工焊之间。自动焊和半自动焊所采用的焊丝和焊剂，要保证其熔敷金属的抗拉强度不低于相应手工焊焊条的数值。

(3)气体保护焊。气体保护焊又称为气电焊，它是利用焊枪中喷出的惰性气体或二氧化碳气体作为保护介质的一种电弧焊熔焊的方法，具体如图 11.10 所示。气体保护焊直接依靠保护气体在电弧周围形成局部的保护层，以防止有害气体的侵入，从而保持焊接过程的稳定。

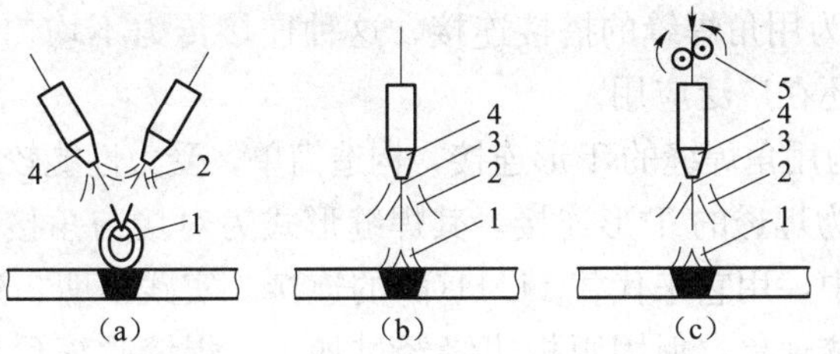

图 11.10 气体保护焊

(a)不熔化极间接电弧焊；(b)不熔化极直接电弧焊；(c)熔化极直接电弧焊

1—电弧；2—保护气体；3—电极；4—喷嘴；5—焊丝滚轮

气体保护焊的优点是焊工能够清楚地看到焊缝成型的过程，熔滴过渡平缓，电弧加热集中，焊接速度快，熔化深度大，焊缝强度高，塑性和抗腐蚀性能好，焊缝不易产生气孔，其适用于低碳钢、低合金高强度钢以及其他合金钢的全位置焊接，但不适用于野外或有风的地方施焊。

知识拓展：焊缝连接的优、缺点　　**知识拓展：焊缝的缺陷**

2. 焊缝连接形式及焊缝形式

(1)焊缝连接形式。如图 11.11 所示，焊缝连接形式按被连接构件间的相对位置，分为平接、搭接、T 形连接和角接共四种类型。这些连接所用的焊缝有对接焊缝和角焊缝两种基本形式。在具体应用时，应根据连接的受力情况，结合制造、安装和焊接条件进行合理选择。

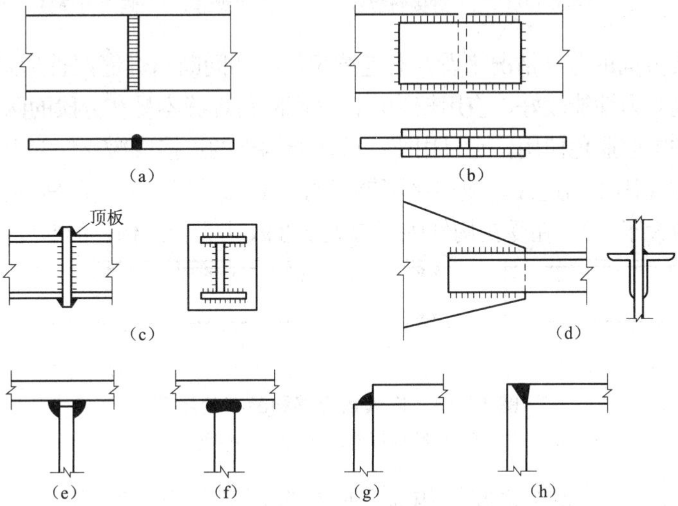

图 11.11 焊缝连接形式

图 11.11(a)所示为用对接焊缝的平接连接，对接焊缝位于被连接板的平面内且焊缝截面与构件截面相同，因而用料经济，传力均匀平缓，没有明显的应力集中。当焊缝质量符合一、二级焊缝质量检验标准时，焊缝和被焊构件的强度相等，承受动力荷载的性能较好，但是对接连接中要求下料和装配的尺寸准确，保证相连板件间有适当空隙，制造费工。

图 11.11(b)所示为用拼接板和角焊缝的平接连接，这种连接传力不均匀、费料，但施工简便、所接两板的间隙大小不需要严格控制。

图 11.11(c)所示为用顶板和角焊缝的平接连接，施工方便，用于受压构件较好。受拉构件为了避免层间撕裂，不宜采用。

图 11.11(d)所示为用角焊缝的搭接连接，这种连接传力不均匀，较费材料，但构造简单、施工方便，目前还在广泛应用。

图 11.11(e)所示为用角焊缝的T形连接，构造简单，受力性能较差，应用也颇为广泛。

图 11.11(f)所示为焊透的T形连接，其焊缝形式为对接与角接的结合，性能与对接焊缝相同。在重要结构中，用它来代替 11.11(e)的连接。实践证明：这种要求焊透的T形连接焊缝，即使有未焊透现象，但因腹板边缘经过加工，焊缝收缩后使翼缘和腹板顶得十分紧密，焊缝受力情况大为改善，一般能保证使用要求。

图 11.11(g)、(h)所示为用角焊缝和对接焊缝的角接连接。

(2)焊缝形式。对接焊缝按所受力的方向，可分为对接正焊缝和对接斜焊缝两种形式[图 11.12(a)、(b)]。角焊缝长度方向垂直于力作用方向的，称为正面角焊缝；平行于力作用方向的，称为侧面角焊缝，如图 11.12(c)所示。

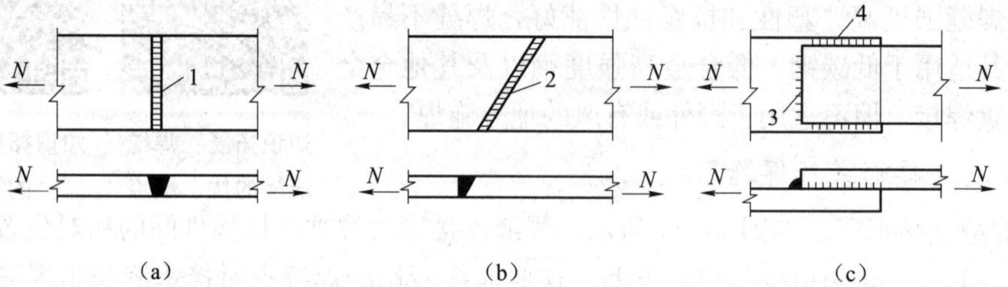

图 11.12　焊缝形式

1—对接正焊缝；2—对接斜焊缝；3—正面角焊缝；4—侧面角焊缝

焊缝按沿长度方向的分布情况来看，有连续角焊缝和间断角焊缝两种形式，具体如图 11.13 所示。连续角焊缝受力性能较好，应用较为广泛。间断角焊缝容易在分段的两端引起严重的应力集中，在重要结构中应避免使用，它只用于一些次要构件的连接或次要焊缝中。间断角焊缝的间距 L 不宜太长，以免因距离过大，使连接不够紧密，潮气易侵入而引起锈蚀。间接距离 L 一般在受压构件中不应大于 $15t$，在受拉构件中不应大于 $30t$，t 为较薄构件的厚度。

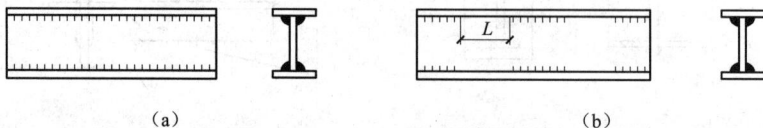

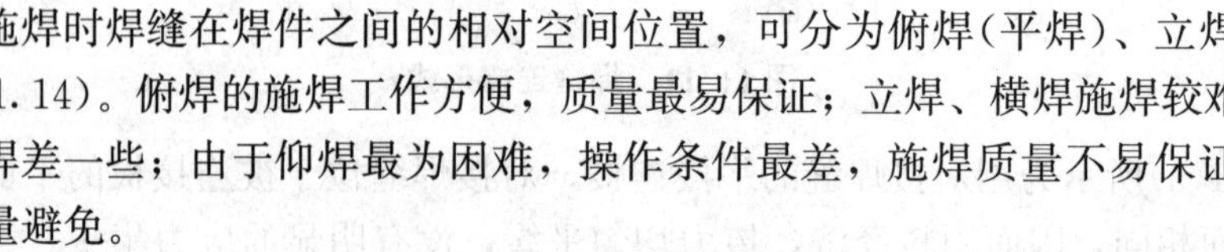

图 11.13　连续角焊缝和断续角焊缝

(a)连续角焊缝；(b)断续角焊缝

焊缝按施焊时焊缝在焊件之间的相对空间位置，可分为俯焊(平焊)、立焊、横焊和仰焊四种(图 11.14)。俯焊的施焊工作方便，质量最易保证；立焊、横焊施焊较难，质量及生产效率比俯焊差一些；由于仰焊最为困难，操作条件最差，施焊质量不易保证，故设计和制造时应尽量避免。

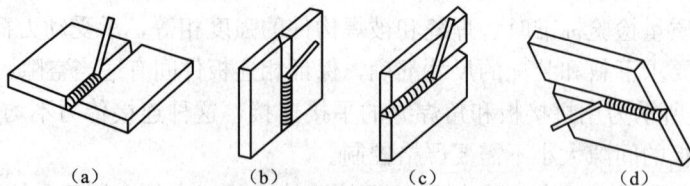

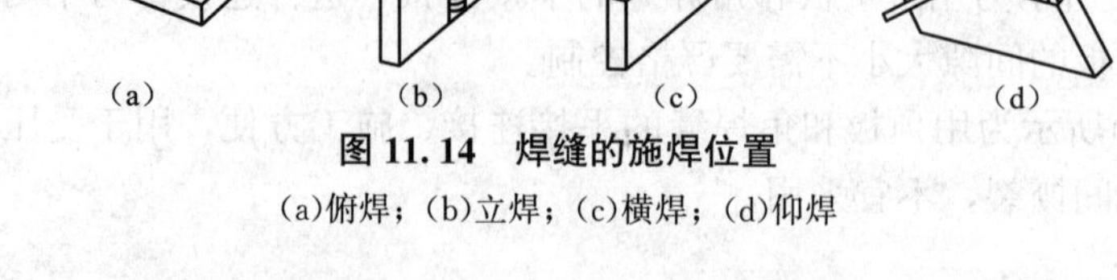

图 11.14　焊缝的施焊位置

(a)俯焊；(b)立焊；(c)横焊；(d)仰焊

3. 焊缝符号及标注方法

(1)焊缝符号。在钢结构施工图上，要用焊缝代号标明焊缝形式、尺寸和辅助要求。焊缝符号主要是由指引线和基本符号组成，必要时可加上辅助符号、补充符号和焊缝尺寸符号。基本符号是表示焊缝横截面形状的符号；辅助符号是表示焊缝表面形状特征的符号；补充符号是为了补充说明焊缝的某些特征而采用的符号。

指引线一般由箭头线和两条基准线(一条为实线，另一条为虚线)所组成。基准线的虚线可以画在基准实线的上侧或下侧。基准线一般应与图纸的底边相平行，特殊情况也可与底边相垂直。对有坡口的焊缝，箭头线应指向带坡口的一侧，必要时允许箭头线弯折一次，箭头指引线一般与水平方向成 30°、45°和 60°角。

基本符号表示焊缝的截面形状。如角焊缝用◺表示，V 形焊缝用 V 表示。基本符号的线条宜粗于指引线，常用的一些基本符号见表 11.1。

表 11.1　常用焊缝的基本符号

名称	封底焊缝	对接焊缝					角焊缝	塞焊缝与槽焊缝	点焊缝
		Ⅰ形焊缝	V 形焊缝	单边 V 形焊缝	带钝边的 V 形焊缝	带钝边的 U 形焊缝			
符号	⌓	ǀǀ	V	ν	Y	Ψ	◺	⊓	○
注：单边 V 形与角焊缝的竖边画在符号的左边。									

基本符号相对于基准线的相对位置是：①当引出线的箭头指向焊缝所在的一面时，应将焊缝符号及尺寸符号标注在基准线的实线上；②当箭头指向对应焊缝所在的另一面时，应将焊缝符号及尺寸标注在基准线的虚线上；③若为双面对称焊缝，基准线可不加虚线。箭头线相对焊缝的位置一般无特殊要求。对有坡口的焊缝，箭头线应指向带坡口的一侧。具体如图 11.15 所示。

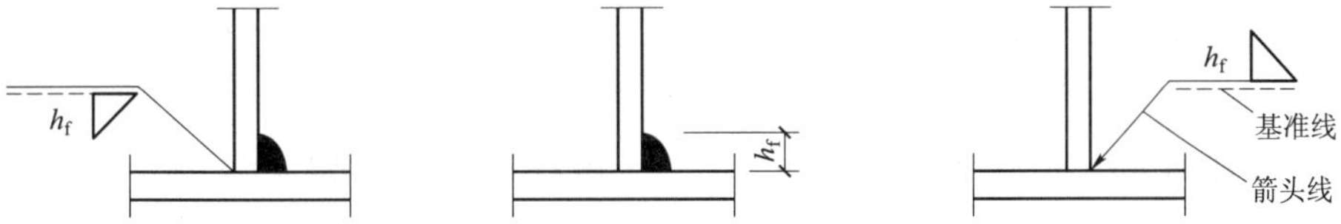

图 11.15　指引线的画法

辅助符号用以表示焊缝表面形状特征，如对接焊缝表面余高部分需要加工，使之与焊件表面平齐，则需在基本符号上加一短画，此短画即为辅助符号。补充符号是为了补充说明焊缝的某些特征而采用的符号，如带有垫板、三面或四面围焊及工地施焊等。钢结构中常用的辅助符号和补充符号，摘录于表 11.2。

表 11.2　焊缝符号中的辅助符号和补充符号

符号	名称	示意图	符号	示例
辅助符号	平面符号		—	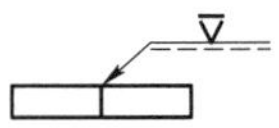
	凹面符号	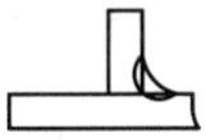	◡	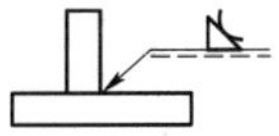

续表

符号	名称	示意图	符号	示例
补充符号	三面焊缝符号	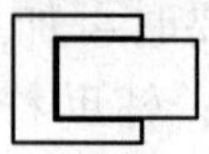		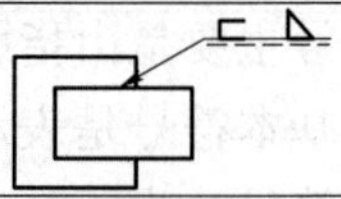
	周边焊缝符号	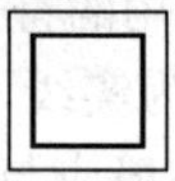		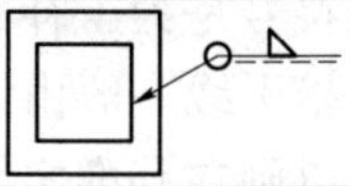
	工地现场焊符号			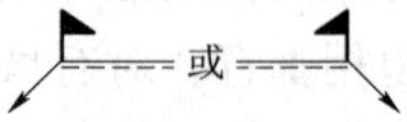
	焊缝底部有垫板的符号			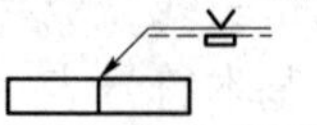
	尾部符号			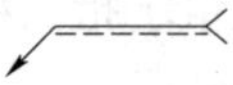
线符号	正面焊缝			
	背面焊缝			
	安装焊缝			

(2)标注方法。

1)相同焊缝的表示方法(图 11.16)。在同一图形上，当焊缝形式、断面尺寸和辅助要求均相同时，可只选择一处标注焊缝的符号和尺寸，并加注“相同焊缝符号”。

在同一图形上，当有数种相同的焊缝时，可将焊缝分类编号标注。在同一类焊缝中，选择一处标注焊缝符号和尺寸，分类编号采用大写的拉丁字母 A、B、C…。

2)熔透角焊缝的表示。熔透角焊缝的符号应按图 11.17 方式标注，熔透角焊缝的符号为涂黑的圆圈，绘在引出线的转折处。

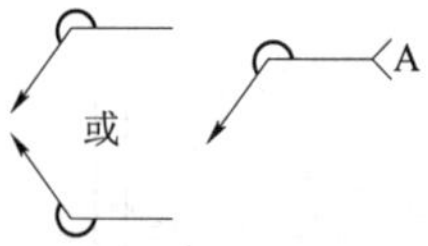

图 11.16　相同焊缝的表示方法

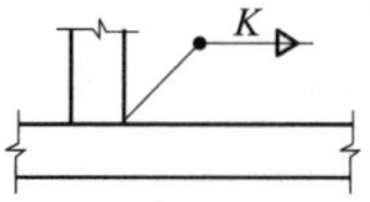

图 11.17　熔透角焊缝的标注方法

3)局部焊缝的表示。局部焊缝按图 11.18 方式标注。

4)较长焊缝的表示。图样中较长的角焊缝(如焊接实腹钢梁的翼缘焊缝)，可不用引出线标注，而直接在角焊缝旁标注焊缝高度 K 值，如图 11.19 所示。

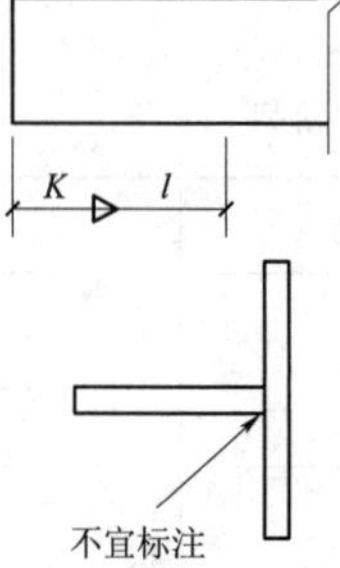

图 11.18　局部焊缝的标注方法

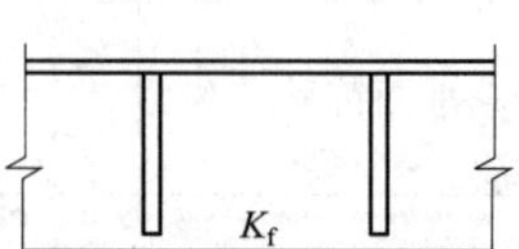

图 11.19　较长焊缝的标注方法

4. 对接焊缝连接

对接焊缝按是否焊透划分，可分为焊透和部分焊透两种，后者性能较差，一般只用于板件较厚且内力较小或不受力的情况。以下只讲述焊透的对接焊缝连接的计算和构造。

(1)对接焊缝的构造要求。对接焊缝中，常在待焊板边缘加工成各种形式的坡口，以保证能将焊缝焊透。按坡口形式，分为I形缝、V形缝、带钝边单边V形缝、带钝边V形缝(也叫作Y形缝)、带钝边U形缝、带钝边双单边V形缝(K形缝)和双Y形缝(X形缝)等(图11.20)。

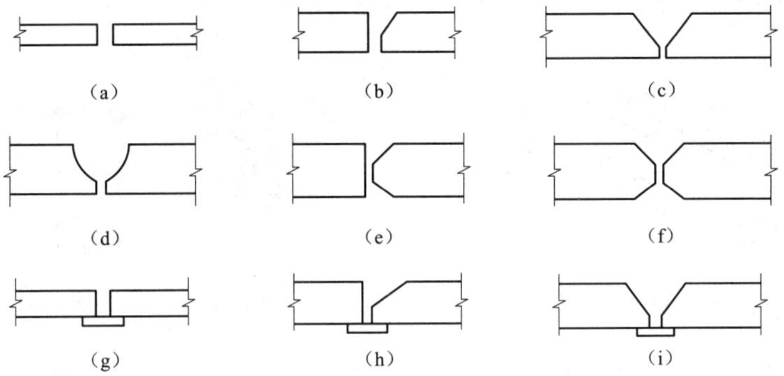

图 11.20　对接焊缝坡口形式

(a)I形缝；(b)带钝边单边V形缝；(c)Y形缝；(d)带钝边U缝；(e)带钝边双单边V形缝；(f)双Y形缝；(g)、(h)、(i)加垫板的I形、带钝边单边V形和Y形缝

当用手工焊时，板件较薄(约 $t \leqslant 6$ mm)时可用I形坡口，即不开破口，只在板边间留适当的对接间隙即可。当焊件厚度 t 很小($t \leqslant 10$ mm)，可采用有斜坡口的带钝边单边V形缝，以便在斜坡口和焊缝根部形成一个焊条能够运转的施焊空间，使焊缝易于焊透。对于较厚的焊件($t > 20$ mm)，应采用带钝边U形缝或带钝边双单边V形缝，或双Y形缝。对于Y形缝和带钝边U形缝的根部，还需要清除焊根并进行补焊。对于没有条件清根或补焊的根部，要事先加垫板[图11.20中的(g)、(h)、(i)]，以保证焊透。

在钢板宽度或厚度有变化的连接中，为了减少应力集中，应从板的一侧或两侧做成坡度不大于1∶2.5的斜坡(图11.21)，形成平缓过渡；对承受动荷载的构件可改为不大于1∶4的坡度过渡。如板厚度相差不大于4 mm，可不做斜坡。焊缝的计算厚度取较薄板的厚度。

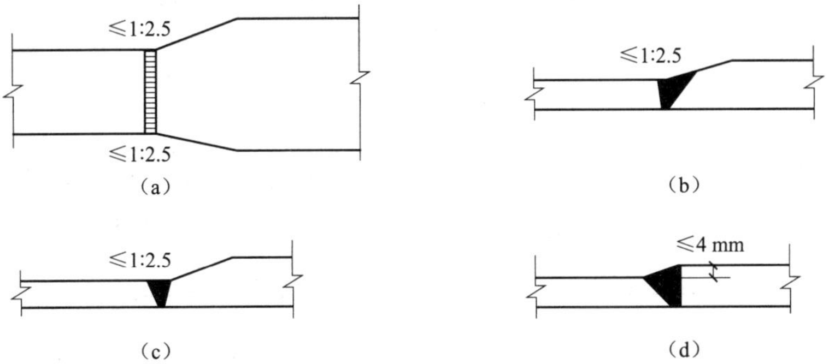

图 11.21　不同宽度和厚度的钢板拼接

(a)钢板宽度不同；(b)、(c)钢板厚度不同；(d)不做斜坡

一般情况下，每条焊缝的两端常因焊接时起弧、灭弧的影响而较易出现弧坑、未熔透等缺陷，常称为焊口，容易引起应力集中，对受力不利。因此，对接焊缝焊接时应在两端设置引弧板(图 11.22)。引弧板的钢材和坡口因与焊件相同，长度≥60 mm(手工焊)、150 mm(自动焊)。焊毕用气割将引弧板切除，并将板边沿受力方向修磨平整。只在受条件限制、无法放置引弧板时，才允许不用引弧板焊接。

在 T 形或角接接头中，以及对接接头一边板件不便开坡口时，可采用单边 V 形、单边 U 形或 K 形开口。受装配条件限制，当板缝较大时，可采用上述各种坡口，但焊接时需在下面加垫板。对于焊透的 T 形连接焊缝，其构造要求如图 11.23 所示。

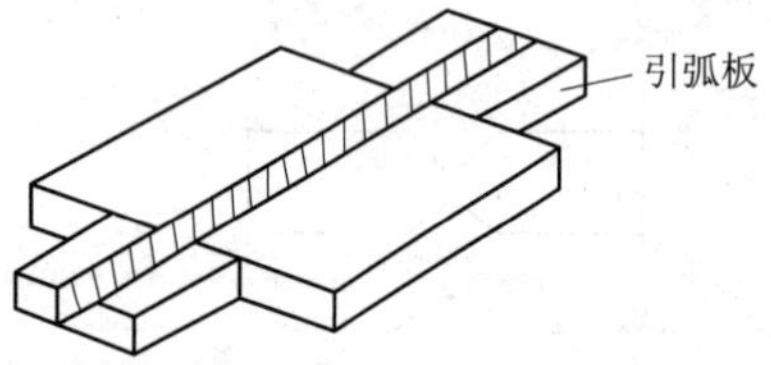

图 11.22　引弧板

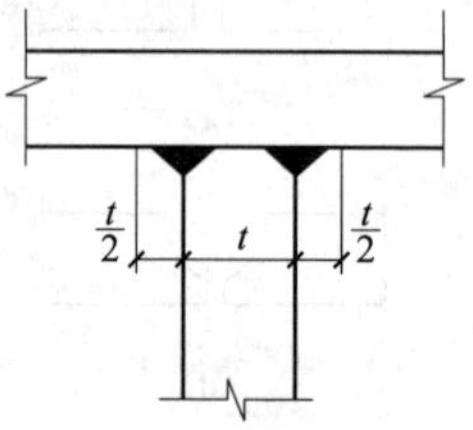

图 11.23　焊透的 T 形连接焊缝

(2)对接焊缝的计算。对接焊缝的应力分布情况，基本上与焊件原来的情况相同，可用计算焊件的方法进行计算。对于重要的构件，按一、二级标准检验焊缝质量，焊缝和构件强度相同，不必另行计算。

1)轴心受力的对接焊缝(图 11.24)。对接焊缝承受轴心拉力或压力 N(设计值)时，按下式计算其强度：

$$\sigma = N/(l_w h_e) \leqslant f_t^w \text{或} f_c^w \tag{11-2}$$

式中　N——轴心拉力或压力设计值；

l_w——焊缝计算长度，当采用引弧板时，取焊缝实际长度；当未采用引弧板时，每条焊缝取实际长度减去 $2t$；

h_e——对接焊缝的计算厚度，在对接连接节点中取连接件的较小厚度，在 T 形连接节点中取腹板的厚度；

f_t^w、f_c^w——对接焊缝的抗拉、抗压强度设计值，抗压焊缝和一、二级抗拉焊缝同母材，三级抗拉焊缝为母材的 85%。

当正缝连接的强度低于焊件的强度时，为了提高连接的承载能力，可改用斜缝；但用斜缝时，焊件较费材料。当斜缝和作用力间的夹角 θ 符合 $\tan\theta \leqslant 1.5$ 时，可不计算焊缝强度。

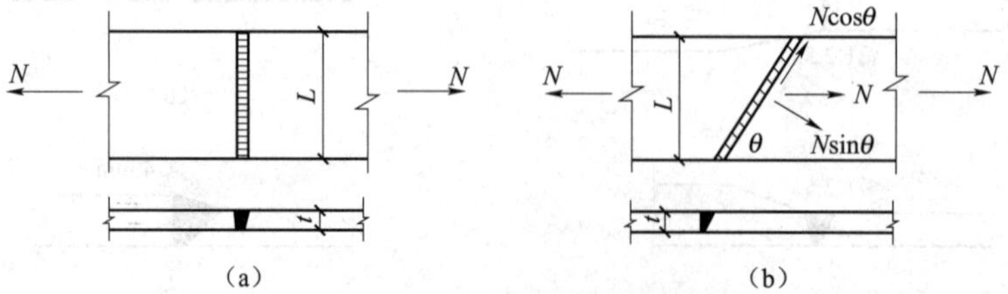

图 11.24　轴心力作用下对接焊缝连接

(a)正缝；(b)斜缝

2)受弯、受剪的对接焊缝计算。矩形截面的对接焊缝，其正应力与剪应力的分布情况分别为三角形与抛物线形(图 11.25)，应分别按式(11-3)、式(11-4)计算正应力和剪应力。

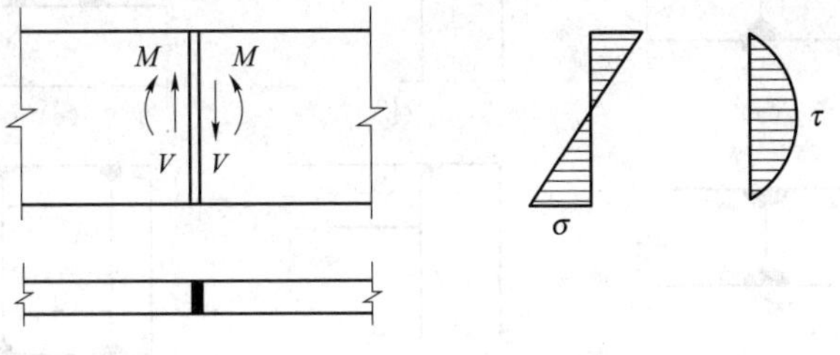

图 11.25　受弯受剪的对接连接

$$\sigma=\frac{M}{W_w}\leqslant f_t^w \tag{11-3}$$

$$\tau=\frac{VS_w}{I_w h_e}\leqslant f_v^w \tag{11-4}$$

式中　M——焊缝承受的弯矩；

V——焊缝承受的剪力；

W_w——焊缝截面的截面模量；

I_w——焊缝截面对其中和轴的惯性矩；

S_w——焊缝截面在计算剪力处以上部分对中和轴的面积矩；

f_v^w——对接焊缝的抗剪强度，由附表 14-2 查询。

工字形、箱形、T 形等构件，在腹板与翼缘交接处(图 11.26)，焊缝截面同时受有较大的正应力 σ_1 和较大的剪应力 τ_1。对此类截面构件，除应分别按照式(11-3)、式(11-4)验算焊缝截面最大正应力和剪应力外，还应按下式验算折算应力：

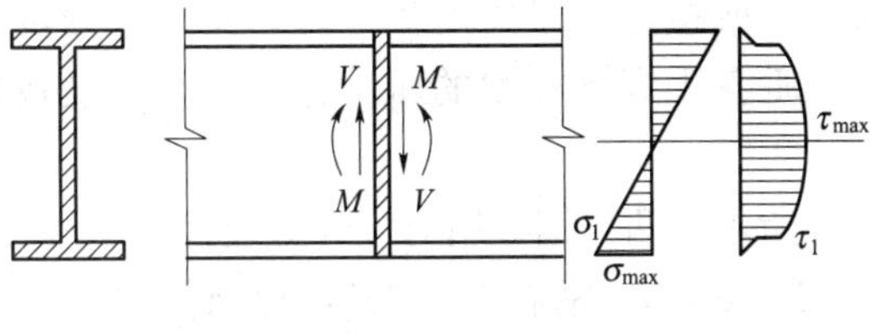

图 11.26　受弯剪的工字形截面的对接焊缝

$$\sqrt{\sigma_1^2+3\tau_1^2}\leqslant 1.1 f_t^w \tag{11-5}$$

式中　σ_1、τ_1——验算点处(腹板、翼缘交接点)焊缝截面正应力和剪应力。

另外，当焊缝质量为一、二级时，可不必计算。

3)轴力、弯矩、剪力共同作用时，对接焊缝的最大正应力应为轴力和弯矩引起的应力之和，剪应力按式(11-4)验算，折算应力仍按式(11-5)验算。

4)部分焊透的对接焊缝。在钢结构设计中，当遇到板件较厚，而板件之间连接受力较小的情况时，可以采用不焊透的对接焊缝(图 11.27)。例如：当用四块较厚的钢板焊成的箱形截面轴心受压柱时，由于焊缝主要起连系作用，就可以用不焊透的坡口焊缝[图 11.27(f)]。在此情况下，采用焊透的坡口焊缝并非必要，而采用角焊缝则外形不能平整，都不如采用未焊透的坡口焊缝为好。

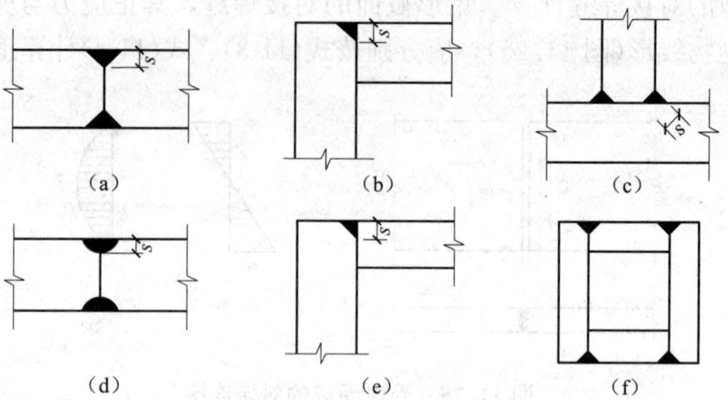

图 11.27　部分未焊透的对接焊缝

(a)、(b)、(c)V 形坡口；(d)U 形坡口；(e)J 形坡口；(f)焊缝只起联系作用的坡口焊缝

当垂直于焊缝长度方向受力时，因部分焊透处的应力集中带来的不利影响，对于直接承受动力荷载的连接不宜采用；但当平行于焊缝长度方向受力时，其影响较小，可以采用。

部分焊透的对接焊缝，由于它们未焊透，只起类似于角焊缝的作用，因此，设计中应按角焊缝的计算式(11-5)～式(11-7)进行，可取 $\beta_f=1.0$，仅在垂直于焊缝长度的压力作用下，则取为 $\beta_f=1.22$。其有效厚度则取为：

V 形坡口，当 $\alpha \geqslant 60°$时，$h_e=s$；

当 $\alpha < 60°$时，$h_e=0.75s$；

单边 V 形和 K 形坡口，当 $\alpha=45°\pm5°$时，$h_e=s-3$；

U 形、J 形坡口，当 $\alpha=45°\pm5°$时，$h_e=s$；

有效厚度 h_e 不得小于 $1.5\sqrt{t}$，t 为坡口所在焊件的较大厚度(单位 mm)。

其中，s 为坡口根部至焊缝表面的最短距离，α 为 V 形坡口的夹角。

当熔合线处截面边长等于或接近于最短距离 s 时，其抗剪强度设计值应按角焊缝的强度设计值乘以 0.9 采用。在垂直于焊缝长度的压力作用下，强度设计值可按焊缝的强度设计值乘以 $\beta_f=1.22$。

【例 11.1】 如图 11.28 所示，两块钢板用对接焊缝连接，承受轴向拉力的设计值为 2 400 kN，钢材为 Q355，焊条为 E55，手工焊，施焊时不设引弧板，试设计该对接焊缝。

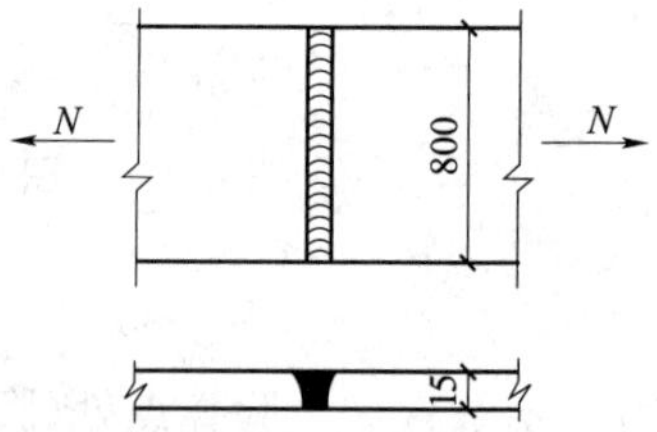

图 11.28 ［例 11.1］附图

【解】 首先，验算钢板强度，由附表 14.1 查得 Q355 钢 $f=305\ \text{N/mm}^2$，钢板最大抗拉承载力为：

$N_{max}=800\times15\times305=3\ 660\ 000(\text{N})=3\ 660\ \text{kN}>2\ 400\ \text{kN}$，安全。

采用对接焊缝连接，质量等级为三级，由附表 14-2 查得 $f_t^w=260\ \text{N/mm}^2$，焊缝应力为：

$$\sigma=\frac{2\ 400\times10^3}{(800-2\times15)\times12}=259.7(\text{N/mm}^2)<260\ \text{N/mm}^2\text{，安全。}$$

5. 角焊缝的构造与计算

(1)角焊缝的形式。角焊缝按其与外力作用方向的不同，可分为平行于力作用方向的侧面角焊缝、垂直于力作用方向的正面角焊缝和与力作用方向斜交的斜向角焊缝三种(图 11.29)。

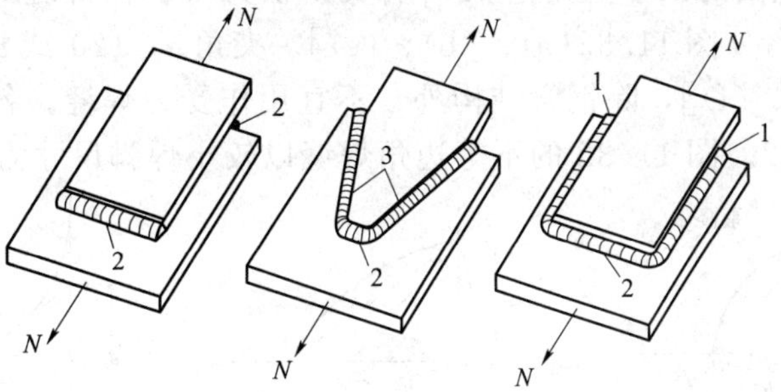

图 11.29　角焊缝的受力形式

1—侧面角焊缝；2—正面角焊缝；3—斜向角焊缝

侧面角焊缝主要承受剪力，应力状态比正面角焊缝简单。在弹性受力阶段，剪应力沿焊缝长度方向呈两端大而中间小的不均匀分布，焊缝越长，越不均匀。但侧面角焊缝的塑性较好，随着受力增大进入弹塑性状态时，剪应力分布将渐趋均匀，破坏时可按沿全长均匀受力考虑，具体如图 11.30(a)所示。

正面角焊缝的应力状态比侧面角焊缝复杂，其破坏强度比侧面角焊缝要高，但塑性变形要差一些。正面角焊缝沿焊缝长度的应力分布比较均匀，两端的应力比中间的应力略低，具体如图 11.30(b)所示。

如图 11.31 所示，角焊缝按其截面形式，可分为普通型、平坦型和凹面型三种。一般情况下，可采用普通型角焊缝，但其力线弯折，应力集中程度严重；对于正面角焊缝，可采用平坦型或凹面型角焊缝；对承受直接动力荷载的结构，为使传力平缓，正面角焊缝宜采用平坦型角焊缝，侧缝宜采用凹面型角焊缝。

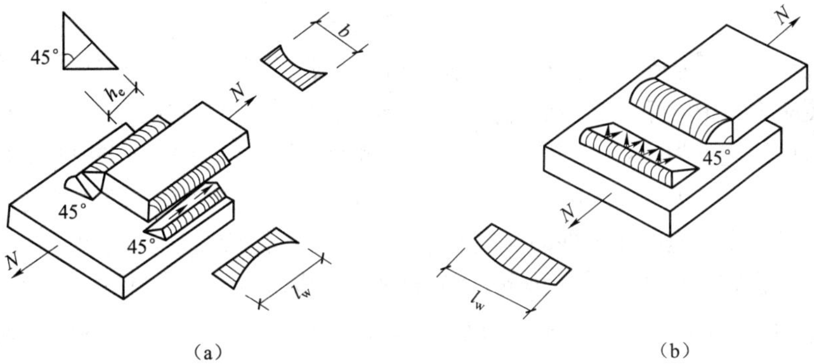

图 11.30　角焊缝应力分布

(a)侧面角焊缝应力分布；(b)正面角焊缝应力分布

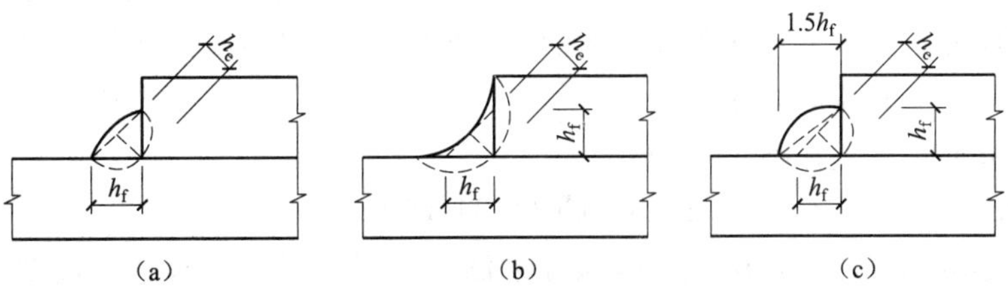

图 11.31　角焊缝的截面形式

(a)普通型；(b)凹面型；(c)平坦型

普通型角焊缝截面的两个直角边长 h_{f} 称为焊脚尺寸。角焊缝两焊脚边的夹角 α 一般为 90°直角角焊缝，[图 11.32(a)、(b)、(c)]。夹角 $\alpha>120°$ 或 $\alpha<60°$ 的斜角角焊缝[图 11.32(d)、(e)、(f)]，除钢管结构外，不宜用作受力焊缝。各种角焊缝的焊脚尺寸 h_{f} 均示于图 11.32。图 11.32 的不等边角焊缝以较小焊脚尺寸为 h_{f}。

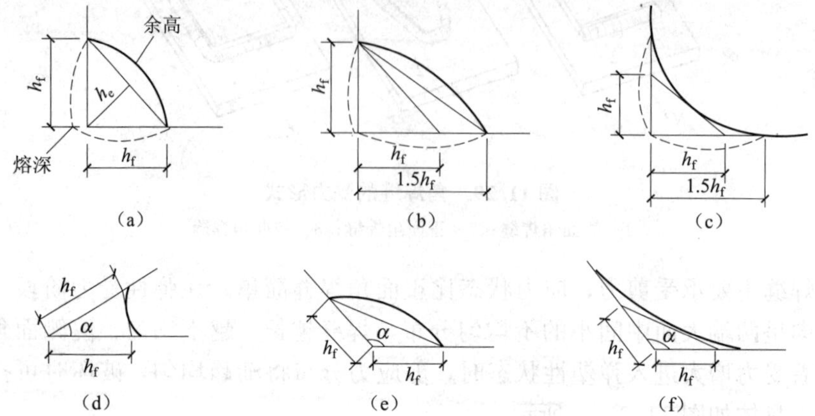

图 11.32　角焊缝的示意图

等边角焊缝的最小截面和两边焊脚成 $\alpha/2$ 角(直角角焊缝为 45°)，该截面称为有效截面(图 11.33 中的 AD 截面)或计算截面。不计余高和熔深，图 11.33 中，h_{e} 称为角焊缝的有效厚度，$h_{e}=\cos 45° h_{f}=0.7h$。试验证明，多数角焊缝破坏都发生在这一截面。计算时，假定有效截面上应力均匀分布，且不分抗拉、抗压或抗剪，都采用同一强度设计值，用 f_{f}^{w} 表示，见附表 14.2。

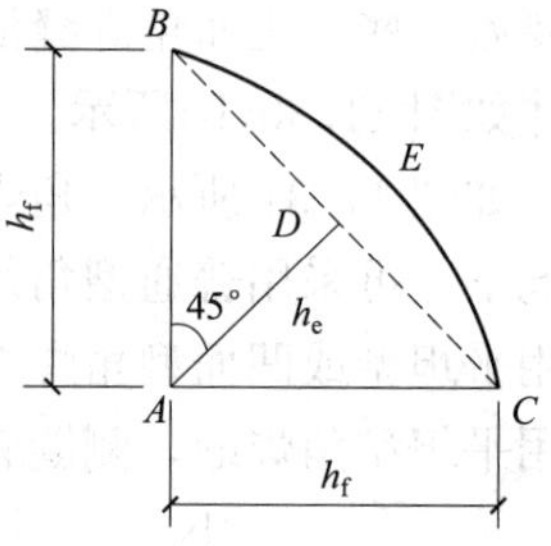

图 11.33　角焊缝截面

(2)角焊缝尺寸的构造要求。在直接承受动力荷载的结构中，为了减缓应力集中，角焊缝表面应做成直线形或凹形[图 11.32(c)、(d)]。焊缝直角边的比例：对正面角焊缝可为 1∶1.5[图 11.32(b)]，侧面角焊缝可为 1∶1[图 11.32(a)]。

角焊缝的焊脚尺寸 h_{f} 不应过小，以保证焊缝的最小承载能力，并防止焊缝因冷却过快而产生裂纹。焊缝的冷却速度和焊件的厚度有关，焊件越厚则焊缝冷却越快。在焊件刚度较大的情况下，焊缝也容易产生裂纹。因此，《钢结构设计标准》(GB 50017—2017)规定：角焊缝的焊脚尺寸 h_{f} 不得小于$1.5\sqrt{t}$，t 为较厚焊件厚度；对自动焊，最小焊脚尺寸则减小 1 mm；对 T 形连接的单面角焊缝，应增加 1 mm；当焊件厚度小于 4 mm 时，则取与焊件厚度相同。

角焊缝的焊脚尺寸如果太大，则焊缝收缩时将产生较大的焊接变形，焊接热影响区扩大，容易产生脆裂，较薄焊件容易烧穿。因此，《钢结构设计标准》(GB 50017—2017)规定：角焊缝的焊脚尺寸不宜大于较薄焊件厚度的 1.2 倍[图 11.34(a)]。但板件(厚度为 t)的边缘焊缝的焊脚尺寸 h_{f}，还应符合下列要求：

当 $t\leqslant 6$ mm 时，$h_{f}\leqslant t$[图 11.34(b)]；

当 $t>6$ mm 时，$h_{f}\leqslant t-(1\sim 2)$mm[图 11.34(b)]。

当两焊件厚度相差悬殊，用等焊脚尺寸无法满足最大、最小焊缝厚度要求时，可用不等焊脚尺寸，按满足图 11.32(b)所示要求采用。

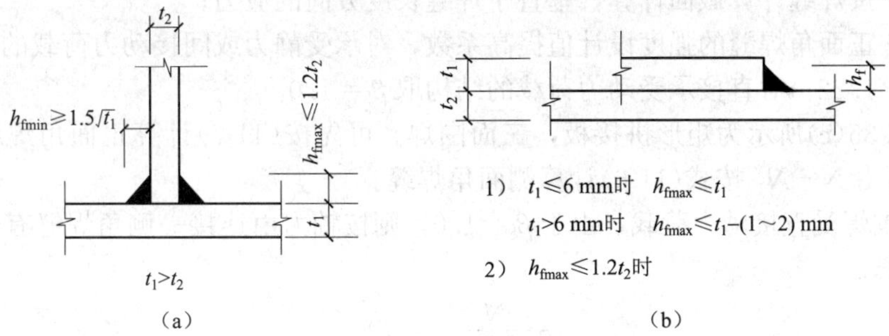

图 11.34 角焊缝最大、最小的焊脚尺寸

角焊缝长度 l_w 也有最大和最小的限制，当焊缝的厚度大而长度过小时，会使焊件局部加热严重，且起落弧坑相距太近，加上一些可能产生的缺陷，使焊缝不够可靠。因此，侧面角焊缝或正面角焊缝的计算长度不得小于 $8h_f$ 和 40 mm。另外，侧面角焊缝的应力沿其长度分布并不均匀，两端大，中间小；它的长度与厚度之比越大，其差别也就越大；当此比值过大时，焊缝端部应力就会先达到极值而开裂。此时，中部焊缝还未充分发挥其承载能力。因此，侧面角焊缝的计算长度，不宜大于 $60h_f$。如大于上述数值，其超过部分在计算中不予考虑。但内力若沿侧面角焊缝全长分布，其计算长度不受此限制。

当板件仅用两条侧焊缝连接时，为了避免应力传递的过分弯折而使板件应力过分不均，宜使 $l_w\geqslant b$，同时为了避免因焊缝横向收缩时引起板件拱曲太大，宜使 $b\leqslant16t$（$t>$ 12 mm）或 200 mm（$t\leqslant12$ mm），t 为较薄焊件厚度。当 b 不满足此规定时，应加正面角焊缝，或加槽焊或塞焊。

搭接连接不能只用一条正面角焊缝传力，并且搭接长度不得小于焊件较小厚度的 5 倍，同时不得小于 25 mm。

杆件与节点板的连接焊接，一般采用两面侧焊，也可采用三面围焊，对角钢杆件也可用 L 形围焊，所有围焊的转角处必须连续施焊。当焊缝的端部在构件转角处时，可连续的作长度为 $2h_f$ 的绕角焊，以免起落弧在焊口处的缺陷发生在应力集中较大的转角处，从而改善连接的工作。

(3)角焊缝的计算。

1)受轴心力焊件的拼接板连接。当焊件受轴心力作用时，且轴力通过连接焊缝群形心时，焊缝有效截面上的应力可认为是均匀分布的。用拼接板将两焊件连成整体，需要计算拼接板和连接一侧角焊缝的强度。

①图 11.35(a)所示的矩形拼接板，侧面角焊缝连接。此时，作用力与焊缝长度方向平行，可按式(11-6)计算：

$$\tau_f=\frac{N}{h_e\sum l_w}\leqslant f_f^w \tag{11-6}$$

式中 τ_f——按焊缝计算截面计算，平行于焊缝长度方向的剪应力；

f_f^w——角焊缝的强度设计值，见附录中附表 14.2；

h_e——角焊缝的有效厚度；

$\sum l_w$——连接一侧角焊缝的计算长度总和。

②图 11.35(b)所示为矩形拼接板，正面角焊缝连接。此时，外力作用的方向与焊缝长度方向垂直，可按(11-7)式计算：

$$\sigma_f=\frac{N}{h_e\sum l_w}\leqslant \beta_f f_f^w \tag{11-7a}$$

式中　σ_f——按焊缝计算截面计算，垂直于焊缝长度方向的应力；

β_f——正面角焊缝的强度设计值提高系数，对承受静力或间接动力荷载的结构取 $\beta_f=1.22$；对直接承受动力荷载的结构取 $\beta_f=1.0$。

③图 11.35(c)所示为矩形拼接板，三面围焊。可先按(11-7)计算正面角焊缝所承担的内力 N_1，再由 $N-N_1$ 按式(11-6)计算侧面角焊缝。

如三面围焊受直接动力荷载，由于 $\beta_f=1.0$，则按轴力由连接一侧角焊缝有效截面面积平均承担计算。

$$\frac{N}{h_e\sum l_w}\leqslant f_f^w \tag{11-7b}$$

④斜焊缝或作用力与长度方向斜交成 θ 的角焊缝

首先将外力分解到与焊缝平行和垂直的两个方向，分别算出各方向的应力，再按下式进行计算。

$$\sqrt{\left(\frac{N\sin\theta}{\beta_f h_f l_w}\right)^2+\left(\frac{N\cos\theta}{h_f l_w}\right)^2}\leqslant f_f^w \tag{11-8}$$

对于承受静力和间接动力荷载的情况，若将 $\beta_f=1.22$ 和 $\cos^2\theta=1-\sin^2\theta$ 代入式(11-8)，整理后，可得：

$$\frac{N}{h_f\sum l_w}\sqrt{1-\frac{1}{3}\sin^2\theta}\leqslant f_f^w \tag{11-9}$$

取

$$\beta_{f,o}=\sqrt{1-\frac{1}{3}\sin^2\theta} \tag{11-10}$$

则为：

$$\frac{N}{h_f\sum l_w}\leqslant \beta_{f,o} f_f^w \tag{11-11}$$

式中　$\beta_{f,o}$——斜向角焊缝强度设计值提高系数，对承受静力或间接承受动力荷载的结构，按式(11-10)计算；对直接承受动力荷载的结构取 $\beta_{f,o}=1.0$；

θ——轴心力与焊缝长度方向的夹角。

⑤为使传力线平缓过渡，减小矩形拼接板转角处的应力集中，可改用菱形拼接板，此时焊缝由侧面、正面和斜向三种角焊缝组成的周围焊缝，如图 11.35(d)所示。假设破坏时各部分角焊缝都同时达到各自的极限强度，则可按下式计算：

$$\frac{N}{\sum\beta_{f,o} h_e l_w}\leqslant f_f^w \tag{11-12}$$

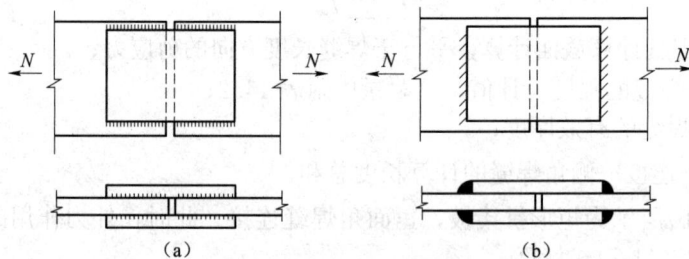

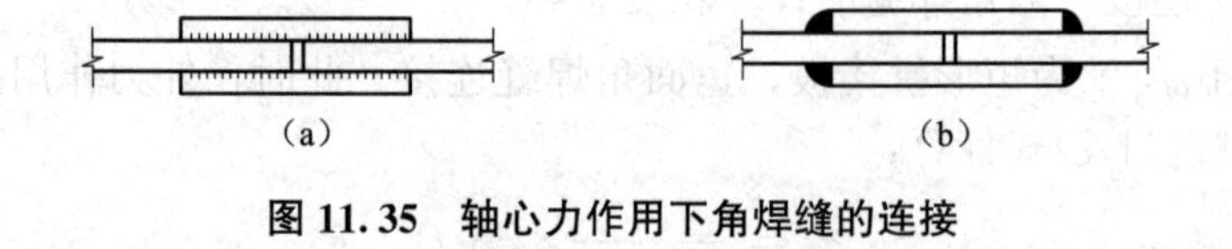

图 11.35　轴心力作用下角焊缝的连接

(a)矩形拼接板侧焊缝连接；(b)矩形拼接板正面角焊缝连接；

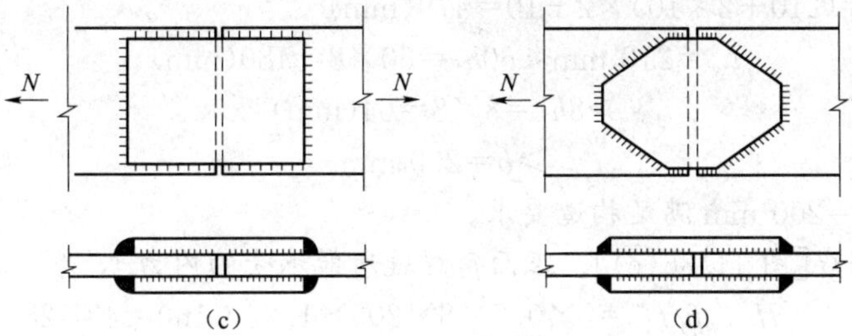

图 11.35 轴心力作用下角焊缝的连接(续)

(c)矩形拼接板三面围焊连接；(d)菱形拼接板围焊连接

【例 11.2】 试设计图 11.36 所示一双盖板的对接接头。已知钢板截面为 250×15，盖板截面为 2—200×11，承受轴心力设计值 900 kN(静力荷载)，钢材为 Q235，焊条 E43 型，手工焊。

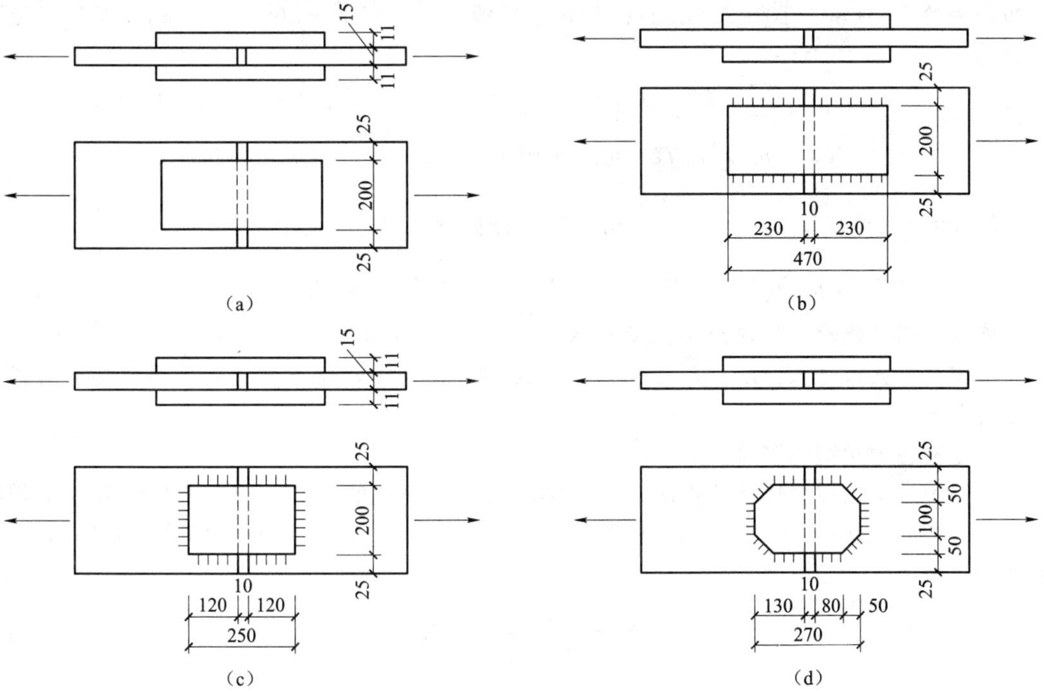

图 11.36 【例 11.2】附图

【解】 确定角焊缝的焊脚尺寸 h_f：

取
$$h_f=10\ \text{mm}\leqslant h_{f,\max}=t-(1\sim2)=11-(1\sim2)=9\sim10\ \text{mm}$$
$$\leqslant 1.2t_{\min}=1.2\times11=13(\text{mm})$$
$$>h_{f,\min}=1.5\sqrt{t_{\max}}=1.5\times\sqrt{14}=5.8(\text{mm})$$

由附录附表 14.2 查得角焊缝强度设计值 $f_f^w=160\ \text{N/mm}^2$。

(1)采用侧面角焊缝[图 11.36(b)]。因用双盖板，接头一侧共有 4 条焊缝，每条焊缝所需的计算长度为：

$$l_w=\frac{N}{4h_e f_f^w}=\frac{900\times10^3}{4\times0.7\times10\times160}=200.9(\text{mm})\text{取 } l_w=210\ \text{mm}$$

盖板总长：$L=(210+2\times10)\times2+10=470(\text{mm})$

$$l_w=210\ \text{mm}<60h_f=60\times8=480(\text{mm})$$
$$>8h_f=8\times8=64(\text{mm})$$
$$>b=200\ \text{mm}$$

且 $b=200$ mm=200 mm 满足构造要求。

(2)采用三面围焊[图 11.36(c)]。正面角焊缝所能承受的内力 N' 为：

$$N'=2\times0.7h_f l'_w \beta_f f_f^w=2\times0.7\times8\times200\times1.22\times160=437\ 284(\text{N})$$

接头一侧所需侧焊缝的计算长度为：

$$l'_w=\frac{N-N'}{4h_e f_f^w}=\frac{900\ 000-437\ 248}{4\times0.7\times10\times160}=103.3(\text{mm})\text{取 }110\ \text{mm。}$$

盖板总长：$L=(110+10)\times2+10=250(\text{mm})$取 250 mm。

(3)采用菱形盖板[图 11.36(d)]。为使传力较平顺或减小拼接盖板四角焊缝的应力集中，可将拼接盖板做成菱形。连接焊缝由三部分组成，取：①两条端缝 $l_{w1}=100$ mm；②四条侧缝 $l_{w2}=80-10=70(\text{mm})$；③四条斜缝 $l_{w3}=\sqrt{50^2+50^2}=71$ mm。其承载能力分别为：

$$N_1=\beta_f h_e \sum l_w f_f^w=1.22\times0.7\times10\times2\times100\times160=273\ 280(\text{N})$$
$$N_2=h_e \sum l_w f_f^w=0.7\times10\times70\times4\times160=313\ 600(\text{N})$$

斜焊缝因 $\theta=45^\circ$，$\beta_{f,o}=\sqrt{1-\frac{1}{3}\sin^2 45^\circ}=1.1$，则

$$N_3=h_e \sum l_w \beta_{f,o} f_f^w=0.7\times10\times4\times71\times1.1\times160=349\ 888(\text{N})$$

连接一侧功能承受的内力为：$N_1+N_2+N_3=936\ 768(\text{N})>900$ kN

所需拼接盖板总长：$L=(50+80)\times2+10=270(\text{mm})$，比采用三面围焊的矩形盖板的长度有所增加。

2)受轴心力角钢的连接。

①当用侧面角焊缝连接角钢时，虽然轴心力通过角钢的形心，但肢背焊缝和肢尖焊缝到形心的距离 $e_1\neq e_2$，受力大小不相等。设肢背焊缝受力为 N_1，肢尖焊缝受力为 N_2，由平衡条件得：

$$N_1=\frac{e_2}{e_1+e_2}N=K_1N \tag{11-13}$$

$$N_2=\frac{e_1}{e_1+e_2}N=K_2N \tag{11-14}$$

式中　K_1、K_2——焊缝内力分配系数，可按表 11.3 查得。

表 11.3　角钢角焊缝的内力分配系数

连接情况	连接形式	分配系数	
		K_1	K_2
等肢角钢一肢连线	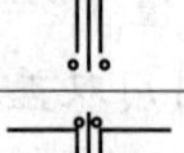	0.7	0.3
不等肢角钢短肢连接	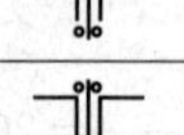	0.75	0.25
不等肢角钢长肢连接	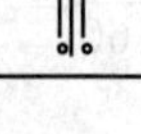	0.65	0.35

②当采用三面围焊时，如图 11.37(b)所示，可选定正面角焊缝的焊脚尺寸 h_f，并算出它所能承担的内力 $N_3=0.7h_f\sum l_{w3}\beta_f f_f^w$，再通过平衡关系，可以解得 N_1、N_2，再按式(11-13)、式(11-14)计算出侧面角焊缝。

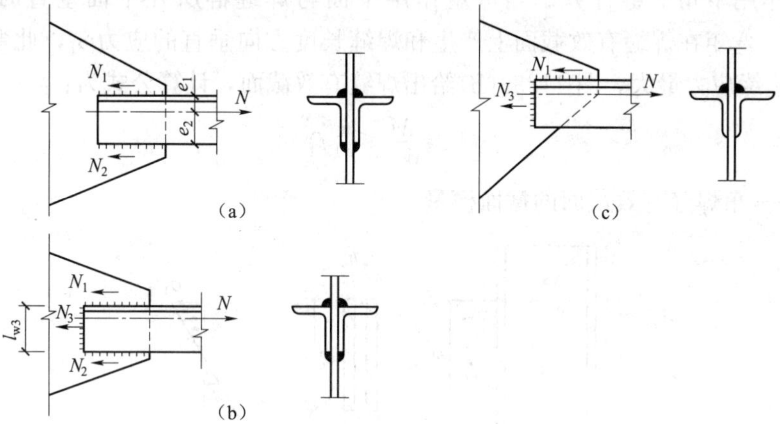

图 11.37　角钢角焊缝上受力分配

(a)两面侧焊；(b)三面围焊；(c)L 形焊

对于如图 11.37(c)所示 L 形的角焊缝，同理求得 N_3 后，可得 $N_1=N-N_3$，求得 N_1 后，也可按式(11-6)计算侧面角焊缝。

【例 11.3】 在图 11.38 所示的角钢和节点板采用两边侧焊缝的连接中，$N=850$ kN(静力荷载，设计值)，角钢为 2L125×10，节点板厚度 $t_1=15$ mm，钢材为 Q235A·F，焊条为 E43 系列型，手工焊。试确定所需角焊缝的焊脚尺寸 h_f 和实际长度。

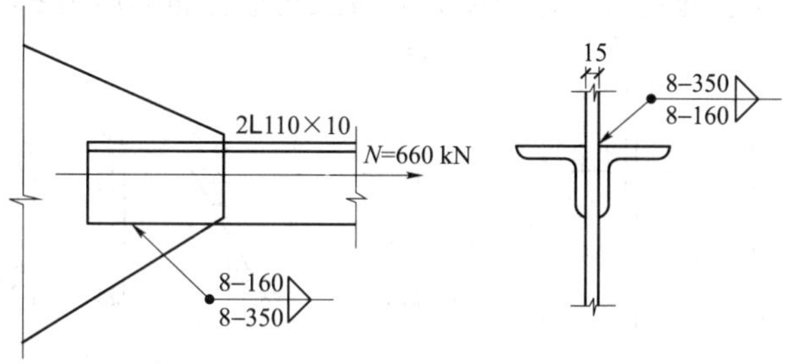

图 11.38　【例 11.3】附图

【解】 角焊缝的强度设计值 $f_f^w=160\ \text{N/mm}^2$

最小焊脚尺寸 h_f：$h_f>1.5\sqrt{t}=1.5\sqrt{15}=5.8$(mm)

角钢肢尖处最大 h_f：$h_f\leqslant t-(1\sim2)=10-(1\sim2)=8\sim9$ mm

角钢肢尖和肢背都取 $h_f=8$ mm。

焊缝受力：

$$N_1=K_1N=0.7\times850=595(\text{kN})$$

$$N_2=K_2N=0.3\times850=255(\text{kN})$$

所需焊缝长度：

$$l_{w1}=\frac{N_1}{2h_e f_f^w}=\frac{595\times10^3}{2\times0.7\times8\times160}=332(\text{mm})$$

$$l_{w2}=\frac{N_2}{2h_e f_f^w}=\frac{255\times10^3}{2\times0.7\times8\times160}=142.2(\text{mm})$$

因需要增加 $2h_f=2\times8=16$(mm)的焊口长，故：

肢背侧面焊缝的实际长度=332+16=348(mm)，取 350 mm。

肢尖侧面焊缝的实际长度=142.2+16=158(mm)，取 160 mm，如图 11.38 所示。

③弯矩作用下角焊缝计算。当弯矩作用平面与焊缝群所在平面垂直时，焊缝受弯(图 11.39)。弯矩在焊缝有效截面上产生和焊缝长度方向垂直的应力 σ_f，此弯曲应力呈三角形分布，边缘应力最大，图 11.39(b)给出焊缝有效截面，计算公式为：

$$\sigma_f=\frac{M}{W_w}\leqslant\beta_f f_f^w \tag{11-15}$$

式中 W_w——角焊缝有效截面的截面模量。

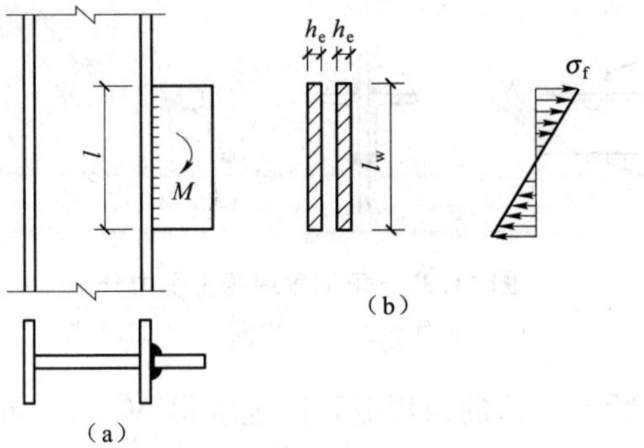

图 11.39 弯矩作用时的角焊缝

④在轴心力、剪力和弯矩共同作用时。如图 11.40 所示，当采用角焊缝连接的 T 形接头，角焊缝受 M、N、V 共同作用时，N 引起垂直焊缝长度方向的应力 σ_f^N，V 引起沿焊缝长度方向的应力 τ_f，M 引起垂直焊缝长度方向按三角形分布的应力 σ_f^M，即：

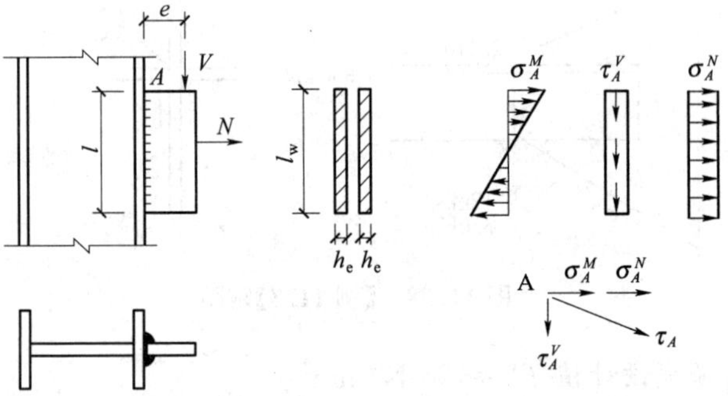

图 11.40 轴心力、剪力和弯矩作用下的角焊缝

$$\sigma_f^N=\frac{N}{h_e l_w} \tag{11-16}$$

$$\sigma_f^M=\frac{M}{W_e} \tag{11-17}$$

$$\tau_f=\frac{V}{h_e l_w} \tag{11-18}$$

且

$$\sigma_f=\sigma_f^N+\sigma_f^M \tag{11-19}$$

则最大应力在焊缝的上端，其验算公式为：

$$\sqrt{\left(\frac{\sigma_f}{\beta_f}\right)^2+\tau_f^2}\leqslant f_f^w \tag{11-20}$$

式中　W_e——角焊缝有效截面的抵抗矩，其余符号意义同前。

6. 焊接残余应力与残余变形

钢结构在焊接过程中，由于焊件局部受到剧烈的温度作用，加热熔化后又冷却凝固，经历了一个不均匀的升温、冷却过程，导致焊件各部分的热胀冷缩不均匀，从而使焊接件产生变形(图 11.41)和内应力，此变形和内应力称为焊接残余变形和焊接残余应力。焊接变形如果超出验收规范的规定，必须加以矫正后才能交付使用。

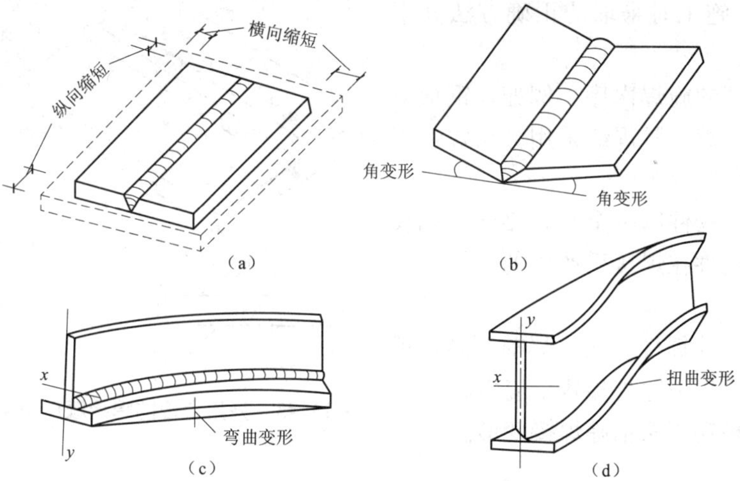

图 11.41　焊接变形的基本形式

(a)纵向缩短和横向缩短；(b)角变形；(c)弯曲变形；(d)扭曲变形

为减少焊接残余应力和焊接残余变形，既要在设计时做出合理的焊缝构造设计，又要在制造、施工时采取正确的方法和工艺措施。

(1)合理的焊缝设计。为了减少焊缝应力与焊接变形，设计时在构造上要采用一些合理的焊缝设计措施。例如：

1)焊缝的位置要合理，焊缝的布置应尽可能对称于构件的重心，以减小焊接变形。

2)焊缝尺寸要适当，在容许的范围内，可以采用较小的焊脚尺寸，并加大焊缝长度，使需要的焊缝总面积不变，以免因焊脚尺寸过大而引起过大的焊接残余应力。焊缝过厚还可能引起施焊时烧穿、过热等现象。

3)焊缝不宜过分集中。图 11.42(a)中的 a_2 比 a_1 好。

4)应尽量避免三向相交，为此可使次要焊缝中断，主要焊缝连续通过图 11.42(b)。

5)要考虑到钢板的分层问题，垂直于板面传递拉力是不合理的，图 11.42(c)中的 c_2 比 c_1 好。

6)要考虑施焊时，焊条是否容易到达。图 11.42(d)中的 d_1 的右侧焊缝很难焊好，而 d_2 则较易焊好。

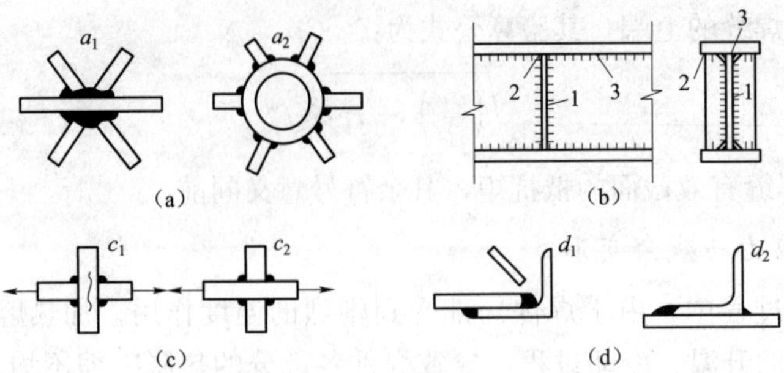

图 11.42　合理的焊缝设计

7)焊缝连接构造要尽可能避免仰焊。

(2)制造、施工时采取的正确方法和工艺措施。

1)采用合理的施焊次序。例如，钢板对接时采用分段退焊，厚焊缝采用分层焊，工字形截面按对角跳焊等(图 11.43)。

2)施焊前给构件以一个和焊接变形相反的预变形，使构件在焊接后产生的焊接变形与之正好抵消。

3)对于小尺寸焊件，在施焊前预热，或施焊后回火，可以消除焊接残余应力。

4)采用机械矫正法消除焊接变形。

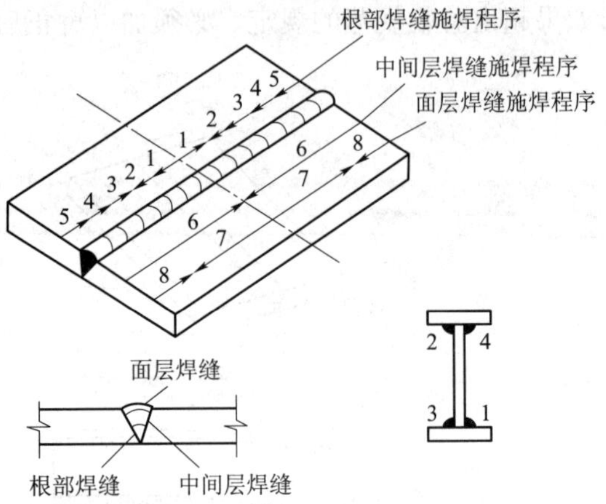

图 11.43　采用合理的焊接顺序减小焊接残余应力

11.3.3　螺栓连接

1. 普通螺栓连接的构造与计算

(1)螺栓的排列和构造要求。螺栓在构件上的排列可以是并列或错列(图 11.44)，排列时应考虑下列要求：

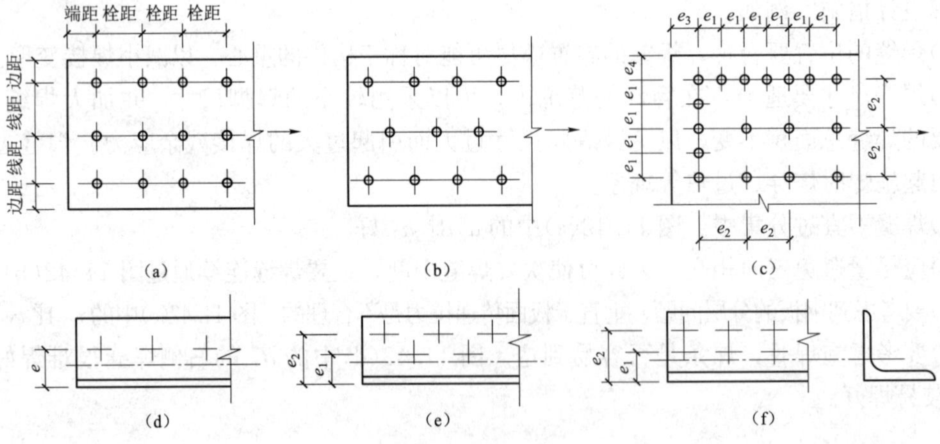

图 11.44　钢板和角钢上的螺栓排列

1)受力要求。为避免钢板端部不被剪断，螺栓的端距不应小于 $2d_0$。d_0 为螺栓孔径。对于受拉构件，各排螺栓的栓距不应过小；否则，螺栓周围应力集中互相影响较大，且对钢板的截面削弱过多，从而降低其承载能力。对于受压杆件，沿作用力方向的栓距不宜过大；否则，在被连接的板件间容易发生凸曲现象。螺栓的容许距离见表 11.4。

2)构造要求。若栓距及线距过大，则构件接触面不够紧密，潮气容易侵入缝隙而发生锈蚀。

3)施工要求。根据以上要求，规范规定螺栓最大和最小间距，如图 11.45 所示和见表 11.4。角钢、普通工字钢、槽钢上螺栓的线距应满足图 11.45、图 11.46 和表 11.4～表 11.7 的要求。

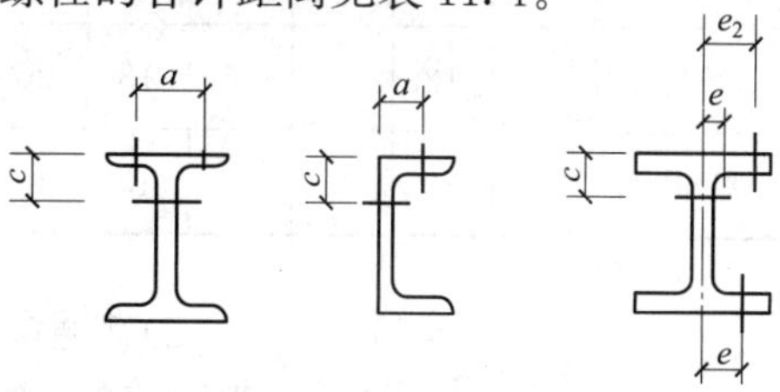

图 11.45　型钢的螺栓排列

表 11.4　螺栓和铆钉的最大、最小容许距离

名称	位置和方向			最大容许距离 (取两者的较小值)	最小容许距离
中心间距	任意方向	外排		$8d_0$ 或 $12t$	$3d_0$
		中间排	构件受压力	$12d_0$ 或 $18t$	
			构件受拉力	$16d_0$ 或 $24t$	
中心至构件边缘的距离	顺内力方向			$4d_0$ 或 $8t$	$2d_0$
	垂直内力方向	剪切边或手工艺割边			$1.5d_0$
		轧制边、自动气割或锯割边	高强度螺栓		
			其他螺栓或铆钉		$1.2d_0$

注：1. d_0 为螺栓孔或铆钉的直径，t 为外层较薄板件的厚度；

2. 钢板边缘与刚性构件(如角钢、槽钢等)相连的螺栓或铆钉的最大间距，可按中间排的数值采用。

表 11.5　角钢上螺栓或铆钉线距表　　mm

单行排列	角钢肢宽	40	45	50	56	63	70	75	80	90	100	110	125
	线距 e	25	25	30	30	35	40	40	45	50	55	60	70
	钉孔最大直径	11.5	13.5	13.5	15.5	17.5	20	22	22	24	24	26	26
双行错列	角钢肢宽	125	140	160	180	200		双行并列	角钢肢宽		160	180	200
	e_1	55	60	70	70	80			e_1		60	70	80
	e_2	90	100	120	140	160			e_2		130	140	160
	钉孔最大直径	24	24	26	26	26			钉孔最大直径		24	24	26

表 11.6　工字钢和槽钢腹板上的螺栓线距表　　mm

工字钢型号	12	14	16	18	20	22	25	28	32	36	40	45	50	56	63
线距 a_{min}	40	45	45	45	50	50	55	60	60	65	70	75	75	75	75
槽钢型号	12	14	16	18	20	22	25	28	32	36	40	—	—	—	—
线距 a_{min}	40	45	50	50	55	55	55	60	65	70	75	—	—	—	—

表 11.7 工字钢和槽钢翼缘上的螺栓线距表 mm

工字钢型号	12	14	16	18	20	22	25	28	32	36	40	45	50	56	63
线距 a_{min}	40	40	50	55	60	65	65	70	75	80	80	85	90	95	95
槽钢型号	12	14	16	18	20	22	25	28	32	36	40	—	—	—	—
线距 a_{min}	30	35	35	40	40	45	45	45	50	56	60	—	—	—	—

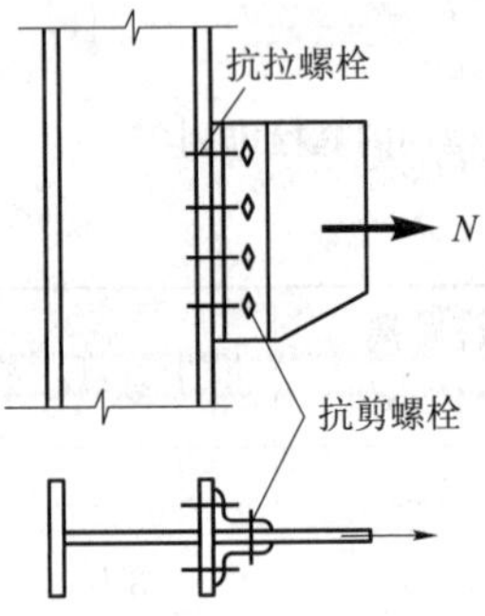

图 11.46 抗剪螺栓和抗拉螺栓连接

(2)普通螺栓连接受剪、受拉时的工作性能。普通螺栓连接按螺栓受力情况和传力方式，可分为抗剪螺栓、抗拉螺栓和拉剪螺栓连接三种。抗剪螺栓连接是靠螺栓杆受剪和孔壁挤压传力。抗剪螺栓和抗拉螺栓如图 11.46 所示。抗拉螺栓连接是靠沿杆轴线方向受拉传力，拉剪螺栓连接则兼有上述两种传力方式。

1)抗剪螺栓连接。抗剪螺栓连接在受力以后，首先，由构件间的摩擦力抵抗外力。不过摩擦力很小，构件之间不久就出现滑移，螺栓杆和螺栓孔壁发生接触，使螺栓杆受剪，同时螺栓杆和孔壁之间互相接触而挤压。

图 11.47 表示螺栓连接有五种可能破坏情况：

①当螺栓杆较细、板件较厚时，螺栓杆可能被剪断[图 11.47(a)]；

②当螺栓杆较粗、板件相对较薄，板件可能先被挤压而破坏[图 11.47(b)]；

③当螺栓孔对板的削弱过多，板件可能在削弱处被拉断[图 11.47(c)]；

④当端距太小，板端可能受冲剪而破坏[图 11.47(d)]；

⑤当栓杆细长，螺栓杆可能发生过大的弯曲变形而使连接破坏[图 11.47(e)]；其中，对螺栓杆被剪断、孔壁挤压以及板被拉断，要进行计算。而对于钢板剪断和螺栓杆弯曲破坏两种形式，可以通过以下措施防止：规定端距的最小容许距离(表 11.4)，以避免板端受冲剪而破坏；限制板叠厚度，即 $\sum t < 5d$ ，以避免螺杆弯曲过大而破坏。

当连接处于弹性阶段时，螺栓群中各螺栓受力不相等，两端大而中间小，超过弹性阶段出现塑性变形后，因内力重分布使螺栓受力趋于均匀。因此，在设计时，当外力通过螺栓群中心时，可认为所有螺栓受力相同。

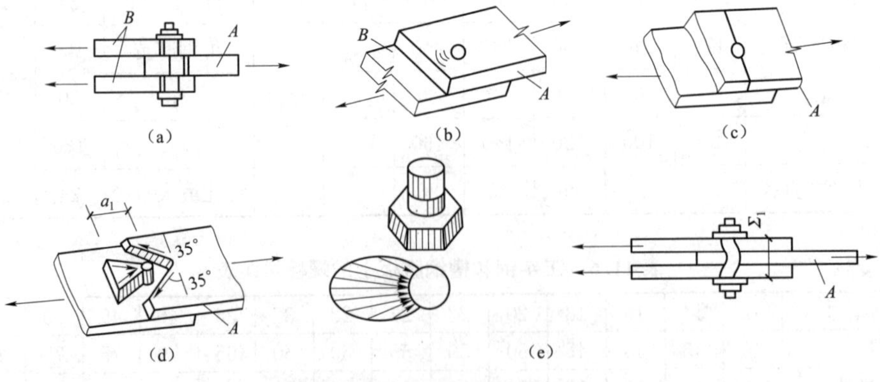

图 11.47 螺栓连接的破坏情况

一个抗剪螺栓的设计承载能力按下面两式计算：

抗剪承载力设计值：

$$N_v^b = n_v \frac{\pi d^2}{4} f_v^b \tag{11-21}$$

承压承载力设计值：

$$N_c^b = d \sum t f_c^b \tag{11-22}$$

式中 n_v——螺栓受剪面数(图 11.48)，如单剪 $n_v=1$，双剪 $n_v=2$，四剪面 $n_v=4$ 等；

d——螺栓杆直径；

$\sum t$——在同一方向承压的构件较小总厚度，对于四剪面 $\sum t$ 取 $(a+c+e)$ 或 $(b+d)$ 的较小值；

f_v^b、f_c^b——螺栓的抗剪、承压强度设计值。

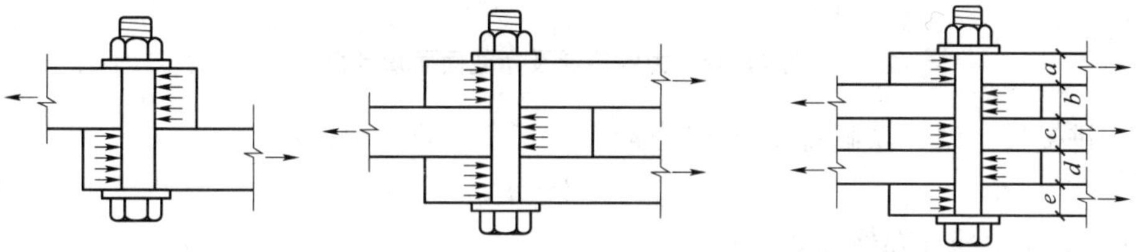

图 11.48　抗剪螺栓连接

(a)单面；(b)双面；(c)四面剪切

一个抗剪螺栓的承载力设计值应该取 N_v^b 和 N_c^b 的较小者 N_{min}^b。

当外力通过螺栓群形心时，假定各螺栓平均分担剪力，图 11.49(a)接头一边所需螺栓数目为：

$$n = N / N_{min}^b \tag{11-23}$$

式中 N——作用于螺栓的轴心力的设计值。

螺栓连接中，力的传递可由图 11.49 说明：左边板件所承担 N 力，通过左边螺栓传至两块拼接板，再由两块拼接板通过右边螺栓(在图中未画出)传至右边板件，这样左、右板件内力才会平衡。在力的传递过程中，各部分承力情况，如图 11.49(c)所示。板件在截面 1—1 处承受全部 N 力，在截面 1—1 和截面 2—2 之间则只承受 $\frac{2}{3}N$，因为 $\frac{1}{3}N$ 已经通过第 1 列螺栓传给拼接板。

由于螺栓孔削弱了板件的截面，为防止板件在净截面上被拉断，需要验算净截面的强度，即：

$$\sigma = N / A_n \leqslant 0.7 f_u \tag{11-24}$$

式中 f_u——钢材的抗拉强度最小值；

A_n——净截面面积。其计算方法分析如下：

图 11.49(a)所示的并列螺栓排列，以左边部分来看：截面 1—1、2—2、3—3 的净截面面积均相同。但对于板件来说，根据传力情况，截面 1—1 受力为 N，截面 2—2 受力为 $N - \frac{n_1}{n}N$，截面 3—3 受力为 $N - \frac{n_1 + n_2}{n}N$，以截面 1—1 受力最大。其净截面面积为：

$$A_n = t(b - n_1 d_0) \tag{11-25}$$

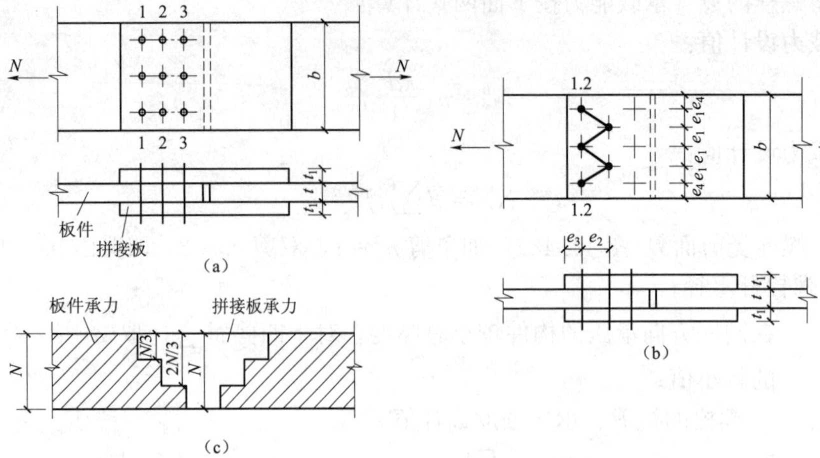

图 11.49　力的传递及净截面面积计算

对于拼接板来说，以截面 3—3 受力最大，其净截面面积为：

$$A_n = 2t(b - n_3 d_0) \tag{11-26}$$

式中　n——左半部分螺栓总数；

n_1、n_2、n_3——分别为截面 1—1、2—2、3—3 上螺栓数；

d_0——螺栓孔径。

图 11.49(b)所示的错列螺栓排列，对于板件不仅需要考虑沿截面 1—1(正交截面)破坏的可能。此时按式(11-25)计算净截面面积，还需要考虑沿截面 2—2 破坏的可能。此时：

$$A_n = t\left[2e_4 + (n_2 - 1)\sqrt{e_1^2 + e_2^2} - n_2 d_0\right] \tag{11-27}$$

式中　n_2——折线截面 2—2 上的螺栓数。

计算拼接板的净截面面积时，其方法相同。不过计算的部位应在拼接板受力最大处。

2)抗拉螺栓连接。在抗拉螺栓连接中，外力将把连接构件拉开而使螺栓受拉，最后螺栓会被拉断。

一个抗拉螺栓的承载力设计值 N_t^b 按下式计算：

$$N_t^b = \frac{\pi d_e^2}{4} f_t^b \tag{11-28}$$

式中　d_e——普通螺栓或锚栓螺纹处的有效直径；

f_t^b——普通螺栓或锚栓的抗拉强度设计值。

【例 11.4】　两块截面尺寸为 400 mm×12 mm 的钢板，采用双拼板进行拼接，拼接板厚 8 mm，钢材为 Q235 钢，承受轴心拉力设计值 $N = 800$ kN(图 11.50)，试用螺栓直径 $d = 20$ mm，孔径 $d_0 = 21.5$ mm 的 C 级普通螺栓连接。

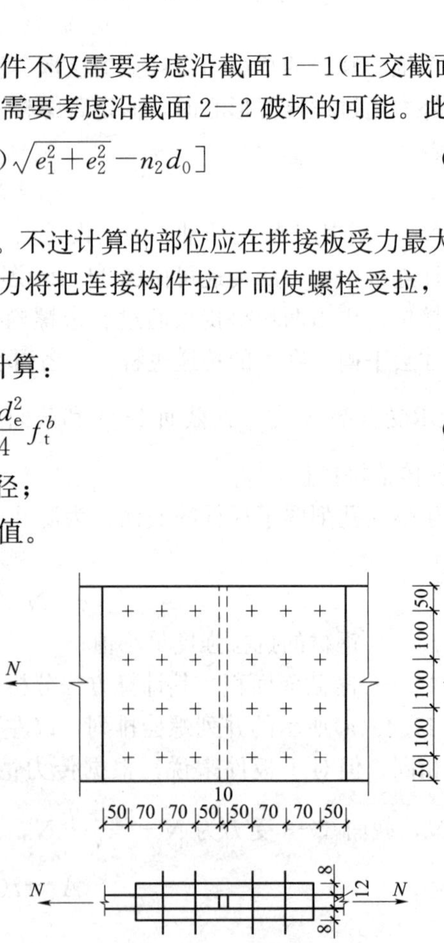

图 11.50　【例 11.4】附图

【解】　(1)计算螺栓数。

由附表 14.3 可知 C 级普通螺栓 $f_v^b = 130$ N/mm²，$f_c^b = 305$ N/mm²；由附表 14.1 可知，$f_u = 370$ N/mm²

一个螺栓的承载力设计值为抗剪承载力设计值：

$$N_v^b = n_v \frac{\pi d^2}{4} f_v^b = 2 \times \frac{\pi \times 20^2}{4} \times 130 = 81\ 640(\text{N})$$

承压承载力设计值：

$$N_v^b = d \sum t f_c^b = 20 \times 12 \times 305 = 73\ 200(\text{N})$$

则 $N_{\min}^b = 73\ 200$ N

连接一边所需要的螺栓数为：

$$n = N/N_{\min}^b = 800\ 000/73\ 200 = 10.9$$

为方便取 12 个，采用并列式排列，按表 11.4 的规定排列距离，如图 11.50 所示。

(2)构件净截面面积强度计算。

构件净截面面积为：

$$A_n = A - n_1 d_0 t = 400 \times 12 - 4 \times 21.5 \times 12 = 3\ 768(\text{mm}^2)$$

式中　$n_1 = 4$ 为第一列螺栓的数目。

构件的净截面强度验算为：

$\sigma = N/A_n = 800\ 000/3\ 768 = 212.3(\text{N/mm}^2) < 0.7 f_u = 0.7 \times 370 = 259(\text{N/mm}^2)$，满足要求。

2. 高强度螺栓连接的性能和计算

(1)高强度螺栓连接的性能。高强度螺栓连接和普通螺栓连接的主要区别是：普通螺栓连接在抗剪时依靠杆身承压和螺栓抗剪来传递剪力，在扭紧螺帽时螺栓产生的预拉力很小，其影响可以忽略。而高强度螺栓则除了其材料强度高之外，还给螺栓施加了很大的预拉力，使被连接构件的接触面之间产生挤压力，因而垂直螺栓杆的方向有很大摩擦力(图 11.51)。这种挤压力和摩擦力对外力的传递有很大的影响。预拉力、抗滑移系数和钢材种类，都直接影响到高强度螺栓连接的承载力。

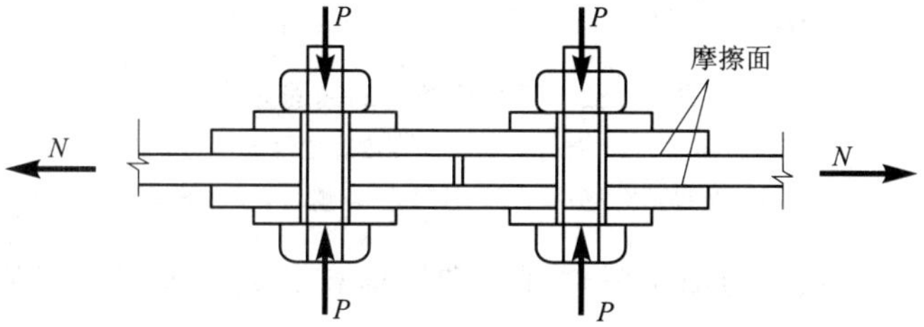

图 11.51　高强螺栓连接

高强度螺栓连接从受力特征分为摩擦型高强度螺栓和承压型高强度螺栓。摩擦型高强度螺栓连接单纯依靠被连接构件间的摩擦阻力传递剪力，设计时以摩擦阻力刚被克服、连接钢板间即将产生相对位移为承载能力的极限状态。承压型高强度螺栓连接的传力特征是当剪力超过摩擦力时，被连接构件间发生相互滑移，螺栓杆身与孔壁接触，螺杆受剪，孔壁承压。最终，随外力的增大，以螺栓受剪或钢板承压破坏为承载能力的极限状态，其破坏形式和普通螺栓连接相同。这种螺栓连接还应以不出现滑移，作为正常使用的极限状态。

高强度螺栓的构造和排列要求，除栓杆与孔径的差值较小外，均与普通螺栓相同。

(2)高强度螺栓的材料和性能等级。目前我国采用的高强度螺栓性能等级，按热处理后的强度分为 10.9 级和 8.8 级两种。其中，整数部分(10 和 8)表示螺栓成品的抗拉强度 f_u

不低于 1 000 N/mm^2 和 800 N/mm^2；小数部分(0.9 和 0.8)则表示其屈强比 f_y/f_u 为 0.9 和 0.8。

10.9 级的高强度螺栓材料可用 20MnTiB(20 锰钛硼)钢、40B(40 硼)钢和 35VB(35 钒硼)钢；8.8 级的高强度螺栓材料则常用 45 号钢和 35 号钢。螺母常用 45 号钢、35 号钢和 15MnVB(15 锰钒硼)钢。垫圈常用 45 号钢和 35 号钢。螺栓、螺母、垫圈制成品均应经过热处理，以达到规定的指标要求。

(3)高强度螺栓的预拉力。高强度螺栓的预拉力值应尽可能高些，但需要保证螺栓在拧紧过程中不会屈服或断裂，所以，控制预拉应力是保证连接质量的一个关键性因素。预拉力值与螺栓的材料强度和有效截面等因素有关。预拉力是通过扭紧螺母实现的，一般采用扭矩法、转角法或扭剪法来控制预应力。

1)扭矩法。扭矩法采用可直接显示扭矩的特制扳手，根据事先测定的扭矩和螺栓拉力之间的关系施加扭矩至规定的扭矩值时，即达到了设计时规定的螺栓预拉力。

2)转角法。转角法分初拧和终拧两步。初拧是先用普通扳手使被连接构件相互紧密贴合，终拧就是以初拧贴紧做出标记位置[图 11.52(a)]为起点，根据按螺栓直径和板叠厚度所确定的终拧角度，用长扳手旋转螺母，拧到预定角度值(120°～240°)时，螺栓的拉力即达到了所需要的预拉力数值。

3)扭剪法。扭剪型高强度螺栓的受力特征与一般高强度螺栓相同，只是施加预拉力的方法为用拧断螺栓尾部的梅花头切口处截面[图 11.52(b)]来控制预拉力数值。这种螺栓施加预拉力简单、准确。

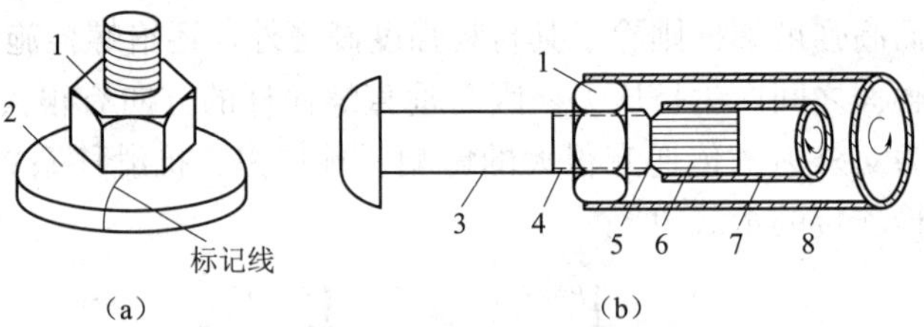

图 11.52 高强度螺栓的紧固方法

(a)转角法；(b)拧掉扭剪型高强度螺栓尾部梅花卡头

1—螺母；2—垫圈；3—栓杆；4—螺纹；5—槽口

高强度螺栓的设计预拉力值由材料强度和螺栓有效截面等因素有关，《钢结构设计标准》(GB 50017—2017)规定按下式确定：

$$P=\frac{0.9\times0.9\times0.9f_uA_e}{1.2}=0.607\,5f_uA_e \tag{11-29}$$

式中 A_e——螺栓的有效截面面积；

f_u——螺栓材料经热处理后的最低抗拉强度。对于 8.8 级螺栓，f_u=830 N/mm^2；对于 10.9 级螺栓，f_u=1 040 N/mm^2。

式(11-29)中，系数 1.2 是考虑拧紧时螺栓杆内将产生扭矩剪应力的不利影响。另外，式中 3 个 0.9 系数分别考虑：①螺栓材质的不定性；②补偿螺栓紧固后有一定松弛，引起预拉力损失；③式中，未按 f_y 计算预拉力，而是按 f_u 计算，取值应适当降低。

按式(11-29)计算并经适当调整，即得《钢结构设计标准》(GB 50017—2017)规定的预拉力设计值 P，具体见表 11.8。

表 11.8　一个高强度螺栓的预拉力 P(kN)

螺栓的性能等级	螺栓公称直径/mm					
	M16	M20	M22	M24	M27	M30
8.8 级	80	125	150	175	230	280
10.9 级	100	155	190	225	290	355

(4)高强度螺栓连接摩擦面抗滑移系数。摩擦型高强度螺栓连接完全依靠被连接构件之间的摩擦阻力传力，而摩擦阻力的大小与螺栓的预拉力和连接件间的摩擦面的抗滑移系数 μ 有关。提高连接摩擦面抗滑移系数 μ，是提高高强度螺栓连接承载力的有效措施。μ 值与钢材品种及钢材表面处理方法有关。一般干净的钢材轧制表面，若不经处理或只用钢丝刷除去浮锈，其 μ 值很低。若对轧制表面进行处理，以提高其表面的平整度、清洁度及粗糙度，则 μ 值可以提高。前面提到高强度螺栓连接必须用钻成孔，就是为了防止冲孔造成钢板下部表面不平整。为了增加摩擦面的清洁度及粗糙度，一般采用喷砂或喷丸、喷砂(丸)后涂无机富锌漆、喷砂(丸)后生赤锈。

规范对摩擦面抗滑移系数 μ 值的规定，见表 11.9。

表 11.9　摩擦面抗滑移系数

在连接处构件接触面处理方法	构件的钢号		
	Q235 钢	Q355 钢、Q390 钢	Q420 钢
喷砂(丸)	0.45	0.50	0.50
喷砂(丸)后涂无机富锌漆	0.35	0.40	0.40
喷砂(丸)后生赤锈	0.45	0.50	0.50
钢丝刷清除浮锈或未经处理的干净轧制表面	0.30	0.35	0.40

(5)高强度螺栓连接的受剪计算。摩擦型高强度螺栓承受剪力时的设计准则是剪力不得超过最大摩擦阻力。每个螺栓的承载力与其预拉力 P、连接中的摩擦面抗滑移系数 μ 以及摩擦面数 n_f 有关。每个螺栓的最大摩擦阻力应该 $n_f\mu P$，但是考虑到整个连接中各个螺栓受力未必均匀，乘以系数 0.9，故一个摩擦型高强度螺栓的抗剪承载力设计值为：

$$N_v^b = 0.9 n_f \mu P \tag{11-30}$$

式中　n_f——一个螺栓的传力摩擦面数目；

μ——摩擦面的抗滑移系数；

P——高强度螺栓预拉力。

一个摩擦型高强度螺栓的抗剪承载力设计值求得后，仍按式(11-23)计算高强度螺栓连接所需螺栓数目。其中，N_{min}^b 对摩擦型为按式(11-30)算得的 N_v^b 值。

对摩擦型高强度螺栓连接的构件净截面强度验算，要考虑由于摩擦阻力作用，一部分剪力由孔前接触面传递(图 11.53)。按照《钢结构设计标准》(GB 50017—2017)规定，孔前传力占螺栓传力的 50%。这样截面 I—I 处净截面传力为：

$$N' = N\left(1 - \frac{0.5 n_1}{n}\right) \tag{11-31}$$

式中　n_1——计算截面上的螺栓数；

n——连接一侧的螺栓总数。

求出 N' 后，构件净截面强度仍按式(11-24)进行验算。

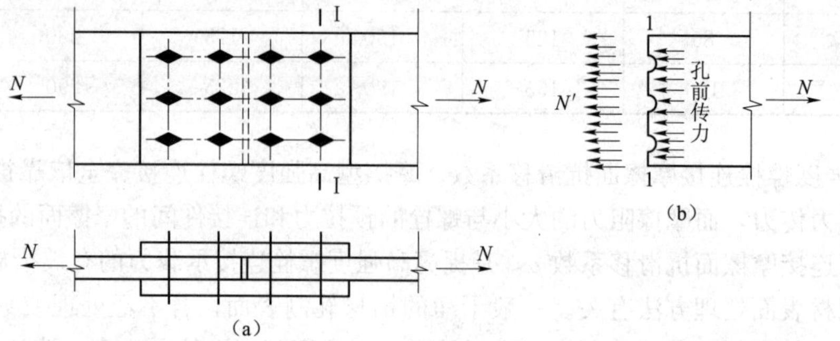

图 11.53　螺栓群受轴心力作用时的受剪摩擦型高强度螺栓

【例 11.5】 将【例 11.4】改用摩擦型高强度螺栓连接。采用螺栓为 10.9 级 M20 高强度螺栓，连接处构件接触面用喷砂后涂无机富锌漆。

【解】 (1)按螺栓连接强度确定 N。

由表 11.8 查得 $P=155$ kN，由表 11.9 查得 $\mu=0.4$。

所以，采用摩擦型高强度螺栓时，一个螺栓的抗剪承载力设计值：

$$N_v^b=0.9n_f\mu P=0.9\times2\times0.4\times155=111.6(\text{kN})$$

连接一侧所需螺栓数为：

$n=N/N_v^b=800/111.6=7.17$，用 8 个螺栓，排列如图 11.54 所示。

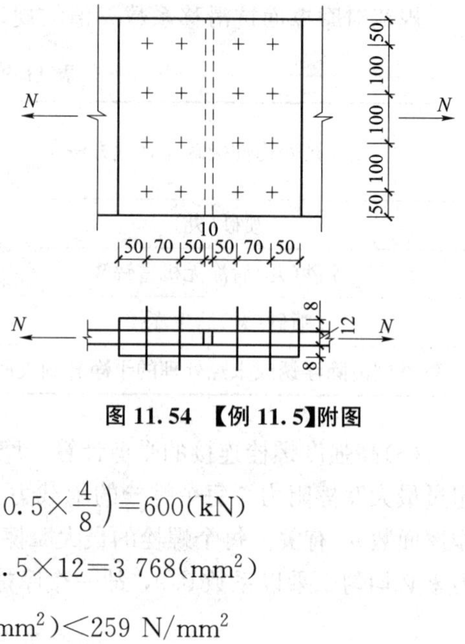

图 11.54　【例 11.5】附图

(2)构件净截面强度验算：钢板第一列螺栓孔处的截面最危险。

$$N'=N\left(1-\frac{0.5n_1}{n}\right)=800\times\left(1-0.5\times\frac{4}{8}\right)=600(\text{kN})$$

$$A_n=A-n_1d_0t=400\times12-4\times21.5\times12=3\ 768(\text{mm}^2)$$

$$\sigma=\frac{N'}{A_n}=\frac{600\ 000}{3\ 768}=159.2(\text{kN/mm}^2)<259\ \text{N/mm}^2$$

11.4　钢结构构件

11.4.1　轴心受力构件

1. 轴心受力构件的应用以及截面形式

轴心受力构件是指只受通过构件截面形心轴线的轴向力作用的构件，分为轴心受拉构件[图 11.55(a)]和轴心受压构件[图 11.55(b)]。轴心受力构件广泛地用于主要承重钢结构，如桁架、网架、塔架和支撑等结构中。轴心受力构件还常常用于操作平台和其他结构的支柱。一些非主要承重构件如支撑，也常常由许多轴心受力构件组成。在钢结构中拉弯杆应用较少，而压弯杆则应用较多，如有节间荷载作用的屋架上弦杆、厂房柱以及多、高层建筑的框架柱。

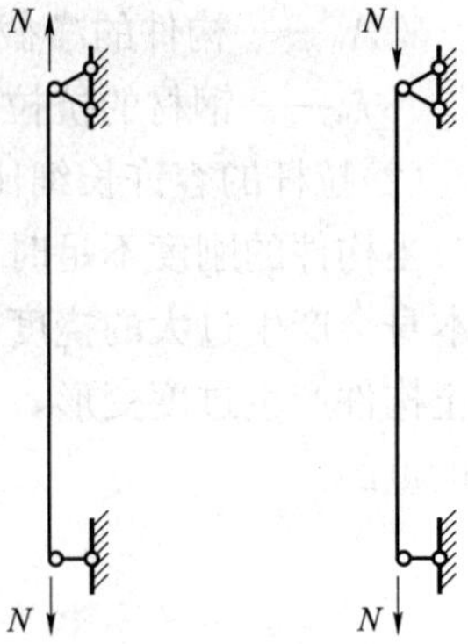

(a)　(b)

图 11.55　轴心受力构件

轴心受力构件的截面形式很多，一般可分为型钢截面和组合截面两类。型钢截面适用于受力较小的构件，常用的型钢截面有图 11.56(a)所示的圆钢、圆管、方管、角钢、工字钢、T 形钢和槽钢等，图 11.56(b)所示都是实腹式组合截面；而图 11.56(c)中所示都是格构式组合截面。

当轴心受力构件的荷载或长度较大时，现有的型钢规格可能不满足要求，这时可以采用由钢板或型钢组成的实腹式组合截面，如图 11.56(b)所示。对于荷载或长度更大的情况，还可以采用格构式组合截面，如图 11.56(c)所示。常用的格构式轴心受压构件多用两根槽钢或两根工字钢作为两个分肢，然后用缀材将两个分肢连成一体，形成柱体。缀材分为缀条和缀板两种。图 11.56(b)为缀板柱，它用钢板将两处分肢连成框架形式。这种由两个分肢组成的格构式柱，称为双肢格构柱。它的截面上，与肢件垂直的主重心轴称为实轴，与缀材平行的主重心轴称为虚轴。

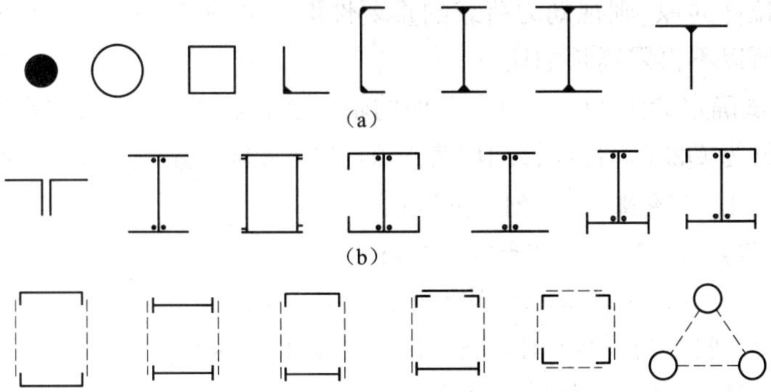
(a)

(b)

(c)

图 11.56　轴心受力构件和拉弯、压弯构件的截面形式

(a)型钢截面；(b)实腹式组合截面；(c)格构式组合截面

2. 轴心受力构件的受力性能和计算

(1)轴心受拉构件的强度计算。轴心受拉构件，当端部连接及中部拼接处组成截面的各板件都由连接件直接传力时，其计算公式为：

毛截面屈服：

$$\sigma=\frac{N}{A}\leqslant f \tag{11-32}$$

净截面断裂：

$$\sigma=\frac{N}{A\mathrm{n}}\leqslant 0.7f_{\mathrm{u}} \tag{11-33}$$

式中　N——所计算截面处的拉力设计值；

f——钢材的抗拉强度设计值；

A——构件的毛截面面积；

A_n——构件的净截面面积，当构件多个截面有孔时，取最不利的截面；

f_u——钢材的抗拉强度最小值。

(2)拉杆的容许长细比。按正常使用极限状态的要求，轴心受力构件应该具有必要的刚度。当构件的刚度不足时，在制造、安装或运输过程中容易产生弯曲。在自重作用下，构件本身会产生过大的挠度。在承受动力荷载的结构中，还会引起较大的晃动。因此，为了防止构件产生过度变形，构件应具有足够的刚度。轴心受力构件的刚度是以构件的长细比来衡量的：

$$\lambda=\frac{l_0}{i}\leqslant[\lambda] \tag{11-34}$$

式中 λ——构件最不利方向的长细比，一般为两主轴方向长细比的较大值；

l_0——相应方向的计算长度；

i——相应方向的截面回转半径；

$[\lambda]$——构件容许长细比，按规范确定。

《钢结构设计标准》(GB 50017—2017)对不同类型的轴心受压构件和轴心受拉构件中的$[\lambda]$分别做出规定，其中轴心受拉构件的$[\lambda]$还与荷载情况有关。如对只承受静力荷载的桁架，只需在因自重产生弯曲的竖向平面内限制拉杆的长细比，固定它的容许值$[\lambda]$是350。对于直接承受动力荷载的桁架，不论在哪个平面内，拉杆的容许长细比都是250。间接承受动力荷载的桁架拉杆的$[\lambda]$则视动力荷载的重要性取350或250；对于张紧的圆钢拉杆，因变形极其微小，所以不再限制长细比。

【例 11.6】 试确定如图11.57所示截面的轴心受拉杆的最大承载能力设计值和最大容许计算长度，钢材为Q235，容许长细比为350，$i_x=3.80$ cm，$i_y=5.59$ cm。

【解】 由附表14.1查得：$f=215\ \text{N/mm}^2$

查附表16.3得：$A=33.37\times2=66.7(\text{cm}^2)$

故按式(11-32)可得，该轴心拉杆最大承载力设计值为：

$$N=A\cdot f=66.7\times215\times10^2=1\ 434\ 050(\text{N})=1\ 434.05\ \text{kN}$$

按式(11-34)可得该轴心拉杆的长度为：

$$l_{0x}=[\lambda]\cdot i_x=350\times3.80=1\ 330(\text{cm})$$

$$l_{0y}=[\lambda]\cdot i_y=350\times5.59=1\ 956.5(\text{cm})$$

则该杆的最大容许计算长度为1 956.5 cm。

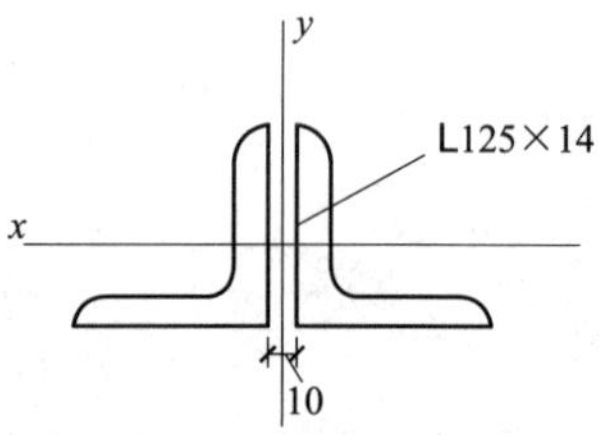

图 11.57 【例 11.6】附图

(3)轴心受压构件的受力性能和整体稳定性计算。轴心受压构件的受力性能与受拉构件不同。除有些较短的构件因局部有孔洞削弱，净截面的平均应力有可能达到屈服而需要按式(11-34)计算它的强度外，一般来说，轴心受压构件的承载力是由稳定条件决定的，它应该满足整体稳定和局部稳定的要求。

轴心受压柱的受力性能和许多因素有关。理想的挺直的轴心受压柱发生弹性弯曲时，所受的力为欧拉临界力N_{cr}($N_{cr}=\pi^2EI/l_0^2$)。但是，实际的轴心受压柱不可避免地都存在缺陷，承受荷载前就存在的残余应力，同时柱的材料还可能不均匀。所以，实际的轴心受压柱一经压力作用就产生挠度。其按极限强度理论计算的稳定承载力，称为柱的极限承载力，用符号N_u表示，N_u取决于柱的长度、初弯曲、柱的截面形状和尺寸以及残余应力的分布等因素。

考虑初弯曲和残余应力两个最主要的不利因素。初弯曲的矢高取柱长度的千分之一，而残余应力则根据柱的加工条件确定。

除可考虑屈服后强度的实腹式构件外。轴心受压构件按下式计算整体稳定：

$$N/\varphi A \leqslant f \tag{11-35}$$

式中 N——轴心受压构件的压力设计值；

A——构件的毛截面面积；

f——钢材的抗压强度设计值；

φ——轴心受压构件的稳定系数(取截面两主轴稳定系数中的较小者)。根据构件的长细比(或换算长细比)、钢材屈服强度和规范规定的轴心受压构件截面分类(a、b、c、d 四种)，按附表 18 取用。。

在钢结构中轴心受压构件的类型很多，当构件的长细比相同时，其承载力往往有很大差别。可以根据设计中经常采用柱的不同截面形式和不同的加工条件，按极限强度理论得到考虑初弯曲和残余应力影响的一系列柱的曲线。

(4)轴心受压构件的局部稳定。为节约钢材，轴压受压构件的板件宽厚比一般都比较大，由于压应力的存在，板件可能会发生局部屈曲，设计时应予以注意。图 11.58 所示为一工字形截面轴心受压构件发生局部失稳的现象，图 11.58(a)为腹板失稳现象，图 11.58(b)为翼缘失稳现象。构件丧失局部稳定后还可能继续承载，但板件的局部屈曲对构件的承载力有所影响，会加速构件的整体失稳。

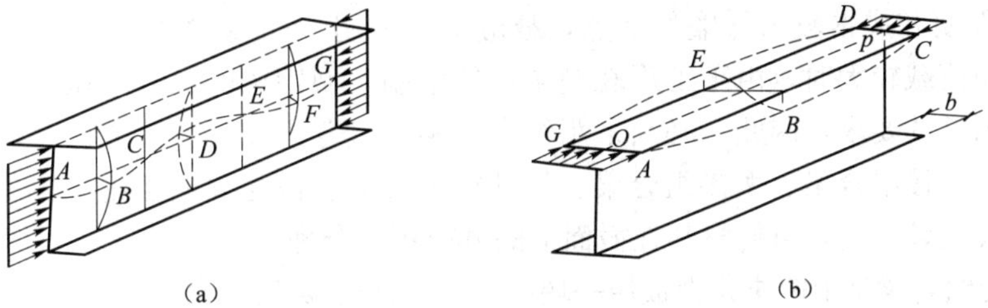

图 11.58 轴心受压构件的局部失稳

(a)腹板失稳现象；(b)翼缘失稳现象

为防止轴心受压板件发生局部失稳而影响构件的承载力，《钢结构设计标准》(GB 50017—2017)通过限制板件的宽厚比或高厚比的方法来保证，限制的原则是：板件的局部失稳不先于构件的整体失稳。对于工字形和 H 形截面，其翼缘的宽厚比 b_1/t 和腹板的高厚比的限值 h_w/t_w 分别按下列公式计算：

$$b/t_f \leqslant (10+0.1\lambda)\sqrt{235/f_y} \tag{11-36}$$

$$h_0/t_w = (25+0.5\lambda)\sqrt{235/f_y} \tag{11-37}$$

式中 b、t_f——翼缘的自由外伸宽度和厚度；

h_0、t_w——腹板的高度和厚度；

λ——构件两方向的较大值。当 $\lambda<30$ 时，取 $\lambda=30$；当 $\lambda>100$ 时，取 $\lambda=100$。

11.4.2 受弯构件

1. 梁的类型和应用

受弯构件常称为梁式构件，主要用于承受横向荷载。在建筑工程中，常用的有工作平台梁、楼盖梁、墙架梁、吊车梁以及檩条等。

钢梁按制作方法的不同，可以分为型钢梁和组合梁两大类。由于型钢梁具有加工简单、制造方便、成本较低的特点，因而广泛用作小型钢梁。型钢梁又可分为热轧型钢梁和冷弯薄壁型钢梁两类，如图 11.59 所示。

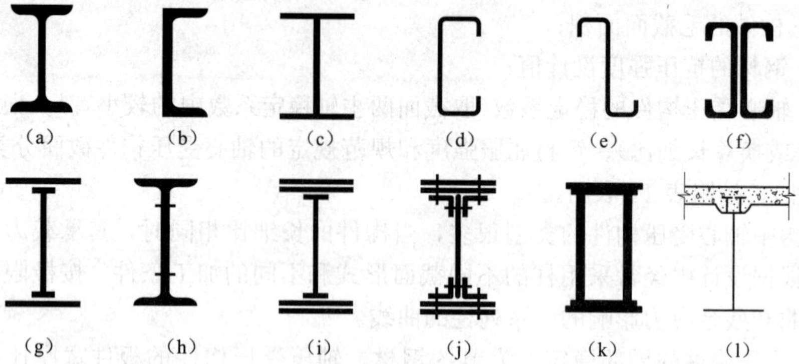

图 11.59 钢梁的类型

热轧型钢梁常用普通工字钢[图 11.59(a)、(b)、(c)]、槽钢或 H 型钢做成，应用最为广泛，成本也较为低廉。对受荷载较小、跨度不大的梁，常用带有卷边的冷弯薄壁槽钢[图 11.59(d)、(f)]或 Z 型钢[图 11.59(e)]制作，可以更有效地节省钢材。由于型钢梁具有加工方便和成本较为低廉的优点，故应优先采用。

当跨度和荷载较大时，由于工厂轧制条件的限制，型钢梁的尺寸有限，不能满足构件承载能力和刚度的要求，因此，必须采用组合钢架。组合梁按其连接方法和使用材料的不同，可以分为焊接组合梁、铆接组合梁、异种钢组合梁、钢与混凝土组合梁等几种。组合梁截面的组成比较灵活，可使材料在截面上的分布更加合理。

最常用的组合梁是由两块翼缘板加一块腹板做成的焊接 H 形截面组合梁[图 11.59(g)]，它的构造比较简单，制作也比较方便，必要时也可考虑采用双层翼缘板组成的截面[图 11.59(i)]。图 11.59(h)所示为由两个 T 型钢和钢板组成的焊接梁。铆接梁[图 11.59(j)]是过去常用的一种形式，近二三十年，由于焊接和高强度螺栓连接方法的迅速发展，在新建结构中，铆接梁已经基本上不再应用。混凝土宜于受压，而钢材宜于受拉，为了充分发挥两种材料的优势，国内外广泛研究应用了钢与混凝土组合梁[图 11.59(l)]，可以收到较好的经济效果。

根据支承情况的不同，梁可以分为简支梁、悬臂梁和连续梁三类。钢梁一般采用简支梁，不仅制造简单、安装方便，而且可以避免支座沉陷所产生的不利影响。

按受力情况的不同，可以分为单向受弯梁和双向受弯梁。图 11.60 所示的屋面檩条以及吊车梁都是双向受弯梁，不过吊车梁的水平荷载主要使上翼缘受弯。

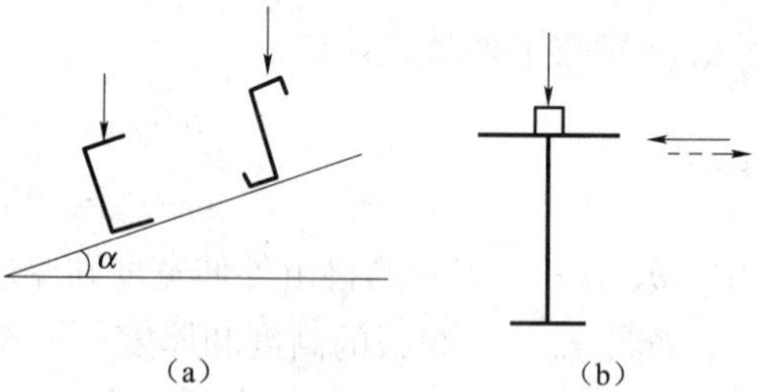

图 11.60 双向受弯梁

2. 梁的强度、刚度与稳定性要求

为了保证安全适用、经济合理，同其他构件一样，梁的设计必须同时考虑两种极限状态。第一极限状态即承载能力极限状态，在钢梁的设计中包括强度、整体稳定和局部稳定三个方面；第二种极限状态即正常使用极限状态，在钢梁的设计中主要考虑梁的刚度。因此，梁的设计应满足强度、刚度、整体稳定和局部稳定四个方面的要求，现分述如下：

(1)梁的强度计算。梁在横向荷载作用下，承受弯矩和剪力作用，故应进行抗弯强度和抗剪强度计算。当梁的上翼缘受有沿腹板平面作用的集中荷载，且在荷载作用处又未设置支承加劲肋时，还应进行计算高度边缘的局部承压强度计算。对组合梁腹板计算高度边缘处，同时受有较大的弯矩应力、剪应力和局部压应力，还应验算折算应力。

1)抗弯强度计算。梁在弯矩作用下，横截面上正应力的分布如图 11.61 所示。以双轴对称工字形截面梁为例，横截面上的正应力经由弹性阶段[图 11.61(b)]：此时，正应力为直线分布，梁最外边的正应力没有达到屈服强度；弹塑性阶段[图 11.61(c)]：随着荷载继续增加，梁边缘部分出现塑性，应力达到屈服强度，而中性轴附件材料仍处于弹性；塑性阶段[图 11.61(d)]：当荷载继续增加，梁全截面进入塑性，应力均等于屈服强度，形成塑性铰，此时梁的承载能力达到最大值。一般结构设计按弹性阶段计算。

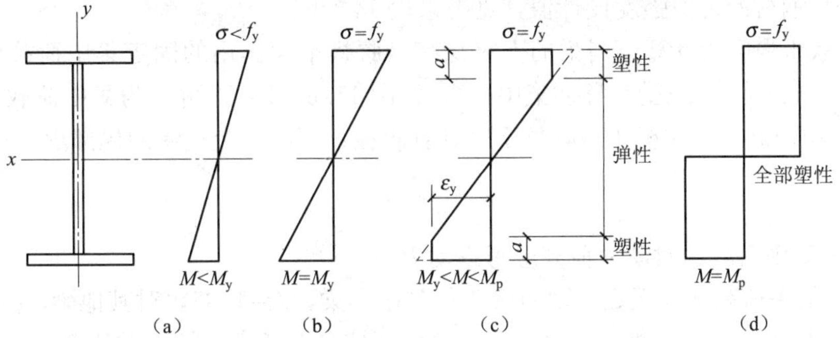

图 11.61　梁受荷时各阶段正应力分布图

把边缘纤维达到屈服强度作为设计的极限状态，叫作弹性设计；在一定条件下，考虑塑性变形的发展，称为塑性设计。显然，梁按塑性设计，比按弹性设计更能充分地发挥材料的作用，因此，为节约钢材，对于承受动力荷载的梁，不考虑截面塑性发展，仍按弹性设计。对承受静力荷载或间接承受动力荷载受弯构件，可按塑性设计；但为了避免截面的塑性区发展深度过大而导致太大的变形，应适当考虑截面的塑性发展，在强度计算公式中增加一个塑性发展系数 γ。《钢结构设计标准》(GB 50017—2017)对两个主轴分别用定值的截面塑性发展系数 γ_x 和 γ_y 进行控制。因此，在主平面内受弯的实腹梁，其抗弯强度应按下列规定进行计算：

①在主平面内受弯的实腹式构件，其受弯强度应按下式计算：

单向受弯时

$$\sigma_{\max}=\frac{M_x}{\gamma_x W_{nx}}\leqslant f \tag{11-38}$$

双向受弯时

$$\sigma_{\max}=\frac{M_x}{\gamma_x W_{nx}}+\frac{M_y}{\gamma_y W_{ny}}\leqslant f \tag{11-39}$$

式中　M_x、M_y——同一截面处绕 x 轴和 y 轴的弯矩(对工字形和 H 形截面：x 轴为强轴，y 轴为弱轴)；

W_{nx}、W_{ny}——对 x 轴和 y 轴的净截面模量；

γ_x、γ_y——对主轴 x、y 的截面塑性发展系数；对不同形状截面可参照《钢结构设计标准》(GB 50017—2017)有关表格取用；

f——钢材的抗弯强度设计值。

②对需要计算疲劳的梁，家取 $\gamma_x=\gamma_y=1.0$。

2)抗剪强度的计算。在横向荷载作用下的梁，一般都伴随着弯曲变形产生弯曲剪应力。对于工字形、H形和槽形等薄壁构件，在竖直方向剪力 V 作用下，梁的最大剪应力在腹板上，其抗剪强度应按下式计算：

$$\tau=\frac{VS}{It_w}\leqslant f_v \tag{11-40}$$

式中 V——计算截面沿腹板平面作用的剪力；

I——梁的毛截面惯性矩；

S——计算剪应力处以上毛截面对中和轴的面积矩；

t_w——梁腹板的厚度；

f_v——钢材的抗剪强度设计值，见附录表 14。

3)局部承压强度的计算。当梁的上翼缘有沿腹板平面作用的固定集中荷载而未设支承加劲肋[图 11.62(a)]，或受有移动集中荷载时[图 11.62(b)]，可认为集中荷载从作用处以45°角扩散，均匀分布于腹板边缘，按下式计算腹板计算高度上边缘的局部承压强度：

$$\sigma_c=\frac{\psi F}{t_w l_z}\leqslant f \tag{11-41}$$

式中 F——集中荷载，对动力荷载应考虑动力系数；

ψ——集中荷载增大系数，对重级工作制吊车梁，$\psi=1.35$，对其他梁，$\psi=1.0$；

l_z——集中荷载在腹板计算高度上边缘的假定分布长度，按下式计算：

$$l_z=a+5h_y+2h_R \tag{11-42}$$

a——集中荷载沿梁跨方向的支承长度，对吊车梁可取 50 mm；

h_y——自吊车梁轨顶或其他梁顶面至腹板计算高度上边缘的距离。

h_R——轨道的高度，对梁顶无轨道的梁 $h_R=0$。

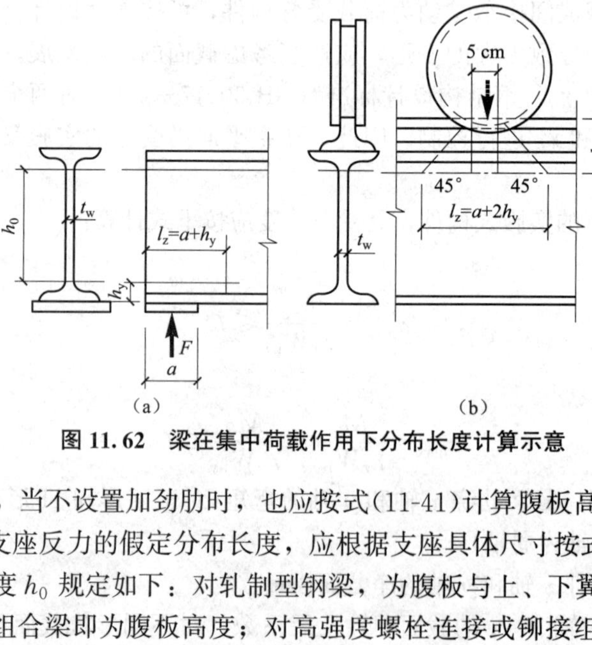

图 11.62　梁在集中荷载作用下分布长度计算示意

在梁的支座处，当不设置加劲肋时，也应按式(11-41)计算腹板高度下边缘的局部压应力，但 ψ 取 1.0。支座反力的假定分布长度，应根据支座具体尺寸按式(11-42)计算。

腹板的计算高度 h_0 规定如下：对轧制型钢梁，为腹板与上、下翼缘相接处两内弧起点间的距离；对焊接组合梁即为腹板高度；对高强度螺栓连接或铆接组合梁，为上、下翼缘与腹板连接的高强度螺栓(或铆钉)线间最近距离。

4)折算应力的计算。在组合梁的腹板计算高度边缘处，梁截面同时受有较大的弯曲应力、剪应力和局部压应力，在连续梁的支座处或梁的翼缘截面改变处，可能同时受有较大的正应力和剪应力。在这种情况下，应在腹板计算高度边缘处验算折算应力，验算公式为：

$$\sqrt{\sigma^2+\sigma_c^2-\sigma\sigma_c+3\tau^2}\leqslant\beta_1 f \tag{11-43}$$

式中　σ、σ_c、τ——腹板计算高度边缘同一点同时产生的弯曲应力、局部压应力、剪应力，σ 和 σ_c 以拉应力为正值，压应力为负值；τ 和 σ_c 按式(11-40)和式(11-41)计算，σ 按下式计算：

$$\sigma=\frac{M}{I_n}y_1 \tag{11-44}$$

I_n——梁净截面惯性矩；

y_1——所计算点至梁中和轴的距离；

β_1——考虑计算折算应力的部位处仅是梁的局部，对梁的危险性不大，而采用的钢材强度设计值增大系数。当 σ 与 σ_c 异号时，取 $\beta_1=1.2$；当 σ 与 σ_c 同号时或 $\sigma_c=0$ 时，取 $\beta_1=1.1$。

(2)梁的刚度计算。梁的刚度用变形(挠度)来衡量，变形过大不但会影响正常使用，也会造成不利的工作条件。

梁的最大挠度 v_{max} 或相对最大挠度 v_{max}/l 应满足下式：

$$v_{max}\leqslant[v]\text{或}\ \frac{v_{max}}{l}=\frac{[v]}{l} \tag{11-45}$$

式中　$[v]$——梁的容许挠度，一般主梁取 $l/400$，次课取 $l/250$。

梁的刚度属正常使用极限状态，故计算时应采用荷载标准值(不计荷载分项系数)，且不考虑螺栓孔引起的截面削弱。对动力荷载标准值，不乘动力系数。

(3)梁的整体稳定。

1)丧失整体稳定的现象。在一个主平面内弯曲的梁，其截面常设计得窄而高，这样可以更有效地发挥材料的作用。如图 11.63 所示的 H 形截面钢梁，在梁的最大刚度平面内，当受有垂直荷载作用时，如果梁的侧面没有支承点或者支承点很少时，当荷载增加到某一数值时，梁将突然发生侧向弯曲和扭转，并丧失继续承载的能力，这种现象称为梁的弯曲扭转屈曲或梁丧失整体稳定，如图 11.63 所示。使梁丧失整体稳定的弯矩或荷载，称为临界弯矩或临界荷载。

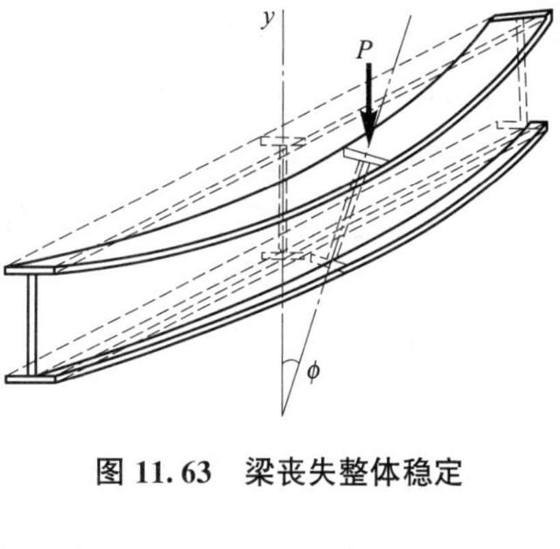

图 11.63　梁丧失整体稳定

垂直横向荷载 P 的临界值和它沿梁高的作用位置有关。荷载作用在上翼缘时，如图 11.64(a)所示，荷载将产生附加扭矩 $P\cdot e$，对梁侧向弯曲和扭转起促进作用，使梁加速丧失整体稳定。但当荷载作用在下翼缘时，如图 11.64(b)所示，它将产生反方向的附加扭矩 $P\cdot e$，有利于阻止梁的侧向弯曲扭转，延缓梁丧失整体稳定。显然，后者的临界荷载将高于前者。

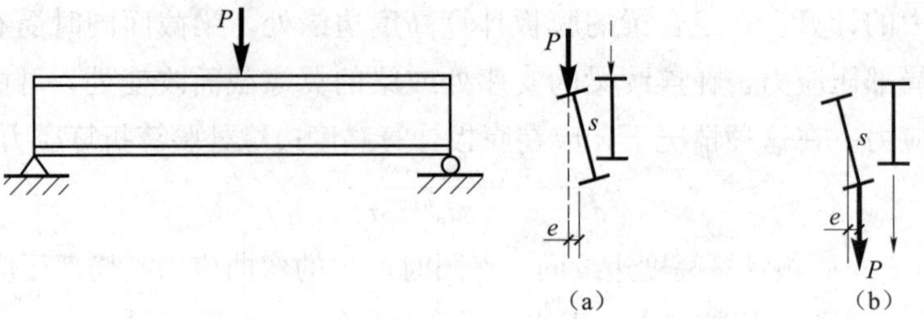

图 11.64　荷载位置对整体稳定的影响

2)整体稳定性的保证。由于梁丧失整体稳定是突然发生的，事先并无明显预兆，因此，比强度破坏更为危险，设计、施工中要特别注意。在实际工程中，梁的整体稳定常由铺板或支承来保证。梁常与其他构件相互连接，有利于阻止梁丧失整体稳定。《钢结构设计标准》(GB 50017—2017)规定，有铺板密铺在梁的受压翼缘上并与其牢固相连，能阻止梁受压翼缘的侧向位移时，可不计算梁的整体稳定性。其他情况下，在主平面内受弯的构件，其整体稳定性应满足规范规定的计算要求。

为提高梁的稳定承载能力，任何钢梁在其端部支承处都应采取构造措施，以防止其端部截面的扭转；在梁的上翼缘设置可靠的侧向支撑，如图 11.65(b)所示的梁，其下翼缘连于支座，上翼缘也用钢板连于支承构件上，以防止侧向移动和梁截面扭转。在厂房结构中，钢吊车梁就常采用这种做法。高度不大的梁也可以靠在支座截面处设置的支承加劲肋来防止梁端的扭转。

(4)梁的局部稳定和加劲肋设置。在钢梁的设计中，除了强度和整体稳定问题外，为了保证梁的安全承载，还必须考虑局部稳定问题。轧制型钢梁的规格和尺寸，都满足局部稳定要求，不需进行验算。组合梁为了获得经济的截面尺寸，常采用宽而薄的翼缘板和高而薄的腹板。梁的受压翼缘和轴心压杆的翼缘类似，在荷载作用下有可能出现图 11.66(a)所示局部屈曲。梁中段的腹板承受较大的正压应力，梁端部的腹板承受剪力引起的斜向压应力，也都有可能出现局部屈曲，如图 11.66(b)所示。如果板件丧失局部稳定，整个构件一般还不致立即丧失承载能力，但由于对称截面转化为非对称截面而产生扭转、部分截面退出工作等原因，使梁的承载能力大为降低。

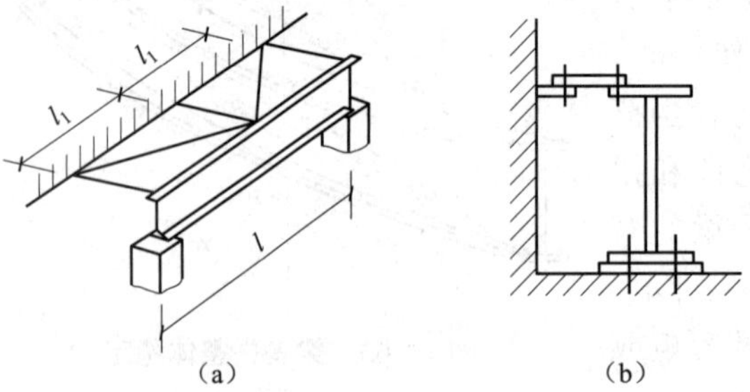

图 11.65　侧向有支承点的梁

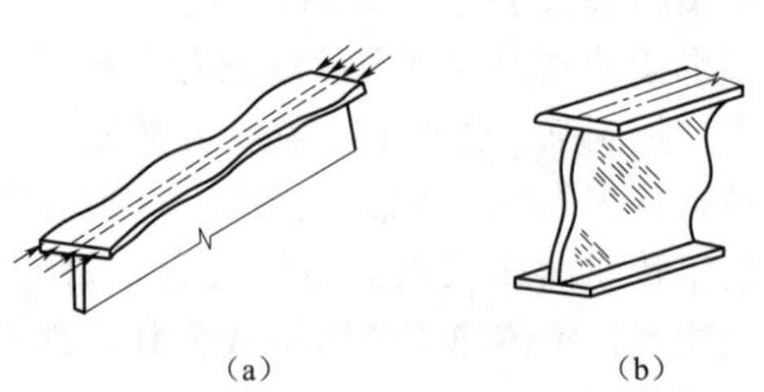

图 11.66　梁翼缘和腹板失稳变形情况

1)梁的局部稳定。承受静力荷载和间接承受动力荷载的焊接截面梁考虑腹板屈曲后强度，按规范规定计算其受弯和受剪承载力。不考虑腹板屈曲后强度时，当 $h_0/t_w > 80\sqrt{235/f_y}$，焊接截面梁应计算腹板的稳定性。$h_0$ 为腹板的计算高度，t_w 为腹板的厚度，轻级、中级工作制吊车梁计算腹板的稳定性时，吊车轮压设计值可乘以折减系数 0.9。

2)腹板的加劲肋设置。梁的腹板一般被设计得高而薄，为了提高它的局部屈曲荷载，常采用构造措施，即如图 11.67 所示设置加劲肋来予以加强。加劲肋主要分为横向、纵向、短加劲肋和支承加劲肋等几种，设计中按照不同情况采用。如果不设置加劲肋，腹板厚度必须用得较大，而大部分应力很低，不够经济。

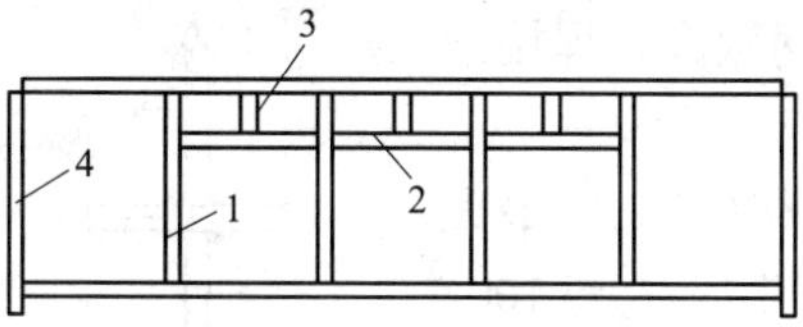

图 11.67　梁的加劲肋示例

1—横向加劲肋；2—纵向加劲肋；3—短加劲肋；4—支承加劲肋

腹板在放置加劲肋以后，被划分为不同的区段。对于简支梁的腹板，根据弯矩、剪力的分布情况，靠近梁端部的区段主要受有剪应力的作用，而在跨中附近的区段则主要受到正应力的作用，其他区段则常受到正应力和剪应力的联合作用。对于受有几种荷载作用的区段，则还承受局部压应力的作用。

焊接截面梁腹板配置加劲肋应符合下列规定：

①当 $h_0/t_w \leqslant 80\sqrt{235/f_y}$ 时，对有局部压应力的梁，宜按构造配置横向加劲肋；当局部压应力较小时，可不配置加劲肋。

②直接承受动力荷载的吊车梁及类似构件，应按下列规定配置加劲肋(图 11.68)；

a. 当 $h_0/t_w > 80\sqrt{235/f_y}$ 时，应配置横向加劲肋；

b. 当受压翼缘扭转受到约束且 $h_0/t_w > 170\sqrt{235/f_y}$、受压翼缘扭转未受到约束且 $h_0/t_w > 150\sqrt{235/f_y}$，或按计算需要时，应在弯曲应力较大区格的受压区增加配置纵向加劲肋。局部压应力很大的梁，必要时尚宜在受压区配置短加劲肋；对单轴对称梁，当确定是否要配置纵向加劲肋时，h_0 应取腹板受压区高度 h_c 的 2 倍。

③不考虑腹板屈曲后强度时，当 $h_0/t_w > 80\sqrt{235/f_y}$ 时，宜配置横向加劲肋。

④h_0/t_w 不宜超过 250。

⑤梁的支座处和上翼缘受有较大固定集中荷载处，宜设置支承加劲肋。

⑥腹板的计算高度 h_0 应按下列规定采用：对轧制型钢梁，为腹板与上、下翼缘相接处两内弧起点间的距离；对焊接截面梁，为腹板高度；对高强度螺栓连接(或铆接)梁，为上、下翼缘与腹

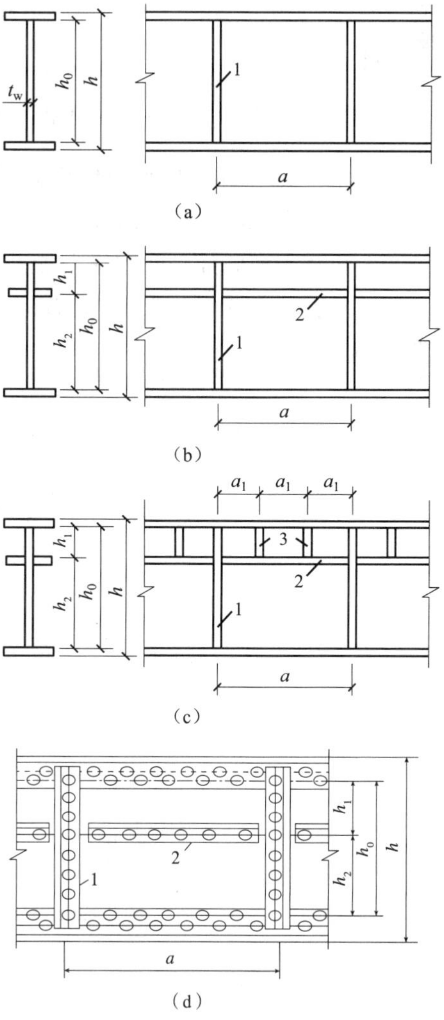

图 11.68　腹板加劲肋的布置

板连接的高强度螺栓(或铆钉)线间最近距离(图 11.68)。

加劲肋常在腹板两侧成对配置[图 11.69(a)],对于仅受静荷载作用或受动荷载作用较小的梁腹板,为了节省钢材和减轻制造工作量,其横向和纵向加劲肋也可考虑单侧配置[图 11.69(b)]。

加劲肋可以用钢板或型钢做成,焊接梁一般常用钢板。

横向加劲肋的最小间距为 $0.5h_0$,最大间距为 $2h_0$(对 $\sigma_c=0$ 的梁,当 $h_0/t_w\leqslant100$,可用 $a=2.5h_0$)。

为了保证梁腹板的局部稳定,加劲肋应具有一定的刚度,为此要求:

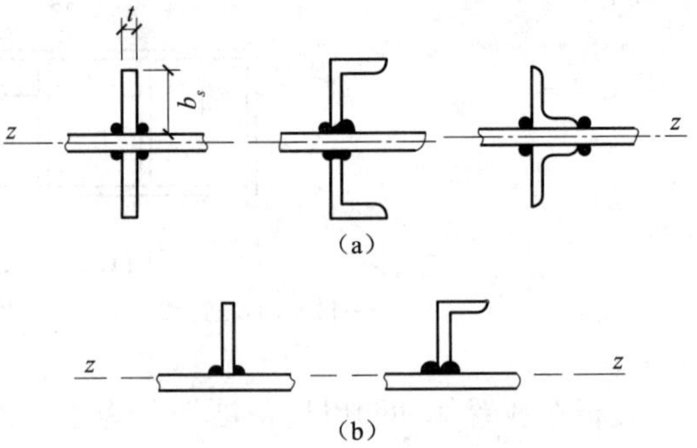

图 11.69　加劲肋形式

①在腹板两侧成对配置的钢板横向加劲肋,其截面尺寸应按下列经验公式确定:

外伸宽度:

$$b_s\geqslant\frac{h_0}{30}+40(\text{mm}) \tag{11-46}$$

厚度

$$\text{承压加劲肋 } t_s\geqslant\frac{b_s}{15},\text{不受力加劲肋 } t_s\geqslant\frac{b_s}{19} \tag{11-47}$$

②仅在腹板一侧配置的钢板横向加劲肋,其外伸宽度应大于按式(11-46)算得的 1.2 倍,厚度应符合式(11-47)的规定。

③在同时用横向加劲肋和纵向加劲肋加强的腹板中,应在其相交处将纵向加劲肋断开,横向加劲肋保持连续(图 11.70)。横向加劲肋的截面尺寸除应符合上述规定外,其截面惯性矩 I_z 尚应符合下式要求:

$$I_z\geqslant3h_0t_w^3 \tag{11-48}$$

纵向加劲肋的截面惯性矩 I_y,应符合下列公式要求:

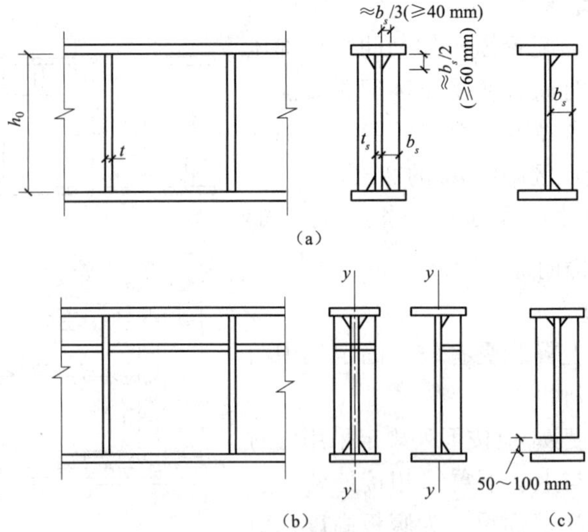

图 11.70　加劲肋的构造

当$\frac{a}{h_0}\leqslant 0.85$时，

$$I_y \geqslant 1.5 h_0 t_w^3 \tag{11-48}$$

当$\frac{a}{h_0}>0.85$时

$$I_y \geqslant \left(2.5-0.45\frac{a}{h_0}\right)\left(\frac{a}{h_0}\right)^2 h_0 t_w^3 \tag{11-49}$$

④当配置有短加劲肋时，其短加劲肋的外伸宽度应取为横向加劲肋外伸宽度的0.7～1.0倍，厚度不应小于短加劲肋外伸宽度的1/15。

⑤用型钢做成的加劲肋，其截面相应的惯性矩不得小于上述对于钢板加劲肋惯性矩的要求。

为了减少焊接应力，避免焊缝的过分集中，横向加劲肋的端部应切去宽约$b_s/3$(但不大于40 mm)，高约$b_s/2$(但不大于60 mm)的斜角[图11.70(a)]，以使梁的翼缘焊缝连续通过。在纵向加劲肋与横向加劲肋相交处，应将纵向加劲肋两端切去相应的斜角，使横向加劲肋与腹板连接的焊缝连续通过。

吊车梁横向加劲肋的上端应与上翼缘刨平顶紧。当为焊接吊车梁，尚宜焊接。中间横向加劲肋的下端一般在距受拉翼缘50～100 mm处断开[图11.70(c)]，不应与受拉翼缘焊接，以改善梁的抗疲劳性能。

3)支承加劲肋的设置。支承加劲肋是指承受固定集中荷载或梁支座反力的横向加劲肋，这种加劲肋应在腹板两侧成对配置(图11.71)，其截面常比中间横向加劲肋的截面大，并需要计算，其计算要求可参见有关资料。

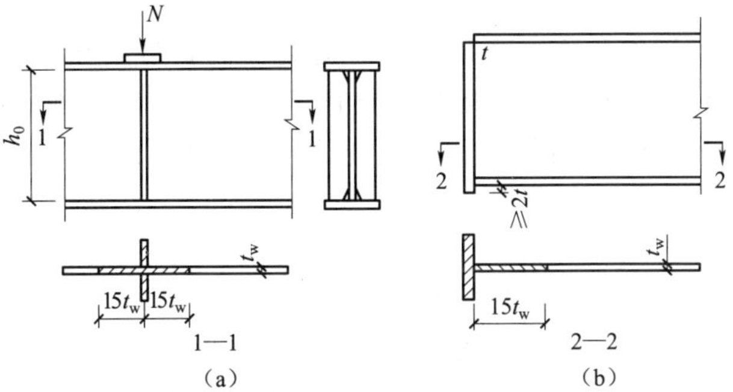

图11.71　支承加劲肋

3. 梁的拼接

梁的拼接依施工条件的不同，分为工厂拼接和工地拼接两种，工厂拼接是受钢材规格或现有钢材尺寸限制，需将钢材拼大或拼长而在工厂进行的拼接；工地拼接是受到运输或安装条件限制，将梁在工厂做成几段(运输单元或安装单元)运至工地后进行的拼接。

梁的工厂拼接中，翼缘和腹板的拼接位置最好错开，并避免与加劲肋和连接次梁的位置重合，以防止焊缝集中，如图11.72所示，腹板的拼接焊缝与横向加劲肋之间至少相距$10t_w$。在工厂制造时，常先将梁的翼缘板和腹板分别接长，然后再拼装成整体，可以减少梁的焊接应力。

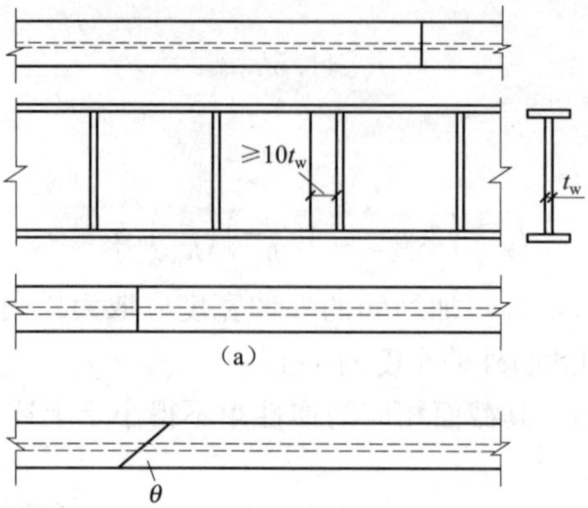

图 11.72　焊接梁的工厂拼接

翼缘和腹板的拼接焊缝一般都采用正面对接焊缝，在施焊时用引弧板，因此，对于满足《钢结构工程施工质量验收标准》(GB 50205—2020)中1、2级焊缝质量检验级别的焊缝都不需要进行验算。只有对仅进行外观检查的3级焊缝，因其焊缝的抗拉强度设计值小于钢材的抗拉强度设计值，此时需要分别验算受拉翼缘和腹板上的最大拉应力是否小于焊缝抗拉强度设计值。当焊缝的强度不足时，可以采用斜焊缝[图 11.72(b)]。当斜焊缝与受力方向的夹角 θ 满足 $\tan\theta \leqslant 1.5$ 时，可以不必验算。但斜焊缝连接比较费料、费工，特别是对于宽的腹板最好不用。必要时，可以考虑将拼接板的截面位置调整到弯曲正应力较小处来解决。

工地拼接的位置由运输和安装条件确定。此时，需要将梁在工厂分成几段制作，然后再运往工地。对于仅受到运输条件限制的梁段，可以在工地地面上拼装，焊接成整体，然后吊装；而对于受到吊装能力限制而分成的梁段，则必须分段吊装，在高空进行拼接和焊接。

工地拼接一般应使翼缘和腹板在同一截面或接近于同一截面处断开，以便于分段运输。图 11.73(a)所示为断在同一截面的方式，梁段比较整齐，运输方便。为了便于焊接，将上、下翼缘板均切割成向上的V形坡口。为了使翼缘板在焊接过程中有一定范围的伸缩余地，以减少焊接残余应力，可将翼缘板在靠近拼接截面处的焊缝预先留出约500 mm的长度在工厂不焊，按照图 11.73(a)中所示的序号最后焊接。

图 11.73(b)所示为将梁的上、下翼缘板和腹板的拼接位置适当错开的方式，可以避免焊缝集中在同一截面。这段梁有悬出的翼缘板，运输过程中必须注意防止碰撞破坏。

对于铆接梁和较重要的或受动力荷载作用的焊接大型梁，其工地拼接常采用高强度螺栓连接。

图 11.74 所示为采用高强度螺栓连接的焊接梁的工地拼接。在拼接处同时有弯矩和剪力作用。设计时，必须使拼接板和高强度螺栓都具有足够的强度，满足承载力的要求，并保证梁的整体性。

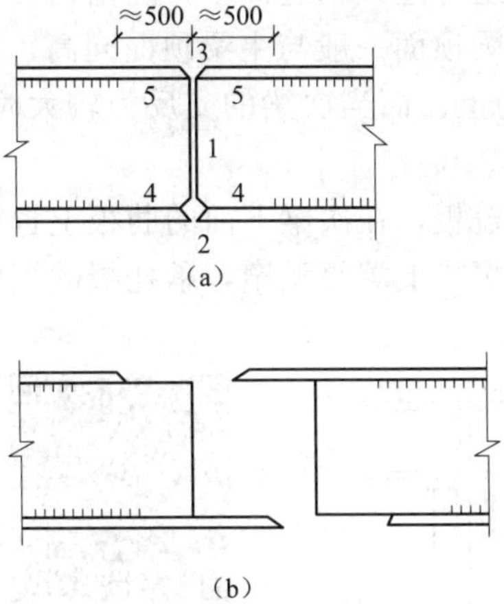

图 11.73　工地焊接拼接

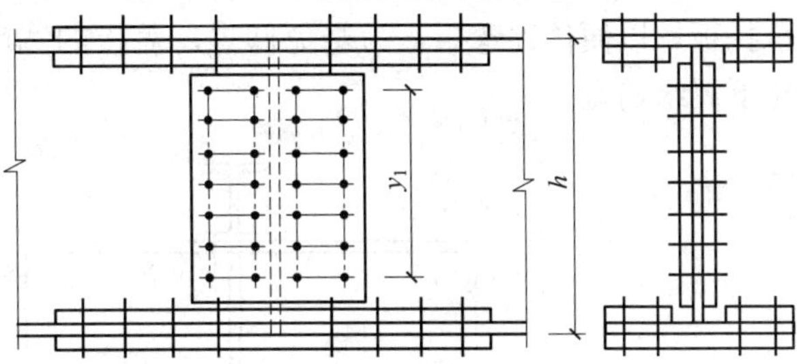

图 11.74　梁的工地拼接

梁翼缘板的拼接，通常应按照等强度原则进行设计，即应使拼接板的净截面面积不小于翼缘板的截面面积。高强度螺栓的数量应按翼缘板净截面面积 A_n 所能承受的轴向力 $N=A_n f$ 计算，f 为钢材的强度设计值。

腹板的拼接应首先进行螺栓布置，然后验算。布置螺栓时，应注意满足螺栓排列的容许距离要求。

4. 梁的支座和主、次梁连接

(1)梁的支座。梁的荷载通过支座传给下部支承结构，如墩支座、钢筋混凝土柱或钢柱等。梁与钢柱的铰接连接在轴压构件的柱头中已叙述，此处仅介绍墩支座或钢筋混凝土支座。

常用的墩支座或钢筋混凝土支座有平板支座、弧形支座和滚轴支座三种形式(图 11.75)。

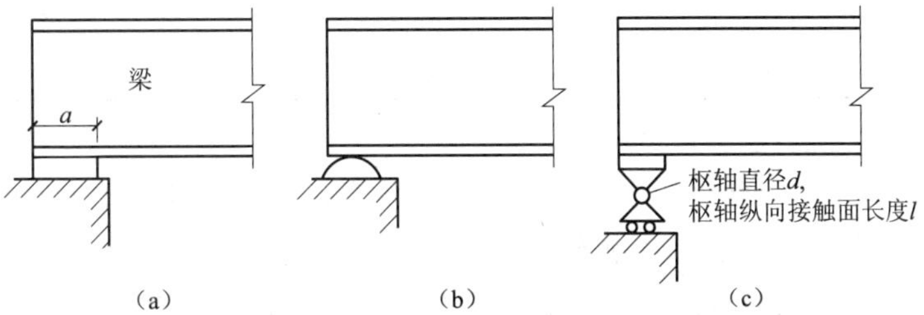

图 11.75　梁的支座形式

平板支座不能自由转动，一般用于跨度小于 20 m 的梁中。弧形支座构造与平板支座相仿，但其支承面为弧形，使梁能自由转动，因而底板受力比较均匀，常用在跨度为 20～40 m 的梁中。滚轴支座由上、下支座板和中间枢轴及下部滚轴组成。梁上荷载经上支座板通过枢轴传给下支座板，枢轴可以自由转动，形成理想铰接。下支座板支承于滚轴上，以滚动摩擦代替滑动摩擦，能自由移动。滚轴支座可消除梁由于挠度或温度变化而引起的附加应力，适用于跨度大于 40 m 的梁中。能移动的滚轴支座只能安装在梁的一端，另一端须采用铰支座。

(2)主、次梁的连接。次梁与主梁的连接分为铰接和刚接两种。铰接应用较多，刚接则在次梁设计成连续梁时采用。铰接连接按构造，可分为叠接[图 11.76(a)]和平接[图 11.76(b)]两种。

叠接是将次梁直接搁在主梁上，用焊缝或螺栓相连。这种连接构造简单，但结构所占空间较大，故应用常受到限制。平接可降低建筑高度，次梁顶面一般与主梁顶面同高，也可略高于或低于主梁顶面。次梁可侧向连接在主梁的横肋上；而当次梁的支反力较大时，通常应设置承托[图 11.76(c)]。

连续次梁的连接形式，主要是在次梁上翼缘设置连接盖板，在次梁下面的肋板上也设有承托板，以便传递弯矩。为避免仰焊，盖板的宽度应比次梁上翼缘稍窄，承托板的宽度应比下翼缘稍宽。

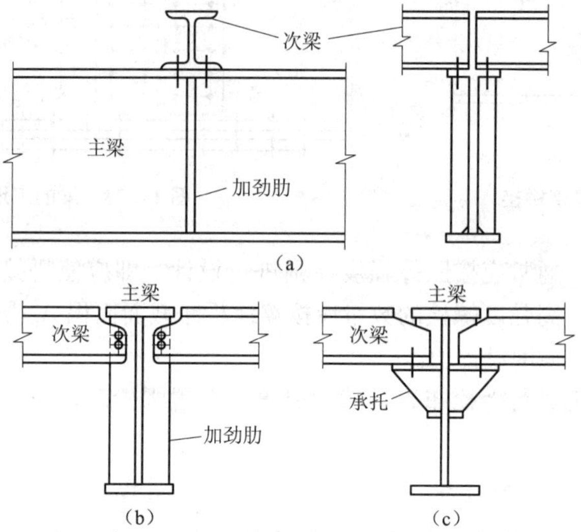

图 11.76　主、次梁连接

知识拓展：钢屋盖

章节回顾

(1)建筑钢材的主要力学性能有强度、塑性、抗弯、冲击韧性、硬度和耐疲劳性等。钢材的强度试验是在常温下按规定的加荷速度逐渐施加拉力荷载，使试件逐渐伸长，直至拉断破坏。塑性是指钢材在应力超过屈服点后，能产生显著的残余变形而不立即断裂的性质。其可由静力拉伸试验得到的伸长率 δ 来衡量。冷弯性能可衡量钢材在常温下冷加工弯曲产生的塑性变形对裂缝的抵抗能力。冲击韧性是衡量钢材承受动力荷载抵抗脆性断裂破坏的能力。韧性是钢材断裂时吸收机械能能力的量度。

(2)影响钢材机械和加工等性能的因素很多。其中，钢材的化学成分及其微观组织结构是最主要的。而在冶炼、浇铸和轧制的过程中，残余应力、温度、钢材硬化和热处理的影响等，也是非常重要的因素。

(3)钢结构常有的钢材主要有碳素结构钢、低合金结构钢、高强度钢丝和钢索材料。我国生产的碳素钢分为 Q195、Q215、Q235 和 Q275 四个牌号。在普通碳素钢中添加一种或几种少量合金元素，合金元素总量低于 5%的钢称为低合金钢，合金元素总量高于 5%的钢称为高合金钢。建筑结构仅用低合金钢，其屈服点和抗拉强度比相应的碳素钢高，并具有良好的塑性和冲击韧性，也较耐腐蚀；可在平炉和氧气转炉中冶炼而成本增加不多，且多为镇静钢。高强度钢丝是由优质碳素钢经过多次冷拔而成，分为光面钢丝和镀锌钢丝两种类型。

(4)钢结构中常用的焊接方法有电弧焊、埋弧焊(自动和半自动)和气体保护焊等。焊缝连接形式按被连接构件间的相对位置，分为平接、搭接、T形连接和角接四种类型。这些连接所用的焊缝有对接焊缝和角焊缝两种基本形式。在具体应用时，应根据连接的受力情况，结合制造、安装和焊接条件进行合理选择。

(5)焊接应满足构造要求，还应做必要的强度计算。对接焊缝除三级受拉焊缝外，均与母材等强，故一般不需要计算。角焊缝应根据作用力与焊缝长度方向间的关系式计算。

(6)螺栓连接都应满足中距、边距、端距和线距等构造要求，且应做必要的强度计算。对普通螺栓和高强度承压型连接的受剪和受拉螺栓连接，均是计算其最不利螺栓所受的力不大于单个螺栓的承载力设计值(N_v^b、N_c^b、N_t^b)，但受剪螺栓连接还需验算构件因螺孔削弱的净截面强度。高强度螺栓摩擦型连接的受剪和受拉的计算与普通螺栓类似，只需用其N_v^b或N_t^b代之即可。

(7)轴心受力构件包括轴心受拉和轴心受压构件。轴心受拉构件和一般拉弯构件只需计算强度和刚度，而轴心受压构件、压弯构件和某些拉弯构件则同时还需计算整体稳定和局部稳定。轴心受压构件的承载力由稳定条件决定，它应该满足整体稳定和局部稳定的要求。整体稳定是其中最重要的一项，因压杆整体失稳往往在其强度有足够保证的情况下突然发生。

(8)梁的计算包括强度、刚度、整体稳定和局部稳定。

(9)梁的强度包括抗弯强度σ、抗剪强度τ、局部承压强度σ_c和折算应力四项。其中，σ必须计算，后三项视情况而定。如型钢梁若截面无太大削弱，可不计算τ，且可不计算σ_c和折算应力。组合梁在固定集中荷载处设有支撑加劲肋时，也无须计算σ_c。

(10)梁的整体稳定性能应受到特别重视，因失稳是在强度破坏前突然发生，往往事先无明显征兆。应尽量采取构造措施，以提高其整体稳定性能，如将密铺板与受压翼缘焊牢、增设受压翼缘的侧向支撑等。

同步测试

一、简答题

1. 钢结构对钢材性能有哪些要求?
2. 钢结构产生脆性破坏的因素有哪些?在化学成分中，以哪几种元素的影响最大?
3. 钢材有哪几项主要力学性能指标?各项指标可用来衡量钢材哪些方面的性能?
4. 引起钢材脆性破坏的主要因素有哪些?应如何防止脆性破坏的产生?
5. 角焊缝的尺寸有哪些要求?
6. 对接接头采用对接焊缝和采用加盖板的角焊缝各有何特点?
7. 角焊缝计算公式中，为什么有强度设计值增大系数β_f?在什么情况下不考虑β_f?
8. 螺栓在钢板和型钢上的容许距离都有哪些规定?它们是根据哪些要求制定的?
9. 普通螺栓的受剪螺栓连接有哪几种破坏形式?用什么方法可以防止?
10. 高强度螺栓预拉力P的设计值根据什么确定?

11. 高强度螺栓摩擦型连接和承压型连接的受力特点有何不同？它们在传递剪力和拉力时的单个螺栓承载力设计值的计算公式有何区别？

12. 在受剪连接中使用普通螺栓或摩擦型高强度螺栓，对构件开孔净截面强度的影响哪一种较大？为什么？

13. 简支梁须满足哪些条件才能按部分截面发展塑性计算抗弯强度？

14. 梁的整体稳定和局部稳定在概念上有何不同？如何判别它们是否有可靠性保证？如不能保证，需采取哪些有效措施防止失稳？

15. 主、次梁的铰接连接和刚接连接有何不同？设计时应考虑哪些问题？

16. 轴心受力构件强度的计算公式是按它的承载能力极限状态确定的吗？为什么？

17. 提高轴心压杆钢材的抗压强度能否提高其稳定承载能力？为什么？

18. 轴心受压柱的整体稳定不满足时，若不增大截面面积，是否还可以采取其他措施提高其承载力？

二、选择题

1. 钢结构采用的钢材应具有的性能为(　　)。

A. 较好的抗拉强度　　B. 良好的加工性能

C. 低廉的价格　　D. 塑性和韧性没有要求

2. 结构工程中使用钢材的塑性指标，目前主要用(　　)表示。

A. 冲击韧性　　B. 可焊性　　C. 伸长率　　D. 屈服点

3. 规范对钢材的分组是根据钢材的(　　)确定。

A. 钢种　　B. 钢号　　C. 横截面积的大小　　D. 厚度与直径

4. 钢材是理想的(　　)体。

A. 弹塑性　　B. 弹性　　C. 韧性　　D. 塑性

5.(　　)是现代钢结构中最主要的连接方法。

A. 铆钉连接　　B. 焊接连接　　C. 普通螺栓连接　　D. 高强度螺栓连接

6. 钢材的硬化，使(　　)。

A. 强度降低、塑性和韧性均提高　　B. 强度、塑性和韧性均降低

C. 强度、塑性和韧性均提高　　D. 塑性降低，强度和韧性提高

7. 钢材的设计强度根据(　　)确定。

A. 比例极限　　B. 弹性极限　　C. 屈服点　　D. 极限强度

8. 梁的最小建筑高度由(　　)控制。

A. 强度　　B. 建筑要求　　C. 刚度　　D. 整体稳定

9. 一根截面面积为 A，净截面面积为 A_n 的构件，在拉力 N 作用下的毛截面强度计算公式为(　　)。

A. $\sigma=\dfrac{N}{A_n}\leqslant f_y$　　B. $\sigma=\dfrac{N}{A}\leqslant f_y$　　C. $\sigma=\dfrac{N}{A_n}\leqslant f$　　D. $\sigma=\dfrac{N}{A}\leqslant f$

10. 单个普通螺栓传递剪力时的设计承载能力由(　　)确定。

A. 单个螺栓抗剪设计承载力

B. 单个螺栓承压设计承载力

C. 单个螺栓抗剪和承压设计承载力中的较小者

D. 单个螺栓抗剪和承压设计承载力中的较小者

11. 工字形截面简支梁仅在跨中受集中荷载，由验算得知，各项强度都满足要求(σ_c 除外)。使腹板局部压应力 σ_c 满足要求的合理方案是(　　)。

A. 在跨中位置设支撑加劲肋　　B. 增加梁翼缘板宽度

C. 增加梁翼缘板厚度　　D. 增加梁腹板厚度

12. 角钢和钢板间用侧焊缝搭接连接，当角钢背与肢尖焊缝的焊脚尺寸和焊缝的长度都等同时，(　　)。

A. 角钢背的侧焊缝与角钢肢尖的侧焊缝受力相等

B. 角钢肢尖侧焊缝受力大于角钢背的侧焊缝

C. 角钢背的侧焊缝受力大于角钢肢尖的侧焊缝

D. 由于角钢背和肢尖的侧焊缝受力不相等，因而连接受力有弯矩的作用

13. 焊接工字形截面梁腹板配置横向加劲肋的目的是(　　)。

A. 提高梁的抗弯强度　　B. 提高梁的抗剪强度

C. 提高梁的整体稳定性　　D. 提高梁的局部稳定性

14. 钢材的强度设计值是以(　　)除以材料的分项系数。

A. 比例极限 f_p　　B. 屈服点 f_y　　C. 极限强度 f_u　　D. 弹性极限 f_e

15. 摩擦型高强度螺栓与承压型高强度螺栓的主要区别是(　　)。

A. 施加预拉力的大小和方法不同　　B. 所采用的材料不同

C. 破坏时的极限状态不同　　D. 板件接触面的处理方式不同

16. 摩擦型高强度螺栓连接的轴心拉杆的验算净截面强度公式为 $\sigma=\dfrac{N'}{A_n}\leqslant 0.7f_u$，其中的 N' 与杆件所受拉力 N 相比，(　　)。

A. $N'<N$　　B. $N'=N$

C. $N'>N$　　D. 视具体情况而定

17. 角钢采用两侧面焊缝连接，并承受轴心力作用时，其内力分配系数对等肢角钢而言，取(　　)(其中，肢背 K_1；肢尖 K_2)。

A. $K_1=0.7$，$K_2=0.7$　　B. $K_1=0.7$，$K_2=0.3$

C. $K_1=0.75$，$K_2=0.25$　　D. $K_1=0.35$，$K_2=0.65$

18. 轴心压杆计算时，要满足(　　)要求。

A. 强度、刚度　　B. 强度、整体稳定、刚度

C. 强度、整体稳定、局部稳定　　D. 强度、整体稳定、局部稳定、刚度

三、填空题

1. 钢材的两种破坏形式为____________________和____________________。

2. 当组合梁腹板的高厚比 $h_0/t_w\leqslant$____________________时，对一般梁可不配置加劲肋。

3. 保证拉弯、压弯构件的刚度是验算其____________________。

4. 钢中的含硫量太多，会引起钢材____________________；钢中的含磷量太多，会引起钢材____________________。

5. 钢材的硬化，提高了钢材的______________，降低了钢材的______________。

6. 轴心受压构件腹板的宽厚比的限制值是根据板件临界应力与杆件____________应力______________的条件推导出的。

7. 组合梁的截面最小高度，是根据________条件导出的，即梁的最大________应不超过规定的限制。

8. 当荷载作用位置在梁的________翼缘时，梁的整体稳定性较高。

9. 当 h_0/t_w 大于 $80\sqrt{235/f_y}$ 时，应在梁的腹板上配置________向加劲肋。

10. 碳对钢材性能的影响很大，一般来说随着含碳量的提高，钢材的塑性和韧性逐渐________。

四、计算题

1. 设计 500×14 钢板的对接焊缝拼接。钢板承受轴心拉力，其中所受的荷载设计值为 1 400 kN，已知钢材为 Q235，采用 E43 型焊条，手工电弧焊，三级质量标准，施焊时未用引弧板。

2. 设计一双盖板的钢板对接接头(图 11.77)，已知钢板截面为 300×14，承受轴心拉力设计值 N=750 kN。钢材为 Q235，焊条用 E43 型，手工焊。

3. 如图 11.78 所示一围焊连接，已知 $l_1=200$ mm，$l_2=300$ mm，$e=80$ mm，$h=8$ mm，$f_f^w=160$ N/mm^2，静载 $F=370$ kN，$x=60$ mm，试验算该连接是否安全。

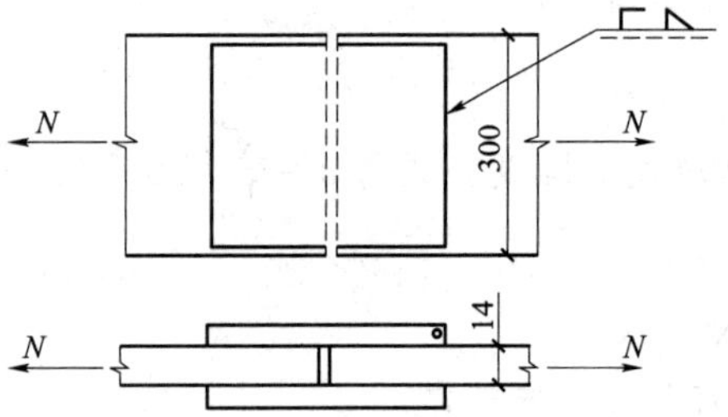

图 11.77 计算题 2 图

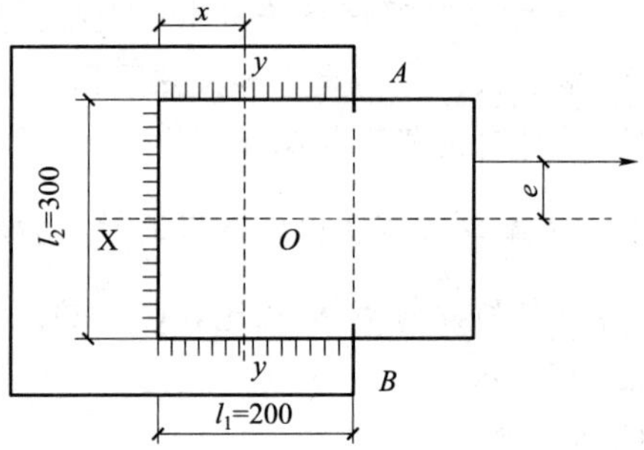

图 11.78 计算题 3 图

4. 在图 11.79 所示角钢和节点板采用两边侧焊缝的连接中，$N=380$ kN，角钢为 2L140×90×10，节点板厚度 $t_1=10$ mm，钢材为 Q235A·F，焊条为 E43 系列型，手工焊。试设计所需角焊缝。

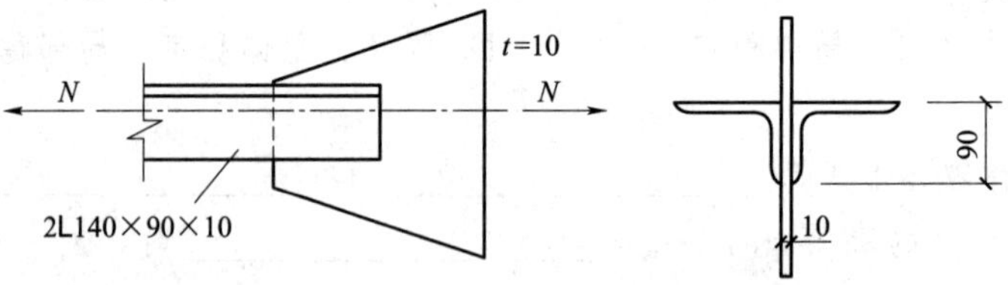

图 11.79 计算题 4 图

5. 验算图 11.80 所示牛腿与柱的角焊缝连接，偏心力 $N=200$ kN(静力荷载，设计值)，$e=150$ mm，厚度 $t_1=12$ mm，腹板高度 $h=240$ mm，钢板为 Q235A·F，手工焊，焊条为 E43 系列型。

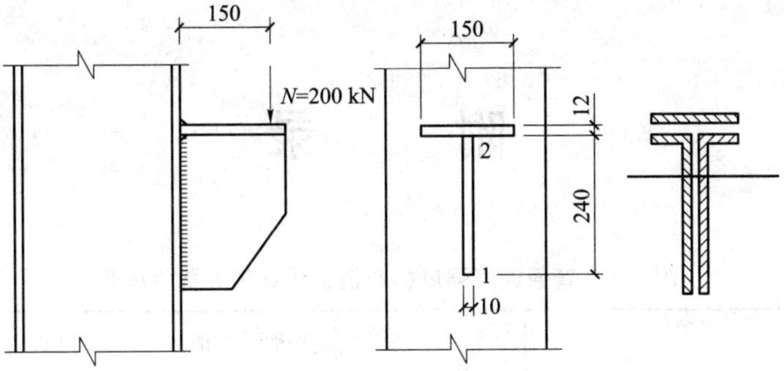

图 11.80　计算题 5 图

6. 截面为 340×12 的钢板构件的拼接板，采用双盖板普通螺栓连接，盖板厚度为 8 mm，钢材为 Q235。螺栓为 C 级，M20，构件承受轴心拉力设计值 N=600 kN。试设计该拼接接头的普通螺栓连接。

7. 将计算题 2 改用普通螺栓连接，螺栓直径 d=20 mm，孔径 d_0=21.5 mm。试进行设计。

8. 将计算题 2 改为高强度螺栓连接，高强度螺栓采用 10.9 级，直径 M20，孔径 d_0=21.5 mm，连接接触面采用喷砂处理，试进行设计。

9. 试设计用高强度螺栓摩擦型连接的钢板拼接连接。采用双盖板，钢板截面为 340×20，盖板采用两块 300×10 的钢板。钢材为 Q355，螺栓 8.8 级，M22，接触面采用喷砂处理，承受轴心拉力设计值 N=1 600 kN。

计算题 10 和 11

附　　录

附表 1　普通钢筋强度标准值、设计值和弹性模量

钢筋种类		符号	d/mm	强度标准值/(N·mm^{-2})	强度设计值/(N·mm^{-2})		E_s(×10^5)
				f_{yk}	f_y	f'_y	
热轧钢筋	HPB300	Φ	6～14	300	270	270	2.10
	HRB335	Φ	6～14	335	300	300	2.00
	HRB400 HRBF400 RRB400	Φ $Φ^F$ $Φ^R$	6～50	400	360	360	2.00
	HRB500 HRBF500	Φ $Φ^F$	6～50	500	435	410	2.00

附表 2　预应力钢筋强度标准值、设计值和弹性模量

钢筋种类		符号	d/mm	f_{ptk}/(N·mm^{-2})	f_{py}/(N·mm^{-2})	f'_{py}/(N·mm^{-2})	E_s(10^5)
钢绞线	1×3（三股）	$Φ^s$	8.6、10.8、12.9	1 570	1 110	390	1.95
				1 860	1 320		
				1 960	1 390		
	1×7（七股）		9.5、12.7、15.2、17.8	1 720	1 220		
				1 860	1 320		
				1 960	1 390		
			21.6	1 860	1 320		
消除应力钢丝	光面 螺旋肋	$Φ^P$ $Φ^H$	5	1 570	1 110	410	2.05
				1 860	1 320		
			7	1 570	1 110		
			9	1 470	1 040		
				1 570	1 110		
预应力螺纹钢筋	螺纹	$Φ^T$	18、25、32、40、50	980	650	400	2.00
				1 080	770		
				1 230	900		

续表

钢筋种类		符号	d/mm	f_{ptk} /(N·mm^{-2})	f_{py} /(N·mm^{-2})	f'_{py} /(N·mm^{-2})	$E_s(10^5)$
中强度预应力钢丝	光面 螺旋肋	ϕ^{PM} ϕ^{HM}	5、7、9	800	510	410	2.05
				970	650		
				1 270	810		

注：1. 钢绞线直径是指外接圆直径，即现行国家标准《预应力混凝土用钢绞线》(GB/T 5224—2023)中的公称直径 D_g。

2. 极限强度标准值为 1 960 N/mm^2 的钢绞线作后张预应力配筋时，应有可靠的工程经验。

3. 当预应力筋的强度标准值不符合附表 2 的规定时，其强度设计值应进行相应的比例换算。

附表 3 混凝土强度标准值、设计值和弹性模量 N/mm^2

强度	混凝土强度等级													
	C15	C20	C25	C30	C35	C40	C45	C50	C55	C60	C65	C70	C75	C80
f_{ck}	10	13.4	16.7	20.1	23.4	26.8	29.6	32.4	35.5	38.5	41.5	44.5	47.4	50.2
f_{tk}	1.27	1.54	1.78	2.01	2.20	2.39	2.51	2.64	2.74	2.85	2.93	2.99	3.05	3.11
f_c	7.2	9.6	11.9	14.3	16.7	19.1	21.2	23.1	25.3	27.5	29.7	31.8	33.8	35.9
f_t	0.91	1.10	1.27	1.43	1.57	1.71	1.80	1.89	1.96	2.04	2.09	2.14	2.18	2.22
$E_c(10^4)$	2.20	2.55	2.80	3.00	3.15	3.25	3.35	3.45	3.55	3.60	3.65	3.70	3.75	3.80

注：计算现浇钢筋混凝土轴心受压及偏心受压构件时，如截面长边或直径小于 300 mm，则表中混凝土的强度设计值应乘以系数 0.8；当构件质量确有保证时，可不受此限制。

附表 4 结构构件的裂缝控制等级和最大裂缝宽度限值

环境类别	钢筋混凝土结构		预应力混凝土结构	
	裂缝控制等级	w_{lim}	裂缝控制等级	w_{lim}
一	三级	0.30(0.40)	三级	0.020
二(a)		0.20		0.10
二(b)			二级	—
三(a)、三(b)			一级	—

注：1. 对处于年平均相对湿度小于 60%地区一类环境下的受弯构件，其最大裂缝宽度限值可采用括号内的数值。

2. 在一类环境下，对钢筋混凝土屋架、托架及需作疲劳验算的吊车梁，其最大裂缝宽度限值应取为 0.20 mm；对钢筋混凝土屋面梁和托梁，其最大裂缝宽度限值应取为 0.30 mm。

3. 在一类环境下，对预应力混凝土屋架、托架及双向板体系，应按二级裂缝控制等级进行验算；对一类环境下的预应力混凝土屋面梁、托梁、单向板，应按表中二(a)级环境的要求进行验算；在一类和二(a)类环境下需作疲劳验算的预应力混凝土吊车梁，应按裂缝控制等级不低于二级的构件进行验算。

4. 表中规定的预应力混凝土构件的裂缝控制等级和最大裂缝宽度限值仅适用于正截面的验算；预应力混凝土构件的斜截面裂缝控制验算应符合《结构规范》第 7 章的有关规定。

5. 对于烟囱、筒仓和处于液体压力下的结构，其裂缝控制要求应符合专门标准的有关规定。

6. 对于处于四、五类环境下的结构构件，其裂缝控制要求应符合专门标准的有关规定。

7. 表中的最大裂缝宽度限值为用于验算荷载作用引起的最大裂缝宽度。

附表 5　受弯构件的允许挠度限值

构件种类		挠度限制
吊车梁	手动吊车	$l_0/500$
	电动吊车	$l_0/600$
屋盖、楼盖及楼梯构件	当 $l_0<7$ m	$l_0/200(l_0/250)$
	当 7 m$\leqslant l_0<9$ m 时	$l_0/250(l_0/300)$
	当 $l_0>9$ m 时	$l_0/300(l_0/400)$

注：1. 表中 l_0 为构件的计算跨度；计算悬臂构件的挠度限制时，其计算跨度 l_0 按实际悬臂长度的 2 倍取用。

2. 表中括号内的数值适用于使用上对挠度有较高要求的构件。

3. 如果构件在制作时预先起拱，且使用上也允许，则在验算挠度时，可将计算所得的挠度值减去起拱值；对预应力混凝土构件，尚可减去预加力所产生的反拱值。

4. 构件制作时的起拱值和预加力所产生的反拱值，不宜超过构件在相应荷载组合作用下的计算挠度值。

附表 6　钢筋混凝土矩形和 T 形截面受弯构件正截面承载力计算系数

ξ	γ_s	α_s	ξ	γ_s	α_s
0.01	0.995	0.010	0.19	0.905	0.172
0.02	0.990	0.020	0.20	0.900	0.180
0.03	0.985	0.030	0.21	0.895	0.188
0.04	0.980	0.039	0.22	0.890	0.196
0.05	0.975	0.048	0.23	0.885	0.203
0.06	0.970	0.058	0.24	0.880	0.211
0.07	0.965	0.067	0.25	0.875	0.219
0.08	0.960	0.077	0.26	0.870	0.226
0.09	0.955	0.085	0.27	0.865	0.234
0.10	0.950	0.950	0.28	0.860	0.241
0.11	0.945	0.104	0.29	0.855	0.248
0.12	0.940	0.113	0.30	0.850	0.255
0.13	0.935	0.121	0.31	0.845	0.262
0.14	0.930	0.130	0.32	0.840	0.269
0.15	0.925	0.139	0.33	0.835	0.275
0.16	0.920	0.147	0.34	0.830	0.282
0.17	0.915	0.155	0.35	0.825	0.289
0.18	0.910	0.164	0.36	0.820	0.295

续表

ξ	γ_s	α_s	ξ	γ_s	α_s
0.37	0.815	0.301	0.50	0.750	0.375
0.38	0.810	0.309	0.51	0.745	0.380
0.39	0.805	0.314	0.52	0.740	0.385
0.40	0.800	0.320	0.53	0.735	0.390
0.41	0.795	0.326	0.54	0.730	0.394
0.42	0.790	0.332	0.55	0.725	0.400
0.43	0.785	0.337	0.56	0.720	0.403
0.44	0.780	0.343	0.57	0.715	0.408
0.45	0.775	0.349	0.58	0.710	0.412
0.46	0.770	0.354	0.59	0.705	0.416
0.47	0.765	0.359	0.60	0.700	0.420
0.48	0.760	0.365	0.61	0.695	0.424
0.49	0.755	0.370	0.62	0.690	0.428

附表 7　钢筋的计算截面面积及公称质量表

公称直径/mm	不同根数钢筋的计算截面面积/mm^2									单根钢筋理论质量/($kg\cdot m^{-1}$)
	1	2	3	4	5	6	7	8	9	
6	28.3	57	85	113	142	170	198	226	255	0.222
8	50.3	101	151	201	252	302	352	402	453	0.395
10	78.5	157	236	314	393	471	550	628	707	0.617
12	113.1	226	339	452	565	678	791	904	1 017	0.888
14	153.9	308	461	615	769	923	1 077	1 231	1 385	1.21
16	201.1	402	603	804	1 005	1 206	1 407	1 608	1 809	1.58
18	254.5	509	763	1 017	1 272	1 527	1 781	2 036	2 290	2.00(2.11)
20	314.2	628	942	1 256	1 570	1 884	2 199	2 513	2 827	2.47
22	380.1	760	1 140	1 520	1 900	2 281	2 661	3 041	3 421	2.98
25	490.9	982	1 473	1 964	2 454	2 945	3 436	3 927	4 418	3.85(4.10)
28	615.8	1 232	1 847	2 463	3 079	3 695	4 310	4 926	5 542	4.83
32	804.2	1 609	2 413	3 217	4 021	4 826	5 630	6 434	7 238	6.31(6.65)
36	1 017.9	2 036	3 054	4 072	5 089	6 107	7 125	8 143	9 161	7.99
40	1 256.6	2 513	3 770	5 027	6 283	7 540	8 796	10 053	11 310	9.87(10.34)
50	1 963.5	3 928	5 892	7 856	9 820	11 784	13 748	15 712	17 676	15.42(16.28)
注：表中，直径 d=8.2 mm 的计算截面面积及理论重量仅适用于有纵肋的热处理钢筋。										

附表 8　每米板宽内的钢筋截面面积

钢筋间距 /mm	当钢筋直径(mm)为下列数值时的钢筋截面面积/mm^2										
	6	6/8	8	8/10	10	10/12	12	12/14	14	14/16	16
70	404	561	718	920	1 122	1 369	1 616	1 907	2 199	2 536	2 872
75	377	524	670	859	1 047	1 278	1 508	1 780	2 053	2 367	2 681
80	353	491	628	805	982	1 198	1 414	1 669	1 924	2 218	2 513
85	333	462	591	758	924	1 127	1 331	1 571	1 811	2 088	2 365
90	313	436	559	716	873	1 065	1 257	1 484	1 710	1 972	2 234
95	298	413	529	678	827	1 009	1 190	1 405	1 620	1 886	2 116
100	283	393	503	644	785	958	1 131	1 335	1 539	1 775	2 011
110	257	357	457	585	714	871	1 028	1 214	1 399	1 614	1 828
120	236	327	419	538	654	798	942	1 113	1 283	1 480	1 676
125	226	314	402	515	628	767	905	1 068	1 232	1 420	1 608
130	217	302	387	495	604	737	870	1 027	1 184	1 336	1 547
140	202	280	359	460	561	684	808	945	1 100	1 268	1 436
150	188	262	335	429	524	639	754	890	1 026	1 183	1 340
160	177	245	314	403	491	599	707	834	962	1 110	1 257
170	166	231	296	379	462	564	665	785	906	1 044	1 183
180	157	218	279	358	436	532	628	742	855	985	1 117
190	149	207	265	339	413	504	595	703	810	934	1 058
200	141	196	251	322	393	479	565	668	770	888	1 005
220	129	178	228	293	357	436	514	607	700	807	914
240	118	164	209	268	327	399	471	556	641	740	838
250	113	157	201	258	314	383	452	534	616	710	804
260	109	151	193	248	302	369	435	514	592	682	773
280	101	140	180	230	280	342	404	477	550	634	718
300	94	131	168	215	262	319	377	445	513	592	670
320	88	123	157	201	245	299	353	417	481	554	630
330	86	119	152	195	238	290	343	405	466	538	609

注：表中钢筋直径有写成分式者，如 6/8 指 Φ6，Φ8 钢筋间隔配置。

附表 9　钢丝的公称直径、截面面积及理论质量

公称直径 /mm	公称截面面积 /mm^2	理论质量 /($kg \cdot m^{-1}$)
5.0	19.63	0.154
7.0	38.48	0.302
9.0	63.62	0.499

附表 10　钢绞线的公称直径、截面面积及理论质量

种类	公称直径/mm	公称截面面积/mm^2	理论质量/(kg·m^{-1})	种类	公称直径/mm	公称截面面积/mm^2	理论质量/(kg·m^{-1})
1×3	8.6	37.7	0.296	1×7 标准型	9.5	54.8	0.430
	10.8	58.9	0.462		12.7	98.7	0.775
	12.9	84.8	0.666		15.2	140	1.101
	—	—	—		17.8	191	1.500
	—	—	—		21.6	285	2.237

附表 11　等截面等跨连续梁在常用荷载作用下的内力系数表

1. 在均布及三角形荷载作用下

$$M=\text{表中系数}\times ql_0^2,\ V=\text{表中系数}\times ql_0$$

2. 在集中荷载作用下

$$M=\text{表中系数}\times Fl_0,\ V=\text{表中系数}\times F$$

3. 内力正负号规定

M——使截面上部受压、下部受拉为正；

V——对邻近截面所产生的力矩沿顺时针方向者为正。

附表 11.1　两跨梁

荷载图	跨内最大弯矩		支座弯矩	剪力		
	M_1	M_2	M_B	V_A	$V_{B左}$ $V_{B右}$	V_C
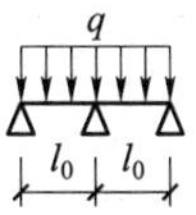	0.070	0.070	−0.125	0.375	−0.625 0.625	−0.375
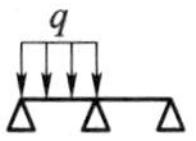	0.096	—	−0.063	0.437	−0.536 0.063	0.063
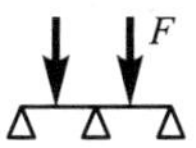	0.156	0.156	−0.188	0.312	−0.688 0.688	−0.312
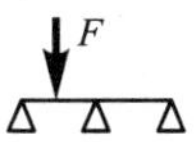	0.203	—	−0.094	0.406	−0.594 0.094	0.094
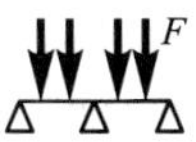	0.222	0.222	−0.333	0.667	−1.333 1.333	−0.667
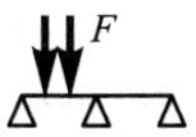	0.278	—	−0.167	0.833	−1.167 0.167	0.167

附表 11.2 三跨梁

荷载图	跨内最大弯矩		支座弯矩		剪力			
	M_1	M_2	M_B	M_C	V_A	$V_{B左}$ $V_{B右}$	$V_{C左}$ $V_{C右}$	V_D
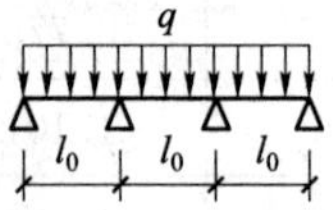	0.080	0.025	−0.100	−0.100	0.400	−0.600 0.500	−0.500 0.600	−0.400
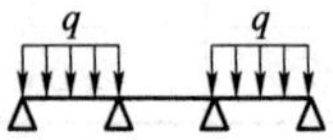	0.101	—	−0.050	−0.050	0.450	−0.550 0	0 0.550	−0.450
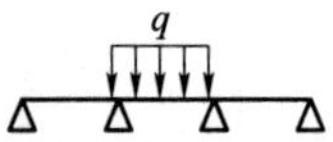	—	0.075	−0.050	−0.050	0.050	−0.050 0.500	−0.500 0.050	0.050
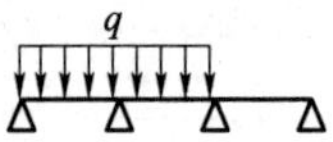	0.073	0.054	−0.117	−0.033	0.383	−0.617 0.583	−0.417 0.033	0.033
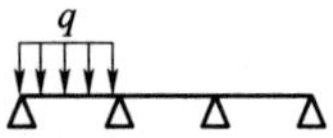	0.094	—	−0.067	0.017	0.433	−0.567 0.083	−0.083 −0.017	−0.017
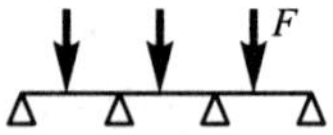	0.175	0.100	−0.150	−0.150	0.350	−0.650 0.500	−0.500 0.650	−0.350
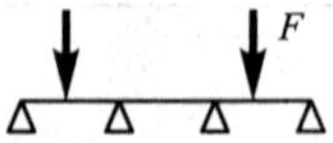	0.213	—	−0.075	−0.075	0.425	−0.575 0	0 0.575	−0.425
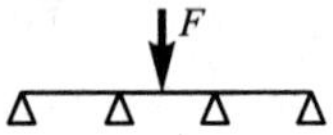	—	0.175	−0.075	−0.075	−0.075	−0.075 0.500	−0.500 0.075	0.075
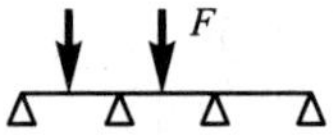	0.162	0.137	−0.175	−0.050	0.325	−0.675 0.625	−0.375 0.050	0.050
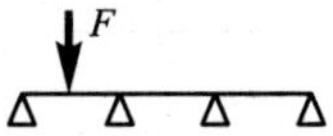	0.200	—	−0.100	0.025	0.400	−0.600 0.125	0.125 −0.125	−0.025
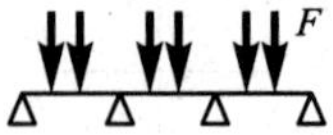	0.244	0.067	−0.267	−0.267	0.733	−1.267 1.000	−1.000 1.267	−0.733
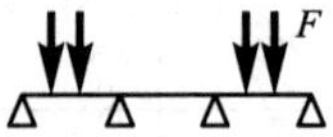	0.289	—	−0.133	−0.133	0.866	−1.134 0	0 1.134	−0.866
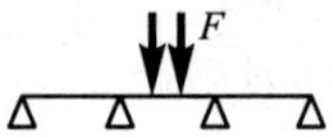	—	0.200	−0.133	−0.133	−0.133	−0.133 1.000	−1.000 0.133	0.133
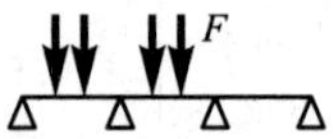	0.229	0.170	−0.311	−0.089	0.689	−1.311 1.222	−0.778 0.089	0.089
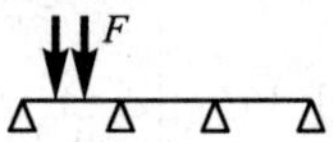	0.274	—	−0.178	0.044	0.822	−1.178 0.222	0.222 −0.044	−0.044

附表 11.3 四跨梁

荷载图	跨内最大弯矩				支座弯矩			剪力				
	M_1	M_2	M_3	M_A	M_B	M_C	M_D	V_A	$V_{B左}$ $V_{B右}$	$V_{C左}$ $V_{C右}$	$V_{D左}$ $V_{D右}$	V_K
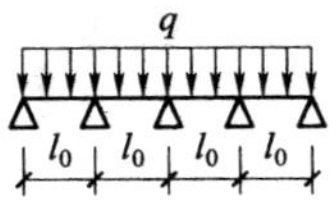	0.077	0.036	0.036	0.077	−0.107	−0.071	−0.107	−0.393	−0.607 0.536	−0.464 0.464	−0.536 0.607	−0.393
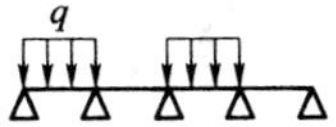	0.100	—	0.081	—	−0.054	−0.036	−0.054	0.446	−0.554 0.018	0.018 0.482	−0.518 0.054	0.054
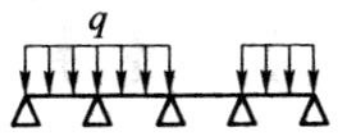	0.072	0.061	—	0.098	−0.121	−0.018	−0.058	0.380	−0.620 0.603	−0.397 0.040	−0.040 0.558	−0.442
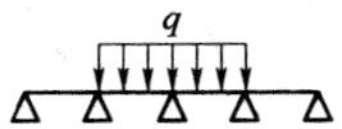	—	0.056	0.056	—	−0.036	0.107	−0.036	−0.036	−0.036 0.429	−0.571 0.571	−0.429 0.036	0.036
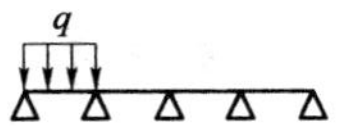	0.094	—	—	—	−0.067	0.018	−0.004	0.433	−0.567 0.085	0.085 −0.022	−0.022 0.004	0.004
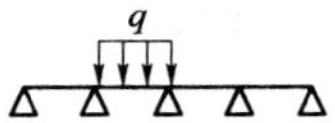	—	0.074	—	—	−0.049	−0.054	0.013	−0.049	−0.049 0.496	−0.504 0.067	0.067 −0.013	−0.013

续表

荷载图	跨内最大弯矩				支座弯矩			剪力				
	M_1	M_2	M_3	M_A	M_B	M_C	M_D	V_A	$V_{B左}$ $V_{B右}$	$V_{C左}$ $V_{C右}$	$V_{D左}$ $V_{D右}$	V_K
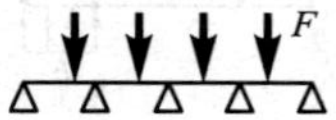	0.169	0.116	0.116	0.169	−0.161	−0.107	−0.161	0.339	−0.661 0.554	−0.446 0.446	−0.554 0.661	−0.339
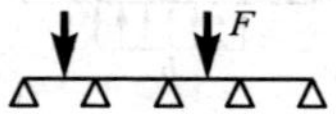	0.210	—	0.180	—	−0.089	−0.054	−0.080	0.420	−0.580 0.027	0.027 0.473	−0.527 0.080	0.080
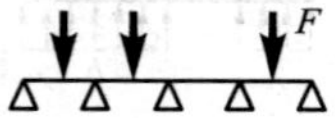	0.159	0.146	—	0.206	−0.181	−0.027	−0.087	0.319	−0.681 0.654	−0.346 −0.060	−0.060 0.587	−0.413
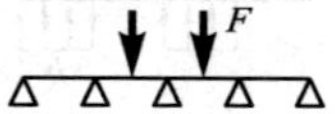	—	0.142	0.142	—	−0.054	−0.161	−0.054	0.054	−0.054 0.393	−0.607 −0.607	−0.393 0.054	0.054
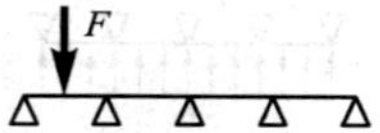	0.200	—	—	—	−0.100	0.027	−0.007	0.400	−0.600 0.127	0.127 −0.033	−0.033 0.007	0.007
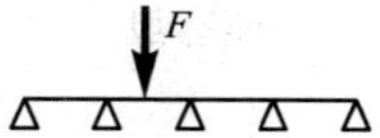	—	0.173	—	—	−0.074	−0.080	0.020	−0.074	−0.074 0.493	−0.507 0.100	0.100 −0.020	−0.020

续表

荷载图	跨内最大弯矩				支座弯矩			剪力				
	M_1	M_2	M_3	M_A	M_B	M_C	M_D	V_A	$V_{B左}$ $V_{B右}$	$V_{C左}$ $V_{C右}$	$V_{D左}$ $V_{D右}$	V_K
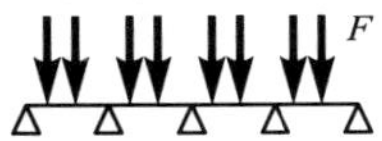	0.238	0.111	0.111	0.238	−0.286	−0.191	−0.286	0.714	−1.286 1.095	−0.905 0.905	−1.095 1.286	−0.714
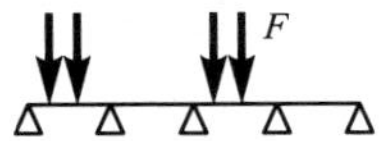	0.286	—	0.222	—	−0.143	−0.095	−0.143	0.857	−1.143 0.048	0.048 0.952	−1.048 0.143	0.143
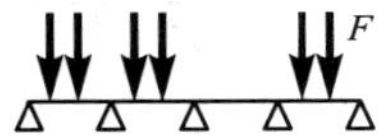	0.226	0.194	—	0.282	−0.321	−0.048	−0.155	0.679	−1.321 1.274	−0.726 −0.107	−0.107 1.155	−0.845
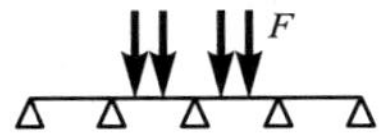	—	0.175	0.175	—	−0.095	−0.286	−0.095	−0.095	−0.095 0.810	−1.190 1.190	−0.810 0.095	0.095
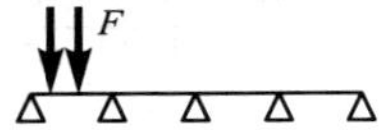	0.274	—	—	—	−0.178	0.048	−0.012	0.822	−1.178 0.226	0.226 −0.060	−0.060 0.012	0.012
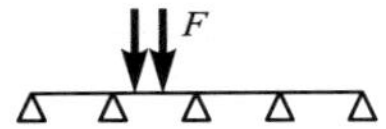	—	0.198	—	—	−0.131	−0.143	0.036	−0.131	−0.131 0.988	−1.012 0.178	0.178 −0.036	−0.036

附表 11.4　五跨梁

荷载图	跨内最大弯矩			支座弯矩				剪力					
	M_1	M_2	M_3	M_B	M_C	M_D	M_E	V_A	$V_{B左}$ $V_{B右}$	$V_{C左}$ $V_{C右}$	$V_{D左}$ $V_{D右}$	$V_{E左}$ $V_{E右}$	V_E
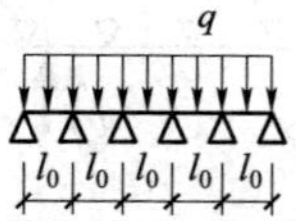	0.078	0.033	0.046	−0.105	−0.079	−0.079	−0.105	0.394	−0.606 0.526	−0.474 0.500	−0.500 0.474	−0.526 −0.606	−0.394
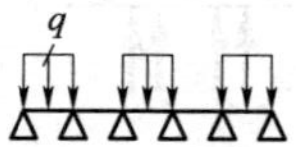	0.100	—	0.085	−0.056	−0.040	−0.040	−0.053	0.447	−0.553 0.013	0.013 0.500	−0.500 −0.013	−0.013 0.553	−0.447
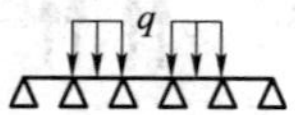	—	0.079	—	−0.053	−0.040	−0.040	−0.053	−0.053	−0.053 0.513	−0.487 0	0 0.487	−0.513 0.053	0.053
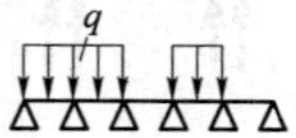	0.073	②0.059 0.078	—	−0.119	−0.022	−0.044	−0.051	0.380	−0.620 0.598	−0.402 −0.023	−0.023 0.493	−0.507 0.052	0.052
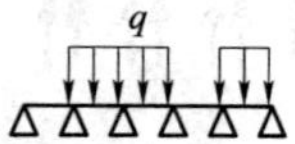	①— 0.098	0.055	0.064	−0.035	−0.111	−0.020	−0.057	−0.035	−0.035 0.424	−0.576 0.591	−0.409 −0.037	−0.037 0.557	−0.443
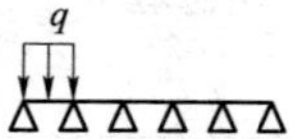	0.094	—	—	−0.067	0.018	−0.005	0.001	0.443	−0.567 0.085	0.085 −0.023	−0.023 0.006	0.006 −0.001	−0.001

续表

荷载图	跨内最大弯矩			支座弯矩				剪力					
	M_1	M_2	M_3	M_B	M_C	M_D	M_E	V_A	$V_{B左}$ $V_{B右}$	$V_{C左}$ $V_{C右}$	$V_{D左}$ $V_{D右}$	$V_{E左}$ $V_{E右}$	V_E
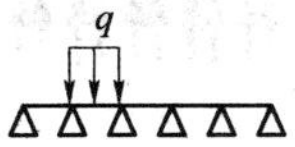	—	0.074	—	−0.049	−0.054	0.014	−0.004	−0.049	−0.049 0.495	−0.505 0.068	0.068 −0.018	−0.018 0.004	0.004
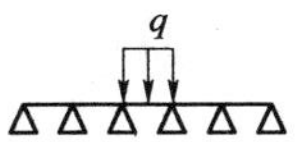	—	—	0.072	0.013	−0.053	−0.053	0.013	0.013	0.013 −0.066	−0.066 0.500	−0.500 0.066	0.066 −0.013	−0.013
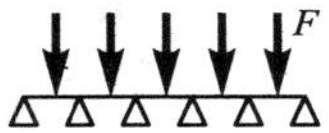	0.171	0.112	0.132	−0.158	−0.118	−0.118	−0.158	0.342	−0.658 0.540	−0.460 0.500	−0.500 0.460	−0.540 0.658	−0.342
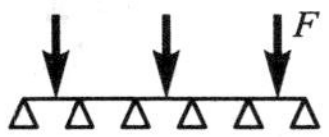	0.211	—	0.191	−0.079	−0.059	−0.059	−0.079	0.421	−0.579 0.200	0.200 0.500	−0.500 −0.020	−0.020 0.579	−0.421
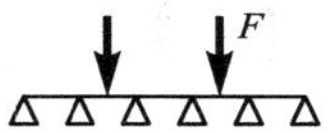	—	0.181	—	0.079	−0.059	−0.059	−0.079	−0.079	−0.079 0.520	−0.480 0	0 0.480	−0.520 −0.79	0.079
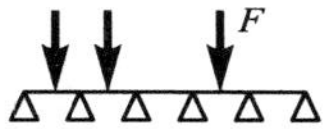	0.160	②0.144 0.178	—	−0.179	−0.032	−0.066	−0.077	0.321	−0.679 0.647	−0.353 −0.034	−0.034 0.489	−0.511 0.077	0.077

荷载图	跨内最大弯矩			支座弯矩				剪力					
	M_1	M_2	M_3	M_B	M_C	M_D	M_E	V_A	$V_{B左}$ $V_{B右}$	$V_{C左}$ $V_{C右}$	$V_{D左}$ $V_{D右}$	$V_{E左}$ $V_{E右}$	V_E
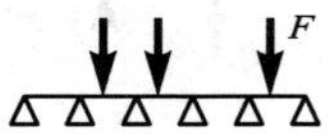	①— 0.207	0.140	0.151	−0.052	−0.167	−0.031	−0.086	−0.052	−0.052 0.385	−0.615 0.637	−0.363 −0.056	−0.056 0.586	−0.414
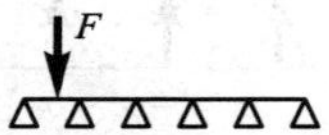	0.200	—	—	−0.100	0.027	−0.007	0.002	0.400	−0.600 0.127	0.127 0.031	−0.031 0.009	0.009 −0.002	−0.002
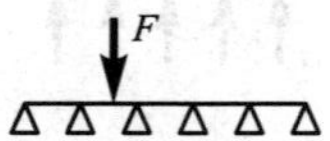	—	0.173	—	−0.073	−0.081	0.022	−0.005	−0.073	−0.073 0.493	−0.507 0.102	0.102 0.027	−0.027 0.005	0.005
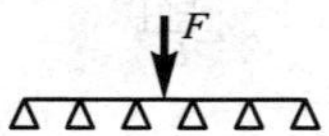	—	—	0.171	0.020	−0.079	−0.079	0.020	0.020	0.020 −0.099	−0.099 0.500	−0.500 0.099	0.099 −0.020	−0.020
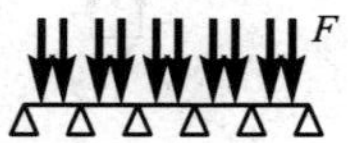	0.240	0.100	0.122	−0.281	−0.211	−0.211	−0.281	0.719	−1.281 1.070	−0.930 1.000	−1.000 0.930	−1.070 1.281	−0.719
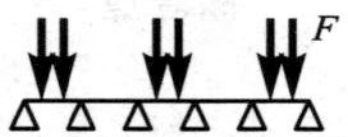	0.287	—	0.228	−0.140	−0.105	−0.105	−0.140	0.860	−1.140 0.035	0.035 1.000	−1.000 −0.035	−0.035 1.140	−0.860

续表

荷载图	跨内最大弯矩			支座弯矩				剪力					
	M_1	M_2	M_3	M_B	M_C	M_D	M_E	V_A	$V_{B左}$ $V_{B右}$	$V_{C左}$ $V_{C右}$	$V_{D左}$ $V_{D右}$	$V_{E左}$ $V_{E右}$	V_E
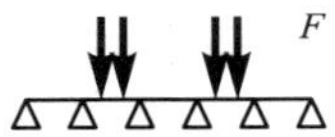	—	0.216	—	−0.140	−0.105	−0.105	−0.140	−0.140	−0.140 1.035	−0.965 0	0.000 0.965	−1.035 0.140	0.140
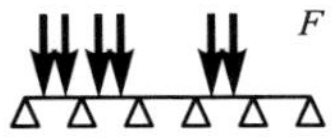	0.227	②0.189 0.209	—	−0.319	−0.057	−0.118	−0.137	0.681	−1.319 1.262	−0.738 −0.061	−0.061 0.981	−1.019 0.137	0.137
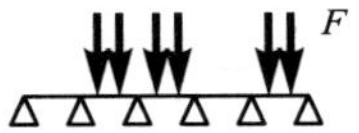	①— 0.282	0.172	0.198	−0.093	−0.297	−0.054	−0.153	−0.093	−0.093 0.796	−1.204 1.243	−0.757 −0.099	−0.099 1.153	−0.847
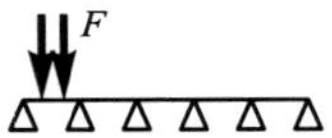	0.274	—	—	−0.179	0.048	−0.013	0.003	0.821	−1.79 0.227	0.227 −0.061	−0.061 0.016	0.016 −0.003	−0.003
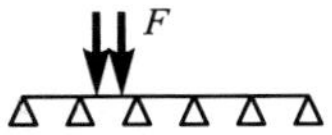	—	0.198	—	−0.131	−0.144	0.038	−0.010	−0.131	−0.131 0.987	−1.013 0.182	0.182 −0.048	−0.048 0.010	0.10
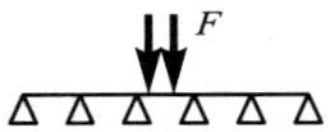	—	—	0.193	0.035	−0.140	−0.140	0.035	0.035	0.035 −0.175	−0.175 1.000	1.000 0.175	0.175 −0.035	−0.035

附表 12　双向板计算系数

双向板计算系数

附表 13　受压砌体承载力影响系数 φ、φ_n

附表 13.1　影响系数 φ(砂浆强度等级 M2.5)

β	e/h 或 e/h_T						
	0	0.025	0.05	0.075	0.1	0.125	0.15
≤3	1	0.99	0.97	0.94	0.89	0.84	0.79
4	0.97	0.94	0.89	0.84	0.78	0.73	0.67
6	0.93	0.89	0.84	0.78	0.73	0.67	0.62
8	0.89	0.84	0.78	0.72	0.67	0.62	0.57
10	0.83	0.78	0.72	0.67	0.61	0.56	0.52
12	0.78	0.72	0.67	0.61	0.56	0.52	0.47
14	0.72	0.66	0.61	0.56	0.51	0.47	0.43
16	0.66	0.61	0.56	0.51	0.47	0.43	0.40
18	0.61	0.56	0.51	0.47	0.43	0.40	0.36
20	0.56	0.51	0.47	0.43	0.39	0.36	0.33
22	0.51	0.47	0.43	0.39	0.36	0.33	0.31
24	0.46	0.43	0.39	0.36	0.33	0.31	0.28
26	0.42	0.39	0.36	0.33	0.31	0.28	0.26
28	0.39	0.36	0.33	0.30	0.28	0.26	0.24
30	0.36	0.33	0.30	0.28	0.26	0.24	0.22

β	e/h 或 e/h_T					
	0.175	0.2	0.225	0.25	0.275	0.3
≤3	0.73	0.68	0.62	0.57	0.52	0.48
4	0.62	0.57	0.52	0.48	0.44	0.40
6	0.57	0.52	0.48	0.44	0.40	0.37
8	0.52	0.48	0.44	0.40	0.37	0.34
10	0.47	0.43	0.40	0.37	0.34	0.31
12	0.43	0.40	0.37	0.34	0.31	0.29
14	0.40	0.36	0.34	0.31	0.29	0.27
16	0.36	0.34	0.31	0.29	0.26	0.25
18	0.33	0.31	0.29	0.26	0.24	0.23
20	0.31	0.28	0.26	0.24	0.23	0.21
22	0.28	0.26	0.24	0.23	0.21	0.20
24	0.26	0.24	0.23	0.21	0.20	0.18
26	0.24	0.22	0.21	0.20	0.18	0.17
28	0.22	0.21	0.20	0.18	0.17	0.16
30	0.21	0.20	0.18	0.17	0.16	0.15

附表 13.2 影响系数 φ(砂浆强度 0)

β	e/h 或 e/h_T						
	0	0.025	0.05	0.075	0.1	0.125	0.15
≤3	1	0.99	0.97	0.94	0.89	0.84	0.79
4	0.87	0.82	0.77	0.71	0.66	0.60	0.55
6	0.76	0.70	0.65	0.59	0.54	0.50	0.46
8	0.63	0.58	0.54	0.49	0.45	0.41	0.38
10	0.53	0.48	0.44	0.41	0.37	0.34	0.32
12	0.44	0.40	0.37	0.34	0.31	0.29	0.27
14	0.36	0.33	0.31	0.28	0.26	0.24	0.23
16	0.30	0.28	0.26	0.24	0.22	0.21	0.19
18	0.26	0.24	0.22	0.21	0.19	0.18	0.17
20	0.22	0.20	0.19	0.18	0.17	0.16	0.15
22	0.19	0.18	0.16	0.15	0.14	0.14	0.13
24	0.16	0.15	0.14	0.13	0.13	0.12	0.11
26	0.14	0.13	0.13	0.12	0.11	0.11	0.10
28	0.12	0.12	0.11	0.11	0.10	0.10	0.09
30	0.11	0.10	0.10	0.09	0.09	0.09	0.08

β	e/h 或 e/h_T					
	0.175	0.2	0.225	0.25	0.275	0.3
≤3	0.73	0.68	0.62	0.57	0.52	0.48
4	0.51	0.46	0.43	0.39	0.36	0.33
6	0.42	0.39	0.36	0.33	0.30	0.28
8	0.35	0.32	0.30	0.28	0.25	0.24
10	0.29	0.27	0.25	0.23	0.22	0.20
12	0.25	0.23	0.21	0.20	0.19	0.17
14	0.21	0.20	0.18	0.17	0.16	0.15
16	0.18	0.17	0.16	0.15	0.14	0.13
18	0.16	0.15	0.14	0.13	0.12	0.12
20	0.14	0.13	0.12	0.12	0.11	0.10
22	0.12	0.12	0.11	0.10	0.10	0.09
24	0.11	0.10	0.10	0.09	0.09	0.08
26	0.10	0.09	0.09	0.08	0.08	0.07
28	0.09	0.08	0.08	0.08	0.07	0.07
30	0.08	0.07	0.07	0.07	0.07	0.06

附表 13.3　影响系数 φ_n（网状配筋砌体）

100ρ	β \ e/h	0	0.05	0.10	0.15	0.17
0.1	4	0.97	0.89	0.78	0.67	0.63
	6	0.93	0.84	0.73	0.62	0.58
	8	0.89	0.78	0.67	0.57	0.53
	10	0.84	0.72	0.62	0.52	0.48
	12	0.78	0.67	0.56	0.48	0.44
	14	0.72	0.61	0.52	0.44	0.41
	16	0.67	0.56	0.47	0.40	0.37
0.3	4	0.96	0.87	0.76	0.65	0.61
	6	0.91	0.80	0.69	0.59	0.55
	8	0.84	0.74	0.62	0.53	0.49
	10	0.78	0.67	0.56	0.47	0.44
	12	0.71	0.60	0.51	0.43	0.40
	14	0.64	0.54	0.46	0.38	0.36
	16	0.58	0.49	0.41	0.35	0.32
0.5	4	0.94	0.85	0.74	0.63	0.59
	6	0.88	0.77	0.66	0.56	0.52
	8	0.80	0.69	0.59	0.50	0.46
	10	0.73	0.62	0.52	0.44	0.41
	12	0.65	0.55	0.46	0.39	0.36
	14	0.58	0.49	0.41	0.35	0.32
	16	0.51	0.43	0.36	0.31	0.29
0.7	4	0.93	0.83	0.72	0.61	0.57
	6	0.86	0.75	0.63	0.53	0.50
	8	0.77	0.66	0.56	0.47	0.43
	10	0.68	0.58	0.49	0.41	0.38
	12	0.60	0.50	0.42	0.36	0.33
	14	0.52	0.44	0.37	0.31	0.30
	16	0.46	0.38	0.33	0.28	0.26
0.9	4	0.92	0.82	0.71	0.60	0.56
	6	0.83	0.72	0.61	0.52	0.48
	8	0.73	0.63	0.53	0.45	0.42
	10	0.64	0.54	0.46	0.38	0.36
	12	0.55	0.47	0.39	0.33	0.31
	14	0.48	0.40	0.34	0.29	0.27
	16	0.41	0.35	0.30	0.25	0.24

续表

100ρ	β \ e/h	0	0.05	0.10	0.15	0.17
1.0	4	0.91	0.81	0.70	0.59	0.55
	6	0.82	0.71	0.60	0.51	0.47
	8	0.72	0.61	0.52	0.43	0.41
	10	0.62	0.53	0.44	0.37	0.35
	12	0.54	0.45	0.38	0.32	0.30
	14	0.46	0.39	0.33	0.28	0.26
	16	0.39	0.34	0.28	0.24	0.23

附表 14 钢材、焊缝和螺栓连接的强度设计值

附表 14.1 钢材的设计用强度指标

N/mm^2

钢材牌号		钢材厚度或直径/mm	强度设计值			屈服强度 f_y	抗拉强度 f_u
			抗拉、抗压、抗弯 f	抗剪 f_v	端面承压(刨平顶紧)f_{ce}		
碳素结构钢	Q235	≤16	215	125	320	235	370
		>16，≤40	205	120		225	
		>40，≤100	200	115		215	
低合金高强度结构钢	Q355	≤16	305	175	400	345	470
		>16，≤40	295	170		335	
		>40，≤63	290	165		325	
		>63，≤80	280	160		315	
		>80，≤100	270	155		305	
低合金高强度结构钢	Q390	≤16	345	200	415	390	490
		>16，≤40	330	190		370	
		>40，≤63	310	180		350	
		>63，≤100	295	170		330	
	Q420	≤16	375	215	440	420	520
		>16，≤40	355	205		400	
		>40，≤63	320	185		380	
		>63，≤100	305	175		360	
	Q460	≤16	410	235	470	460	550
		>16，≤40	390	225		440	
		>40，≤63	355	205		420	
		>63，≤100	340	195		400	

注：1. 表中直径指实芯棒材直径，厚度系指计算点的钢材或钢管壁厚度，对轴心受拉和轴心受压构件系指截面中较厚板件的厚度；

2. 冷弯型材和冷弯钢管，其强度设计值应按国家现行有关标准的规定采用。

附表 14.2　焊缝的强度指标

N/mm²

焊接方法和焊条型号	构件钢材		对接焊缝强度设计值				角焊缝强度设计值	对接焊缝抗拉强度 f_u^w	角焊缝抗拉、抗压和抗剪强度 f_u^f
	牌号	厚度或直径/mm	抗压 f_c^w	焊缝质量为下列等级时，抗拉 f_t^w		抗剪 f_v^w	抗拉、抗压和抗剪 f_f^w		
				一级、二级	三级				
自动焊、半自动焊和 E43 型焊条手工焊	Q235	≤16	215	215	185	125	160	415	240
		>16，≤40	205	205	175	120			
		>40，≤100	200	200	170	115			
自动焊、半自动焊和 E50、E55 型焊条手工焊	Q355	≤16	305	305	260	175	200	480（E50）540（E55）	280（E50）315（E55）
		>16，≤40	295	295	250	170			
		>40，≤63	290	290	245	165			
		>63，≤80	280	280	240	160			
		>80，≤100	270	270	230	155			
	Q390	≤16	345	345	295	200	200（E50）220（E55）		
		>16，≤40	330	330	280	190			
		>40，≤63	310	310	265	180			
		>63，≤100	295	295	250	170			
自动焊、半自动焊和 E55、E60 型焊条手工焊	Q420	≤16	375	375	320	215	220（E55）240（E60）	540（E55）590（E60）	315（E55）340（E60）
		>16，≤40	355	355	300	205			
		>40，≤63	320	320	270	185			
		>63，≤100	305	305	260	175			

注：表中厚度系指计算点的钢材厚度，对轴心受拉和轴心受压构件系指截面中较厚板件的厚度。

附表 14.3　螺栓连接的强度设计值　N/mm^2

螺栓的性能等级和构件的钢材牌号		普通螺栓						锚栓	承压型连接高强度螺栓		
		C级螺栓			A级、B级螺栓						
		抗拉 f_t^b	抗剪 f_v^b	承压 f_c^b	抗拉 f_t^b	抗剪 f_v^b	承压 f_c^b	抗拉 f_t^b	抗拉 f_t^b	抗剪 f_v^b	承压 f_c^b
普通螺栓	4.6级、4.8级	170	140	—	—	—	—	—	—	—	—
	5.6级	—	—	—	210	190	—	—	—	—	—
	8.8级	—	—	—	400	320	—	—	—	—	—
锚栓	Q235	—	—	—	—	—	—	140	—	—	—
	Q355	—	—	—	—	—	—	180	—	—	—
承压型连接高强度螺栓	8.8级	—	—	—	—	—	—	—	400	250	—
	10.9级	—	—	—	—	—	—	—	500	310	—
构件	Q235钢	—	—	305	—	—	405	—	—	—	470
	Q355钢	—	—	385	—	—	510	—	—	—	590
	Q390钢	—	—	400	—	—	530	—	—	—	615
	Q420钢	—	—	425	—	—	560	—	—	—	655

注：1. A级螺栓用于 $d \leqslant 24$ mm 和 $l \leqslant 10d$ 或 $l \leqslant 150$ mm(按较小值)的螺栓；B级螺栓用于 $d > 24$ mm 或 $l > 10d$ 或 $l > 150$ mm(按较小值)的螺栓。d 为公称直径，l 为螺栓公称长度。

2. A、B级螺栓孔的精度和孔壁表面粗糙度，C级螺栓孔的允许偏差和孔壁表面粗糙度，均应符合现行国家标准《钢结构工程施工质量验收标准》(GB 50205—2020)的要求。

3. 用于螺栓球节点网架的高强度螺栓，M12～M36 为 10.9 级，M39～M64 为 9.8 级

附表 15　螺栓和锚栓规格

附表 15.1　普通螺栓规格

螺栓直径 d/mm	螺栓 p/mm	螺栓有效直径 d_e/mm	螺栓有效面积 A_c/mm²	注
16	2	14.12	156.7	螺栓有效面积 A_c 按下式算得：$A_c=\frac{\pi}{4}\left(d-\frac{13}{24}\sqrt{3}p\right)^2$
18	2.5	15.65	192.5	
20	2.5	17.65	244.8	
22	2.5	19.65	303.4	
24	3	21.19	352.5	
24	3	24.19	459.4	
30	3.5	26.72	560.6	
33	3.5	29.72	693.6	
36	4	32.25	816.7	
39	4	35.25	975.8	
42	4.5	37.78	1 121.0	
45	4.5	40.78	1 306.0	
48	5	43.31	1 473.0	
52	5	47.31	1 758.0	
56	5.5	50.84	2 030.0	
60	5.5	54.84	2 362.0	

附表 15.2　锚栓规格

形式		Ⅰ				Ⅱ			Ⅲ			
		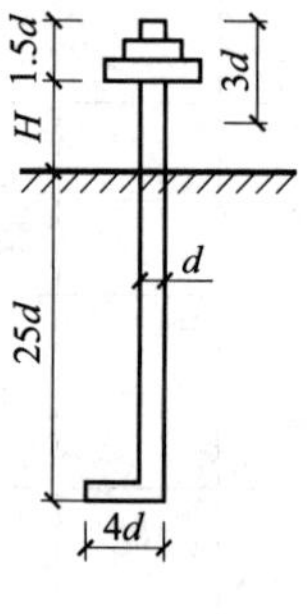				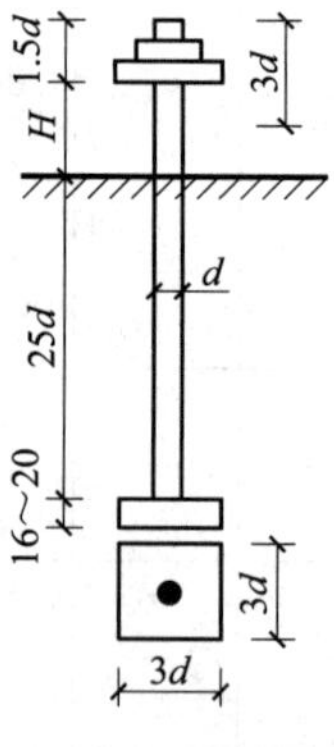			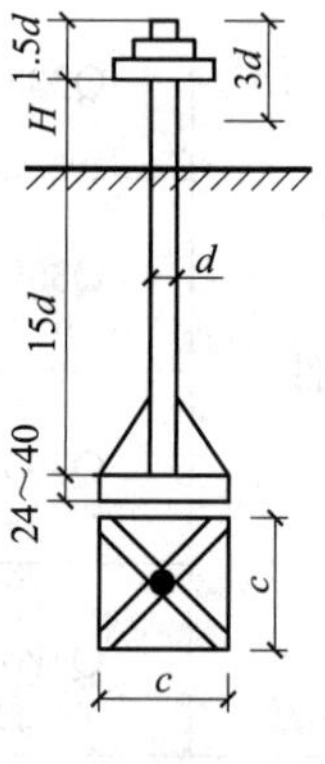			
锚栓直径 d/mm		20	24	30	36	42	48	56	64	72	80	90
计算净截面面积/cm²		2.45	3.53	5.61	8.17	11.20	14.70	20.30	26.80	34.60	44.44	55.91
Ⅲ型锚栓	锚板宽度 c/mm					140	200	200	240	280	350	400
	锚板厚度 δ/mm					20	20	20	25	30	40	40

附表 16 常用型钢截面特性

附表 16.1 “工”字钢截面尺寸、截面面积、理论质量及截面特性(GB/T 706—2016)

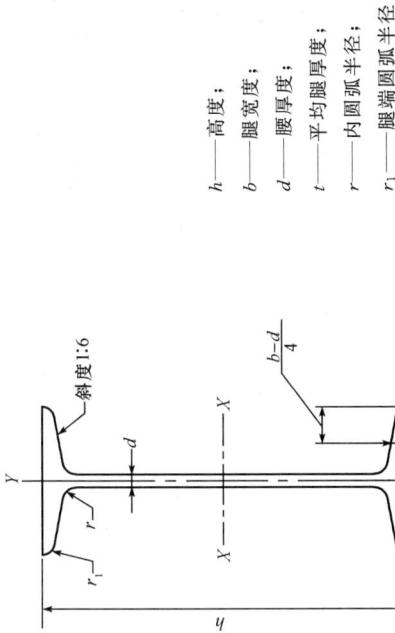

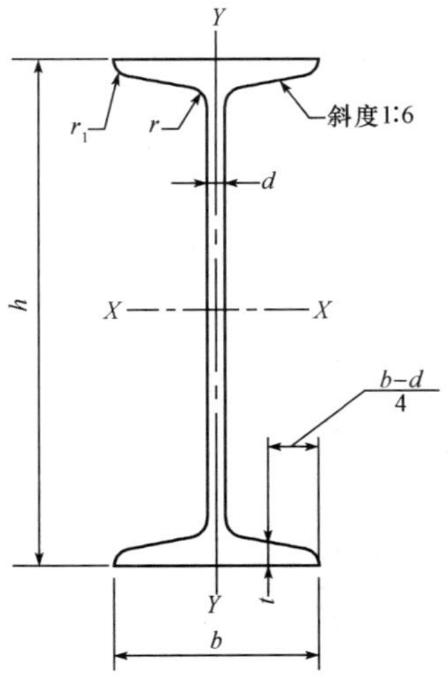

h——高度；
b——腿宽度；
d——腰厚度；
t——平均腿厚度；
r——内圆弧半径；
r_1——腿端圆弧半径

“工”字钢截面图

型号	截面尺寸/mm						截面面积	理论质量	外表面积	惯性矩/cm^4		惯性半径/cm		截面模数/cm^3	
	h	b	d	t	r	r_1	/cm^2	/($kg \cdot m^{-1}$)	/($m^2 \cdot m^{-1}$)	I_x	I_y	i_x	i_y	W_x	W_y
10	100	68	4.5	7.6	6.5	3.3	14.33	11.3	0.432	245	33.0	4.14	1.52	49.0	9.72
12	120	74	5.0	8.4	7.0	3.5	17.80	14.0	0.493	436	46.9	4.95	1.62	72.7	12.7
12.6	126	74	5.0	8.4	7.0	3.5	18.10	14.2	0.505	488	46.9	5.20	1.61	77.5	12.7
14	140	80	5.5	9.1	7.5	3.8	21.50	16.9	0.553	712	64.4	5.76	1.73	102	16.1
16	160	88	6.0	9.9	8.0	4.0	26.11	20.5	0.621	1 130	93.1	6.58	1.89	141	21.2
18	180	94	6.5	10.7	8.5	4.3	30.74	24.1	0.681	1 660	122	7.36	2.00	185	26.0

续表

型号	截面尺寸/mm						截面面积	理论质量	外表面积	惯性矩/cm⁴		惯性半径/cm		截面模数/cm³	
	h	b	d	t	r	r_1	/cm²	/(kg·m⁻¹)	/(m²·m⁻¹)	I_x	I_y	i_x	i_y	W_x	W_y
20a	200	100	7.0	11.4	9.0	4.5	35.55	27.9	0.742	2 370	158	8.15	2.12	237	31.5
20b		102	9.0				39.55	31.1	0.746	2 500	169	7.96	2.06	250	33.1
22a	220	110	7.5	12.3	9.5	4.8	42.10	33.1	0.817	3 400	225	8.99	2.31	309	40.9
22b		112	9.5				46.50	36.5	0.821	3 570	239	8.78	2.27	325	42.7
24a	240	116	8.0	13.0	10.0	5.0	47.71	37.5	0.878	4 570	280	9.77	2.42	381	48.4
24b		118	10.0				52.51	41.2	0.882	4 800	297	9.57	2.38	400	50.4
25a	250	116	8.0				48.51	38.1	0.898	5 020	280	10.2	2.40	402	48.3
25b		118	10.0				53.51	42.0	0.902	5 280	309	9.94	2.40	423	52.4
27a	270	116	8.0	13.7	10.5	5.3	54.52	42.8	0.958	6 550	345	10.9	2.51	485	56.6
27b		118	10.0				59.92	47.0	0.962	6 870	366	10.7	2.47	509	58.9
28a	280	122	8.5				55.37	43.5	0.978	7 110	345	11.3	2.50	508	56.6
28b		124	10.5				60.97	47.9	0.982	7 480	379	11.1	2.49	534	61.2
30a	300	126	9.0	14.4	11.0	5.5	61.22	48.1	1.031	8 950	400	12.1	2.55	597	63.5
30b		128	11.0				67.22	52.8	1.035	9 400	422	11.8	2.50	627	65.9
30c		130	13.0				73.22	57.5	1.039	9 850	445	11.6	2.46	657	68.5
32a	320	130	9.5	15.0	11.5	5.8	67.12	52.7	1.084	11 100	460	12.8	2.62	692	70.8
32b		132	11.5				73.52	57.7	1.088	11 600	502	12.6	2.61	726	76.0
32c		134	13.5				79.92	62.7	1.092	12 200	544	12.3	2.61	760	81.2
36a	360	136	10.0	15.8	12.0	6.0	76.44	60.0	1.185	15 800	552	14.4	2.69	875	81.2
36b		138	12.0				83.64	65.7	1.189	16 500	582	14.1	2.64	919	84.3
36c		140	14.0				90.84	71.3	1.193	17 300	612	13.8	2.60	962	87.4

续表

型号	截面尺寸/mm						截面面积 /cm^2	理论质量 /($kg\cdot m^{-1}$)	外表面积 /($m^2\cdot m^{-1}$)	惯性矩/cm^4		惯性半径/cm		截面模数/cm^3	
	h	b	d	t	r	r_1				I_x	I_y	i_x	i_y	W_x	W_y
40a	400	142	10.5	16.5	12.5	6.3	86.07	67.6	1.285	21 700	660	15.9	2.77	1 090	93.2
40b		144	12.5				94.07	73.8	1.289	22 800	692	15.6	2.71	1 140	96.2
40c		146	14.5				102.1	80.1	1.293	23 900	727	15.2	2.65	1 190	99.6
45a	450	150	11.5	18.0	13.5	6.8	102.4	80.4	1.411	32 200	855	17.7	2.89	1 430	114
45b		152	13.5				111.4	87.4	1.415	33 800	894	17.4	2.84	1 500	118
45c		154	15.5				120.4	94.5	1.419	35 300	938	17.1	2.79	1 570	122
50a	500	158	12.0	20.0	14.0	7.0	119.2	93.6	1.539	46 500	1 120	19.7	3.07	1 860	142
50b		160	14.0				129.2	101	1.543	48 600	1 170	19.4	3.01	1 940	146
50c		162	16.0				139.2	109	1.547	50 600	1 220	19.0	2.96	2 080	151
55a	550	166	12.5	21.0	14.5	7.3	134.1	105	1.667	62 900	1 370	21.6	3.19	2 290	164
55b		168	14.5				145.1	114	1.671	65 600	1 420	21.2	3.14	2 390	170
55c		170	16.5				156.1	123	1.675	68 400	1 480	20.9	3.08	2 490	175
56a	560	166	12.5				135.4	106	1.687	65 600	1 370	22.0	3.18	2 340	165
56b		168	14.5				146.6	115	1.691	68 500	1 490	21.6	3.16	2 450	174
56c		170	16.5				157.8	124	1.695	71 400	1 560	21.3	3.16	2 550	183
63a	630	176	13.0	22.0	15.0	7.5	154.6	121	1.862	93 900	1 700	24.5	3.31	2 980	193
63b		178	15.0				167.2	131	1.866	98 100	1 810	24.2	3.29	3 160	204
63c		180	17.0				179.8	141	1.870	102 000	1 920	23.8	3.27	3 300	214

注：表中 r、r_1 的数据用于孔型设计，不作为交货条件。

附表 16.2　槽钢截面尺寸、截面面积、理论质量及截面特性

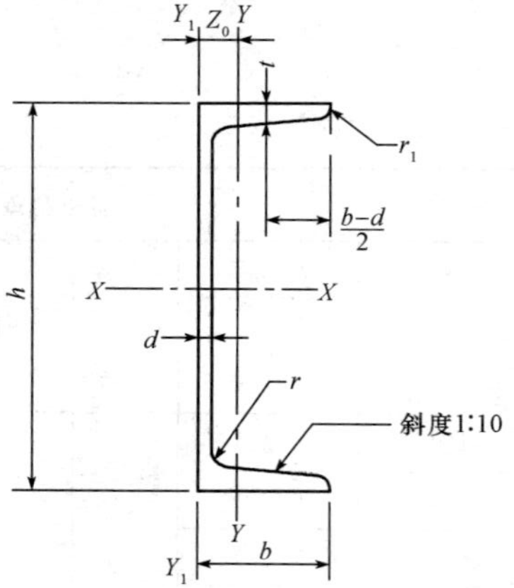

槽钢截面图

h——高度；
b——腿宽度；
d——腰厚度；
t——平均腿厚度；
r——内圆弧半径；
r_1——腿端圆弧半径；
Z_0——YY 轴与 Y_1Y_1 轴间距

型号	截面尺寸/mm						截面面积	理论质量	外表面积	惯性矩/cm⁴			惯性半径/cm		截面模数/cm³		重心距离/cm
	h	b	d	t	r	r_1	/cm²	/(kg·m⁻¹)	/(m²·m⁻¹)	I_x	I_y	I_{y1}	i_x	i_y	W_x	W_y	Z_0
5	50	37	4.5	7.0	7.0	3.5	6.925	5.44	0.226	26.0	8.30	20.9	1.94	1.10	10.4	3.55	1.35
6.3	63	40	4.8	7.5	7.5	3.8	8.446	6.63	0.262	50.8	11.9	28.4	2.45	1.19	16.1	4.50	1.36
6.5	65	40	4.3	7.5	7.5	3.8	8.292	6.51	0.267	55.2	12.0	28.3	2.54	1.19	17.0	4.59	1.38
8	80	43	5.0	8.0	8.0	4.0	10.24	8.04	0.307	101	16.6	37.4	3.15	1.27	25.3	5.79	1.43
10	100	48	5.3	8.5	8.5	4.2	12.74	10.0	0.365	198	25.6	54.9	3.95	1.41	39.7	7.80	1.52
12	120	53	5.5	9.0	9.0	4.5	15.36	12.1	0.423	346	37.4	77.7	4.75	1.56	57.7	10.2	1.62
12.6	126	53	5.5	9.0	9.0	4.5	15.69	12.3	0.135	391	38.0	77.1	4.95	1.57	62.1	10.2	1.59
14a	140	58	6.0	9.5	9.5	4.8	18.51	14.5	0.480	564	53.2	107	5.52	1.70	80.5	13.0	1.71
14b		60	8.0				21.31	16.7	0.484	609	61.1	121	5.35	1.69	87.1	14.1	1.67
16a	160	63	6.5	10.0	10.0	5.0	21.95	17.2	0.538	866	73.3	144	6.28	1.83	108	16.3	1.80
16b		65	8.5				25.15	19.8	0.542	935	83.4	161	6.10	1.82	117	17.6	1.75
18a	180	68	7.0	10.5	10.5	5.2	25.69	20.2	0.596	1 270	98.6	190	7.04	1.96	141	20.0	1.88
18b		70	9.0				29.29	23.0	0.600	1 370	111	210	6.84	1.95	152	21.5	1.84

续表

型号	截面尺寸/mm						截面面积	理论质量	外表面积	惯性矩/cm^4			惯性半径/cm		截面模数/cm^3		重心距离/cm
	h	b	d	t	r	r_1	/cm^2	/($kg \cdot m^{-1}$)	/($m^2 \cdot m^{-1}$)	I_x	I_y	I_{y1}	i_x	i_y	W_x	W_y	Z_0
20a	200	73	7.0	11.0	11.0	5.5	28.83	22.6	0.654	1 780	128	244	7.86	2.11	178	24.2	2.01
20b		75	9.0				32.83	25.8	0.658	1 910	144	268	7.64	2.09	191	25.9	1.95
22a	220	77	7.0	11.5	11.5	5.8	31.83	25.0	0.709	2 390	158	298	8.67	2.23	218	28.2	2.10
22b		79	9.0				36.23	28.5	0.713	2 570	176	326	8.42	2.21	234	30.1	2.03
24a	240	78	7.0	12.0	12.0	6.0	34.21	26.9	0.752	3 050	174	325	9.45	2.25	254	30.5	2.10
24b		80	9.0				39.01	30.6	0.756	3 280	194	355	9.17	2.23	274	32.5	2.03
24c		82	11.0				43.81	34.4	0.760	3 510	213	388	8.96	2.21	293	34.4	2.00
25a	250	78	7.0				34.91	27.4	0.722	3 370	176	322	9.82	2.24	270	30.6	2.07
25b		80	9.0				39.91	31.3	0.776	3 530	196	353	9.41	2.22	282	32.7	1.98
25c		82	11.0				44.91	35.3	0.780	3 690	218	384	9.07	2.21	295	35.9	1.92
27a	270	82	7.5	12.5	12.5	6.2	39.27	30.8	0.826	4 360	216	393	10.5	2.34	323	35.5	2.13
27b		84	9.5				44.67	35.1	0.830	4 690	239	428	10.3	2.31	347	37.7	2.06
27c		86	11.5				50.07	39.3	0.834	5 020	261	467	10.1	2.28	372	39.8	2.03
28a	280	82	7.5				40.02	31.4	0.846	4 760	218	388	10.9	2.33	340	35.7	2.10
28b		84	9.5				45.62	35.8	0.850	5 130	242	428	10.6	2.30	366	37.9	2.02
28c		86	11.5				51.22	40.2	0.854	5 500	268	463	10.4	2.29	393	40.3	1.95
30a	300	85	7.5	13.5	13.5	6.8	43.89	34.5	0.897	6 050	260	467	11.7	2.43	403	41.1	2.17
30b		87	9.5				49.89	39.2	0.901	6 500	289	515	11.4	2.41	433	44.0	2.13
30c		89	11.5				55.89	43.9	0.905	6 950	316	560	11.2	2.38	463	46.4	2.09
32a	320	88	8.0	14.0	14.0	7.0	48.50	38.1	0.947	7 600	305	552	12.5	2.50	475	46.5	2.24
32b		90	10.0				54.90	43.1	0.951	8 140	336	593	12.2	2.47	509	49.2	2.16
32c		92	12.0				61.30	48.1	0.955	8 690	374	643	11.9	2.47	543	52.6	2.09
36a	360	96	9.0	16.0	16.0	8.0	60.89	47.8	1.053	11 900	455	818	14.0	2.73	660	63.5	2.44
36b		98	11.0				68.09	53.5	1.057	12 700	497	880	13.6	2.70	703	66.9	2.37
36c		100	13.0				75.29	59.1	1.061	13 400	536	948	13.4	2.67	746	70.0	2.34
40a	400	100	10.5	18.0	18.0	9.0	75.04	58.9	1.144	17 600	592	1 070	15.3	2.81	879	78.8	2.49
40b		102	12.5				83.04	65.2	1.148	18 600	640	1 140	15.0	2.78	932	82.5	2.44
40c		104	14.5				91.04	71.5	1.152	19 700	688	1 220	14.7	2.75	986	86.2	2.42

注：表中 r、r_1 的数据用于孔型设计，不作为交货条件。

附表 16.3 等边角钢截面尺寸、截面面积、理论质量及截面特性(GB/T 706—2016)

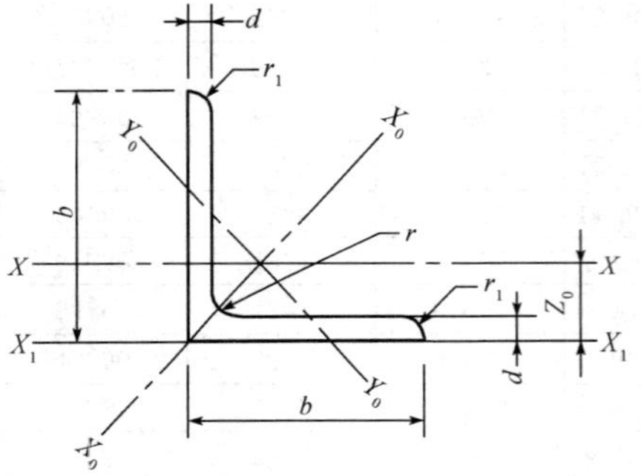

等边角钢截面图

b——边宽度；
d——边厚度；
r——内圆弧半径；
r_1——边端圆弧半径；
Z_0——重心距离

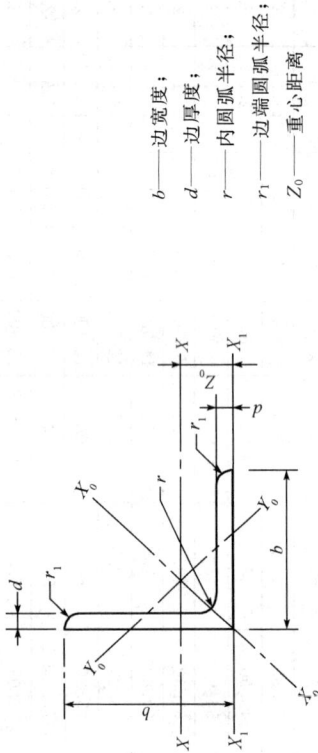

型号	截面尺寸/mm			截面面积 /cm²	理论质量 /(kg·m⁻¹)	外表面积 /(m²·m⁻¹)	惯性矩/cm⁴				惯性半径/cm			截面模数/cm³			重心距离 /cm
	b	d	r				I_x	I_{x1}	I_{x0}	I_{y0}	i_x	i_{x0}	i_{y0}	W_x	W_{x0}	W_{y0}	Z_0
2	20	3	3.5	1.132	0.89	0.078	0.40	0.81	0.63	0.17	0.59	0.75	0.39	0.29	0.45	0.20	0.60
		4		1.459	1.15	0.077	0.50	1.09	0.78	0.22	0.58	0.73	0.38	0.36	0.55	0.24	0.64
2.5	25	3		1.432	1.12	0.098	0.82	1.57	1.29	0.34	0.76	0.95	0.49	0.46	0.73	0.33	0.73
		4		1.859	1.46	0.097	1.03	2.11	1.62	0. 43	0.74	0，93	0.48	0.59	0.92	0.40	0.76
3.0	30	3	4.5	1.749	1.37	0.117	1.46	2.71	2.31	0.61	0.91	1.15	0.59	0.68	1.09	0.51	0.85
		4		2.276	1.79	0.117	1.84	3.63	2.92	0.77	0.90	1.13	0.58	0.87	1.37	0.62	0.89
3.6	36	3		2.109	1.66	0.141	2.58	4.68	4.09	1.07	1.11	1.39	0.71	0.99	1.61	0.76	1.00
		4		2.756	2.16	0.141	3.29	6.25	5.22	1.37	1.09	1.38	0.70	1.28	2.05	0.93	1.04
		5		3.382	2.65	0.141	3.95	7.84	6.24	1.65	1.08	1.36	0.7	1.56	2.45	1.00	1.07

续表

型号	截面尺寸/mm			截面面积/cm²	理论质量/(kg·m⁻¹)	外表面积/(m²·m⁻¹)	惯性矩/cm⁴				惯性半径/cm			截面模数/cm³			重心距离/cm
	b	d	r				I_x	I_{x1}	I_{x0}	I_{y0}	i_x	i_{x0}	i_{y0}	W_x	W_{x0}	W_{y0}	Z_0
4	40	3	5	2.359	1.85	0.157	3.59	6.41	5.69	1.49	1.23	1.55	0.79	1.23	2.01	0.96	1.09
		4		3.086	2.42	0.157	4.60	8.56	7.29	1.91	1.22	1.54	0.79	1.60	2.58	1.19	1.13
		5		3.792	2.98	0.156	5.53	10.7	8.76	2.30	1.21	1.52	0.78	1.96	3.10	1.39	1.17
4.5	45	3		2.659	2.09	0.177	5.17	9.12	8.20	2.14	1.40	1.76	0.89	1.58	2.58	1.24	1.22
		4		3.486	2.74	0.177	6.65	12.2	10.6	2.75	1.38	1.74	0.89	2.05	3，32	1.54	1.26
		5		4.292	3.37	0.176	8.04	15.2	12.7	3.33	1.37	1.72	0.88	2.51	4.00	1.81	1.30
		6		5.077	3.99	0.176	9.33	18.4	14.8	3.89	1.36	1.70	0.80	2.95	4.64	2.06	1.33
5	50	3	5.5	2.971	2.33	0.197	7.18	12.5	11.4	2.98	1.55	1.96	1.00	1.96	3.22	1.57	1.34
		4		3.897	3.06	0.197	9.26	16.7	14.7	3.82	1.54	1.94	0.99	2.56	4.16	1.96	1.38
		5		4.803	3.77	0.196	11.2	20.9	17.8	4.64	1.53	1.92	0.98	3.13	5.03	2.31	1.42
		6		5.688	4.46	0.196	13.1	25.1	20.7	5.42	1.52	1.91	0.98	3.68	5.85	2.63	1.46
5.6	56	3	6	3.343	2.62	0.221	10.2	17.6	16.1	4.24	1.75	2.20	1.13	2.48	4.08	2.02	1.48
		4		4.39	3.45	0.220	13.2	23.4	20.9	5.46	1.73	2.18	1.11	3.24	5.28	2.52	1.53
		5		5.415	4.25	0.220	16.0	29.3	25.4	6.61	1.72	2.17	1.10	3.97	6.42	2.98	1.57
		6		6.42	5.04	0.220	18.7	35.3	29.7	7.73	1.71	2.15	1.10	4.68	7.49	3.40	1.61
		7		7.404	5.81	0.219	21.2	41.2	33.6	8.82	1.69	2.13	1.09	5.36	8.49	3.80	1.64
		8		8.367	6.57	0.219	23.6	47.2	37.4	9.89	1.68	2.11	1.09	6.03	9.44	4.16	1.68
6	60	5	6.5	5.829	4.58	0.236	19.9	36.1	31.6	8.21	1.85	2.33	1.19	4.59	7.44	3.48	1.67
		6		6.914	5.43	0.235	23.4	43.3	36.9	9.60	1.83	2.31	1.18	5.41	8.70	3.98	1.70
		7		7.977	6.26	0.235	26.4	50.1	41.9	11.0	1.82	2.29	1.17	6.21	9.88	4.45	1.74
		8		9.0Z	7.08	0. 235	29.5	58.0	46.7	12.3	1.81	2.27	1.17	6.98	11.0	4.88	1.78

续表

型号	截面尺寸/mm			截面面积/cm²	理论质量/(kg·m⁻¹)	外表面积/(m²·m⁻¹)	惯性矩/cm⁴				惯性半径/cm			截面模数/cm³			重心距离/cm
	b	d	r				I_x	I_{x1}	I_{x0}	I_{y0}	i_x	i_{x0}	i_{y0}	W_x	W_{x0}	W_{y0}	Z_0
6.3	63	4	7	4.978	3.91	0.248	19.0	33.4	30.2	7.89	1.96	2.46	1.26	4.13	6.78	3.29	1.70
		5		6.143	4.82	0.248	23.2	41.7	36.8	9.57	1.94	2.45	1.25	5.08	8.25	3.90	1.74
		6		7.288	5.72	0.247	27.1	50.1	43.0	11.2	1.93	2.43	1.24	6.00	9.66	4.46	1.78
		7		8.412	6.60	0.247	30.9	58.6	49.0	12.8	1.92	2.41	1.23	6.88	11.0	4.98	1.82
		8		9.515	7.47	0.247	34.5	67.1	54.6	14.3	1.90	2.40	1.23	7.75	12.3	5.47	1.85
		10		11.66	9.15	0.246	41.1	84.3	64.9	17.3	1.88	2.36	1.22	9.39	14.6	6.36	1.93
7	70	4	8	5.570	4.37	0.275	26.4	45.7	41.8	11.0	2.18	2.74	1.40	5.14	8.44	4.17	1.86
		5		6.876	5.40	0.275	32.2	57.2	51.1	13.3	2.16	2.73	1.39	6.32	10.3	4.95	1.91
		6		8.160	6.41	0.275	37.8	68.7	59.9	15.6	2.15	2.71	1.38	7.48	12.1	5.67	1.95
		7		9.424	7.40	0.275	43.1	80.3	68.4	17.8	2.14	2.69	1.38	8.59	13.8	6.34	1.99
		8		10.67	8.37	0.274	48.2	91.9	76.4	20.0	2.12	2.68	1.37	9.68	15.4	6.98	2.03
7.5	75	5	9	7.412	5.82	0.295	40.0	70.6	63.3	16.6	2.33	2.92	1.50	7.32	11.9	5.77	2.04
		6		8.797	6.91	0.294	47.0	84.6	74.4	19.5	2.31	2.90	1.49	8.64	14.0	6.67	2.07
		7		10.16	7.98	0.294	53.6	98.7	85.0	22.2	2.30	2.89	1.48	9.93	16.0	7.44	2.11
		8		11.50	9.03	0.294	60.0	113	95.1	24.9	2.28	2.88	1.47	11.2	17.9	8.19	2.15
		9		12.83	10.1	0.294	66.1	127	105	27.5	2.27	2.86	1.46	12.4	19.8	8.89	2.18
		10		14.13	11.1	0.293	72.0	142	114	30.1	2.26	2.84	1.46	13.6	21.5	9.56	2.22
8	80	5		7.912	6.21	0.315	48.8	85.4	77.3	20.3	2.48	3.13	1.60	8.34	13.7	6.66	2.15
		6		9.397	7.38	0.314	57.4	103	91.0	23.7	2.47	3.11	1.59	9.87	16.1	7.65	2.19
		7		10.86	8.53	0.314	65.6	120	104	27.1	2.46	3.10	1.58	11.4	18.4	8.58	2.23
		8		12.30	9.66	0.314	73.5	137	117	30.4	2.44	3.08	1.57	12.8	20.6	9.46	2.27
		9		13.73	10.8	0.314	81.1	154	129	33.6	2.43	3.06	1.56	14.3	22.7	10.3	2.31
		10		15.13	11.9	0.313	88.4	172	140	36.8	2.42	3.04	1.56	15.6	24.8	11.1	2.35

续表

型号	截面尺寸/mm			截面面积/cm^2	理论质量/($kg \cdot m^{-1}$)	外表面积/($m^2 \cdot m^{-1}$)	惯性矩/cm^4				惯性半径/cm			截面模数/cm^3			重心距离/cm
	b	d	r				I_x	I_{x1}	I_{x0}	I_{y0}	i_x	i_{x0}	i_{y0}	W_x	W_{x0}	W_{y0}	Z_0
9	90	6	10	10.64	8.35	0.354	82.8	146	131	34.3	2.79	3.51	1.80	12.6	20.6	9.95	2.44
		7		12.30	9.66	0.354	94.8	170	150	39.2	2.78	3.50	1.78	14.5	23.6	11.2	2.48
		8		13.94	10.9	0.353	106	195	169	44.0	2.76	3.48	1.78	16.4	26.6	12.4	2.52
		9		15.57	12.2	0.353	118	219	187	48.7	2.75	3.46	1.77	18.3	29.4	13.5	2.56
		10		17.17	13.5	0.353	129	244	204	53.3	2.74	3.45	1.76	20.1	32.0	14.5	2.59
		12		20.31	15.9	0.352	149	294	236	62.2	2.71	3.41	1.75	23.6	37.1	16.5	2.67
10	100	6	12	11.93	9.37	0.393	115	200	182	47.9	3.10	3.90	2.00	15.7	25.7	12.7	2.67
		7		13.80	10.8	0.393	132	234	209	54.7	3.09	3.89	1.99	18.1	29.6	14.3	2.71
		8		15.64	12.3	0.393	148	267	235	61.4	3.08	3.88	1.98	20.5	33.2	15.8	2.76
		9		17.46	13.7	0.392	164	300	260	68.0	3.07	3.86	1.97	22.8	36.8	17.2	2.80
		10		19.26	15.1	0.392	180	334	285	74.4	3.05	3.84	1.96	25.1	40.3	18.5	2.84
		12		22.80	17.9	0.391	209	402	331	86.8	3.03	3.81	1.95	29.5	46.8	21.1	2.91
		14		26.26	20.6	0.391	237	471	374	99.0	3.00	3.77	1.94	33.7	52.9	23.4	2.99
		16		29.63	23.3	0.390	263	540	414	111	2.98	3.74	1.94	37.8	58.6	25.6	3.06
11	110	7	12	15.20	11.9	0.433	177	311	281	73.4	3.41	4.30	2.20	22.1	36.1	17.5	2.96
		8		17.24	13.5	0.433	199	355	316	82.4	3.40	4.28	2.19	25.0	40.7	19.4	3.01
		10		21.26	16.7	0.432	242	445	384	100	3.38	4.25	2.17	30.6	49.4	22.9	3.09
		12		25.20	19.8	0.431	283	535	448	117	3.35	4.22	2.15	36.1	57.6	26.2	3.16
		14		29.06	22.8	0.431	321	625	508	133	3.32	4.18	2.14	41.3	65.3	29.1	3.24

续表

型号	截面尺寸/mm			截面面积/cm²	理论质量/(kg·m⁻¹)	外表面积/(m²·m⁻¹)	惯性矩/cm⁴				惯性半径/cm			截面模数/cm³			重心距离/cm
	b	d	r				I_x	I_{x1}	I_{x0}	I_{y0}	i_x	i_{x0}	i_{y0}	W_x	W_{x0}	W_{y0}	Z_0
12.5	125	8	14	19.75	15.5	0.492	297	521	471	123	3.88	4.88	2.50	32.5	53.3	25.9	3.37
		10		24.37	19.1	0.491	362	652	574	149	3.85	4.85	2.48	40.0	64.9	30.6	3.45
		12		28.91	22.7	0.491	423	783	671	175	3.83	4.82	2.46	41.2	76.0	35.0	3.53
		14		33.37	26.2	0.490	482	916	764	200	3.80	4.78	2.45	54.2	86.4	39.1	3.61
		16		37.74	29.6	0.489	537	1 050	851	224	3.77	4.75	2.43	60.9	96.3	43.0	3.68
14	140	10		27.37	21.5	0.551	515	915	817	212	4.34	5.46	2.78	50.6	82.6	39.2	3.82
		12		32.51	25.5	0.551	604	1 100	959	249	4.31	5.43	2.76	59.8	96.9	45.0	3.90
		14		37.57	29.5	0.550	689	1 280	1 090	284	4.28	5.40	2.75	68.8	110	50.5	3.98
		16		42.54	33.4	0.549	770	1 470	1 220	319	4.26	5.36	2.74	77.5	123	55.6	4.06
15	150	8		23.75	18.6	0.592	521	900	827	215	4.69	5.90	3.01	47.4	78.0	38.1	3.99
		10		29.37	23.1	0.591	638	1 130	1 010	262	4.66	5.87	2.99	58.4	95.5	45.5	4.08
		12		34.91	27.4	0.591	749	1 350	1 190	308	4.63	5.84	2.97	69.0	112	52.4	4.15
		14		40.37	31.7	0.590	856	1 580	1 360	352	4.60	5.80	2.95	79.5	128	58.8	4.23
		15		43.06	33.8	0.590	907	1 690	1 440	374	4.59	5.78	2.95	84.6	136	61.9	4.27
		16		45.74	35.9	0.589	958	1 810	1 520	395	4.58	5.77	2.94	89.6	143	64.9	4.31
16	160	10	16	31.50	24.7	0.630	780	1 370	1 240	322	4.98	6.27	3.20	66.7	109	52.8	4.31
		12		37.44	29.4	0.630	917	1 640	1 460	377	4.95	6.24	3.18	79.0	129	60.7	4.39
		14		43.30	34.0	0.629	1 050	1 910	1 670	432	4.92	6.20	3.16	91.0	147	68.2	4.47
		16		49.07	38.5	0.629	1 180	2 190	1 870	485	4.89	6.17	3.14	103	165	75.3	4.55
18	180	12		42.24	33.2	0.710	1 320	2 330	2 100	543	5.59	7.05	3.58	101	165	78.4	4.89
		14		48.90	38.4	0.709	1 510	2 720	2 410	622	5.56	7.02	3.56	116	189	88.4	4.97
		16		55.47	43.5	0.709	1 700	3 120	2 700	699	5.54	6.98	3.55	131	212	97.8	5.05
		18		61.96	48.6	0.708	1 880	3 500	2 990	762	5.50	6.94	3.51	146	235	105	5.13

续表

型号	截面尺寸/mm			截面面积 /cm²	理论质量 /(kg·m⁻¹)	外表面积 /(m²·m⁻¹)	惯性矩/cm⁴				惯性半径/cm			截面模数/cm³			重心距离 /cm
	b	d	r				I_x	I_{x1}	I_{x0}	I_{y0}	i_x	i_{x0}	i_{y0}	W_x	W_{x0}	W_{y0}	Z_0
20	200	14	18	54.64	48.9	0.788	2 100	3 730	3 340	864	6.20	7.82	3.98	145	236	112	5.46
		16		62.01	48.7	0.788	2 370	4 270	3 760	971	6.18	7.79	3.96	164	266	124	5.54
		18		69.30	54.4	0.787	2 620	4 810	4 160	1 080	6.15	7.75	3.94	182	294	136	5.62
		20		76.51	60.1	0.787	2 870	5 350	4 550	1 180	6.12	7.72	3.93	200	322	147	5.69
		24		90.66	71.2	0.785	3 340	6 460	5 290	1 380	6.07	7.64	3.90	236	374	167	5.87
22	220	16	21	68.67	53.9	0.866	3 190	5 680	5 060	1 310	6.81	8.59	4.37	200	326	154	6.03
		18		76.75	60.3	0.866	3 540	6 400	5 620	1 450	6.79	8.55	4.35	223	361	168	6.11
		20		84.76	66.5	0.865	3 870	7 110	6 150	1 590	6.76	8.52	4.34	245	395	182	6.18
		22		92.68	72.8	0.865	4 200	7 830	6 670	1 730	6.73	8.48	4.32	267	429	195	6.26
		24		100.5	78.9	0.864	4 520	8 550	7 170	1 870	6.71	8.45	4.31	289	461	208	6.33
		26		108.3	85.0	0.864	4 830	9 280	7 690	2 000	6.68	8.41	4.30	310	492	221	6.41
25	250	18	24	87.84	69.0	0.985	5 270	9 380	8 370	2 170	7.75	9.76	4.97	290	473	224	6.84
		20		97.05	76.2	0.984	5 780	10 400	9 180	2 380	7.72	9.73	4.95	320	519	243	6.92
		22		106.2	83.3	0.983	6 280	11 500	9 970	2 580	7.69	9.69	4.93	349	564	261	7.00
		24		115.2	90.4	0.983	6 770	12 500	10 700	2 790	7.67	9.66	4.92	378	608	278	7.07
		26		124.2	97.5	0.982	7 240	13 600	11 500	2 980	7.64	9.62	4.90	406	650	295	7.15
		28		133.0	104	0.982	7 700	14 600	12 200	3 180	7.61	9.58	4.89	433	691	311	7.22
		30		141.8	111	0.981	8 160	15 700	12 900	3 380	7.58	9.55	4.88	461	731	327	7.30
		32		150.5	118	0.981	8 600	16 800	13 600	3 570	7.56	9.51	4.87	488	770	342	7.37
		35		163.4	128	0.980	9 240	18 400	14 600	3 850	7.52	9.46	4.86	527	827	364	7.48

注：截面图中的 $r_1=1/3d$ 及表中 r 的数据用于孔型设计，不作为交货条件。

附表 16.4　不等边角钢截面尺寸、截面面积、理论质量及截面特性(GB/T 706—2016)

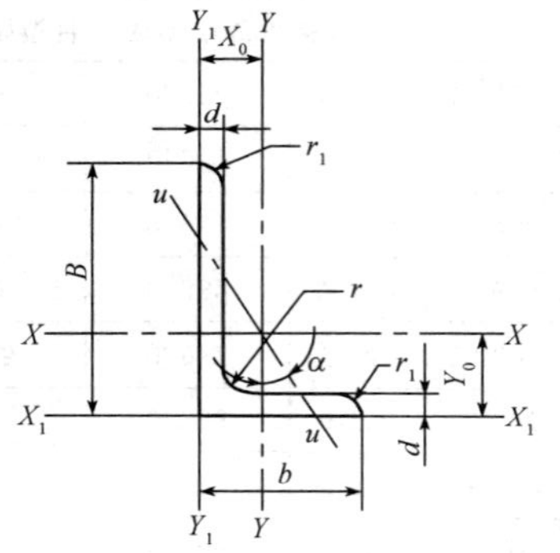

不等边角钢截面图

B——长边宽度；
b——短边宽度；
d——边厚度；
r——内圆弧半径；
r_1——边端圆弧半径；
X_0——重心距离；
Y_0——重心距离

型号	截面尺寸/mm				截面面积/cm²	理论质量/(kg·m⁻¹)	外表面积/(m²·m⁻¹)	惯性矩/cm⁴					惯性半径/cm			截面模数/cm³			tanα	重心距离/cm	
	B	b	d	r				I_x	I_{x1}	I_y	I_{y1}	I_u	i_x	i_y	i_u	W_x	W_y	W_u		X_0	Y_0
2.5/1.6	25	16	3	3.5	1.162	0.91	0.080	0.70	1.56	0.22	0.43	0.14	0.78	0.44	0.34	0.43	0.19	0.16	0.392	0.42	0.85
			4		1.499	1.18	0.079	0.88	2.09	0.27	0.59	0.17	0.77	0.43	0.34	0.55	0.24	0.20	0.381	0.46	0.90
3.2/2	32	20	3		1.492	1.17	0.102	1.53	3.27	0.46	0.82	0.28	1.01	0.55	0.43	0.72	0.30	0.25	0.382	0.43	1.08
			4		1.939	1.52	0.101	1.93	4.37	0.57	1.12	0.35	1.00	0.54	0.42	0.93	0.39	0.32	0.374	0.53	1.12
4/2.5	40	25	3	4	1.890	1.48	0.127	3.08	5.39	0.93	1.59	0.56	1.28	0.70	0.54	1.15	0.49	0.40	0.385	0.59	1.32
			4		2.467	1.94	0.127	3.93	8.53	1.18	2.14	0.71	1.36	0.69	0.54	1.49	0.63	0.52	0.381	0.63	1.37
4.5/2.8	45	28	3	5	2.149	1.69	0.143	4.45	9.10	1.34	2.23	0.80	1.44	0.79	0.61	1.47	0.62	0.51	0.383	0.64	1.47
			4		2.806	2.20	0.143	5.69	12.1	1.70	3.00	1.02	1.42	0.78	0.60	1.91	0.80	0.66	0.380	0.68	1.51
5/3.2	50	32	3	5.5	2.431	1.91	0.161	6.24	12.5	2.02	3.31	1.20	1.60	0.91	0.70	1.84	0.82	0.68	0.404	0.73	1.60
			4		3.177	2.49	0.160	8.02	16.7	2.58	4.45	1.53	1.59	0.90	0.69	2.39	1.06	0.87	0.402	0.77	1.65

续表

型号	截面尺寸/mm				截面面积 /cm²	理论质量 /(kg·m⁻¹)	外表面积 /(m²·m⁻¹)	惯性矩/cm⁴					惯性半径/cm			截面模数/cm³			tanα	重心距离/cm	
	B	b	d	r				I_x	I_{x1}	I_y	I_{y1}	I_u	i_x	i_y	i_u	W_x	W_y	W_u		X_0	Y_0
5.6/3.6	56	36	3	6	2.743	2.15	0.181	8.88	17.5	2.92	4.7	1.73	1.80	1.03	0.79	2.32	1.05	0.87	0.408	0.80	1.78
			4		3.590	2.82	0.180	11.5	23.4	3.76	6.33	2.23	1.79	1.02	0.79	3.03	1.37	1.13	0.408	0.85	1.82
			5		4.415	3.47	0.180	13.9	29.3	4.49	7.94	2.67	1.77	1.01	0.78	3.71	1.65	1.36	0.404	0.88	1.87
6.3/4	63	40	4	7	4.058	3.19	0.202	16.5	33.3	5.23	8.63	3.12	2.02	1.14	0.88	3.87	1.70	1.40	0.398	0.92	2.04
			5		4.993	3.92	0.202	20.0	41.6	6.31	10.9	3.76	2.00	1.12	0.87	4.74	2.07	1.71	0.396	0.95	2.08
			6		5.908	4.64	0.201	23.4	50.0	7.29	13.1	4.34	1.96	1.11	0.86	5.59	2.43	1.99	0.393	0.99	2.12
			7		6.802	5.34	0.201	26.5	58.1	8.24	15.5	4.97	1.98	1.10	0.86	6.40	2.78	2.29	0.389	1.03	2.15
7/4.5	70	45	4	7.5	4.553	3.57	0.226	23.2	45.9	7.55	12.3	4.40	2.26	1.29	0.98	4.86	2.17	1.77	0.410	1.02	2.24
			5		5.609	4.40	0.225	28.0	57.1	9.13	15.4	5.40	2.23	1.28	0.98	5.92	2.65	2.19	0.407	1.06	2.28
			6		6.644	5.22	0.225	32.5	68.4	10.6	18.6	6.35	2.21	1.26	0.98	6.95	3.12	2.59	0.404	1.09	2.32
			7		7.658	6.01	0.225	37.2	80.0	12.0	21.8	7.16	2.20	1.25	0.97	8.03	3.57	2.94	0.402	1.13	2.36
7.5/5	75	50	5	8	6.126	4.81	0.245	34.9	70.0	12.6	21.0	7.41	2.39	1.44	1.10	6.83	3.3	2.74	0.435	1.17	2.40
			6		7.260	5.70	0.245	41.1	84.3	14.7	25.4	8.54	2.38	1.42	1.08	8.12	3.88	3.19	0.435	1.21	2.44
			8		9.467	7.43	0.244	52.4	113	18.5	34.2	10.9	2.35	1.40	1.07	10.5	4.99	4.10	0.429	1.29	2.52
			10		11.59	9.10	0.244	62.7	141	22.0	43.4	13.1	2.33	1.38	1.06	12.8	6.04	4.99	0.423	1.36	2.60
8/5	80	50	5		6.376	5.00	0.255	42.0	85.2	12.8	21.1	7.66	2.56	1.42	1.10	7.78	3.32	2.74	0.388	1.14	2.60
			6		7.560	5.93	0.255	49.5	103	15.0	25.4	8.85	2.56	1.41	1.08	9.25	3.91	3.20	0.387	1.18	2.65
			7		8.724	6.85	0.255	56.2	119	17.0	29.8	10.2	2.54	1.39	1.08	10.6	4.48	3.70	0.384	1.21	2.69
			8		9.867	7.75	0.254	62.8	136	18.9	34.3	11.4	2.52	1.38	1.07	11.9	5.03	4.16	0.381	1.25	2.73
9/5.6	90	56	5	9	7.212	5.66	0.287	60.5	121	18.3	29.5	11.0	2.90	1.59	1.23	9.92	4.21	3.49	0.385	1.25	2.91
			6		8.557	6.72	0.286	71.0	146	21.4	35.6	12.9	2.88	1.58	1.23	11.7	4.96	4.13	0.384	1.29	2.95
			7		9.881	7.76	0.286	81.0	170	24.4	41.7	14.7	2.86	1.57	1.22	13.5	5.70	4.72	0.382	1.33	3.00
			8		11.18	8.78	0.286	91.0	194	27.2	47.9	16.3	2.85	1.56	1.21	15.3	6.41	5.29	0.380	1.36	3.04

续表

型号	截面尺寸/mm				截面面积	理论质量	外表面积	惯性矩/cm^4					惯性半径/cm			截面模数/cm^3			$\tan\alpha$	重心距离/cm	
	B	b	d	r	/cm^2	/(kg·m^{-1})	/(m^2·m^{-1})	I_x	I_{x1}	I_y	I_{y1}	I_u	i_x	i_y	i_u	W_x	W_y	W_u		X_0	Y_0
10/6.3	100	63	6	10	9.618	7.55	0.320	99.1	200	30.9	50.5	18.4	3.21	1.79	1.38	14.6	6.35	5.25	0.394	1.43	3.24
			7		11.11	8.72	0.320	113	233	35.3	59.1	21.0	3.20	1.78	1.38	16.9	7.29	6.02	0.394	1.47	3.28
			8		12.58	9.88	0.319	127	266	39.4	67.9	23.5	3.18	1.77	1.37	19.1	8.21	6.78	0.391	1.50	3.32
			10		15.47	12.1	0.319	154	333	47.1	85.7	28.3	3.15	1.74	1.35	23.3	9.98	8.24	0.387	1.58	3.40
10/8	100	80	6	10	10.64	8.35	0.354	107	200	61.2	103	31.7	3.17	2.40	1.72	15.2	10.2	8.37	0.627	1.97	2.95
			7		12.30	9.66	0.354	123	233	70.1	120	36.2	3.16	2.39	1.72	17.5	11.7	9.60	0.626	2.01	3.00
			8		13.94	10.9	0.353	138	267	78.6	137	40.6	3.14	2.37	1.71	19.8	13.2	10.8	0.625	2.05	3.04
			10		17.17	13.5	0.353	167	334	94.7	172	49.1	3.12	2.35	1.69	24.2	16.1	13.1	0.622	2.13	3.12
11/7	110	70	6	10	10.64	8.35	0.354	133	266	42.9	69.1	25.4	3.54	2.01	1.54	17.9	7.90	6.53	0.403	1.57	3.53
			7		12.30	9.66	0.354	153	310	49.0	80.8	29.0	3.53	2.00	1.53	20.6	9.09	7.50	0.402	1.61	3.57
			8		13.94	10.9	0.353	172	354	54.9	92.7	32.5	3.51	1.98	1.53	23.3	10.3	8.45	0.401	1.65	3.62
			10		17.17	13.5	0.353	208	443	65.9	117	39.2	3.48	1.96	1.51	28.5	12.5	10.3	0.397	1.72	3.70
12.5/8	125	80	7	11	14.10	11.1	0.403	228	455	74.4	120	43.8	4.02	2.30	1.76	26.9	12.0	9.92	0.408	1.80	4.01
			8		15.99	12.6	0.403	257	520	83.5	138	49.2	4.01	2.28	1.75	30.4	13.6	11.2	0.407	1.84	4.06
			10		19.71	15.5	0.402	312	650	101	173	59.5	3.98	2.26	1.74	37.3	16.6	13.6	0.404	1.92	4.14
			12		23.35	18.3	0.402	364	780	117	210	69.4	3.95	2.24	1.72	44.0	19.4	16.0	0.400	2.00	4.22
14/9	140	90	8	12	18.04	14.2	0.453	366	731	121	196	70.8	4.50	2.59	1.98	38.5	17.3	14.3	0.411	2.04	4.50
			10		22.26	17.5	0.452	446	913	140	246	85.8	4.47	2.56	1.96	47.3	21.2	17.5	0.409	2.12	4.58
			12		26.40	20.7	0.451	522	1 100	170	297	100	4.44	2.54	1.95	55.9	25.0	20.5	0.406	2.19	4.66
			14		30.46	23.9	0.451	594	1 280	192	349	114	4.42	2.51	1.94	64.2	28.5	23.5	0.403	2.27	4.74

续表

型号	截面尺寸/mm				截面面积	理论质量	外表面积	惯性矩/cm^4					惯性半径/cm			截面模数/cm^3			tanα	重心距离/cm	
	B	b	d	r	/cm^2	/(kg·m^{-1})	/(m^2·m^{-1})	I_x	I_{x1}	I_y	I_{y1}	I_u	i_x	i_y	i_u	W_x	W_y	W_u		X_0	Y_0
15/9	140	90	8	12	18.84	14.8	0.473	442	898	123	196	74.1	4.84	2.55	1.98	43.9	17.5	14.5	0.364	1.97	4.92
			10		23.26	18.3	0.472	539	1 120	149	246	89.9	4.81	2.53	1.97	54.0	21.4	17.7	0.362	2.05	5.01
			12		27.60	21.7	0.471	632	1 350	173	297	105	4.79	2.50	1.95	63.8	25.1	20.8	0.359	2.12	5.09
			14		31.86	25.0	0.471	721	1 570	196	350	120	4.76	2.48	1.94	73.3	28.8	23.8	0.356	2.20	5.17
			15		33.95	26.7	0.471	764	1 680	207	376	127	4.74	2.47	1.93	78.0	30.5	25.3	0.354	2.24	5.21
			16		36.03	28.3	0.470	806	1 800	217	403	134	4.73	2.45	1.93	82.6	32.3	26.8	0.352	2.27	5.25
16/10	160	100	10	13	25.32	19.9	0.512	669	1 360	205	337	122	5.14	2.85	2.19	62.1	26.6	21.9	0.390	2.28	5.24
			12		30.05	23.6	0.511	785	1 640	239	406	142	5.11	2.82	2.17	73.5	31.3	25.8	0.388	2.36	5.32
			14		34.71	27.2	0.510	896	1 910	271	476	162	5.08	2.80	2.16	84.6	35.8	29.6	0.385	2.43	5.40
			16		39.28	30.8	0.510	1 000	2 180	302	548	183	5.05	2.77	2.16	95.3	40.2	33.4	0.382	2.51	5.48
18/11	180	110	10	14	28.37	22.3	0.571	956	1 940	278	447	167	5.80	3.13	2.42	79.0	32.5	26.9	0.376	2.44	5.89
			12		33.71	26.5	0.571	1 120	2 330	325	539	195	5.78	3.10	2.40	93.5	38.3	31.7	0.374	2.52	5.98
			14		38.97	30.6	0.570	1 290	2 720	370	632	222	5.75	3.08	2.39	108	44.0	36.3	0.372	2.59	6.06
			16		44.14	34.6	0.569	1 440	3 110	412	726	249	5.72	3.06	2.38	122	49.4	40.9	0.369	2.67	6.14
20/12.5	200	125	12		37.91	29.8	0.641	1 570	3 190	483	788	286	6.44	3.57	2.74	117	50.0	41.2	0.392	2.83	6.54
			14		43.87	34.4	0.640	1 800	3 730	551	922	327	6.41	3.54	2.73	135	57.4	47.3	0.390	2.91	6.62
			16		49.74	39.0	0.639	2 020	4 260	615	1 060	366	6.38	3.52	2.71	152	64.9	53.3	0.388	2.99	6.70
			18		55.53	43.6	0.639	2 240	4 790	677	1 200	405	6.35	3.49	2.70	169	71.7	59.2	0.385	3.06	6.78

注：截面图中的 $r_1=1/3d$ 及表中 r 的数据用于孔型设计，不作为交货条件。

附表 17 普通钢结构轴心受压构件的截面分类

附表 17.1 轴心受压构件的截面分类(板厚 $t<40$ mm)

<table>
<tr><th>截面形式</th><th>对 x 轴</th><th>对 y 轴</th></tr>
<tr><td>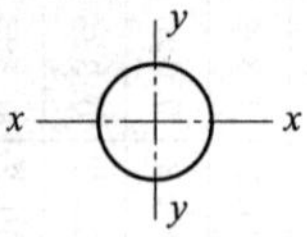 轧制</td><td>a类</td><td>a类</td></tr>
<tr><td>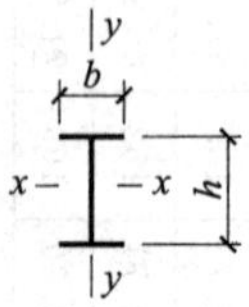 轧制，$b/h\leqslant0.8$</td><td>a类</td><td>b类</td></tr>
<tr><td>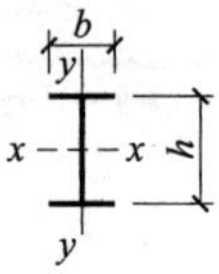 轧制，$b/h>0.8$
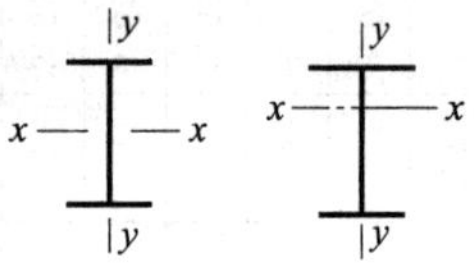 焊接，翼缘为焰切边
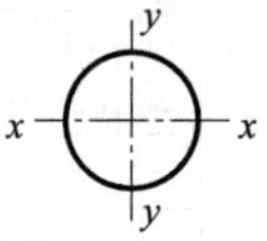 焊接</td><td rowspan="3">b类</td><td rowspan="3">b类</td></tr>
<tr><td>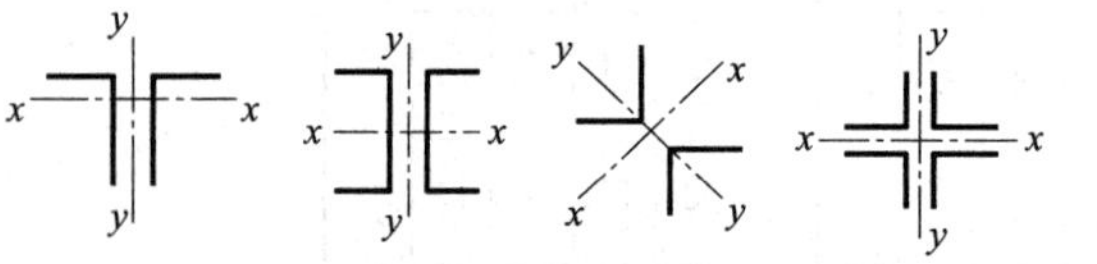 轧制
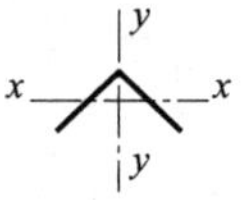 轧制靠边角钢</td></tr>
<tr><td>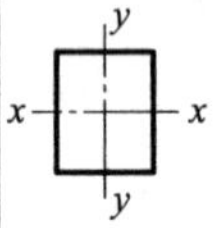 轧制，焊接（板件宽厚比>20）
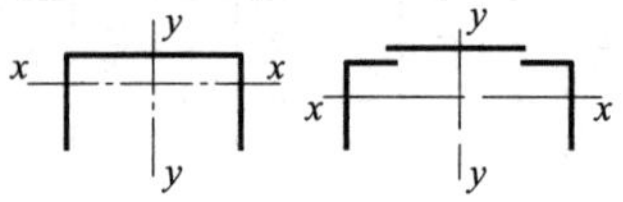 轧制或焊接</td></tr>
<tr><td>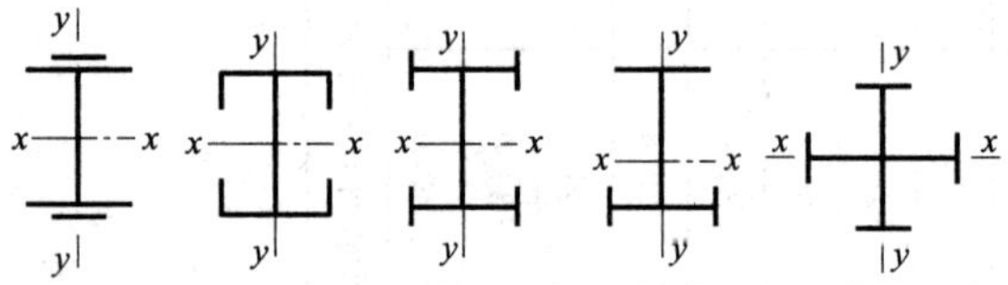 焊接
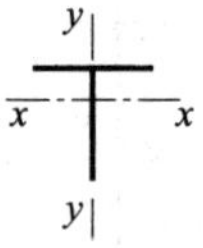 轧制截面和翼缘为焰切边的焊接截面</td><td rowspan="2">b类</td><td rowspan="2">b类</td></tr>
<tr><td>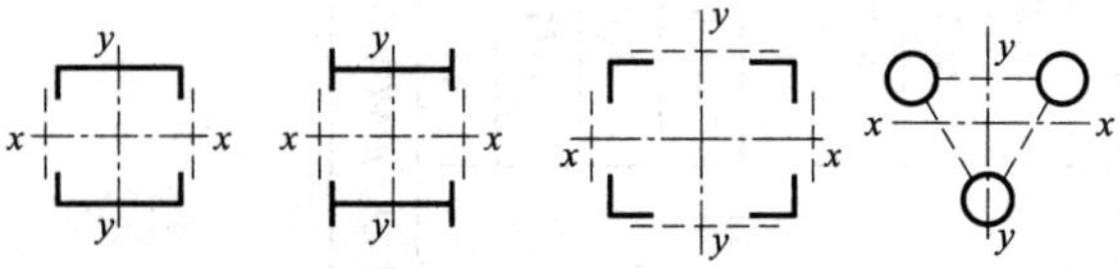 格构式
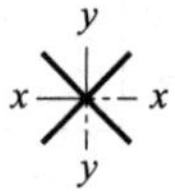 焊接，板件边缘焰切</td></tr>
<tr><td>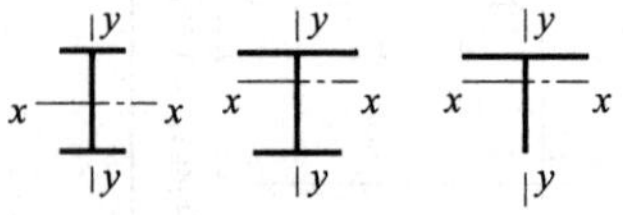 焊接，翼缘为轧制或剪切边</td><td>b类</td><td>c类</td></tr>
<tr><td>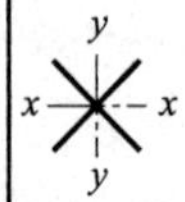 焊接，板件边缘轧制或剪切
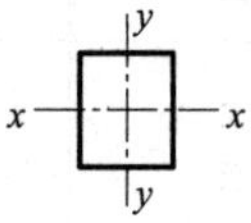 焊接，板件宽厚比≤20</td><td>c类</td><td>c类</td></tr>
</table>

附表 17.2　轴心受压构件的截面分类(板厚 $t \geqslant 40$ mm)

截面情况		对 x 轴	对 y 轴
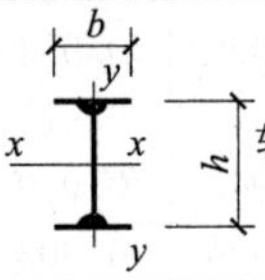 轧制"工"字形或H形截面	$t < 80$ mm	b类	c类
	$t \geqslant 80$ mm	c类	d类
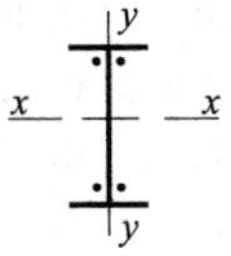 焊接"工"字形截面	翼缘为焰切边	b类	b类
	翼缘为轧制或剪切边	c类	d类
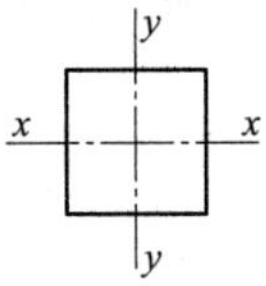 焊接箱形截面	板件宽厚比>20	b类	b类
	板件宽厚比≤20	c类	c类

附表 18　轴心受压构件的稳定系数

附表 18.1　a 类截面轴心受压构件的稳定系数 φ

$\lambda\sqrt{f_y/235}$	0	1	2	3	4	5	6	7	8	9
0	1.000	1.000	1.000	1.000	0.999	0.999	0.998	0.998	0.997	0.996
10	0.995	0.994	0.993	0.992	0.991	0.989	0.988	0.986	0.985	0.983
20	0.981	0.979	0.977	0.976	0.974	0.972	0.907	0.968	0.966	0.946
30	0.963	0.961	0.959	0.957	0.955	0.952	0.950	0.948	0.946	0.944
40	0.941	0.939	0.937	0.934	0.932	0.929	0.927	0.924	0.921	0.919
50	0.916	0.913	0.910	0.907	0.904	0.900	0.897	0.894	0.890	0.886
60	0.883	0.879	0.875	0.871	0.867	0.863	0.858	0.854	0.849	0.844
70	0.839	0.834	0.829	0.824	0.818	0.813	0.807	0.801	0.795	0.789
80	0.783	0.776	0.770	0.763	0.757	0.750	0.743	0.736	0.728	0.721
90	0.714	0.706	0.699	0.691	0.684	0.676	0.668	0.661	0.653	0.645
100	0.638	0.630	0.622	0.615	0.607	0.600	0.592	0.585	0.577	0.507
110	0.563	0.555	0.548	0.541	0.534	0.527	0.520	0.514	0.507	0.500
120	0.494	0.488	0.481	0.475	0.469	0.463	0.457	0.451	0.445	0.440
130	0.434	0.429	0.423	0.418	0.412	0.407	0.402	0.397	0.392	0.387
140	0.383	0.378	0.373	0.369	0.364	0.360	0.356	0.351	0.347	0.343
150	0.339	0.335	0.331	0.327	0.323	0.320	0.316	0.312	0.309	0.305
160	0.302	0.298	0.295	0.292	0.289	0.285	0.282	0.279	0.276	0.273
170	0.270	0.267	0.264	0.262	0.259	0.256	0.253	0.251	0.248	0.246
180	0.243	0.241	0.238	0.236	0.233	0.231	0.229	0.226	0.224	0.222
190	0.220	0.218	0.215	0.213	0.211	0.209	0.207	0.205	0.203	0.201
200	0.199	0.198	0.196	0.194	0.192	0.190	0.189	0.187	0.185	0.183
210	0.182	0.180	0.179	0.177	0.175	0.174	0.172	0.171	0.169	0.168
220	0.166	0.165	0.164	0.162	0.161	0.159	0.158	0.157	0.155	0.154
230	0.153	0.152	0.150	0.149	0.148	0.147	0.146	0.144	0.143	0.142
240	0.141	0.140	0.139	0.138	0.136	0.135	0.134	0.133	0.132	0.131
250	0.130	—	—	—	—	—	—	—	—	—

附表 18.2　b 类截面轴心受压构件的稳定系数 φ

$\lambda\sqrt{f_y/235}$	0	1	2	3	4	5	6	7	8	9
0	1.000	1.000	1.000	0.999	0.999	0.998	0.997	0.996	0.995	0.994
10	0.992	0.991	0.989	0.987	0.985	0.983	0.981	0.978	0.976	0.973
20	0.970	0.967	0.963	0.960	0.957	0.953	0.950	0.946	0.943	0.939
30	0.936	0.932	0.929	0.925	0.922	0.918	0.914	0.910	0.906	0.903
40	0.899	0.895	0.891	0.887	0.882	0.878	0.874	0.870	0.865	0.861
50	0.856	0.852	0.847	0.842	0.838	0.833	0.828	0.823	0.818	0.813
60	0.807	0.802	0.797	0.791	0.786	0.780	0.774	0.769	0.763	0.757
70	0.751	0.745	0.739	0.732	0.726	0.720	0.714	0.707	0.701	0.694
80	0.688	0.681	0.675	0.668	0.661	0.655	0.648	0.641	0.635	0.628
90	0.621	0.614	0.608	0.601	0.594	0.588	0.581	0.575	0.568	0.561
100	0.555	0.549	0.542	0.536	0.529	0.523	0.517	0.511	0.505	0.499
110	0.493	0.487	0.481	0.475	0.470	0.464	0.458	0.453	0.447	0.442
120	0.437	0.432	0.462	0.421	0.416	0.411	0.406	0.402	0.397	0.392
130	0.387	0.383	0.378	0.374	0.370	0.365	0.361	0.357	0.353	0.349
140	0.345	0.341	0.337	0.333	0.329	0.326	0.322	0.318	0.315	0.311
150	0.308	0.304	0.301	0.298	0.295	0.291	0.288	0.285	0.282	0.279
160	0.276	0.273	0.270	0.267	0.265	0.262	0.259	0.256	0.254	0.251
170	0.249	0.246	0.244	0.241	0.239	0.236	0.234	0.232	0.229	0.227
180	0.225	0.223	0.220	0.218	0.216	0.214	0.212	0.210	0.208	0.206
190	0.204	0.202	0.200	0.198	0.197	0.195	0.193	0.191	0.190	0.188
200	0.186	0.184	0.183	0.181	0.180	0.178	0.176	0.175	0.173	0.172
210	0.170	0.169	0.167	0.166	0.165	0.163	0.162	0.160	0.159	0.158
220	0.156	0.155	0.154	0.153	0.151	0.150	0.149	0.148	0.146	0.145
230	0.144	0.143	0.142	0.141	0.140	0.138	0.137	0.136	0.135	0.134
240	0.133	0.132	0.131	0.430	0.129	0.128	0.127	0.126	0.125	0.124
250	0.123	—	—	—	—	—	—	—	—	—

附表 18.3　c 类截面轴心受压构件的稳定系数 φ

$\lambda\sqrt{f_y/235}$	0	1	2	3	4	5	6	7	8	9
0	1.00	1.00	1.00	0.999	0.999	0.998	0.997	0.996	0.995	0.993
10	0.992	0.990	0.988	0.986	0.983	0.981	0.978	0.976	0.973	0.970
20	0.966	0.959	0.953	0.947	0.940	0.934	0.928	0.921	0.915	0.909
30	0.902	0.896	0.890	0.884	0.887	0.871	0.865	0.858	0.852	0.846
40	0.839	0.833	0.826	0.820	0.814	0.807	0.801	0.794	0.788	0.781
50	0.775	0.768	0.762	0.755	0.748	0.742	0.735	0.729	0.722	0.715
60	0.709	0.702	0.695	0.689	0.682	0.676	0.669	0.662	0.656	0.649
70	0.643	0.636	0.629	0.623	0.616	0.610	0.604	0.597	0.591	0.584
80	0.578	0.572	0.566	0.559	0.553	0.547	0.541	0.535	0.529	0.523
90	0.517	0.511	0.505	0.500	0.494	0.488	0.483	0.477	0.472	0.467
100	0.463	0.458	0.454	0.449	0.445	0.441	0.436	0.432	0.428	0.423
110	0.419	0.415	0.411	0.407	0.403	0.399	0.395	0.391	0.387	0.383
120	0.379	0.375	0.371	0.367	0.364	0.360	0.356	0.353	0.349	0.346
130	0.342	0.339	0.335	0.332	0.328	0.325	0.322	0.319	0.315	0.312
140	0.309	0.306	0.303	0.300	0.297	0.294	0.291	0.288	0.285	0.282
150	0.280	0.277	0.274	0.271	0.269	0.266	0.264	0.261	0.258	0.256

续表

$\lambda\sqrt{f_y/235}$	0	1	2	3	4	5	6	7	8	9
160	0.254	0.251	0.249	0.246	0.244	0.242	0.239	0.237	0.235	0.233
170	0.230	0.228	0.226	0.224	0.222	0.220	0.218	0.216	0.214	0.212
180	0.210	0.208	0.206	0.205	0.203	0.201	0.199	0.197	0.196	0.194
190	0.192	0.190	0.189	0.187	0.186	0.184	0.182	0.181	0.179	0.178
200	0.176	0.175	0.173	0.172	0.170	0.169	0.168	0.166	0.165	0.163
210	0.162	0.161	0.159	0.158	0.157	0.156	0.154	0.153	0.152	0.151
220	0.150	0.148	0.147	0.146	0.145	0.144	0.143	0.142	0.140	0.139
230	0.138	0.137	0.136	0.135	0.134	0.133	0.132	0.131	0.130	0.129
240	0.128	0.127	0.126	0.125	0.124	0.124	0.123	0.122	0.121	0.120
250	0.119	—	—	—	—	—	—	—	—	—

附表 18.4　d 类截面轴心受压构件的稳定系数 φ

$\lambda\sqrt{f_y/235}$	0	1	2	3	4	5	6	7	8	9
0	1.000	1.000	0.999	0.999	0.998	0.996	0.994	0.992	0.990	0.987
10	0.984	0.981	0.978	0.974	0.969	0.965	0.960	0.955	0.949	0.944
20	0.937	0.927	0.918	0.909	0.900	0.891	0.883	0.874	0.865	0.857
30	0.848	0.840	0.831	0.823	0.815	0.807	0.799	0.790	0.782	0.774
40	0.766	0.759	0.751	0.743	0.735	0.728	0.720	0.712	0.705	0.697
50	0.690	0.683	0.675	0.668	0.661	0.654	0.646	0.639	0.632	0.625
60	0.618	0.612	0.605	0.598	0.591	0.585	0.578	0.572	0.565	0.559
70	0.552	0.546	0.540	0.534	0.528	0.522	0.516	0.510	0.504	0.498
80	0.493	0.487	0.481	0.476	0.470	0.465	0.460	0.454	0.449	0.444
90	0.439	0.434	0.429	0.424	0.419	0.414	0.410	0.405	0.401	0.397
100	0.394	0.390	0.387	0.383	0.380	0.376	0.373	0.370	0.366	0.363
110	0.359	0.356	0.353	0.350	0.346	0.343	0.340	0.337	0.334	0.331
120	0.328	0.325	0.322	0.319	0.316	0.313	0.310	0.307	0.304	0.301
130	0.299	0.296	0.293	0.290	0.288	0.285	0.282	0.280	0.277	0.275
140	0.272	0.270	0.267	0.265	0.262	0.260	0.258	0.255	0.253	0.251
150	0.248	0.246	0.244	0.242	0.240	0.237	0.235	0.233	0.231	0.229
160	0.227	0.225	0.223	0.221	0.219	0.217	0.215	0.213	0.212	0.210
170	0.208	0.206	0.204	0.203	0.201	0.199	0.197	0.196	0.194	0.192
180	0.191	0.189	0.188	0.186	0.184	0.183	0.181	0.180	0.178	0.177
190	0.176	0.174	0.173	0.171	0.170	0.168	0.167	0.166	0.164	0.163
200	0.162	—	—	—	—	—	—	—	—	—

参 考 文 献

[1] 中华人民共和国建设部，国家质量监督检验检疫总局 . GB 50068—2018 建筑结构可靠度设计统一标准[S]. 北京：中国建筑工业出版社，2018.

[2] 中华人民共和国住房和城乡建设部 . GB 50010—2010 混凝土结构设计规范(2015 年版)[S]. 北京：中国建筑工业出版社，2016.

[3] 中华人民共和国住房和城乡建设部 . GB 50009—2012 建筑结构荷载规范[S]. 北京：中国建筑工业出版社，2012.

[4] 中华人民共和国住房和城乡建设部，中华人民共和国国家质量监督检验检疫总局 . GB 50011—2010 建筑抗震设计规范(2016 年版)[S]. 北京：中国建筑工业出版社，2016.

[5] 中国有色工程有限公司 . 混凝土结构构造手册[M]. 5 版 . 北京：中国建筑工业出版社，2016.

[6] 顾祥林 . 混凝土结构基本原理[M]. 4 版 . 上海：同济大学出版社，2023.

[7] 东南大学，天津大学，同济大学 . 混凝土结构(上册)：混凝土结构设计原理[M]. 北京：中国建筑工业出版社，2020.

[8] 沈蒲生 . 混凝土结构设计[M]. 北京：高等教育出版社，2020.

[9] 江见鲸，陆新征，江波 . 钢筋混凝土基本构件设计[M]. 北京：清华大学出版社，2013.

[10] 王铁成 . 混凝土结构基本构件设计原理[M]. 北京：中国建材工业出版社，2002.

[11] 梁兴文，史庆轩 . 混凝土结构设计原理[M]. 北京：科学出版社，2019.

[12] 过镇海 . 钢筋混凝土原理[M]. 北京：清华大学出版社，2013.

[13] 薛伟辰 . 现代预应力结构设计[M]. 北京：中国建筑工业出版社，2003.

[14] 中华人民共和国住房和城乡建设部 . GB 55006—2021 钢结构通用规范[S]. 北京：中国建筑工业出版社，2021.

[15] 中华人民共和国住房和城乡建设部 . GB 50003—2011 砌体结构设计规范[S]. 北京：中国建筑工业出版社，2011.

[16] 中华人民共和国住房和城乡建设部 . GB 50017—2017 钢结构设计标准[S]. 北京：中国建筑工业出版社，2017.

[17] 中华人民共和国住房和城乡建设部 . JGJ/T 14—2011 混凝土小型空心砌块建筑技术规程[S]. 北京：中国建筑工业出版社，2011.

[18] 中华人民共和国住房和城乡建设部 . JGJ/T 17—2008 蒸压加气混凝土建筑应用技术规程[S]. 北京：中国建筑工业出版社，2008.

[19]中华人民共和国住房和城乡建设部．JGJ 137—2001 多孔砖砌体结构技术规范(2002 版)[S]. 北京：中国建筑工业出版社，2002.
[20] 中华人民共和国住房和城乡建设部．JGJ 99—2015 高层民用建筑钢结构技术规程[S]. 北京：中国建筑工业出版社，2015.
[21] 蓝宗建，朱万福，梁书亭，等．混凝土结构与砌体结构[M]. 南京：东南大学出版社，2016.
[22] 张惠英，邢秋顺，许锦燕，等．砌体结构设计及工程应用[M]. 北京：中国建筑工业出版社，2021.
[23] 侯力更，景淋，袁红梅，等．砌体结构设计原理[M]. 北京：中国计划出版社，2020.
[24] 施楚贤．砌体结构设计与计算[M]. 北京：中国建筑工业出版社，2003.
[25] 东南大学，同济大学，天津大学．混凝土结构(中册)：混凝土结构与砌体结构设计[M]. 7 版．北京：中国建筑工业出版社，2020.
[26] 同济大学，沈祖炎，陈以一，等．钢结构基本原理．3 版．[M]. 北京：中国建筑工业出版社，2018.